华为网络技术系列

数据通信基础

Fundamentals of Data Communication

主　编　王　雷　吴局业
副主编　韩　涛　黄明祥　李军辉

人民邮电出版社
北　京

图书在版编目（CIP）数据

数据通信基础 / 王雷，吴局业主编. -- 北京 : 人民邮电出版社，2025. -- (华为网络技术系列).
ISBN 978-7-115-67823-2

Ⅰ. TN919

中国国家版本馆 CIP 数据核字第 202509BB42 号

内 容 提 要

本书共 5 篇 17 章。第一篇（第 1 ～ 2 章）介绍数据通信的基本概念、发展历史、关键技术指标和关键定律等内容。第二篇（第 3 ～ 7 章）阐述数据通信主要技术的原理、应用场景及演进的内在逻辑，为读者梳理数据通信相对完整的技术脉络和演进过程。第三篇（第 8 ～ 12 章）聚焦数据通信的主要产品，详细介绍产品的硬件架构、软件架构、交换架构和转发架构，为读者理解数据通信技术的落地找到具象化的载体。第四篇（第 13 ～ 16 章）聚焦数据通信的主要产业，梳理产业的发展趋势和挑战，并对相关产业的关键架构和技术进行分析，介绍如何将产品和技术方案应用到具体的产业场景。第五篇（第 17 章）结合华为在数据通信领域多年的工作经验和研究成果，沿着场景创新和技术创新两条主线对数据通信产业的未来发展进行展望。

本书汇聚了华为数据通信产品线技术专家在技术创新、产品设计与开发、技术标准制定过程中的实操经验和深度思考。本书内容丰富、框架清晰、知识实用，适合即将从事或者已经从事数据通信行业的工程师阅读，也适合网络主管部门、科研机构、高校的相关人员阅读。

◆ 主　　编　王　雷　吴局业
　副 主 编　韩　涛　黄明祥　李军辉
　责任编辑　邓昱洲
　责任印制　马振武

◆ 人民邮电出版社出版发行　　北京市丰台区成寿寺路 11 号
　邮编　100164　　电子邮件　315@ptpress.com.cn
　网址　https://www.ptpress.com.cn
　固安县铭成印刷有限公司印刷

◆ 开本：710×1000　1/16
　印张：38　　2025 年 9 月第 1 版
　字数：700 千字　　2025 年 9 月河北第 1 次印刷

定价：189.00 元

读者服务热线：(010)81055410　印装质量热线：(010)81055316
反盗版热线：(010)81055315

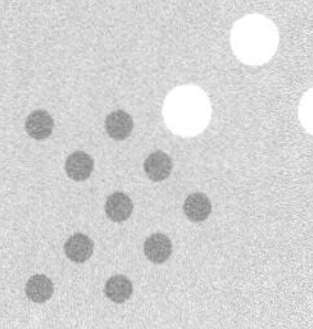

丛书编委会

本书编委会

主　　编　王　雷　吴局业

副主编　韩　涛　黄明祥　李军辉

委　　员（按姓氏音序排列）

畅文俊　陈　乐　陈　莹　高　雅
何　向　蒋雅娜　矫翠翠　李小盼
李艳民　李晔帆　李振斌　刘　飞
刘淑英　刘　水　刘　晔　骆兰军
马　楠　钱国锋　钱士明　乔立忠
曲志军　任广涛　田太徐　汪大海
王海波　王火青　王　飏　王连强
吴兴勇　夏世远　谢　婷　鄢思友
闫广辉　杨晓芬　姚成霞　曾海飞
张　扬　赵　洁　周剑毫

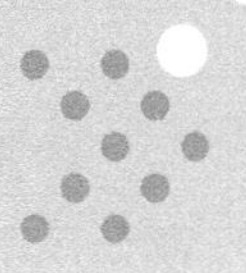

序　一

人类对高效信息传递的追求，贯穿了整个文明的进程。从远古的烽火狼烟、驿马传书，到 19 世纪莫尔斯电码划破长空，再到 20 世纪光纤承载的比特洪流，每一次通信技术的跃迁都在重塑社会和经济形态。1969 年，ARPANET 首次实现跨地域节点的通信，不仅孕育了互联网的雏形，更开启了信息和资源共享的新纪元。而 TCP/IP 的诞生以简单的规则使异构网络得以无缝连接，催生了互联网、云计算和物联网的繁荣。在这一进程中，数据通信网络从单纯的信息传输载体，逐步演变为支撑现代社会的“神经系统”。

网络技术数字化发展的几十年也是中国通信网络技术从跟跑到并跑，再到在新赛道竞逐领跑的过程，中国抓住技术换代的机遇，并把握正确的发展路径，实现了后来居上。我作为亲历者，目睹了 X.25 分组交换让位于 TCP/IP 的范式革命，见证了以太网从 10 Mbit/s 同轴电缆网络向 400 Gbit/s 数据中心网络的惊人跃迁，更亲历了互联网从学术科研网络演变为整个数字社会基座的沧桑巨变。然而，越是深入这个领域，越能深刻体会到技术为根、人才为本，根深才能叶茂、本固才能枝荣。在技术跃迁的背后，更需要回答一个根本性的问题：在技术快速迭代、学科加速融合的背景下，如何培养适应未来发展的创新型人才，如何让创新型人才成为技术突破的核心驱动力?

在计算机网络或者数据通信网络领域，从业者在学习过程中常常会面临 4 个方面的挑战。首先是知识体系具有历史沉积性，例如 ATM 技术虽然退出了历史的舞台，但是信元转发、标签设计等思想仍然对 IP 网络的发展有巨大的影响，IP 网络的能力从不确定性向确定性发展就是例子。其次是技术演进具有阶跃性，例如 IPv6 不仅是对 IPv4 地址空间的极大扩展，还可以赋能网络地址字段新的功能，适应以数据为要素的新型应用需求。再次是 IT 和 OT 边界具有模糊性，例如当 TSN 技术使工业以太网承载精准控制信号时，传统计算机网络与工业控制网络的界限就变得越来越模糊。最后是底层架构和上层应用具有解耦性，TCP/IP 协议栈的分层架构、网络可扩展性的设计原则赋予网络底层架构持续的生命力，而 SDN、ADN、算网融合、空天地协同等新技术，则是对网络基础理论的创造性延伸。在人才培养和梯队建设的过程中，既要凝练 ICT 发展过程中的“不变要素”，也要注重体现产业发展与技术进步引发的学习内容的更新；既要突出分层技术原理与具体知识点的理解和掌握，也要注重帮助学生和从业者建立系统观、整体观，提升解决复杂问题的创新能力。

本书很好地展现了技术和应用在发展过程中的变与不变，凝结了多位技术专家在技术创新、产品设计与开发、技术标准制定过程中的经验和思考，同时融入了华为在人才储备和梯队建设方面的实践经验。更加可喜的是，本书的内容编排也颇具匠心：首先以 TCP/IP 分层架构为锚点，逐层解构技术原理和演进逻辑；然后以关键产品为提纲，介绍软件、硬件、交换、转发的实现机制，使技术和方案找到落地的载体，让知识完成从抽象化到具象化的落地；最后从产业的视角，介绍业务挑战及对应解决方案，并结合具体的应用实践，完成从技术方案到产业应用的重构。这种“先解构后重构”的写作范式，为人才的培养和技术的传播提供了很好的方法论启示。

衷心希望本书能够成为数据通信网络从业人员学习成长和能力提升的优秀参考书，期待本书能鼓励更多的青年科技工作者投身到数据通信系统的研发和应用中，并在实践中成长为数据通信网络相关理论、方法、技术、产品与应用的复合型人才。

邬贺铨
推进 IPv6 规模部署和应用专家委员会主任

序 二

互联网诞生已超过半个世纪，从 PC 互联网到移动互联网，从消费互联网到产业互联网，目前以 TCP/IP 为基础的数据通信网络已经渗透到生产、生活的各个领域，对人类社会产生了深远的影响，造就了全球数字经济的奇迹。面向未来，以 5G、云、AI 为代表的新 ICT 正在重塑世界，“万物感知、万物互联、万物智能”的智能世界正在到来。这是一次数字化、智能化与网络化深度融合的技术革命，技术迭代的速度在加快，学科融合的诉求越来越强烈，对复合型创新人才的需求也越明显。

作为深耕信息通信领域四十余载的实践者，我亲历了从模拟交换到数字交换，从电路交换到分组交换的技术演进，见证了 TCP/IP 战胜 ATM 成为事实标准的过程，熟悉为了弥补 IPv4 地址不足的各种实现方案和 IPv6 规模部署的落地，也体会到 SDN 和 SRv6 新技术对传统网络的颠覆。这些经历让我深刻地意识到数据通信的知识具有历史积淀深厚、演进路径复杂、技术交叉渗透等多个方面的特殊性。

在万物互联向万物智联跃迁的产业变革中，数据通信网络正经历着技术融合与边界重构的双重挑战。以太网（Ethernet）、IP 网络、移动通信网络等传统技术加速交织，云网融合、算网融合、空天海地一体化等新范式不断涌现。面对这种复杂场景，从业者往往会陷入“知识碎片化”的困境，或是迷失在协议的细节中，或是困顿于技术迭代的旋涡里。新人在学习过程中，不仅要耗费时间掌握核心原理，还要花费精力梳理技术脉络的因果关联。从业者从新人成长为专家，需要经历一场从混沌到有序的“认知突围”。

本书由华为数据通信产品线多位网络架构师和技术专家精心编写，可以作为这场“认知突围”的“敲门砖”。本书系统阐述了什么是数据通信，它和互联网、以太网、计算机网络等概念之间的区别和边界是什么，数据通信网络的最初形态是什么，它是如何一步一步演进到今天这样的状态的。在这个过程当中，哪些主要技术方案在产业中找到了合适的应用场景，哪些技术方案被淹没在历史的长河中，这些演进过程的关键变量是什么、底层逻辑是什么，我们从中能得到哪些经验和启示，未来数据通信会往哪些方向发展演进，本书试图回答的就是这些看似简单，却没有清晰答案的问题。在阐述数据通信网络发展演进的过程中，本书给读者提供了系统学习和理解数据通信网络的新路径、新地图。

本书以 TCP/IP 分层模型为骨架，引入了技术方案发展的推演过程，例如分析了 IP 与 ATM 的理念之争，思考了 IP 的“尽力而为”还能走多远，指出了 IP 和 MPLS 的通病，分析了 SR 技术如何让“鱼和熊掌兼得”等。这种技术史观的引入，旨在让读者理解“协议标准从来不是最优解，而是多方约束下的动态权衡”。

本书不仅梳理了知识体系，还提供了一套认知方法论，它教会读者如何用架构师的眼光拆解复杂性，用战略家的思维预判技术拐点，用产业家的格局平衡多方诉求。期待这本书能够给更多人带来新的思考和启发，激发更多的智慧和创新，为数据通信产业发展带来新鲜血液和力量。

闻库

中国通信标准化协会理事长

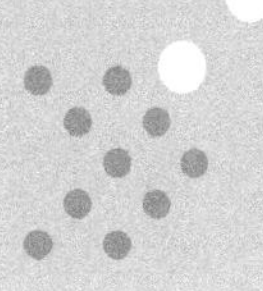

推荐语

数据通信网络知识体系庞大，历史沿袭复杂、发展演进快速，与以太网、计算机网络、互联网等领域的边界交叉模糊，导致数据通信产业现在及未来的从业者在学习成长和能力提升方面容易走很多弯路，缺少清晰的知识体系地图和优秀的学习路径指引。本书不仅很好地解决了这一问题，而且可以作为高等学校计算机网络、数据通信相关专业的扩展教材，以及数据通信从业者岗前培训的参考书。

崔勇

清华大学计算机科学与技术系教授、博士生导师

中国通信标准化协会理事，国际互联网标准化组织 IETF IPv6 过渡工作组主席

本书以数据通信网络的基本概念、历史沿革和发展脉络为线索，详细阐述了数据通信网络主要技术的原理与价值，并详细推演了技术演进的内在逻辑。在介绍技术原理的同时，本书还介绍了数据通信产业的业务趋势和技术方案，融入了华为数据通信专家团队的知识和产业实践。本书内容丰富、框架清晰，有较好的实用性，既适合即将从高校学生转型为从业者的新人阅读，也适合高等学校、科研机构作为计算机网络相关课程的扩展和补充。

张维刚

哈尔滨工业大学（威海）计算机科学与技术学院副院长，教授、博士生导师

在信息技术深刻重构全球竞争格局的今天，数据通信网络作为数字经济的“神经系统”，其技术演进与人才培养已成为国家战略的核心命题。本书系统地总结了数据通信网络的发展，包括网络的历史、技术的更新、架构的演变、产业的创新等，内容翔实。相信本书的出版对立志投身数据通信产业的广大学子和数据通信产业的从业者均大有裨益。

田臣

南京大学教授，博士生导师，国家杰出青年科学基金获得者

该书阐述了数据通信网络的基本知识、主要技术方案的原理、应用场景及发展演进的底层逻辑。理论部分以 TCP/IP 技术框架为核心脉络，突破传统教材“逐层解剖”式的知识介绍，帮助读者梳理了技术演进的因果关联。同时，本书还开创性

地融入了技术产品化及产业生态化的逻辑，让知识完成了从抽象到具象的落地。相信本书的出版能给数据通信现在和未来的从业者带来更好的指导与启示。

黄传河

武汉大学计算机学院网络研究所所长，教授、博士生导师

本书凝结了作者团队在数据通信领域多年的技术沉淀与创新成果，同时融入了华为在 ICT 人才培养与梯队建设中积累的宝贵经验。自 20 世纪 90 年代网络技术进入中国以来，国内数据通信产业历经三十余年的蓬勃发展，已从早期突破地理限制实现跨地域互联，迈入了万物互联的新时代。当前，伴随着人工智能技术的迅猛发展，数据通信技术在 SDN 之后，迎来了又一个高速发展的新阶段。在此背景下，本书不仅系统梳理了数据通信网络的知识体系，更融入了对前沿技术趋势的前瞻性思考，为读者呈现了从理论基础到技术前沿的全景视野。本书兼具扎实的技术深度与突出的实践指导价值，既可助力初学者系统学习数据通信产业，亦可为高校、科研机构及企业网络管理者提供重要的补充参考。

宋世民

上海华讯网络系统有限公司总裁

数据通信产业的竞争力，不仅取决于技术创新的速度，更依赖广大从业者的学习。数据通信产业的历史沿袭比较厚重，演进路径存在一定的跳跃性，新人在学习过程中，不仅需要耗费时间掌握技术原理，还需要耗费大量精力去厘清技术脉络的因果关联。本书的价值正在于将离散的技术模块重构为完整的有机系统，在梳理数据通信架构和技术的同时，帮助读者构建了较为完整的知识体系和高效的学习路径。对数据通信网络的从业者来说，这是一本优秀的指导书和岗前培训参考书。

刘向阳

美的集团首席信息安全官（CISO）兼软件工程研究院院长

前 言

1992 年，有着“互联网之父”之称的温顿 · 瑟夫（Vinton Cerf）在出席因特网工程任务组（Internet Engineering Task Force，IETF）大会时穿了一件印有“IP on Everything”的 T 恤。这在当时看来或许只是对未来的一种期望，但在 30 多年后的今天已成为现实。

IP 网络（即数据通信网络）一端联接万物、一端联接应用，起到了桥接物理世界与数字世界的关键作用，推动了深刻影响人类社会发展进程的信息革命。数据通信网络对互联网、工业物联网等现代通信网络及云计算、人工智能等现代信息技术起着重要的支撑作用，已经成为整个数字经济的底座。

然而，掌握数据通信的知识体系不是一件容易的事情。数据通信领域的知识体系庞大、历史沿袭复杂、演进快速，而且与以太网、计算机网络、互联网等领域的边界模糊，较难形成清晰的知识体系地图和有效的学习提升路径。

当前，大部分高等学校的信息通信类专业设有“计算机网络”课程，以及和计算机网络内容相关联的通信类课程。其中大部分课程按照计算机网络体系结构的层次模型，逐层介绍知识、方法和技术。这种基于解剖思维的知识组织方式非常有利于学生掌握每个具体的知识点，但是也存在一定的不足，例如缺乏对技术底层逻辑的推演，未能体现关键技术的架构、原理与价值等，对产品及产业实际应用的介绍欠缺，缺少产教融合的实践等。学生在学完这类课程后，无法建立起数据通信网络的知识体系，不能深刻理解网络核心技术的原理和价值，也不能完全掌握如何在实际产业中应用这些技术方案等。

华为数据通信产品线的技术专家在数据通信领域进行了长期的理论研究和大量的实践，并参与了 IETF 大量 IP 网络相关标准的制定工作，不少专家有丰富的工程项目实践的经验。同时，华为陆续出版了聚焦园区网络、数据中心网络、广域网络、网络安全等相关领域架构与技术的图书，在业界获得了较好的反响和评价。基于丰富的研究成果和实践经验，华为数据通信技术团队倾力打造了本书。本书和华为已出版的聚焦架构与技术的图书一脉相承，并在内容上进行了丰富和扩展，可以作为学习数据通信知识的入门图书。本书较为完整地阐述了数据通信的重要发展、主要技术、主要产品、主要产业等相关内容，尝试为读者构建一张数据通信知识体系地图，并规划一条较为高效的学习路径，可以作为高等学校计算机网络相关课程的内容补充。希望本书能成为数据通信领域理论学习和能力提升的“红宝书”。

本书内容

本书以数据通信的基本概念和前世今生为起点，详细阐述数据通信的主要技术方案的原理、价值及演进逻辑，接着详细介绍数据通信的产品及其架构，然后具体说明数据通信核心产业的业务趋势和主要技术方案，最后展望数据通信的未来发展趋势。全书共分 5 篇 17 章，主要包括如下几部分的内容。

第一篇 数据通信基础篇： 第 1~2 章，主要介绍数据通信的基本概念，梳理数据通信的前世今生，并说明数据通信的关键技术指标、关键定律及主要的标准化组织。同时，沿着构建一个数据通信网络的任务主线，带领读者了解数据通信的全貌。

第二篇 数据通信技术篇： 第 3~7 章，主要阐述数据通信的主要技术，例如以太网技术、TCP/IP 体系架构、IP/MPLS 网络技术、"IPv6+"网络协议创新，以及软件定义网络（Software Defined Network，SDN）和自动驾驶网络（Autonomous Driving Network，ADN）等。这一篇介绍各项技术的历史沿革、技术流派和演进的内在逻辑，并概述主要技术的原理和价值，梳理相对完整的数据通信技术发展脉络。

第三篇 数据通信产品与架构篇： 第 8~12 章，介绍数据通信的主要产品，包括交换机、路由器、无线局域网（Wireless Local Area Network，WLAN）产品、安全产品、网络控制器等，并详细介绍数据通信产品的硬件架构、软件架构、交换架构及转发架构等相关内容。

第四篇 数据通信产业篇： 第 13~16 章，重点介绍园区网络、数据中心网络、广域网络、网络安全等数据通信的核心产业，阐述每个产业的业务趋势及挑战，介绍每个产业的关键架构和关键技术方案，同时对每个产业的未来发展进行简要的展望。

第五篇 数据通信未来演进篇： 第 17 章，沿着场景创新和技术创新这两条主线，对数据通信的未来演进进行展望，讨论未来的数据通信将在哪些领域展现其应用潜力，又将孕育出哪些新技术。

数据通信作为万物互联的基础，还处于不断变化的过程中，其内涵在不断丰富，技术在不断演进，场景在不断更新，加之作者团队能力有限，书中难免存在不足之处，敬请各位专家及广大读者批评、指正，在此表示由衷的感谢。

作者
2025 年 8 月

本书常用图标

核心交换机

汇聚交换机

接入交换机

通用交换机

路由器

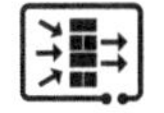
防火墙

WAC

AP

PC

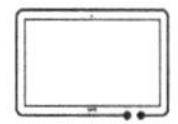
平板计算机

手机

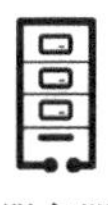
服务器

网管

SDN控制器

网络

Wi-Fi信号

目 录

第一篇　数据通信基础篇

第二篇 数据通信技术篇

第三篇 数据通信产品与架构篇

第四篇 数据通信产业篇

第五篇　数据通信未来演进篇

第一篇

数据通信基础篇

第 1 章
数据通信概述

数据通信诞生于20世纪50年代，是在计算机技术和通信技术迅速发展的基础上将二者结合而成的一种新的通信方式。经过70多年的发展，目前数据通信早已渗透到各行各业，并引发了消费互联网和产业互联网的巨大变革。本章介绍数据通信的基本概念，梳理数据通信的前世今生，并说明数据通信的关键技术指标、关键定律及主要的标准化组织。

1.1 什么是数据通信

早在 1876 年，人类就发明了电话。随后，电话通信网络（后来发展成电信网络）得以普及。这一时期的电话通信网络主要解决人和人之间的通话诉求，通信的主要内容是话音。如图 1-1 所示，电话通信主要是在电话机之间发送和接收连续的声音信号，打通电话后，只要不挂机，通信链路就被持续独占；而且，电话通信是单任务的，一个用户一次只能进行一个通话。

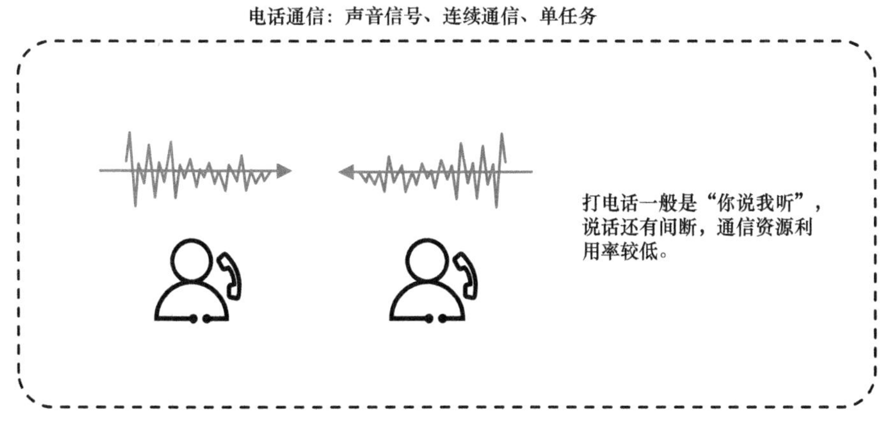

图 1-1 电话通信

20 世纪 50 年代，随着以二进制为基础的电子计算机逐渐成熟，为了更加有效地利用昂贵的计算资源，逐步产生了计算机和计算机之间的通信诉求。在这种背景下，科研人员将计算机技术和通信技术相结合，发明了一种新的通信方式，即数据通信。在此基础上形成的数据通信网络有别于以往的电话通信网络，它传输的是二进制的数据（即“0101”的数据流）而不是话音。所以说数据通信是为了实现计算机与计算机之间或者终端与计算机之间信息交互而产生的一种通信技术。

如图 1-2 所示，数据通信可以使不同地点的终端或计算机互联互通，实现软硬件和信息资源的共享。数据通信会在计算机之间发送和接收数据块，这些数据块又被称为分组报文。数据块是不连续的，如果不发送或接收数据，通信资源就不会被占用。计算机一般是多任务并行运行的，多个任务可以同时使用通信资源，以提升资源利用率。一台计算机也可以同时参与多个数据通信进程。组建数据通信网络不仅是为了交换数据，更是为了有效利用计算机与智能终端来处理数据。

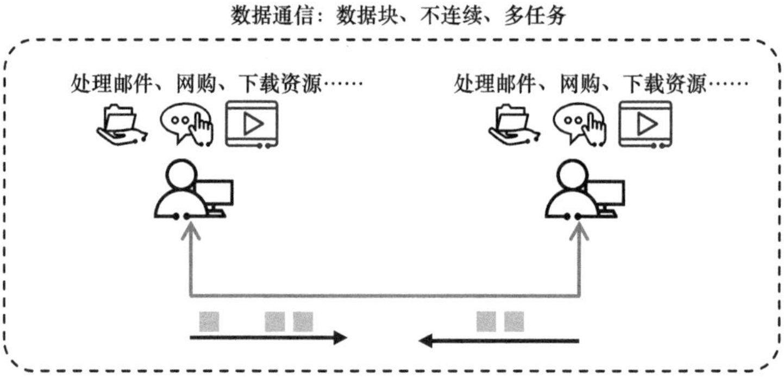

图 1-2　数据通信

数据通信不仅包含数据传输的过程，还包含数据传输前后的数据处理过程。数据传输是指通过以某种方式建立的数据传输通道来传输数据信号，它是数据通信的基础。为了更有效、更可靠及更安全地传输数据，数据处理包括数据存储、数据交换、差错控制和传输规程等环节。

如图1-3所示，数据通信是由通信技术和计算机技术结合产生的，其中通信技术主要实现数据的传输，而计算机技术主要实现数据的处理。由于数据通信的主体是计算机，在数据通信技术发展的早期，人们常把数据通信和计算机通信这两个名词混用，也常把数据通信网络和计算机网络这两个名词等同起来。严格来说，数据通信是以通信的内容为出发点，强调通信的内容是数据；而计算机通信是以通信的主体为出发点，强调通信的主体是计算机。人们之所以混用这两个名称不同而含义类似的名词，恰恰体现了数据通信是由通信技术和计算机技术互相结合而产生的。一般来说，具有通信知识背景的人更习惯称数据通信为数据通信或者数据通信网络，而具有计算机知识背景的人更习惯称数据通信为计算机通信或者计算机网络。在本书中，有时候也不严格区分数据通信网络与计算机网络这两个概念。

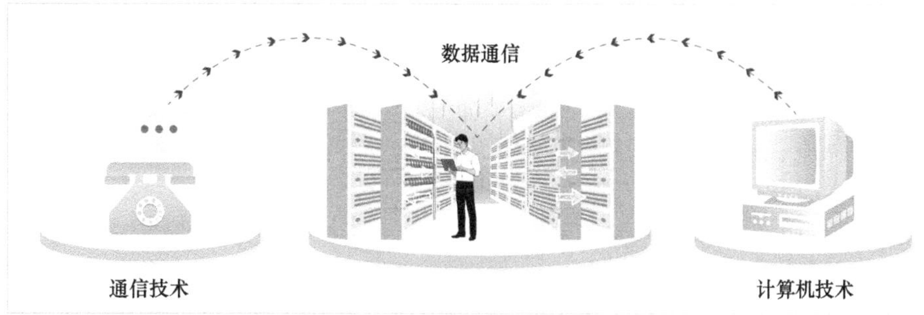

图 1-3　数据通信由通信技术与计算机技术结合而成

近些年来，随着数据通信技术及业务的发展，通信的主体变得越来越多样化。在数据中心网络中，通信的主体仍然是计算机（如各类服务器），数据中心网络基本等同于计算机网络。但是在园区网络中，通信的主体不仅有计算机（如 PC），还有智能手机、智能电视、智慧屏、摄像头、工业控制设备、机器人等各种类型的设备，这些设备虽然可以看作带有中央处理器（Central Processing Unit，CPU）和存储器的“计算机”，但是与传统意义上的计算机已经有了比较明显的区别。在数据通信的主体逐渐多样化的过程中，数据通信的内容却一直都没有变化，始终都是数据，从这个意义上说，“数据通信网络”这个概念更能体现当前网络的关键特征。

随着社会的发展与技术的进步，数据通信的实现形式正在从消费互联网转向产业互联网，在可预见的未来，这些实现形式还将不断增多。在数字化和万物互联的背景下，数据通信的重要性还在不断增强，将会有更加广阔的应用领域和发展前景。

| 1.2　数据通信的基本概念 |

数据通信领域包括数据、信息、数据通信系统、数据通信网络、互连网和互联网等基本概念，它们的意思相近但有所区别。下面分别介绍这些基本概念。

1.2.1 数据和信息

数据（Data）是对客观事物的数量、属性、位置及其相互关系的抽象表示，以适合在特定领域中使用自然、人工或机器的方式进行保存、传输和处理。数据是信息的表现形式，也是信息的物理表现，例如某地昨天的降雨量是30 mm，这就是一条数据。信息可以用不同形式的数据表示，但其内容不会因为数据的表示形式不同而改变，例如“天气预报”可以通过文字、视频或者图画等数据形式表示，但是信息的内容仍然是天气预报。

信息（Information）是有一定含义的、有一定逻辑的、经过加工处理的、对决策有价值的数据组合。信息是数据表示的含义，是数据的逻辑抽象和描述。例如明天下暴雨的概率是90%，当人们得知这条天气预报信息的时候，可能会考虑出门带雨伞，这就说明信息对决策是有价值的。另外，信息是具备时效性的，例如天气预报如果说“昨天的天气是多云转晴”，这条信息虽然是准确的，但是已经失去了时效性，对决策也就没有了价值。

在数据通信网络领域，有时候不严格区分数据和信息，比如数据帧也被称为信息帧，传输信息也被称为传输数据等。数据通信中传输和处理的是二进制编码的数据。无论信息采用哪种数据形式表示，在数据通信系统中都必须转化成二进制编码。具体采用哪种数据形式来表示信息，则取决于通信双方的约定，也就是通信协议。

1.2.2 数据通信系统与数据通信网络

数据通信主要用于实现计算机与计算机或者计算机与终端之间的通信，而数据传输是实现数据通信的基础。因此，凡是将计算机或终端与数据传输线路连接起来，能达到数据的采集、传输、分配、存储、处理等目的的系统，都可以被称为数据通信系统，它是实现数据通信功能的物理实体。数据通信系统一般包括发送端、接收端，以及收发两端之间的信道3个部分，按照通信的顺序，具体包括信息源、发送设备、信道、接收设备和信息宿5个要素，如图1-4所示。

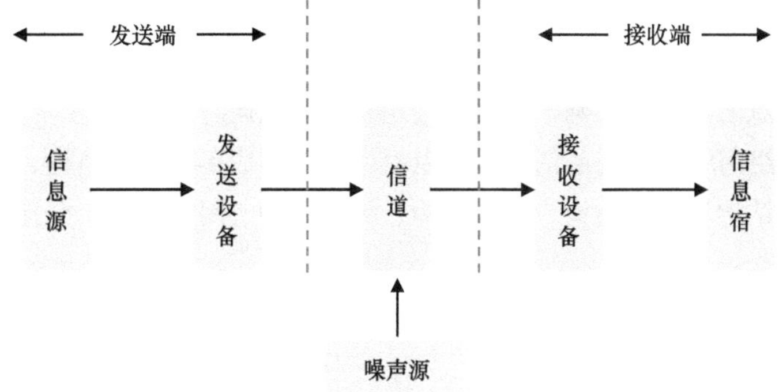

图 1-4　数据通信系统的模型

- 信息源（简称信源）是信息或信息序列的产生源，它泛指一切发信息者，可以是人，也可以是机器设备，能够产生声音、数据、文字、图像、代码等信息。信源发出信息的形式可以是连续的，也可以是离散的。
- 发送设备把信息源发出的信息转换成适合传输的信号形式（码元），使之适应于信道传输特性的要求，并将转换后的信号送入信道的各种设备。发送设备是一个整体概念，可能包括许多的电路、器件与系统，比如把声音转换为电信号的声音采集设备（如麦克风）、把基带信号转换成频带信号的调制器等。
- 信道是指传输信号的通道。传输介质是最简单、直接的信道（复杂的信道可以是一条网络通路）。信道中会有噪声，可能是进入信道的各种外部噪声，也可能是通信系统中各种电路、器件或设备自身产生的内部噪声。
- 接收设备接收从信道传输过来的信息，并将该信息转换成信息宿便于接收的形式，它的功能与发送设备的功能刚好相反。接收设备也是一个整体概念，可能包括许多的电路、器件与系统，比如把模拟信号转换为数字信号的模/数转换器等。
- 信息宿（简称信宿）是接收发送端信息的对象，它可以是人，也可以是机器设备。

在数据通信系统中，直接连接任意两台终端设备是不切实际的，原因主要有两个方面。首先，当两台设备相距很远，例如几百千米甚至几千千米时，要在两者之间架设一条专用链路，成本是非常高昂的，而且使用效率也不可能很高。其次，如果一个数据通信系统中有多台终端设备，要在每一对设备之间都架设专用链路也是不切实际的。

解决上述问题的有效办法是将所有设备都连接到一个通信网络上，如图1-5

所示。这个数据通信网络由一些处于不同地理位置的数据传输设备（如计算机和终端）、数据交换设备（如节点交换机）及通信链路等构成，其作用是使网络上任意两个节点之间都能正确、快速地传送和交换数据。

在实际组网中，数据通信网络可以根据需要形成多种拓扑结构，典型的拓扑结构有总线结构、环形结构、星形结构、树形结构、网状结构、全连接结构等。如图1-6所示。

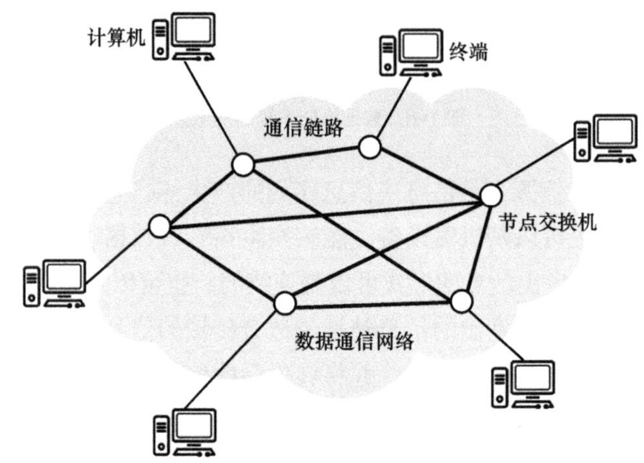

图 1-5　数据通信网络示例

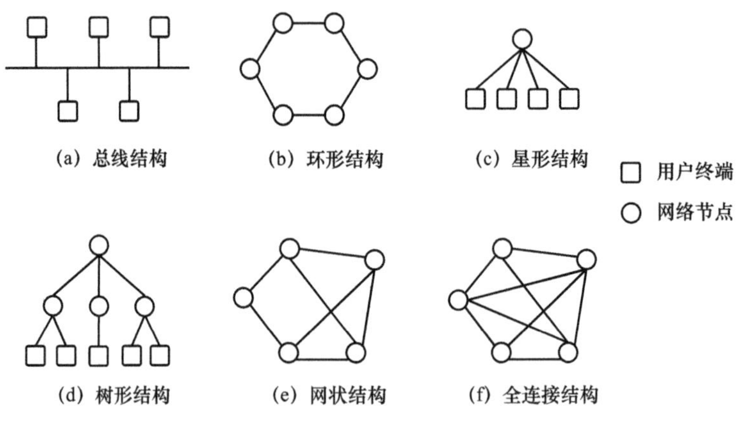

图 1-6　数据通信网络的典型拓扑结构

- 总线结构通常采用广播通信模式，即网上的一个节点（主机）发送数据时，其他节点都能接收总线上的数据。总线结构容易产生通信冲突，通信效率比较低。

- 环形结构一般采用点对点通信模式，即一个节点将数据沿一定方向传送到下一个节点，数据在环内依次高速传输。为了提升可靠性，环形结构也常使用双环结构。
- 星形结构有一个中心节点，该节点执行数据交换等网络控制功能。这种结构易于实现网络故障的隔离和定位，但是存在瓶颈，一旦中心节点出现故障，将导致网络瘫痪。为了增强网络的可靠性，星形结构一般会采用备份系统，设置热备的中心节点。
- 树形结构的形状像一棵倒立的树，从顶部开始向下逐步分层、分叉。这种结构中执行网络控制功能的节点通常位于顶点，在“树枝”上很容易增加节点，扩大网络的规模。但是，由于数据流量层层收敛，最终会收敛至顶点，因此容易出现流量的瓶颈。
- 网状结构的特点是节点的数据可以选择多条网络链路进行传输，因此网络传输的可靠性高，但是网络的结构和协议比较复杂。目前大多数复杂的数据通信网络都采用了这种结构。
- 全连接结构适用于对可靠性和有效性要求均比较高的网络，通常将交换节点全部连接起来，这种结构容易实现无阻塞的高速数据交换，可扩展性强，但相应的构造成本也比较高。

数据通信网络以分组交换为技术基石，以计算机互连为根本需求，一端连着手机、计算机等终端设备，另一端连着服务器和云，在数字世界里提供“物流服务”，如图1-7所示。其中，以太网和TCP/IP是构建数据通信网络的基础。

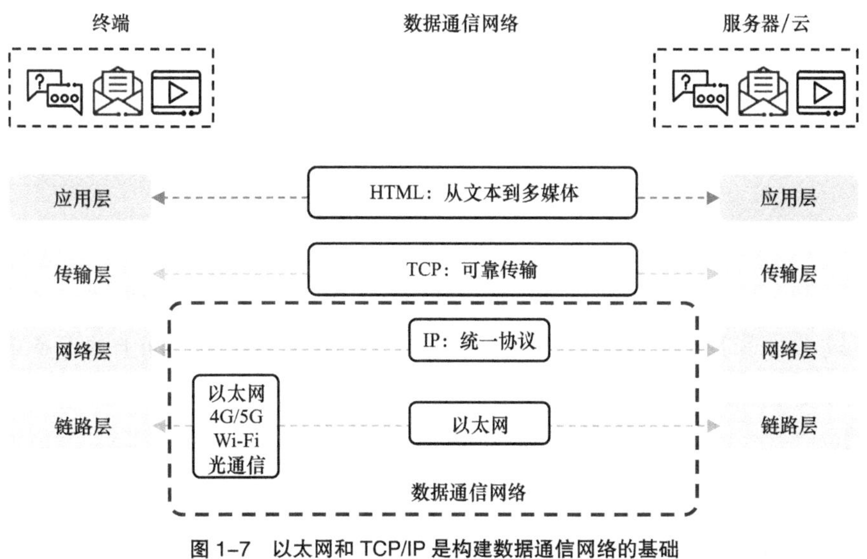

图 1-7　以太网和 TCP/IP 是构建数据通信网络的基础

以太网作为迄今为止使用最广泛的网络技术标准之一，通过物理介质将交换机、路由器和计算机等设备连接起来，依据介质访问控制（Medium Access Control，MAC）地址唯一标识网络中的设备，实现局域网内设备的互联互通。TCP/IP作为统一的网络语言，凭借其优美的“瘦腰”结构封装各种异构物理网络的数据，通过IP地址屏蔽物理网络差异，实现异构网络的互联。

1.2.3 互连网和互联网

互连网是internet（以小写字母i开始）的中文译名，是一个通用名词，它泛指由多个计算机网络互连而成的计算机网络。这些网络之间的通信协议（即通信规则）可以任意选择，并非一定要使用TCP/IP。

互联网是Internet（以大写字母I开始）的中文译名，是一个专用名词，它是指当前全球最大的、开放的、由众多网络互连而成的特定互连网，采用TCP/IP作为核心的通信协议，其前身是美国的ARPANET。

Internet的中文译名有以下两种。

- 因特网，这个译名是全国科学技术名词审定委员会推荐使用的。虽然因特网这个译名较为准确，但是长期以来并没有得到广泛使用。谢希仁老师编写的经典教材《计算机网络》，前6版都采用了因特网这个译名。
- 互联网，这个是目前使用最广的、事实上的标准译名。现在我国的出版物、政府文件等都使用这个译名。Internet是由数量极大的各种计算机网络互联起来的，互联网这个译名能够体现出Internet最主要的特征。谢希仁老师的《计算机网络》从第7版开始改用互联网作为Internet的译名。

1.3 数据通信的前世今生

本节以互联网的前身ARPANET为起点，沿着互联网的演进脉络，总结互联网各个阶段演进的基本规律与内在逻辑。这几个阶段在时间上并不是截然分开的，而是有部分重叠，这是因为互联网的发展是演进式的，而不是突变式的。

1.3.1　缘起：互联网的前身ARPANET

1957年10月，苏联成功发射第一颗人造卫星——斯普特尼克（Sputnik）一号；同年11月，带着一只狗的斯普特尼克二号人造卫星被送上太空。苏联成功发射人造卫星引起美国上下震惊，尤其美国民众反应强烈，因为这打破了美国是技术超级大国而苏联技术落后的印象。此次事件成了美苏太空竞赛的开端，也促使美国采取了对应行动。美国国防部组建了高级研究计划局（Advanced Research Projects Agency，ARPA）。ARPA不直接开展具体项目的研究工作，而是面向大学和科研机构发布课题，并出钱资助这些单位进行项目研究，为军事领域孵化前沿的科学技术应用，这是互联网得以诞生的根源。

1965年，美国国防部已经是当时全世界最大的计算机设备采购方，ARPA也资助美国各地的研究中心安装大型机。当时的大型机由不同公司生产，所有的软硬件都使用各个计算机制造商自己的标准，所以这些大型机之间互不兼容、无法互通，很多相同的功能也无法复用。ARPA信息办公室主任鲍勃·泰勒（Bob Taylor）向ARPA局长提出要启动一个新项目的资助计划。这个新项目的目的是把一些计算机连接起来，形成研究人员可以在上面协作的网络，这个网络不仅能让不同的计算机互相通信，还能让A地的研究员远程使用B地的计算机程序，从而节省ARPA的资助经费。

1968年6月3日，ARPA向140名候选承包商发布了构建一个实验性的“资源共享计算机网络”的招标书请求。当时只有12家公司提交了网络构建的投标方案，很多厂商认为ARPA的需求不靠谱，比如IBM认为建设计算机网络需要庞大的预算。最终的中标方案来自一家名叫BBN的小公司，而当时BBN提供的技术和方案都是理论上的，并没有经过证明。

BBN设计了一种被称为接口信息处理机（Interface Message Processor，IMP）的机器。IMP是一种定制的霍尼韦尔小型机，放到大型计算机旁边（每台IMP最多能连接4台主机），充当通往ARPANET的网关，所以IMP基本可以算一种路由器。BBN可以控制在IMP上运行的软件将数据报文从一台IMP转发到另一台IMP，但无法控制主机，因为主机是由计算机科学家们控制。这就形成一种分工：IMP与IMP之间的通信协议（Level 0）由BBN设计，IMP与主机之间的通信协议（Level 1）由BBN与计算机科学家协同设计，主机与主机之间的通信协议（Level 2）由计算机科学家设计，再加上主机上运行的应用程序（Level 3），自然而然地出现了分层的“应用-主机-网络”协议特征。因此，计算机网络的分层特征，是当时计算机、ARPA、BBN这种合作形式的天然结果，并不是设计出来的。

1969年10月29日，2台IMP被交付给加利福尼亚大学洛杉矶分校（UCLA）和斯坦福研究院（SRI），并首次尝试使用350英里（约560千米）长的租赁电话线进行通信。UCLA的程序员输入了“login”的l、o两个字母后，SRI的程序员在计算机上成功看到这两个字母；程序员接着输入g后，系统崩溃。经过调参后通信成功。这一事件标志着互联网的前身ARPANET的出现，也被业界认为是真正意义上的数据通信的开始。

1969年12月，ARPANET增加了犹他大学（U of U）和加利福尼亚大学圣巴巴拉分校（UCSB）的连接，成了4节点的ARPANET，如图1-8所示。1970年，ARPANET连接到美国东海岸的马萨诸塞州剑桥市。1971年底，ARPANET接入了13台IMP。1973年9月，ARPANET接入了40台IMP。

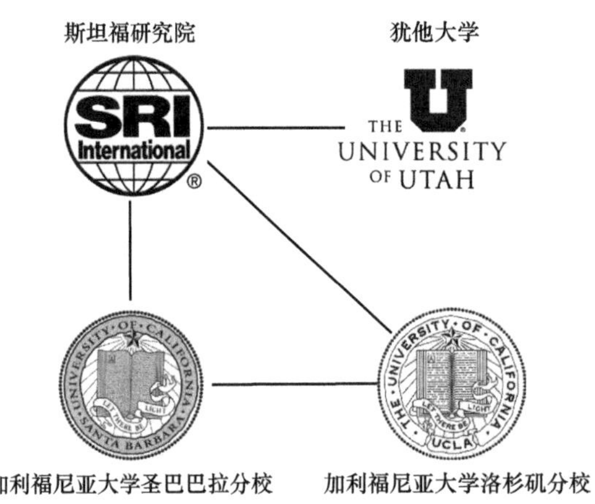

图 1-8　4 节点的 ARPANET

ARPANET的初衷就是将分散的计算机节点连接起来，以更高效地利用计算资源，这和当前算力网络的目标是类似的。当年高效利用各节点的计算资源需要科学家们协商；现在的算力网络目标是能自动且高效地协商出最优化的分配调度。从这段历史看，ARPANET为了实现一个简单的实际需求，先从一个能实际运行的小Demo开始验证，然后不断克服实践中的问题。可以说，ARPANET的诞生是自下向上的实用主义最好的例子之一。

1.3.2　孕育：全球学术科研网

20世纪70年代，人们开始意识到仅使用单独的网络不可能满足所有的通信需求。1972年，罗伯特·卡恩（Robert Kahn）在计算机与通信国际会议上进行了一次非常成功的ARPANET的演示，展示了由40台计算机和终端接口处理机（Terminal Interface Message Processor，TIP）组成的网络，生动、直观地证明了网络的巨大潜力，引起了人们的广泛共鸣。人们意识到网络的潜力只有在全球联网成为现实的基础上才有意义。1973年，ARPANET在美国之外连通了第一个节点，即挪威地震台；随后，英国伦敦大学学院（UCL）接入ARPANET，紧接着，英国各地的计算机通过UCL接入了ARPANET。

当时与ARPANET类似的网络还有英国的国家物理实验室（National Physical Laboratory，NPL）网络（1968年开始建设），法国的CYCLADES网络（1970年开始建设）。这几个网络都是基于无连接的分组交换技术，它们的研究人员都在进一步改进技术方案（如协议、标识、可靠性、拥塞等）。

后来广泛应用的IP较多地借鉴了法国的CYCLADES网络和英国的NPL网络的设计思想。例如ARPANET最初采用的是网络控制协议（Network Control Protocol，NCP），该协议主要定义主机如何与接口信息处理器（即后来的路由器）连接，并假定通信系统是可靠的。CYCLADES网络的设计者路易斯·普赞（Louis Pouzin）认为，“用户终端不应该相信网络是可靠的，同时网络也不可能是可靠的，所以网络不需要完美，而且网络也不可能做到完美”。他最早提出了“尽力而为”（Best Effort）和“端对端”（End to End）这两个核心思路。CYCLADES也是第一个不靠网络本身，而使用主机实现可靠传输数据的网络。

1974年5月，温顿·瑟夫和罗伯特·卡恩在电气电子工程师学会（Institute of Electrical and Electronics Engineers，IEEE）*Transactions on Communications*学术期刊上发表了“A Protocol for Packet Network Intercommunication”。这篇论文标志着互联网互联协议的诞生。论文阐释了一种支持不同分组交换网络中资源共享的互通协议，该协议的核心组件是传输控制程序（Transmission Control Program，TCP）。这里需要注意两点：第一，当时不同的大型计算机之间、不同的网络之间均有各自的通信协议，但没法直接互通，所以要设计能“支持不同分组交换网络中资源共享的互通协议”；第二，当时的TCP是运行在计算机上的程序。这篇论文奠定了互联网协议的主要设计内容：分组交换机制、网—机—端口编址方案、最大传输单元（Maxinum Transmisson Unit，MTU）切包、解决链路不可靠丢包和拥塞的重传机制、窗口控制机制等。

TCP/IP的体系结构是简单的，也是不完美的。例如TCP/IP在网络层没有流量控制，没有显式的跨自治域标识，也没有准入控制和严格的源地址认证等。但正是因为TCP/IP容忍了这种不完美性，才获得了简单性，而由于TCP/IP的简单性，带来了互联网的可扩展性和其他优点。现在，无论是IETF，还是其他网络研究人员，都清楚地认识到，如果在自己可以控制的网络内（或自治域内）追求“完美”（如服务质量控制），那是有可能可以实现的；但如果想在整个互联网范围内构建“完美的网络”，则违背了互联网的设计原则。

20世纪80年代初期，TCP/IP还没有被广泛应用，这个时期，在美国、欧洲各国及亚洲各国，计算机网络的研究成果如雨后春笋。无论是协议，还是规范和网络，均呈现出百花齐放、百家争鸣的热闹景象。但随着一系列关键举措的实施，TCP/IP脱颖而出，成为应用最为广泛的网络协议。

1981年，美国国家科学基金会（National Science Foundation，NSF）提供资助并建立计算机科学网络（Computer Science Network，CSNET），为大学计算机科学家提供网络服务。美国科学基金网（National Science Foundation Network，NSFNET）本质上是一个连接学术用户和ARPANET的网络，成为推动20世纪80年代美国和全球大学之间联网的主导性力量。1982年3月，美国国防部宣布TCP/IP成为所有军用计算机网络的标准。1983年1月1日，ARPANET正式完成从NCP到TCP/IP的迁移。1983年，NSFNET决定使用TCP/IP。1984年，国际标准化组织（International Organization for Standardization，ISO）正式承认TCP/IP与开放系统互连（Open System Interconnection，OSI）的原则相符，这标志着TCP/IP成为事实上的国际标准。1985年，TCP/IP成为UNIX操作系统的组成部分。之后，几乎所有的操作系统都支持TCP/IP。

1985年，NSF在美国资助建立了5个超级计算中心，为用户提供强大的计算能力。1986年，NSFNET的主干网建成，网络速度（简称网速）达到56 kbit/s。1988年，NSFNET主干网速率升级到T1（一种早期的广域网技术标准，传输速率是1.544 Mbit/s）。同年，加拿大的地区网络第一次连入NSFNET。到1988年年底，连入NSFNET的国家包括加拿大、丹麦、芬兰、法国、冰岛、挪威和瑞典。1989年，澳大利亚、德国、以色列、意大利、日本、墨西哥、荷兰、新西兰和英国等国家的网络均接入NSFNET。至此，一个全球联网格局的学术科研网基本形成。1995年，面向科研的NSFNET逐步“退役”，互联网进入了蓬勃发展的商业化发展阶段。

1.3.3 爆发：互联网走向商业化

20世纪90年代，互联网从学术界走进了大众视野，开启了轰轰烈烈的商业化之路。1990年，ARPANET正式退役，被移交给了NSFNET。1991年，NSF和美国的其他政府机构认识到，互联网必须扩大使用范围，不应该仅限于大学和研究机构。随后，世界上的许多公司纷纷接入互联网，这使得网络上的通信量急剧增大，现有的互联网容量已满足不了需要。于是，美国政府决定将互联网的主干网转交给私人公司来经营，并开始对接入互联网的单位收费，这可以被视为互联网走向商业化的开始。

从 1993 年开始，由美国政府资助的 NSFNET 逐渐被若干个商用的互联网主干网替代，而政府机构也不再负责互联网的运营。于是出现了一个新的名词：互联网服务提供商（Internet Service Provider，ISP）。在许多情况下，ISP 就是一个进行商业活动的公司。例如中国电信、中国移动和中国联通等公司都是我国的 ISP。

1993年6月，超文本标记语言（Hypertext Markup Language，HTML）以IETF工作草案的形式发布。1994年，网景（Netscape）公司成立，并基于HTML发布了首个商用浏览器，这被人们认为是互联网商业化浪潮最具标志性的事件之一。同年，微软为Windows 95创建了一个Web浏览器；杨致远和大卫·费罗（David Filo）创立了雅虎（Yahoo！），并很快获得了风险投资的青睐，全球第一家门户网站由此起步。

如图1-9所示，早期的互联网业务类型主要以文字为主，而浏览器的出现丰富了网络应用，从而带来互联网商业化的快速发展，使互联网从文本时代发展到文字+图片+动画+视频的浏览器时代。PC、互联网及浏览器的普及，也彻底打通了互联网发展的终端、网络和应用的正向循环。

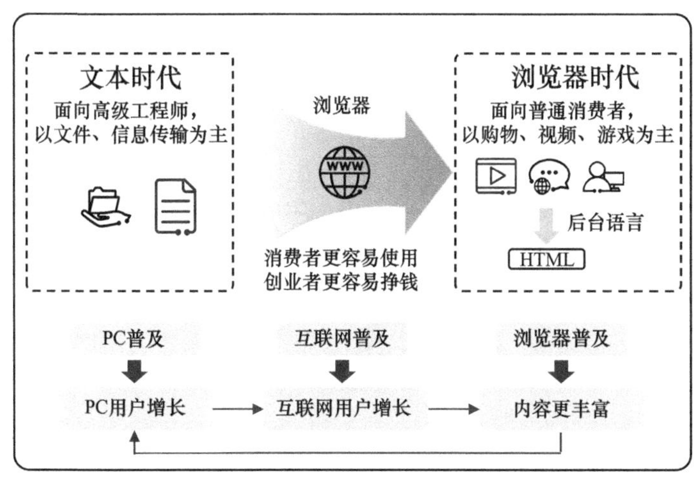

图 1-9　浏览器的出现丰富了网络应用

20世纪90年代无疑是互联网发展历史上最激动人心的时期，互联网实现了从学术网络走向商业网络的蜕变，真正走向社会，成为时代变革的创新力量。

自此开始，互联网每隔大约10年都会经历一次技术与商业上的跨越式发展，如图1-10所示。

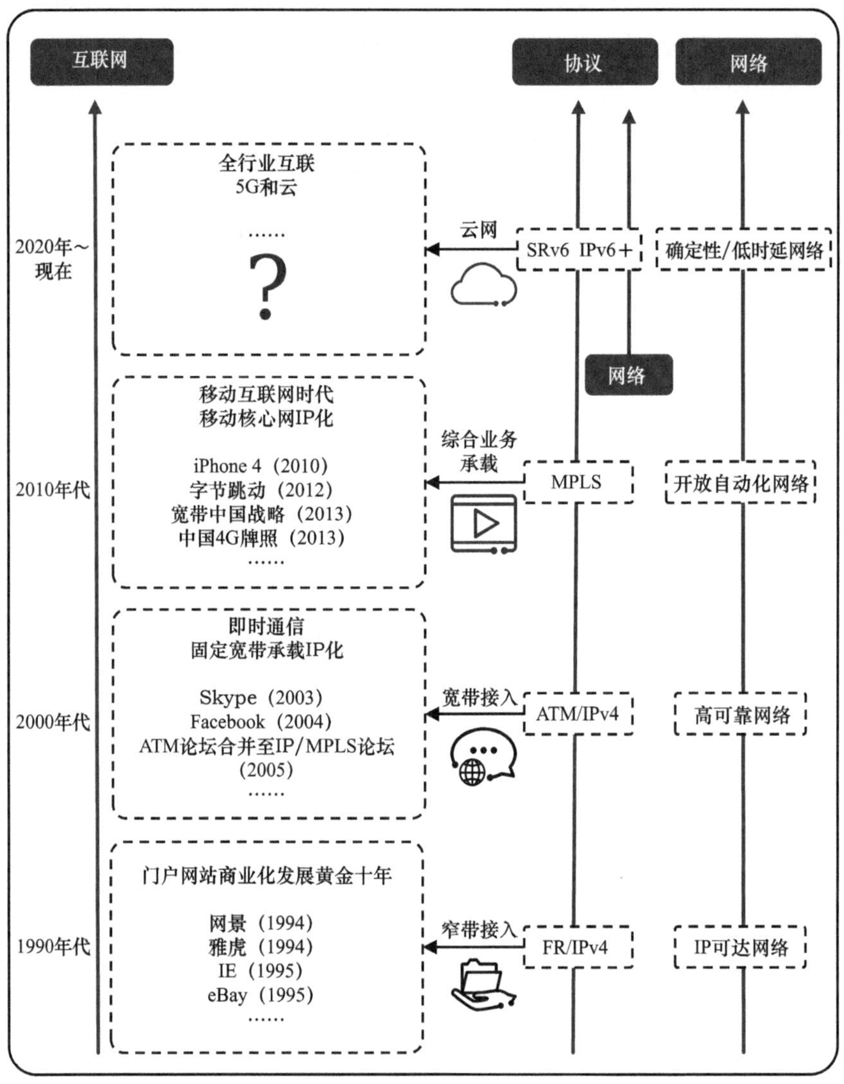

注：MPLS 即 Multi-Protocol Label Switching，多协议标签交换。

图 1-10　互联网在技术与商业上的发展

20世纪90年代是门户网站商业化发展的黄金十年，网景、雅虎等知名的互联网公司诞生。这期间的互联网主要采用窄带网络接入的技术。到21世纪初，即时通信快速发展，Facebook、Skype等应用诞生。这些应用促进了电信网络的IP化演进，电信网络也从公用交换电话网（Public Switched Telephone Network，

PSTN）、帧中继（Frame Relay，FR）、综合业务数字网（Integrated Services Digital Network，ISDN）、异步传输模式（Asynchronous Transfer Mode，ATM）等网络逐渐演进为IP网络。到2005年，ATM论坛合并至IP/MPLS论坛，标志着IP网络在和ATM网络的较量中最终胜出。2010年以后，智能手机的出现迅速催生了视频业务的发展。这期间电信网络又逐步完成了移动承载网、移动核心网的IP化。直到现在，网络的IP化改造其实仍然在继续，IP on Everything的趋势更加明显。

如果说20世纪90年代之前，互联网的发展主要由技术驱动，那么20世纪90年代以后，互联网的发展主要由技术和商业双轮驱动。另外，这期间在政策上极为重要的助力则是1991年美国国会通过的“戈尔法案”，以及1993年美国政府推行的信息高速公路政策。这些政策大大推进了美国互联网的商业化发展，当然这也产生了一定的副作用，那就是20世纪末的互联网泡沫。

1.3.4　泛化：从消费互联网走向产业互联网

从1969年的ARPANET诞生到2019年，这是互联网的第一个50年。2020年是5G大规模商用的第一年，这可以视为互联网的下一个50年的开始。

如图1-11所示，2020年之前的数据通信网络具有典型的互联网特征，在业务上以E-mail、Web为典型代表，主要用于沟通用户的信息消费，在技术上具有以下几个特征。

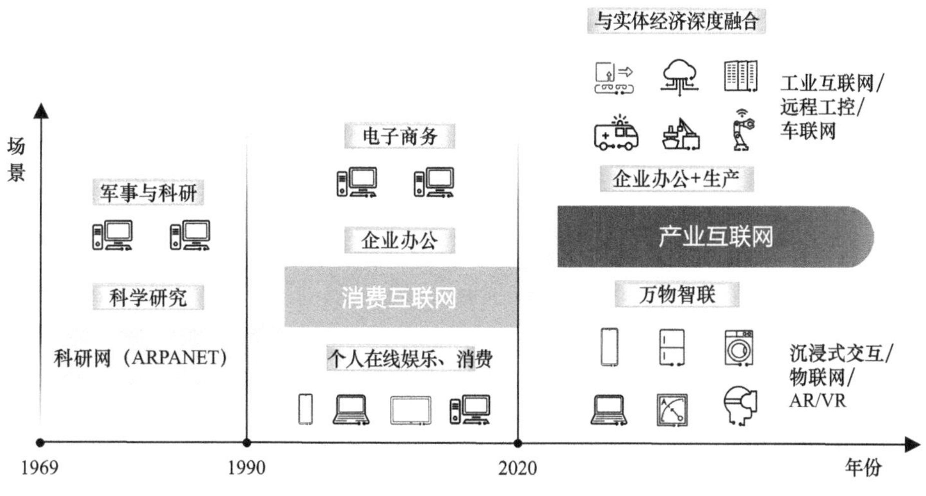

图 1-11　数据通信网络从消费互联网走向产业互联网

- 数据传输能力有限：网络采用多层树形结构，设备容量小、节点多、拓扑层次多，导致网络效率和能力较低。
- 用户业务体验差：只能提供“尽力而为”服务，不能保证业务的安全性、可靠性、连续性，以及传输数据的零丢包、低时延。
- 业务部署慢且困难：业务部署需要全程、全网的每台设备都支持，部署和配置烦琐，业务开通慢且困难。
- 网络维护效率低：网络和设备通过人工配置和管理，并靠经验进行人工维护，问题的定界、定位困难。

2020年以来，随着移动互联网、物联网、大数据、人工智能的快速发展，信息技术快速向各个行业渗透，引发不同产业的变革，数据通信网络逐渐从消费互联网向产业互联网转变。这一时期互联网的典型特征是从人人互联、人机互联扩展到了万物互联。网络带宽飞速拓展，连接数量呈爆发式增长，并且连接模型特别灵活，对服务等级协定（Service Level Agreement，SLA）保障的要求也从仅提供连通性扩展到严格的时延、抖动、丢包等综合指标，网络运维变得异常复杂。

如图1-12所示，从技术角度看，在50多年的发展过程中，IP网络实际上经历了3个时代。第一个时代是互联网时代，以IPv4为代表技术；第二个时代是全IP时代，核心技术是MPLS；第三个时代是当前正在发展的万物互联的智能时代，核心技术是“IPv6+”。

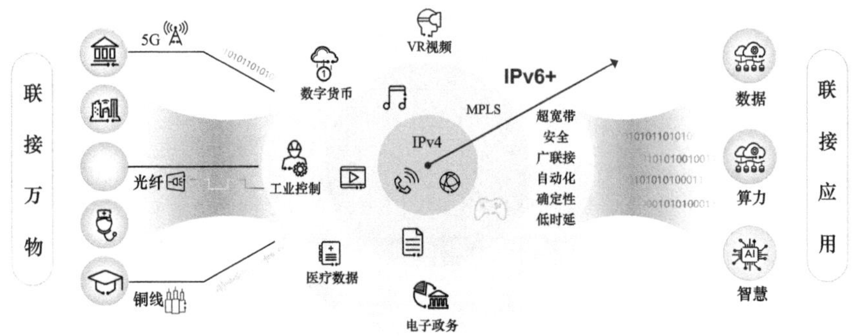

图 1-12　IP 网络的代际发展

1.4　数据通信的关键技术指标

评价数据通信的性能与体验有多种维度、多种指标，依据不同的目的，评价指标也有所不同。本节介绍数据通信的几种关键技术指标。

1.4.1　带宽

带宽是指某个信号具有的频带宽度，包含各种不同频率成分所占据的频率范围。例如，在传统的通信线路上传送的电话信号的标准带宽是3.1 kHz（从300 Hz到3.4 kHz，即话音的主要成分的频率范围）。这种情境下，带宽的单位是赫兹。

在数据通信网络中，带宽更多被用来表示网络中某通道传输数据的能力，因此，网络带宽表示在单位时间内网络中的某个通道所能达到的最高数据率。本书中的带宽主要是这个概念。这种情境下，带宽的单位就是数据率的单位，即bit/s。

在带宽的两种表述中，前者为频域称谓，而后者为时域称谓，本质是相同的，也就是说，一条通信链路的带宽越宽，其最高数据率也就越高。

1.4.2　时延

所谓时延，简单地说就是指数据报文（一个报文或报文分组，甚至比特）从网络或链路的一端传输到另一端所需要的时间，如图1-13所示。就好比某件物品从南京运送到北京需要1天的时间，那么时延就等于1天。

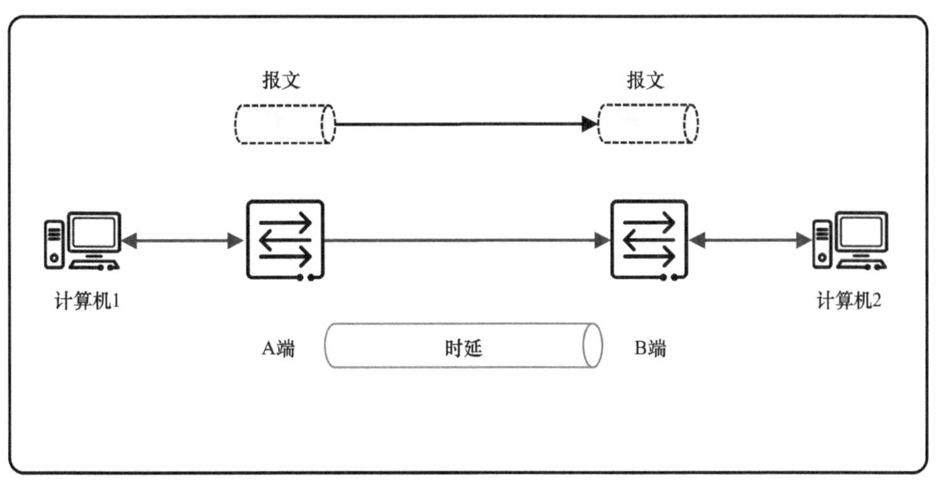

图 1-13　网络时延

需要注意的是，网络中的时延由以下几个不同的部分组成。

1. 发送时延

发送时延是主机或网络设备（例如交换机、路由器等）发送数据报文所需要的时间，也就是从发送数据报文的第一个比特算起，到该数据报文的最后一个比特发送完毕所需的时间。发送时延的计算公式如式（1.1）所示。

$$\text{发送时延}=\frac{\text{数据帧长度}}{\text{发送速率}} \tag{1.1}$$

由此可见，对于特定的网络，发送时延并非固定不变，而是与发送数据报文的帧长度（单位是bit）成正比，与发送速率（单位是bit/s）成反比。

2. 传播时延

传播时延是电磁波在信道中传播一定的距离需要花费的时间。传播时延的计算公式如式（1.2）所示。

$$\text{传播时延}=\frac{\text{信道长度}}{\text{电磁波在信道中的传播速率}} \tag{1.2}$$

电磁波在自由空间的传播速率等于光速，即3.0×10^5 km/s。电磁波在网络传输媒体中的传播速率比在自由空间要略低一些。电磁波在铜线中的传播速率约为2.3×10^5 km/s，在光纤中的传播速率约为2.0×10^5 km/s，例如长度为1000 km的光纤线路产生的传播时延大约为5 ms，一般按照5 μs/km来计算。

值得注意的是，人们往往容易产生一种误解，即光纤的传播时延比铜线小，而实际上电磁波在光纤中的传播时延是大于在铜线中的传播时延的。这是因为在光纤介质中，电磁波利用光的全反射原理进行传播，即从光纤的一端射入，经过在内壁上多次反射后，从另一端射出，全反射走的距离要大于光纤的实际长度，因此光纤的传播时延反而大于铜线的传播时延。

传播时延和发送时延有本质的不同。传播时延发生在网络设备外部的传输介质上（例如双绞线、光纤等），与信号的发送速率无关，但与传输介质及传输距离有直接的关系，传输距离越远，传播时延就越大。我们在打跨国电话的时候，有时候会感觉说一句话以后要等一会儿才能听到对方的回话，这就是因为话音来回的距离非常远。

3. 处理时延

主机或网络设备（例如交换机、路由器等）在收到数据报文后要花费一定的时间进行处理，例如分析数据报文的报文头、从数据报文中提取数据部分、进行差错检验或查找转发表等，这就产生了处理时延。

4. 排队时延

数据报文在网络中传输时，要经过许多路由器。数据报文在进入网络设备（例如交换机、路由器等）后，要先在输入队列中排队等待处理；在网络设备（例如交换机、路由器等）确定了转发接口后，还要在输出队列中排队等待转发。这就产生了排队时延。排队时延的长短往往取决于网络当时的通信量。当网络的通信量很大时会发生队列溢出，使数据报文丢失，这会导致排队时延无穷大。

数据报文在网络中经历的总时延就是以上4种时延之和，有时候也笼统地把总时延称为传输时延。

$$\text{总时延}=\text{发送时延}+\text{传播时延}+\text{处理时延}+\text{排队时延} \tag{1.3}$$

一般说来，低时延的网络要优于高时延的网络。在某些情况下，一个低速率、低时延的网络很可能要优于一个高速率但高时延的网络。

上述这4种时延在网络中产生的地方如图1-14所示，希望读者能够分清楚这几种时延的区别。

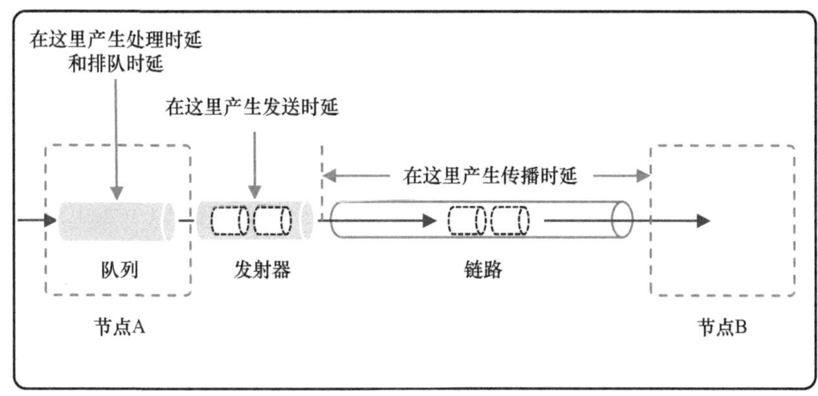

图 1-14　4 种时延产生的地方

在总时延中究竟哪一种时延占主导地位，必须根据实际情况具体分析和确定，这样才能更好地指导研究人员和工程人员抓住主要矛盾降低网络的总时延。有时候，发送时延、处理时延和排队时延会被笼统地称为转发时延，这3种时延跟技术标准、组网架构及网络设备的处理性能有直接的关系。对于用户来说，理解这4种时延也能更好地指导网络解决方案的选择或者网络设备的选型。

如果没有弄清楚这4种时延，就很容易产生错误的概念：“在高速链路（或高带宽链路）上，比特会传送得更快。”但这是不对的。我们知道，电磁波在通信线路上的传播速率取决于通信线路的材料，而与数据的发送速率没有关系。提高数据的发送速率只是减小了数据的发送时延，并不能明显减少传播时延。还有一点也应当注意：数据的发送速率是指每秒发送多少个比特，这是特指在某个点或某个接口上的发送速率。而传播速率是指每秒传播多少千米，特指在某一段传输线路上比特的传播速率。因此，通常所说的“光纤信道的传输速率高”是指可以用很高的速率向光纤信道发送数据，而光纤信道的传播速率实际上比铜线的传播速率略低一点。

1.4.3 抖动

所谓抖动，是指偏离了预期的时延，即不稳定的时延。网络抖动可表示为最高时延与最低时延的差，比如访问一个网站的最高时延是10 ms，最低时延为5 ms，那么网络抖动就是5 ms。

简单来说，网络抖动会导致发送端的数据报文到达接收端时快时慢，就像一个车队中的车同时出发，由于道路上不确定的堵塞情况，有的车到得很早，有的车到得很晚。如果把一辆车想象为一个字的声音，由于到达目的地的时间不一致，最终听到的就是断断续续、时快时慢的一句话，这可能改变原话的意思，影响用户体验，如图1-15所示。抖动对音视频（例如视频会议、网络电话等）业务、强周期性工业数据采集等业务有比较直接的影响。

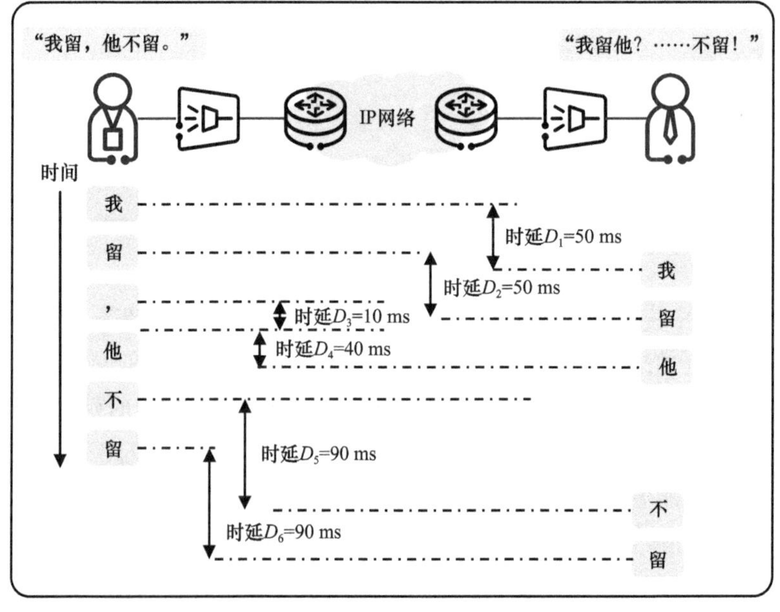

图 1-15　抖动对用户体验的影响

1.4.4　丢包率

所谓丢包，是指数据报文从一端发送到另一端的过程中，部分数据报文未能到达目的地，在途中丢失了。丢包率是指丢失的数据报文数量占所发送数据报文的比例，比如发送100个数据报文，丢失1个数据报文，那么丢包率就是1%。丢包对用户体验的影响如图1-16所示，用户发送了“给你发信息”5个字，但在传输过程中丢失了两个字，接收端只收到了“给你发”3个字。丢包通常会影响信息传输的正确性或完整性，在业务上表现为通话中断、视频卡顿、连接超时等用户体验问题。

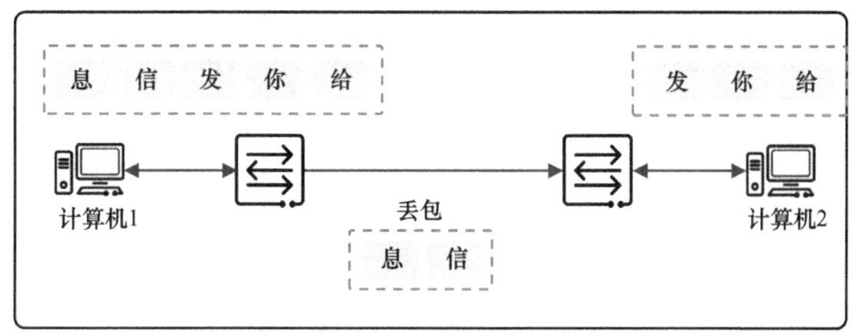

图 1-16　丢包对用户体验的影响

造成丢包的原因有很多，比如设备在短时间内处理不了过多的数据，导致网络拥塞，这时就会发生丢包现象。

| 1.5　数据通信的关键定律 |

在数据通信领域，有几个关键定律对行业发展和技术进步产生了深远的影响。这些定律不仅揭示了数据通信行业的发展规律，也为工程师的实际工作提供了参考和指导。下面对摩尔定律、香农定理和梅特卡夫定律做简要的介绍。

1.5.1　摩尔定律

在计算机领域有一个人所共知的“摩尔定律”，它是英特尔公司联合创始人之一戈登·摩尔（Gordon Moore）于1965年提出的，当时的表述为“微芯片上集成的晶体管数目每隔一年会翻一番”。这一定律揭示了信息技术进步的速度。

当然，这种表述没有经过论证，只是对现象的归纳。但是后来半导体技术的发展却很好地验证了这一说法，使其成了“定律”。后来的表述调整为“集成电路的集成度每18个月翻一番”或者“三年翻两番”。这些表述并不完全一致，但是它表明半导体技术的更新是按一个较高的指数规律发展的。

摩尔定律的核心内容主要有3个：一是集成更多的晶体管，每隔18～24个月，单芯片集成的晶体管数目翻一番；二是实现更高的性能，每隔两年，性能提高一倍；三是实现更低的价格，每隔两年，单个晶体管的价格下降50%。摩尔定律被称为“半导体行业的传奇定律”，它不仅揭示了信息技术进步的速度，更在接下来的半个世纪中，犹如一只无形大手，推动了整个半导体行业的变革。

需要注意的是，摩尔定律本身不是物理定律，是戈登·摩尔在集成电路技术发展之初根据统计数据总结出来的规律，该定律在中期指导了半导体行业的发展路线，后期成为半导体产业的愿景和努力的方向。其实连戈登·摩尔本人对摩尔定律延续了几十年之久感到十分惊讶，并对摩尔定律的增速进行过修正。摩尔定律不能被视为教条和迷信，而应该作为一种愿景，或者一种创新的推动力。

1.5.2 香农定理

提出香农定理的人是美国著名数学家、信息论的创始人克劳德·艾尔伍德·香农（Claude Elwood Shannon）。香农在通信界有非同一般的地位，是现代信息通信技术的理论奠基者，也被称为所有通信人的“祖师爷”。

1948年，香农在《通信的数学原理》（“A Mathematical Theory of Communication”）这篇论文中提出了著名的香农定理。此后，香农定理成为现代信息论的基础理论，在通信和数据存储领域得到了广泛应用，并为通信的发展打下了坚实的理论基础。

香农定理针对图1-17所示的点对点信道下的信道极限容量和信息传输速率进行了阐释。

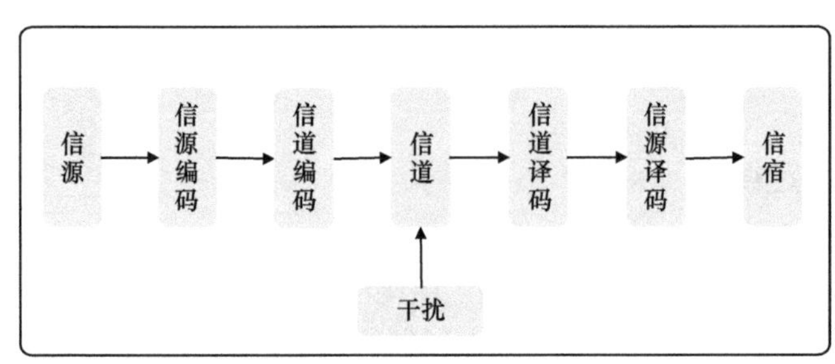

图 1-17　点对点信道

香农定理指出，信道的极限传输速率可用如下公式计算。

$$C = W\log_2(1+S/N) \tag{1.4}$$

式中，C 为信道容量，代表信道的极限传输速率，W 为信道的带宽（以 Hz 为单位），S 为信道内所传信号的平均功率，N 为信道内部的平均噪声功率。香农定理描述了在有随机噪声的信道中，信道的极限传输速率受固有规律的制约，和信道带宽、信号噪声比（即 S/N）有直接的关系。

如果以交通场景类比，可以更加直观地理解香农定理。一条城市道路的通行量（相当于信道容量）不可能无限增加，它一方面跟路面的宽度（相当于信道带宽）有关系，另一方面跟道路上车辆的多少、道路限行情况，红绿灯的疏密等各类干扰因素（相当于信噪比）有关系。

香农定理告诉工程人员，在有噪声的实际信道上，无论采用多么复杂的编码技术，信息传输速率都不可能突破上述公式给出的绝对极限值。

$$R \leqslant C = W\log_2(1+S/N) \tag{1.5}$$

式中 R 为信道中的信息传输速率，

对于并行多通道通信的情况，

$$R \leqslant C = W\sum_{i=1}^{M}\log_2(1+S/N) \tag{1.6}$$

式中 M 为子信道的数量。

香农定理重要的意义在于，它在理论上证明，只要信息传输速率低于信道的极限传输速率，就一定存在某种办法来实现无差错的传输。遗憾的是，香农没有告诉我们具体的实现方法。

香农定理不仅在理论层面给我们启示，在工程实践层面也有很好的指导意义，主要有如下几点。

- 在信噪比S/N一定时，增加带宽W可以增加信道容量，例如采用亚厘米波、毫米波、太赫兹等通信技术能获得更大的信道容量。
- 在带宽W一定时，提高信噪比S/N可以增加信道容量，例如增加发射功率S、降低器件噪声N等方法可以增加信道容量。
- 在信道容量一定时，带宽W与信噪比S/N之间可以互换，即减小带宽，同时提高信噪比，可以维持原来的信道容量。
- 采用多信道并行通信可以增加总的信道容量，例如多天线技术、多载波技术等。

香农定理提出后的几十年来，各种新的信号处理和调制方法不断出现，其目的都是为了尽可能逼近香农定理给出的传输速率的极限，这也成为无数信息和通信研究人员孜孜以求的目标之一。

1.5.3 梅特卡夫定律

梅特卡夫定律（Metcalfe's Law）是一个关于网络的价值和网络技术发展的定律。该定律在1993年由《吉尔德科技月报》的出版人乔治·吉尔德（George Gilder）提出，但以计算机网络先驱、3Com公司的创始人罗伯特·梅特卡夫（Robert Metcalfe）的姓氏命名，以彰显他在以太网领域的突出贡献。

梅特卡夫定律可以简单地表述为：一个网络的价值与联网的用户数量的平方成正比，如图1-18所示。在数学上，若一个网络有N个用户，其价值则大致为N^2，用公式表述就是$V=A\times N^2$，其中V代表一个网络的价值，N代表这个网络的节点数或者用户数，A代表价值系数。应用到社交网络领域，包括梅特卡夫在内的人认为应该将N^2修正为$N\log N$。

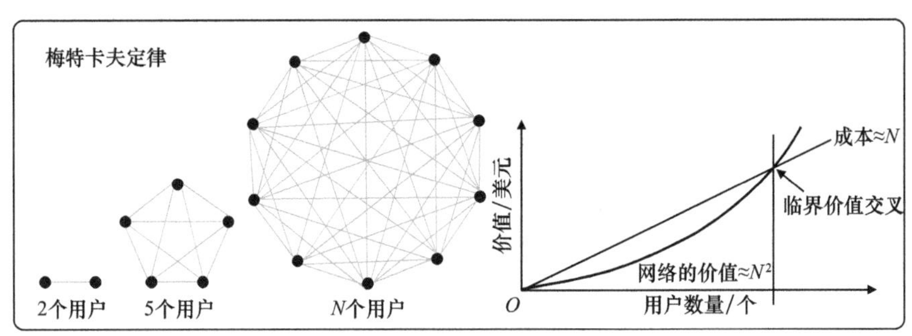

图 1-18　梅特卡夫定律

为了说服客户购买网卡，梅特卡夫用这张图讲清楚了网络的价值和成本之间的关系，即购买网卡的成本是线性增长（N）；但是用网卡构成的网络的价值则是指数级增长（N^2），当购买的网卡数量达到一定的临界值，网络的价值将超越成本（出现临界价值交叉，即Critical Mass Crossover），此后网络的价值将随着用户数量的增长而快速增长，形成规模效应。

梅特卡夫定律在解释和预测网络效应方面发挥了重要作用，主要体现在以下几个方面。

- 网络扩展的动力：梅特卡夫定律解释了为什么许多网络平台和社交媒体公司会不遗余力地扩展用户数量，因为用户数量的增加会大幅提升网络的整体价值。
- 市场策略的指导：企业可以利用梅特卡夫定律来制定市场策略，通过增加用户数量来提高网络的价值和竞争力。

- 投资决策的依据：投资者可以基于梅特卡夫定律评估网络公司或平台的潜在价值，从而做出更为明智的投资决策。

值得注意的是，梅特卡夫定律在实际应用中也存在一些局限性。2006年，鲍勃·布里斯科（Bob Briscoe）、安德鲁·奥德利兹科（Andrew Odlyzko）和本杰明·蒂利（Benjamin Tilly）联合发表了题为*Metcalfe's Law is Wrong*的论文，指出梅特卡夫定律在如下几个方面存在缺陷。

- 价值估算的过度简化：梅特卡夫定律假设所有连接的价值都是等同的，但实际上，不同连接之间的价值可能存在巨大差异。例如，某些连接可能非常重要，而另一些连接可能几乎没有价值。
- 忽略了边际效益递减：随着网络规模的增加，新增用户带来的边际效益会逐渐递减。大规模网络中，新用户对网络整体价值的贡献可能并不像梅特卡夫定律所描述的那样显著。
- 未充分考虑网络拥塞和管理成本：随着用户数量的增加，网络管理和维护成本也会增加，网络拥塞问题也会变得更加突出。这些因素在梅特卡夫定律的模型中没有得到充分考虑。

梅特卡夫定律作为描述网络价值的重要理论，尽管在某些方面存在缺陷，但其核心思想在解释和预测网络效应方面仍然具有重要的启示意义。企业在制定战略规划和市场定位的时候，应该充分考虑网络效应的重要性；人们在评估网络价值的时候，应该考虑更多的动态因素，如连接质量、用户互动频率和深度、网络管理成本等。一个网络的真正价值不仅由用户数量决定，还取决于用户之间的互动质量和网络的运营效率。一个网络的成功不仅依赖联网的用户数量，还依赖技术创新、用户体验和市场竞争力等诸多因素。

1.6　数据通信的标准化组织

数据通信产业有两个非常知名的标准化组织——IETF和IEEE。IETF发布了一系列征求意见稿（Request for Comments，RFC），主要覆盖数据通信的控制平面和转发平面，定义IP、MPLS等各种协议和特性，是网络工程师和开发者开展工作的重要参考资料。IEEE802委员会制定的802标准族主要覆盖数据通信的物理平面，定义数据通信的物理接口标准，例如无线保真（Wireless Fidelity，

Wi-Fi）5标准、Wi-Fi 6标准、GE接口标准、10GE接口标准等。这两个标准化组织和数据通信设备的关系如图1-19所示。

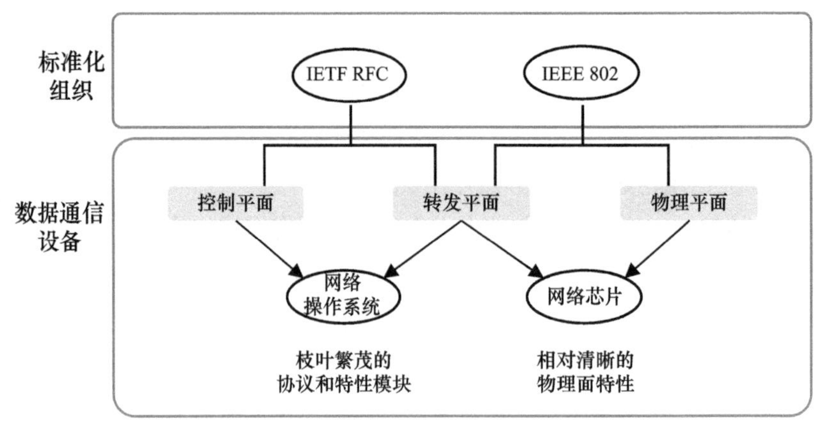

图 1-19　标准化组织 IETF 和 IEEE 与数据通信设备的关系

数据通信产业在设备级和更上层的网络级没有标准定义，需要厂家用IETF RFC定义的各种技术进行组合，实现相应的设备功能和网络功能。由于企业的网络技术方案需要面对大量不同的行业，并进行一定的场景化适配，而解决同一个问题往往会有多种方法，不同厂家对于同一个协议的实现可以不一样，因此经常会形成多套事实标准。

1. IETF RFC

数据通信产业最主要的标准化组织之一是IETF，该组织创始于1986年，主要负责互联网相关技术规范的研发和制定。几乎超过80％的互联网技术标准都是由IETF制定的，包括TCP/IP、IPv6、路由协议、文件传送协议（File Transfer Protocol，FTP）等。IETF的使命是通过发布高质量的技术文档影响人们设计、运行、使用和管理互联网的方式，使互联网更好地运作。IETF遵守如下原则。

- 过程开放：任何感兴趣的人都可以参与IETF的工作，了解决策过程，对某个问题表达意见。IETF也尽可能让文件、电子邮件讨论组、参与者名单和会议记录在互联网上公开。
- 技术主导：IETF发布的文档基于对于技术的理解。IETF倾听来自技术人员的意见，文档具有可以直接进行工程实施的质量。
- 志愿者为核心：人们加入IETF的目的是他们想要提供帮助，以实现IETF“让互联网更好地运行”的使命。
- 只相信大致共识和可以运行的代码：IETF在制定标准时，是根据且仅根据IETF参与者的大致共识，以及可以运行的代码来决定。这也是IETF名言“我们不相信国王，我们不相信总统，我们不相信选举，我们相信的是大致共识和可以运行的代码（We reject：kings，presidents and voting. We believe in：rough consensus and running code）”的由来。

- 权责一致：当IETF获得某个协议所有权时，也对该协议的方方面面负责。

IETF完全是自下而上的结构，参加者多数是工作在第一线、有丰富的网络设备研发或网络运维管理经验的工程师。因此，IETF的文档较少官僚气息和空话，强调的是解决工程实际问题。IETF不把自己输出的技术方案文档称为标准，而是以“RFC”的形式发表。Engineering是每篇RFC的主题。每篇RFC都聚焦一个技术点，解决一个小问题，因此具有强大的生命力。

IETF的工作组会议和邮件讨论组可能是世界上最具学术氛围和民主氛围的团体之一，他们每天都进行技术讨论。RFC的产生需要经历图1-20所示的3个阶段。首先在已有的工作组内提交个人文稿（Individual Draft），也被称为Internet Draft。任何人均可以提交个人文稿，而且任何人都可以对文稿进行评价，哪怕文稿的提出人是权威人士。个人文稿提交后需要经过多次讨论、沟通，最终被工作组接纳，形成工作组文稿（WG Draft）。工作组对工作组文稿进行多次讨论、修改，达成共识后发起工作组Last Call（将最终草案提交给全体成员进行评论，通常持续两周时间），并提交给因特网工程指导组（Internet Engineering Steering Group，IESG）。IESG评估并发起IETF范围内的Last Call，达成共识后由RFC Editor负责编辑、出版，最终发布成为正式的RFC。

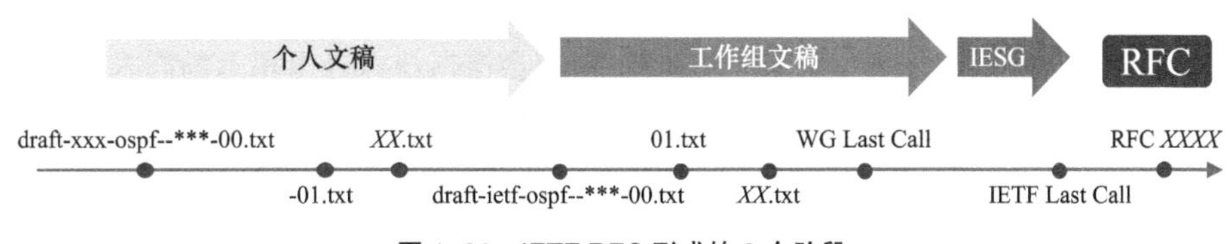

图 1-20　IETF RFC 形成的 3 个阶段

2. IEEE 802委员会

IEEE 802标准族的起源可以追溯到20世纪80年代。彼时计算机网络正处于起步阶段，不同厂商开发的网络设备和协议五花八门，彼此不兼容，给用户带来了极大的困扰和不便。为了解决这些问题，确保不同设备之间可以顺利通信，IEEE决定成立一个专门的委员会来制定统一的标准。

1980年2月，IEEE 802委员会正式成立，初衷是为局域网（Local Area Network，LAN）和城域网（Metropolitan Area Network，MAN）制定标准，以

便不同厂商的设备能够在同一个网络中无缝协作。该委员会由一群计算机科学家和工程师组成，他们意识到只有统一标准，才能推动计算机网络的发展和普及。之后他们制定的一系列标准被称为IEEE 802标准族。

IEEE 802标准族中最著名的当数IEEE 802.3，即以太网标准。该标准于1983年正式发布，规定了以太网的物理层和数据链路层，使得以太网成为全球应用最广泛的局域网技术。

随着计算机和互联网的普及，人们对无线网络的需求日益增长。1997 年，IEEE 发布了第一个无线局域网（WLAN）标准，即 IEEE 802.11，这一标准为无线设备的通信奠定了理论基础。随着技术的进步，IEEE 802.11 标准不断演变，如今的 Wi-Fi 7（802.11be）能够支持高达 23 Gbit/s 传输速率（最初仅支持 2 Mbit/s 传输速率）。

随后，IEEE 802标准族不断扩展，以应对不同的网络需求。除了以太网和无线局域网的标准，IEEE 802委员会还制定了多种标准，以下列举部分常用标准。

- IEEE 802.15：针对个人区域网络（Personal Area Network，PAN），包括蓝牙技术。
- IEEE 802.16：用于全球微波接入互操作性（World Interoperability for Microwave Access，WiMAX），提供广域覆盖。
- IEEE 802.17：定义了弹性分组环（Resilient Packet Ring，RPR），用于光纤环网。
- IEEE 802.19：负责无线共存的频谱管理。

从1980年至今，IEEE 802标准族在推动全球网络通信技术的发展中起到了至关重要的作用。每隔几年，IEEE 802委员会都会根据技术进步和市场需求，对现有标准进行修订和更新，以确保它们能够满足最新的应用场景。例如，随着物联网的发展，IEEE 802委员会不断调整标准，以支持更多的设备互联和更复杂的网络环境。

IEEE 802标准族不仅解决了早期网络设备不兼容的问题，还通过不断创新和优化，提升了网络的性能和可靠性。未来，随着技术的进一步发展，IEEE 802标准族将继续演进，保持其在网络通信领域的核心地位。

第 2 章
如何构建一个数据通信网络

通过第1章的介绍，读者会对什么是数据通信有一个抽象的理解。本章以“如何构建一个数据通信网络”为主线，介绍数据通信网络的基本构成，串联讲解关键的数据通信产品和技术，同时以园区网络、数据中心网络、广域网络为例，介绍几个典型的数据通信网络。希望通过前两章的介绍，能够让读者对数据通信建立从抽象到具象的概要性认知。

| 2.1　交换式局域网的构建 |

为了让读者了解数据通信网络的基本原理，本节将介绍如何从两台计算机互连开始，逐步构建一个交换式局域网，并在这个过程中介绍数据通信网络的常见设备、演进过程及关键技术等。

2.1.1　简单的共享式局域网

1. 两台计算机互连，最简单的办法是什么？——用一根网线直连

在数据通信网络诞生之前，计算机都是单机运行，计算机之间的数据传送共享主要靠软盘、光盘等介质。如果把两台计算机用一根网线（如双绞线）连接起来，就可以共享两台计算机的计算和存储等资源，这其实就构建了一个最简单的局域网，如图2-1所示。

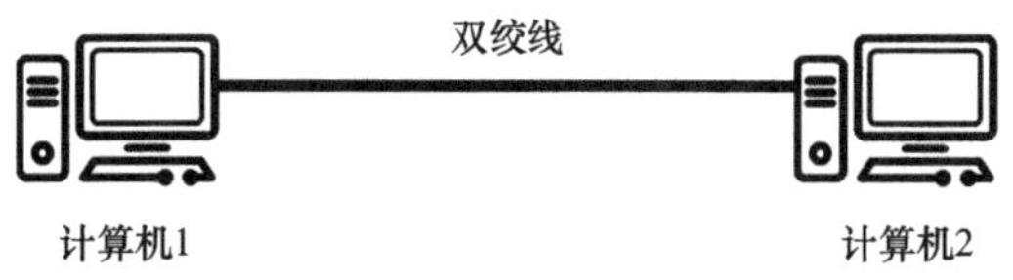

图 2-1　两台计算机用一根网线直连

但是仅用网线把两台计算机连接起来是不够的，两台计算机之间的通信还需要网卡、协议栈的配合。网线、网卡、协议栈一起构成了最小单元网络的基础。网线提供物理介质，承载数据流，类似电话线承载语音流。网卡进行数据处理，例如将计算机磁盘上的数据转换为网线上的数据流等。协议栈作为计算机之间通信的协议，完成通信过程中的数据解析、寻址、流控制等。

如图2-2所示，如果要在计算机1和计算机2之间传输信息，就需要从计算机1开始，经过应用层、传输层、网络层、链路层、物理层，把消息逐层封装并发送，计算机2收到信息后，反方向逐层解封装，得到原始信息。

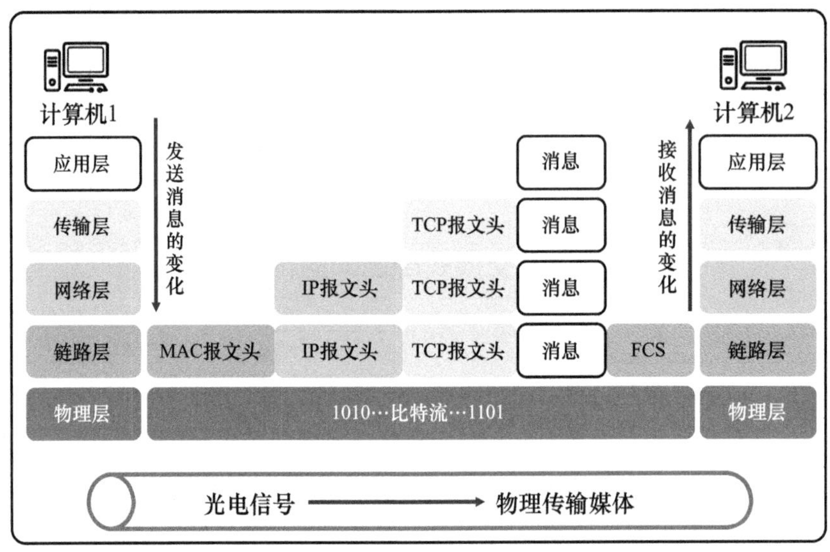

图 2-2　数据流通过 TCP/IP 协议栈

2. 线缆的传输距离不能太远怎么办？——用中继器

线缆的传输距离是有上限的，例如在网络综合布线规范中，明确要求双绞线的传输距离不能超过90 m，链路总长度不能超过100 m。这是因为双绞线使用铜线作为传输介质，数据信号在双绞线上传输时会受到电阻、电容及串扰的影响，产生衰减和畸变。随着线缆长度的增加，衰减和畸变也随之增加。当信号的衰减或者畸变达到一定的程度，接收方的设备将无法准确解析出原有的数据信号。

如图2-3所示，当两台计算机之间的距离超过了线缆在物理上的传输距离上限时，可以考虑使用中继器。中继器是一种物理设备，能够对信号进行增强和中继，从而实现远距离的数据传输。它的功能是将信号放大以后重新输出，不进行其他的数据控制，也无法识别链路层的MAC地址和网络层的IP地址。

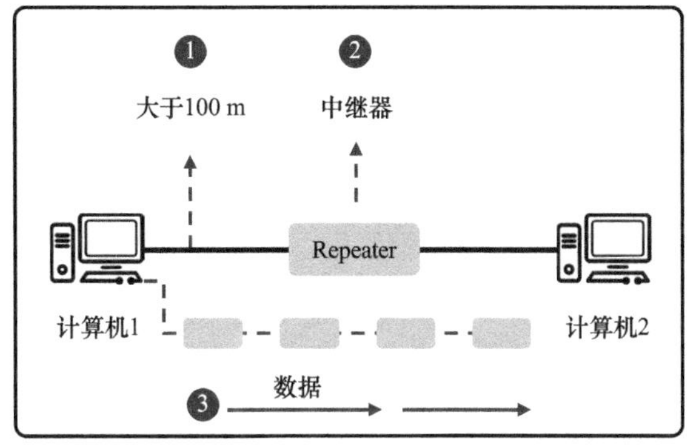

图 2-3　用中继器连接两台主机

3. 网络需要扩展，中继器的端口不够用怎么办？——用集线器（Hub）

中继器只能实现网络的远距离连接，但是无法进一步扩大网络的规模。如果用户希望更多的主机联网，就可以使用一种局域网发展初期常用的设备：集线器，英文名称为Hub。

Hub在英文里有某种活动中心的含义，还可以表示车轮的轮毂。如图2-4所示，集线器在中心通过多根网线连接到计算机，这与轮毂在中心通过多根辐条连接到轮辋是非常类似的。所以，当初给集线器命名的人，应该是想表达它是局域网的中心的意思，所以使用Hub这个英文名称是非常准确和形象的。

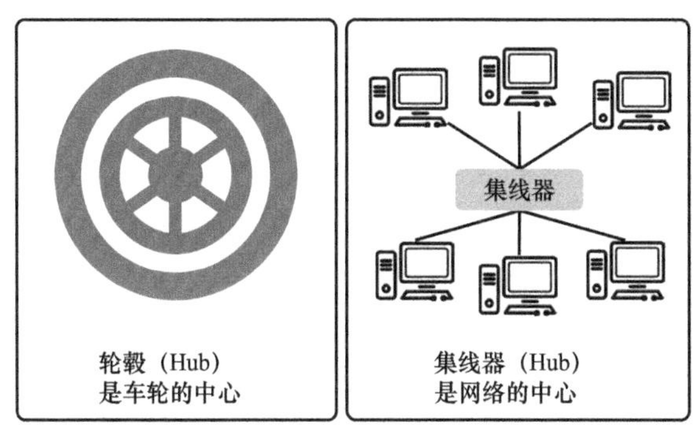

图 2-4　轮毂（Hub）和集线器（Hub）的对比

集线器可以理解成一种多端口的中继器，也工作在物理层，它能够对信号进行放大，从任意端口收到的数据，都会被发送到其他所有的端口。在计算机网络发展的初期，集线器发挥了重要的作用，它可以扩展网络的规模，真正使计算机通信从“1对1”走向“多对多”。

以集线器为核心构建的网络是共享式局域网的典型代表。在这种局域网中，所有计算机共享带宽，同一时刻只能由一台计算机发送数据，多台计算机发送数据就会产生冲突，所有的计算机都在一个冲突域中。为了避免数据冲突，IEEE定义了载波侦听多址访问/冲突检测（Carrier Sense Multiple Access/Collision Detection，CSMA/CD）协议，即在每个主机要发送数据之前，都会检测信道是否空闲，如果空闲则发送，否则就等待。

2.1.2 从“共享”走向“交换”

1. 集线器有广播风暴，且效率低、不安全，怎么办？——用网桥（Network Bridge）

集线器的工作机制是从一个端口接收到数据以后，将其转发给其他所有端口。集线器并不知道数据是发给谁的，只是机械地广播出去，让计算机自行处理。

这种工作机制会产生一系列的问题：首先是安全问题，任何数据都广播发送给了所有人，这让网络监听成了相当容易的事情，也极易造成信息泄露；其次是效率问题，所有数据都以广播方式发送出去，因此所有计算机都会收到大量与自己无关的数据，而这些数据又实实在在地占用了网络的带宽，导致网络的利用率非常低下，这就是常说的“广播风暴”问题。

为了解决安全和效率的问题，在这一阶段可使用一个过渡性的产品：网桥。网桥又称为桥接器，它工作在链路层，这一点与集线器不同，集线器只能识别物理层上的信息，而网桥能识别链路层的信息。

在以太网构建的局域网上，最终的寻址是以链路层的MAC地址作为唯一标识的。如图2-5所示，网桥能从收到的数据报文中提取源MAC地址信息，并且根据目的MAC地址信息对数据报文进行有目的的转发，而不采用广播的方式发送。

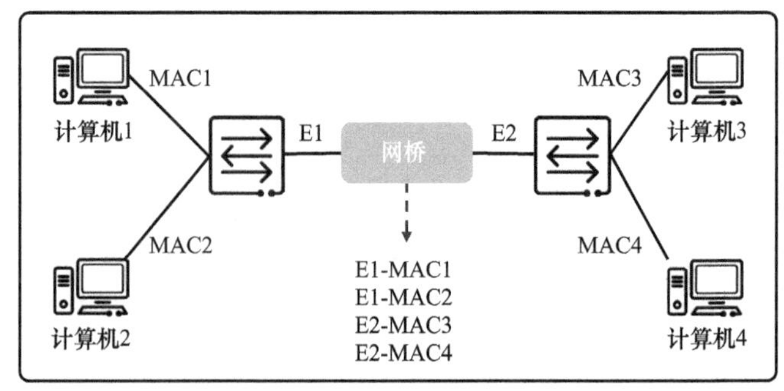

图 2-5　使用网桥构建局域网

网桥的出现实现了两个局域网的桥接，也可以把一个大的局域网分隔成两个小的局域网，这在一定程度上缓解了广播域和冲突域的问题，提升了整个网络的安全性和效率。但是随着硬件技术的进步，网桥很快被交换机代替。

2. 网络需要进一步扩展，网桥的端口不够用怎么办？——用交换机（Switch）

网桥一般只有2个端口，可以桥接两个局域网，或者把一个大的局域网隔离成两个小的局域网。如果想进一步扩大局域网的规模，用网桥就无法实现。于是，科研人员在网桥的基础上进一步延伸和升级，就形成了二层交换机，如图2-6所示。

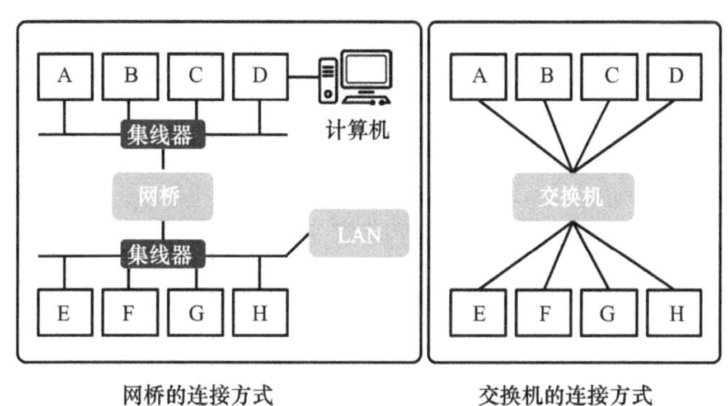

图 2-6 网桥的连接方式与交换机的连接方式对比

相对于网桥，二层交换机增加了端口数量，确保每个主机都在一个独立的冲突域中，从而大大提升了局域网的带宽利用率；同时，二层交换机一般采用专用的专用集成电路（Application Specific Integrated Circuit，ASIC）硬件芯片进行高速转发，显著提升了转发性能。交换机的出现解决了集线器冲突域的问题，使以太网从“共享式”时代步入了“交换式”时代。同时，随着硬件水平的发展，交换机的端口密度和转发性能也在快速发展，交换机逐渐替代了集线器、网桥等产品，成为构建局域网的最重要、最常见的网络设备之一。

2.1.3 如何解决广播域的问题

二层交换机虽然解决了冲突域的问题，但是仍然不能分割广播域。然而在TCP/IP协议栈进行通信时，广播或组播类型的协议报文，如地址解析协议（Address Resolution Protocol，ARP）报文、动态主机配置协议（Dynamic Host Configuration Protocol，DHCP）报文等，会被广泛使用。如果整个网络只有一个广播域，一旦发出广播报文，就会传遍整个网络，这样不仅会影响网络带宽，还会给网络中的主机带来额外的负担。虚拟局域网（Virtual Local Area Network，VLAN）技术的出现解决了分割广播域的问题，如图2-7所示。

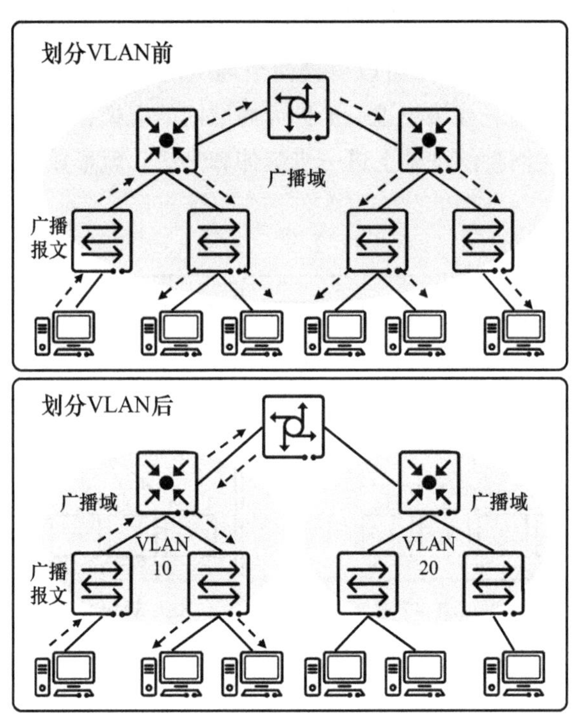

图 2-7 通过 VLAN 技术分割广播域

VLAN是将一个局域网在逻辑上划分成多个广播域的通信技术。每个VLAN是一个独立广播域，VLAN内的主机之间可以直接通信，而VLAN之间则不能直接互通，这样广播报文就被限制在一个VLAN内。VLAN技术具备以下优点。

- 限制广播域：广播域被限制在一个VLAN内，节省了带宽，并提高了网络处理能力。
- 增强局域网的安全性：不同VLAN内的广播报文在传输时相互隔离，即一个VLAN内的用户不能和其他VLAN内的用户直接通信。
- 提高了网络的健壮性：故障被限制在一个VLAN内，该VLAN内的故障不会影响其他VLAN的正常工作。
- 灵活构建虚拟工作组：用VLAN可以将不同的用户划分到不同的工作组，同一工作组的用户也不必局限于某一固定的物理范围，这使得网络构建和维护更方便、灵活。

2.1.4　通信从“一对一”走向“多对多”会发生什么

我们再回头看一下最初的两台计算机互连的情况，我们能直观地想到用一根网线直连。但是当通信从“一对一”走向“多对多”的情况下，如果继续沿用这种思维模式，就需要将多个用户两两互连，每一对用户之间都需要一条线路。这样会导致组网的成本太高，更无法实现远距离、大规模的组网。这种情况下就需要引入交换节点，以减少互连、降低成本，如图2-8所示。

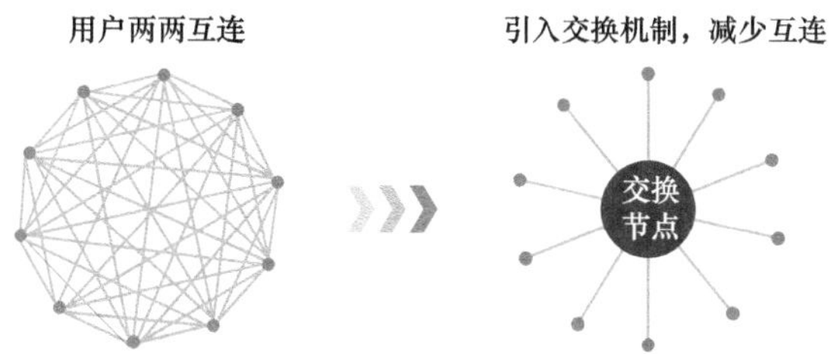

图 2-8　引入交换节点，减少互连，降低成本

假如有100个用户需要通信，如果两两互连，则需要（100×99）÷2=4950条线路。如果引入1个交换节点，则100个用户通信只需要100条线路。

如图2-9所示，如果想进一步扩大网络的规模，实现远距离组网，则可以考虑在各自网络的中心设置交换节点，以最大限度地减少物理线路的部署成本。这也是构建现代大规模网络的基本思路，前文中提到的集线器、交换机等产品可以理解成一个交换节点。这种思路体现了当通信从“一对一”走向“多对多”的时候，引入交换机制的必要性。

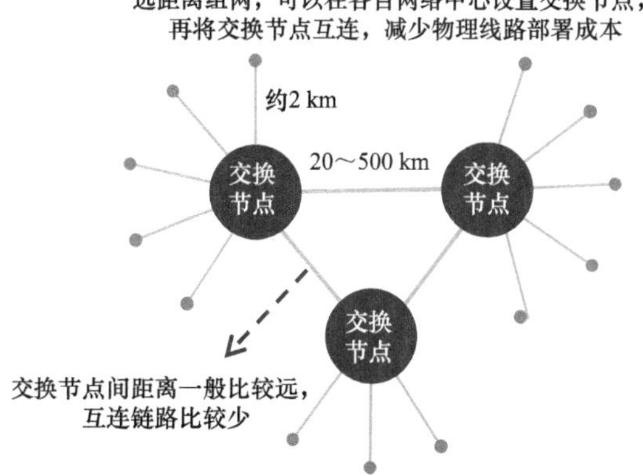

图 2-9　多个交换节点互连，进一步扩大组网规模

|2.2 无线局域网的构建|

在上一节中我们通过交换机、双绞线（也可以是光纤）等构建了一个交换式局域网，这个网络使用有线线缆作为传输介质，一般也称为有线网络。随着手机、平板计算机等移动终端的普及，大量的终端需要随时随地接入网络，若继续使用线缆联网，既不方便，也不经济。这种情况下就需要考虑把有线网络继续延伸至无线网络。

2.2.1 如何实现移动终端随时随地联网

部署WLAN可以实现移动终端随时随地联网。WLAN常见的组网方式及接入过程如图2-10所示，在这个组网中和WLAN强相关的设备是接入点（Access Point，AP）和无线接入控制器（Wireless Access Controller，WAC），其中AP实现无线信号覆盖，WAC负责AP的集中管理、用户管理、漫游、全网信道和功率自动规划等。实际组网中，可用独立的WAC旁挂在汇聚/核心交换机上，也可以直接用具有随板AC功能的汇聚/核心交换机作为WAC。

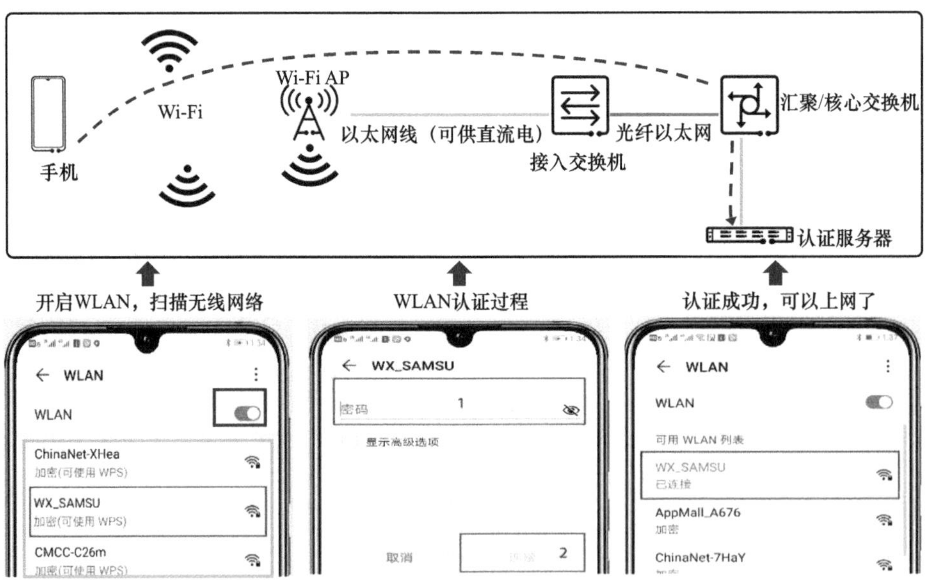

图 2-10 WLAN 常见的组网方式及接入过程

在这个网络中，除了AP和WAC，其他的设备，诸如交换机、各类认证服务器等都是传统有线局域网的架构，只有AP到手机是通过无线电磁波的方式完成通信的。因此，WLAN本质上是局域网从有线到无线的延伸。

2.2.2 如何给无线AP便捷供电

网络中的交换机一般会安装机房或者弱电间，供电比较方便。而无线AP的安装位置通常比较灵活，例如安装在距离地面比较高的天花板或室外，附近很难有合适的电源插座，即使有插座，AP需要的交直流转换器也不一定有安装位置。另外，在大型的网络中，AP的数量有几百甚至几千台，这些AP需要统一供电和统一管理，由于供电位置的限制，给供电管理带来极大的不便。选用带有以太网供电（Power over Ethernet，PoE）功能的交换机可以解决这个问题。

PoE是一种有线以太网供电技术。该技术借助传输数据的网线同时具备直流供电的能力，可以有效解决IP电话机、无线AP、便携设备充电器、刷卡机、摄像头、数据采集终端等的集中式电源供电问题。如图2-11所示，PoE供电系统包括如下两个设备。

- 供电设备（Power-Sourcing Equipment，PSE）：通过以太网给受电设备供电的PoE设备，并提供检测、分析、智能功率管理等功能，例如PoE交换机。
- 受电设备（Powered Device，PD）：如无线AP、便携设备充电器、刷卡机、摄像头等受电方设备。按照是否符合IEEE标准，PD分为标准PD和非标准PD。

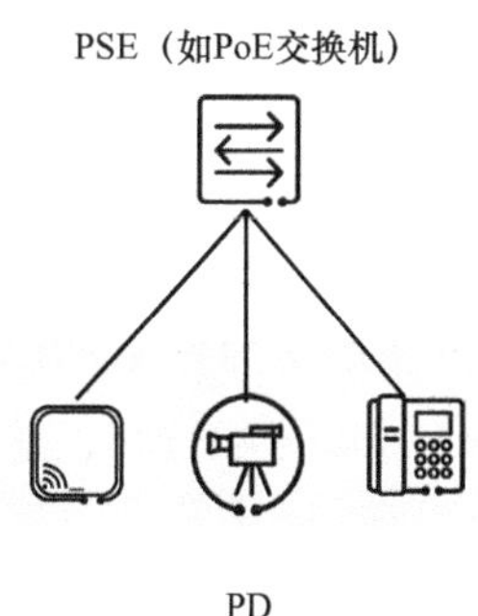

图 2-11　PoE 供电系统中的两种设备

PoE供电具有可靠、连接简捷、标准统一的优势。

- 可靠：一台PoE设备可以同时为多个终端设备供电，不仅实现电源集中供电，还可以进行电源备份。
- 连接简捷：终端设备不需要外接电源，只需要一根网线。
- 标准统一：符合国际标准，使用全球统一的RJ45电源接口，可保证与不同厂商的设备对接。

2.2.3 高速数据传输和长距离PoE

为了确保网络业务正常运行，一般希望通过线缆完成两个方面的任务：设备本身的供电和数据的传输。有一些设备的安装环境相对复杂，例如WLAN AP、5G小基站、视频监控摄像头等，安装环境周边很难有合适的电源插座，设备供电较为困难。这种情况下往往希望通过一根线缆同时解决设备供电和数据传输的问题。

在通信线缆中，按照介质的不同可以分为以光纤为传输介质的光缆和以铜线为传输介质的铜缆。光纤利用光的全反射原理进行数据传输，具有带宽大、损耗低、传输距离长等优点，但是光纤的材料是玻璃纤维，是绝缘体，无法支持PoE供电。而铜线利用金属作为传输介质，利用电磁波原理进行数据传输，既可以传输数据信号，又可以输送电力信号，但是在传输过程中存在热效应，因此损耗较大，不适合长距离的数据传输。在网络综合布线规范中，明确要求双绞线的链路总长度不超过100 m。未来需要一种线缆在支持带宽长期演进的同时解决PoE供电的问题，而光电混合缆就是一种比较合理的解决方案。

光电混合缆将光纤和铜线集成在一根线缆中，使用光纤传输数据信号，使用铜线传输电力信号，取两者之所长，既可以完成高速率的数据传输，又可以完成长距离的设备供电。光电混合缆通过特定的结构和保护层设计，可以确保光信号和电信号在传输过程中不会互相干扰，不仅适用于各类网络系统中的综合布线，还能有效降低施工和网络建设成本，达到一线多用的目的。

光电混合缆的外观如图2-12所示，其中光纤只负责数据信号的传输，而铜线只负责电力信号的传输，这样通过一根光电混合缆可以同时给AP进行数据传输和PoE供电。为什么光电混合缆能够支持带宽的长期演进和长距离PoE供电，而双绞线或者光纤却不能呢？

图 2-12　光电混合缆的外观

首先，在光电混合缆中，数据信号的传输通过光纤进行，这样可以充分利用光纤通信的优势，满足带宽和距离的长期演进。因为双绞线使用铜线作为传输介质，所以数据信号在铜线上传输时会受到电阻和电容的影响，这必然导致数据信号的衰减和畸变。衰减与线缆的长度有关系，随着长度的增加，信号衰减也随之增加，当信号的衰减或者畸变达到一定的程度，就会影响信号的有效传输。因此，在网络综合布线规范中，明确要求双绞线的布线距离不超过90 m，链路总长度不超过100 m。而光纤通信利用光的全反射原理，这种情况下，不存在因为电流的热效应而产生能量的损耗；同时，也不会因为电磁感应而产生信号的串扰，因此光纤通信的损耗很小，传输距离和带宽都可以得到极大的提升。

其次，在光电混合缆中，铜线只负责传输电力信号，而且是直流电，因此传输距离比较远。根据华为的测试，当供电距离达到300 m时，铜线仍可以保证60 W的供电功率。但是铜线毕竟有电阻，传输过程中会产生热效应，并存在能量的衰减，因此即使是直流电信号，它的传输距离仍然是有限的。因此，光电混合缆的传输距离取决于直流电信号在铜线上的传输距离。未来，随着技术以及工艺的改良，传输距离达到1000 m甚至更远也是有可能的，这样就可以满足绝大多数场景的长距离PoE供电的需求了。

2.2.4　网络从有线延伸到无线会发生什么

1. 移动化办公，如何解决“蜂群效应”带来的问题？——业务随行和SDN

在传统的有线网络中，用户终端在固定位置，这种情况下的网络是一种可预知的网络，例如根据用户数量比较容易估算出哪里的流量大，哪里的流量小；哪些用户是企业员工，哪些用户是访客等。而在无线网络中，由于用户就像蜂群一样，不停地移动位置，因此网络的状态会随着用户的移动而波动，难以预测。如图2-13所示。

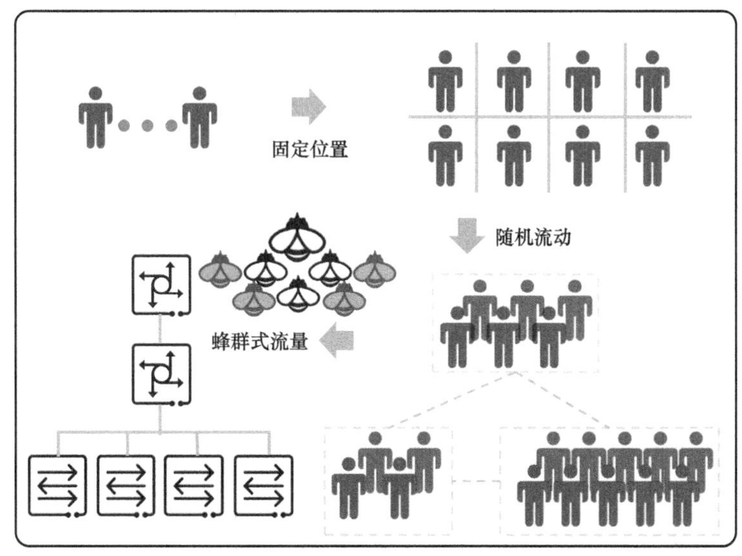

图 2-13　从有线网络的固定位置到无线网络的“蜂群效应”

在无线网络中，“蜂群效应”给网络带来了如下几个方面的挑战。

- 用户需要在任意时间、任意地点接入网络，如何保证对用户进行认证、鉴权？
- 用户在移动过程中，如何随时调整用户的接入策略？如何保证网络体验的一致性？
- 用户像蜜蜂一样动来动去，如何解决流量的突发给网络造成的压力？

业务随行和SDN是解决上述问题的有效手段。业务随行的核心思想是解耦，也就是将用户策略与IP、VLAN等信息解耦，而将用户身份作为认证鉴权的依据。另外，通过SDN技术将复杂的用户策略交给SDN控制器去集中控制，可以有效解决上述问题。

2. 网络失去了边界，如何解决网络安全的问题？——大数据和人工智能

在传统的有线网络中，用户终端都是通过有线连接到网络，这种情况下网络的边界是清晰的，通过防火墙技术很容易解决网络安全的问题，甚至通过物理上的门禁隔离就可以很容易地达到网络安全管控的目的。

如图2-14所示，网络从有线延伸到无线以后，网络的边界变得不再清晰，甚至失去了边界，“一夫当关、万夫莫开”的安全防护体系不再适用。同时，新型的安全威胁已经从“强盗”形象演进成“骗子”形象，只用防火墙去扮演网络“警察”的思路已经失效。这种情况下，引入大数据安全协防及人工智能技术，就可以让所有网络设备都具备安全监测功能，从而有效识别安全威胁。

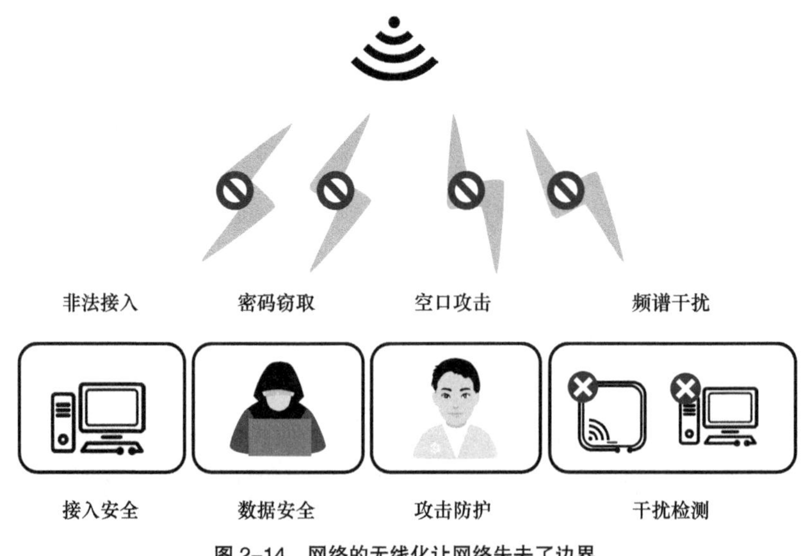

图 2-14　网络的无线化让网络失去了边界

| 2.3　网络和网络的互连 |

前文中，我们构建了一个交换式局域网，然后在有线网络的基础上延伸出了无线网络。这样的网络可以被视为一个局域网，无论是一家中小型的企业，还是一所学校、一所医院等，都可以通过这样的局域网完成单位内所有终端之间的连接和通信。如果多个单位之间需要互相通信，或者一个单位需要连接互联网又该如何处理呢？本节我们讨论网络和网络如何互连，同时讨论网络互连的核心设备（路由器）的演进过程。

2.3.1　用路由器连接多个网络

如图2-15所示，通过路由器可以将多个网络相互连接起来，从而构成一个覆盖范围更大的计算机网络，这样的网络称为互连网（internet）。因此，互连网是“网络的网络”。很多资料中经常用一朵云表示一个网络，这样的好处是可以先不考虑每一个网络的细节，而是集中精力讨论与这个互连网有关的一些问题。

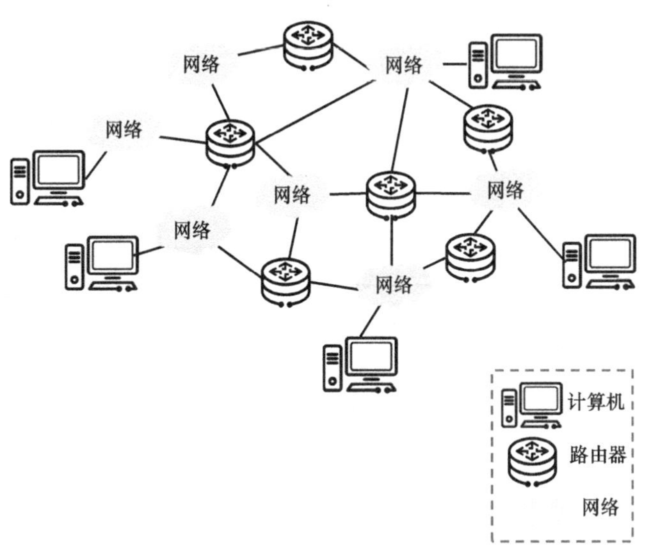

图 2-15　网络和网络之间用路由器互连

路由器是一种应用于网络层的产品，它基于IP地址和路由机制实现数据的转发。路由器的出现使跨介质、跨地域的网络大融合成为可能。全球第一台路由器是由斯坦福大学的莱昂纳德·波萨克（Leonard Bosack)和桑蒂·勒纳（Sandy Lerner）这对教师夫妇发明的，用于连接斯坦福大学的校园网络，而全球网络领域的领头羊企业思科也是这对夫妇于1984年创办的。

2.3.2 用DNS解释IP地址和域名

IP地址通过统一的地址格式，为互联网上的每一个网络和每一台主机分配一个逻辑地址，以此来屏蔽物理地址的差异，用于互相通信和数据交换。但是，二进制形式的IP地址太难记，即使写成4个0～255的十进制数字也依然难记。为了解决这个问题，人们发明了域名服务（Domain Name Service，DNS）技术。该技术可将一个IP地址关联到一组有意义的字符上。DNS技术的工作流程如图2-16所示。

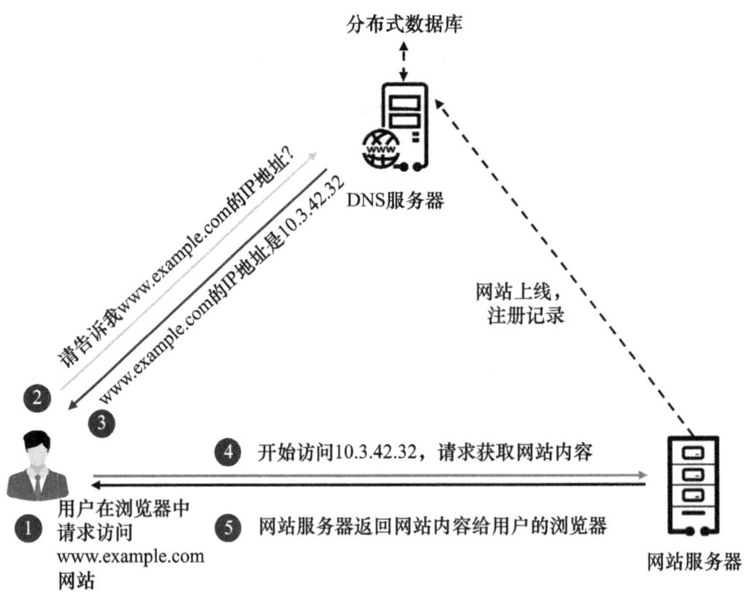

图 2-16　DNS 技术的工作流程

DNS技术的工作流程分为以下5个步骤。

①用户在浏览器中请求访问www.example.com网站。

②浏览器收到用户请求后，触发操作系统进行DNS解析，查询www.example.com的IP地址。

③DNS服务器在分布式数据库中经过一系列查询后，找到www.example.com

的IP地址，将该地址反馈给用户侧操作系统。

④用户侧操作系统收到DNS的反馈后，将IP地址上交给浏览器。浏览器根据IP地址发送“请求内容”的消息给网站服务器。

⑤网站服务器将网站内容发送给用户的浏览器。用户的浏览器即可呈现网站内容。

2.3.3　企业私网和NAT转换

1. 想构建企业内部网络，但是不想去管理机构申请IP地址怎么办？——使用私网IP地址

IP地址分为公网IP地址和私网IP地址，公网IP地址的分配和管理由互联网名称与数字地址分配机构（Internet Corporation for Assigned Names and Numbers，ICANN）负责。各级ISP使用的公网IP地址都需要向ICANN提出申请，由ICANN统一发放，这样就能确保地址块不冲突。

随着企业IT网络的发展，部分企业希望通过TCP/IP技术构建企业内部IT网络，并且不需要和互联网互通，也不想花钱从注册中心获得全球唯一的公网IP地址。这种情况下可以使用私网IP地址完成企业内部IT网络的构建。RFC 1918描述了为私网预留的3个IP地址段，如表2-1所示。

表 2-1　私网 IP 地址分类和范围

私网IP地址分类	私网IP地址范围
A类	10.0.0.0 ～10.255.255.255，保留了1个A类网络
B类	172.16.0.0～172.31.255.255，保留了16个B类网络
C类	192.168.0.0～192.168.255.255，保留了256个C类网络

需要注意的是，所谓的公网和私网是一个相对的概念。公网一般是指公共网络，这类网络需要使用ISP的网络设备，公网IP地址由公共管理机构分配；而私网是局域网，内部网络互联，不需要与外界通信，私网IP地址由网络管理员直接分配。

2. 私网需要连接公网怎么办？——使用NAT技术

使用私网IP地址的数据报文在互联网上不能被路由转发，私网IP地址访问互联网需要使用网络地址转换（Network Address Translation，NAT）技术。NAT

可以将数据报文头中的IP地址转换为另一个IP地址，并在路由器上生成私网IP地址和公网IP地址的映射表，实现私网和公网互通。NAT技术的工作流程如图2-17所示。

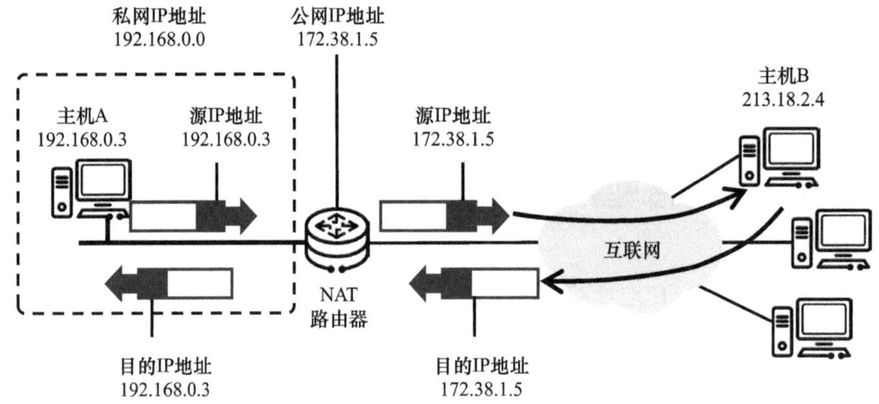

图 2-17　NAT 技术的工作流程

NAT技术的工作流程分为以下3个步骤。

①当私网主机需要访问外网时，数据报文到达NAT路由器后，路由器从地址池中申请一个公网IP地址，并使用该地址对数据报文源IP地址进行替换（目的IP地址不变）。

②同时在NAT表中记录公网IP地址和私网IP地址的映射关系。

③当响应数据报文从公网到达NAT路由器时，路由器查找NAT表，对数据报文目的IP进行替换，然后发送到私网，实现双方的互联互通；如果没有NAT表项，则数据报文被丢弃。

由于NAT的映射关系是动态建立的，隐藏了私网IP地址，因此可以防止地址泄露，提升了私网主机的私密性和安全性。同时，NAT按需动态分配公网IP地址，提升了公网IP地址池的使用效率。另外，由于私网IP地址可以在不同企业内复用，不用担心IP地址冲突的问题，而NAT技术又实现了私网与公网互通的诉求，因此私网IP地址的划分以及NAT技术的出现，在相当长的时间内解决了IPv4地址短缺问题。

需要注意的是，NAT技术也引入了一些问题，例如数据报文的地址替换产生了更多的处理时延，影响了网络的性能；映射关系动态分配，不利于安全审计；数据报文的IP地址被修改不利于签名加密等。

2.3.4　IPv6彻底解决IPv4地址耗尽危机

NAT技术虽然在一定程度上缓解了IPv4地址紧张的问题，但无法避免IPv4地址的枯竭。2019年11月，全球所有43亿个IPv4地址全部分配完毕，这意味着没有更多的IPv4地址可以分配给ISP和其他大型网络基础设施提供商，如图2-18所示。

IPv6是解决IPv4地址耗尽危机的终极方案。IPv6早在1998年就成为正式的标准，但是在诞生初期存在协议相对复杂、学习和部署成本高等问题，同时IPv4地址不足的缺点还可以通过NAT技术规避，因此IPv6的规模部署比较缓慢，直到2015年，IPv6全球部署才达到临界规模。

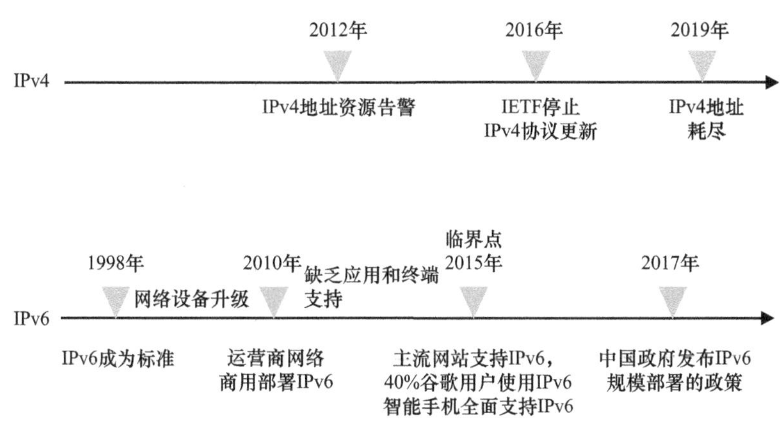

图 2-18　IPv4 地址耗尽和 IPv6 规模部署

IPv4地址采用32位二进制数字标识，理论上能够提供的地址数量约为43亿个。IPv6地址采用128位二进制数字标识，理论上可以提供2^{128}个地址，号称“可以为地球上每一粒沙子提供一个IP地址”。

相对于IPv4，IPv6不仅拥有充足的地址数量，还在可扩展性上做了明显的改进。IPv4报文头通过可选字段Options实现功能扩展，内容涉及Security、Timestamp和Recordroute等，这些Options可以将IPv4报文头长度从20 Byte扩充到60 Byte。携带这些Options的IPv4报文在转发过程中往往需要中间路由转发设备进行软件处理，这会造成很高的性能消耗，因此实际中很少被使用。如图2-19所示，IPv6提出了扩展报文头的概念，使得新增选项时不必修改现有的IPv6报文头的结构，IPv6扩展报文头也可以为每个业务定义处理方式和转发路径。

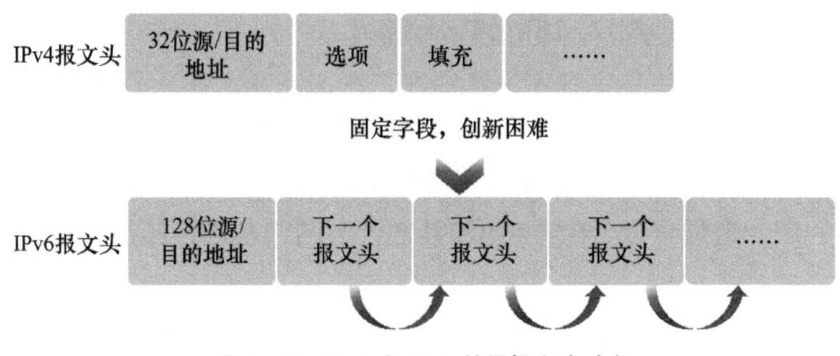

图 2-19　IPv4 和 IPv6 扩展报文头对比

IPv6为物联网、工业互联网和人工智能等产业的迅速布局奠定了基础，促进了互联网进一步蓬勃发展。此外，网络安全及网络服务质量的要求也在不断提升，世界各国已经充分意识到建设IPv6网络的重要性，纷纷出台推进IPv6发展的战略规划和经济政策，这使得互联网由IPv4时代逐渐进入IPv6时代。

2.3.5　分布式网络与路由机制

本小节讨论引入路由机制的价值和意义。如图2-20所示，早期的计算机网络是以主机为中心的，终端（包括键盘、显示器等）远程连接到主机上。这是一种集中式架构，所有的数据都在主机上，如果主机被毁，就意味着所有数据被毁。

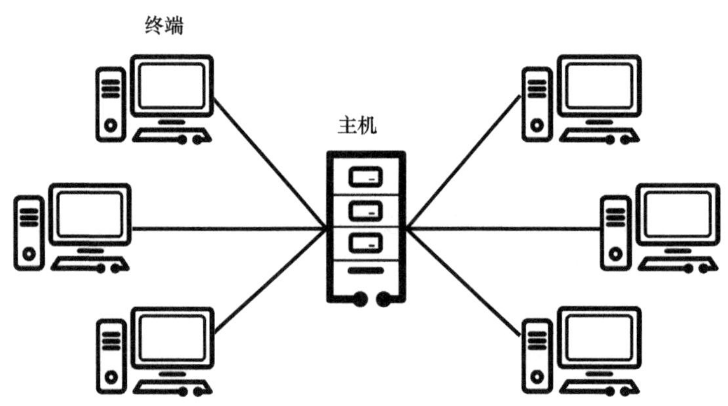

图 2-20　以主机为中心的计算机网络

为了解决这个问题，“抗毁系统”成为早期计算机网络的设计目标，也就是系统的部分节点遭遇攻击之后，余下节点仍然可以继续工作，这种策略被称为“生存优先”。因此，ARPANET被设计成了图2-21所示的一种去中心化的分布式网络架构，以确保即使相隔几百到上千千米的互联主机被毁，系统仍然可用。

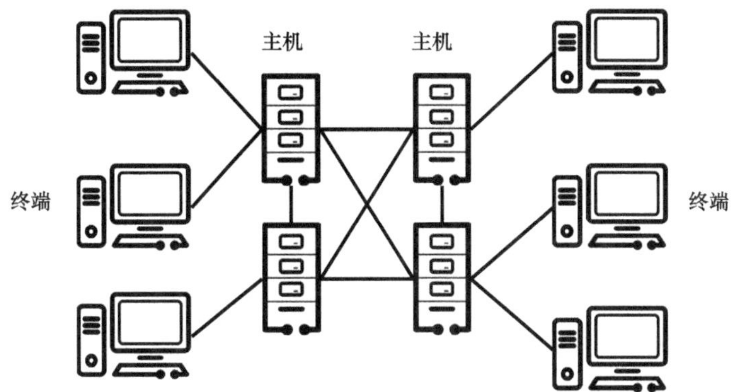

图 2-21　具有分布式网络架构的 ARPANET

分布式网络的节点在接收、发送分组报文时，不能依赖中心节点的指挥，必须自己选择路由。计算机发送的分组报文中包含目的地址，收到分组报文的交换节点据此自行查找可通往目的地址的下一个节点，并发给它；如此接力，分组报文最终到达目标计算机，如图2-22所示。具有上述路由查找能力的交换节点，就是最早的“路由器”，当时的路由器由计算机兼任，今天则采用专门的路由器设备。

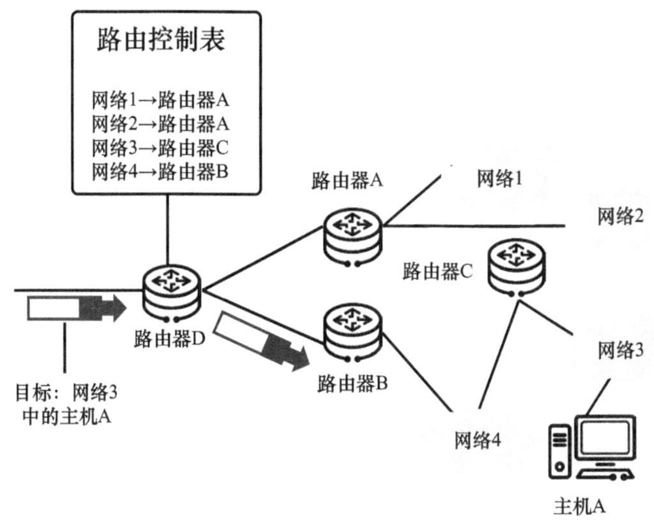

图 2-22　分布式网络中的节点需要路由功能

在实际运行中，路由器之间交换路由信息（路由协议），并生成各自的“网络地图”（即路由表控制）；路由器收到数据报文后，按照“网络地图”将报文转送给下一个设备；各节点重复此操作，直至数据报文到达目的地。

2.4 典型数据通信网络举例

有数据的地方就有数据通信，数据通信产业涵盖园区网络、数据中心网络、广域网络、网络安全等几个核心的场景。本节以园区网络、数据中心网络、广域网络为例，介绍几种典型的数据通信网络。

2.4.1 园区网络

顾名思义，园区网络就是指人们工作和生活的园区内的网络，例如校园、公园、工厂、政府机关、商场、办公楼等网络。图2-23所示为典型的办公楼网络示意图，这种园区网络的核心交换机一般安装在楼栋的中心机房，接入交换机和汇聚交换机一般安装在楼层的弱电间，Wi-Fi AP一般安装在办公区或者房间的房顶上。

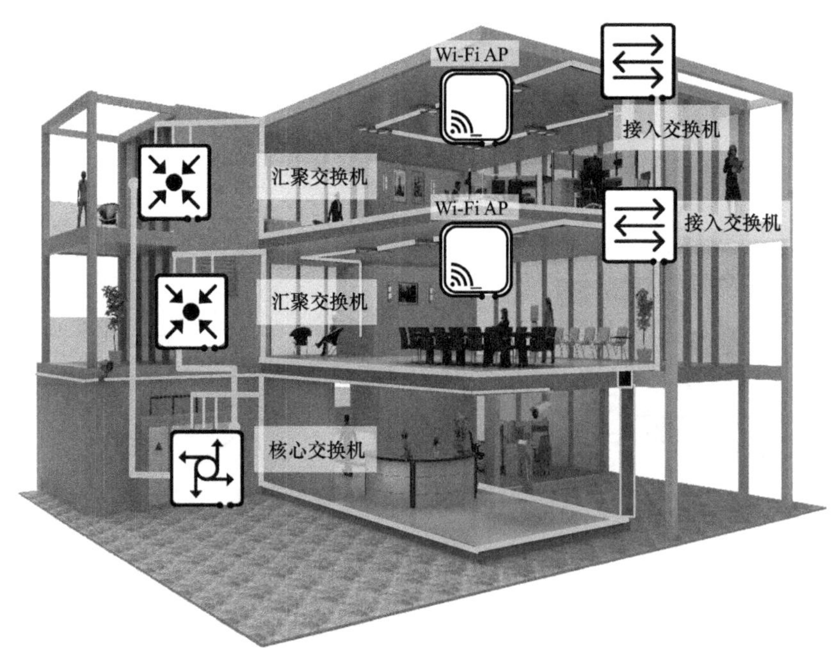

图 2-23 典型的办公楼网络

图2-24所示为典型园区网络的物理组网，用户终端主要分为有线终端（如台式机、电视屏、办公室等）和无线终端（如手机、便携式计算机等）。有线终端通过以太网线连接到接入交换机。无线终端通过Wi-Fi信号（无线电波）连接

到Wi-Fi AP，Wi-Fi AP再连接到接入交换机。接入交换机提供PoE功能，可以给Wi-Fi AP供电。接入交换机和汇聚交换机通过以太光纤互联，可以覆盖范围面积比较大的园区（距离超过100 m）。

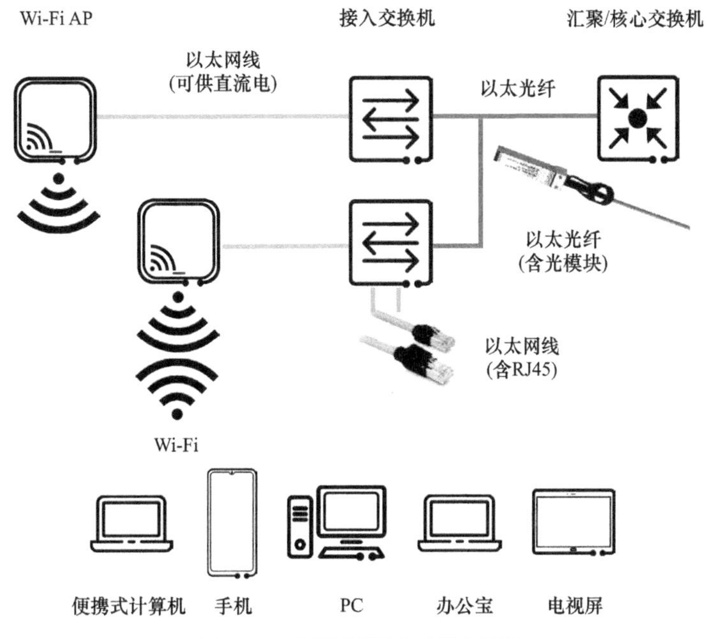

图 2-24　典型园区网络的物理组网

图2-25所示为典型园区网络的总体架构。

根据园区网络的规模，园区网络可以分为如下3种。

- 简单业务园区网络：中大型规模，业务简单，站点模型相似。
- 大型多业务园区网络：规模较大，业务复杂，多种业务共存且存在逻辑隔离需求。
- 中小型园区或分支园区网络：规模较小、业务简单，站点间往往存在互访需求。

根据技术领域不同，园区网络又可以划分为如下3个部分。

- 交换网络：主要由交换机等构成的网络，不同规模的网络涉及的层次化结构不同。
- 无线网络：主要由WAC、Wi-Fi AP等构成的网络，满足无线终端接入。
- 软件定义广域网（Software Defined Wide Area Network，SD-WAN）：面向混合WAN场景的软件定义广域网，实现企业广域互联智能化、自动化。

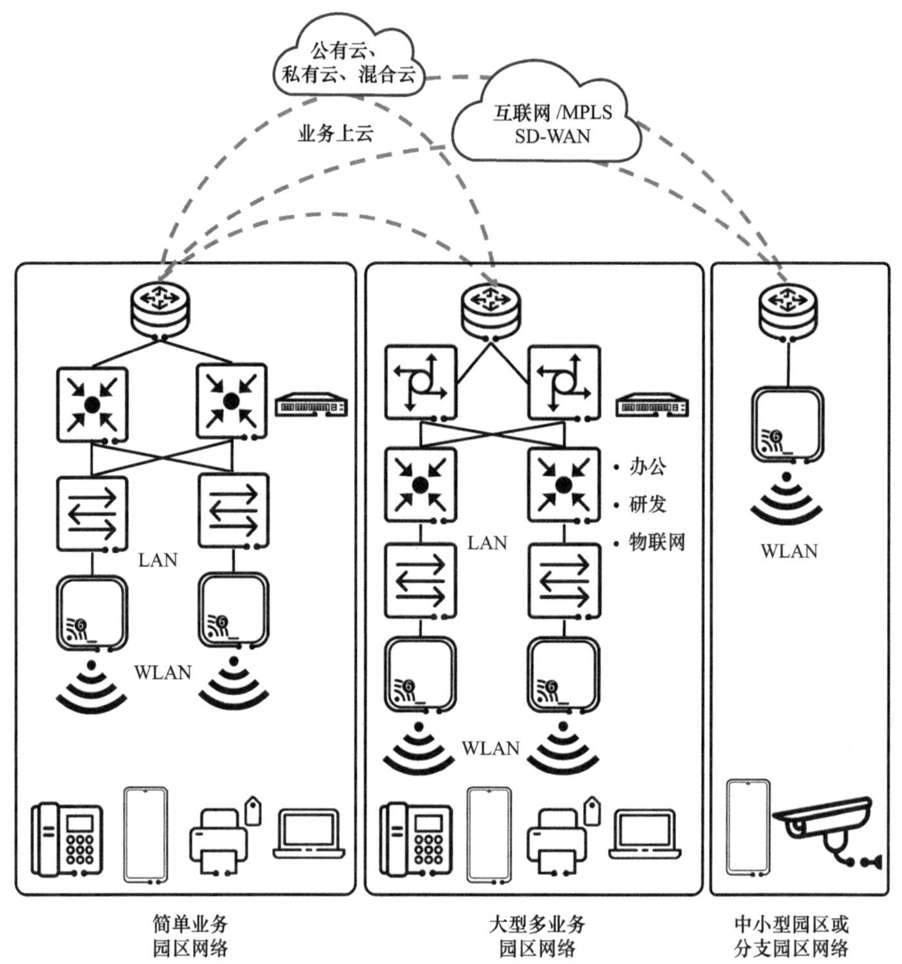

图 2-25　典型园区网络的总体架构

2.4.2　数据中心网络

数据中心的概念来源于20世纪60年代的大型机。早期的计算机系统操作和维护均比较复杂，需要一个特殊的操作环境，用于存放计算机系统和存储设备等，数据中心由此诞生。随着互联网的普及和信息技术的发展，数据中心的功能逐渐演变为管理大规模数据流量，并成为现代企业及社会的重要基础设施。图2-26所示为数据中心机房的组成部分和数据中心机柜。

如今的数据中心不仅是数据存储和计算的中心，还支撑着云计算服务、大数据分析、物联网等多种应用。它是包括建筑在内的一整套复杂的设施，不仅包括计算网络、存储网络、数据中心互联网络3个网络，还包括机柜、网络及布线系统，电力及新风系统，制冷系统，消防系统，监控管理系统等。

图 2-26　数据中心机房的组成部分和数据中心机柜

图2-27所示为典型的数据中心网络机柜走线结构。接入交换机位于机柜顶端，又称为架顶模式（Top of Rack，ToR）交换机，用于接入各类物理机和虚拟机。核心交换机位于一排机柜的中间或者尾部，又称为机架中部（Middle of Rack，MoR）或机架底部（End of Rack，EoR）交换机，用于对进出数据中心网络的流量进行高速转发，同时为多个接入交换机提供连接。

图 2-27　典型的数据中心网络机柜走线结构

图2-28所示为数据中心网络的经典架构：Spine-Leaf（脊-叶）架构，Leaf

与Spine通过三层全连接、等价多路径（图2-28中的①和②）提高网络的可靠性。Spine节点即骨干节点，提供高速IP转发功能，一般选用框式数据中心交换机，端口速率一般是40 Gbit/s、100 Gbit/s甚至是400 Gbit/s。Leaf节点即叶子节点，提供网络接入功能，一般选用盒式数据中心交换机，端口速率一般是10 Gbit/s、25 Gbit/s或者40 Gbit/s。

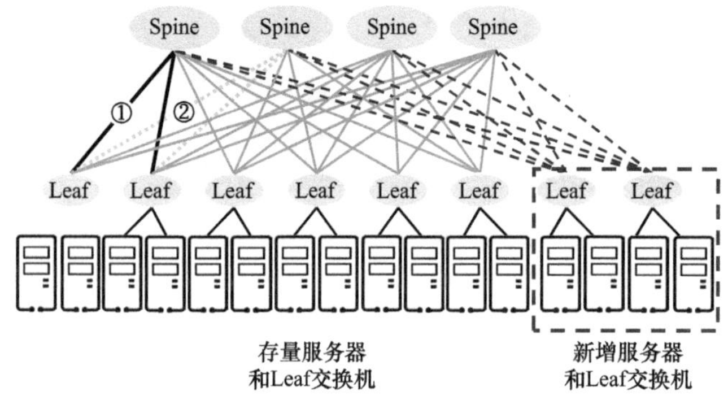

图 2-28　数据中心网络的经典架构：Spine-Leaf（脊 – 叶）架构

2008年，美国加利福尼亚大学的3位教授在SIGCOMM发表了著名论文“A Scalable, Commodity Data Center Network Architecture”，论证了Spine-Leaf架构的优越性。在谷歌、Facebook、微软等互联网巨头的引领下，在2014年前后，Spine-Leaf成为数据中心网络的主流架构，这种架构具有如下优点。

- 可靠性更好：多条等价路径、多条链路可负载业务流量，并互为备份，单个Spine节点发生故障不影响业务转发。
- 确定性网络质量：任意源到目的经过的节点是固定的，可以保障传输时延、质量。
- 横向平滑扩展：当增加服务器时，只需要增加Leaf交换机及其与Spine节点的连接，即可完成扩容，对存量网络无影响。

2.4.3　广域网络

由于网络中的用户机器设备分布范围广，单靠园区网络和数据中心网络无法实现全部联网，还必须设计范围广、数量多的数据通信网络，这类网络称为广域网，其覆盖范围通常从方圆几十千米到方圆几千千米甚至方圆上万千米。实力雄厚的大型企业会自建广域网，而实力一般的企业需要从运营商租用广域网。

广域网主要用于公共数据传输，其设备按功能可分为两类：承担数据生成、处理、存储等功能的设备集合称为资源子网，主要包括计算机设备（包括软件、数据系统）；承担数据传输功能的设备集合称为通信子网，主要包括传输介质、交换机、路由器、网络安全设备等。

广域网的典型结构如图2-29所示，虚线外的部分是资源子网；虚线内的部分是通信子网，为了实现联网、数据传输而单独设计。

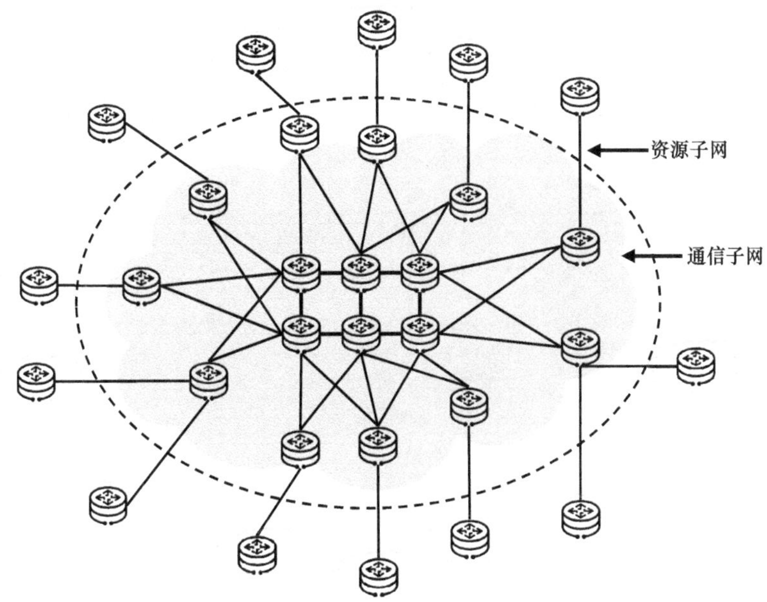

图 2-29　广域网的典型结构

以华为IT的广域网为例，主要有国内骨干网和海外专线网，服务华为云和华为IT，其中，国内骨干网将国内各研究所和代表处园区、区域数据中心等网络互联，海外高速骨干网将海外代表处、区域数据中心等网络互联。在运营商业务领域，常见的城域网、承载网、移动回传网等可被视为广域网的一种形式。

第二篇

数据通信技术篇

第3章 以太网技术

以太网技术作为一种成熟且广泛应用的局域网组网技术，在通信网络中发挥着重要作用。本章将从以太网的起源与发展、以太网技术体系、IEEE 802.3技术及标准体系、以太网技术的扩展和WLAN等方面具体介绍以太网技术。

| 3.1 以太网的起源与发展 |

以太网技术起源于20世纪70年代，随着技术的进步和市场需求的变化，以太网技术逐渐成熟并标准化。

3.1.1 以太网的诞生

以太网技术是当今计算机网络技术中最广泛使用的技术之一。它的发明和发展不仅极大地推动了局域网的普及，也对整个信息技术行业产生了深远的影响。

20世纪60年代末到70年代初，计算机技术迅速发展，计算机开始从大型机、小型机演进到微型计算机，并逐渐普及。早期的计算机网络主要使用电话线和专用线路实现计算机之间的连接，但这种方式成本高昂且数据传输速率较慢。随着计算机数量的增加，人们开始探索如何高效地连接多台计算机，并实现资源共享和网络通信。

以太网的诞生主要归功于美国施乐的帕洛阿尔托研究中心的两位研究人员——鲍伯·梅特卡夫（Bob Metcalfe）和大卫·博格斯（David Boggs）。1973年，他们受到当时ALOHA无线网络的启发，开发出了第一个试验性网络——ALTO ALOHA网络，并提出了总线型局域网的设想。如图3-1所示，这种网络结构基于同轴电缆，能够支持多台计算机共享一条通信线路，并通过竞争机制来确定数据传输的顺序。他们借鉴了ALOHA网络的随机访问机制，提出了称为CSMA/CD的协议。这个协议成为以太网的核心技术。

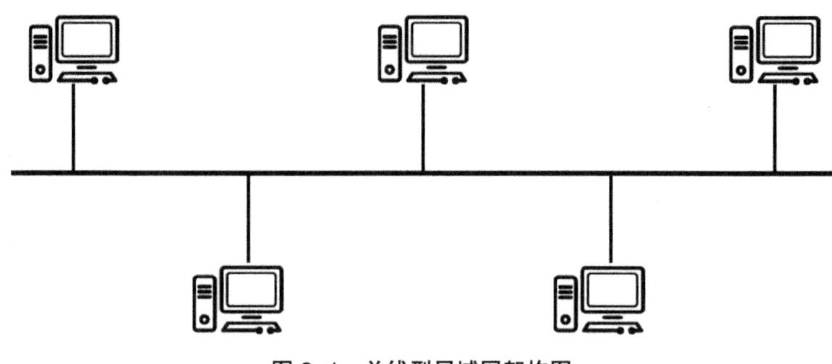

图 3–1　总线型局域网架构图

3.1.2　以太网的早期发展

1976年，梅特卡夫和他的同事们发表了一篇题为“Ethernet：Distributed Packet Switching for Local Computer Networks”的论文，详细介绍了以太网的工作原理，对MAC、CSMA/CD、数据帧等技术进行了详细介绍，还展示了以太网在实际应用中的潜力。这篇论文总结了以太网作为一种分布式计算机网络的核心价值和优势，强调了它在信息技术体系中的重要地位。

施乐在帕洛阿尔托研究中心内部部署了以太网，用于连接计算机和其他设备。以太网的高效性和可靠性很快得到了证明，引起了业界的广泛关注。

1980年，DEC、英特尔和施乐联合发布了第一版以太网标准，其中正式定义了以太网的技术规范。这一版本的以太网标准被称为DIX V1，DIX是上述3家公司名称的缩写，V1代表第一个版本。DIX V1是以太网的第一个正式标准，虽然是由商业公司联合制定的，并非由国际标准化组织（如IEEE）发布，但该标准的发布标志着以太网技术的正式诞生和初步规范化，对以太网的发展产生了深远的影响，并为后续的标准制定奠定了基础。

3.1.3　以太网的标准化与推广

随着计算机网络技术的不断发展，业界对统一标准的需求日益迫切。为了进一步完善以太网标准并促进其在全球范围的普及和应用，IEEE于1981成立了802.3分委员会，专门负责以太网标准的制定工作。1985年，IEEE 802.3工作组正式发布了IEEE 802.3标准，该标准定义了以太网的物理层和数据链路层规范。

IEEE 802.3标准不仅继承了DIX V2的核心内容，还对其进行了扩展和完善，确保以太网在不同厂商和设备之间的兼容性和互操作性。

IEEE 802.3 标准的发布标志着以太网技术进入了一个新的发展阶段。随着标准的统一，以太网被业界广泛接受，并迅速在全球范围内普及。此后，以太网的传输速率不断提升，从最初的 10 Mbit/s 到 100 Mbit/s、1 Gbit/s，再到后来的 10 Gbit/s、40 Gbit/s、100 Gbit/s，现在以太网的传输速率正在向 800 Gbit/s、1.6 Tbit/s 演进。

3.1.4　以太网的应用

以太网技术在许多领域得到了广泛应用，包括但不限于以下几个方面。

- 企业局域网：以太网是企业局域网的基础技术，用于连接办公室中的计算机、服务器、打印机等设备。交换式以太网和VLAN技术的应用，使企业网络具备高性能、高可靠性和灵活性。
- 数据中心：数据中心需要处理海量数据和实现高速传输，以太网凭借高带宽、低时延和高可靠性的特性，成为数据中心内部网络互联的主要技术。高速以太网技术的发展，使得数据中心能够高效地处理大规模数据。
- 电信网络：以太网技术在电信网络中也得到了广泛应用，尤其是在接入网和城域网中。以太网的高带宽和低成本特性，使其成为电信运营商提供高速互联网接入和业务数据传输的重要技术手段。
- 家庭网络：家庭网络中的计算机、智能电视、游戏机、家庭监控设备等，都可以通过以太网进行连接。以太网提供了稳定、高速的网络连接，满足家庭用户对流媒体、在线游戏和智能家居等应用的需求。
- 工业控制：以太网技术在工业控制领域的应用日益广泛，工业以太网具备高可靠性、实时性和抗干扰性，适用于工业自动化、智能制造和工业物联网等应用场景。

| 3.2　以太网技术体系 |

以太网技术作为计算机网络技术的基石，已经发展成为局域网的标准技术。本节详细介绍以太网的技术体系，包括它在OSI模型中的位置、物理层关键技术和数据链路层关键技术，旨在全面解析以太网技术。

3.2.1 以太网在OSI模型中的位置

以太网在OSI模型中主要涉及物理层和数据链路层，OSI七层模型如图3-2所示。

图 3-2 OSI 七层模型

物理层负责传输原始比特流，包括传输介质、信号编码、传输速率和连接器标准等。常见的传输介质包括双绞线、同轴电缆和光纤。信号编码方式有曼彻斯特编码、4B/5B编码和8B/10B编码等。四级脉冲幅度调制（Four-level Pulse Amplitude Modulation，PAM4）调制、DSQ128调制等也属于物理层。

数据链路层分为MAC子层和逻辑链路控制（Logical Link Control，LLC）子层。MAC子层负责介质访问控制和帧的发送与接收。LLC子层通过提供服务访问点、数据链路控制、流量控制与错误控制、帧的封装与解封装及协议多路复用等功能，为上层协议提供可靠的数据传输服务。以太网帧结构、VLAN技术等都是数据链路层的重要组成部分。

3.2.2 以太网物理层关键技术

以太网物理层技术在网络通信中起到至关重要的作用。物理层是OSI模型的第一层，主要负责在网络设备之间传输原始比特流。本小节将详细介绍以太网物理层的关键技术，包括传输介质、信号编码与调制等。

1. 传输介质

以太网的传输介质是物理层的基础，决定了信号的传输方式和质量。常见的以太网传输介质包括双绞线、同轴电缆和光纤。

（1）双绞线

双绞线是目前最常用的以太网传输介质，分为非屏蔽双绞线（Unshielded Twisted Pair，UTP）和屏蔽双绞线（Shielded Twisted Pair，STP）。

- UTP：非屏蔽双绞线常用于办公室和家庭网络布线，按传输性能分为不同的类别，如Cat5、Cat5E、Cat6、Cat6A和Cat7。Cat5E支持最高1 Gbit/s的传输速率，而Cat6和Cat6A支持10 Gbit/s传输速率，Cat7可以支持更高的带宽和屏蔽性能。
- STP：屏蔽双绞线在每对线缆外增加了屏蔽层，以减少电磁干扰（Electromagnetic Interference，EMI），适用于高干扰环境，如工业场所。

（2）同轴电缆

同轴电缆在早期的以太网（如10Base2和10Base5）中被广泛使用，现已逐渐被双绞线和光纤取代。

（3）光纤

光纤是高速率和长距离传输数据的理想介质，具有极高的带宽和抗干扰能力，主要用于骨干网和数据中心。光纤分为单模光纤（Single-Mode Optical Fiber，SMF）和多模光纤（Multi-Mode Optical Fiber，MMF）。

- 单模光纤：适用于长距离传输（数十千米到数百千米），使用激光作为光源，带宽大，传输距离远。
- 多模光纤：适用于短距离传输（数百米到几千米），使用发光二极管（Light Emitting Diode，LED）或者垂直腔表面发射激光器（Vertical-Cavity Surface-Emitting Laser，VCSEL）作为光源，成本较低，但带宽和传输距离有限。

2. 信号编码与调制

信号编码技术在以太网物理层中起到了关键作用，它决定了数据的传输方式和效率。通过对信号进行编码，可以提高传输速率、抗干扰能力并增加传输距离。以下将详细介绍几种重要的以太网信号编码技术，包括曼彻斯特编码、不归零编码（Non-Return-to-Zero，NRZ）和PAM4编码。

（1）曼彻斯特编码

曼彻斯特码（Manchester Code）是一种用于数据传输的自时钟编码技术，广泛应用于早期 10 Mbit/s 以太网标准（如 10Base-T）。如图 3-3 所示，这种编码方式通过在每个比特周期内进行电平转换来表示数据位，从而确保同步和数据传输的可靠性。

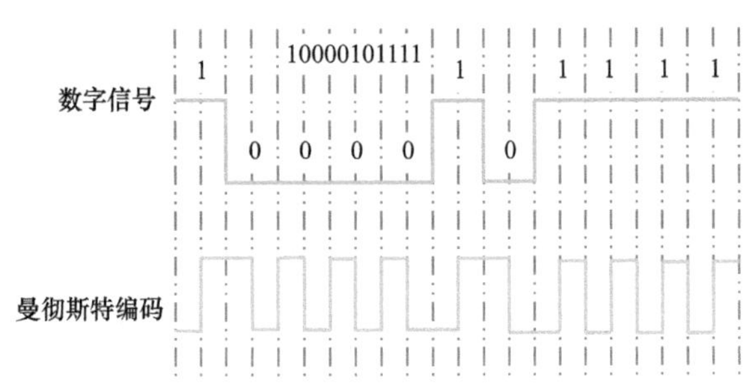

图 3-3　曼彻斯特编码

曼彻斯特编码的具体原理是：二进制“0”用高电平到低电平的转换表示，而二进制“1”用低电平到高电平的转换表示。由于每个比特周期内都有一次电平变化，曼彻斯特编码具有自时钟特性，使得接收方能够从接收到的信号中提取同步时钟信息。此外，这种编码方式具有较高的抗干扰能力，可以确保在噪声和干扰环境下数据的准确传输。

然而，曼彻斯特编码的传输效率较低，因为每个比特需要两个信号变化，这意味着比特率是实际传输速率的一半。例如，在10 Mbit/s以太网标准中，信号变化频率为20 MHz。尽管如此，曼彻斯特编码在早期以太网中仍得到了广泛应用，其高可靠性和同步性对确保数据通信的稳定性起到了关键作用。

（2）NRZ编码

NRZ是一种用于数字通信系统的二进制信号编码方式。25 Gbit/s及以下传输速率的以太网通常采用该编码方式。

NRZ编码与归零码不同，信号在比特之间不会返回到零或参考电平，信号电平在比特周期内保持恒定，可以有效利用带宽。这种编码方式因实现简单和效率高而被广泛应用于各种数据传输。

如图3-4所示，NRZ编码分两种类型。

- NRZ-L（电平型）：在NRZ-L编码中，二进制“1”用一种电压电平表示（例如，高电平），二进制“0”用另一种电压电平表示（例如，低电平）。在每个比特持续期间，电压电平保持不变。

- NRZ-I（反转型）：在NRZ-I编码中，二进制“1”由电压电平的变化表示，而二进制“0”则由电压电平的保持不变表示。

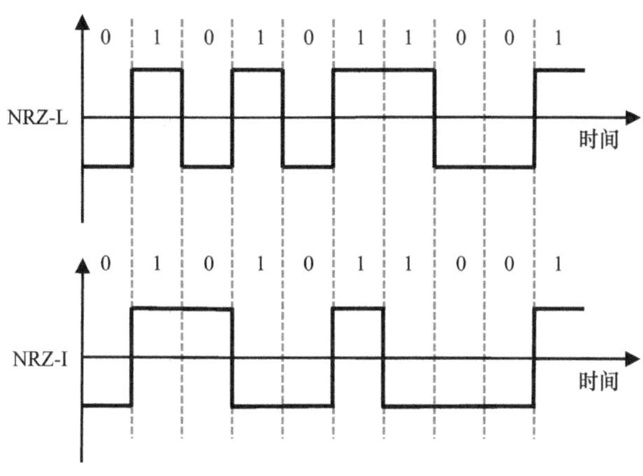

图 3-4　NRZ 编码

直流成分和同步问题是NRZ编码的明显缺点。NRZ信号可能具有显著的直流成分，这在某些传输媒介（如变压器耦合电路）中可能会出现问题。长时间的相同比特序列（例如，长串“0”或“1”）缺乏数据电平的转换，导致接收器与发射器无法保持同步。

NRZ是一种基本的二进制信号编码方式，具有简单和高效率的特性，可适用于各种应用。尽管NRZ存在直流成分和潜在同步问题等局限性，但是理解NRZ编码对于设计数字通信系统和排除数字通信系统故障非常重要。

（3）PAM4编码

PAM4是一种先进的信号编码技术，被广泛应用于高速以太网（如25GE、50GE、100GE等）中。它通过使用4个不同的电平来表示数据，相较于传统的二进制编码，PAM4显著提高了数据传输速率和频谱效率。PAM4编码已成为满足现代网络高带宽需求的重要技术。

如图3-5所示，PAM4编码的核心思想是利用4个电平（−3、−1、+1、+3）来表示两个比特的数据，这样在同一频带宽度下可以传输更多的数据。

每个符号对应两个比特数据。

- 二进制“00”表示最低电平 −3。
- 二进制“01”表示次低电平 −1。
- 二进制“10”表示次高电平+1。
- 二进制“11”表示最高电平+3。

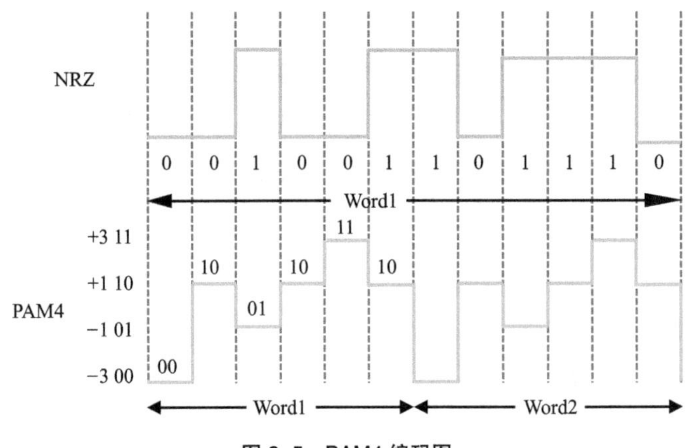

图 3–5　PAM4 编码图

相比传统的二进制编码（0和1），这种编码方式将数据映射到4个电平上，每个符号能够携带更多的信息，从而在相同的带宽下实现更高的数据传输速率。

PAM4调制也带来了一些其他挑战，如信噪比要求高、复杂的误码校正和更高的线性度要求。

- 信噪比要求高：PAM4采用4个电平，电平之间的差距变小，这使得信号对噪声的敏感度增加，要求更高的信噪比。
- 复杂的误码校正：PAM4的高密度编码使得误码率上升，需要更复杂的误码校正技术来确保数据传输的可靠性。
- 更高的线性度要求：发送和接收设备需要具有更高的线性度，以准确区分4个电平，避免信号失真。

PAM4编码在400GE、800GE中都得到了使用。随着技术的不断进步，PAM4编码将在未来的超高速网络中继续发挥重要作用。

3.2.3　以太网数据链路层关键技术

以太网数据链路层在计算机网络中负责数据帧的格式化、传输和接收数据帧。数据链路层包括许多关键技术和协议，确保数据在局域网中的高效和可靠传输。本小节重点介绍MAC子层、以太网数据帧、交换式以太网、高速以太网、VLAN、链路聚合、生成树协议（Spanning Tree Protocol，STP）、流量控制和服务质量（Quality of Service，QoS）。

1. MAC子层

MAC子层是链路层的一部分，负责控制对传输介质的访问，主要包括MAC

地址。每个以太网设备都有唯一的48位MAC地址，用于在同一局域网内标识设备。

2. 以太网数据帧

以太网数据链路层使用数据帧来封装网络层的数据报文，数据帧格式如图3-6所示。

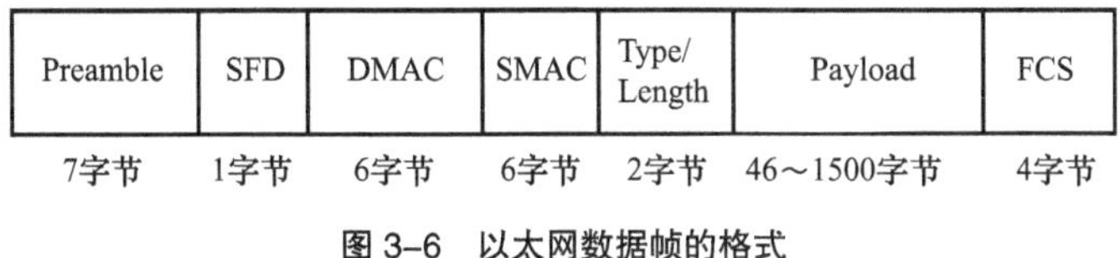

图 3–6　以太网数据帧的格式

以太网数据帧通常包括以下字段。

- 前导码（Preamble）：用于同步接收端的时钟。
- 起始帧定界符（Start Frame Delimiter，SFD）：标记帧的开始。
- 目的MAC地址（Destination MAC，DMAC）：接收设备的MAC地址。
- 源MAC地址（Source MAC，SMAC）：发送设备的MAC地址。
- Type/Length（类型/长度）：指示上层协议类型或数据字段的长度。
- Payload（负载）：实际传输的数据，填充字段用于保证帧的最小长度为46字节。
- 帧校验序列（Frame Check Sequence，FCS）：用于错误检测。

3. 交换式以太网

最初的以太网是基于同轴电缆的共享介质组成的网络，多个节点通过竞争机制共享带宽。随着网络规模的扩大和带宽需求的增加，交换式以太网应运而生。在这种网络中，交换机取代了集线器，通过点对点连接和全双工通信，允许多个用户或设备同时通信，每个用户或设备可以独占传输通道和带宽，从而大大提高了网络的性能和效率。

交换式以太网的工作原理是基于数据链路层的帧交换。其中通过MAC地址表来识别数据帧的目的地，并直接将数据帧转发到对应的端口，减少了数据报文的广播和冲突。

4. 高速以太网

随着数据中心和高性能计算的需求不断增加，以太网的传输速率也需要提升，因此高速以太网技术得到了迅速发展。高速以太网是一种支持高速数据传输的以太网协议，它采用新的物理层和MAC层技术，以实现更高的数据传输速率和更低的时延。

高速以太网主要包括100 Mbit/s、1000 Mbit/s、10 Gbit/s、40 Gbit/s、100 Gbit/s等以太网，今天的以太网标准已经支持400 Gbit/s、800 Gbit/s甚至更高的传输速率，以满足大规模数据传输和高速互连的需求。

高速以太网一般都支持全双工通信，从而提高了网络带宽的利用率。高速以太网具有良好的可扩展性，可以通过增加光模块、交换机端口等方式进行扩展，以满足不同增长的需求。另外，高速以太网采用了一系列的容错技术，如多路径冗余、链路聚合、网络负载均衡等，保证了数据传输的可靠性和稳定性。

5. VLAN

VLAN是一种将局域网设备从逻辑上划分成一个个网段，从而实现虚拟工作组的技术。每个VLAN就像一个独立的物理网络，但它们共享同一个物理连接。

VLAN允许根据功能、部门或任何逻辑分组来组织网络，而不是基于物理位置，这使得网络设计更加灵活，能够轻松适应诸如企业、机构等用户组织的变更。VLAN允许将敏感数据或用户隔离在单独的VLAN中，从而减少潜在的安全威胁。VLAN可以简化网络管理，因为管理员可以根据业务需求独立地管理每个VLAN的配置，而不需要对整个网络进行更改。VLAN允许在不增加额外物理硬件的情况下扩展网络。此外，VLAN可以减少不必要的广播流量，提高了网络带宽的利用率。

IEEE 802.1q是VLAN标签的标准，通过在以太网数据帧中插入一个4字节的VLAN Tag字段，实现VLAN标识和优先级，如图3-7所示。

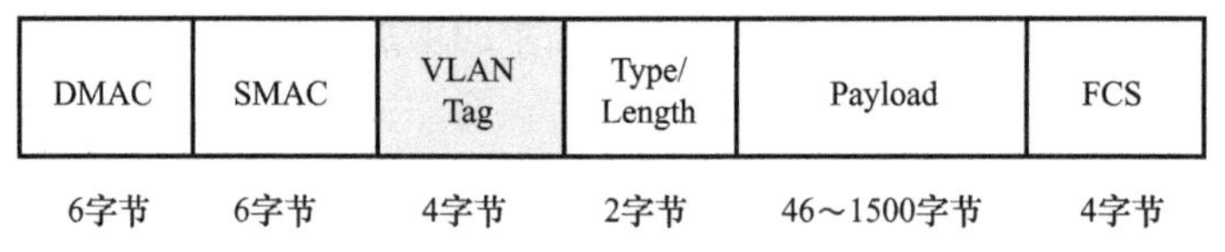

图 3-7　VLAN 数据帧的格式

6. 链路聚合

链路聚合技术是将多个物理链路捆绑成一个逻辑链路，以提高带宽和提供冗余。链路聚合可以采用静态和动态两种方式。

- 静态聚合需要人工配置聚合组号和端口成员。
- 动态聚合最常用的一种协议是IEEE 802.3ad标准中定义的链路聚合控制协议（Link Aggregation Control Protocol，LACP）。LACP自动配置和管理链路聚合组，并通过协商机制来确定哪些物理链路可以捆绑在一起形成逻辑链路。

7. STP

STP是IEEE 802.1D标准定义的在局域网中用于避免环路的一种网络协议。STP通过计算生成一个无环的树状拓扑结构，禁用冗余链路中的部分链路，从而确保所有节点间路径的唯一性。

虽然STP在解决环路问题上取得了显著成效，但其收敛速度较慢的问题也逐渐凸显。为了改进STP的不足，IEEE又制定了快速生成树协议（Rapid Spanning Tree Protocol，RSTP）和多生成树协议（Multiple Spanning Tree Protocol，MSTP）等标准。

- RSTP最早在IEEE 802.1w中提出，RSTP在收敛速度和端口角色等方面进行了优化，提高了生成树协议的收敛速度。
- MSTP最早在IEEE 802.1s中提出，MSTP进一步扩展了STP的功能，允许在同一个网络中配置多个生成树实例，以实现业务流量和用户流量的隔离，以及在数据转发过程中实现数据的负载均衡。

8. 流量控制

流量控制机制用于防止发送端发送数据过快，导致接收端的缓冲区溢出。本书主要介绍IEEE 802.3x和基于优先级流控两种流量控制技术。

- IEEE 802.3x是全双工以太网数据链路层的流量控制技术，通过发送暂停帧来控制发送速率，以防止数据报文的丢失和网络拥塞的进一步恶化。这种技术可以有效保护接收端不被过多的数据淹没，并提高网络的整体性能和稳定性。
- 基于优先级的流量控制（Priority-based Flow Control，PFC）是对IEEE 802.3x流量控制机制的一种增强。PFC在IEEE 802.3x基础上进行了扩展，允许在一条以太网链路上创建多个虚拟通道，并为每条虚拟通道指定一个IEEE 802.1p的优先级。这种技术允许单独暂停和重启其中任意一条虚拟通道，同时允许其他虚拟通道的流量无中断通过，从而实现了更细粒度的流量控制。

9. QoS

QoS技术用于保障网络中不同类型流量的服务质量，包括带宽管理、时延控制和丢包率控制。IEEE 802.1p与差异化服务（Differentiated Services，DiffServ）在QoS技术中扮演着重要角色。

- IEEE 802.1p是IEEE 802.1q（VLAN标签技术）标准的扩展协议，定义了以太网数据帧中的优先级字段，用于指示数据帧的优先级，如图3-8所示。VLAN数据帧头的优先级代码点（Priority Code Point，PCP）字段，为以太网MAC数据帧提供了8个优先级（0～7），从而实现流量优先级控制。

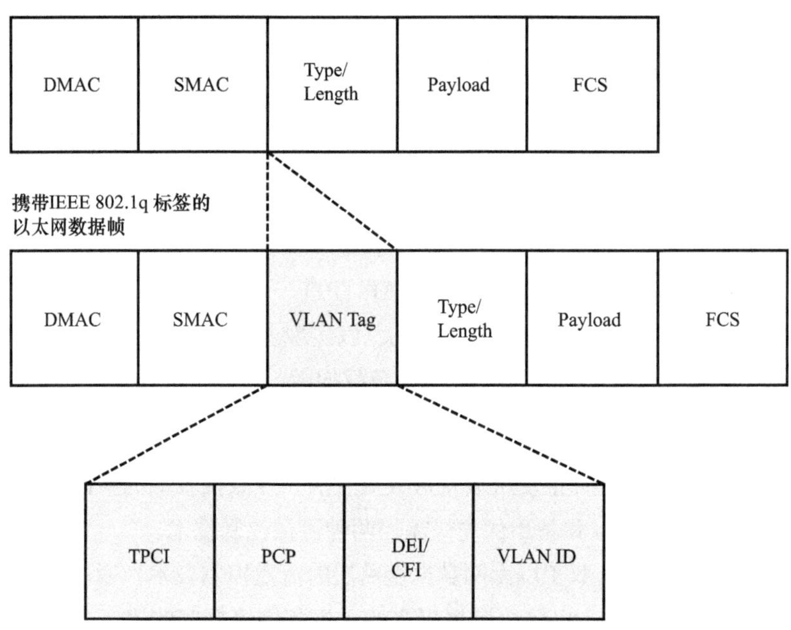

图 3-8 IEEE 802.1p 定义了以太网数据帧中的优先级字段

- DiffServ是一种基于分类和标记的QoS机制，通过在IP数据报文中添加区分服务码点（Differentiated Services Code Point，DSCP）字段来实现分类和分组，为不同的服务类别提供不同的服务质量。

由此可以看出，IEEE 802.1p作用在数据链路层，通过修改以太网帧报文头信息来实现流量优先级控制，适用于需要在局域网内部实现流量优先级控制的场景，如企业网络、数据中心等。DiffServ作用在网络层，通过修改IP数据报文的DSCP字段来实现服务质量的区分，适用于需要在广域网或互联网中提供差异化服务质量的场景，如互联网电话（Voice over IP，VoIP）、视频会议、在线游戏等对时延和丢包率要求较高的应用。在复杂的网络环境中，可以通过将IEEE 802.1p与DiffServ结合使用，实现更加精细和全面的流量管理与服务质量保障。

| 3.3　IEEE 802.3技术及标准体系 |

20世纪80年代是计算机网络的起步阶段。在此期间，各种厂商开发的网络设备和协议五花八门，彼此不兼容，这给用户带来了极大的困扰和不便。为了解决这些问题，确保不同设备之间可以顺利通信，IEEE决定成立一个专门的委员会来制定统一的标准，这个委员会就是IEEE 802委员会。该委员会发布的IEEE 802标准中最著名的当数IEEE 802.3标准，即以太网标准。

3.3.1　IEEE 802.3标准的概况

IEEE 802.3工作组负责制定IEEE 802.3标准，并开展技术规范的制定和维护工作。IEEE 802.3标准包括物理层和数据链路层的MAC子层。第一版IEEE 802.3标准于1983年6月正式发布，此后经过40多年的发展，以太网标准不断更新，以满足对更高传输速率、更高效率和更多新功能的需求。

IEEE 802.3标准主要包括物理层数据传输速率、逻辑层规范、光电接口规范和介质类型4方面内容。

- 物理层数据传输速率：从开始的1 Mbit/s发展到今天的1.6 Tbit/s。
- 逻辑层规范：定义数据报文从数据链路MAC子层向物理层传输后所进行的数据处理，包括编码、前向纠错、数据分发与汇聚，以及每个步骤所对应的比特发送顺序，以确保不同厂家的芯片、产品最终在物理链路上传输的比特流一致，实现互联互通。
- 光电接口规范：定义各个速率接口上光或电互联互通必需的测试点、标准参考接收机、调制解调及对应的信号质量指标等。通过对发送端、接收端分别定义必要的规范，确保不同厂家的器件在对接时能够顺利互通。
- 介质类型：涵盖各种类型的介质，包括双绞线（如Cat5E、Cat6）、同轴电缆、双轴电缆、单对双绞线、背板、多模光纤、单模光纤等。

3.3.2　IEEE 802.3标准的演进

IEEE 802.3标准自发布以来，经历了多次演进，在这个过程中的多个里程碑式成果如下。

- 802.3标准：第1版IEEE 802.3标准在1983年获得IEEE的批准，在1984年获得美国国家标准研究所（American National Standards Institute，ANSI）批准，并最终在1985年正式发布。该版本主要定义了在同轴电缆上进行10 Mbit/s传输的规范。
- 802.3i 10Base-T：该标准在1990年获得IEEE的批准，引入双绞线电缆，支持10 Mbit/s的传输速率，最大传输距离为100 m。
- 802.3u 100Base-T和100Base-F：该标准在1995年获得IEEE的批准，支持100 Mbit/s的传输速率，传输介质使用双绞线、单模光纤或多模光纤。该标准标志着快速以太网时代到来。
- 802.3z GE over Fiber：该标准在1998年获得IEEE的批准，属于千兆以太网标准，支持1 Gbit/s的传输速率，传输介质使用单模光纤或者多模光纤。
- 802.3ab 1000Base-T：该标准在1999年获得IEEE的批准，属于千兆以太网标准，支持1 Gbit/s的传输速率，传输介质使用双绞线电缆。
- 802.3ae 10GE over Fiber：该标准在2002年获得IEEE的批准，属于万兆以太网标准，定义10 Gbit/s以太网光接口多种类型，如10GBase-SR、10GBase-LR、10GBase-ER、10GBase-SW、10GBase-LW、10GBase-EW等类型。
- 802.3an 10GBase-T：该标准在2006年获得IEEE的批准，属于万兆以太网标准，支持10 Gbit/s的传输速率，传输介质使用双绞线电缆。
- 802.3ba：该标准在2010年获得IEEE的批准，定义40 Gbit/s和100 Gbit/s的以太网标准，根据不同的传输媒介可以分成40GBase-KR4/LR4/ER4/CR4/SR4和100GBase-CR10/SR10/LR4/ER4等类型。
- 802.3bq 25G/40GBase-T：该标准在2016年获得IEEE的批准，定义25 Gbit/s和40 Gbit/s的双绞线以太网解决方案，主要用于数据中心、企业网络等对高速、高密度连接需求较高的场景。
- 802.3bs：该标准在2017年获得IEEE的批准，定义400 Gbit/s和200 Gbit/s的以太网标准。
- 802.3ca：该标准在2020年获得IEEE的批准，定义25 Gbit/s和50 Gbit/s无源光网络（Passive Optical Network，PON）的物理层规范和管理参数，推动高速以太网技术的发展。
- 802.3df：该标准在2024年获得IEEE的批准，支持高达800 Gbit/s的传输速率，是目前以太网技术的一个重大突破。

| 3.4　以太网技术的扩展 |

从3.3节所介绍的以太网标准的演进可以看出，除了速率代际、物理介质，以太网标准演进还存在一些技术的扩展，本节针对以太网的技术外延进行介绍。

3.4.1　PoE

PoE的诞生，源于对简化网络安装、降低成本并增强网络设备的灵活性的需求。PoE是一种在现有以太网电缆的基础上传输直流电的技术。通过PoE，网络设备（如IP电话机、摄像头、AP等）可以从以太网交换机获取电力和数据，不再需要额外的电源线和电源插座。PoE技术方便了网络设备的部署和管理，并简化了网络布线和设备安装，特别是在难以安装电源插座的地方，如天花板、墙壁、户外等。

PoE系统由以下两个主要部分组成。

- PSE：PSE负责提供电力。它可以是PoE交换机或PoE中间设备，并通过以太网电缆为PD供电。
- PD：PD是接收电力并通过以太网电缆供电的设备，如IP摄像头、无线接入点或VoIP。

PoE通过以太网电缆4对线中的两对（或全部4对）传输电力和数据，其基本工作过程如下。

- 检测：PSE检测连接的设备是否支持PoE，并确定功率需求。
- 分类：PSE对PD进行分类，确定PD所需的功率等级，以便合理分配电力。
- 启动：PSE开始向PD供电，并逐步增加电压以避免冲击。
- 供电：PSE向PD持续供电，并监控电流需求。
- 断电：当PD断开或不再需要电力时，PSE停止供电。

PoE通常使用Cat5E及以上类别的以太网电缆，以确保可靠的电力传输和数据通信。标准RJ45连接器适用于PoE系统，不再需要特殊的电缆或连接器。针对光纤接入的场景，华为的光电混合缆方案将光纤和电缆一体化集成，在给用户提供光纤大带宽接入的同时，还解决了光纤接入供电难的问题，从而降低了布网成本。

PoE通过以太网电缆将数据和电力传输结合起来，实现了高效、可扩展和可靠的网络基础设施，满足了现代企业、工业和智能家居环境的需求。PoE的价值主要包括如下几个方面。

- 简化安装和部署：PoE技术不需要单独的电源线缆，减少了设备安装所需的电缆数量。另外，IP摄像头、无线接入点和VoIP等设备可以安装在不容易接近电源插座的位置，因为它们可以通过以太网连接直接供电。
- 节约成本：通过节省每个网络设备的电线和电源插座，PoE降低了基础设施成本。另外，因为简化了安装过程，也减少了安装网络设备所需的时间和人力。
- 灵活可扩展：PoE供电的设备可以轻松移动和重新定位，而无须重新配置电气布线，从而在网络设计和部署方面具备更强的灵活性。集中式电源管理便于监控各种网络设备的电源。
- 增强可靠性和安全性：PoE可由中央不间断电源（Uninterruptible Power Supply，UPS）提供支持，确保连接的设备在停电期间保持供电，增强了网络可靠性。PoE标准包括防止将电源施加到非PoE设备的机制，从而保护网络设备免受潜在的损坏。
- 可兼容多种设备：PoE兼容IP摄像头、无线接入点、VoIP、物联网等设备。IP摄像头可以放置在最佳位置，不再需要附近的电源插座，扩大了安全覆盖范围。无线接入点可以安装在天花板或其他没有电源插座的区域，扩大了无线网络的覆盖范围。VoIP通过以太网连接获取电力，简化了桌面设置并减少了线缆数量。各种物联网设备可通过PoE轻松部署和供电，促进了智能化和自动化应用的发展。

IEEE 802.3标准目前已完成3代PoE标准，每一代标准均支持不同的功率水平以满足不同的设备要求，如表3-1所示。

表 3-1　PoE 标准

以太网标准	发布年份	最大功率输出	电压范围	适配设备
IEEE 802.3af（PoE）	2003年	每端口15.4 W	44～57 V（常见为48 V）	VoIP、无线接入点和简单的IP摄像头
IEEE 802.3at（PoE+）	2009年	每端口25.5 W	50～57 V	需要更高功率的设备，如平移、倾斜、缩放IP摄像头和一些较高功率的无线接入点

续表

以太网标准	发布年份	最大功率输出	电压范围	适配设备
IEEE 802.3bt（PoE++）	2018年	• Type 3：每端口60 W • Type 4：每端口100 W	50～57 V	高功率需求设备，如数字标牌、大型无线接入点和薄客户机

3.4.2 EEE

能效以太网（Energy Efficient Ethernet，EEE）是以太网标准的增强功能，目的是在网络活动量较低的时期降低功耗。EEE是在2010年批准的IEEE 802.3az标准中定义的一种技术 。

EEE的关键特性为低功耗空闲（Low-Power Idle，LPI）模式。该特性可确保当链路空闲（数据流量少或没有）时，以太网接口进入低功耗状态，从而显著降低功耗；当需要传输数据时，接口会被快速唤醒，从而对性能的影响最小化。

降低以太网接口的功耗，这在具有大量以太网端口的数据中心和企业网络中尤其有益，有助于提高整体的能源利用效率，并节约成本。

3.4.3 车载以太网

车载以太网的发展反映了现代汽车对高速、可靠的通信网络日益增长的需求，它为各种车载系统提供了通信底座，支持从信息娱乐到高级驾驶辅助系统的各种功能。车载以太网承载的业务如图3-9所示，车载以太网最初主要是满足信息娱乐系统的需求，支持音视频流传输，并且为车辆诊断提供一定的通信带宽，确保快速、可靠地传输数据。

车载以太网的标准化最先在OPEN联盟（One-Pair Ether-Net Alliance）开展，旨在促进基于以太网的车辆通信，并制定互联互通标准。IEEE 802.3工作组后续也开展了标准制定，先后开发了用于车内互联的多项802.3标准的扩展项目，例如100Base-T1-单双绞线上的100 Mbit/s和1000Base-T1-单双绞线上的1 Gbit/s等以太网标准。

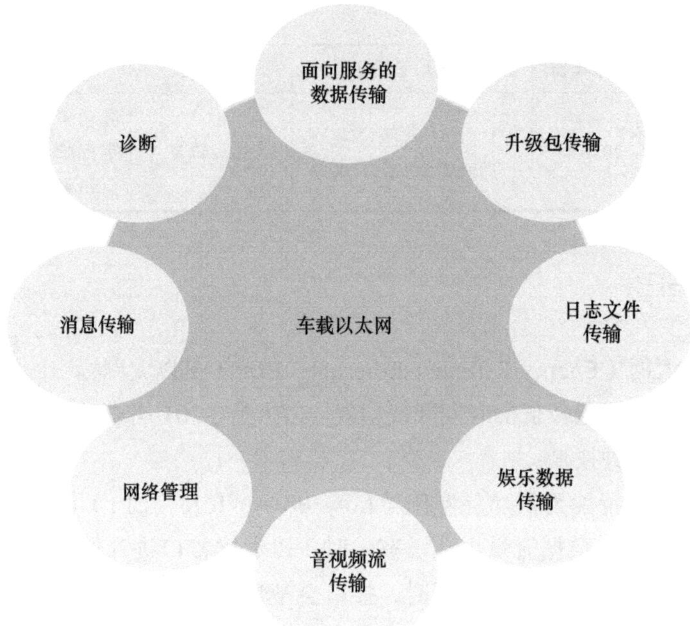

图 3-9　车载以太网承载的业务

车载以太网的传输速率随着智能辅助驾驶的普及不断提升，其带宽诉求越来越高，并且越来越多样化。高级驾驶员辅助系统（Advanced Driver Assistant System，ADAS）和自动驾驶系统（Automated Driving System，ADS）需要功能强大的高速通信网络来快速传输来自摄像头、雷达和激光雷达传感器的大量数据，也需要更高速率的车载以太网标准（例如802.3ch定义的10GBase-T1、802.3cy定义的25GBase-T1及802.3cz定义的50GBase-AU等）来支持对网络要求更高的应用。

与数据中心、运营商等传统以太网相比，车载以太网面临显著的挑战，主要体现在工作条件、时延和实时性能、功耗、安全性等方面。

- 工作条件：汽车运行的环境具有电气噪声，保持电磁兼容性（Electromagnetic Compatibility，EMC）对于屏蔽来自其他车辆系统的干扰至关重要，需要确保适当的屏蔽和坚固的电缆设计，以最大限度地减少电磁干扰。同时，汽车零部件必须承受极端温度、振动和机械应力，必须确保以太网组件在这些恶劣条件下的使用寿命和可靠性。
- 时延和实时性能：汽车的一些关键应用（如安全系统）需要具备实时性能和最低时延的车载以太网，并采用时间敏感网络（Time-Sensitive

Networking，TSN）标准，保证数据的及时性和确定性传输。

- 功耗：车载以太网需要平衡高数据速率与低功耗，以避免过度消耗车辆的电源系统。车载以太网往往兼容 EEE 标准，以降低数据低活动期的功耗。
- 成本和可扩展性：汽车行业对成本和效率的关注程度往往高于传统网络行业，这就要求车载以太网元器件可以大规模生产，并不会产生高昂的成本。
- 安全性：车载以太网要保护车辆网络免受网络攻击和未经授权的访问。另外，要确保在网络上传输的数据的完整性和真实性。
- 与现有系统集成的兼容性：新的车载以太网系统确保可以与现有的汽车网络，如控制器局域网（Controller Area Network，CAN）和本地互联网络（Local Interconnect Network，LIN）集成。

3.4.4　单对线以太网

单对线以太网（Single Pair Ethernet，SPE）是一种基于单对双绞线传输数据的以太网标准，而不是基于常用的两对或四对双绞线。SPE专为要求简单并极其重视成本和效率的应用量身定制，特别是在工业自动化、汽车和物联网等场景中。其实，车载以太网也是SPE的一个关键场景。本节针对其他领域介绍SPE。

SPE的关键特性包括简化布线、电力输送、高数据速率和长距离。

（1）简化布线

- 单对线：只使用一对双绞线，降低了布线的复杂性和成本。
- 紧凑型连接器：与传统以太网相比，连接器更小、更轻，适合空间受限的场景。

（2）电力输送

与PoE类似，数据线供电（Power over Data Line，PoDL）允许通过一对双绞线同时传输数据和电力。

（3）高数据速率和长距离

- 10Base-T1：单对线10 Mbit/s，传输距离可达1000 m，非常适合工业环境中的长距离通信。
- 100Base-T1：单对线100 Mbit/s，传输距离长达15 m，适合汽车和短程工业应用。

- 1000Base-T1：单对线1 Gbit/s，最长40 m，适用于高速汽车网络。

受各行业对简单、经济、高效的网络解决方案的需求驱动，SPE发展快速，在工业自动化、汽车网络和物联网领域的采用率越来越高。

- 工业自动化：工业4.0正在提升工业环境对SPE的需求，重点是增强的连接和数据通信。SPE在需要可靠且长距离通信的工业以太网应用中越来越多，它为传统以太网提供了一种经济、高效且节省空间的替代方案。SPE简化了现场设备、传感器和执行器的连接，这些设备通常在恶劣的环境中工作，需要可靠且长距离的通信。
- 汽车网络：汽车行业向联网和自动驾驶的发展趋势正在推动SPE的应用拓展。IEEE 802.3bp（1000Base-T1）等标准正在集成到汽车以太网解决方案中。在汽车以太网中，SPE可以满足车辆内不断增长的数据需求，支撑高级驾驶辅助系统、信息娱乐和其他车载系统实现高速通信。另外，使用单对双绞线可减轻车辆线束的总质量，有助于降低制造成本。
- 物联网：物联网设备的激增和智能基础设施的普及正在为SPE在建筑自动化和传感器网络方面的应用创造机会。SPE适用于智能建筑中物联网设备的互联场景，可以简化网络基础设施的连接。另外，SPE还可以为智慧城市运营、农业生产和环境监测等领域中使用的各种传感器提供标准化、可靠的连接。

| 3.5　以太网技术的无线侧延伸：WLAN |

以太网利用光纤和双绞线等线缆可以构建稳定、高速的局域网，但是有线网络无法摆脱线缆的羁绊，也无法满足随时随地联网的诉求。WLAN作为局域网从有线网络延伸至无线网络的产物，以电磁波作为传输介质，可以实现短距离无线通信。本节对WLAN的基本概念、工作机制、标准演进、关键技术、组网方式进行具体介绍。

3.5.1　WLAN的基本概念

WLAN 是一种无线计算机网络，它使用无线信道代替有线传输介质连接两个或多个设备形成一个局域网，典型部署场景有家庭、学校、校园或企业办公楼等。

无线网络技术首先是为了解决有线网络布线烦琐的问题。收银机制造商NCR在为百货商店和超市（简称“商超”）等客户提供服务时发现，每次改变店面格局都需要为收银机重新布线，费时费力。1988年，NCR和AT&T合作开发了WaveLAN技术，实现了收银机的无线化接入，这一技术也被公认为Wi-Fi技术的前身。WaveLAN技术的诞生促使IEEE 802 LAN/MAN标准委员会在1990年成立了802.11无线局域网工作委员会，开始制定WLAN的技术标准。

和有线接入技术相比，WLAN的优势是网络使用自由和网络部署灵活。

- 网络使用自由：凡是自由空间均可连接网络，不受限于线缆和端口位置。在办公大楼、机场候机厅、度假村、商务酒店、体育场馆、咖啡店等场景尤为适用。
- 网络部署灵活：对于地铁、公路交通监控等难以布线的场所，采用WLAN进行无线网络覆盖，免去或减少了繁杂的网络布线，实施简单、成本低且扩展性好。

1. WLAN和Wi-Fi

WLAN的定义有广义和狭义两种。广义上讲，WLAN是以各种无线电波（如激光、红外线等）的无线信道来代替有线局域网中的部分或全部传输介质而构成的网络。WLAN的狭义定义是基于IEEE 802.11系列标准，利用高频无线射频（如2.4 GHz、5 GHz或6 GHz频段的电磁波）作为传输介质的无线局域网。我们日常生活中的WLAN就是狭义的WLAN。在WLAN的演进和发展过程中，其实现技术标准有很多，如蓝牙、Wi-Fi、HyperLAN2等。

Wi-Fi是Wi-Fi联盟的商标。Wi-Fi联盟其实是一个商业组织。这个联盟最初的目的是推动802.11b标准的制定，并在全球范围内推行符合IEEE 802.11标准的产品的兼容认证。2000年，该组织采用“Wi-Fi”一词作为其技术工作的专有名称，同时宣布将Wi-Fi Alliance（即Wi-Fi联盟）作为正式名称，“Wi-Fi”实际上就是该联盟的商标。Wi-Fi联盟把符合802.11标准的技术统一称为Wi-Fi。

简单来说，WLAN 是一个网络系统，而 Wi-Fi 是这个网络系统中的一种技术。所以，WLAN 和 Wi-Fi 之间是包含关系，WLAN 包含了 Wi-Fi。实际上 WLAN 不仅包含 Wi-Fi，蓝牙、HyperLAN2 等也是很常见的 WLAN 技术。

2. Wi-Fi和802.11

IEEE虽然开发并发布了IEEE 802.11标准，但是没有对符合IEEE 802.11标准的设备提供相应的测试服务。另外，IEEE 802.11标准是理论化的，而不同厂商生产的产品五花八门。Wi-Fi联盟很好地解决了符合IEEE 802.11标准产品的设备兼容性问题。Wi-Fi联盟还负责对各种无线局域网络设备进行认证，测试产品是否符合IEEE 802.11标准，通过认证则可以在设备上标注“Wi-Fi”商标。

由于Wi-Fi和IEEE 802.11标准之间存在密切联系，所以经常被混淆，实际上两者是有区别的。概括来讲，IEEE 802.11是一种WLAN标准，而Wi-Fi是基于IEEE 802.11标准实现的一种产品。这类产品除了Wi-Fi，还有WiGig等，Wi-Fi是其中发展最好的产品。

3. WLAN的基本元素

WLAN的基本元素有工作站（Station，STA）、AP、虚拟接入点（Virtual Access Point，VAP）、基本服务集（Basic Service Set，BSS）、扩展服务集（Extend Service Set，ESS）、分布式系统（Distributed System）等。

- STA：如图3-10所示，STA就是指支持802.11标准的终端设备，例如带无线网卡的计算机、支持WLAN的手机等。

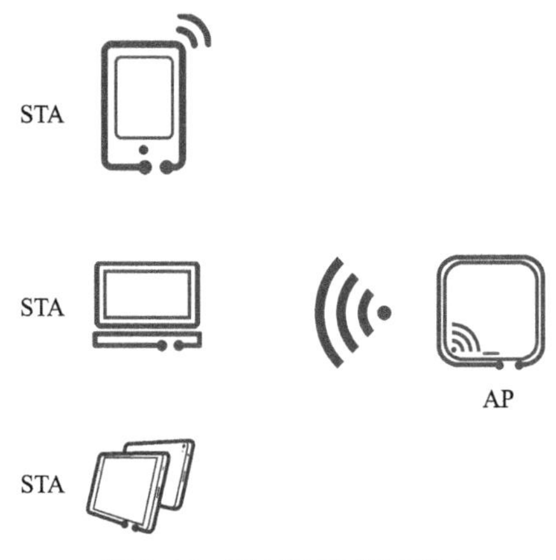

图 3-10　STA 和 AP 的示意图

- AP：如图3-10所示，AP为STA提供基于802.11标准的无线接入服务，起到有线网络和无线网络的桥接作用。
- VAP：如图3-11所示，VAP是AP设备上虚拟出来的业务功能实体。用户可以在一个AP上创建不同的VAP来为不同的用户群体提供无线接入服务。
- BSS：如图3-12所示，BSS是指一个AP所覆盖的范围。在一个BSS的服务区域内，STA可以相互通信。
- ESS：如图3-12所示，ESS由多个使用相同SSID的BSS组成。

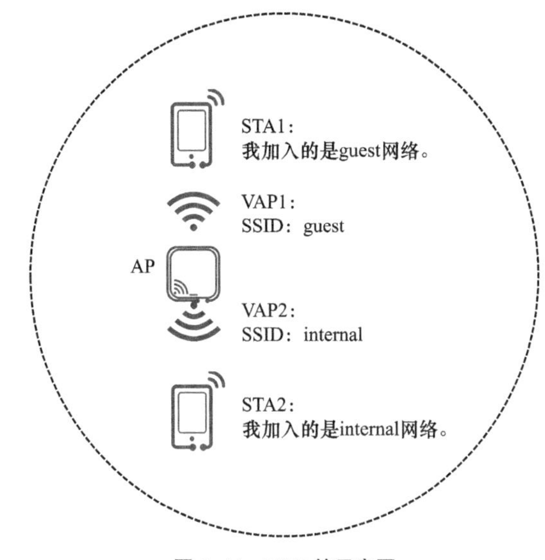

图 3-11　VAP 的示意图

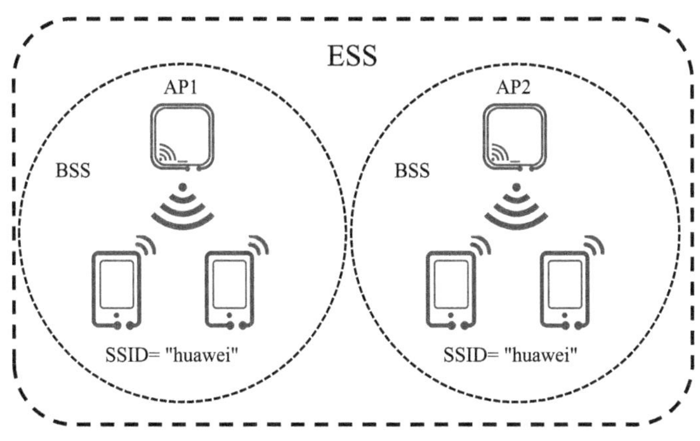

图 3-12　BSS 和 ESS 的关系

- 分布式系统：分布式系统是指将多个AP通过无线链路连接起来，形成一个统一的无线网络，为STA提供漫游和数据传输。目前的无线分布式系统主要基于无线分布式系统（Wireless Distribution System，WDS）或Mesh协议。

3.5.2　WLAN的工作机制

在WLAN中，信息在发射设备需要先经过信源编码转换为便于电路计算和处理的数字信号，再经过信道编码和调制，转换为无线电波后通过信道发射出去；

接收设备接收到无线电波后，经过解调、解码，最后恢复成原始信息。信息可以是图像、文字、声音等。其中发送设备和接收设备使用接口和信道连接。

WLAN工作机制如图3-13所示。

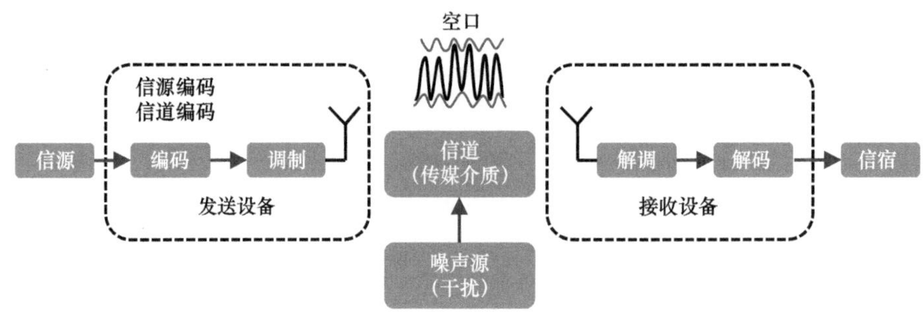

图 3-13 WLAN 的工作机制

- 信源编码：信源编码是将最原始的信息经过对应的编码方式，转换为数字信号的过程。信源编码可以减少原始信息中的冗余信息，即在保证不失真的情况下，最大限度地压缩信息。不同类型的信息需要采用不同的编码方式，例如，H.264就是视频的一种编码方式。
- 信道编码：信道编码是一种对信息纠错、检错的技术，可以提升信道传输的可靠性。信息在无线传输过程中容易受到噪声的干扰，导致接收的信息出错。信道编码能够在接收设备上最大程度地恢复信息，降低误码率。WLAN使用的信道编码方式包含二进制卷积编码（Binary Convolutional Coding，BCC）和低密度奇偶校验码（Low Density Parity Check Code，LDPC）。
- 调制：数字信号在电路中表现为高低电平的瞬时变化，只有将数字信号叠加到高频振荡电路产生的高频信号上，才能通过天线转换成无线电波发射出去，其中的叠加动作就是调制的过程。调制的过程实际包含符号映射和载波调制。WLAN中常见的符号映射技术是正交振幅调制（Quadrature Amplitude Modulation，QAM），载波调制技术是正交频分复用（Orthogonal Frequency Division Multiplexing，OFDM）。
- 空口：有线通信设备上的接口是可见的，并连接可见的线缆；而WLAN的接口是不可见的，连接着不可见的空间。为了便于理解和描述，将无线通信使用的接口称为空中接口，简称空口。
- 信道：信道是传输信息的通道。在WLAN中，802.11标准定义了允许使用的无线信道频段和具体频率范围。

3.5.3　WLAN标准的演进

IEEE作为标准化组织，在1990年成立了802.11工作组来制定WLAN的相关标准，并在1997年发布了第一个802.11标准。之后每过几年，802.11标准就会升级换代一次，至今已有7代，如表3-2所示。

表 3–2　802.11 标准的演进

标准版本	发布年份	频率/GHz	PHY技术	调制方式	码率	流数	信道带宽/MHz	传输速率/Mbit·s^{-1}
802.11	1997	2.4	FHSS和DSSS	—	—	—	20	1和2
802.11b	1999	2.4	CCK	—	—	—	20	5.5和11
802.11a	1999	5	OFDM	64-QAM	3/4	—	20	6～54
802.11g	2003	2.4	OFDM	64-QAM	3/4	—	20	6～54
802.11n（HT）	2009	2.4和5	OFDM SU-MIMO	64-QAM	5/6	4	20、40	6.5～600
802.11ac（VHT）	2014	5	OFDM 下行 MU-MIMO	256-QAM	5/6	8	20、40、80、160和80+80	6.5～6933.33
802.11ax（HE）	2020	2.4、5和6	OFDMA 下行 MU-MIMO 上行 MU-MIMO	1024-QAM	5/6	8	20、40、80、160和80+80	6.5～9607.8
802.11be（EHT）	2023	2.4、5和6	OFDMA 下行 MU-MIMO 上行 MU-MIMO	4096-QAM	5/6	16	20、40、80、160、80+80、320、160+160	6.5～46 117.4

- 标准的起源（802.11标准）：最初的802.11标准设计了一种简单的分布式接入载波侦听多址访问/冲突避免（Carrier Sense Multiple Access with Collision Avoidance，CSMA/CA）机制来保证通信质量，并采用跳频扩频（Frequency Hopping Spread Spectrum，FHSS）和直接序列扩频（Direct

Sequence Spread Spectrum，DSSS）物理层调制方式，提供1 Mbit/s和2 Mbit/s的数据速率。

- 标准的增强（802.11b标准和802.11a标准）：802.11b标准的传输速率达到11 Mbit/s，并实现规模商用。802.11a标准首次在5 GHz频段将OFDM技术引入802.11标准，传输速率提升至54 Mbit/s。
- 标准的扩展与兼容（802.11g标准）：802.11g标准将OFDM技术扩展至2.4 GHz频段，提供了2.4 GHz频段下的54 Mbit/s速率，同时向前兼容了802.11b标准的设备。
- 基于MIMO-OFDM的HT标准（802.11n标准，即Wi-Fi 4）：802.11n标准新增支持单用户MIMO（Single-User MIMO，SU-MIMO）和OFDM技术，信道的最大带宽从20 MHz提升至40 MHz，传输速率达到600 Mbit/s。
- VHT标准（802.11ac标准，即Wi-Fi 5）：802.11ac标准新增支持下行多用户MIMO（Multi-User MIMO，MU-MIMO），信道带宽最大支持160 MHz，最大支持速率提升至6.9 Gbit/s。
- HE标准（802.11ax标准，即Wi-Fi 6）：802.11ax标准首次引入正交频分多路访问（Orthogonal Frequency Division Multiple Access，OFDMA）、上行MU-MIMO、BSS Coloring和目标唤醒时间（Target Wake Time，TWT）等技术，进一步提升了高密度场景下的吞吐率，传输速率直接达到9.6 Gbit/s。
- EHT标准（802.11be标准，即Wi-Fi 7）：在Wi-Fi 6E引入6 GHz新频谱的基础上，802.11be标准新增支持多资源单元（Multi-Resource Unit，MRU）、多链路等技术，进一步提升了吞吐率，最大信道带宽提升至320 MHz，调制阶数提升至4096-QAM，最大理论数据传输速率约为46.1 Gbit/s。

3.5.4 WLAN的关键技术

WLAN作为一种利用无线通信技术组建的局域网，为了实现高速的传输速率，在编码、调制、信道带宽、传输介质等环节引入了多项技术，最终实现了传输速率的成倍增长。

1. WLAN的编码技术

编码技术包括信道编码和信源编码。信道编码需要在原始信息中增加冗余信息，所以经过信道编码后，信息长度会有所增加。原始信息的占比可以用编码效率（简称码率，即编码前后的比特数量比）表示。信道编码虽然降低了有效信息的传输速率，但提高了有效信息传输的成功率。因此，如果通信协议选择合适的信道编码方式，就可以在可靠性和有效性上获得最佳的效果。

2. WLAN的调制技术

从WLAN的工作机制可知，调制技术包括符号映射和载波调制。

（1）符号映射

符号映射是指采用调制的方法，将数字信号的比特映射为符号，也称为码元或信元。符号可以表示1比特，也可以表示多个比特。例如二进制相移键控（Binary Phase-Shift Keying，BPSK）调制，1比特信息映射为1个符号；16-QAM调制，4比特信息映射为1个符号。符号中携带的比特数越多，数据的传输速率越高。

以16-QAM为例，如图3-14所示，通过调整幅度和相位的不同，组合成16个不同的波形，代表0000，0001……相当于1个符号传输4比特。

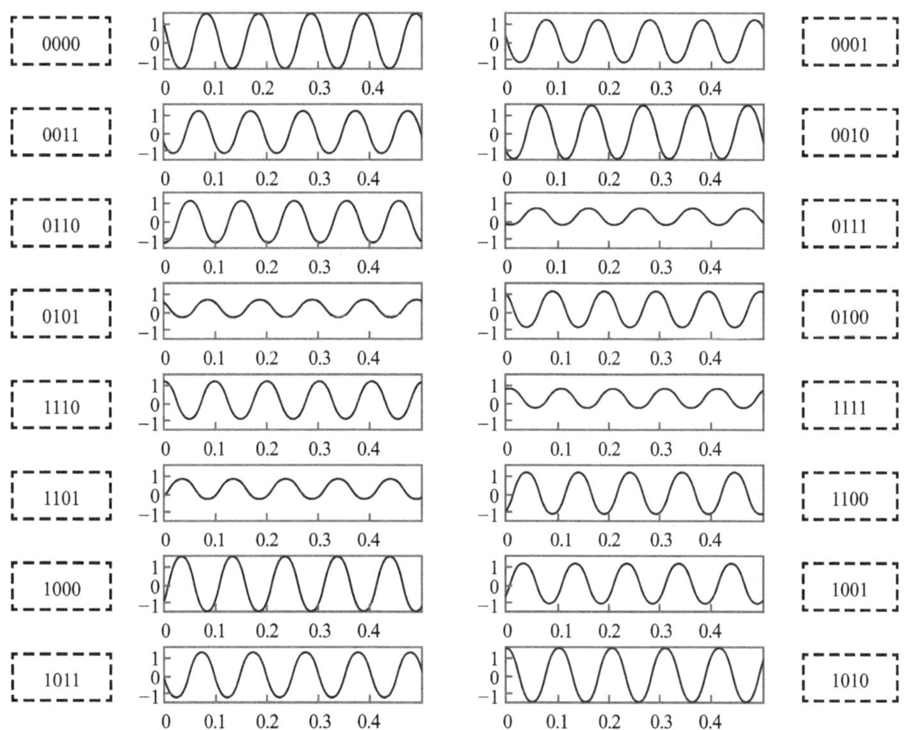

图 3-14　16-QAM 调制的符号映射

数据经过信道编码后，将被映射到星座图上，星座图采用的是极坐标。如图3-15所示，星座图中的每一个点都可以用一个夹角和该点到原点的距离表示。星座图上的这个夹角就是调制的相位，距离代表调制幅度。

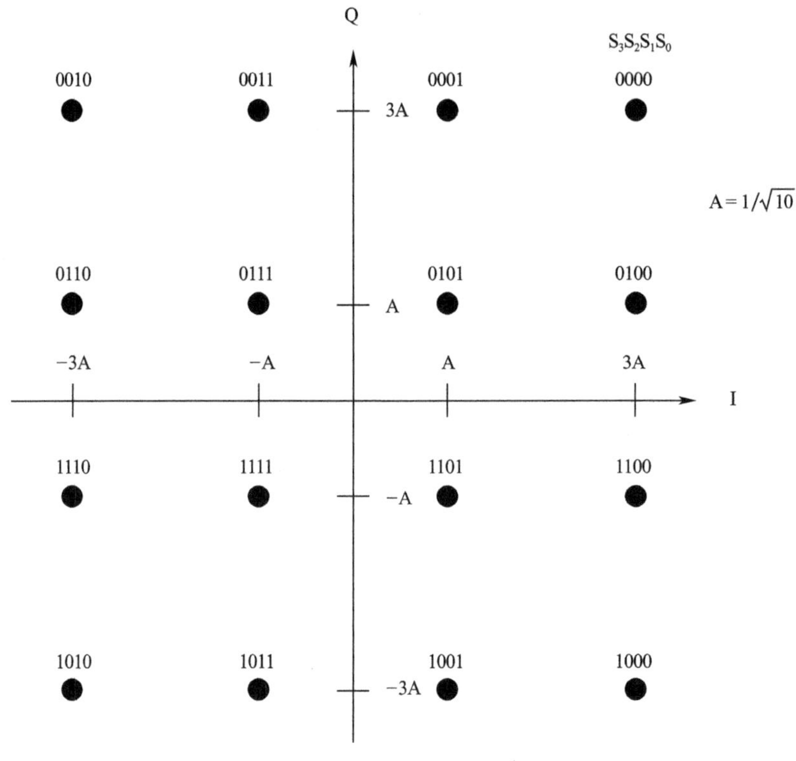

图 3-15　16-QAM 星座图

如果需要提高速率，那么使用点数更多的QAM即可。但并不是点数越多，QAM越好。因为随着点数的增多，每个点之间的距离也会变小，这样就要求接收到的信号质量很高，否则很容易命中相邻的其他点。如图3-16所示，Wi-Fi 5采用的QAM最高为256-QAM（256个符号），Wi-Fi 6采用的QAM最高为1024-QAM（1024个符号）。

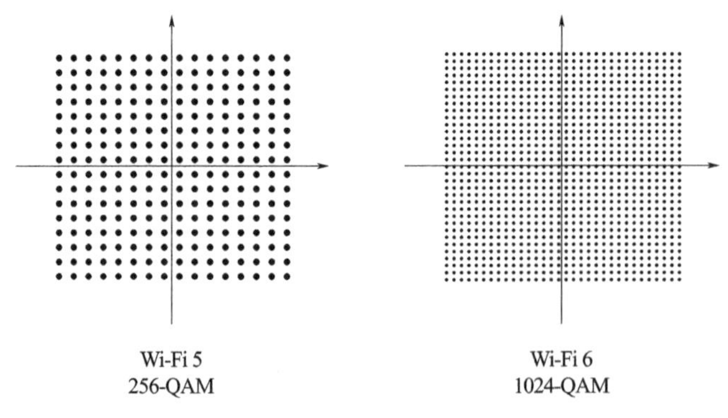

图 3-16　256-QAM 和 1024-QAM

（2）载波调制

载波调制是指将符号和载波叠加，使载波携带要传输的信息。为了进一步提升传输速率，出现了多载波调制技术。多载波调制利用波的正交特性，将信号分段，先分别调制到多个载波，再叠加到一起由天线发送，实现多组信号的并行传输。多载波调制可以有效利用频谱资源，并降低多径干扰。Wi-Fi使用的多载波调制技术是OFDM。

OFDM的工作原理是，将信道划分成多个正交的子信道，再将高速的串行数据信号转换成低速的一组并行数据信号，并将这些信号调制到子信道上进行传输。正交的子信道对应的载波，通常被称为子载波。

WLAN系统中，OFDM的子载波是按照一定规则进行划分的。如图3-17所示，以Wi-Fi 6子载波为例，OFDM将5 GHz频段的20 MHz信道划分为256个子载波，包括242个可被使用的子载波、11个边带保护子载波及3个直流子载波。其中，可使用的子载波包括234个数据子载波及8个导频子载波。为了对抗不同环境的多径影响，Wi-Fi 6提供0.8 μs、1.6 μs、3.2 μs 3种保护间隔。

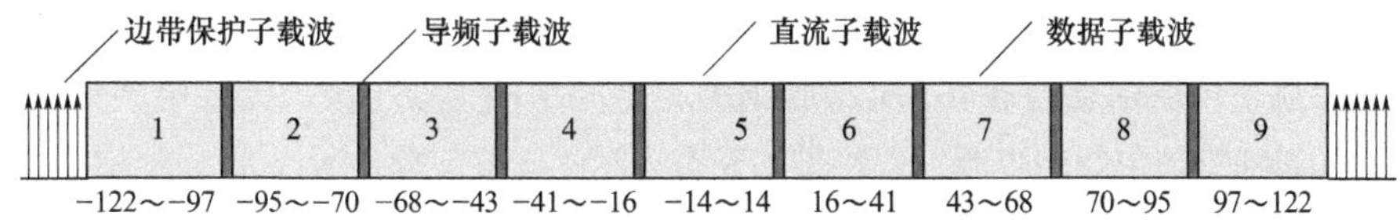

图 3-17　Wi-Fi 6 子载波划分示意图

- 边带保护子载波：用作保护间隔，以此减少相邻信道的干扰，没有承载任何数据。
- 导频子载波：用来估计信道参数，并用在具体的数据解调中，承载的是特定的训练序列。
- 直流子载波：在子载波中心位置的直流子载波一般都是空置不用的，仅作标识。
- 数据子载波：用来传递数据所用的子载波。

将串行数据转化成并行数据，主要是为了将高速数据转换成低速数据，因为在无线传输中，高速数据很容易引起码元之间的干扰。将信道划分成正交子信道是为了更好地提升频谱利用率。由于这些子载波是相互正交的，这就意味着这些子载波相互之间是没有干扰的，从而可以尽可能靠近，甚至叠加。

OFDM的调制和解调一般利用快速傅里叶变换（Fast Fourier Transform，FFT）和逆快速傅里叶变换（Inverse Fast Fourier Transform，IFFT）方法来实

现，如图3-18所示。发送机一次性处理一批并行的信号，然后通过IFFT计算，将原始信号调制到对应的子载波后并进行叠加，这就构成了时域上的OFDM符号。当接收方接收完OFDM符号之后，再进行一次逆运算（即FFT），接收方就可以对数据进行正确的接收。

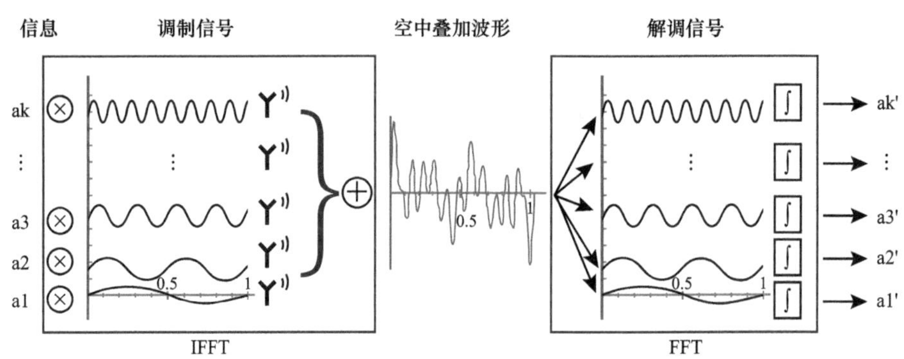

图 3-18　OFDM 的调制和解调

3. WLAN的信道带宽技术

信道是传输信息的通道，无线信道就是空间中的无线电波。无线电波无处不在，如果随意使用频谱资源，那将带来无穷无尽的干扰问题，所以无线通信协议除了要定义允许使用的频段，还要精确划分频率范围，每个频率范围就是一个信道。

如图3-19所示，Wi-Fi的最小信道带宽是20 MHz，如果能够扩大信道带宽，那么能够传输的信息量也会随之增加。于是，Wi-Fi 4引入了信道捆绑技术，支持将相邻两个20 MHz信道捆绑为40 MHz信道来使用，从而最直接地提高速率。Wi-Fi 5则引入了80 MHz和160 MHz的信道带宽。

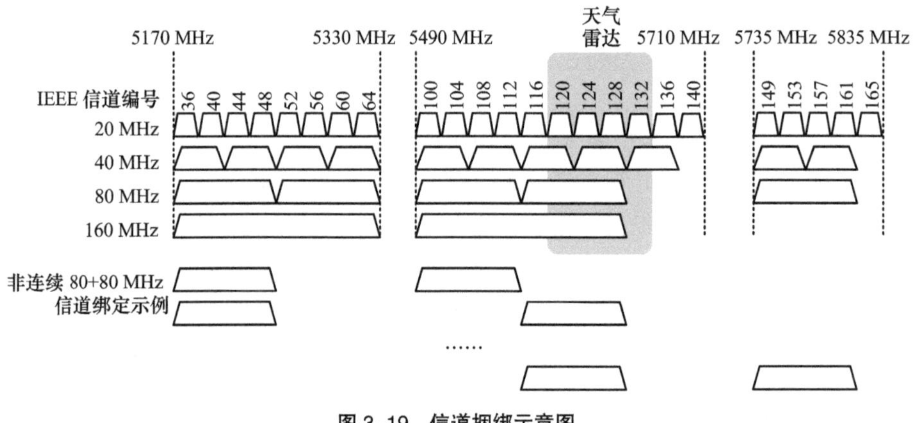

图 3-19　信道捆绑示意图

80 MHz信道就是通过连续的2个40 MHz信道绑定而来的。160 MHz信道则通过连续的2个80 MHz信道绑定而来。由于通过连续的80 MHz信道绑定得来的160 MHz信道少之又少，所以160 MHz也可以使用不连续的80 MHz来获得，这就是80+80 MHz模式。

好消息是，Wi-Fi 6E引入了全新的6G频段，如图3-20所示，极大地扩展了Wi-Fi的信道资源，使大带宽的信道捆绑的应用成为可能。

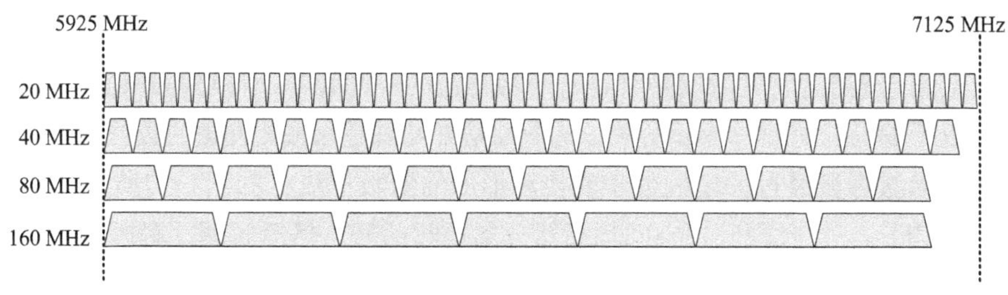

图 3-20　6 GHz 信道

4. WLAN的多发多收技术

在无线通信系统中，从发送端的天线发送信号，到接收端的天线接收信号，信号在空中的传输路径是唯一的，可以视为1路信号。这个系统就是单发单收，也称为单输入单输出（Single-Input Single-Output，SISO），这条传输路径可以称为1条空间流，如图3-21所示。

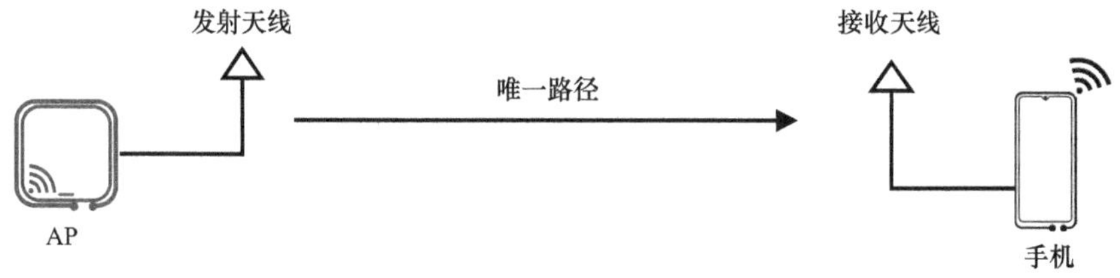

图 3-21　SISO 示意图

如果在这个系统中增加几路信号，通过多根天线同时收发信号，实现多路信号同时传输，就能成倍提升传输速率。这种多发多收的系统，也称为多输入多输出（Multiple-Input Multiple-Output，MIMO），如图3-22所示。

MIMO技术允许多个天线同时发送和接收多个信号，并能够区分发往或来自不同空间方位的信号。通过空间分集和空分复用等技术，在不增加占用带宽的情况下，MIMO技术提高了系统的容量、覆盖范围和信噪比。

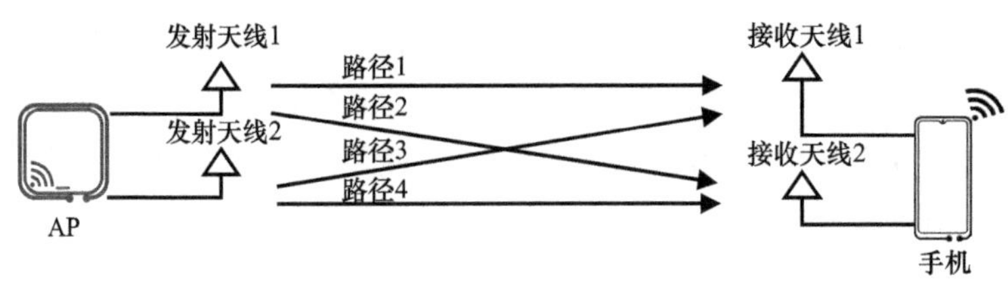

图 3-22　MIMO 示意图

（1）空间分集

空间分集技术的思路是制作同一个数据流的不同版本，将它们分别在不同的天线进行编码、调制，然后发送。这个数据流可以是原来要发送的数据流，也可以是原始数据流经过一定的数学变换后形成的新数据流，如图3-23所示的h_{11}、h_{12}、h_{21}和h_{22}。接收端利用空间均衡器分离接收信号，然后解调、解码，将同一数据流的不同接收信号合并，恢复出原始信号。空间分集有效提升了数据传输的可靠性，适用于传输距离长、对速率要求不高的场景。

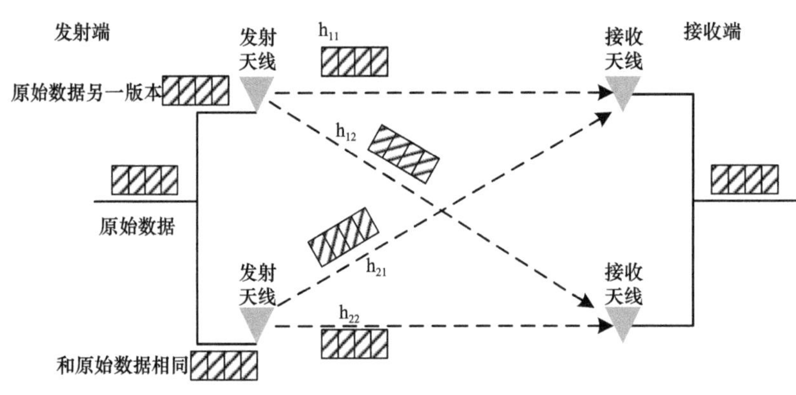

图 3-23　空间分集技术

Wi-Fi 4标准引入的波束成形技术也可以被视为一种空间分集技术。波束成形需要先检测信道状态，然后对各天线发射的信号进行预编码，使信号在接收端方向叠加增强。波束成形能够增加信号传输距离，提高接收端收到的信号质量。

（2）空分复用

如图3-24所示，空分复用技术是指将需要传送的数据分为多个数据流，分别通过不同的天线进行编码、调制，然后进行传输，从而提高系统的传输速率。天线之间相互独立，一个天线相当于一个独立的信道。接收端利用空间均衡器分离接收信号，然后解调、解码，将几个数据流合并，恢复出原始信号。空分复用有效提升了数据传输的速率，适用于传输距离短、速率要求高的场景。

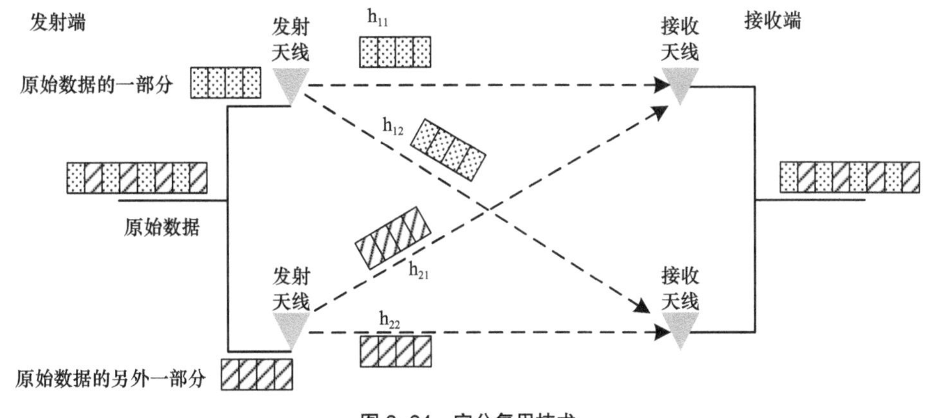

图 3-24　空分复用技术

5. Wi-Fi 6的速率计算

综合各项影响Wi-Fi传输速率的技术，下面分析Wi-Fi 6是如何实现接近10 Gbit/s的传输速率的。

- Wi-Fi 6传输每个符号的时长固定为12.8 μs，两个符号间的保护间隔取最短的0.8 μs，则传输1个符号的完整时长为13.6（即12.8+0.8）μs，因此在1 s内可传输的符号个数约为73529个（即1000000/13.6）。
- Wi-Fi 6最高阶的调制方式为1024-QAM，码率为5/6，即1个符号可以携带约8个（10×5/6）有效比特。
- Wi-Fi 6使用20 MHz信道带宽时，数据子载波个数为234个。通过信道捆绑，使用最高的160 MHz信道带宽时，可进一步利用冗余的边缘子载波来传输数据，有效子载波个数可达到1960个。相当于1条空间流上有1960个子通道可以并行地传输符号。
- Wi-Fi 6最高支持8条空间流，相当于使用8路通道并行传输符号。

综上计算，Wi-Fi 6的最大理论传输速率，即1 s能够传输的比特数为：1 s传输的符号个数×1个符号携带的bit×单空间流的子载波个数×空间流数。计算可得：（1000000 / 13.6）×（10×5 / 6）×1960×8≈9607.8 Mbit/s。

6. Wi-Fi 7的速率提升

随着Wi-Fi技术的发展，家庭、企业等越来越依赖Wi-Fi，并将其作为接入网络的主要手段。近年来出现的新型应用对吞吐率和时延要求也更高，比如4K和8K视频（传输速率可能会达到20 Gbit/s）、VR/AR、游戏（时延要求低于

5 ms）、远程办公、在线视频会议和云计算等。

Wi-Fi 7的目标是将传输速率提升到30 Gbit/s，并且提供低时延的接入保障。为了满足这个目标，Wi-Fi 7在物理层（Physical Layer，PHY）层和MAC层都做了相应的改变。相对于Wi-Fi 6，Wi-Fi 7对如下几项技术进行了优化。

- 调制方式：支持更高阶的4096-QAM调制。根据前文介绍的QAM调制技术，可知1个符号能够携带12 bit的数据，对比Wi-Fi 6的1024-QAM，将传输速率提升了20%。
- 信道捆绑：支持最大320 MHz带宽。Wi-Fi 7将继续引入6 GHz频段，并增加新的带宽模式，包括连续240 MHz、非连续160+80 MHz、连续320 MHz和非连续160+160 MHz。对比Wi-Fi 6，将传输速率提升了1倍。
- MIMO空间流数：支持最大16条空间流。对比Wi-Fi 6的8条空间流，Wi-Fi 7将传输速率提升了1倍。

综上所述，Wi-Fi 7的最大理论传输速率为：9607.8 Mbit/s × 1.2 × 2 × 2 = 46117.4 Mbit/s，整体速率提升了4.8倍，如表3-3所示。

表 3-3　Wi-Fi 7 的传输速率

对比项	Wi-Fi 6的参数	Wi-Fi 7的参数	速率提升
调制方式	1024-QAM	4096-QAM	1.2倍
信道捆绑	160 MHz	320 MHz	2倍
MIMO空间流数	8条	16条	2倍
传输速率	9607.8 Mbit/s	46117.4 Mbit/s	4.8倍

3.5.5　WLAN的组网方式

在家用Wi-Fi场景中，最常见的是通过家用无线路由器来实现Wi-Fi网络连接。而在企业Wi-Fi场景中，华为无线网络提供了以下几种Wi-Fi网络部署类型。

（1）AC+FIT AP集中部署

目前，“AC+FIT AP”的部署类型被广泛应用于大中型园区的Wi-Fi网络部署中，如商场、超市、酒店、企业办公等。AC的主要功能是通过无线接入点控制和配置协议（Control and Provisioning of Wireless Access Points Protocol Specification，CAPWAP）隧道对所有FIT AP进行管理和控制。AC统一给FIT AP

批量下发配置，因此不需要对AP进行逐个配置，从而大大降低了WLAN的管控和维护成本。同时，因为用户的接入认证可以由AC统一管理，所以用户可以在AP间实现无线漫游。

小范围Wi-Fi覆盖的场景所需AP数量较少，如果额外部署一台AC，就会导致整体无线网络成本较高。这种场景中，如果没有用户无线漫游的需求，建议部署FAT AP；如果希望同时满足用户无线漫游的需求，建议部署云AP。

（2）FAT AP独立部署

FAT AP，又称为胖AP，可以独立完成Wi-Fi覆盖，不需要另外部署管控设备。但是，由于FAT AP独自控制用户的接入，用户无法在FAT AP之间实现无线漫游，只有在FAT AP覆盖范围内才能使用Wi-Fi网络。

因此，FAT AP通常用于家庭或居家办公（Small Office Home Office，SOHO）环境的小范围Wi-Fi覆盖，在企业场景中已经逐步被“AC+FIT AP”和“云管理平台+云AP”的模式取代。

（3）Leader AP+FIT AP集中部署

Leader AP是FAT AP的一个扩展产品，是指FAT AP能够像AC一样，可以和多个FIT AP一起组建WLAN，由FAT AP统一管理和配置FIT AP，为用户提供一个可漫游的无线网络。“Leader AP+FIT AP”的组网架构继承了“AC+FIT AP”的组网架构，FAT AP本身可以看作AC和FIT AP两个模块的组合，支持Leader AP功能前，仅支持管理自身的FIT AP模块；支持Leader AP功能后，管理自身FIT AP模块的同时，还能够扩展管理更多的FIT AP。

（4）云化部署

云 AP 自身的功能和 FAT AP 类似，所以可以应用于家庭 WLAN 或 SOHO 环境的小型组网。同时，“云管理平台 + 云 AP”的组网结构和“AC+FIT AP”的组网结构类似，云 AP 由云管理平台统一管理和控制，所以又可以应用于大中型组网。

云AP支持即插即用，部署简单，不受部署空间的限制，且能灵活扩展，目前多应用在分支较多的场景。

第 4 章
TCP/IP 体系架构

现代的数据通信网络架构基本上就是基于TCP/IP体系的分组交换网络架构。但它并非生来如此，而是经历了多次重要的技术和标准之争才形成的局面。

4.1 电路交换与分组交换

1876年，亚历山大·格拉汉姆·贝尔（Alexander Graham Bell）发明了电话，为人们的通信交流提供了极大的便利性。

早期的电话系统需要通信的双方通过电话线进行连接，在这种连接方式下，每一对需要通信的电话都需要一根专门的电话线路，对资源造成极大的消耗。如图4-1所示，2部电话需要一根电话线，5部电话就需要10根电话线，而N部电话就需要$N\times(N-1)/2$根电话线。如果有大量的电话需要彼此通信时，就需要提前建设大量的物理线路，这样显然不利于电话业务的发展。

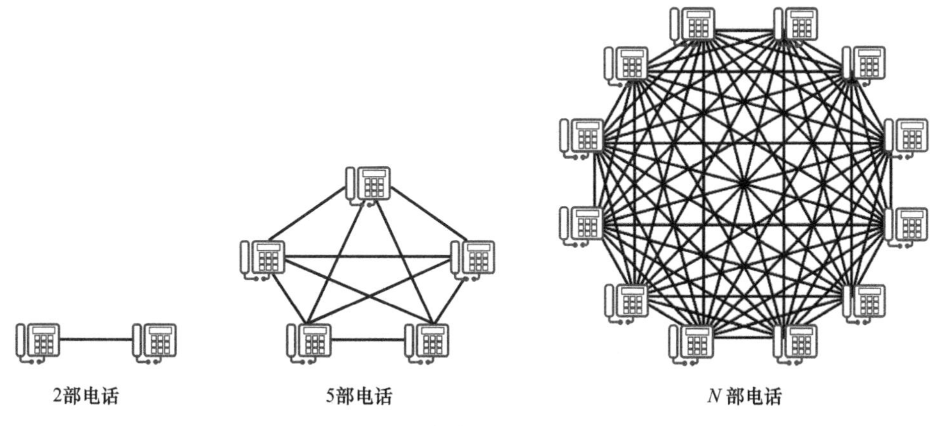

图 4-1　N 部电话之间两两互连

贝尔也考虑到了这个问题，因而在发明电话的同时发明了电话交换机。通过电话交换机，每一部电话就不再需要通过大量的电话线去连接其他电话，而只需要通过一根电话线连接到电话交换机上，由电话交换机完成从呼叫方电话到响应方电话的连接。

电话交换机可以将呼叫方和响应方之间的电话线一段一段连接起来。这样构筑的连接就是电路交换连接，如图4-2所示。早期的电话交换机采用人工的方式进行接线，那些反映19、20世纪社会状况的影视剧里的电话接线员就是从事接线的工作。当用户拿起话机说“帮我呼某某”时，电话接线员就会找到目标电话，然后调整电话交换机上的线路，将两边连接起来，最终形成一条完整的电路交换连接。而随着技术的发展，早期的人工交换模式逐渐被自动交换机和电子交换机所取代。

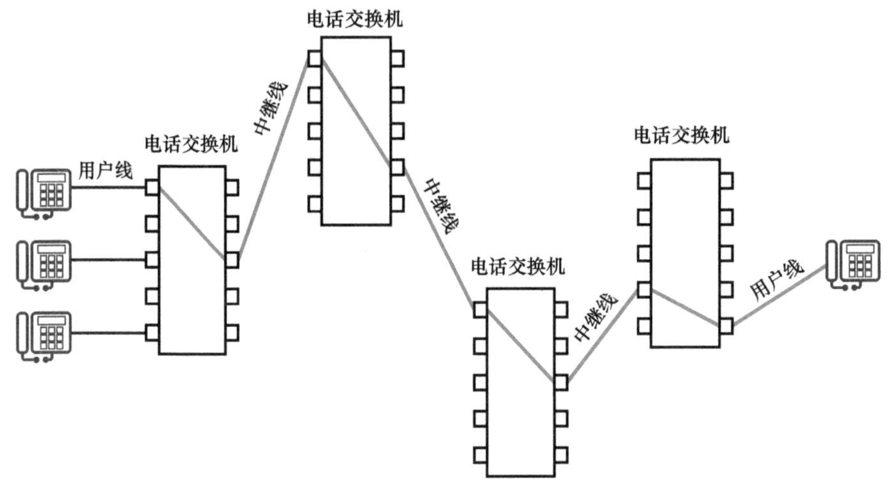

图 4-2　通过电话交换机构筑的电路交换连接

电路交换连接的主要优势是高可靠性。一旦建立了电路交换连接，该连接在整个通信期间就将始终专属于通话双方。这意味着在电路交换时，不会因拥塞而丢失数据或出现时延，从而保证了QoS级别。

电路交换连接的缺点也很明显。当电话系统为通信的双方建立好连接后，这条线路就一直被这次通信所独享，此时不管是否进行通信，资源都要为该连接保留，这给运营商带来了巨大的运营成本，这也是电话系统往往要按时间来收费的原因。虽然电话交换机可以大大减少物理线路的数量，但是在电路交换连接时，为了同时给一定数量的用户提供通信服务，运营商仍要准备大量的物理资源，运营和维护成本依然很高。另外，电路交换连接需要事先建立好一条专用线路，一旦这条线路受到破坏，依托于该电路的通信就会中断，这非常不利于战争、灾难等情况发生时进行通信保障。

20世纪50～60年代，美国ARPA资助了大量研究机构，让它们围绕着“灾难情况下如何继续保持通信”这一课题展开研究。在此背景下，1962年，Rand公司的保罗·巴兰（Paul Baran）在论文“On Distributed Communications Networks”中提出了基于消息的分布式通信的概念，旨在打造一个高生存性的网络。中心化、去中心化和分布式3种网络通信的结构如图4-3所示。

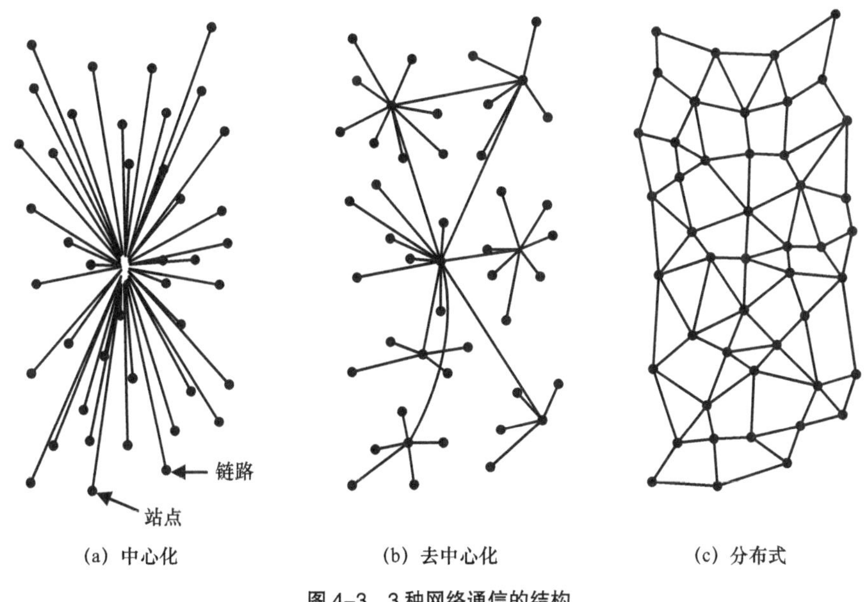

(a) 中心化　(b) 去中心化　(c) 分布式

图 4-3　3 种网络通信的结构

在巴兰的分布式通信的概念里，终端之间的通信基于消息模式，并通过预先建设的分布式网络来进行。在这个分布式网络中，即使部分节点、链路出现故障，只要通信的双方依然有路径可达，双方的通信就可以持续进行。

1965年，英国NPL的唐纳德·戴维斯（Donald Davies）在对数据通信进行研究中观察到计算机系统采用电路交换维持每个用户的连接成本很高，而在普通电话网络下，电话间的通信流量是相对恒定的，但是计算机系统间的流量本质是突发的。因此，他将分时原理应用于数据通信线路和计算机，最终明确提出了“分组交换”的概念——将计算机信息划分为“固定格式的短信息”（即分组报文），这些短信息在网络上使用独立路由，相关分组报文允许使用不同的路由，并在目的地重新组装。分组交换的工作流程如图4-4所示。

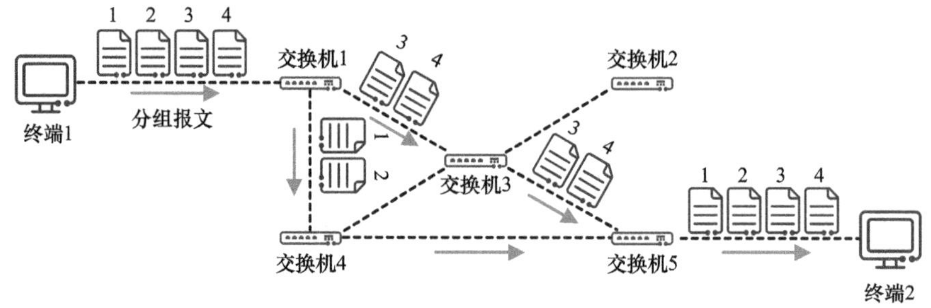

图 4-4 分组交换的工作流程

相比需要提前建立专用线路的电路交换，分组交换有如下明显优势。

- 更高的效率。分组交换允许多个用户共享相同的网络资源，这意味着网络可以处理更多的流量，用户可以同时访问网络而不会中断。
- 更高的灵活性。分组交换可以适应网络的变化，这意味着如果某条链路发生故障，分组报文可以通过另一条路径重新路由，从而使网络可以继续运行。
- 更好的扩展性。分组交换可以处理大量用户和大量数据，这也意味着随着网络规模的增长，可以添加更多的交换机，并使网络可以继续运行而不会中断。
- 更优的成本效益。使用分组交换，无须为每个用户提供专用电路，从而可以降低网络成本。

但是，分组交换的工作原理也带来了如下相对应的缺点。

- 可能的时延和抖动。分组交换必须单独处理每个分组报文，并且分组报文所通过的路径并非预先建好的，这可能会导致数据传输有一定的时延，因为分组报文可能通过不同的路径到达目的地。
- 相对难保证的服务质量。分组交换依托于一张设计好的分组交换网络，如果网络设计不够合理，分组交换过程中一次发送过多的分组报文，那么网络可能会超载，可能会产生一定的时延或丢失分组报文。
- 潜在的安全风险。分组交换中的分组报文是通过共享网络发送的，这意味着它们更容易被攻击者拦截和修改。

自20世纪60年代诞生以来，分组交换彻底改变了数据在网络上的传输方式，并推动了互联网和其他通信技术的发展。虽然电路交换在某些应用中仍有一席之地，但分组交换现在已成为数据通信的主流标准。

| 4.2　TCP/IP是如何战胜OSI的 |

在分组交换网络的发展过程中出现过多个协议体系或模型，例如OSI、TCP/IP、ATM、网间数据分组交换（Internetwork Packet Exchange，IPX）/顺序包交换（Sequenced Packet Exchange，SPX）、AppleTalk等。在经历了多次标准之争后，最终TCP/IP杀出重围，成为现代数据通信网络的基础协议体系。其中第一次重要的标准之争，就是TCP/IP与OSI之争。

4.2.1　OSI模型

OSI模型是ISO在20世纪80年代为分组交换网络提出的参考模型，旨在“为系统互连标准制定的协调提供共同基础”，可以看作一个官方模型。OSI模型共有7层，如图4-5所示。

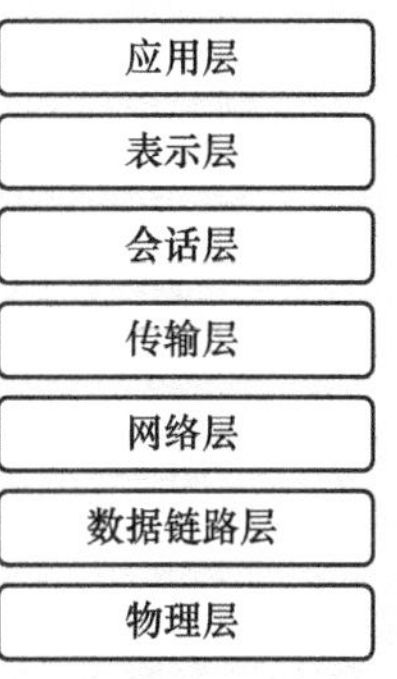

图 4-5　OSI 模型

- 物理层：与物理介质直接交互的层，负责管理数据的传输速率、传输方式、电气特性等。
- 数据链路层：负责在同一物理链路上进行数据的传输。该层管理数据帧，负责数据的帧化、校验和流量控制。常用的数据链路层协议包括以太网协议等。
- 网络层：负责在不同的网络之间进行数据的路由、转发和寻址。网络层也可以管理流量控制。常用的网络层协议包括IPv4和IPv6等。
- 传输层：为应用层提供数据传输服务。它负责数据的分割、重组、校验和差错控制，常用的传输层协议包括TCP、用户数据报协议（User Datagram Protocol，UDP）等。
- 会话层：负责建立、管理和终止网络连接，同时也负责数据的同步和协调。常用的会话层协议包括NetBIOS、远程过程调用（Remote Procedure Call，RPC）等。
- 表示层：负责数据的格式化和转换，例如将文本数据转换为二进制数据，或将二进制数据转换为图像数据。在许多广泛使用的应用程序和协议中，表示层和应用层实际上没有区别。例如，超文本传输协议（Hypertext Transfer Protocol，HTTP）通常被视为应用层协议，但它具有表示层的特征。

- 应用层：通过特定接口实现与基于主机和面向用户的应用程序之间的通信，负责为用户提供各种应用程序和服务，例如文件传输、电子邮件、网页浏览等。应用层常用的协议包括HTTP、FTP、简单邮件传输协议（Simple Mail Transfer Protocol，SMTP）、邮局协议第3版（Post Office Protocol Version 3，POPv3）等。

4.2.2 TCP/IP架构

TCP/IP 的提出早于 OSI 模型。在 1974 年，罗伯特·卡恩和温特·瑟夫发表了题为“A Protocol for Packet Network Intercommunication”的论文，正式提出了 TCP/IP 的概念。TCP/IP 可以看作从民间发展起来的协议体系，而其后续的演进则由 1986 年成立的 IETF 负责。

TCP/IP又称为互联网协议套件，是计算机网络中使用的一套通信协议集的体系架构。TCP/IP可以提供端到端的数据通信，指定如何对数据进行分组、寻址、传输、路由和接收。TCP/IP模型分为4个抽象层，如图4-6所示。

图 4-6　TCP/IP 模型

- 链路层：是协议套件的最低组件层，用于在同一链路上两个不同主机的互联网层接口之间传输数据报文。该层对应于OSI模型的数据链路层。
- 网络层：负责在不同的网络之间进行数据的路由、转发和寻址。该层与OSI模型的网络层相对应。
- 传输层：负责建立基本数据通道，应用程序可使用这些通道进行特定任务的数据交换。该层以端到端消息传输服务的形式建立主机到主机的连接，这些服务独立于底层网络。该层对应于OSI模型的传输层。
- 应用层：包括大多数应用程序使用的协议，用于通过较低层协议建立的网络连接提供用户服务或交换应用程序数据。

说明

某些资料中会将TCP/IP模型划分为5层（最底层多一个物理层）。这种表达方式希望能更好地和OSI 7层模型相对应。但这并不是IETF定义互联网协议套件的初衷，因为IETF的协议开发工作并不关心严格的分层，IETF关于互联网协议和架构的开发并非旨在符合OSI标准。

4.2.3　TCP/IP与OSI之争

当我们把OSI和TCP/IP放在一起对比时可以看到，OSI模型和TCP/IP模型的映射关系如图4-7所示。

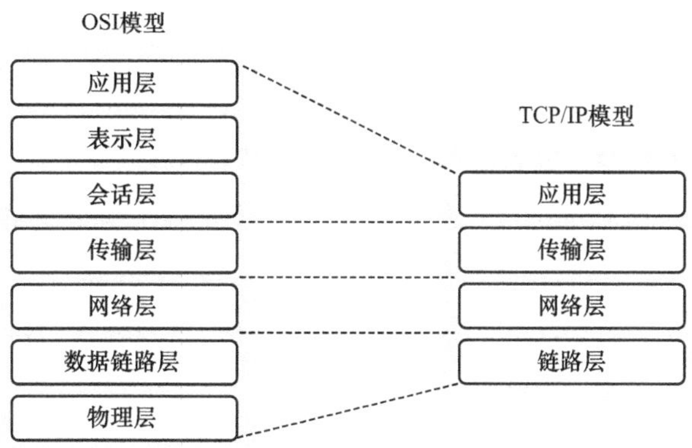

图 4-7　TCP/IP 与 OSI 模型的映射关系

在TCP/IP模型中，传输层之上只有一个应用层，并没有像OSI模型那样细分为3个层：应用层、表示层和会话层。从整体模型上看，OSI定义的7层模型似乎更加结构化、完整化，而TCP/IP则显得较为“简陋”。

但时至今日，TCP/IP已经是互联网协议栈的主流协议，而OSI主要在计算机理论学习中才会被人提及，这是20世纪70年代末到90年代的TCP/IP和OSI之争的结果。关于这场竞争的详细过程，本书不做详细论述。但回顾这场竞争，我们可以大致得出如下结论。

- TCP/IP的提出早于OSI，虽然OSI提出之后一度声势更大，但TCP/IP取得了最终的胜利。
- 代表官方的OSI尽管更有权威性，但官方组织的流程繁冗；再加上国际标准化的正式规则赋予任何相关方参与设计过程的权利，形成多方力量博弈，从而引发了结构性紧张、不相容的愿景和破坏性策略，这些因素使OSI迟迟无法进入商用。而TCP/IP更多的是依靠市场的力量，在广大工程师和厂商的推动下，取得了最终的商业成功和胜利。

安德鲁·塔能鲍姆（Andrew Tanenbaum）编写的经典教材《计算机网络》（*Computer Networks*）在第三版之前认为TCP/IP未来要过渡到OSI。但是从第三版开始反对应用OSI，并给出了4个原因。

- 糟糕的时机。他认为OSI的问题在于其标准制定得过早又过晚，过早是指很多问题还没有被充分解决就开始制定标准；过晚是指此时TCP/IP已发展起来了，OSI无法与其对抗。

- 糟糕的技术。也就是指OSI技术本身相对复杂且不够清晰，因为它试图涵盖太多内容。而IP技术更为简单，其核心思想是“大道至简”。
- 糟糕的实现。OSI过于复杂，导致它实现起来极为困难，难以达到完备状态。
- 糟糕的政治因素。因为OSI由政府组织管理，与管理TCP/IP的IETF不同，后者由个人参与，更为灵活，且没有过多因素干扰。

OSI的失败揭示了开放的理想主义愿景与国际网络行业的政治和经济现实之间的深刻的不相容性，它无法调和所有利益相关方的不同愿望。

但是，值得一提的是，OSI并非完全销声匿迹，仍在某些场景中得到应用。如中间系统到中间系统（Intermediate System to Intermediate System，IS-IS）路由协议，该协议基于OSI，而非TCP/IP，目前在大型互联网服务提供商中得到广泛使用。而早期OSI体系的目录服务协议X.500，也和当今广泛使用的证书标准X.509存在着密切关系。

| 4.3 TCP和IP为什么要拆分 |

TCP/IP是美国ARPA为研究网络而开发的，最初的目的是在新兴的ARPANET中提供一些改编自现有技术的协议。然而，当这些协议在ARPANET中使用时，它们在实际的概念或容量等方面都存在缺陷或限制。因此，开发人员认识到，随着ARPANET规模扩大并涉及新的用途和应用，尝试使用现有协议最终可能会导致问题。

1973年，研究人员开始为ARPANET开发一套成熟的网络间协议。在该协议的早期版本中，只有一个核心协议：TCP。事实上，TCP这3个字母在当时不代表它们在今天所做的事情，而是代表一整套传输控制程序。现代TCP前身的第1版完成于1973年，并在1974年12月的RFC 675中进行了修订并正式发布。TCP的测试和开发持续了数年，一直到1977年3月，TCP第2版问世。

1977年8月，TCP/IP的开发迎来了重大转折点。互联网和TCP/IP最重要的先驱之一约翰·普斯特尔（Jon Postel）发表了一系列关于TCP现状的评论。在《互联网工程备忘录2号》（其影印件片段如图4-8所示）中，普斯特尔表明当时的互联网协议设计违反了分层原则，这样的协议设计是失败的。

Discussion

We are screwing up in our design of internet protocols by violating the principle of layering. Specifically we are trying to use TCP to do two things: serve as a host level end to end protocol, and to serve as an internet packaging and routing protocol. These two things should be provided in a layered and modular way. I suggest that a new distinct internetwork protocol is needed, and that TCP be used strictly as a host level end to end protocol. I also believe that if TCP is used only in this cleaner way it can be simplified somewhat. A third item must be specified as well -- the interface between the internet host to host protocol and the internet hop by hop protocol.

An analogy may be drawn between the internet situation and the ARPANET. The endpoints of message transmissions are hosts in both cases, and they exchange messages conforming to a host to host protocol. In the ARPA subnet there is a IMP to IMP protocol that is primarily a hop by hop protocol, to parallel this the internet system should have a hop by hop internet protocol. In the ARPANET a host and an IMP interact through an inteface, commonly called 1822, which specifies the format of messages crossing the boundary, an equivalent interface in needed in the internet system.

In the rest of this memo i outline first a possible internet host - hop interface, second an internet hop by hop protocol, and third some modifications to TCP so that it can serve as an internet host level protocol.

图 4-8 《互联网工程备忘录 2 号》影印件片段

普斯特尔的主要观点如下。

- TCP承担了过多的功能。TCP不仅作为主机层端到端协议，还承担了互联网封装和路由的功能，这违反了分层原则。
- 需要新的互联网协议。应该引入新的互联网协议，专门负责主机间的寻址和路由，而TCP专注于主机层端到端协议。
- 定义主机-Hop接口。需要明确定义主机和Hop之间的接口，以规范数据格式和传输方式。

总的来说，初期人们试图使用TCP做两件事：作为主机层端到端协议，以及作为互联网封装和路由协议。而普斯特尔认为这两件事应该以分层和模块化的方式提供，将主机层端到端协议和互联网封装路由协议分离。因此，他建议将TCP只用作主机层端到端协议，并开发一种新的独特的互联网协议。他的观点促成了TCP/IP体系结构的创建，TCP最终分为传输层的TCP和网络层的IP，并因此得名“TCP/IP”。

将TCP分为两部分的过程始于1978年编写的TCP第3版。现代网络中使用的IP和TCP版本的第一个正式标准（第4版）于1980年创建。这也是为什么第一个“真正”的IP版本是第4版而不是第1版的原因。TCP/IP很快成为运行ARPANET的标准协议集。在20世纪80年代，越来越多的机器和网络使用TCP/IP连接到不断发展的ARPANET。于是，基于TCP/IP的互联网诞生了。

|4.4 IP和ATM的较量|

在TCP/IP与OSI的争锋逐渐平息之后，另一场重要的技术和标准之争上演，那就是IP和ATM的较量。

4.4.1 ATM简介

ATM是电信行业为了满足日益增多的数据传输需求，由ANSI和国际电信联盟-电信标准部（International Telecommunication Union-Telecommunication Standardization Sector，ITU-T）提出的针对分组交换网络的另一套完全不同的技术标准。ATM标准的开发始于20世纪70年代后期，并在20世纪90年代有过非常大的影响力。

ATM是电信行业提出的，所以基本上沿着电信行业的“传统电话 → ISDN → X.25→ FR→ ATM”这样的技术路线演进而来，也充分体现了电信行业对于分组交换网络的“面向连接”“确定性”“高可靠性”等哲学思维和理念。ATM具有如下特点。

- 面向连接：ATM在传输数据之前，需要先构建端到端的虚拟传输通道。ATM在一条物理链路上可创建多条虚路径（Virtual Path，VP），每条VP上可创建多个虚链路（Virtual Circuit，VC）。只有建立了VP/VC，才可以开始传输数据，并且后续所有数据都沿着同一条通道进行传输。
- 固定数据单元：ATM将各种信息划分成固定大小的小型数据报文，并称之为Cell，中文翻译为信元或单元（本书中统称为信元）。每个信元长度为53 Byte，包括5 Byte的报文头和48 Byte的有效负载。
- 异步传输：信元在VC中以异步方式进行传输。所谓“异步”，是指信元和信元之间的时间间隔可以是任意的、随机的，而不像同步模式那样，以固定的时间间隔进行周期性的传输。
- 综合承载：ATM网络可传输各种信息，包括数据、视频或语音等多种类型，并提供端到端的QoS能力。

ATM参考模型如图4-9所示。

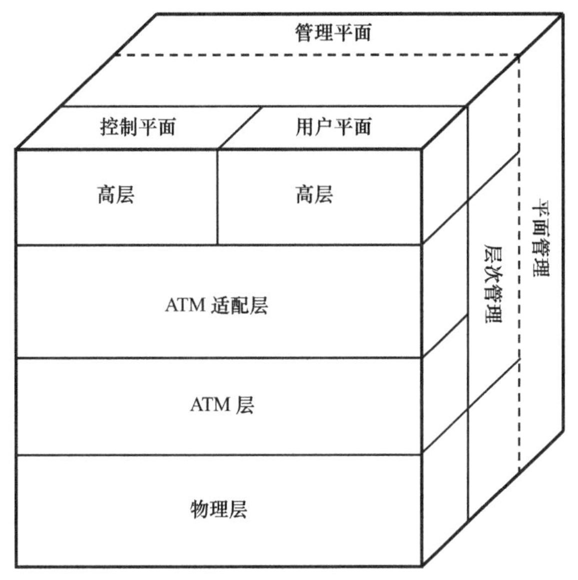

图 4–9　ATM 参考模型

ATM参考模型由以下3个平面组成。

- 控制平面：负责生成和管理信令请求，主要通过信令协议完成VP/VC连接的建立、监视和拆除。
- 用户平面：负责管理数据的传输。
- 管理平面：包括两部分功能。一是层次管理，负责管理各平面中的各层，具有与其他平面相对应的层次结构；二是平面管理，负责管理系统和各平面之间的通信。

ATM参考模型又由以下4个层组成。

- 物理层：与OSI模型的物理层类似，负责管理物理链路的传输速率、传输方式、电气特性等。
- ATM层：与ATM适配层结合在一起，与OSI模型的数据链路层类似。ATM层主要负责共享物理链路上的虚电路和在ATM网络中传输ATM信元。
- ATM适配层（ATM Adaptation Layer，AAL）：与ATM层结合在一起，与OSI模型的数据链路层类似。ATM适配层主要负责把高层协议与ATM层的详细处理隔离开。它主要准备业务数据到信元的转换及将业务数据分割成48 Byte大小的信元有效负载。
- 高层：负责接收业务数据，将其组成数据报文，然后交给ATM适配层处理。

ATM的每个平面都跨越所有层。从整体来看，ATM参考模型与OSI模型、

TCP/IP模型的差异都比较大。

4.4.2 IP vs. ATM：不同的理念之争

ATM和IP的技术之争，起源于设计思想和设计团队的不同而引发的理念之争。

ATM由电信领域专家设计，而电信的特点首先是面向连接，其次是高可靠性。因为之前所有电信业务和设备都是面向连接的，比如电话通信，通话两端不管多远，必须要有一条端到端的完整链路供通话双方专用。而面向连接的专用链路也基本保证了高可靠性。在ATM中也同样体现了这种设计思想，专家们设计了精巧、严密、稳定的网络方案，其可控性、可管理性也设计得非常好。因此ATM的总体特点就是通信网络复杂而通信终端简单。也正是由于这种完善的协议，ATM通信网络设备实现非常复杂，成本相对较高，因此，其标准化的推进过程也落后于IP。

IP则完全相反，它是由具有计算机背景的专家所主导的设计，所以通信网络功能是简单的、尽力而为的。底层传输链路可靠性的不足由上一层来弥补，甚至由应用程序来弥补。这样的设计也适用于当时的场景，因为当时需要进行IP通信的都是计算机，对于可靠性的保证和校验，只是在计算机程序里面多写几行代码而已，非常容易实现。这就大大简化了最初的IP网络设备的相关设计。因此，IP的基本架构是通信终端复杂，而通信网络设备的实现比较简单。

以现实生活来举例，ATM有点类似于铁路交通网络，而IP则类似于公路交通网络。两者都可以用来运输货物（分组交换网络的数据报文）。

铁路（ATM 网络）是面向连接的，要发送的货物（数据）必须先按照货运列车的大小，打包装到列车上（信元），并且按照传输线路排好班次（VP/VC）。假设终点是北京（终端），列车经过沿途各站时，铁路扳道都是预先安排好的，肯定能够按时到达北京，一路畅通，可以保证运输质量，并且先发的列车都是比后发的列车先到。对于铁路运输（ATM 网络）来说，当货运量需求大于实际承载需求时，在发送端就容易排不上计划，而已经发送的货物，则必然能够送达。

而公路（IP网络）则不然。公路上运输货物的车辆有皮卡、重卡等各种车型（各种不同的链路层协议），货物的多少也不固定（IP报文尺寸可变）。发送端不需要规划发车计划，只要有能力就可以发车。车辆行进时不需要遵循固定路线，在每一个路口都可能根据不同的路况而选择不同的路线前进（路由选择）。如果遇上交通拥塞，可能就会影响运输，造成延误（时延）。堵车严重时还可能造成整个公路交通网络瘫痪（遭遇DoS攻击）。因此最终货物是否能到达、什么时候到达、到达的顺序，都是不确定的。

这两种通信方式，其实是两个领域的行业者用不同的理念在争夺通信标准的主导权。ATM是传统通信行业从业者意志的体现，而IP技术则是计算机领域从业者精神的结晶。由于IP网络设备简单、造价不高，从而受到了商业和市场的追捧。而ATM则因为技术复杂、成本高昂而发展缓慢，被人嘲笑为“鸭子”——会飞但飞不高，会游泳但游不快，会走路但走不快。随着互联网的快速发展，在ATM和IP的大战中，最终IP取得了完胜。

IP技术的获胜，也使得以思科（Cisco）为代表的计算机派的交换机+路由器产品组合成为互联网的基础。最终也使得思科的产品成为运营商核心路由器和大容量交换机的佼佼者，而传统设备厂商在运营商的路由器市场竞争中则一直扮演着“追赶者”的角色。

IP技术的胜利也带来以下几个问题。

- 随着IP的应用和发展，互联网的大发展都体现在了应用端，这使得互联网应用巨头掌握了行业的主导权。而运营商建设的网络则沦为了管道。虽然这不是由技术唯一决定的，但如果是ATM胜出，那么运营商围绕数据通信的增值业务设计，应该更有商业价值。
- 在20世纪90年代，当时现网的所有设备包括骨干传输网（之前都是电路交换）都面临IP化改造的问题，以便以更高的效率传输更大数据流量的IP报文。
- IP的“尽力而为”的设计理念，以及在传输的可管理、可维护上的薄弱，也带来了实际应用中可管理和可维护的难题。初期IP网络的稳定性和可靠性存在不少的问题，随着网络复杂性的增加及网络在业务运营中的重要性越来越高，IP也在逐渐加强可管理和可维护方面的优化。

| 4.5　IP的“尽力而为”还能走多远 |

4.5.1　尽力而为模式

尽力而为传输服务是一种不使用复杂确认机制来保证信息可靠传输的网络服务。在这类服务中，网络本身不提供恢复丢失或损坏数据报文的功能，而是由上层系统负责处理。由于无须提供这些功能，网络可以更加高效地运行。传统的邮政服务就是一个典型的尽力而为传输服务的例子。用户投递信件时，并不能确切地知道信件是否会被成功送达。但如果用户愿意支付额外费用，就可以获得投递确认回执服务，邮政部门会从收件人处获取签名并返还给用户。

在通信协议栈中，尽力而为传输服务通常位于物理层和数据链路层。这两层主要负责在两个系统之间传输比特流，但由于网络环境的不可控性，数据丢失是不可避免的。因此，数据链路层只能尽力提供数据传输服务，并不能完全保证可靠性。

TCP/IP套件中的尽力而为传输服务有以下特点。

- 网络层的IP实现的也是无连接的尽力而为传输服务，在发送方和接收方之间，事先无须建立连接，IP网络会尽全力将IP报文传输到目的地，但对于恢复已丢失或错误传输的IP报文则不采取任何措施。
- 传输层的TCP可以提供可靠的数据传输服务。TCP是一种面向连接的协议，它会在发送方和接收方之间建立虚拟连接，并通过IP层传递数据报文。如果IP层传输失败，TCP会自动重发数据报文。由于TCP对数据报文进行了编号，接收方可以知道数据报文是否丢失。
- 传输层的UDP是TCP的简化版本，它也是一种尽力而为传输服务。UDP主要用于实时性应用，例如视频通话和在线游戏。在这类应用中，少量数据报文的丢失是可以容忍的，因为恢复这些数据报文会造成过大的系统开销，从而降低传输性能。

4.5.2 IP尽力而为模式的优势和挑战

一方面，IP尽力而为模式仍然拥有不可替代的优势，主要体现在以下几点。

- 简单性。IP的设计十分简单、易懂，这使得部署和维护成本大大降低，并促进了互联网的快速普及。
- 灵活性。IP的尽力而为模式不为任何特定的应用或服务预留资源，这使其能够适应各种各样的网络需求，并为创新提供了广阔的空间。
- 可扩展性。IP的无连接特性使其能够轻松地扩展网络规模，以满足不断增长的互联网用户需求。

另一方面，IP的尽力而为模式也面临着越来越严峻的挑战，主要体现在以下几点。

- 可靠性。IP尽力而为模式无法提供服务质量保证，在网络拥塞时，这可能导致数据报文可能会被丢弃或产生传输时延。随着互联网应用的日益复杂，对网络可靠性的要求也越来越高。这对需要高可靠性和低时延的应用（如实时视频会议、在线游戏、远程医疗等）造成了困扰。IP尽力而为模式的天然不可靠性，使其难以满足一些关键业务的需求，例如金融交易和医疗信息传输。

- 性能。IP尽力而为模式缺乏有效的流量管理和优先级控制机制，无法区分不同类型的数据流。这可能导致关键应用的数据报文与普通数据报文竞争网络资源，影响关键应用的性能。
- 安全。互联网已经成为各种网络攻击的主要目标。IP尽力而为模式的开放性，使其更容易受到攻击和威胁。

4.5.3　IP尽力而为模式的演进方向和改进措施

基于互联网发展的现状，IP尽力而为模式需要从以下几方面进一步演进。

- 提供更好的服务质量。为了满足各种实时和关键应用的需求，研究人员通过增强IP以提供更好的服务质量。例如引入QoS机制，网络可以优先处理关键应用的数据报文，确保网络的低时延、高可靠性和高带宽。
- 支持多样化应用。现代互联网应用的多样化要求网络能够区分和处理不同类型的数据流。通过增强IP，网络可以根据应用需求动态调整资源分配，提供更灵活和高效的服务。
- 提升网络性能。通过增强IP可以改善网络的整体性能。例如，通过引入流量工程（Traffic Engineering，TE）和优化路径选择算法，网络可以更有效地利用资源，减少拥塞和瓶颈，提高数据传输的效率和速度。
- 增强安全性。现代网络面临越来越多的安全威胁，对IP进行增强可以引入更多的安全特性，如数据报文验证、加密和防篡改，提升网络的安全性和可信性。

尽管IP尽力而为模式面临着诸多挑战，但它仍然是构建互联网的基础。所以在可预见的未来，IP仍然会扮演重要的角色。为了满足不断增长的网络需求，IP可采用以下技术进行改进和增强。

- MPLS。作为一种增强IP的技术，MPLS通过标签交换实现快速、有效的路由，提供更高的QoS和TE能力。MPLS可以在IP网络上建立虚拟专用网络（Virtual Private Network，VPN），增强网络的灵活性和安全性。
- IPv6。IPv6不仅扩展了地址空间，还引入了一些增强功能，如更好的流量分类和优先级机制、内置的安全特性，以及改进的组播和自动配置能力。

IPv6的扩展报文头机制通过增加灵活性和可扩展性，也为网络的发展带来了多种创新和改进。例如段路由（Segment Routing，SR）和应用感知网络（Application-Aware Networking，AAN）就是利用IPv6扩展报文头实现的重要技术。这些增强功能使IPv6在支持现代网络需求方面具有更大优势。

- SDN。SDN通过将网络控制平面和数据平面分离，实现集中控制和灵活管理。SDN可以动态调整网络资源，提供更好的QoS和流量管理，同时简化网络配置和维护。
- 网络功能虚拟化（Network Functions Virtualization，NFV）。NFV通过将网络功能虚拟化，实现网络服务的快速部署和灵活调整。NFV可以提高网络的可扩展性和弹性，满足不同应用的需求。

| 4.6　TCP/IP网络体系设计原则及其演进 |

TCP/IP的日益普及得益于许多重要因素。其中一些是历史因素，与互联网紧密相关，而其他一些因素则与TCP/IP套件本身的特征有关。

从网络体系设计的总体原则来看，TCP/IP获得成功的重要因素主要有以下几个方面。

- 集成寻址系统。TCP/IP内部包含一个用于识别和寻址小型和大型网络上的设备的系统，这也是互联网协议的一部分。寻址系统旨在允许对设备进行寻址，而不管每个组成网络的底层构造细节如何。随着时间的推移，TCP/IP中的寻址机制已得到改进，可以满足不断发展的网络（尤其是互联网）的需求。寻址系统还包括互联网的集中管理功能，以确保每个设备都有唯一的地址。
- 路由设计。与某些网络层协议不同，TCP/IP专门设计了用于促进信息在任意复杂网络上传输的路由。事实上，TCP/IP在概念上更关注网络连接，而不是设备连接。TCP/IP路由器通过将数据从一个网络一步一步地移动到下一个网络，使数据能够在不同网络上的设备之间传递。TCP/IP中还包含许多支持协议，允许路由器交换关键信息，并管理信息从一个网络到另一个网络的有效流动。
- 底层网络的独立性。TCP/IP主要在网络层及以上运行，并包括允许其在几乎所有底层网络上运行的规定，包括LAN、WLAN和各种WAN。这种灵活性意味着人们可以混合搭配各种不同的底层网络，并使用TCP/IP将它们全部连接起来。

- 可扩展性。TCP/IP最令人惊奇的特性之一是其协议的可扩展性。几十年来，随着互联网从只有几台机器的小型网络发展成为拥有数百亿台终端的庞大网络，这个演进过程证明了TCP/IP的实力。虽然需要定期进行一些更改以支持这种增长，但这些更改也是TCP/IP演进过程的一部分，TCP/IP的核心与40多年前基本相同。
- 开放标准和开发流程。TCP/IP标准不是专有的，而是免费向公众开放的。此外，开发TCP/IP标准的流程也是完全开放的。TCP/IP标准和协议的开发和修改采用独特、民主的“RFC”流程，所有感兴趣的各方均可参与。这确保了对TCP/IP感兴趣的任何人都有机会为其开发提供意见，同时也确保了该协议套件在全球范围内的接受度。
- 通用性。每个人都使用TCP/IP，因为每个人都在使用它！

最后一点其实是最重要的因素。TCP/IP不仅是“互联网的底层语言”，而且目前被应用在大多数私人网络中。互联网在不断发展，TCP/IP的能力和功能也在不断增强。在可预见的未来，TCP/IP及其演进的协议体系，仍将是互联网的最重要组成部分之一。

| 4.7　数据通信网络的12条原则 |

互联网是人类聪明才智的结晶，在复杂的技术和协议的相互作用下蓬勃发展。而在这个错综复杂的网络背后，其实隐藏着12条指导原则。RFC 1925的标题是“The Twelve Networking Truths”，它以一种轻松、幽默的方式总结了网络设计和运营中的一些基本原理和现实。这些原则不仅揭示了网络技术的深刻真理，还提醒设计者们在构建和维护互联网时需要考虑的各种因素。

第1条：It has to work.

即实用至上原则。无论技术多么先进，设计多么巧妙，如果最终产品无法正常运行，一切都毫无意义。互联网设计者需要确保他们的系统和协议是可行且可靠的。这个规则强调了实际操作的重要性，任何设计都必须以实际可用为前提。

第2条：No matter how hard you push and no matter what the priority，you can’t increase the speed of light.

即尊重物理限制。无论你多么努力，也无法改变光速这一物理常数。这意味着在网络设计中，有些物理限制是无法逾越的。设计者必须接受这些限制，并在其内进行优化。

No matter how hard you try，you can't make a baby in much less than 9 months.

有些过程是不可加速的，强行加速可能会适得其反。在网络设计中，有些事情需要时间，不能操之过急。设计者应尊重自然规律和项目周期，不要盲目追求速度。

第3条：With sufficient thrust，pigs fly just fine. However，this is not necessarily a good idea.

即追求简洁、自然。虽然可以通过极端手段实现一些看似不可能的事情，但这不一定是好主意。过度复杂化和非自然的解决方案可能带来更多的问题。设计者应追求简洁、自然的解决方案，而非强行实现不切实际的目标。

第4条：Some things in life can never be fully appreciated nor understood unless experienced firsthand.

即重视实践经验。有些东西只有亲身经历才能真正理解。在网络设计中，只有亲自构建和运营网络设备和系统，才能深刻理解其中的复杂性和挑战。设计者应具备实际操作经验，这有助于他们更好地应对现实问题。

第5条：It is always possible to aggregate multiple separate problems into a single complex interdependent solution. In most cases this is a bad idea.

即模块化和简化。将多个独立问题整合成一个复杂的相互依存的解决方案是可能的，但通常不是好主意。这种做法往往会导致系统过于复杂，难以维护和扩展。设计者应避免将问题复杂化，提倡简化和模块化设计。

第6条：It is easier to move a problem around than it is to solve it.

即解决问题根因。将问题转移到系统的不同部分比真正解决问题要容易得多。这种做法虽然暂时缓解了问题，但并没有从根本上解决它。设计者应着眼于问题的根本解决，而不是简单地转移或掩盖问题。

It is always possible to add another level of indirection.

虽然设计者总是可以通过增加间接层来绕过问题，但这往往会增加系统的复杂性。设计者应权衡这种做法带来的复杂性和实际效果，不要滥用间接层。

第7条：It is always something.

即准备应对意外。总会有不可预见的问题出现。这提醒设计者在规划和设计系统时，要留有余地，做好应对各种意外情况的准备。

Good，Fast，Cheap：Pick any two（you can't have all three）.

在设计中，质量、速度和成本三者不可兼得，必须有所取舍。设计者应根据具体情况和优先级进行权衡，找到最佳平衡点。

第8条：It is more complicated than you think.

即合理权衡取舍。事情往往比你想象的更复杂。设计者应有充分的心理准备，面对复杂性时要有耐心和毅力。

第9条：For all resources，whatever it is，you need more.

即充分预估资源。无论什么资源，你总是需要更多。这提醒设计者在规划资源时，要充分预估需求，避免资源不足导致的问题。

Every networking problem always takes longer to solve than it seems like it should.

每个网络问题的解决时间总是比预期的更长。设计者应预留足够的时间，以应对问题解决过程中可能的拖延。

第10条：One size never fits all.

即定制解决方案。单一方案永远无法满足所有需求。设计者应根据具体情况制定不同的解决方案，而不是追求“一刀切”。

第11条：Every old idea will be proposed again with a different name and a different presentation，regardless of whether it works.

即警惕重复错误。每个旧想法都会以不同的名字和形式被再次提出，无论它是否有效。这提醒设计者保持创新的同时，也要警惕重复走过的弯路。

增加间接层的做法也可能以不同形式重复出现，设计者应警惕这种现象。

第12条：In protocol design，perfection has been reached not when there is nothing left to add，but when there is nothing left to take away.

即追求简洁高效。协议设计的完美状态是无法再减少任何东西，而不是无法再增加任何东西。设计者应追求简洁和高效，去除不必要的复杂性。

通过遵循这些原则，互联网设计者们可以更好地应对复杂多变的技术挑战，构建出更高效、更可靠的网络系统。

第5章
IP/MPLS 网络技术

在第4章中，我们已经初步了解了TCP/IP网络的发展过程和基本架构。本章将围绕TCP/IP中的网络层，重点阐述IP和MPLS的发展和演进。

| 5.1 IP简介 |

5.1.1 网络层转发过程

在一个TCP/IP网络中，两个终端之间的数据收发过程基本如图5-1所示。

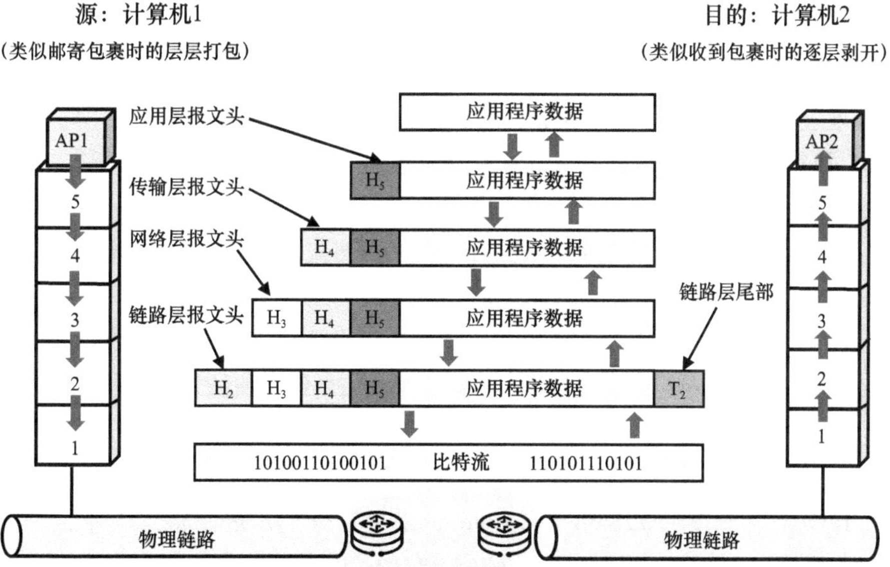

图 5-1 TCP/IP 网络中的数据收发过程

TCP/IP模型中的网络层协议（核心协议就是IP）处理的对象就是应用程序数据添加了传输层封装之后的数据单元，一般称为“报文段”。

- 发送端的网络层，负责给报文段添加网络层封装，也就是添加IP报文头（其中包含目的IP地址等信息），添加了IP报文头的数据单元称为IP报文。再将IP报文交给数据链路层进行下一步处理。
- 网络中间节点设备的网络层，收到IP报文之后，根据IP报文头中的目的IP地址信息等，进行路由寻址和报文转发。
- 接收端的网络层，负责剥离数据链路层送来的IP报文中的IP报文头，取出其中的报文段，再交给传输层进行处理。

从上述过程中可以看出，IP的主要作用是屏蔽各数据链路层的差异，让网络层可以根据统一的地址格式（IP地址），采用统一的寻址和路由方式（IP路由）来实现报文的逐跳传输，最终到达目的计算机。

5.1.2 IP地址

在IP中，IP地址用来对报文进行寻址标记。IP地址是一种统一的地址格式，它为互联网上的每一个网络和每一台主机分配一个逻辑地址，以此来屏蔽物理地址的差异，用于互相通信和数据交换。

IP 地址主要分为 IPv4 和 IPv6 两种。IPv4 在 1981 年 9 月的 RFC 791 中定义，使用 32 bit（4 Byte）地址，地址数量约 43 亿（4294967296，即 2^{32}）个。其中一些地址为特殊用途保留，如私网地址（约 1800 万个）和组播地址（约 2.7 亿个）。随着互联网的爆炸式增长，IPv4 的地址空间已经远远不能满足所有终端的地址分配需求，直到 2019 年，IPv4 地址已经完全枯竭。

为了解决IPv4地址空间不足的问题，IPv6应运而生。IPv6也称为IPng（Internet Protocol next generation）协议，于1998年12月在RFC 2460中定义。IPv6协议将IPv6地址长度增至128 bit（16 Byte），分成8个部分，每部分为16 bit。IPv6的地址数量足够巨大，足以满足全球当前所有的终端地址分配需求。

IPv4 地址长度为 32 bit（4 Byte），采用点分十进制格式表示，例如：10.33.11.30。

IPv6 地址长度为 128 bit（16 Byte），采用冒分十六进制格式表示，例如：AA22:BB11:1122:CDEF:1234:AA99:7654:7410。由于其地址过长，不便于书写和阅读，因此又有以下几种变体格式。

- 展开形式。展开形式就是基本格式，表示为8个由冒号隔开的16 bit字段，每个字段有4个十六进制数，如2001:0DB8:130F:0000:0000:09C0:876A:130B。为了书写方便，每组中的前导“0”都可以省略，所以上述地址又可写为：2001:DB8:130F:0:0:9C0:876A:130B。

- 压缩形式。压缩形式就是将多个具有0值的连续片段替换成双冒号::，该双冒号只在IPv6地址中出现一次，否则无法判断每个压缩包中有几个完全0值的分组，例如：1000::1:0:0:1。
- 混合形式。混合形式是将IPv4地址与IPv6地址合并而成的新地址，主要用于将IPv4地址直接映射转换为IPv6地址，例如：0:0:0:0:0:FFFF:10.33.11.30。

5.1.3　IPv4报文结构

IP层提供的服务是通过IP层对数据报文的封装与解封来实现的。IPv4报文的格式分为报文头和数据两大部分。

IPv4报文头由两部分组成，前一部分是固定长度，共20 Byte，是所有IPv4报文必须具有的；后一部分是一些可选字段，其长度是可变的，如图5-2所示。下面详细介绍IPv4报文头中的各字段信息，如表5-1所示。

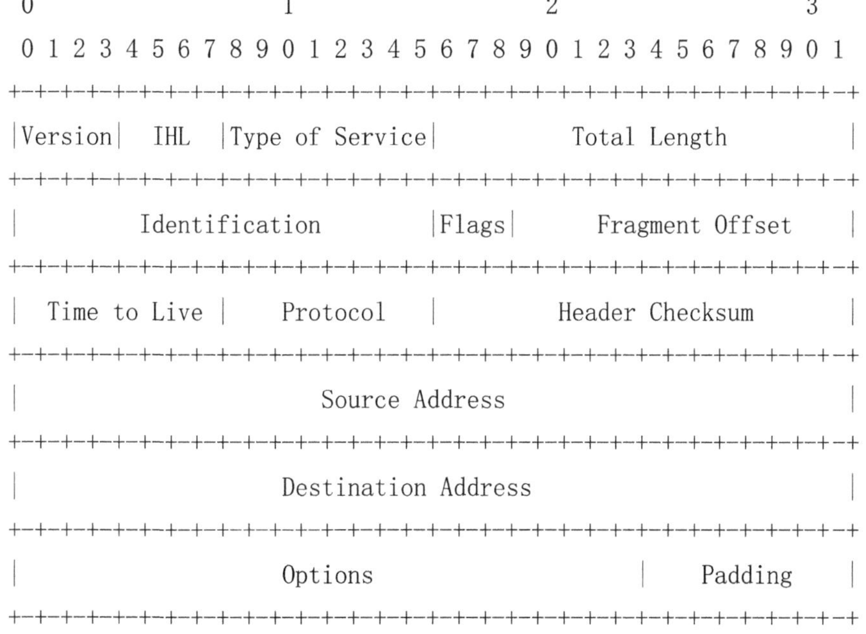

```
 0                   1                   2                   3
 0 1 2 3 4 5 6 7 8 9 0 1 2 3 4 5 6 7 8 9 0 1 2 3 4 5 6 7 8 9 0 1
+-+-+-+-+-+-+-+-+-+-+-+-+-+-+-+-+-+-+-+-+-+-+-+-+-+-+-+-+-+-+-+-+
|Version|  IHL  |Type of Service|          Total Length         |
+-+-+-+-+-+-+-+-+-+-+-+-+-+-+-+-+-+-+-+-+-+-+-+-+-+-+-+-+-+-+-+-+
|         Identification        |Flags|      Fragment Offset    |
+-+-+-+-+-+-+-+-+-+-+-+-+-+-+-+-+-+-+-+-+-+-+-+-+-+-+-+-+-+-+-+-+
|  Time to Live |    Protocol   |         Header Checksum       |
+-+-+-+-+-+-+-+-+-+-+-+-+-+-+-+-+-+-+-+-+-+-+-+-+-+-+-+-+-+-+-+-+
|                       Source Address                          |
+-+-+-+-+-+-+-+-+-+-+-+-+-+-+-+-+-+-+-+-+-+-+-+-+-+-+-+-+-+-+-+-+
|                    Destination Address                        |
+-+-+-+-+-+-+-+-+-+-+-+-+-+-+-+-+-+-+-+-+-+-+-+-+-+-+-+-+-+-+-+-+
|                    Options                    |    Padding    |
+-+-+-+-+-+-+-+-+-+-+-+-+-+-+-+-+-+-+-+-+-+-+-+-+-+-+-+-+-+-+-+-+
```

图 5-2　IPv4 报文头格式

表 5-1 IPv4 报文头字段解释

字段	长度	含 义
Version	4 bit	协议版本。在IPv4中取值为4
IHL	4 bit	报文头长度。如果不带Option字段，取值为20；如果带有Option字段，则取值可变，最长为60，该值限制了记录路由选项。以4 Byte为一个单位
Type of Service	8 bit	服务类型。只有在有QoS差分服务要求时，这个字段才起作用
Total Length	16 bit	总长度。整个IP数据报的长度，包括报文头与数据之和，单位为Byte，最长为65535，总长度必须不超过最大传输单元长度
Identification	16 bit	报文编号标识。主机每发一个报文，该字段加1。分片重组时会用到该字段
Flags	3 bit	标志位。 • Bit 0：保留位，必须为0。 • Bit 1：DF（Don't Fragment），表示能否分片，0表示可以分片，1表示不能分片。 • Bit 2：MF（More Fragment），表示该报文是否为最后一片，0表示是最后一片，1表示不是最后一片
Fragment Offset	13 bit	片偏移。分片重组时会用到该字段。表示较长的分组在分片后，某片在原分组中的相对位置。以8 Byte为单位偏移
Time to Live	8 bit	生存时间。数据报文在网络中的最大生存时间
Protocol	8 bit	下一层协议。指出此数据报文携带的数据使用何种协议，以便目的主机的IP层将数据上交给哪个进程处理
Header Checksum	16 bit	报文头检验和。只检验数据报文的报文头，不检验数据部分。这里不采用循环冗余校验（Cyclic Redundancy Check，CRC）码，而采用简单的计算方法
Source Address	32 bit	源IP地址
Destination Address	32 bit	目的IP地址
Options	可变	选项字段。用来支持排错、测量及安全等功能，内容丰富。选项字段长度可变，从1 Byte到40 Byte不等
Padding	可变	填充字段。用来进行字节对齐，全填0

5.1.4　IPv6报文结构

IPv6报文的格式也分为报文头和数据两大部分。IPv6报文头由两部分组成，前一部分是固定长度，共40 Byte，是IPv6报文必备的；后一部分是可选的扩展报文头，长度可变，如图5-3所示。下面详细介绍IPv6报文头中的各字段信息，如表5-2所示。

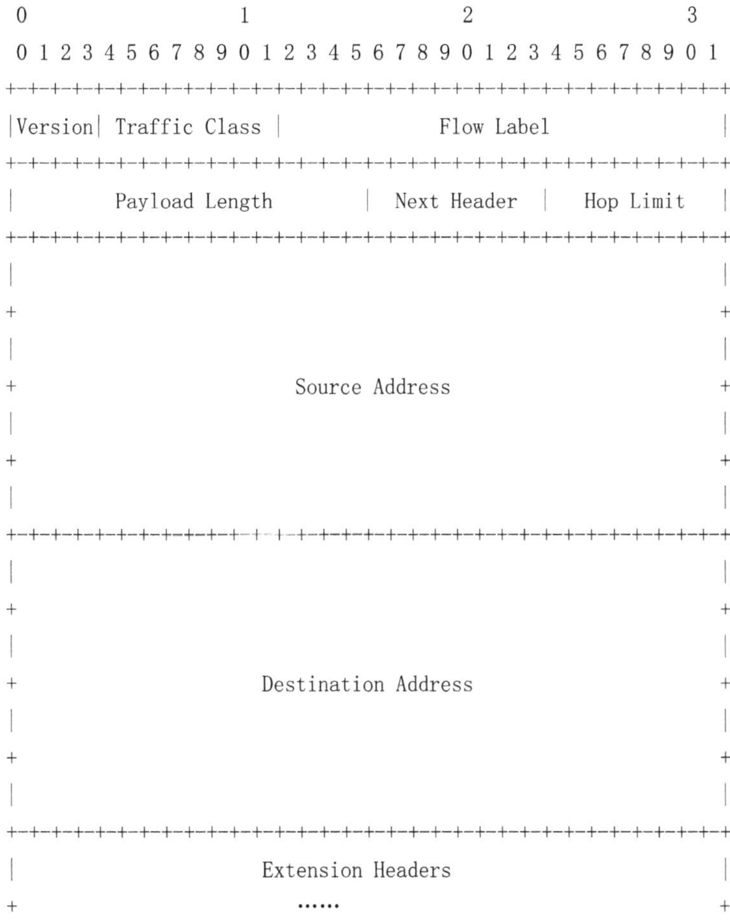

图 5-3　IPv6 报文头格式

表 5-2　IPv6 报文头字段解释

字段	长度	含义
Version	4 bit	协议版本。在IPv6中取值为6

续表

字段	长度	含义
Traffic Class	8 bit	流量类别。该字段及其功能类似于IPv4的服务类型字段。该字段以DSCP标记一个IPv6数据报文，以此指明数据报文应当如何处理
Flow Label	20 bit	流标签。该字段用来标记IP数据报文的一个流，当前的标准中没有定义管理和处理流标签的细节
Payload Length	16 bit	有效负载的长度。有效负载是指紧跟IPv6基本报文头的数据报文，包含IPv6扩展报文头
Next Header	8 bit	下一报文头。该字段指明了跟随在IPv6基本报文头后的扩展报文头的信息类型
Hop Limit	8 bit	跳数限制。该字段定义了IPv6数据报文所能经过的最大跳数，和IPv4中的生存时间字段非常相似
Source Address	128 bit	该报文的源地址
Destination Address	128 bit	该报文的目的地址
Extension Headers	可变	扩展报头。IPv6取消了IPv4报文头中的选项字段，并引入了多种扩展报文头，在提高处理效率的同时还增强了IPv6的灵活性，为IP提供了良好的扩展能力。当超过一种扩展报文头被用在同一个分组里时，报文头必须按照下列顺序出现。 • IPv6基本报文头。 • 逐跳选项扩展报文头（值为0，在IPv6基本报文头中定义）。 • 目的选项扩展报文头（值为60，指那些将被分组报文的最终目的地处理的选项）。 • 路由扩展报文头（值为43，用于源路由选项和Mobile IPv6）。 • 分片扩展报文头（值为44，在源节点发送的报文超过Path MTU时对报文分片时使用）。 • 授权扩展报文头（值为51，用于IPsec，提供报文验证、完整性检查。定义和IPv4中相同）。 • 封装安全有效负载扩展报文头（值为50，用于IPsec，提供报文验证、完整性检查和加密。定义和IPv4中相同）。 • 上层扩展报文头（如TCP/UDP等）。 不是所有的扩展报文头都需要被转发路由设备查看和处理。路由设备转发时根据基本报文头中的Next Header值来决定是否要处理扩展报文头。目的选项扩展报文头可以出现两次，一次在路由扩展报文头之前，另一次在上层扩展报文头之前

| 5.2　IP路由简介 |

从 TCP/IP 模型的数据转发过程可以看出，网络中间节点的设备最主要的作用就是根据链路层收到的 IP 报文中的目的 IP 地址，在路由表中找到接口，并将 IP 报文发送到离目的地更近的下一台设备。这个过程被称为“IP 路由”（IP Routing），如图 5-4 所示。

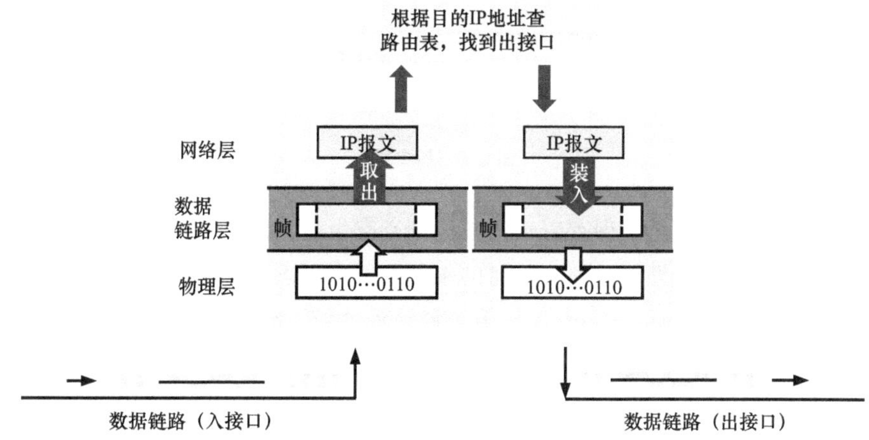

图 5-4　IP 路由的寻址和转发过程

IP 路由是为网络中的流量进行路径选择的过程，也是数据通信网络中最基本的要素，目的是将 IP 数据报文有效率地从源地址经由网络传输至目的地址，从而实现网络通信。运行 IP 路由的设备是路由器（Router），路由器中存储着用于指导数据报文转发的路由表。

5.2.1　路由表

路由表是存储在路由器中的数据表，如同一张地图，其中存储了指向特定目的网络地址的路径信息。路由表中有许多条目，每个条目可以被称为一条路由，每条路由都对应一个网络中的目的地。如图5-5所示。

当路由设备收到一个IP报文时，会先查看IP报文头中的目的地址，并在自己的路由表中进行查找。如果查找结果中有匹配的表项，就依据此表项所指示的出接口和下一跳进行转发；如果没有匹配的表项，就检查是否存在默认路由；如果不存在默认路由，就把这个IP数据报文丢弃。

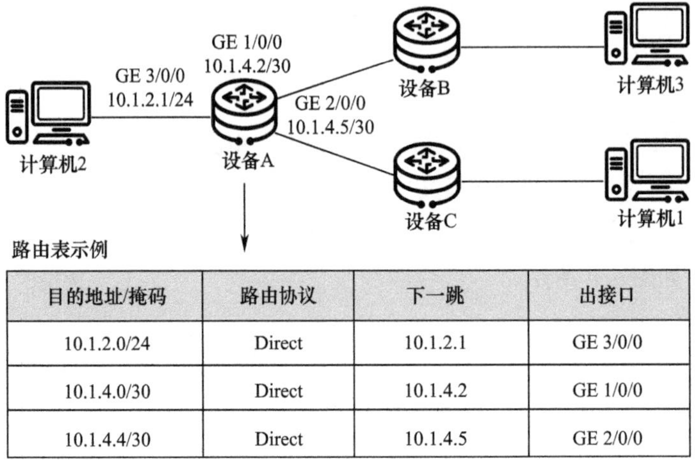

目的地址/掩码	路由协议	下一跳	出接口
10.1.2.0/24	Direct	10.1.2.1	GE 3/0/0
10.1.4.0/30	Direct	10.1.4.2	GE 1/0/0
10.1.4.4/30	Direct	10.1.4.5	GE 2/0/0

图 5-5 路由表

每台路由器中都至少保存着一张本地核心路由表，用来保存各种路由协议发现的路由并决策优选路由。路由条目的来源主要有以下几种。

- 直连路由（Direct Route）。直连路由是由接口链路层协议自动发现的路由，只要该接口处于活动状态，路由器就会把通向该网段的路由信息填写进路由表中。
- 静态路由（Static Route）。静态路由是一种需要管理员人工配置的特殊路由，当网络结构比较简单时，只需要配置静态路由就可以使网络正常工作。但是当网络发生故障或者拓扑发生变化后，静态路由不会自动改变，必须有管理员的介入，因此灵活性不足。
- 动态路由（Dynamic Route）。动态路由是路由器通过动态路由协议发现的路由。

5.2.2 动态路由协议

与静态路由不同，动态路由有自己的路由算法，能够自动适应网络拓扑的变化，适用于具有一定数量三层设备的网络。动态路由的缺点是配置相对复杂，对系统的要求高于静态路由，并将占用一定的网络资源。动态路由协议根据作用范围的不同，可以划分为以下两种。

- 内部网关协议（Interior Gateway Protocol，IGP）：在一个自治系统（Autonomous System，AS）内部运行，常见的IGP包括路由信息协议（Routing Information Protocol，RIP）、开放最短通路优先协议（Open

Shortest Path First，OSPF）和IS-IS等。

- 外部网关协议（Exterior Gateway Protocol，EGP）：运行于不同自治系统之间，边界网关协议（Border Gateway Protocol，BGP）是目前最常用的EGP。

常用的动态路由协议及对比如表5-3所示。

表 5-3 常见的动态路由协议

动态路由协议	作用	路由算法	适用范围	协议扩展
BGP	用于在AS之间选择最佳路由和控制路由的传播，提供丰富的路由策略，能够对路由实现灵活的过滤和选择	采用距离矢量算法	应用于规模较大的网络，或用户需要同时与两个或者多个ISP相连等场景	BGP4+
OSPF	IP层协议，用于发现和计算路由，支持路由策略，能够通过Level路由器扩展网络支撑能力，收敛速度快（小于1 s）	采用最短路径算法，通过链路状态通告（Link State Advertisement，LSA）描述网络拓扑，依据网络拓扑生成一棵最短路径树（Shortest Path Tree，SPT），计算出到网络中所有目的地的最短路径，以进行路由信息的交换	应用于规模适中的网络，最多可支持几百台路由器，如中小型企业网络	OSPFv3
IS-IS	链路层协议，用于发现和计算路由，支持路由策略，能够通过划分区域扩展网络支撑能力，收敛速度快（小于1 s）	采用最短路径算法，依据网络拓扑生成一棵SPT，计算出到网络中所有目的地的最短路径。在IS-IS中，最短路径算法分别独立地在Level-1和Level-2数据库中运行	应用于规模较大的网络，如大型ISP的网络	—
RIP	发现和计算路由，但不支持路由策略，不可扩展，收敛速度慢。但因其配置简单、易于管理维护，仍广泛应用在实际组网中	采用距离矢量算法，通过UDP报文进行路由信息的交换	应用于规模较小的网络，如校园网等结构简单的地区性网络	RIPng

5.2.3 路由器的路由匹配原则

路由器的基本作用是收到IP报文后，根据目的IP地址，在自己的路由表中查找匹配的表项，如果有，就根据表项所指示的出接口和下一跳，将IP报文从出接口转发出去。

路由表中的路由表项可能是由不同的路由协议（包括静态路由）发现并生成的，所以它们之间并不是完全独立的，不同路由表项的匹配范围可能存在重叠和交叉。也就是说，同一个目的IP地址，可能会有多条匹配的路由表项。此时路由器又该遵循什么原则选择最优的路由表项呢？

1. 按路由优先级原则进行选择

对于相同的目的地，不同的路由协议（包括静态路由）可能会发现不同的路由，但这些路由并不都是最优的。为了判断最优路由，各路由协议（包括静态路由）都被赋予了一个优先级，当存在多个路由信息源时，具有较高优先级（取值较小）的路由协议发现的路由将成为最优路由。

例如，在华为NetEngine系列路由器中，各路由协议的默认优先级如表5-4所示。其中0表示直连路由，255表示来自不可信源端的任何路由。数值越小，代表路由优先级越高。除直连路由（DIRECT），各种路由协议的优先级都可由用户人工进行配置。另外，每条静态路由的优先级都可以不相同。

表 5-4　路由协议的默认优先级（以华为 NetEngine 系列路由器为例）

路由协议或路由种类	相应路由的优先级
DIRECT	0
OSPF	10
IS-IS	15
STATIC	60
RIP	100
BGP	255

2. 按最长匹配原则进行选择

IP路由的前缀由IP地址与掩码长度共同定义。最长匹配原则指的是路由设备收到IP数据报文时，会将数据报文的目的IP地址同本地路由表中的所有表项进行逐位匹配，直至找到前缀匹配度最长的条目，也就是匹配得最为精确的那条路由项所指示的下一跳来进行转发。最长匹配是路由设备进行路由选择的一个最基本的原则，能够提高路由决策效率，避免路由环路的产生。

假设路由表中有3条路由表项，分别为172.16.2.0/24、172.16.1.0/24、172.16.0.0/16，如图5-6所示。当一个数据报文的目的IP地址为172.16.2.1时，根据最长匹配原则，路由设备会选择路由条目1，因为其前缀比路由条目3更长、更精确，而路由条目2跟目的地址不匹配。

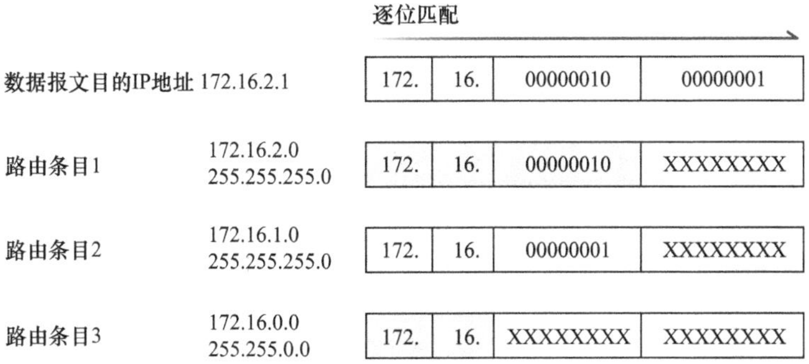

逐位匹配 →

数据报文目的IP地址 172.16.2.1		172.	16.	00000010	00000001
路由条目1	172.16.2.0 255.255.255.0	172.	16.	00000010	XXXXXXXX
路由条目2	172.16.1.0 255.255.255.0	172.	16.	00000001	XXXXXXXX
路由条目3	172.16.0.0 255.255.0.0	172.	16.	XXXXXXXX	XXXXXXXX

图 5-6　路由选择的最长匹配原则

5.3　MPLS技术的产生

从 20 世纪 90 年代中期开始，互联网实现了爆炸式的发展，IP 网络的规模以指数级的方式增长，这导致当时路由器中路由表的表项也变得日益庞大。一个大型网络中的核心路由器的路由表项数往往能达到数十万条，甚至上百万条的规模。

在 5.2 节中，我们已经了解了路由器在进行 IP 路由选择时的最长匹配原则。最长匹配原则有一个弊端，那就是对于一个目的 IP 地址，必须匹配完所有路由表项，才能判断是不是匹配到了最长前缀的路由表项。这导致路由匹配不够高效。

另外，当时的路由器并没有专用的硬件来实现路由表的快速查找和匹配，而是通过软件查找的方式进行路由表项匹配，这种方式的效率是相对低的。

这些原因导致路由器的IP路由性能差，成了当时IP网络发展的最大瓶颈。

ATM技术曾经被认为是解决上述问题的“良方”，因为ATM采用定长标签（即信元），并且只需要维护比路由表规模小得多的标签表，就能够提供比IP路由方式高得多的转发性能。然而，正如4.4节讲述的，因为协议复杂、实现难度大、网络部署成本高，ATM技术最终没有实现大规模商用落地。

ATM虽然整体应用较少，但是它的定长标签和基于标签表的转发理念具有独特优势。因此，如何结合IP与ATM的优点，成为当时的热门话题。多协议标记交换（Multi-Protocol Label Switching，MPLS）技术就是在这种背景下产生的。

| 5.4 MPLS技术的简介 |

MPLS 是叠加在数据链路层与网络层之间的一种转发协议，所以也被称为“2.5 层”协议。它向下可以适配不同的数据链路层协议，例如以太网、ATM、FR、点到点协议（Point-to-Point Protocol，PPP）、高级数据链路控制（High-level Data Link Control，HDLC）协议等；向上可以兼容各种网络层协议，例如 IPv4、IPv6、IPX、无连接网络协议（Connectionless Network Protocol，CLNP）等。

5.4.1 什么是MPLS

MPLS是一种利用标签来指导数据报文高速转发的协议，由IETF在RFC 3031中提出。MPLS将IP地址映射为简短且长度固定、只具有本地意义的标签，以标签交换替代IP查路由表，从而显著提升了转发效率，如图5-7所示。

IP路由表

目的地址/掩码	下一跳	出接口
10.1.1.0/24	10.1.2.1	Interface1
10.2.1.0/24	10.2.2.1	Interface2
10.3.1.0/24	10.3.2.1	Interface3

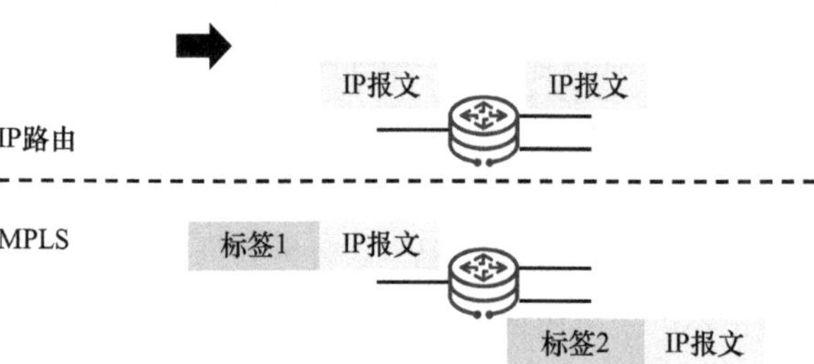

标签转发表

入标签/出标签	下一跳	出接口	标签动作
标签1/标签2	10.2.2.1	Interface2	Swap

图 5-7 IP 路由与 MPLS 的转发方式对比

与传统的IP路由相比，MPLS通过以下两种方式提升了转发速率。

- 将查找庞大的 IP 路由表转化为交换简洁的标签，显著减少指导 IP 报文转发的时间。同时，对于定长的标签表项，更容易使用 ASIC 或网络处理器（Network Processor，NP）等专用硬件来实现高速查找和匹配。
- 当 IP 报文进入 MPLS 区域之后，只需要在位于边缘的入、出节点上解析 IP 报文头，封装或解封装标签，而在中间的节点上无须解析 IP 报文头，只进行标签交换，进一步节约了转发 IP 报文的处理时间。

5.4.2　MPLS的基本概念

在学习 MPLS 的具体转发原理之前，需要先了解与 MPLS 相关的几个基本概念。

1. FEC

MPLS是一种分类转发技术，它将具有相同转发处理方式的数据归为一类，称之为转发等价类（Forwarding Equivalence Class，FEC）。MPLS对相同FEC的数据分组采取完全相同的处理方式。

FEC的划分依据非常灵活，可以是源地址、目的地址、源端口、目的端口、协议种类、业务类型等要素的任意组合。例如，在采用最长匹配算法的IP路由转发中，去往同一个目的地址的所有数据报文就是一个FEC。

2. MPLS标签

MPLS标签是一个简短且长度固定的标识符，它只具有本地意义，用于唯一标识一个分组所属的FEC。在某些情况下（例如进行负载分担），一个FEC可能对应多个MPLS标签，但是在一台设备上，一个MPLS标签只能代表一个FEC。

MPLS标签的长度为4 Byte，封装结构如图5-8所示。

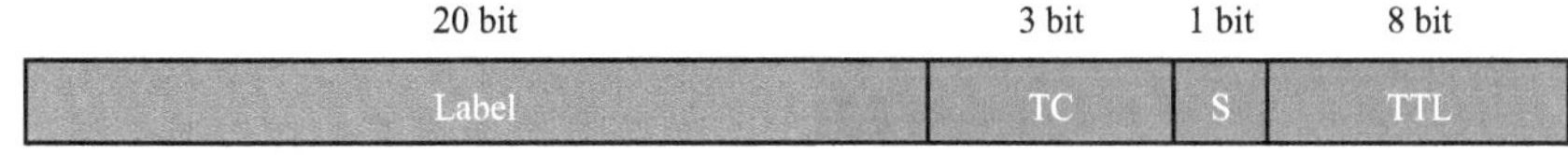

图 5-8　MPLS 标签的封装结构

MPLS标签共有4个域，分别介绍如下。

- Label：20 bit，标签值域。
- TC：3 bit，流量等级（Traffic Class），又名 Exp。通常用做服务类别（Class of Service，CoS）。
- S：1 bit，栈底标识（Bottom of Stack，BoS）。MPLS 支持多层标签，即标

签嵌套。BoS 值为 1 时表明 MPLS 为最底层标签。

• TTL：8 bit，和IP报文头中的TTL意义相同。

MPLS标签在数据报文分组中的封装位置如图5-9所示。MPLS标签能够被任意的数据链路层协议所支持。

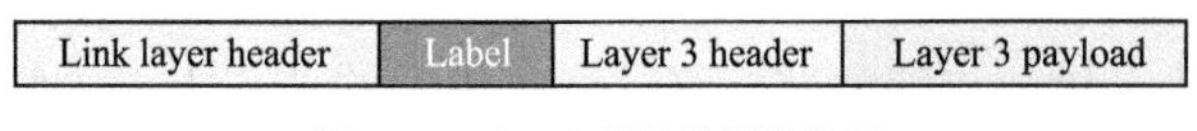

图 5-9　MPLS 标签的封装位置

MPLS标签栈也称为MPLS多层标签，是指MPLS标签的排序集合，如图5-10所示。靠近二层报文头的标签称为栈顶标签或外层标签；靠近IP报文头的标签称为栈底标签或内层标签。MPLS标签栈按后进先出（Last In First Out，LIFO）方式组织标签，从栈顶开始处理标签。

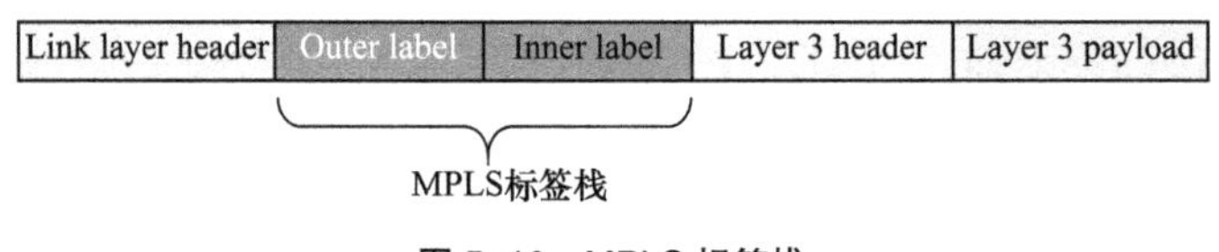

图 5-10　MPLS 标签栈

3. 标签操作

MPLS标签的基本操作包括标签压入（Push）、标签交换（Swap）和标签弹出（Pop），它们是标签转发的基本动作，也是标签转发信息表的组成部分，如图5-11所示。

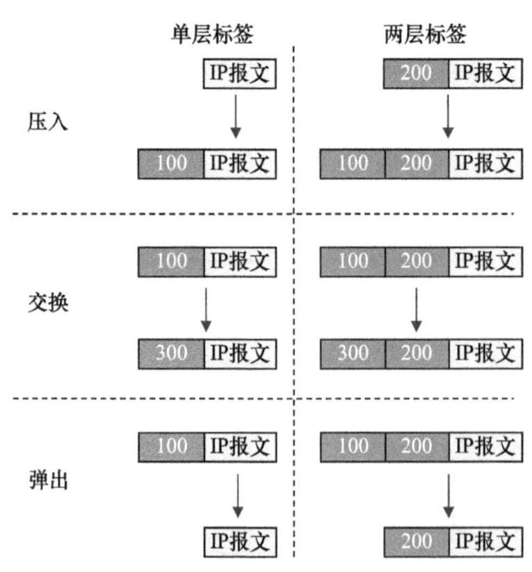

图 5-11　MPLS 标签的基本操作

MPLS标签的基本操作详解如下。

- Push：指当IP报文进入MPLS域（由一系列连续的标签交换路由器构成的网络区域称为MPLS域）时，MPLS边界设备在IP报文二层报文头和IP报文头之间插入一个新标签；或者MPLS中间设备根据需要在标签栈顶增加一个新的标签（即标签嵌套封装）。
- Swap：当IP报文在MPLS域内转发时，根据标签转发表，用下一跳分配的标签替换MPLS报文的栈顶标签。
- Pop：当IP报文离开MPLS域时，将MPLS报文的标签去掉；或者在MPLS倒数第二跳的节点上去掉栈顶标签，减少标签栈中的标签数目。

在最后一跳的节点上，MPLS标签实际已没有使用价值。这种情况下，可以利用倒数第二跳弹出（Penultimate Hop Popping，PHP）特性，在倒数第二跳的节点上就将标签弹出，这样最后一跳的节点可直接进行IP转发或者下一层标签转发，从而减少最后一跳的处理负担。

PHP的特性是通过分配特殊的标签值3实现的。标签值3表示隐式空标签，这个值不会出现在标签栈中。当倒数第二跳节点发现自己被分配了标签值3时，它并不用这个值替代栈顶原来的标签，而是直接执行Pop操作，使最后一跳节点直接进行IP转发或下一层标签转发。

4. LSP

标签交换路径（Label Switched Path，LSP）是指属于同一FEC的IP报文（即封装了MPLS标签的IP报文）在MPLS域内转发所经过的路径，如图5-12所示。

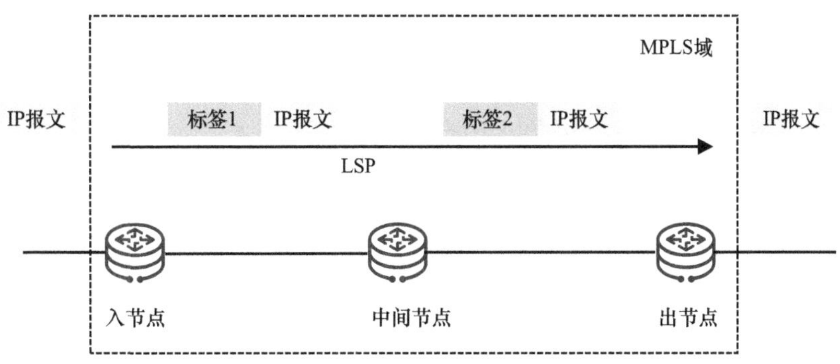

图 5-12　LSP 示意图

LSP是一条从入口到出口的单向通道，包含以下角色。

- LSP的起始节点称为入节点（Ingress），一条LSP只能有一个入节点。入节点的主要功能是给IP报文压入一个新的MPLS标签，将其封装成MPLS报文。

- 位于LSP中间的节点称为中间节点（Transit），一条LSP可能有0个或多个中间节点。中间节点的主要功能是查找标签转发信息表，通过标签交换完成MPLS报文的转发。
- LSP的末尾节点称为出节点（Egress），一条LSP只能有一个出节点。出节点的主要功能是弹出标签，恢复成原来的数据报文进行相应的转发。

5.4.3 MPLS的转发原理

1. MPLS网络架构

MPLS网络架构如图5-13所示。

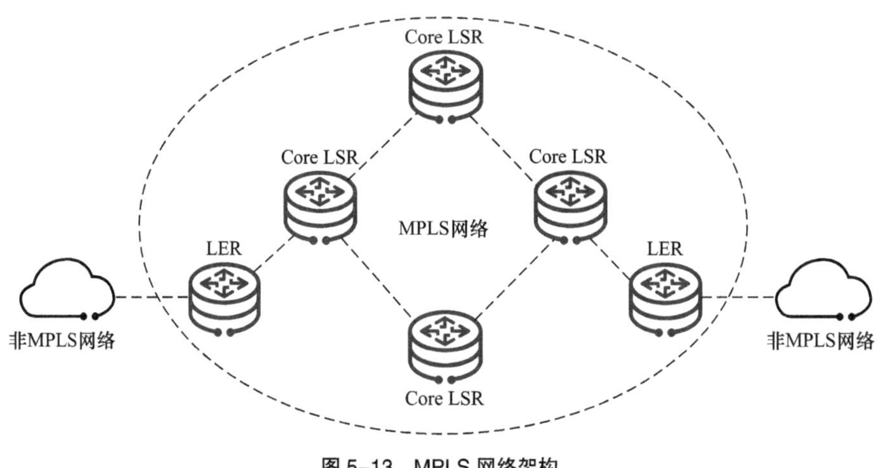

图 5-13 MPLS 网络架构

MPLS网络架构中主要包含以下要素。

- 支持MPLS功能的网络设备称为标签交换路由器（Label Switching Router，LSR），它是MPLS网络的基本组成单元。
- MPLS域内部的LSR称为Core LSR。如果一个LSR的相邻节点都运行MPLS，则该LSR就是Core LSR。
- 位于MPLS域边缘、连接其他网络的LSR称为标签边缘路由器（Label Edge Router，LER）。如果一个LSR有一个或多个不运行MPLS的相邻节点，那么该LSR就是LER。

在MPLS网络中，任何两个LER之间都可以建立LSP，用来转发进入MPLS域的数据报文，中间可途径若干个Core LSR。因此，一条LSP上的入节点和出节点都是LER，而中间节点是Core LSR。

2. LSP的建立

MPLS是一种依靠标签交换来指导数据报文转发的技术，因此，LSP的建立过程实际上就是沿途LSR为特定FEC确定标签的过程。

MPLS标签由下游分配，按照从下游到上游的方向进行分发。如图5-14所示，下游LSR根据IP路由的目的地址进行FEC划分，并将标签分配给对应指定目的地址的FEC，再将标签发送给上游LSR，触发上游LSR建立标签转发信息表，最终使一系列LSR形成一条LSP。

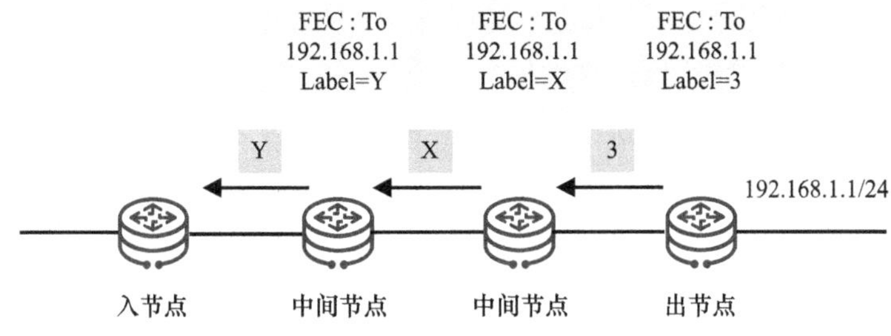

图 5-14　LSP 的建立过程示意图

LSP按建立方式可以分为静态LSP和动态LSP两种。

- 静态LSP是管理员人工为各个FEC分配标签而建立的LSP。人工分配标签需要遵循的原则是：上游LSR出方向的标签值等于下游LSR入方向的标签值。
- 动态 LSP 是各 LSR 通过标签发布协议动态地生成和发布标签而建立的 LSP，下游 LSR 向上游 LSR 发送标签时需要依赖 IP 路由。MPLS 支持多种标签发布协议，例如标记分发协议（Label Distribution Protocol，LDP）、基于资源预留协议的流量工程（Resource Reservation Protocol Traffic Engineering，RSVP-TE）和多协议边界网关协议（Multi-protocol Border Gateway Protocol，MP-BGP）等。

3. LDP

LDP是MPLS体系中非常重要的一种标签发布控制协议，负责FEC的分类、MPLS标签的分配及LSP的动态建立和维护等操作，规定了标签分发过程中的各种消息及相关处理过程。通过LDP，LSR可以把网络层的路由信息直接映射到数据链路层的LSP交换路径上，实现在网络层动态建立LSP。

LDP具有组网和配置简单、支持路由拓扑驱动建立LSP及支持大容量LSP等优点。相较于人工配置的静态LSP，LDP能够极大地减轻维护人员的工作量，减少配置错误的产生。

LDP有以下4种会话消息类型。

- 发现（Discovery）消息：用于通告和维护网络中LSR的存在。
- 会话（Session）消息：用于建立、维护和终止LDP对等体之间的会话，包括Initialization消息、Keepalive消息等。
- 通告（Advertisement）消息：用于创建、改变和删除FEC的标签映射。
- 通知（Notification）消息：用于提供建议性的消息和差错通知。

为保证LDP消息的可靠发送，除了发现消息使用UDP传输，LDP的会话消息、通告消息和通知消息都使用TCP传输。

LDP会话是由两台LSR之间交换发现消息（Hello消息）触发建立的。下面以图5-17为例，介绍LDP会话建立过程。

①两个LSR之间互相发送Hello消息。Hello消息中携带传输地址，双方使用传输地址建立LDP会话。首先传输地址较大的一方将作为主动方，发起建立TCP连接。如图5-15所示，LSR A作为主动方发起建立TCP连接，LSR B作为被动方等待对方发起连接。

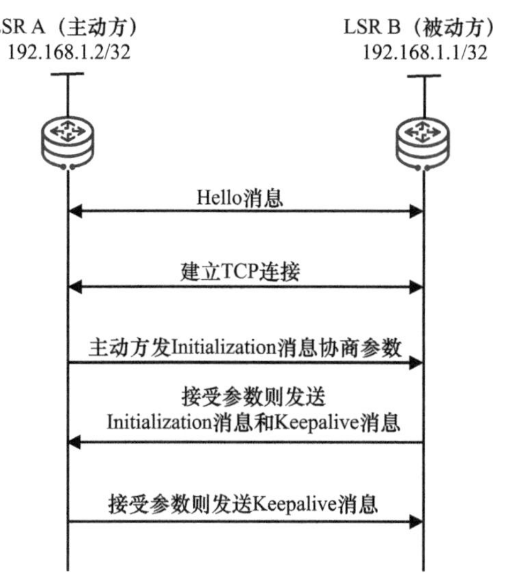

图 5-15　LDP 会话的建立过程

②TCP连接建立成功后，由主动方LSR A发送Initialization消息，协商建立LDP会话的相关参数，包括LDP协议版本、标签分发方式、Keepalive保持定时器的值、最大协议数据单元（Protocol Data Unit，PDU）长度和标签空间等。

③被动方LSR B收到Initialization消息后，如果不能接受相关参数，则发送Notification消息终止LDP会话的建立；如果被动方LSR B能够接受相关参数，则发送Initialization消息，同时发送Keepalive消息给主动方LSR A。

④主动方LSR A收到Initialization消息后，如果不能接受相关参数，则发送Notification消息给被动方LSR B终止LDP会话的建立；如果能够接受相关参数，则发送Keepalive消息给被动方LSR B。

当双方都收到对方的Keepalive消息后，LDP会话就建立成功。

4. RSVP与RSVP-TE

资源预留协议（Resource Reservation Protocol，RSVP）是为集成服务模型（Integrated Service Model）设计的，用于在访问互联网应用程序时获得不同的QoS等级。它通过IPv4或IPv6运行，并由接收端发起资源预留请求，在一条传输路径的各节点上进行资源预留。RSVP不是路由协议，它的唯一工作是通告和维护网络中的预留资源。RSVP由接收端使用路径消息申请资源，由发送端沿路径消息的反向路径，通过预留消息完成资源分配和资源预留。

RSVP-TE是针对TE扩展的资源预留协议，基于RSVP进行了扩展，在路径消息中引入Label_Request对象用于发起标签请求，在预留消息中引入Label对象用于标签分配，从而允许建立MPLS LSP，并考虑了带宽和亲和属性等路径约束信息，实现网络流量的路径规划和调优。RSVP-TE的LSP建立过程如图5-16所示。

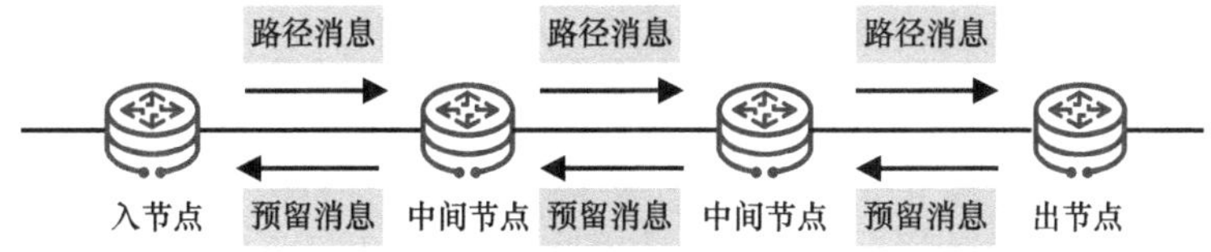

图 5-16 RSVP-TE 的 LSP 建立过程

5. MPLS报文在LSP中的转发过程

MPLS报文在LSP中的转发过程如图5-17所示，下面以支持PHP特性的LSP为例，介绍MPLS报文在该LSP中的基本转发过程。

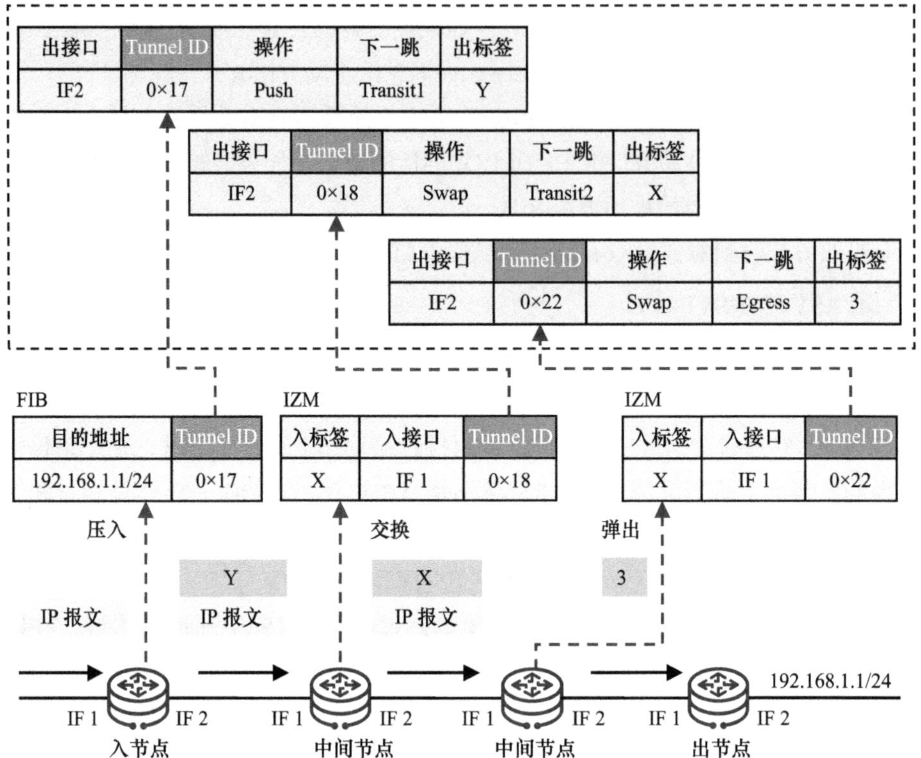

注：NHLFE 即 Next Hop Label Forwarding Entry，下一跳标记转发入口；FIB 即 Forwarding Information Base，转发信息库；ILM 即 Incoming Label Map，入标签映射。

图 5-17　MPLS 报文在 LSP 中的转发过程

①入节点收到目的地址为192.168.1.1/24的IP报文后，根据目的IP地址查找到对应的标签（假设为Y）、标签操作类型（Push）和出接口等信息，然后压入（Push）标签Y，封装为MPLS报文，再从出接口将MPLS报文转发出去。

②中间节点收到该MPLS报文，根据标签Y查找到出标签（假设为X）、标签操作类型（Swap）和出接口等信息，然后将数据报文中的标签Y换成标签X后继续转发。

③倒数第二跳的中间节点收到该MPLS报文，继续上述查询动作，此时由于为出节点分给它的标签值为3，所以进行PHP操作，弹出（Pop）标签X并继续将IP报文转发给出节点。

④出节点收到该IP报文，直接根据对应的IP路由表将其转发到目的地192.168.1.1/24。

5.4.4 基于MPLS的扩展应用：MPLS VPN

MPLS发明之初，主要是为了解决IP路由最长匹配原则导致的性能低下问题。但是随着ASIC技术的迅速发展，IP路由表查找逐步改用硬件方法，处理速度大大提高，这使得MPLS在提高IP路由转发速率方面不再具备明显的优势。

然而，在业务发展中，人们逐渐意识到MPLS在转发性能之外的其他价值。其中最明显的就是在VPN方面的应用。因为MPLS的标签转发机制本质上是一种隧道技术，它还支持封装多层标签，并且MPLS天然兼容多种网络层和链路层协议，所以MPLS非常适合在各种VPN业务中充当公网隧道。

因此，业界基于MPLS技术，开发出了多种多样的MPLS VPN方案，也就是采用MPLS建立的LSP作为公网隧道来传输私网业务数据的VPN技术。

MPLS VPN的基本模型主要由3种角色构成，如图5-18所示。

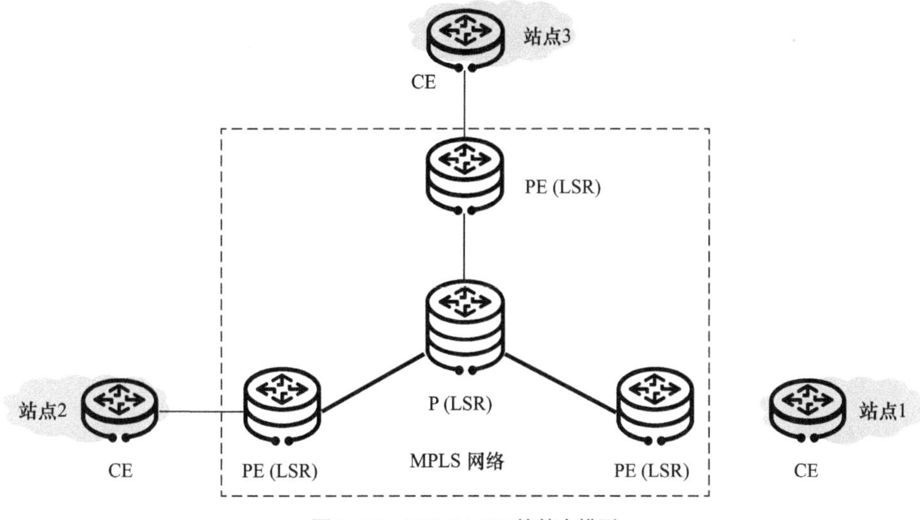

图 5-18 MPLS VPN 的基本模型

- CE（Customer Edge）：是用户网络边缘设备，有接口直接与业务提供商（Service Provider，SP）网络相连，用户的VPN站点通过CE连接到SP网络。CE可以是网络设备，也可以是一台主机。通常情况下，CE“感知”不到VPN的存在，也不需要支持MPLS。
- PE（Provider Edge）：是SP网络的边缘设备，与CE直接相连。在MPLS网络中，PE设备作为LSR，对MPLS和VPN的所有处理都发生在PE上，因此对PE性能要求较高。

- P（Provider）：是SP网络中的骨干设备，不与CE直接相连。在MPLS网络中，P设备作为LSR，只需要处理MPLS，不维护VPN信息。

在MPLS VPN中，VPN报文转发采用两层标签方式：外层标签与内层标签。其中外层标签在骨干网内部进行交换，指示从本端PE到对端PE的一条LSP，VPN报文可以利用这层LSP标签沿LSP到达对端PE；内层标签则用在数据报文从对端PE到对端CE的过程，指示数据报文所属的VPN实例，并依据该VPN实例的路由表，将数据报文转发至相应的Site。外层标签由LDP和RSVP-TE分配，内层标签由LDP分配。

MPLS VPN充分利用了MPLS的技术优势，是目前应用最广泛的VPN技术之一。从用户角度来看，MPLS VPN具有如下价值。

- 一个MPLS标签对应一个指定业务的数据流（特定FEC），非常有利于不同用户业务的隔离。
- MPLS可以提供TE和QoS能力，用户可以借助MPLS最大限度地优化VPN网络的资源配置。
- MPLS VPN还能提供灵活的策略控制，满足不同用户的特殊要求，快速实现增值服务。

根据承载的私网类型的不同，MPLS VPN包括MPLS L3VPN（例如BGP/MPLS IP VPN）、MPLS L2VPN［例如虚拟专用线路服务（Virtual Private Wire Service，VPWS）/虚拟租用线路（Virtual Leased Line，VLL）、虚拟专用局域网服务（Virtual Private LAN Service，VPLS）］等类型，对这些内容本书不详细介绍。

| 5.5　IP和MPLS的通病：最短路径≠最佳路径 |

虽然MPLS在一定程度上解决了IP路由中的逐跳最长匹配原则导致的性能低下问题，但是无论是IP路由转发还是MPLS标签转发，本质上都是一种逐跳路由选择的机制。这就像在公路交通网络中，车辆行进时并不遵循固定路线，在每一个路口都需要根据不同的路况，实时选择不同的路线前进。

这种机制存在一个最大的弊端，就是缺乏端到端的路径规划和拥塞控制能力。如果数据报文在每一跳都按照最短路径的原则来选择下一步行进的方向，那么当所有的数据报文都按照最短路径进行转发，就有可能造成最短路径上的流量过载，导致拥塞。此时最短路径反而不是时间最短的最优路径了。这就像公路交通网络中，所有从 A 点到 B 点的车辆，都选择里程最短的路线时，可能那条路线就会变得拥堵不堪，车辆最终的到达时间反而晚于走其他非最短路径的时间。

如图5-19所示，假设每条链路的Cost值相同，则从Router A到Router G的最短路径为A→B→C→F→G。尽管存在A→B→D→E→F→G这条路径，而且业务的流量可能不同（如40 Mbit/s和70 Mbit/s），但是传统路由会将业务都分配到最短路径上。这样就有可能形成一条路径A→B→C→F→G过载，另一条路径A→B→D→E→F→G闲置。

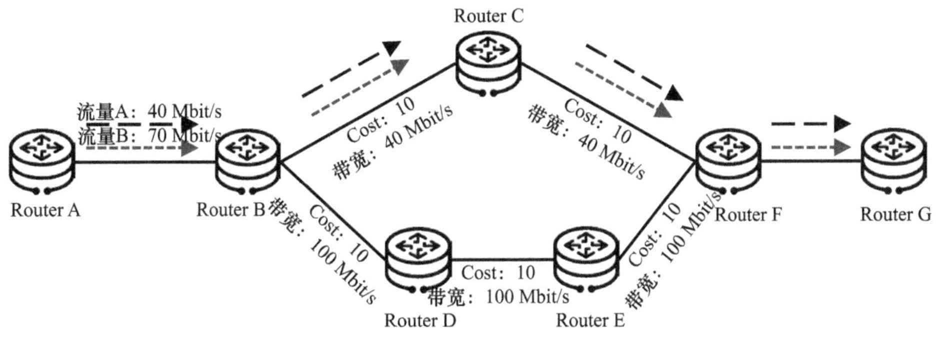

图 5-19　传统路由最短路径问题

由此可以看出，在很多网络中，“最短路径≠最佳路径”。所以，我们需要一个“导航系统”，能够实时地以端到端的方式统计从出发点到目的地的每一条路径的里程、道路质量、流量情况、交通管制等信息，然后综合计算并确定一条最优的路径。

在 IP/MPLS 网络中，这个“导航系统”就是 TE。通过 TE，服务提供商可以精确地控制流量流经的路径，避开拥塞的节点，解决一部分路径过载，另一部分路径空闲的问题，使现有的带宽资源得到充分利用。

如图 5-20 所示。从 Router A 到 Router G 存在两条路径：A→B→C→F→G 和 A→B→D→E→F→G，前者的带宽为 40 Mbit/s，后者的带宽为 100 Mbit/s。TE 可以根据带宽等因素合理地分配流量，从而有效地避免链路拥塞。例如，Router A 到 Router G 存在两种业务，流量分别为 40 Mbit/s 和 70 Mbit/s，TE 可以把前者分配到带宽为 40 Mbit/s 的路径上，将后者分配到带宽为 100 Mbit/s 的路径上。

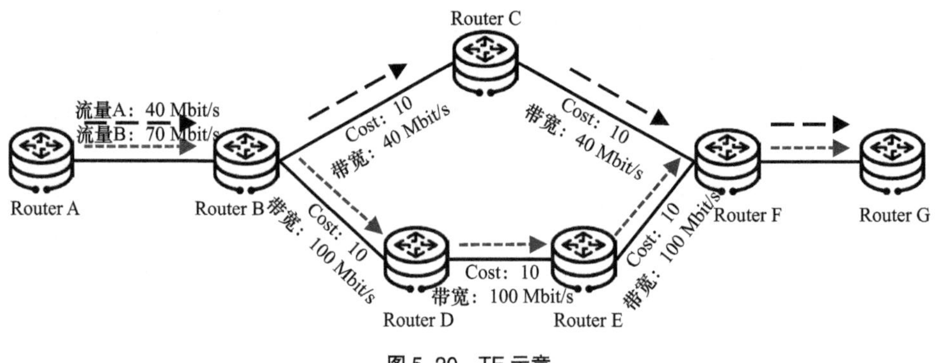

图 5-20　TE 示意

TE关注网络整体性能的优化，主要目标是方便地提供高效、可靠的网络服务，优化网络资源的使用，改善网络流量。TE分两个层面：一是面向流量的，关注如何提高网络的服务质量；二是面向资源的，关注如何优化网络资源的使用，最主要的是带宽资源的有效利用。通过实施TE，可以减少网络的管理成本，充分、有效使用网络资源，也可以在网络拥塞或者抖动的情况下动态调节资源，还可以实现增值服务和附加业务。

5.6　RSVP-TE：流量工程的先驱

TE的概念提出之后，在不同的网络架构中都探索和应用。

在IP网络中的TE是通过调整路径Metric值来控制网络流量的传输路径。这种方法能够解决某些链路上的拥塞，但是可能会引起另外的链路拥塞。另外，在拓扑结构复杂的网络上，Metric值的调整比较困难，改动一条路径的Metric值往往会影响多条路径，难以把握和权衡。

在ATM网络中TE则采用叠加的网络模型，建立虚连接引导部分流量。重叠模型在网络的物理拓扑结构上提供了一个虚拟拓扑结构，从而容易实现流量的合理调配和良好的QoS功能。然而，重叠模型的额外开销大，可扩展性差，且会给运营商带来高昂的运营成本。

为了在大型骨干网中部署TE，必须采用一种可扩展性好、简单的解决方案。MPLS作为一种叠加模型，可以方便地在物理的网络拓扑上建立一个虚拟的拓扑，然后将流量映射到这个拓扑上。因此，MPLS与TE相结合的技术——MPLS TE应运而生。

5.6.1 什么是MPLS TE

1. MPLS TE的基本概念

MPLS TE的核心思想是通过实时监控网络的流量和网络单元的负载，动态调整流量管理参数、路由参数和资源约束参数等，使网络运行状态迁移到理想状态，优化网络资源的使用，并避免负载不均衡导致的拥塞。

MPLS TE可以在不进行硬件升级的情况下对现有网络资源进行合理调配和利用，并对网络流量提供带宽和QoS保证，最大限度节省运营商成本。由于其基于MPLS技术实现，因此，MPLS易于在现有网络部署和维护。同时，MPLS具有丰富的可靠性技术，能够给运营商的骨干网提供电信级和设备级的可靠性。

MPLS TE本质上还是利用MPLS的LSP作为数据传输的通道，但是它会把多条LSP联合起来使用，并将这些LSP与一个虚拟隧道接口关联起来，这样形成的一组LSP隧道称为MPLS TE隧道。通常采用以下两个概念来唯一标识一条MPLS TE隧道。

- 隧道接口：隧道接口是为实现数据报文的封装而提供的一种点对点类型的虚拟接口，是一种逻辑接口。隧道的接口以“接口类型+接口编号”来命名。
- 隧道标识：采用十进制数字来唯一标识一条MPLS TE隧道，以便对隧道进行规划和管理，这个数字称为Tunnel ID。在配置MPLS TE的Tunnel接口时需要指定一个ID。

如图5-21所示，MPLS TE隧道1有两条LSP，其中一条路径LSR A→LSR B→LSR C→LSR D→LSR E作为主路径（Primary LSP ID=2），另外一条路径LSR A→LSR F→LSR G→LSR H→LSR E作为备份路径（Backup LSP ID=1024），而两条LSP隧道都对应同一个隧道ID为100的MPLS TE隧道Tunnel1。

MPLS TE隧道所使用的LSP定义为基于约束路由的标签交换路径（Constraint-based Routed Label Switched Path，CR-LSP）。与普通LSP（比如静态LSP或基于LDP建立的LSP）不同，CR-LSP的建立不仅依赖路由信息，还需要满足其他一些约束条件，这些约束条件包括带宽约束和路径约束两个方面。

2. MPLS TE的工作原理

MPLS TE网络和普通MPLS网络的最大区别在于它需要实现对于路径和资源的端到端计算和规划，从而构建基于CR-LSP的MPLS TE隧道，对MPLS TE隧道中的流量提供带宽和QoS保证。因此，构建MPLS TE网络的核心是如何实现MPLS TE隧道的构建，以及将流量引入MPLS TE隧道中进行转发。

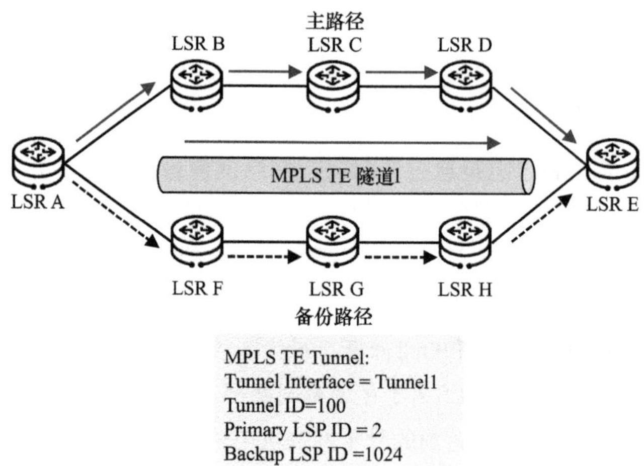

图 5-21　MPLS TE 隧道和 LSP 隧道

3. MPLS TE的四大组件

MPLS TE是通过一系列协议的相互配合，并依靠表5-5所示的四大组件来实现上述目的的。

表 5-5　MPLS TE 的四大组件

序号	组件名称	组件描述
1	信息发布组件	除了网络的拓扑信息，TE还需要知道网络的负载信息。为此，MPLS TE引入信息发布组件，即通过对现有的IGP进行扩展来发布TE信息，包括链路最大物理带宽、最大可预留带宽、当前可用带宽、链路颜色等。每个节点收集本区域所有节点中每条链路的TE信息，生成流量工程数据库（Traffic Engineering Database，TEDB）
2	路径计算组件	路径计算组件通过约束最短路径优先（Constrainted Shortest Path First，CSPF）算法，利用TEDB中的数据来计算满足指定约束的路径。CSPF算法由最短路径优先算法演变而来，它首先在当前拓扑结构中删除不满足隧道约束条件的节点和链路，然后通过最短通路优先（Shortest Path First，SPF）算法完成计算
3	路径建立组件	路径建立组件用于建立隧道的CR-LSP，其中包括静态CR-LSP和动态CR-LSP
4	流量转发组件	流量转发组件用于将流量引入到MPLS TE隧道，并进行MPLS转发。前面3个组件已经能够建立完成一条MPLS TE隧道。但是，对于一条已建立完成的MPLS TE隧道而言，并不能自动引入流量，需要进行相应的配置将流量引入MPLS TE隧道中。之后，隧道才能对流量进行基于标签的转发

（1）信息发布组件

TE的目标是控制网络中流量的分布，从而优化网络资源的利用。这就意味着MPLS TE网络中的各个节点尤其是隧道的首节点要知道网络中的资源分布情况，之后才能根据资源的分布情况决定MPLS TE隧道要经过哪些路径和节点。在MPLS TE中，这项工作是由信息发布组件来完成的。

MPLS TE采用以下内容来定义网络中的链路资源，称之为TE信息，这些TE信息也就是信息发布的内容。

- 链路状态信息：IGP本身收集的信息，如接口IP地址、链路类型、链路开销。
- 带宽信息：包括链路最大物理带宽、最大可预留带宽和每个优先级对应的当前可用带宽。
- TE Metric值：链路的TE度量值。默认情况下，链路采用IGP的度量值作为TE Metric值。
- 链路管理组：也称为链路颜色，是一个表示链路属性的32 bit向量，在实际使用时其中的每一个比特都可以设置或不设置。网络的管理员可以将其关联为任何需要的意义。例如，用来表示链路的带宽、性能（比如时延）或者完全出于管理策略（比如标识这段链路上有MPLS TE隧道经过或者这段链路上承载的为组播业务）。链路管理组需要和隧道亲和属性配合使用来达到控制隧道路径的目的。
- 共享风险链路组（Shared Risk Link Group，SRLG）：SRLG是一组共享一个公共的物理资源（比如共享一根光纤）的链路。同一个SRLG的链路具有相同的风险等级，即如果SRLG中的一条链路失效，组内的其他链路也失效。SRLG主要用来在CR-LSP热备份和TE快速重路由（Fast Reroute，FRR）组网中增强TE隧道的可靠性。

和路由协议的发布类似，当网络节点收集了 TE 信息之后，也需要将其发布给网络中其他节点，以实现网络内 TE 信息的同步和共享。MPLS TE 主要依靠现有链路状态路由协议的扩展来实现 TE 信息的发布，包括基于 IS-IS 协议扩展的 IS-IS TE 协议、基于 OSPF 协议扩展的 OSPF TE 协议。这两种 IGP TE 路由协议会自动收集信息发布内容，并对这些信息进行泛洪，发布给 MPLS TE 网络中的其他节点。

（2）路径计算组件

IS-IS和OSPF通过SPF算法计算出到达网络各个节点的最短路径。MPLS TE则是使用CSPF算法计算出到达某个节点的最优路径。

CSPF算法是专门用于MPLS TE路径计算的算法。它是带有约束条件的SPF算法，从SPF算法衍生来的，与一般的SPF算法有以下几点区别。

- CSPF算法只计算到达隧道终点的最短路径，而SPF算法需要计算到达所有节点的最短路径。
- CSPF算法不再使用简单的邻居间链路代价作为度量值，而使用带宽、链路属性和亲和属性作为度量值。所谓亲和属性，就是描述TE隧道所需链路的32 bit向量值，在隧道的首节点来配置实施，需要和链路管理组联合使用。为隧道配置亲和属性后，隧道在计算路径时，会将亲和属性和链路的管理组属性进行比较，决定选择还是避开某些属性的链路。这类似于在进行行车导航规划时，可以按照指定规则，选择“高速公路优先”还是“国道优先”。
- CSPF算法不存在负载分担，当两条路径有同样的属性时还有3种仲裁方法。

（3）路径建立组件

路径建立组件是MPLS TE的最核心的组件，其主要功能是用于建立MPLS TE隧道所需的CR-LSP。

路径建立组件构建CR-LSP主要有以下两种方式。

- 静态CR-LSP：通过人工配置转发信息和资源信息，不涉及信令协议和路径计算。由于不需要交互MPLS相关的控制数据报文，消耗资源比较小，但静态CR-LSP不能根据网络的变化动态调整，通常适用于拓扑简单、规模小的组网。
- 动态CR-LSP：采用动态TE信令协议建立CR-LSP隧道。动态TE信令协议都能够携带LSP的带宽、部分显式路由、着色等约束参数。通过信令动态地建立LSP隧道可以避免逐跳配置的麻烦，适用于规模大的组网。动态TE信令协议包括CR-LDP和RSVP-TE协议等。

静态CR-LSP的建立类似于配置静态路由，这里不详细讲述。本书将在5.6.2小节重点介绍基于RSVP-TE的动态CR-LSP。

（4）流量转发组件

通过信息发布组件、路径选择组件和路径建立组件，已经可以成功建立一条MPLS TE隧道。但不同于LDP LSP，MPLS TE建立的LSP隧道不能自动将流量引入隧道进行转发，需要采用一定的方式将流量引入MPLS TE隧道。之后，隧道才能对流量进行基于标签的转发。

具体来说，MPLS TE按照如下方式来将流量引入MPLS TE隧道。

- 静态路由：沿MPLS TE隧道接口转发流量的最简单的方法是使用静态路由，也就是将TE隧道的接口设置为某条静态路由的出接口。
- 自动路由：是指将MPLS TE隧道看作逻辑链路参与IGP路由计算，使用隧道接口作为路由出接口。这里的隧道被看作点到点（Point-to Point，P2P）链路，并且可以设置其Metric值。
- 策略路由：是指根据用户制定的策略进行路由选择，可应用于安全、负载分担等目的。在MPLS网络中，可使符合过滤条件的IP报文通过指定的MPLS TE隧道转发。
- 隧道策略：在VPN应用隧道策略可以将VPN流量引入MPLS TE隧道。

5.6.2　基于RSVP-TE的MPLS TE

1. RSVP

在了解RSVP-TE之前，我们需要先简单了解RSVP。

RSVP是IETF在RFC 2209/2210中，为综合业务模型IntServ（Integrated Service）而设计的控制协议，用于在一条路径的各节点上进行资源预留。RSVP工作在传输层，但不参与应用数据的传送，是一种互联网上的控制协议，类似互联网控制报文协议（Internet Control Message Protocol，ICMP）。

而所谓综合业务模型 IntServ，则是 IETF 于 1994 年在 RFC 1633 中提出的业务模型体系，这种体系与传统 IP 网络“尽力而为”的策略要求完全不同。它要求明确区分并保证每一个业务流的服务质量，为网络提供最细粒度化的服务质量区分。

由于IntServ扩展性较差，以及网络发展的现实情况，IntServ并没有在现实网络中得到大规模的部署和实施。后续IP/MPLS网络中主流的质量保证策略，还是基于DiffServ模型。DiffServ是IETF于1998年，在RFC 2475提出的另一个服务模型，目的是制定一个可扩展性相对较强的方法来保证IP网络的服务质量。与IntServ不同的是，DiffServ主要采取基于类的QoS相关技术，它不需要资源预留，因此也不需要单独的信令控制协议。DiffServ在网络入节点处检查数据报文内容，并为数据报文进行分类和标记，所有后续节点的QoS策略都依据数据报文中的标记来实施。

2. RSVP-TE

IntServ模型没有得到真正落地，因此RSVP也就没有得到大规模的应用。但是在MPLS TE提出之后，因为有端到端的路径规划和资源预留的需求，而RSVP正好具备这方面的能力，后来IETF在RFC 3209中对RSVP进行了扩展，使之能支持MPLS标签的分发，并在传递标签绑定消息的同时携带资源预留等信息（如TE信息），从而完成CR-LSP的建立和删除。这种扩展后的RSVP称为RSVP-TE，可以用来作为构建MPLS TE隧道的信令协议。

RSVP-TE具有以下几个主要特点。

- 单向。
- 面向接收者，由接收者发起对资源预留的请求，并维护资源预留信息。
- 使用“软状态”机制维护资源预留信息。

3. RSVP-TE的主要消息

RSVP-TE包括如下消息（或称为信令）。

- Path 消息。Path 消息用于发送者请求下游节点为此路径分配标签。途经每一个节点时记录路径信息，并且建立路径状态块（Path State Block，PSB）。
- Resv消息。Resv消息用于在各个节点预留资源。Resv消息携带了发送者申请的资源预留信息，沿着数据流的反方向发送，在沿途节点创建预留状态块（Reservation State Block，RSB），记录分配的标签信息。
- PathErr消息。RSVP节点在处理Path消息的时候，如果发生错误，就向上游发送PathErr消息。中间节点收到PathErr消息后，继续向上游转发，直至入节点。
- ResvErr消息。RSVP节点在处理Resv消息时，如果发生错误，就向下游发送ResvErr消息；中间节点收到ResvErr消息后，继续向下游转发消息，直至出节点。
- PathTear消息。由入节点向下游发送PathTear消息，用于删除各个节点创建好的本地状态。
- ResvTear消息。由出节点向上游发送ResvTear消息，用于删除对应的本地资源等。入节点收到ResvTear消息后，向下游发送PathTear消息。

4. 基于RSVP-TE的CR-LSP建立过程

如图5-22所示，基于RSVP-TE的CR-LSR建立过程如下。

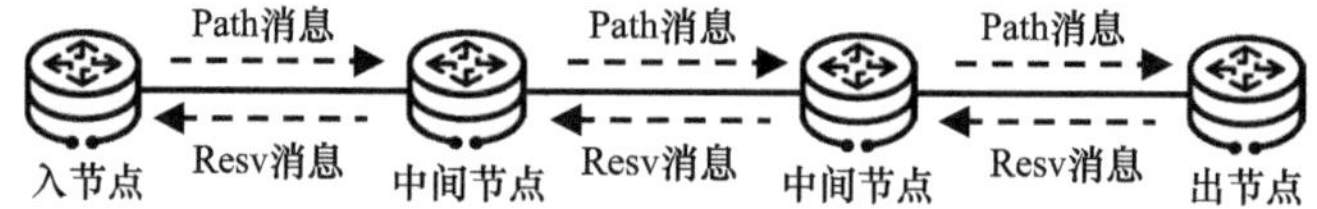

图 5-22　基于 RSVP-TE 的 CR-LSP 建立过程

①在入节点配置 RSVP-TE 协议后将创建 PSB，并向下游发送 Path 消息。

②中间节点处理并转发 Path 消息，在各个节点根据 Path 消息创建 PSB。

③出节点收到 Path 消息后创建 PSB，根据 Path 消息生成 Resv 消息，同时创建 RSB 等状态块，并且向上游发送 Resv 消息。

④中间节点处理并转发 Resv 消息，创建 RSB 等状态块。

⑤入节点收到 Resv 消息后，创建 RSB 等状态块，确认资源预留成功。

至此，一条CR-LSP建立成功。

5. 软状态

RSVP-TE节点周期性地发送RSVP-TE刷新消息，用于在RSVP-TE邻居节点进行状态（包括PSB和RSB）同步，或恢复丢失的RSVP-TE消息，这就是RSVP-TE的“软状态”机制。对于某个状态，如果在指定刷新周期内没有收到刷新消息，这个状态将被删除。

当有状态需要刷新时，节点会创建对应的刷新消息，并发送给它的后续节点。当路由发生变化时，如果使能隧道重优化，下一个Path消息会基于新的路由初始化路径状态，之后的Resv消息将在新路径上建立预留状态。并且首节点将发送Tear消息删除不再使用的路径状态。

| 5.7 鱼和熊掌如何兼得：SR入场 |

MPLS TE的出现，初步解决了IP网络中资源不确定、SLA难以保障等问题，但也引入了如下一些新的问题和挑战。

- IP承载网的孤岛问题。虽然MPLS统一了承载网，但是IP骨干网、城域网、移动承载网之间是独立的MPLS域，是相互分离的，需要使用跨域VPN等复杂的技术来互联，这导致端到端业务的部署非常复杂。而且在L2VPN、L3VPN多种业务并存的情况下，设备中可能同时存在LDP、RSVP、IGP、BGP等协议，这也导致管理复杂，不适合大规模业务部署。
- IPv4与MPLS的可编程空间有限。当前很多新业务需要在转发平面加入更多的转发信息，但IETF在2016年的发布的*IAB Statement on IPv6* 中已经声明，停止为IPv4制定更新的标准。另外，MPLS只有20 bit的标签空间，且标签字段固定、长度固定，缺乏可扩展性，很难满足未来业务的网络编程需求。

- 应用与承载网隔离。目前应用与承载网的解耦，导致网络自身的优化困难，难以提升网络的价值。当前运营商普遍面临被管道化的挑战，无法从增值应用中获得相应的收益；而应用信息的缺失，也使得运营商只能采用粗放的方式进行网络调度和优化，造成资源的浪费。MPLS也曾试图更靠近主机和应用，但因为其本身存在网络边界多、管理复杂度大等多方面的问题，均以失败告终。
- 传统网络数据平面和控制平面紧密耦合，相互绑定销售，在演进上相互依赖，业务上线周期长，难以应对现在新兴业务快速发展的局面。

为了破解上述困局，业界出现了很多新的网络技术思潮。SDN就是其中的佼佼者。SDN是一种新的网络体系架构，最初由美国斯坦福大学尼克·麦基翁（Nick McKeown）教授的团队提出。该架构通过借鉴计算机领域通用硬件、软件定义和开源理念来解决传统网络架构中网络设备硬件、操作系统和网络应用紧密耦合、相互依赖的问题。SDN主要有三大特征：网络开放可编程、逻辑上的集中控制、控制平面与转发平面分离。符合这三大特征的网络都可以称为SDN。

SR技术就是在SDN思想的影响下产生的。SR是一种源路由协议，其核心思想是将网络数据报文转发路径切割为不同的分段，并在路径起始点往数据报文中插入分段信息指导数据报文转发。所谓源路由，就是由起始节点来控制整个转发路径的路由方式。

SR的设计理念在现实生活中屡见不鲜。如图5-23所示，假设你从上海出发去巴黎旅游，需要在维也纳转机。那么你的出行路线分为两段，上海→维也纳、维也纳→巴黎。你只需要在上海买好上海途经维也纳到巴黎的机票，按照计划经过两段行程，飞到巴黎即可。

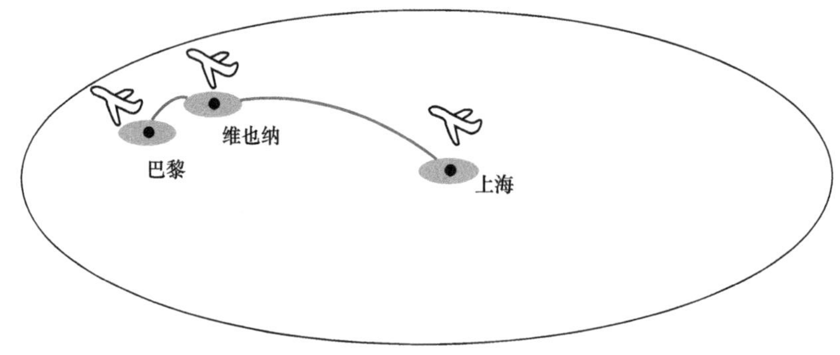

图 5-23　从上海到巴黎的出行路线

网络数据报文利用SR技术进行转发的过程也是类似的。SR技术的关键在于两点：对路径进行分段（Segment），以及在起始节点对路径进行排序组合，即压入有序的段列表（Segment List），确定出行路径。在SR技术中，将代表不同功能的Segment进行组合，可以实现对路径的编程，满足不同路径服务质量的需求，如图5-24所示。

- Segment：本质就是指令，指引数据报文去哪里，怎么去，同时也表示一个路径段。
- Segment Routing：通过在起始节点压入"有序的段列表"，"编程"整个网络路径，而路径上的后续节点仅负责执行指令。

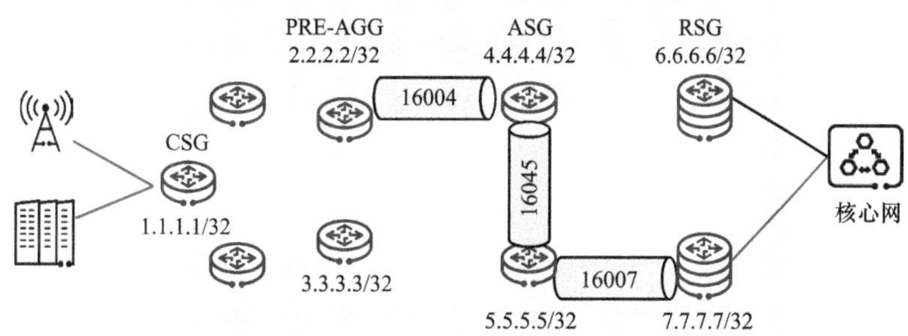

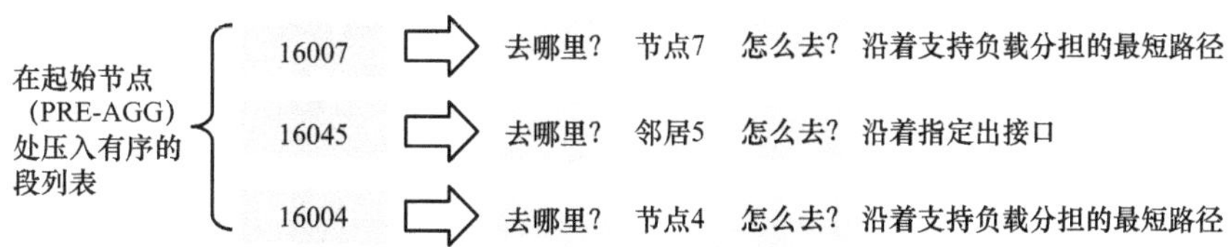

注：PRE-AGG 即 Prefix Aggregation，前置汇聚设备；CSG 即 Cell Site Gateway，基站侧网关；RSG 即 Radio Site Gateway，无线业务侧网关；ASG 即 Aggregation Site Gateway，汇聚侧网关。

图 5-24　SR 转发示意图

SR技术具有简单、高效、易扩展的特点，其优势体现在以下几方面。

- 具备网络路径可编程能力。SR具备源路由优势，仅在源节点对报文进行标签操作即可任意控制业务路径，且中间节点不需要维护路径信息，因此设备控制平面压力小。
- 简化设备控制平面。SR技术减少了路由协议数量，简化了运维成本；而且标签转发表简单，标签占用少，设备资源占用率低。
- 更容易向SDN平滑演进。SR技术面向SDN架构设计的协议，融合了设备自主转发和集中编程控制的优势，能够更好地实现应用驱动网络。同时，SR技术支持传统网络和SDN，兼容现有设备，保障现有网络平滑演进到SDN。

SR技术支持MPLS和IPv6两种转发平面，对应着从两种主流的技术方案。

- 基于MPLS转发平面的SR称为基于MPLS的段路由（Segment Routing MPLS，SR-MPLS）。
- 基于IPv6转发平面的SR称为基于IPv6的段路由（Segment Routing over IPv6，SRv6）。

第 6 章
“IPv6+”网络协议创新

5G和云等业务对IP网络的要求更为苛刻，这让IP/MPLS网络难以应对。通过引入创新技术体系，IPv6的网络性能得到持续增强，目前已发展到“IPv6+”阶段。“IPv6+”是专门面向5G和云的智能IP网络，在IPv6的基础上，“IPv6+”叠加多个创新技术，能够实时感知网络性能，提供确定性体验的安全连接，从而满足新兴业务的要求。本章在分析IP网络的问题的基础上，介绍发展“IPv6+”网络的必要性和紧迫性。

6.1 IPv4的教训：地址不足和可扩展性

为满足不同的业务需求，早期的网络存在多种形态，其中最主要的是电信网络和计算机网络，它们各自的代表性技术分别是ATM和IP。随着网络规模变大、网络业务变多，简洁的IP战胜了复杂的ATM，成为当前互联网的主流架构。

然而，IPv4最大的问题是地址资源不足。从20世纪80年代起，IPv4地址就以更快的速度被消耗，并超出了人们的预期。2011年2月3日，随着因特网编号分配机构（Internet Assigned Numbers Authority，IANA）把最后5个地址块分配出去，IPv4主地址池耗尽。2019年11月25日15:35（UTC+1），随着欧洲地区最后一块掩码长度为22 bit的公网地址被分配出去，全球所有的IPv4公网地址耗尽。虽然网络地址转换-协议转换（Network Address Translation-Protocol Translation，NAT-PT）等技术使人们可以通过复用私网地址网段来缓解公网地址耗尽的问题，但这种方法只是治标，并不能治本。

如图6-1所示，NAT不仅需要增加新的网络配置，还需要维持网络的映射状态，使得网络的复杂度进一步增加。另外，使用NAT之后，真实地址被隐藏，导致IPv4不可溯源，存在一定的管理风险。

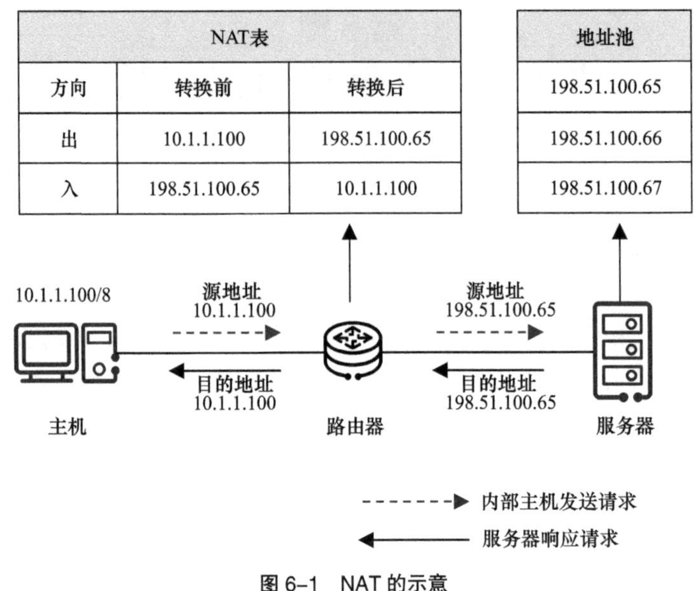

图 6-1　NAT 的示意

IPv4还有一个困局，即报文头可扩展性不足，导致可编程能力不足。因此很多需要扩展报文头的新业务，比如源路由机制，业务功能链（Service Function Chaining，SFC），带内操作、管理和维护（In-band Operation，Administration and Maintenance，IOAM）等，IPv4都很难支持。虽然IPv4也定义了一些选项扩展，但除了用于故障检测，很少看到其他应用。IPv4报文头的可扩展性不足在一定程度上限制了IPv4的发展。考虑到这一点，因特网架构委员会（Internet Architecture Board，IAB）在2016年已经建议IETF在未来的标准制定上不考虑基于IPv4扩展新的特性。

| 6.2　MPLS的困局：网络孤岛 |

虽然IP网络比ATM网络更适合计算机网络的发展，但IP网络确实需要进一步提升QoS保障能力。此外，IP路由“最长匹配原则”面临着转发性能较差的问题。为此，业界做了很多的探索。1996年，MPLS技术的出现解决了这些问题。MPLS是一种介于二层和三层之间的“2.5层”技术，支持IPv4和IPv6等多种网络层协议，且兼容ATM与以太网等多种链路层技术。

IP与MPLS的组合能够在无连接的IP网络上提供QoS保障，并且MPLS标签的交换转发方式解决了IP路由转发性能差的问题，所以IP/MPLS在一段时期内获得了成功。

然而，随着网络业务的不断发展和网络规模的不断扩大，IP/MPLS也遇到了如下问题和挑战。

- 转发优势消失。随着路由表项查找算法的改进，尤其是以NP为代表的硬件更新换代，当前MPLS的转发优势相比IP转发已经不再那么明显。
- 协议状态复杂。在IGP速度提升以后，由IGP自身来分配标签已经不是问题，因此不再需要LDP。RSVP-TE协议的实现比较复杂，需要交互大量的协议报文来维持连接的状态，而且节点和隧道越多，状态数就越多，这种指数级状态增长给网络的中间节点带来了很大的性能压力，不利于组建大规模网络。RSVP-TE实质上在模仿一个同步数字系列（Synchronous Digital Hierarchy，SDH）管道，所以不能有效地进行负载分担。如果人工建立多条隧道来完成负载分担功能，又加剧了复杂度。
- 跨域部署困难。MPLS被部署到不同的网络域，例如IP骨干网、城域网和移动承载网等，会形成独立的MPLS域，因此也带来了新的网络边界。但很多业务需要端到端部署，所以在部署业务时需要跨越多个MPLS域，因此带来了复杂的MPLS跨域问题。历史上，MPLS VPN有Option A/B/C等多种形式的跨域方案，业务部署的复杂度相对都较高。
- 云网融合困难。随着互联网和云计算的发展，云数据中心越来越多。为满足多租户组网的需求，多种Overlay的技术被提出，其中典型的技术是虚拟扩展局域网（Virtual eXtensible Local Area Network，VXLAN）。历史上也有不少人尝试过将MPLS引入数据中心来提供VPN服务，但由于网络管理边界、管理复杂度和可扩展性等多方面的因素，MPLS进入数据中心的尝试均告失败。MPLS造成的“网络孤岛”问题如图6-2所示。从终端用户到云数据中心访问的流量需要穿过基于MPLS的固定移动融合的承载网，通过纯IP（Native IP）网络进入基于MPLS的IP骨干网，在边缘进入数据中心的IP网络，再到VXLAN网关，进入VXLAN隧道到VXLAN的终点TOR交换机，最后访问虚拟网络功能（Virtual Network Function，VNF）设备。由此可见，过多的网络域导致了业务访问过程过于复杂。
- 业务管理复杂。在L2VPN、L3VPN多种业务并存的情况下，设备中可能同时存在LDP、RSVP、IGP、BGP等协议，业务部署和管理复杂，不适合5G和云时代的大规模业务部署。

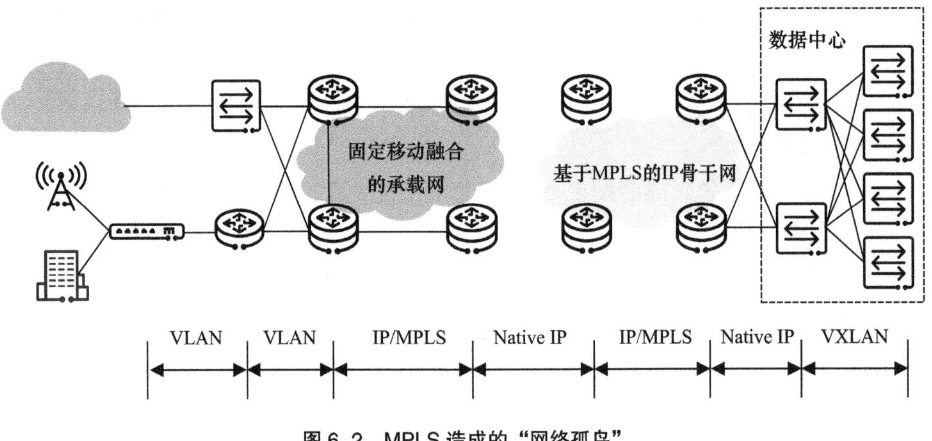

图 6-2　MPLS 造成的“网络孤岛”

| 6.3　IPv6的难题：兼容性和驱动力 |

IPv6作为IPv4的下一代协议，旨在解决IPv4地址空间受限和可扩展性不足这两个主要问题。为此，IPv6做了一些改进。

一方面，IPv6扩展了地址空间。与IPv4的地址长度只有32 bit相比，IPv6的地址长度是128 bit，从而提供了非常大的地址空间，甚至“可以为地球上的每一粒沙子分配一个IPv6地址”，有效地解决了IPv4地址空间不足的问题。

另一方面，IPv6设计了扩展报文头机制。根据RFC 8200定义，目前IPv6的扩展报文头及推荐的扩展报文头排列顺序如下。

①IPv6基本报文头（IPv6 Header）。

②逐跳选项扩展报文头（Hop-by-Hop Options Header）。

③目的选项扩展报文头（Destination Options Header）。

④路由扩展报文头（Routing Header）。

⑤分片扩展报文头（Fragment Header）。

⑥认证扩展报文头（Authentication Header）。

⑦封装安全有效负载扩展报文头（Encapsulating Security Payload Header）。

⑧目的选项扩展报文头。

⑨上层协议报文（Upper-Layer Header）。

一个常见的携带TCP报文的IPv6扩展报文头封装结构如图6-3所示。

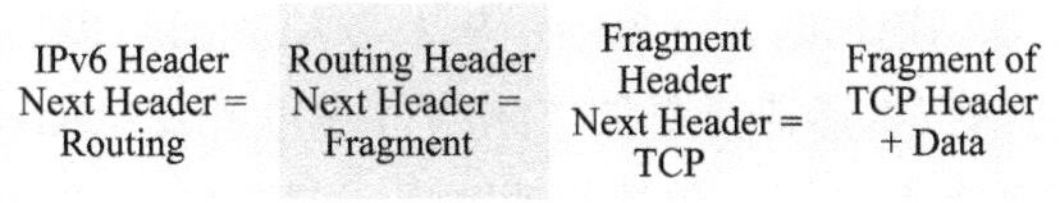

IPv6 Header Next Header = Routing	Routing Header Next Header = Fragment	Fragment Header Next Header = TCP	Fragment of TCP Header + Data

图 6-3 携带 TCP 报文的 IPv6 扩展报文头封装结构

扩展报文头的设计给IPv6带来了很好的可扩展性和可编程能力，例如，利用逐跳选项扩展报文头可以实现IPv6逐跳数据处理，利用路由扩展报文头可以实现源路由等。

然而，自从1998年正式定义后20多年来，IPv6一直发展得不温不火，直到最近几年，由于技术发展和政策等原因，IPv6才开始加速部署。回顾历史，IPv6发展得不顺利主要有两方面原因。

- 不兼容 IPv4，网络升级成本大。IPv4 的地址长度只有 32 bit，而 IPv6 的地址长度是 128 bit。虽然地址空间得到了扩展，但是 IPv6 无法兼容 IPv4，使用 IPv6 地址的主机无法和使用 IPv4 地址的主机直接互通，这就需要设计过渡方案，导致网络升级成本大。
- 业务驱动力不足，网络升级收益小：这是 IPv6 发展缓慢的主要原因。一直以来，IPv6 的支持者都在宣传 128 bit 的地址空间可以解决 IPv4 地址耗尽的问题，但是解决 IPv4 地址耗尽的方法并不是只有 IPv6，还有 NAT 等技术。NAT 是现在解决 IPv4 地址不足的主要手段，它通过使用私网地址和地址转换技术，暂时缓解了 IPv4 地址资源不足的问题，并没有影响网络业务的发展。部署 NAT 的成本也要比升级到 IPv6 网络的成本低。已有的业务在 IPv4 网络中运行良好，升级到 IPv6 网络也不会带来新的收入，反倒需要一定的成本，这就是运营商迟迟不愿升级到 IPv6 网络的主要原因。

因此，解决IPv6问题的关键在于找到IPv6支持而IPv4不支持的业务，从而通过商业收益驱动运营商升级到IPv6。

6.4 5G对IP网络的影响

相比以人为中心的4G网络，5G网络将实现真正的“万物互联”，缔造出规模空前的新兴产业，为移动通信带来无限生机。

5G改变了连接的属性，5G业务的发展对于网络连接提出了更多的要求，例如更强的SLA保证、确定性时延等，需要数据报文携带更多的信息。

物联网扩展了移动通信的服务范围，从人与人通信延伸到物与物、人与物智能互联，使移动通信技术渗透至更加广阔的行业和领域。5G还将进一步衍生出更为丰富多样的垂直行业业务，包括移动医疗、车联网、智能家居、工业控制、环境监测等，从而推动各类行业应用的快速增长。

5G中各种垂直行业的业务特征差异巨大。对于智能家居、环境监测、智能农业和智能抄表等业务，需要网络支持海量设备连接和大量小报文频发；视频监控和移动医疗等业务对传输速率提出了很高的要求；车联网、智能电网和工业控制等业务则要求毫秒级的时延和接近100%的可靠性。因此，为了渗透到更多的垂直行业业务中，5G应具备更强的灵活性和可扩展性，以适应海量的设备连接和多样化的用户需求，在满足移动宽带的基础上，以垂直行业需求为导向，构建灵活、动态的网络，满足不同行业需求。运营商也从流量售卖服务，逐步向面向垂直行业需求提供服务进行转变。按需、定制、差异化的服务将是未来运营商业务的主要内容，也是运营商新的价值增长点。

综上所述，产业环境对5G网络提出了如下需求。

- 业务多样性。如图6-4所示，5G时代的主要业务划分为3类：增强型移动宽带（Enhanced Mobile Broadband，eMBB）聚焦对带宽有高要求的业务，如高清视频、VR/AR；超高可靠超低时延通信（Ultra-Reliable Low-Latency Communication，URLLC）聚焦对时延和可靠性极其敏感的业务，如自动驾驶、工业控制、远程医疗、无人机控制；大规模机器通信（Massive Machine Type Communication，mMTC）则覆盖具有高连接密度的场景，如智慧城市、智慧农业。它们需要完全不同类型的网络特性和性能要求，这些多样的需求难以用一套网络解决。

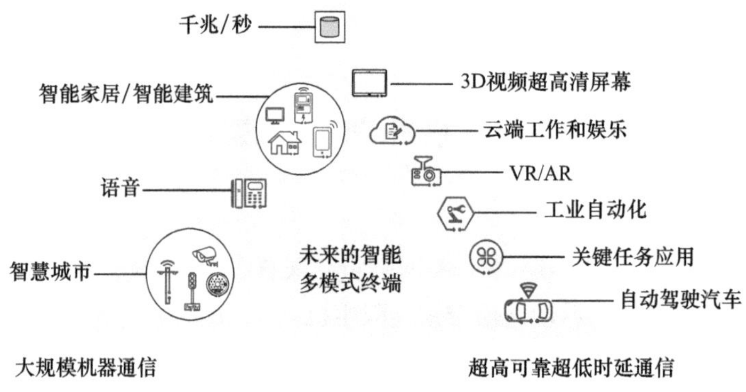

图 6-4　5G 时代的业务划分

- 高性能。5G面向的业务场景往往需要同时满足多个高性能指标，例如，VR/AR场景，对带宽和时延都有很高的要求；垂直行业中终端用户是“机器”，对性能的感知是“0”和“1”的关系，比人要敏感很多；又如车联网的全自动驾驶场景，如果数据的传输时延和可靠性不够，就很难真正商用。
- 快速部署。传统的业务网络新增一个网络功能的周期往往为10～18个月，这很难满足运营商面向垂直行业业务快速部署的需求。
- 网络切片和安全隔离。网络切片是5G的关键特征之一。5G网络将基于一套共享的网络基础设施来为多租户提供不同的网络切片服务。各垂直行业客户将会以切片租户的形式来使用5G网络。为租户提供服务的网络切片之间需要实现安全隔离，这对垂直行业至关重要。一方面是从安全性角度考虑，租户之间的数据/信息能有效隔离；另一方面从可靠性的角度考虑，有效控制某一租户的网络异常情况或故障影响同一网络中的不同租户。
- 自动化。5G 网络面向多样化的业务和网络形态，人工的网络管理方法难以应对网络管理的复杂度和规模，需要引入自主管理技术如自诊断、自治愈、自配置、自优化、自安装 / 即插即用等，以实现有效和动态的网络管理。随着网络管理自主化的进一步深入，人工智能技术可能会被更广泛地应用。
- 新的生态系统和商业模式。5G网络服务垂直行业将引入新的角色，出现新的商业模式。新的角色包括基础设施网络提供商、无线网络运营商、虚拟网络运营商等。不同的角色和它们之间的商业关系将在5G网络时代构成新的电信生态系统、商业关系及商业模式。对于运营商来讲，商业关系也将变得多元化。

总之，5G在连接的服务质量要求方面有了更高、更苛刻的要求，包括网络切片、确定性时延等，这也意味着对连接属性有了更高的要求，这就需要改变连接的属性，并在网络的转发平面上封装更多的属性信息。而IPv6的扩展报文头机制可以灵活扩展，能够很好地达成这个目标。

6.5 从SRv6到“IPv6+”

SRv6是通过路由扩展报文头扩展来实现的，SRv6报文没有改变原有IPv6报文的封装结构，SRv6报文仍旧是IPv6报文，普通的IPv6设备也可以识别，所以我们说SRv6是Native IPv6技术。SRv6的Native IPv6特质使得SRv6设备能够和普通IPv6设备共同组网，对现有网络具有更好的兼容性。

从IP/MPLS回归Native IPv6，IP网络去除了MPLS，协议简化，并且归一到IPv6本身，具有重大的意义。利用SRv6，只要路由可达，就意味着业务可达，路由可以轻易跨越AS域，业务自然也可以轻易地跨越AS域，这对于简化网络部署，扩大网络的范围非常有利。

SRv6的出现为IPv6的规模部署提供了新的机遇，段路由扩展报文头（Segment Routing Header，SRH）的使用给了人们很大的启发。随着新业务的发展，技术层面上也已经不再局限于SRv6，也就是说数据平面不仅是基于SRv6 SRH封装，而且扩展到基于其他IPv6扩展报文头封装，例如以下3种。

- 基于目的选项扩展报文头来实现IPv6封装的比特索引显式复制（Bit Index Explicit Replication IPv6 encapsulation，BIERv6）。
- 基于逐跳选项扩展报文头来实现网络切片。
- 基于逐跳选项扩展报文头或SRH的Optional标签长度值（Tag Length Value，TLV）也可以使SRv6支持随流检测（In-situ Flow Information Telemetry，IFIT）。

可以说，自从SRv6打开了基于IPv6扩展报文头的创新之门以后，基于IPv6的新应用方案就层出不穷。业界将其统一定义为“IPv6+”，同时定义了“IPv6+”发展的3个阶段，如图6-5所示。

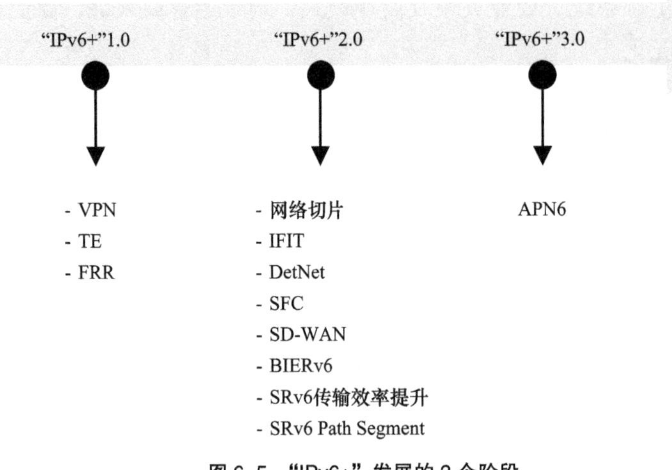

图 6-5 “IPv6+”发展的 3 个阶段

- “IPv6+” 1.0：主要包括 SRv6 基础特性，包括 TE、VPN 和 FRR 等。这 3 个特性在现网应用广泛，SRv6 需要继承下来，并利用自身的优势来简化网络的业务部署。

- “IPv6+” 2.0：重点是面向 5G 和云的新特性。这些新特性需要 SRv6 SRH 引入新的扩展，也可能是基于其他 IPv6 扩展报文头进行扩展。这些可能的新特性包括但不局限于 VPN+（网络切片）、IFIT、确定性网络（Deterministic Networking，DetNet）、SFC、SD-WAN、BIERv6、通用 SRv6（Generalized Segment Routing over IPv6，G-SRv6）和 SRv6 Path Segment 等。
- “IPv6+” 3.0：重点是应用感知的 IPv6 网络（Application-Aware IPv6 Networking，APN6）。随着云和网络的进一步融合，需要在云和网络之间交互更多的信息，IPv6 无疑是最具优势的媒介。

IPv6不是下一代互联网的全部，而是下一代互联网创新的起点和平台，“IPv6+”的路线图有利于引导网络有序演进。随着IPv6的规模部署，以SRv6为代表的“IPv6+”技术将在网络中被广泛应用，构建出智能化、简单化、自动化、SLA可承诺的下一代网络。

6.6 “IPv6+”关键技术介绍

6.6.1 网络切片

网络经常会被类比为交通系统，数据报文是“车辆”，通信网络是“交通路网”。随着车辆的增多，城市道路变得拥堵不堪，为了缓解交通拥堵，交通部门需要根据不同的车辆类型、运营方式进行车道划分和车流量管理，比如设置快速公交系统（Bus Rapid Transit，BRT）通道、非机动车专用通道等，这些专用通道汇成专用的“交通路网”。通信网络亦是如此，要实现从人与人连接到万物互联，连接数量和数据流量将持续、快速上升，如果不加干预，网络必将越来越拥堵，越来越复杂，最终影响网络的业务性能。与交通系统的管理相似，通信网络也需要实行“车道”划分和流量管理，即网络切片。

传统的共享网络无法高效地为所有业务提供可保障的SLA，更无法实现网络的隔离和独立运营。通过网络切片，运营商能够在一个通用的物理网络之上构建多个专用的、虚拟化的、互相隔离的逻辑网络，来满足不同客户对网络连接、资源及其他功能的差异化要求。网络切片的示例如图6-6所示。

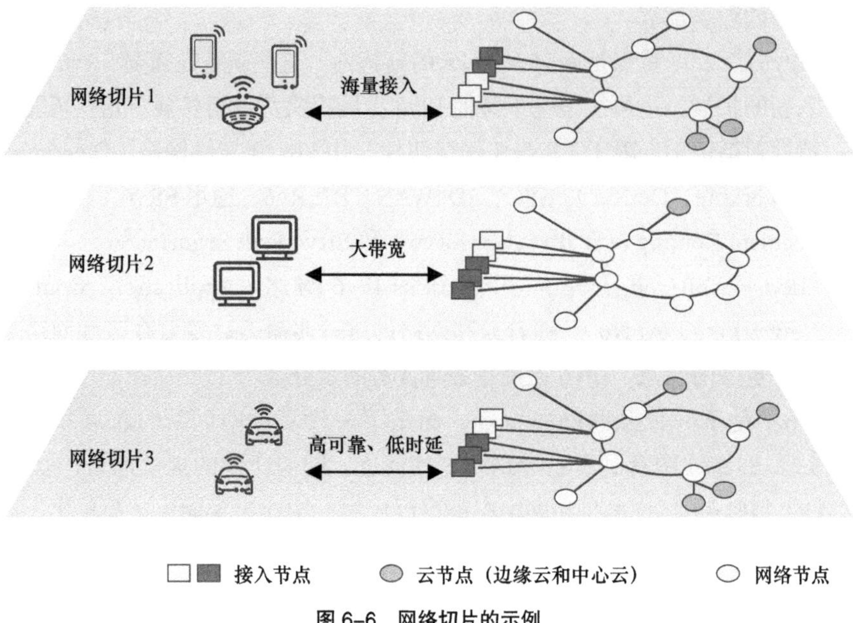

图 6-6　网络切片的示例

网络切片是5G和云时代的运营商网络中新引入的服务模式。运营商将基于一套共享的网络基础设施来为多租户提供不同的网络切片服务，满足不同行业的差异化网络需求。各垂直行业客户将以切片租户的形式来使用网络。

为了保障端到端业务的SLA，网络切片在概念和架构上需要和5G网络切片保持一致，以便实现与5G端到端网络切片之间的协同。网络切片还需要通过切片对接标识实现5G切片到网络切片的映射。

1. 网络切片架构

网络切片架构主要包括3层：网络基础设施层、网络切片实例层和网络切片管理层，如图6-7所示。每一层都需要使用一些现有技术和新技术来满足用户对网络切片的需求。

- 网络基础设施层。该层是由物理网络设备组成的，用于创建网络切片实例的基础网络。为了满足不同网络切片场景的资源隔离和服务质量保障需求，网络基础设施层需要具备灵活的资源切分与预留能力，支持将物理网络中的资源（例如带宽、队列、缓存及调度资源等）按照需要的粒度划分为相互隔离的多个部分，然后分别提供给不同的网络切片使用。一些可选的资源隔离技术包括灵活以太网（Flexible Ethernet，FlexE）、信道化子接口（Channelized Sub-interface，CSI）和灵活子通道（Flex-Channel）等。

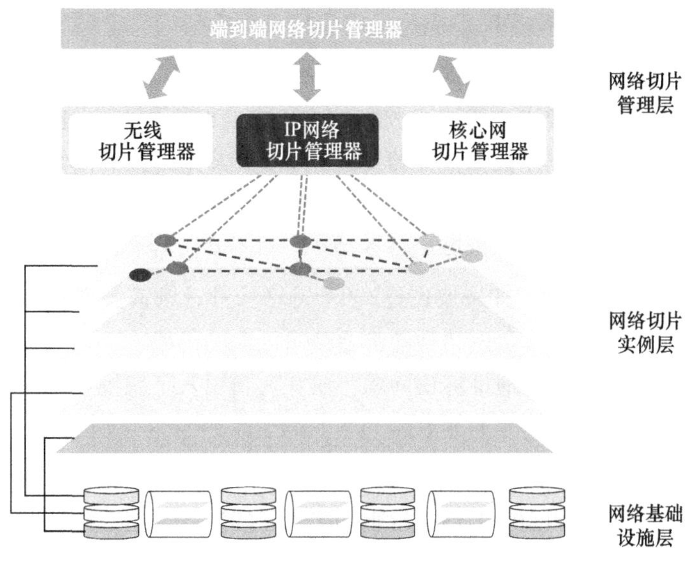

图 6-7　网络切片架构

- 网络切片实例层。该层的主要功能是在物理网络中生成不同的逻辑网络切片实例，提供按需定制的逻辑网络拓扑与连接，并将逻辑网络拓扑与连接和网络基础设施层分配的一组网络资源集成在一起，构成满足特定业务需求的网络切片。网络切片实例层由上层的业务切片子层和下层的资源切片子层组成。简单来说，网络切片实例是通过将业务切片映射到满足该业务需求的资源切片而实现的。
- 网络切片管理层。该层主要提供网络切片的生命周期管理功能，包括网络切片的规划、部署、运维和优化4个阶段。为了满足垂直行业日益增多的切片需求，网络切片的数量也将不断增加，这将导致网络的管理复杂度增加。网络切片管理层需要支持动态、按需地部署网络切片的能力，以及网络切片的自动化、智能化管理。

为了实现5G的端到端网络切片，网络切片的管理层还需要提供管理接口与5G端到端网络切片管理器交互网络切片需求、能力和状态等信息，并完成与无线接入网切片和移动核心网切片之间的协商和对接。

综上所述，实现IP网络切片的架构由具有资源切分能力的网络基础设施层，包括业务切片子层与资源切片子层的网络切片实例层，以及IP网络切片的管理层、管理接口组成。针对不同的网络切片需求，网络切片架构中的相应层次可以选择合适的技术，以组成完整的网络切片方案。随着技术的发展和网络切片的应用场景不断增加，网络切片的技术体系架构还会不断地丰富。

2. 网络切片的地址标识。

从传统的一个物理网络平面到由许多逻辑网络组成的立体网络，是网络切片给网络带来的最大变化。传统的平面网络给每一个物理设备分配一个唯一的IP地址来标识网络节点，在数据报文转发过程中使用IP地址作为网络节点标识进行转发。这种标识方法在立体网络中会带来非常大的麻烦，因为不同的切片转发路径或网络资源的差异化，需要为每个切片、每个节点都分配IP地址进行标识。以1000个网络节点为例，如果要创建200个网络切片，则需要规划200000个IP地址，这对网络部署复杂度、网络性能都会带来巨大的挑战。

为了解决网络切片的地址标识问题，研究人员引入了二维地址标识技术。该技术使用网络物理节点IP地址+Slice ID（切片ID）来唯一标识网络切片中的逻辑节点。这样，不管网络划分成多少个网络切片，都只需要一套地址标识，不会因为部署网络切片增加额外的地址规划和配置。同时，采用二维地址标识也能大大减少切片网络的路由数量，使得支持大规格网络切片成为可能。

如果在数据报文中引入新的网络切片标识Slice ID，就可以使网络切片具有独立的资源标识和拓扑/路径标识。一种典型的实现方式是，在IPv6的逐跳选项扩展报文头中携带网络切片的全局数据平面标识Slice ID，并通过Slice ID指定该数据报文通过哪个切片承载，具体如图6-8所示。

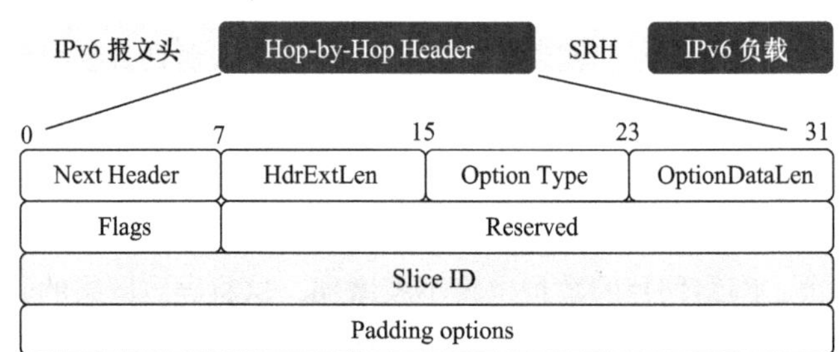

图 6-8 封装逐跳选项扩展报文头之后的 IPv6 报文格式

说明

在IETF的最新标准草案中，将IPv6 逐跳选项扩展报文头中携带的Slice ID重新定义为了VTN Resource ID（资源标识）。为了方便读者理解，此处仍然沿用业界之前常用的名称Slice ID，暂未使用最新名称。

基于Slice ID的网络切片方案允许多个拓扑相同的网络切片复用相同的拓扑/路径标识。例如，在SRv6网络中，多个网络切片可以使用同一组SRv6 Locator和段标识（Segment Identifier，SID）指示到目的节点的下一跳或转发路径。

基于 Slice ID 的网络切片，设备需要生成两张转发表：一张是路由表，用于根据数据报文的目的地址确定出接口；另一张是切片接口的 Slice ID 映射表，用于根据数据报文中的 Slice ID 确定切片在接口下的预留资源（具体可以是子接口或通道）。业务数据报文到达设备后，先根据目的地址查路由表，得到下一跳出接口；然后根据 Slice ID 查询切片接口的 Slice ID 映射表，确定出接口下的资源预留子接口或通道；最后使用对应的资源预留子接口或通道进行业务数据报文转发。

6.6.2　IFIT

IFIT是华为提出的IETF标准化检测协议，它通过在真实业务报文中插入IFIT报文头进行特征标记，以直接检测网络的时延、丢包、抖动等性能指标。IFIT采用Telemetry技术实时上送检测数据，并通过iMaster NCE-IP可视化界面直观呈现检测结果，是业界首个具备完整体系的随流质量感知与故障定界方案。

与传统网络运维技术相比，IFIT具有高精度、实时性、可视化的优点，可以灵活适配多种业务场景，并进一步通过与大数据平台和智能算法的结合为智能运维的发展奠定坚实基础。

面向5G和云时代，IP网络的业务与架构都产生了巨大变化。如图6-9所示，一方面，5G的发展带来了如高清视频、VR、车联网等新业务的兴起；另一方面，为方便统一管理、降低运维成本，网络设备和服务的云化已经成为必然趋势。新业务与新架构对目前的承载网提出了诸多挑战，包括超宽带、超连接、低时延及高可靠性。

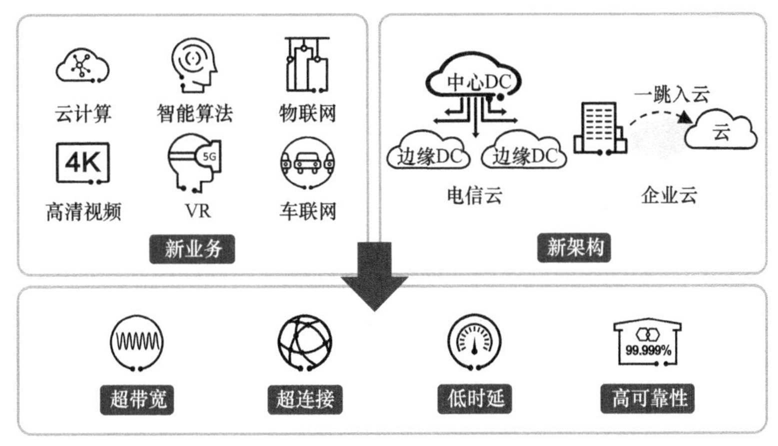

图 6-9　新业务与新架构提出的新挑战

传统的网络运维方法并不能满足新业务与新架构提出的高可靠性要求，突出问题是业务故障被动感知和定界定位效率低下。

- 业务故障被动感知。运维人员通常只能根据收到的用户投诉或周边业务部门派发的工单判断故障范围。在这种情况下，运维人员故障感知延后、故障处理被动，导致其面临的排障压力大，最终可能造成不好的用户体验。
- 定界定位效率低下。故障定界定位经常需要多团队协同，团队间缺乏明确的定界机制会导致定责不清。人工逐台设备找到故障设备进行重启或倒换，排障效率低下。此外，传统操作、管理和维护（Operation，Administration and Maintenance，OAM）技术通过测试数据报文间接模拟业务流，无法真实复现性能劣化和故障场景。

在这种背景下，华为提出了IFIT协议。IFIT是一种带内检测技术（即对真实业务数据报文进行特征标记或在真实业务数据报文中嵌入检测信息），通过在网络真实业务数据报文中插入IFIT报文头实现随流检测。一方面，相比通过间接模拟业务数据报文并周期性上报的带外检测技术（如双向主动测量协议），IFIT可以实时、真实地反映网络的时延、丢包、抖动等性能指标，主动感知业务故障；另一方面，与现有的带内检测技术［如IP流性能测量（Flow Performance Measurement，FPM）、IOAM］相比，IFIT在业务部署的复杂度、转发平面效率及协议的可扩展性等多个方面都有更好的表现。IFIT与其他OAM技术的对比如表6-1所示。

表 6-1　IFIT 和其他 OAM 技术的对比

对比项	IP FPM的参数	IOAM的参数	IFIT的参数
部署难度	高	低	低
逐跳检测	支持	不支持逐跳丢包检测	支持
转发平面效率	中等	低	高
数据采集压力	小	大	仅使用染色功能：小；使用扩展功能：大
支持的检测场景	场景丰富，涵盖二、三层及多种隧道类型	不支持MPLS和Native IPv4场景	场景丰富，涵盖二、三层以及多种隧道类型
可扩展性	基于IP报文头现有字段，扩展能力差	扩展能力强	扩展能力强

进一步，IFIT可以结合大数据分析和智能算法构建智能运维系统，推动“IPv6+”时代的智能运维发展，使网络具有预测性分析和自愈能力，为网络的自动化和智能化提供保障。

以 IFIT over SRv6 场景为例，如图 6-10 所示，IFIT 报文头封装在 SRH 中，主要包括：用于标识 IFIT 报文头开端并定义 IFIT 报文头整体长度的流指令标识（Flow Instruction Indicator，FII），用于唯一地标识一条业务流的流指令头（Flow Instruction Header，FIH），以及用于定义扩展功能的流指令扩展报文头（Flow Instruction Extension Header，FIEH）。

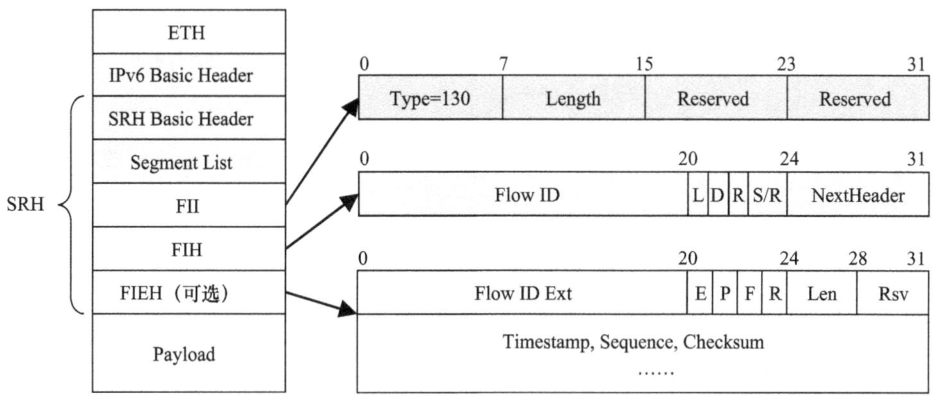

图 6-10 IFIT 报文头结构

其中，FIH中的L和D字段分别提供对数据报文进行基于交替染色的丢包和时延统计能力。所谓染色，就是对数据报文进行特征标记，IFIT通过将丢包染色位L和时延染色位D置0或置1来实现对特征字段的标记。通过对真实业务数据报文的直接染色，辅以部署IEEE 1588v2等时间同步协议，IFIT可以主动感知网络的细微变化，真实反映网络的丢包和时延情况。

另外，FIEH中的E字段可以定义IFIT的端到端（End to End， E2E）和逐跳（Trace）两种统计模式，如图6-11所示。E2E统计模式适用于需要对业务进行端到端整体质量监控的检测场景，Trace统计模式则适用于需要对低质量业务进行逐跳定界或对重要客户（Very Important Person，VIP）业务进行按需逐跳监控的检测场景。两者的区别在于是否要对业务流途经的所有支持IFIT的节点均使能IFIT。

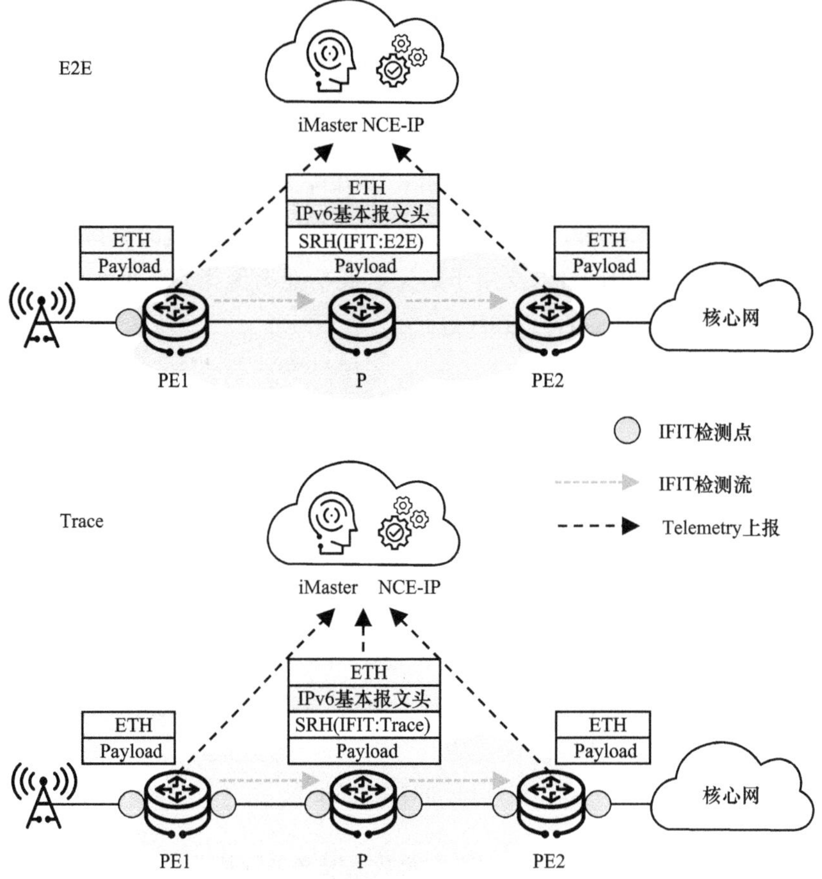

图 6-11 E2E 和 Trace 统计模式

在实际应用中，一般是E2E IFIT+Trace IFIT的方式，当E2E IFIT的检测数据达到阈值时会自动触发Trace IFIT，在这种情况下，可以真实还原业务流转发路径，并对故障点进行快速定界和定位。

在智能运维系统中，IFIT通常采用Telemetry技术实时上送检测数据至iMaster NCE-IP进行分析。Telemetry是一项远程的从物理设备或虚拟设备上高速采集数据的技术，设备通过推模式（Push Mode）周期性地主动向采集器上送设备的接口流量统计、CPU或内存数据等信息。相比传统拉模式（Pull Mode）的一问一答式交互，推模式提供了更实时、更高速的数据采集功能。Telemetry通过订阅不同的采样路径灵活采集数据，可以支撑IFIT管理更多设备及获取更高精度的检测数据，为网络问题的快速定位、网络质量的优化调整提供重要的大数据基础。

如图6-12所示，用户在iMaster NCE-IP侧订阅设备的数据源，设备根据配置要求采集检测数据，并将其封装在Telemetry报文中进行上送，其中包括流ID、流方向、错误信息及时间戳等信息。iMaster NCE-IP接收并存储统计数据，再将分析结果可视化呈现。

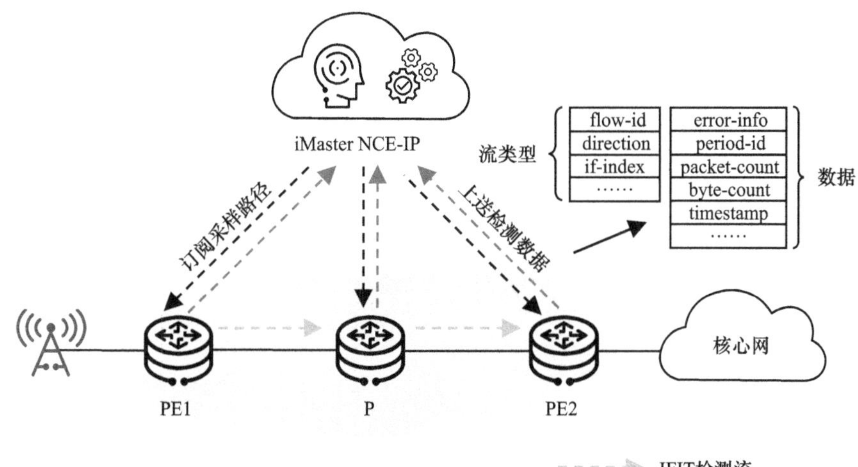

图 6-12　基于 Telemetry 上报 IFIT 检测数据

在Telemetry秒级高速数据采集技术的配合下，IFIT能够实时将检测数据上送至iMaster NCE-IP，实现高效的性能检测。

在可视化运维技术产生之前，网络运维需要通过运维人员先逐台人工配置，再多部门配合逐条逐项排查来实现，运维效率低下。可视化运维可以提供集中管控能力，它支持业务的在线规划和一键部署，通过SLA可视支撑故障的快速定界定位。IFIT可以提供可视化的运维能力，用户可以通过iMaster NCE-IP可视化界面根据需要下发不同的IFIT监控策略，实现日常的主动运维和报障快速处理。iMaster NCE-IP可视化界面如图6-13所示，具体介绍如下。

- 日常主动运维：日常监控全网和各区域影响基站最多的“TOP5故障”、当前基站数量统计、故障分析及异常基站趋势图等数据，通过查看性能报表及时了解全网、重点区域的TOP故障及基站业务状态的变化趋势；在VPN场景下，通过查看端到端业务流的详细数据，帮助提前识别并定位故障，保证专线业务的整体SLA。
- 报障快速处理：在收到用户报障时，不仅可以通过搜索基站名称或IP地址查看业务拓扑和IFIT逐跳流指标，根据故障位置、疑似原因和修复建议处理故障，还可以按需查看7 × 24 h的拓扑路径和历史故障的定位信息。

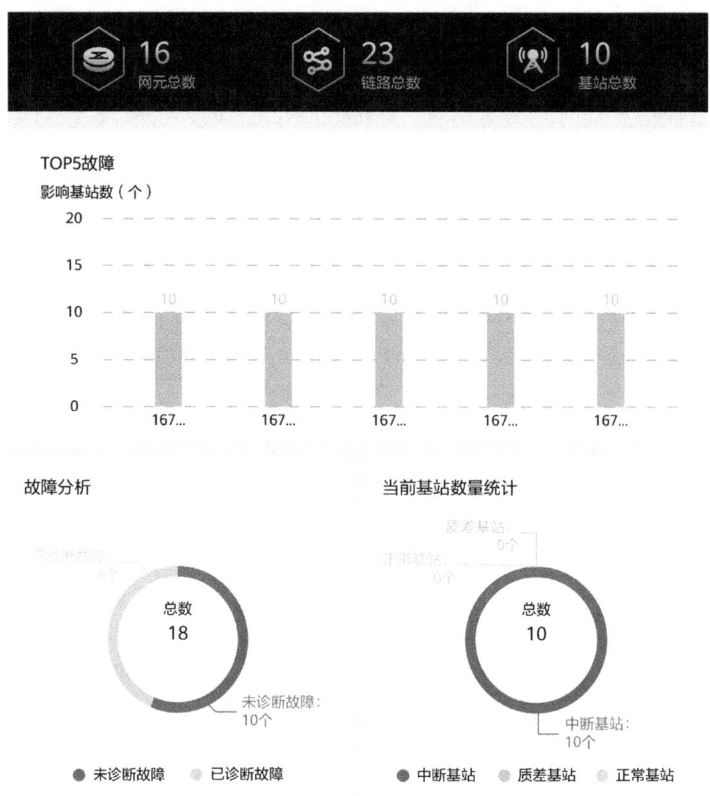

图 6-13　iMaster NCE-IP 可视化界面

从界面中可以看出，IFIT的监控结果可以在iMaster NCE-IP上直观、生动地进行图形化呈现，能够帮助用户掌握网络状态，快速感知和排除故障，为用户带来更好的运维体验。

6.6.3　DetNet

传统IP网络采用“尽力而为”的转发方式来传输数据，无法保证数据报文端到端转发时延的确定性，但5G垂直行业、工业互联网的发展，都需要网络具有确定性承载能力，这就催生了DetNet。

如何判断网络具有确定性？业界有两种依据，一种是有界时延，另一种是有界抖动。有界时延是指时延小于等于上界值。有界抖动是指在时延上界值的基础上存在轻微波动。

IP网络无法保证端到端数据报文转发的时延确定性，原因主要有两个。

1. IP网络是面向无连接的统计复用网络

来自不同入接口的数据报文，汇聚后从同一个出接口发出，出接口数据报文输出顺序是根据数据报文到达出接口队列的时机决定的，先到的先发出，后到的后发出。面向无连接，中间节点没有用户连接状态，每个数据报文得到调度的机会都是均等的。统计复用根据用户的流量使用情况动态划分带宽资源，因此每个用户使用的带宽是不确定的、变化的。统计复用的好处是能够充分利用网络带宽，节省运营商的网络投资。相应的限制是难以保证确定性服务质量。

2. 业务流量突发加剧时延的不确定性

造成“微突发”现象的原因有两个。一是IP网络承载的业务种类繁多，绝大多数业务的数据报文发送时间不规律，导致多个业务的数据报文按一定概率在出接口处发生碰撞冲突；如果碰撞较严重，时延就变得较大；如果碰撞不严重，时延就相对较小。二是有的业务要么不发包，一发包就是很大的突发量，一旦这种类型的多个业务发生碰撞冲突，时延就变得非常大。

因此，传统IP网络无法满足5G使能千行百业和工业互联网对于确定性网络承载能力的需求。这两方面的需求介绍如下。

1. 5G使能千行百业需要确定性承载能力

5G打破了传统移动网络的服务边界，使能更多垂直行业场景。因此，5G时代垂直行业差异化服务质量的网络诉求，为承载网带来了更大的挑战。5G网络高带宽和低时延的数据传输，为实时交互和控制类业务提供了基本的网络能力。而实时交互和控制类业务给传统的数据通信技术带来了新的挑战。比如电网差动保护类业务，需要毫秒级的往返时间（Round Trip Time，RTT），且要求承载网不能产生拥塞，提供确定性、可承诺的时延保证。

根据第三代合作伙伴计划（3rd Generation Partnership Project，3GPP）在TS 22.261中对URLLC的性能指标的定义，某些场景的业务对低时延、低抖动、高可靠性等方面存在高要求，详见表6-2。

表 6-2 5G 各场景的性能指标

场景	端到端最高时延 / ms	生存时间 / ms	业务通信可用性	可靠性
分布式自动化	10	0	99.99%	99.99%
自动化过程控制-远程控制	60	100	99.9999%	99.999%
自动化过程控制-监控	60	100	99.9%	99.9%

续表

场景	端到端最高时延 / ms	生存时间 / ms	业务通信可用性	可靠性
中压电力配送	40	25	99.9%	99.9%
高压电力配送	5	10	99.9999%	99.999%
智能交通系统-基础设施回传	30	100	99.9999%	99.999%

另外，在TS 22.104、TS 22.186、TS 22.289中，对网络物理控制应用、车联网、铁路通信中各场景的性能指标进行了更细致的定义，其中有很多场景都要求10 ms级别端到端最高时延。IP网络是连接5G网络中基站和核心网的重要组成部分，由于使用现有IP网络很难满足以上场景性能指标中时延在10 ms级别的要求，所以需要新技术来提供确定性承载能力。

2. 工业互联网需要确定性承载能力

工业互联网是新一代信息通信技术与工业经济深度融合的全新工业生态、关键基础设施和新型应用模式。根据工业互联网专项工作组印发的《工业互联网创新发展行动计划（2021—2023年）》，工业互联网以网络为基础、平台为中枢、数据为要素、安全为保障，通过对人、机、物全面连接，变革传统制造模式、生产组织方式和产业形态，构建起全要素、全产业链、全价值链全面连接的新型工业生产制造和服务体系，对支撑制造强国和网络强国建设，提升产业链现代化水平，推动经济高质量发展和构建新发展格局，都具有十分重要的意义。

工业互联网分为内网和外网。内网的主要作用是实现工厂内生产装备、采集设备、生产管理系统和人等生产要素的互联；外网的主要作用是实现企业、平台、用户、智能产品的互联。外网是工业互联网建设的关键一环，需要工业企业和基础电信运营商彼此协同，提供高性能、高可靠、高灵活、高安全的网络服务，满足工业企业、工业互联网平台、标识解析节点、安全设施等高质量接入诉求。同时，随着企业上云步伐加快，外网作为企业和云之间的高速通道，保障数据的无缝流动。

工业网络对确定性和可靠性要求极高。工业互联网背后连接的是数以千万计的资产，且出于对商业利润和人员安全的考虑，工业制造领域对网络的时延、抖动及可靠性方面要求是极端苛刻的。从工业控制使用场景来看，不同业务场景时延要求不同。如物料传送，一般要求循环周期在100 ms级别；机床控制，一般要求循环周期在10 ms级别，抖动小于100 μs；而一些高性能的同步处理，则要在1 ms级别，抖动小于1 μs。对于这几种业务场景差异化的时延和抖动要求，现有的IP网络均无法满足，阻碍了工业网络的发展。因此，迫切需要新技术来提供确定性承载能力。

为了满足确定性承载能力的需求，IEEE TSN工作组和IETF DetNet工作组分别聚焦于二层以太网和三层IP网络的确定性技术。

二层以太网中，IEEE TSN 工作组致力于 TSN 的标准化。TSN 是当前较为成熟的实现局域确定性网络的技术，用于保证二层以太网的确定性承载。TSN 并非涵盖整个网络，它其实指的是在 IEEE 802.1 标准框架下，基于特定应用需求制定的一组“子标准”，旨在为以太网协议建立“通用”的时间敏感机制，以确保提供确定性的网络连接，即保障报文传输的时延边界、低时延、低抖动和低丢包。

针对三层IP网络，IETF在2015年成立DetNet工作组，专注于在第二层桥接和第三层路由段建立端到端的确定性数据路径，为三层IP网络提供确定性的时延、抖动、丢包及高可靠性保障。DetNet工作组与负责二层确定性技术标准化的IEEE TSN工作组合作，定义了二层和三层的通用架构，即DetNet网络架构。

在这种情况下，确定性IP网络应势而生。确定性IP网络在业界首次同时实现了IP网络对于确定性和可扩展性的双重要求。一方面，确定性IP网络在现有IP网络基础之上，提供了确定性承载能力，满足5G垂直行业、工业互联网的确定性承载需求；另一方面，相对于现有的TSN和DetNet技术，确定性IP网络不需要网络节点之间严格时间同步，支持任意长距离链路，因此，该技术具有更高的可扩展性和更低的技术成本。

那么，如何实现确定性IP网络呢？需要从路径确定、资源确定、时间确定和超高可靠性这几个方面考虑。

- 路径确定：数据在端到端的传输过程中所经过的路径是确定的。
- 资源确定：不同类型的数据在网络中传输需要占用的带宽、算力等资源可以相互隔离，传输过程中的数据之间不会彼此干扰。也就是说，需要防止两个或多个流竞争同一资源。
- 时间确定：数据在端到端的传输过程中所需要的时间更加确定。
- 超高可靠性：数据在转发过程如何避免丢包、时延等造成的传输不可靠的问题。

简单地说，如果将确定性IP网络类比为一个铁路系统，网络中的每一条流量就是一列火车，那么路径确定就是提前科学规划每一列火车的运行线路，实现列车线路的统一调度；资源确定就是将高铁和慢车线路网隔离，防止相互之间的干扰；时间确定就是合理调度，确保列车准时发车；超高可靠性就是保证列车信息全网自动上报，一切都在调度中心大屏的监控下。

6.6.4 SFC

SFC是一种给应用层提供有序服务的技术。SFC用来将网络设备上的服务在逻辑层面上连接起来，从而形成一个有序的服务组合。SFC通过在原始数据报文中添加业务链路径信息来实现数据报文按照指定的路径依次经过服务设备。

数据报文在网络中传递时，往往需要经过各种各样的服务节点，从而保证网络能够按照预先的规划为用户提供安全、快速、稳定的服务。这些服务节点包括熟知的防火墙、入侵防御系统（Intrusion Prevention System，IPS）、应用加速器和NAT等，网络流量需要按照业务逻辑所要求的既定顺序经过这些服务节点，才能实现所需要的业务。

传统网络中的增值服务设备（如防火墙、负载均衡器、入侵防御设备等）与网络拓扑和硬件紧密耦合，它们均为专用型设备且部署复杂。在网络扩容或变更时，需要重新规划网络拓扑，增加了网络部署和维护的成本。

随着NFV技术的发展，网络功能与硬件解耦、转发与控制分离，使得数据中心的网络控制更弹性、更灵活。在NFV虚拟化网络中，业务链在实现流量按照指定顺序完成网络服务上起到至关重要的作用。当服务需要调整时，只需要更新业务链的顺序而无须更改网络配置，就可以实现网络服务的敏捷开通。

有了SRv6技术，业务链的实现变得更加简便。如图6-14所示，SF1和SF2是SRv6-unaware SF（不支持SRv6的SF）。为了在SRv6场景中实现业务链，需要分别在SFF1和SFF2配置SF Proxy功能，并且为SF1 Proxy和SF2 Proxy分配SRv6 SID。分类器上基于SF1 Proxy SID、SF2 Proxy SID和Tail End SID组成一个SRv6 TE Policy的Segment List，其中SRv6 TE Policy作为业务链路径。

详细的数据转发过程描述如下。

①分类器从用户网络接收到原始IPv4数据报文，通过匹配五元组等分类信息进行分类，分类后的流量被重定向到SRv6 TE Policy中。分类器根据SRv6 TE Policy进行SRv6数据报文封装，SRv6数据报文目的地址是SF1 Proxy SID。在图6-14中，SRH信息里除了SRv6 TE Policy路径信息，还有代表VPN业务或公网业务的Tail End.DT4 SID。

②SFF1收到数据报文以后，首先执行SF1 Proxy SID对应指令，解封装数据报文，然后将原始数据报文发送到SF1进行处理。

③SF1处理完数据报文以后，将数据报文发回给SFF1。

④SFF1根据数据报文的入接口（SFF1上与SF相连的接收IPv4数据报文的接口）信息，查找配置信息，然后依据配置重新添加SRH信息，进行SRv6封装，

此时SRv6数据报文的目的地址是SF2 Proxy SID。

IPv6 DA= SF1 Proxy SID	IPv6 DA= SF2 Proxy SID	IPv6 DA= Tail End SID	IPv6 DA= Tail End SID
SRH(SL=3) (Tail End.DT4 SID, Tail End SID, SF2 Proxy SID, SF1 Proxy SID)	SRH(SL=2) (Tail End.DT4 SID, Tail End SID, SF2 Proxy SID, SF1 Proxy SID)	SRH(SL=1) (Tail End.DT4 SID, Tail End SID, SF2 Proxy SID, SF1 Proxy SID)	SRH(SL=1) (Tail End.DT4 SID, Tail End SID, SF2 Proxy SID, SF1 Proxy SID)
负载	负载	负载	负载

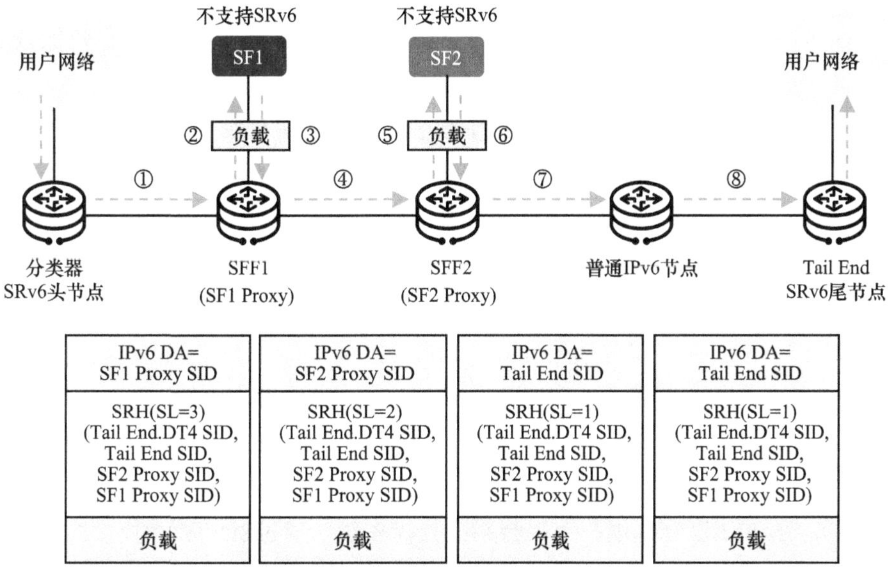

图 6-14　SRv6 支持业务链

⑤SFF2收到数据报文以后，执行SF2 Proxy SID对应指令，解封装数据报文，然后将原始数据报文发送到SF2进行处理。

⑥SF2处理完数据报文以后，将数据报文发回给SFF2。

⑦SFF2根据数据报文的入接口（SFF上与SF相连的接收IPv4报文的接口）信息，查找配置信息，然后依据配置重新添加SRH信息，进行SRv6封装，此时SRv6数据报文的目的地址是Tail End SID。报文沿着IGP最短路径转发给Tail End。

⑧Tail End收到SRv6数据报文后，发现数据报文的目的地址是自己的End SID，所以执行该End SID相关的指令，解封装数据报文，SL减1，变为0，同时更新IPv6的目的地址字段。当前数据报文IPv6目的地址字段是Tail End.DT4 SID，Tail End使用Tail End.DT4 SID查找本地SID表，执行Tail End.DT4 SID相关的指令，将原始IPv4数据报文转发到对应的IPv4 VPN或者公网。

6.6.5　SD-WAN

SD-WAN将企业的分支、总部和多云之间互联起来，可以用来在不同混合链路［SRv6、MPLS、互联网、5G、长期演进技术（Long Term Evolution，LTE）等］之间选择最优的进行传输，为用户提供优质的上云体验。通过部署SD-

WAN可以提高企业分支网络的可靠性、灵活性和运维效率，确保分支网络一直在线，保证业务的连续和稳定。

在传统的WAN拓扑中，主要通过MPLS专线进行互联，可以有效保证带宽、减少数据报文传输的延时。SD-WAN从MPLS技术演变而来，支持SRv6、MPLS、互联网、LTE和5G链路灵活组合进行WAN分支互联。

MPLS与SD-WAN之间的关系简单介绍如下。

- 成本：专线费用比较贵。SD-WAN支持SRv6、MPLS、互联网、LTE和5G链路灵活组合，从而整体降低链路的成本。
- 安全：专线可以提供安全、可靠的连接，适用于对安全性比较高的应用。在SD-WAN中，优先选用SRv6、MPLS链路，以保障连接的安全性。
- 性能：在同等带宽下，互联网的性能比MPLS的性能要低。SD-WAN可以通过将多条互联网链路聚合在一起，形成一条逻辑链路，从而保障性能。
- 稳定性：网络中会存在对时延、丢包率敏感，链路质量比较高的关键业务。MPLS没有提供一个平台来区分优先级，通过SD-WAN提供的策略管理和智能选路能力，可以实现在发生拥塞时低优先级应用避让高优先级应用，即关键业务的流量通过MPLS进行发送，而其他所有业务的流量则通过高宽带的互联网进行发送。
- 部署效率：传统的MPLS部署可能需要1～6个月，SD-WAN部署只需要几个小时。
- 云计算、软件即服务（Software as a Service，SaaS）等移动应用：MPLS的建网及部署方式很难规模化地应用于云计算及SaaS。为了支持更快地访问在云中运行的应用程序，SD-WAN可以配置流量转向规则，以便为这些应用程序使用互联网连接。因此，云流量从分支机构直接传输到互联网，而不是回程到总部。一些SD-WAN运营商可以从其网关直接访问云数据中心（例如AWS或Microsoft Azure），从而提高托管在这些云上的应用程序的性能和可靠性。

SD-WAN使建立混合WAN更加容易，并且可以在成本、可靠性和性能之间找到适当的平衡，以实现各种应用程序流量的混合。

下面以SRv6和以太网虚拟专用网络（Ethernet Virtual Private Network，EVPN）为例，介绍SD-WAN的具体实现。SD-WAN EVPN是一种通过扩展现有EVPN技术来实现Overlay业务网络和Underlay传输网络分离的VPN解决方案，用于解决企业分支互联的问题。SD-WAN EVPN在BGP基础上扩展了新的网络层可达信息（Network Layer Reachability Information，NLRI），即定义了新的

BGP SD-WAN路由，站点之间通过BGP SD-WAN路由来互相传递传输网络端口（Transport Network Port，TNP）信息，其中包含了站点之间建立SD-WAN隧道所需的关键信息。然后，站点之间利用EVPN的IP前缀路由（Type5路由）来互相通告各自的业务路由。当本端站点收到对端站点发来的EVPN路由后，触发创建到达对端站点的SD-WAN隧道，打通Underlay网络的数据通道；同时，使EVPN路由最终迭代到SD-WAN隧道，打通Overlay网络的业务路径。

服务提供商网络支持应用创建多条满足不同SLA需求的路径。如图6-15所示，我们列举了3种满足不同SLA需求的路径。

①默认路径（SRv6 BE）。

②按应用需求触发创建的低时延路径。

③按应用需求触发创建且保证100 Mbit/s带宽的路径。

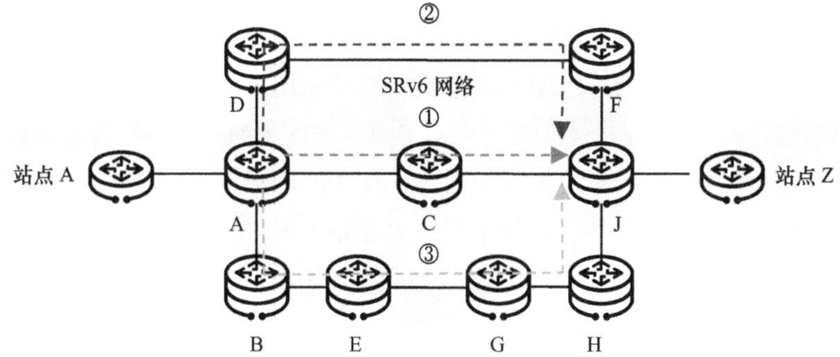

①默认路径（SRv6 BE）：<2001:DB8:C9::1>。
②低时延路径：<2001:DB8:C4::1，2001:DB8:C6::1，2001:DB8:C9::1>。
③保证宽带100 Mbit/s的路径：<2001:DB8:C2::1，2001:DB8:C5::1，2001:DB8:C8::1，2001:DB8:C9::1>。

图 6-15 服务提供商网络创建多条满足不同 SLA 需求的路径

总结来说，SRv6 SD-WAN方案的优势主要体现在如下几个方面。

- 整网统一调度：支持 4G 和 5G 的 Native IPv6 的 SD-WAN，可以替代原有的 VXLAN 和 GRE。
- 可以大规模扩展：服务提供商网络不知道 SD-WAN 实例的任何策略变化，例如，何时引导分类流，以及分类流在哪条路径上。服务提供商的作用主要是在网络边缘维护 SRv6 TE Policy 状态，并在其网络中维护几百个 SID。这充分地利用了 SRv6 无状态属性的优势。
- 高度保护隐私：服务提供商网络不共享其基础设施、拓扑、容量、内部 SID 的任何信息，确保网络隐私安全。

6.6.6 BIERv6

IP传输方式整体可以分为单播、组播、广播3种。单播方式是设备之间采用一对一的通信模式，网络中的设备将数据传输到指定目的地，这就像在微信中一对一发送信息。组播是设备之间一对一组的通信模式，加入了同一个组播组的设备可以接收该组内的数据，但是数据只会发送给有需要的设备，这就好像在微信中发朋友圈时，我们可以设置分组，仅这个群组的人可见发布的内容。广播方式是设备之间一对所有的通信模式，网络中的每一台设备发出的信息都会被无条件复制并转发，所有设备都可以接收到其他设备发送的信息，这种方式和微信中未设置分组的朋友圈是有些类似的。

组播方式的优势体现在两方面。一方面能够在网络中提供点到多点（Point-to-Multipoint，P2MP）的转发，实现一份流量同时转发给多个需要的设备，有效减少网络冗余流量，降低网络负载；另一方面能够在应用平台中减轻服务器和CPU负荷，减少用户增长对组播源的影响。基于组播方式的这些特点，它在视频会议、在线直播、多媒体广播等需要点对多点传输信息的行业有广泛应用前景。

然而，随着业务的不断发展，组播方式存在的局限性也越来越明显，限制了组播在网络中的大规模应用。比特索引显式复制（Bit Index Explicit Replication，BIER）技术的出现可以很好地克服这些局限。BIER 技术的核心原理是将组播域的每台设备都赋予一个唯一的比特码，然后将组播报文目的节点的集合以比特串的方式封装在报文头发送给中间节点；中间节点不感知组播组状态，仅根据报文头的比特串复制转发组播报文。因此，BIER 转发不需要维护组播组状态，占用设备资源相对更少，是一种全新的组播转发架构。

BIER可以分为基于MPLS的BIER-MPLS和基于IPv6的BIERv6两种，BIER-MPLS主要适用于存量的IPv4/MPLS网络，BIERv6则适用于IPv6网络。BIERv6结合了BIER和IPv6的转发优势，可以高效承载IPTV、视频会议、远程教育、远程医疗、在线直播等组播业务。

BIERv6技术不仅简化了组播协议，还降低了网络部署难度，能够更好地应对未来网络发展的挑战。BIERv6的技术价值可以总结为部署简单、跨域简单、体验有保障3点。

1. 协议简化，部署简单

以图6-16为例，在部署BIERv6时，业务仅需要部署在1、2、3、4、5这5个头/尾节点上，中间的各节点是无须感知业务状态的，这一特点使得BIERv6的部署变得非常简单。并且，在网络拓扑变化时，也无须对大量组播树执行撤销和重建操作，从而大大地简化了运维工作。

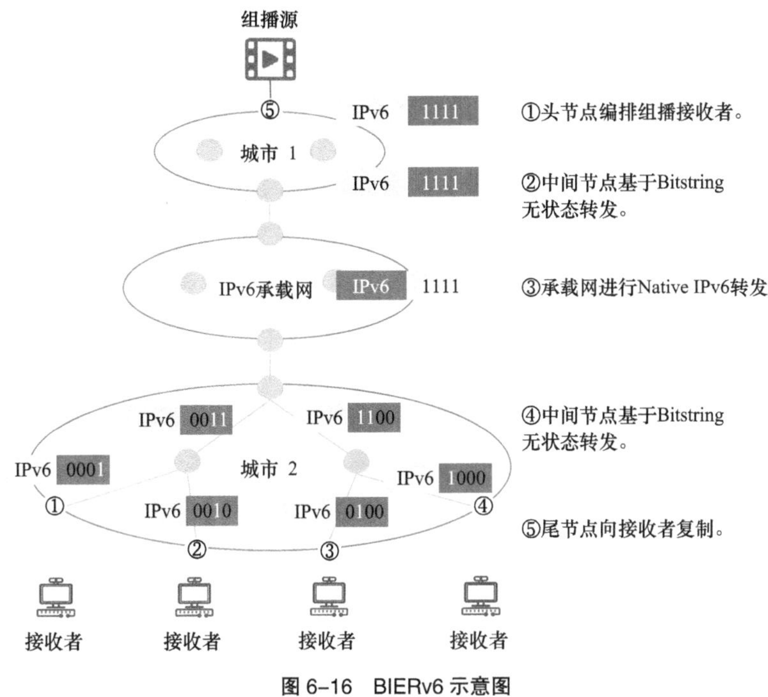

图 6-16　BIERv6 示意图

此外，由于BIERv6是基于IPv6的组播技术，使用IPv6地址标识节点，进一步简化了组播协议。整个数据报文转发过程均使用单播IPv6地址，即使转发节点之间有一个IPv6节点不支持BIERv6转发，它也可以按照正常IPv6转发流程处理BIERv6数据报文，不需要任何额外的配置或处理。这为BIERv6在网络中的部署进一步带来了便利。

2. 跨域简单，易组大网

如图6-16所示，当组播信息接收者向组播源发出对组播频道的需求信息时，网络中的入节点会将比特串封装在组播流报文中。这个比特串的信息仅由0和1构成，0表示该比特位代表的出节点不需要接收数据报文，1表示该比特位代表的出节点需要接收数据报文，中间节点根据比特串的0/1信息确认该数据报文需要复制到哪些下游节点，从而对数据报文进行复制和转发。可以看出，整个转发过程中，中间的这些网络节点都不会感知到组播流的具体信息，这就是BIERv6技术的最大特点——“无状态”。也正是由于这一特点，组播流对网络中各个中间节点设备的性能占用大大降低，极大提高了组播网络的整体性能。

3. 高度可靠，体验有保障

BIERv6 所提供的端到端的保护机制，可以分为接入侧保护和网络侧保护。在接入侧的设备之间，可以通过部署双机保护机制，提高设备可靠性。而在网络侧的设备上，可以部署一些双根保护技术，加快组播业务的故障收敛。所谓的“双根保护”，简单来说，就是为同一条组播流量同时配置两个“源”，一个是“主用源”，另一个是“备用源”，两个“源”均和接收者之间建立 BIERv6 隧道。在链路正常时，相同的组播数据流量同时沿主用和备用两条隧道转发。接收者会接收主用隧道流量，丢弃备用隧道流量。如果网络侧发生故障，接收者在流量检测时发现主用隧道流量中断后，就会立即检测备用隧道流量是否正常。如果正常，则将备用隧道切换为主用隧道，不再丢弃原备用隧道的数据报文，而是进行正常转发。

总体来说，BIERv6利用单播路由转发流量，无须创建组播分发树。当网络中出现故障时，设备只需要在底层路由收敛后刷新相应表项。因此，BIERv6的故障收敛快，并结合双根保护等技术，使得可靠性也明显提升，用户体验更好。

BIERv6利用了IPv6的扩展报文头来实现自身的功能。IPv6数据报文中的目的地址标识BIER转发节点的IPv6地址，即End.BIER地址，表示需要在本节点进行BIERv6转发处理。IPv6数据报文中的源地址不仅能标识BIERv6数据报文的来源，也能指示组播报文所属的组播VPN实例。BIERv6使用IPv6目的选项扩展报文头（下文简称DOH）携带标准BIER报文头，与IPv6报文头共同形成BIERv6报文头，如图6-17所示。比特转发路由器（Bit Forwarding Router，BFR）读取BIERv6扩展报文头中的BitString，根据比特索引转发表（Bit Index Forwarding Table，BIFT）进行复制、转发并更新BitString。

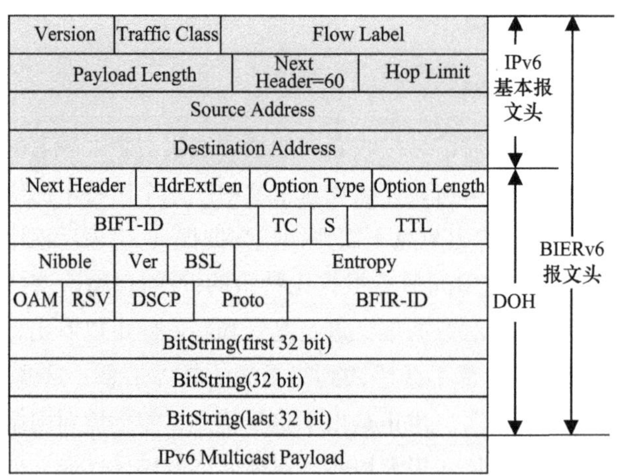

图 6-17 BIERv6 的报文头格式

BIERv6 DOH中的关键字段如下。

- Option Length：表示BIFT的ID。
- TTL：表示数据报文经过BIERv6转发处理的跳数。每经过一个BIERv6转发节点后，TTL值减1。当TTL为0时，数据报文被丢弃。
- Ver：表示BIERv6数据报文格式的版本。
- BSL：表示BitString Length。值为0b0001，表示BSL长度为64 bit；值为0b0010，表示BSL长度为128 bit；值为0b0011，表示BSL长度为256 bit。在一个BIERv6子域内，允许配置一个或多个BSL。
- Proto：下一层协议标识，用于标识BIERv6数据报文头后面的Payload类型。Payload类型由IANA定义。
- BFIR-ID：封装数据报文时固定填0，接收数据报文时忽略，可视为保留字段。
- BitString：用于标识组播报文目的节点的集合。

如图6-18所示，End.BIER是BIERv6网络定义的一种新类型的SID，它作为IPv6目的地址指示设备的转发平面处理报文中的BIERv6扩展报文头。每个节点在接收并处理BIERv6数据报文时，将下一跳节点的End.BIER SID封装为BIERv6数据报文的外层IPv6目的地址（组播报文目的节点已通过BitString定义），以便下一跳节点按BIERv6流程转发数据报文。End.BIER SID还能够很好地利用IPv6单播路由的可达性，跨越不支持BIERv6的IPv6节点。

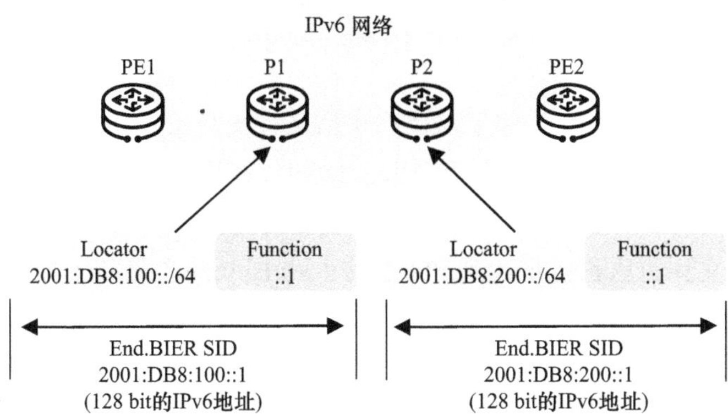

图 6-18　BIERv6 中的 End.BIER 格式

End.BIER SID可以分为两部分：Locator和其他比特位。Locator表示一个BIERv6转发节点。Locator具有定位功能，节点配置Locator之后，系统会生成一条Locator网段路由，并且通过IGP在SRv6域内扩散。网络里的其他节点通过

Locator网段路由就可以定位到本节点。End.BIER SID可以将数据报文引导到指定的BFR。BFR接收到一个组播报文后，如果识别出数据报文目的地址为本地的End.BIER SID，就判定为按BIERv6流程转发。

6.6.7 SRv6传输效率提升

在SRv6实际部署中，头节点首先会对数据报文封装外层IPv6基本报文头和SRH扩展报文头，然后进行转发，这样的封装带来了一定的报文头开销。如果SRv6 SID数目很多，SRH扩展报文头的长度将进一步增长，从而导致有效传输效率下降。

如图6-19所示，首先，在封装（Encap）模式中，40 Byte的IPv6基本报文头相当于10跳MPLS标签。其次，SRv6采用16 Byte的IPv6地址作为SID，而SR-MPLS采用4 Byte的MPLS标签作为SID，相比之下，SRv6的SID长度是SR-MPLS SID长度的4倍。

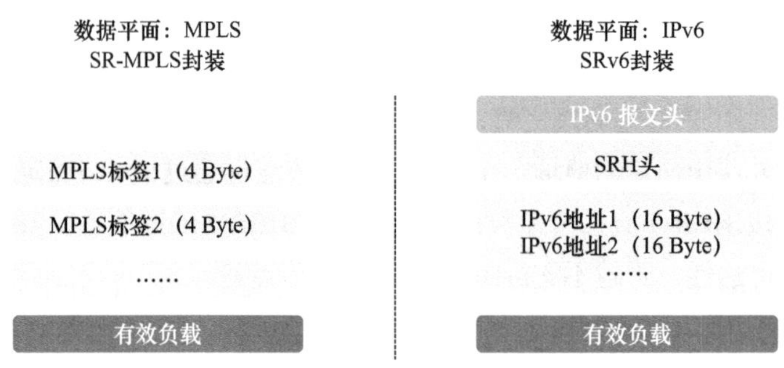

图6-19　SR的两种数据平面

尤其在大规模网络中，如果需要逐跳指定转发路径，就会引入较多的SRv6 SID，从而导致SRv6报文头显著增大。比如，在E2E严格显式路径转发场景下，使用的SRv6 SID数目可能超过5个，甚至达到10个。当使用10个SRv6 SID时，IPv6报文头的总长度将达到208 Byte（40 Byte的IPv6基本报文头、8 Byte的固定报文头，以及10×16 Byte的Segment List，合计长度40+8+10×16=208 Byte），具体如图6-20所示。

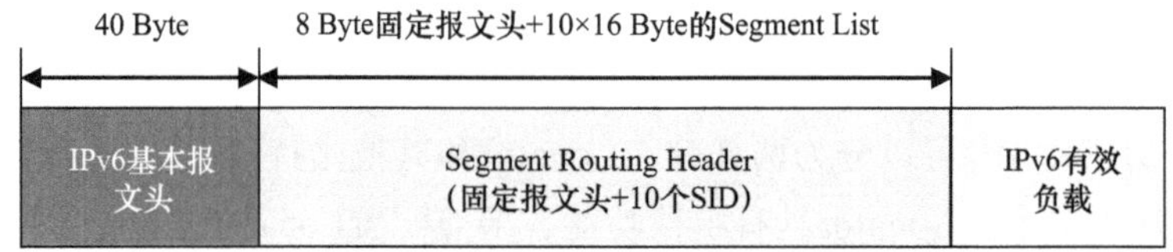

图6-20　使用10个SRv6 SID时的SRv6报文头开销

对于已经发展出视频等业务的网络，因为其报文长度一般比较长，这样的报文头开销对传输效率的影响相对有限。但在未发展出视频业务的网络中，大多数报文的长度比较短，过长的报文头会导致负载占比显著下降，从而降低传输效率。

SRv6传输效率提升方案是一种兼容原生SRv6（使用128 bit SID，以下简称SRv6）的通用机制，支持携带多种类型、不同长度的SID，这些SID称为压缩SID（Compressed SID，C-SID）。SRv6传输效率提升通过携带C-SID，可减少Segment List（也称为SID List）开销，从而解决SRv6的报文头开销问题。此外，SRv6传输效率提升方案支持与128 bit SRv6混合组网，网络按需升级部分节点即可部署SRv6传输效率提升方案，实现平滑升级和存量演进。

为了提升SRv6传输效率，在2019年左右，业界出现了多种方案，如通用SRv6（Generalized SRv6，G-SRv6）、微型SID（Micro SID，uSID）、Unified SID（统一SID）、可变长度SID（variable length SID，vSID）和精简路由报文头（Compact Routing Header，CRH）。面对众多的技术方案，业界展开了激烈的讨论。为了解决这个问题，完成方案的收敛和标准化，IETF SPRING工作组临时设立了一个SRv6传输效率提升方案设计小组，专门讨论SRv6传输效率提升的需求并分析当前的方案。该设计组由来自中国移动、中国电信、华为、思科、Juniper、Nokia、ZTE等公司的专家组成，并由中国移动公司的专家担任设计小组组长。在经过一年多的讨论后，设计组达成了共识，输出了关于SRv6传输效率提升需求的IETF工作组草案draft-ietf-spring-compression-requirement，以及方案比较分析等工作组草案draft-ietf-spring-compression-analysis。

IETF草案draft-ietf-spring-compression-requirement详细描述了SRv6传输效率提升方案需要满足的需求，这些需求均不依赖于任何方案，以确保在方案的需求满足度评估中公平对待所有方案。基于以上需求，草案draft-ietf-spring-compression-analysis详细分析了所有方案对需求的满足度。

由于G-SRv6与uSID在技术原理上十分相似，且能共同在一个SRH中使用，因此人们将两个方案融合发展成一个方案，即C-SID方案。最终，经过接近两年的激烈讨论，各个方案的竞争终于逐渐收敛，IETF SPRING工作组也终于达成共识，将C-SID方案文稿接收为工作组草案draft-ietf-spring-srv6-srh-compression-09。目前该草案已经发布为正式标准。

一开始，IETF草案draft-ietf-spring-srv6-srh-compression-09定义了C-SID的基本原理，并通过定义一些新的Behavior（行为）和Flavor（特征）来实现SRv6传输效率提升。整体来说，C-SID是一种完全兼容SRv6架构的传输效率提升方案，C-SID主要定义了3类Flavor：REPLACE-C-SID Flavor、NEXT-C-SID Flavor，以及两者的组合，即NEXT&REPLACE-C-SID Flavor。其中，REPLACE-C-SID Flavor在业界又被称为G-SRv6，NEXT-C-SID Flavor在业界又被称为uSID。这两种Flavor的技术原理十分相似，都是通过删除SID的冗余信息来减少开销，它们的差别主要在于C-SID的编排和更新方式不同。但是，这两种Flavor都只能在特定的条件下提供最佳传输效率，而NEXT&REPLACE-C-SID Flavor则可以规避二者的缺点，得到最佳的传输效率。

后来，出于标准化节奏的考虑，NEXT&REPLACE-C-SID Flavor从工作组草案中剥离形成个人草案，继续推动标准化。目前，华为等厂商的设备已经实现包含NEXT&REPLACE-C-SID在内的完整C-SID方案，可以满足所有业务场景和多厂商互通的需求，并实现在任何条件下提供最佳的传输效率。下文将详细介绍C-SID方案的技术细节。

一般情况下，一个网络域中使用的SRv6 SID均从同一个用于SRv6部署的地址块中分配，因此这些SID都具有公共前缀（Common Prefix），在标准文稿中这部分前缀称为Locator Block。如果IPv6报文头的目的地址中的SID已经携带了公共前缀，那么SRH中的SID无须携带多个重复的公共前缀，从而减少数据报文开销。此外，如果SID的后半部分（如Arguments部分）均为0，也会带来大量的冗余信息，减少这部分信息也可以减少数据报文开销。因此，在地址更新时，只需要更新差异部分即可恢复出可用的SID作为目的地址，进而指导转发。完整SID的差异部分称为C-SID，完整SID和C-SID的关系如图6-21所示。

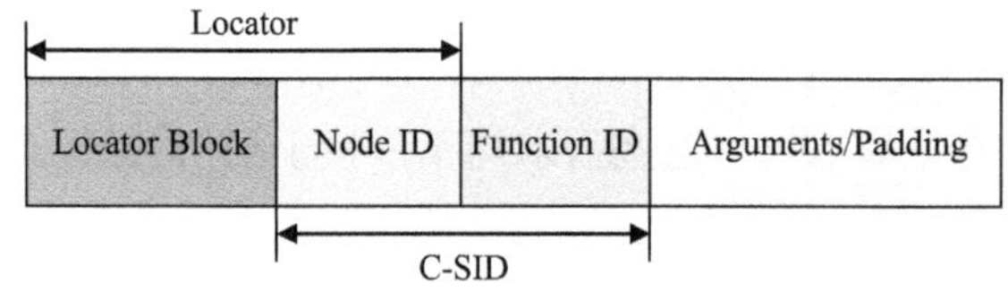

图 6-21　完整 SID 和 C-SID 的关系

根据IETF RFC 9800的定义，C-SID由对应SID的Node ID和Function ID部分构成，有16 bit和32 bit两种长度。从硬件处理性能、后向兼容和可扩展方面考虑，C-SID的理想长度是32 bit。但在小规模网络中，也可以使用16 bit C-SID来进一步减少开销。

如图6-22所示，SRv6传输效率提升方案通过将冗余信息从Segment List中删除，仅携带变化的Node ID和Function ID，从而实现传输效率提升。在转发的过程中，SRv6传输效率提升方案也不需要像传统SRv6那样将128 bit SID更新到IPv6目的地址（Destination Address，DA）字段，仅需将变化的Node ID与Function ID更新到IPv6 DA的对应部分，即可生成新的IPv6 DA。

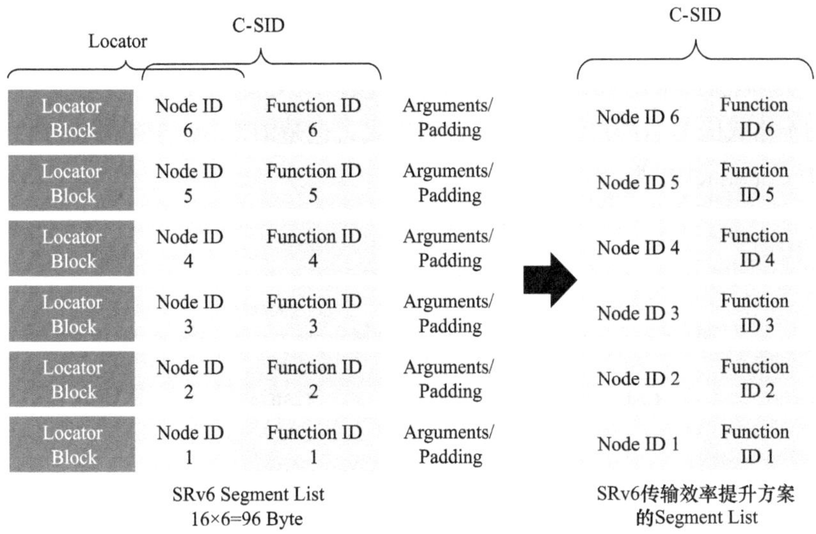

图 6-22　SRv6 传输效率提升方案的基本思想

一个C-SID可以携带不同的Flavor，比如REPLACE-C-SID、NEXT-C-SID和NEXT&REPLACE-C-SID。不同的Flavor对应的编码格式和处理方式略有不同，其差异体现在C-SID在C-SID Container（容器）的编码。

用于携带C-SID的IPv6 DA字段或SRH中的SID字段被定义为C-SID Container。根据Flavor不同，对应的C-SID Container的编排方式可能不同。比如在NEXT-C-SID Flavor中，每一个C-SID Container将承载一个Locator Block和若干个C-SID。而在REPLACE-C-SID Flavor的定义中，一个C-SID Container可以承载一个完整的SID（第一个完整格式的SID）或者最多携带4个32 bit的C-SID或8个16 bit的C-SID。对于携带多个C-SID的C-SID Container，若C-SID长度未填满C-SID Container，则需要通过补充Padding对齐128 bit。NEXT&REPLACE-C-SID Flavor的C-SID Container编码规则是上述两种Flavor的结合：第一个C-SID Container沿用NEXT-C-SID Flavor的规则（即一个Locator Block后跟随多个C-SID），后续的C-SID Container沿用REPLACE-C-SID Flavor的规则（即整个C-SID Container均为C-SID，不携带Locator Block）。

综上所述，一个C-SID Container可以有4种格式，如图6-23所示。

一个C-SID Container中包含若干C-SID，比如4个32 bit的C-SID。以32 bit的C-SID为例，如图6-23（a）和（b）所示。（a）（b）是REPLACE-C-

SID Flavor C-SID Container格式，也是NEXT&REPLACE-C-SID第一个C-SID Container之后的C-SID Container格式。

一个C-SID Container中包含一个Locator Block和若干C-SID，如图6-23（c）和（d）所示。（c）（d）是NEXT-C-SID Flavor C-SID Container的格式，也是NEXT&REPLACE-C-SID Flavor第一个C-SID Container的格式。其中（d）格式既是当前SRv6 SID的编码格式，也是REPLACE-C-SID Flavor的C-SID Container格式。

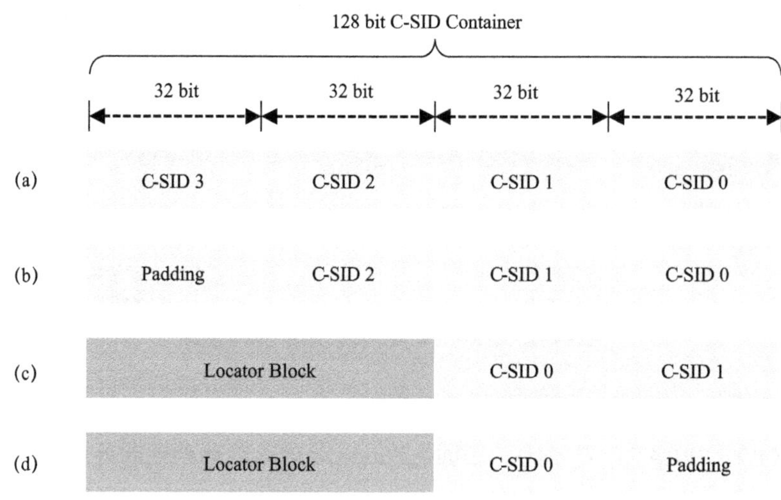

图 6-23　携带 32 bit 的 C-SID 的 C-SID Container

简言之，SRv6传输效率提升方案的实现过程就是将包含多个SID的Segment List的C-SID等信息按照对应Flavor的编排方式写入C-SID Container。在转发过程中，节点根据SID对应的Flavor编码规则提取C-SID，恢复出原始的SID，然后进行转发。3种Flavor的C-SID Container编码格式如图6-24所示，图中每一行代表一个128 bit的C-SID Container。

说明

图6-24中Locator长度为64 bit。

图6-24中假设C-SID均能刚好填满C-SID Container。实际上存在C-SID Container未填满的情况，此时使用Padding补充。

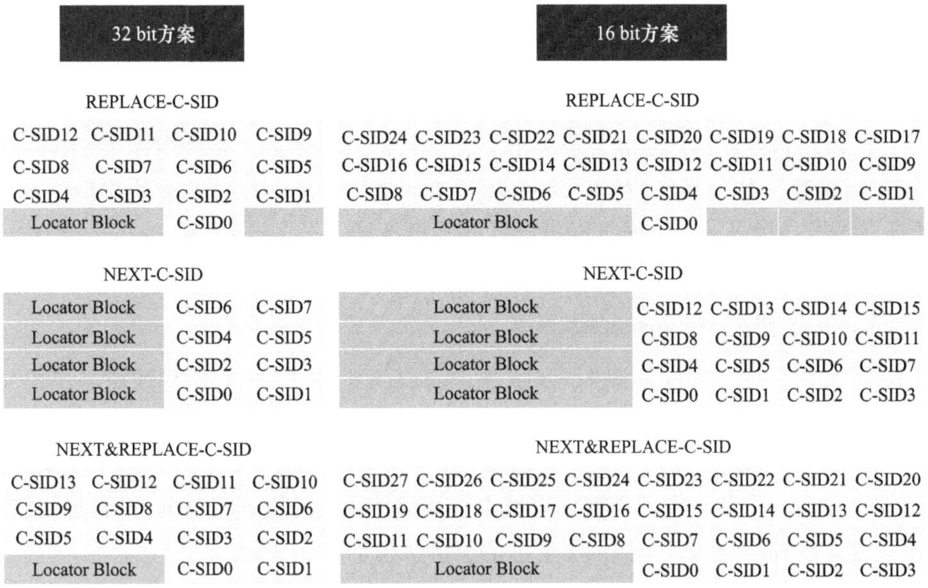

32 bit方案

REPLACE-C-SID

C-SID12	C-SID11	C-SID10	C-SID9
C-SID8	C-SID7	C-SID6	C-SID5
C-SID4	C-SID3	C-SID2	C-SID1
Locator Block		C-SID0	

NEXT-C-SID

Locator Block		C-SID6	C-SID7
Locator Block		C-SID4	C-SID5
Locator Block		C-SID2	C-SID3
Locator Block		C-SID0	C-SID1

NEXT&REPLACE-C-SID

C-SID13	C-SID12	C-SID11	C-SID10
C-SID9	C-SID8	C-SID7	C-SID6
C-SID5	C-SID4	C-SID3	C-SID2
Locator Block		C-SID0	C-SID1

16 bit方案

REPLACE-C-SID

C-SID24	C-SID23	C-SID22	C-SID21	C-SID20	C-SID19	C-SID18	C-SID17
C-SID16	C-SID15	C-SID14	C-SID13	C-SID12	C-SID11	C-SID10	C-SID9
C-SID8	C-SID7	C-SID6	C-SID5	C-SID4	C-SID3	C-SID2	C-SID1
Locator Block				C-SID0			

NEXT-C-SID

Locator Block				C-SID12	C-SID13	C-SID14	C-SID15
Locator Block				C-SID8	C-SID9	C-SID10	C-SID11
Locator Block				C-SID4	C-SID5	C-SID6	C-SID7
Locator Block				C-SID0	C-SID1	C-SID2	C-SID3

NEXT&REPLACE-C-SID

C-SID27	C-SID26	C-SID25	C-SID24	C-SID23	C-SID22	C-SID21	C-SID20
C-SID19	C-SID18	C-SID17	C-SID16	C-SID15	C-SID14	C-SID13	C-SID12
C-SID11	C-SID10	C-SID9	C-SID8	C-SID7	C-SID6	C-SID5	C-SID4
Locator Block				C-SID0	C-SID1	C-SID2	C-SID3

图 6-24 3 种 Flavor 的 C-SID Container 编码格式

C-SID的编排和对应C-SID的更新方式由Flavor具体定义，简要介绍如下。

- REPLACE-C-SID Flavor主要是将C-SID顺序放在C-SID Container中，并通过在IPv6 DA中增加指针SID索引（SID Index，SI）来明确C-SID在对应C-SID Container中的相对位置。节点在处理这类SID时，根据剩余段数（Segments Left，SL）与SI将对应的C-SID替换为IPv6 DA中的C-SID来实现更新。
- NEXT-C-SID Flavor主要在每一个C-SID Container中都携带一个Locator Block和一系列C-SID。节点在处理这类SID时，通过将当前的C-SID弹出，并将后续的C-SID往前移位来更新IPv6 DA。这种方法与MPLS标签栈弹出类似，随着数据报文转发，SID不断弹出，存在丢失完整Segment List信息的风险。
- NEXT&REPLACE-C-SID Flavor则结合了REPLACE-C-SID Flavor和NEXT-C-SID Flavor两者的处理方法。如果IPv6 DA的C-SID Container里存在多个C-SID，则执行NEXT-C-SID的处理动作，将C-SID弹出，后续C-SID左移组成新的DA。当IPv6 DA中的C-SID更新至最后一个时（即此C-SID是C-SID Container的最后一个C-SID），说明该C-SID Container已经全部处理完毕，就进入REPLACE-C-SID的处理逻辑，从后续的C-SID Container中取出C-SID替换IPv6 DA中的C-SID。

6.6.8 SRv6 Path Segment

为了解决 SRH Flags 空间不足造成的可扩展性问题，并且避免遍历 SRH TLV，提高转发效率，研究人员提出了 SRv6 Path Segment。在面向未来 SRv6 多业务的场景，基于 SRv6 Path Segment，可以充分利用 SID 128 bit 的字段空间，统一地整合携带各种 ID 值（PathID、AppID、FlowID……）与业务所需的相关字段。

在draft-li-spring-srv6-path-segment-02中提出了可以标识SRv6路径、候选路径或SRv6策略的SRv6路径段。

为了指示SRH中路径段的存在，研究人员定义了P-bit。P-bit在插入SRv6 Path Segment时设置，当节点不支持SRv6 Path Segment处理时，它应该被忽略。

如图6-25所示，SRv6 Path Segment在一个SID列表中只能出现一次，且必须出现在最后一个条目中。在实际应用中，建议使用精简模式的Path Segment，它不会带来额外的空间，但提供了更好的机制来识别SRv6 Path。

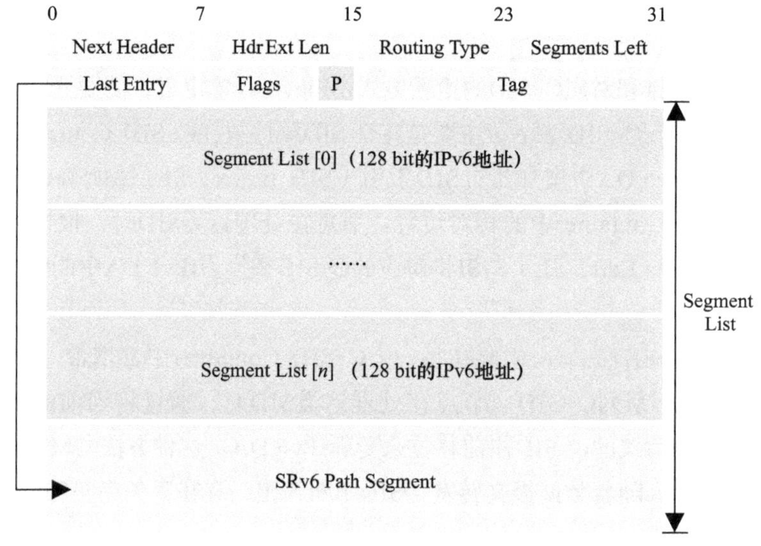

图 6-25　SRv6 Path Segment

6.6.9 APN6

APN6利用IPv6扩展报文头空间，将应用信息（APN Attribute）带入网络，包括应用标识（APN ID）信息和应用需求参数（APN Parameter）信息，进而为服务提供商提供精细的网络服务和精准的网络运维。APN6可以和SRv6、网络切片、确定性网络等技术结合，为应用提供越来越丰富的网络服务，保障不同应用的差异化需求。

随着 5G 和云时代的到来，各种具有差异化需求特征的应用层出不穷，例如面向增强带宽的移动互联应用场景和面向海量物联的设备互联应用场景。虽然基于互联网端到端的分层设计原则和理念，网络和应用的解耦发展由来已久，但是随着网络和应用的不断发展，它们之间的关系逐渐产生了变化，完全解耦的方式不再适合，网络感知应用的需求越来越强烈。正是由于这些新需求的出现，引发了研究人员对网络和应用是否应该继续解耦发展的思考及对网络感知应用的探索。

传统的网络感知应用主要通过应用识别和应用标记两种技术来实现，如表6-3所示。前者用来识别流量的应用归属，后者用来标记流量的服务需求，两者结合起来为不同应用提供不同的服务。现有的应用识别技术和应用标记技术都存在一定的局限性。

表 6-3 传统的网络感知应用技术

传统网络感知	技术	原理	优势	局限性
应用识别技术	五元组	基于流量行为的应用识别技术，也就是对网络层信息、传输层信息、业务流持续时间、字节长度分布等参数进行统计分析的技术	可以泛泛地识别应用	• 不同的应用类型，可能存在相似的流量特征，因此准确率不高。 • 一旦五元组发生变化，就需要手动调整，运维困难
	深度包检测（Deep Packet Inspection，DPI）	在分析报文头的基础上，结合不同的应用协议特征综合判断所属应用	可以较为准确地根据报文特征来识别应用	• 对应用设备的性能有较高要求。 • 若对全网每个节点进行深度检测，则影响转发效率
应用标记技术	QoS优先级字段	通过QoS优先级字段来对流量进行简单的流分类	可以提供简单的差分服务	• 只能划分出数量有限的类别，无法满足各种应用的差异化服务需求。 • 缺乏有效、精细的用户/应用信息感知方法

那么，如何突破传统网络感知应用技术的局限性呢？为响应网络感知应用的呼声，业界提出了一种新的网络感知技术——APN6。APN6通过IPv6扩展报文头空间携带应用标识和应用需求信息，使得全网天然具备感知应用的能力。

APN6的网络架构如图6-26所示，主要包含应用侧/云侧设备、网络边缘设备、网络策略执行设备（头节点、中间节点、尾节点）、控制器。

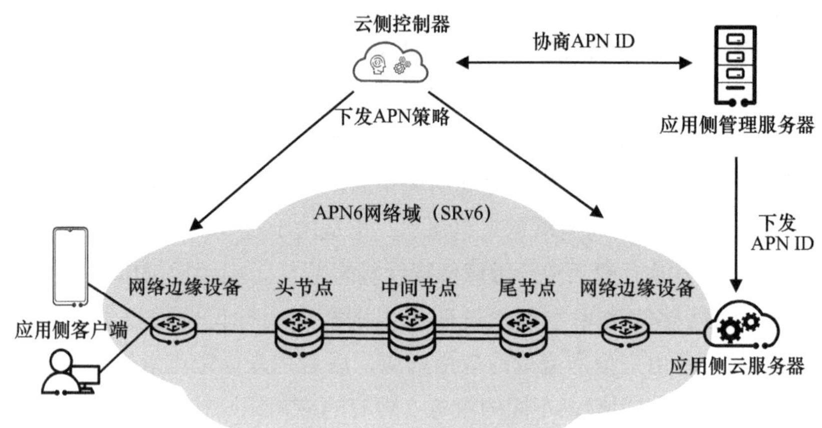

图 6-26　APN6 的网络架构

目前，APN6实现方案分为两种：应用侧方案和网络侧方案。

1. 应用侧方案

APN ID 由应用侧 / 云侧设备直接生成，并被封装在数据报文中，这种实现方案称为应用侧方案。应用侧 / 云侧设备直接将应用标识信息和需求信息（可选）封装进 IPv6 扩展报文头中。在 APN6 网络域（包括头节点）内，可以根据数据报文所携带的应用信息提供相应的感知应用的精细网络服务，如映射进入 SRv6 路径、驱动 IFIT 实时性能监控等。应用侧方案需要应用和运行应用的终端操作系统支持对应用信息和需求在数据报文中的封装，因此容易部署在网络和应用由同一个组织拥有和管理的场景。

2. 网络侧方案

APN ID 由网络侧边缘设备生成，并被封装在数据报文中，这种实现方案称为网络侧方案。APN6 网络侧方案在网络侧的头节点和网络侧边缘节点来感知应用，然后为用户的流量添加应用标记。APN ID 信息无须由应用侧 / 云侧设备进行封装，而是由感知应用的网络边缘设备［如客户端设备（Customer Premise Equiprnent，CPE）等］根据预设策略进行封装。应用感知的信息来源为数据报文中的五元组信息和（或）二层接口信息。这样就可以在 APN6 网络域内，根据数据报文中所携带的应用信息提供相应的感知应用的精细网络服务。

网络侧方案和应用侧方案的对比如表6-4所示。可以发现，网络侧方案不需要应用侧的生态支持，在网络运营商和行业网络中都容易部署。所以，目前

APN6的使用主要聚焦在网络侧方案。应用侧方案需要生态支持，但具有很大的发展潜力，所以也是未来APN6的发展方向。

表 6-4 应用侧方案和网络侧方案的对比

方案	相同点	范围	APN ID分配	安全
应用侧方案	在网络侧基于APN信息提供精细化网络服务	互联网	全局	网络不信任
网络侧方案		受限域	受限域内	接入控制

APN6通过IPv6扩展报文头空间携带应用信息，包括APN ID和应用对网络的APN Parameters，可以针对不同应用（类/组）流量进行精细化区分和网络内调度。其中，APN ID用于区分不同应用流和不同用户等信息，比如区分不同的游戏账号。

如图6-27所示，APN6通过扩展IPv6数据平面，在IPv6的DOH中携带标识位置的应用信息。

IPv6报文头	SRH	DOH	IPv6 Payload

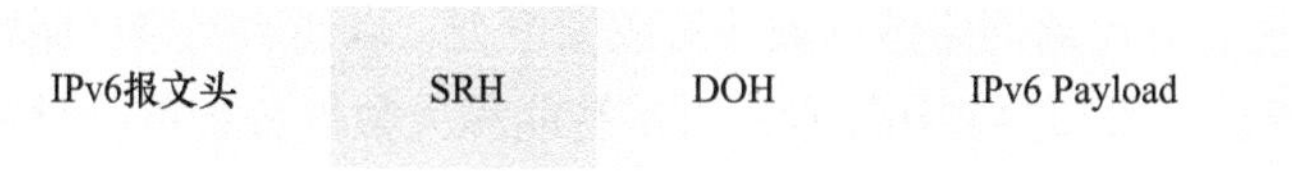

图 6-27 APN6 携带标识位置的应用信息

那么，APN6携带的应用信息包括哪些呢？又如何区分这些信息呢？如图6-28所示，在APN6报文头中，APN ID包含APP-Group-ID、USER-Group-ID、Reserved字段，通过这些信息就可以定位到具体的应用或具体的用户。而对于某一类应用的质量要求方面的关键信息，则携带在APN-Para-Type中，目前这一类需求参数可以包括带宽、时延、抖动、丢包率等。

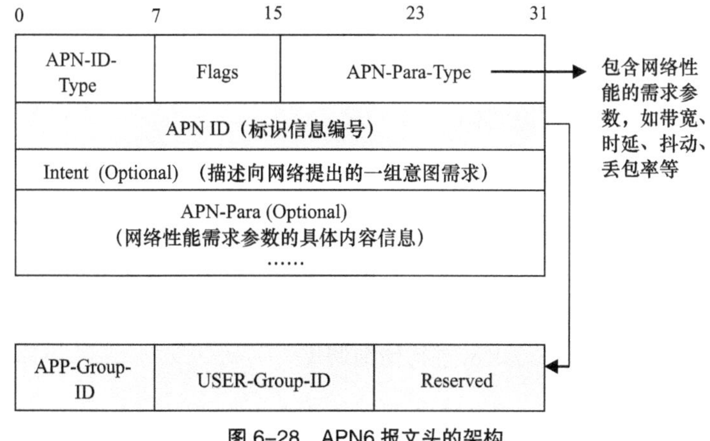

图 6-28 APN6 报文头的架构

综上所述，通过APN6技术可以区分流量具体属于哪个应用，并识别应用流量对网络的诉求，从而为应用提供精细化的网络服务。

如果将网络类比为物流，在应用APN6技术之前的数据报文就像传统的快递包裹，包装简单，上面只有一些简单的信息，看不出里面装的是什么物品。应用APN6技术之后，就相当于在快递纸箱上贴了更多的标签，标明了货物的属性，让快递员能够精准地区分哪些是易碎品，需要轻拿轻放；哪些是紧急文件，需要加急派送。

APN6可以有效感知关键应用/用户及其对网络的性能需求。得益于其精细感知的能力，APN6与SRv6、网络切片、DetNet、SFC、SD-WAN、IFIT等技术相结合，能够极大地丰富云网服务维度，扩大云网商业增值空间，使能云网精细化运营。APN6的技术价值可总结为以下4点。

1. 精细应用可视化

为了对流经网络的流量有直观和完整的了解，网络需要可视化。网络可视化，简单地说，好比给网络做核磁共振成像检查，以便对网络性能和故障进行跟踪、分析与定位。结合APN6技术，人工智能和大数据分析可以对关键应用或用户进行流量特征画像，呈现其流量路径、特征、变化规律及趋势，实现对应用流量的可视化监控。

2. 精细应用导流

通过APN ID精细标识关键的应用或用户，引导流量进入相应的SRv6路径、网络切片、DetNet路径或者SFC路径等，实现应用分流和灵活选路。

3. 精细应用测量

IFIT通过在业务报文中插入IFIT报文头的方法进行检测，用来反映业务流的实际转发路径，可以直观呈现网络性能与业务质量，显著提高网络运维的及时性和有效性。通过APN ID精细标识关键的应用或用户，实施随路检测IFIT，可以实现对关键业务的实时性能监控。

4. 精细应用调优

APN6可以看作网络的“应用感知”，IFIT则可以看作网络的“质量感知”或“体验感知”。两者相结合，就形成了网络的“应用体验感知”解决方案。通过APN ID精细标识关键的应用或用户，实施随路检测IFIT，可以针对性能出现劣化的关键业务以APN ID为Key进行精细调优。

第7章
从SDN到ADN

尽管传统的基于TCP/IP的分布式网络带来了当今互联网的繁荣景象，但是也面临着诸如协议复杂、创新困难等问题。而本章所要介绍的SDN架构正是为解决这些问题而提出的一个新的网络架构。同时，随着技术的不断发展，SDN架构逐步向ADN演进。

| 7.1 SDN的核心和本质 |

IP通信技术已经成为当今通信网络的核心基础设施，从全球互联网到企业内部的私网，都是基于IP来构建的。而且随着业务的发展，IP网络上承载的业务也越来越多样化，包括数据业务、视频业务、语音业务、游戏等。为了满足业务的多样性要求，IP网络协议越来越复杂，能力越来越强，但也暴露出一系列的问题。

1. 分布式最短路径算法带来的网络拥塞问题

IP网络的选路机制通常基于分布式最短路径算法，而分布式最短路径算法会带来网络拥塞的问题。

如图7-1所示，路由器B到路由器C的链路是最短路径并开始接近丢包状态，其他链路却处于空闲状态，但是路由器B到路由器C是最短路径算法算出的优先路径，导致所有流量均从B→C路径通过，从而导致拥塞。为什么不能把部分流量调整到B→A→C路径上呢？

如图 7-2 所示，客户希望业务路径和对应的链路带宽为：① A → E，6 Gbit/s；② C → D，8 Gbit/s；③ C → G，4 Gbit/s。如果所有链路带宽均为 10 Gbit/s，根据传统方式，按业务顺序部署，那么业务 2 无法建立，如图 7-2 上图所示。为什么不用全局计算方式（如图 7-2 下图所示）保证所有业务成功建立呢？

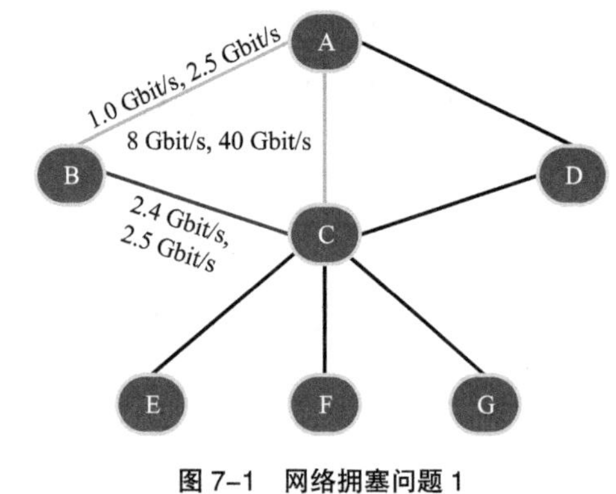

图 7–1　网络拥塞问题 1

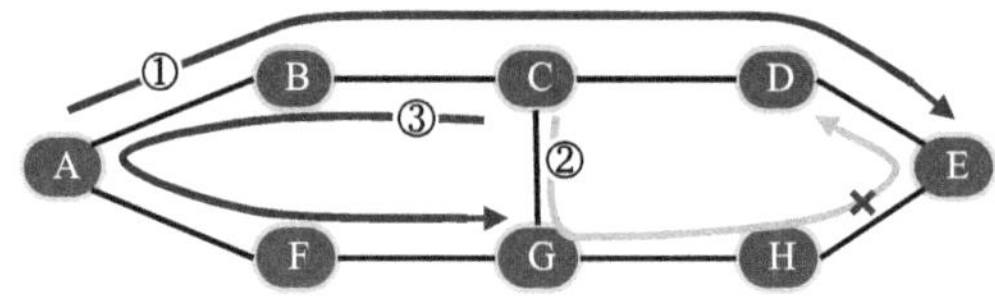

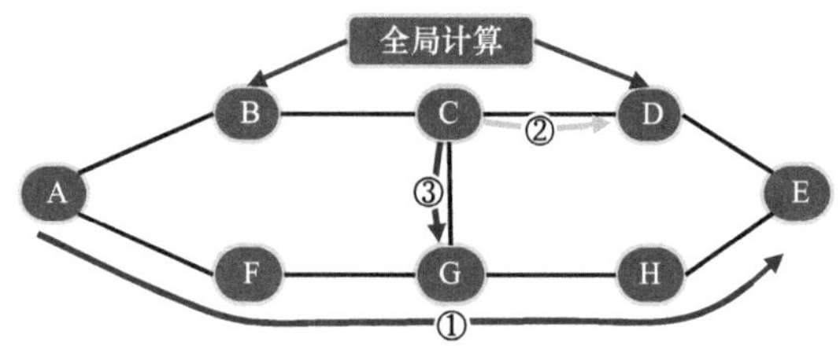

图 7–2　网络拥塞问题 2

以上两个例子中的问题，究其原因是目前主流的路径选择协议大多采用最短路径算法（为了避免环路）。而最短路径算法大多无法获取链路的实时信息，导致次优链路无法得到有效应用。

2. 网络协议复杂带来的运维困难

随着网络设备和网络协议越来越多、越来越复杂，网络运行过程中可能存在的错误点也越来越多，这让网络运维难度不断增加。为了减少运维过程中出错的概率，对数据通信工程师的要求也越来越高。

如果一名数据通信工程师想完全掌握IP网络协议，那么需要阅读2500篇网络设备相关的RFC，即使一天阅读一篇，也需要6年多，而这只是目前RFC的1/3，其数量还在增加。

如果一名工程师想彻底了解某个设备商设备，那么需要掌握的命令行会超过10000条，而其数量还在增加。同时，不同设备的命令行也不一样。

在目前的网络中，完成一个特性或一项业务的配置变得越来越复杂。例如，在网络上配置一个L3VPN，每个PE需要配置约50条命令行，如下所示。

（1）配置IGP的命名

```
[~PE1] interface loopback 1
[*PE1-LoopBack1] ip address 1.1.1.9 32
[*PE1] interface gigabitethernet3/0/0
[*PE1-GigabitEthernet3/0/0] ip address 172.1.1.1 24
[*PE1] ospf
[*PE1-ospf-1] area 0
[*PE1-ospf-1-area-0.0.0.0] network 172.1.1.0 0.0.0.255
[*PE1-ospf-1-area-0.0.0.0] network 1.1.1.9 0.0.0.0
[*PE1-ospf-1-area-0.0.0.0] quit
```

（2）配置MPLS的命名

```
[~PE1] mpls lsr-id 1.1.1.9
[*PE1] mpls
[*PE1] mpls ldp
[*PE1] interface gigabitethernet 3/0/0
[*PE1-GigabitEthernet3/0/0] mpls
[*PE1-GigabitEthernet3/0/0] mpls ldp
```

（3）配置VPNV4的命名

```
[~PE1] ip vpn-instance vpna
[*PE1-vpn-instance-vpna] ipv4-family
[*PE1-vpn-instance-vpna-af-ipv4] route-distinguisher 100:1
[*PE1-vpn-instance-vpna-af-ipv4] vpn-target 111:1 both
[*PE1-vpn-instance-vpna-af-ipv4] quit
[*PE1] ip vpn-instance vpnb
[*PE1-vpn-instance-vpnb] ipv4-family
[*PE1-vpn-instance-vpnb-af-ipv4] route-distinguisher 100:2
```

```
[*PE1-vpn-instance-vpnb-af-ipv4] vpn-target 222:2 both
[*PE1-vpn-instance-vpnb-af-ipv4] quit
[*PE1-vpn-instance-vpnb] quit
[*PE1] interface gigabitethernet 1/0/0
[*PE1-GigabitEthernet1/0/0] ip binding vpn-instance vpna
[*PE1-GigabitEthernet1/0/0] ip address 10.1.1.2 24
[*PE1-GigabitEthernet1/0/0] quit
[*PE1] interface gigabitethernet 2/0/0
[*PE1-GigabitEthernet2/0/0] ip binding vpn-instance vpnb
[*PE1-GigabitEthernet2/0/0] ip address 10.2.1.2 24
[*PE1-GigabitEthernet2/0/0] quit
[*PE1] commit
```

（4）配置PE-CE协议的命名

```
[~PE1] bgp 100
[*PE1-bgp] ipv4-family vpn-instance vpna
[*PE1-bgp-vpna] peer 10.1.1.1 as-number 65410
[*PE1-bgp-vpna] quit
[*PE1-bgp] ipv4-family vpn-instance vpnb
[*PE1-bgp-vpnb] peer 10.2.1.1 as-number 65420
[*PE1-bgp-vpnb] quit
[*PE1-bgp] quit
```

（5）配置MBGP的命名

```
[~PE1] bgp 100
[*PE1-bgp] peer 3.3.3.9 as-number 100
[*PE1-bgp] peer 3.3.3.9 connect-interface loopback 1
[*PE1-bgp] ipv4-family vpnv4
[*PE1-bgp-af-vpnv4] peer 3.3.3.9 enable
[*PE1-bgp-af-vpnv4] quit
[*PE1-bgp] quit
```

3. 创新困难使得创新周期变长

传统TCP/IP网络设备结构是控制平面和转发平面深度耦合的结构。简单来说，控制平面就是一台网络设备的大脑。当收到一个数据报文后，应该怎么处理？是丢弃，还是转发？从哪个接口转发出去？这些问题都是控制平面需要解决的。而转发平面就更简单：控制平面告诉我怎么处理，我就怎么处理。

如果一个大型网络有几十甚至几百台网络设备，那么如何保证这些网络设备能够良好地配合并完成任务呢？显而易见，所有的网络设备都必须遵循一定的标准，从而保证网络动作统一。但是，一个网络中的设备不一定都是一个厂家的，厂家之间也难免“你看不起我的，我看不起你的”。于是大家就推选了一些“德高望重的人”（如IETF、IEEE等组织）负责制定这些标准，这就是所谓的标准协议，比如OSPF、BGP这类协议。

于是，当我们要部署一个新业务时，就必须先去商讨这些标准；商讨完后，再进行开发、验证；最后，由于网络中每台设备都需要了解这些标准，所以我们需要在每台设备上都进行标准更新。这样的一套流程可能需要3～5年才能完成。

为了解决上述传统网络面临的问题，SDN的概念应运而生。SDN最初诞生于全球网络创新环境（Global Environment for Network Innovations，GENI）项目资助的斯坦福大学的Clean Slate课题。顾名思义，SDN使得网络能够像软件一样，易于修改，易于增加新业务，变得更加敏捷。SDN概念的诞生过程大致如下。

2006年，OpenFlow概念被首次提出，并基于OpenFlow技术实现了网络的可编程能力，使得网络变得像软件一样可以灵活编程和修改。OpenFlow是一个流表下发、定义的标准，流表是指导数据报文转发的表项。

2007年，斯坦福大学的马丁·卡萨多（Martin Casado）在Ethane项目中提出集中式控制器的概念。

2008年，尼克·麦基翁等人提出SDN的概念。

从2009年开始，业界开始定义SDN相关标准，例如OpenFlow协议标准，在2011年开放网络基金会（Open networking foundation，ONF）论坛产生。

SDN的核心思想是在网络中引入了一个SDN控制器，实现转控分离和集中控制。SDN控制器就如同网络的大脑，可以完成对所有设备的控制，这些被控制的设备称为转发器，转发器转发所依赖的数据完全由控制器计算和生成。通过这种方式，SDN试图解决传统网络遇到的问题，诸如前文提到的路径调整无法最优、网络复杂、运维困难、业务创新速度慢等。

| 7.2 SDN与传统网络 |

传统网络是一个完全分布式控制的网络。这种分布式控制包含重要的分布式控制协议，如BGP、IGP、MPLS、组播路由协议、IPv6路由协议等。这些控制协议构成了IP网络的控制平面。而要完成数据报文的转发需要根据控制协议生成的路由表数据进行寻址转发，这就是转发平面。同时，一个对外提供服务的网络，还必须考虑如何对网络进行运维管理，这就构成了管理平面。因此，一个网络有3个平面，它们的主要功能如下。

- 控制平面负责网络控制，根据网络状态的变化（如拓扑变化）对网络进行实时反馈，调整网络的各种数据和行为，保障网络正常工作和提供承诺服务的状态。控制平面的主要功能是为网络设备生成转发所需要的数据——路由表数据，当网络状态发生变化时，控制平面必须实时、快速收敛，重新生成路由表，让网络能够仍然正常转发数据报文。
- 转发平面是指设备根据控制平面生成的路由表项和指令完成数据报文转发和处理的部分。
- 管理平面负责网络设备管理和业务管理，主要功能分为业务配置管理、策略管理、设备管理、告警管理、性能管理、故障定位等操作维护管理功能。

总结来说，传统网络有以下4个主要特征：依赖协议控制；逐设备单独控制（紧耦合）；控制平面与转发平面在同一设备中；管理员无法直接操控转发行为。

而SDN的目标是使控制平面和转发平面解耦，对网络做软件化的集中控制。ONF对SDN的定义做了如下描述。

- SDN的目标是设备的控制平面和转发平面分离，让网络开放、可编程、虚拟化、自动化。
- SDN架构有3层——应用层、控制器层、物理网络层，其中SDN控制器是SDN架构中的关键部分。

SDN的关键特征如下。

- 开放的可编程接口：网络开放，可编程。
- 控制平面与转发平面分离。
- 集中化的网络控制。
- 网络业务的自动化应用程序控制。

总体来说，传统网络是软硬件一体、分布式的封闭网络，而SDN追求的软硬件解耦、开放的网络如图7-3所示。

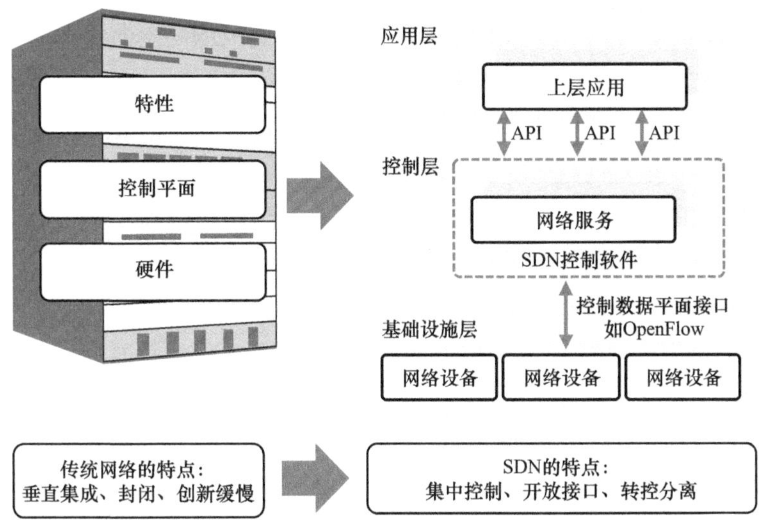

图 7–3　传统网络和 SDN 网络的对比

SDN是如何解决传统网络面临的问题呢？

集中控制：当把控制平面集中到SDN控制器之后，原有大量的分布式控制协议就不是必要的了，例如各种路由协议、MPLS协议等，因为SDN控制器可以通过其内部的各种控制程序计算出MPLS路由、组播路由、业务路由等。通过这种集中控制技术，大量减少网络中各种协议的部署，简化网络架构，使得网络更加容易维护和管理，降低对网络维护和人员的技术要求。

开放接口：网络被集中控制后，可以通过开放编程接口进行修改，比如替换控制器的控制程序或者在控制器内部增加新的程序来实现新业务。大量的按需路径调整需求、业务的灵活控制需求等新业务，都可以通过调整控制器软件完成部署。这种方式使得网络新业务的部署时间从原来的3～5年压缩到几个月甚至几周。

转控分离：SDN通过控制器和转发器之间的控制协议来控制信息交互。当前最重要的是OpenFlow协议，该协议定义了控制器和转发器之间的通信标准、流表标准，在此基础上，SDN控制器就可以灵活控制转发器的转发行为。

7.3 SDN的核心技术：OpenFlow

回顾SDN的产生过程，我们会发现OpenFlow是SDN产生的前提。可以说，OpenFlow是支撑SDN的重要组成部分。

OpenFlow是一种新型网络协议，最初被提出的原因是研究人员无法通过改变现有网络设备进行创新网络架构和协议的研究与实验。因此，研究人员提出了控制和转发的分离架构，也就是将控制逻辑从网络设备中分离出来，交给控制器集中统一控制，从而实现网络业务的灵活部署。为此，他们设计了OpenFlow协议作为控制器和交换机之间通信的标准接口。

OpenFlow协议的思路很简单，即网络设备维护一个或若干个流表，并且数据流只按照这些流表进行转发。流表本身的生成和维护完全由外置的控制器来管理。流表是指由一些关键字和执行动作组成的灵活规则。在实际应用中，可以通过流表表项中具体的匹配关键字来决定执行什么样的流转发规则。

从2009年底发布第一个正式版本以来，OpenFlow协议经历了1.1、1.2、1.3、1.4、1.5等版本的演进过程。2012年，OpenFlow管理和配置协议也发布了第一个版本（即OF-Config 1.0&1.1），用于配合OpenFlow协议进行自动化的网络部署。图7-4说明了OpenFlow各个版本的发展情况。

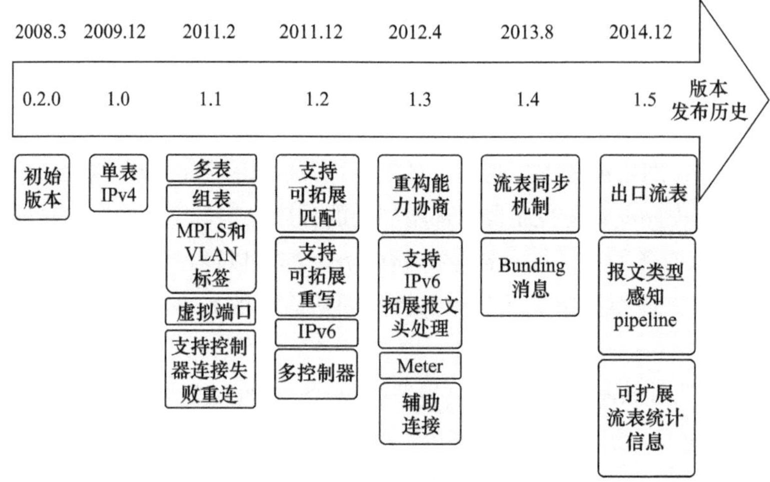

图 7-4 OpenFlow 协议的发展情况

2011年，ONF成立，随后把OpenFlow协议的管理和发布工作纳入其中。主要的OpenFlow协议版本简介如下。

1. OpenFlow1.0：单流表

如图7-5，OpenFlow交换机主要由两部分组成，即Secure Channel和Flow Table。Secure Channel是控制器和交换机之间的加密通道，用于承载OpenFlow消息交互。Flow Table则是流表，流表是OpenFlow中最重要的一张表，它用于指导OpenFlow交换机对收到的数据报文进行转发，相当于二层的MAC地址表和三层的路由表。OpenFlow1.0协议中只存在一张流表，用于数据报文的查找、处理和转发，并且只能同一台控制器进行通信，流表的维护也是通过控制器下发相应的OpenFlow消息来实现的。

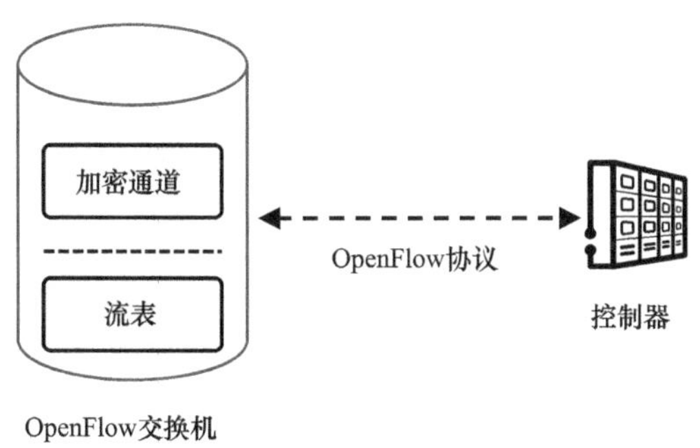

图 7-5　OpenFlow1.0 的示意

流表由若干条流表项组成，每个流表项就是一个转发规则，流表项由匹配字段、计数器和动作组成。其中，匹配字段是流表项的标识，OpenFlow1.0支持12个匹配字段；计数器用于流表项的匹配和收发报文统计；动作指示对匹配流表项的数据报文应该执行的动作，如转发到另一端口、丢弃或送控制器处理，甚至可以修改数据报文字段的转发。

OpenFlow 1.0中流表的结构如图7-6所示。

Header Fields	Counters	Actions

图 7-6　OpenFlow1.0 中流表的结构

流表中各字段的说明如下。

- Header Fields：定义流的报文头，进而用于定义某一条流。OpenFlow提供丰富的匹配域字段来定义不同粒度的流，如可以基于目的IP地址定义一条流，也可以根据源IP地址+目的IP地址来定义一条流。Header Fields字段格式如图7-7所示。

Ingress Port	Ether Source	Ether DST	Ether Type	VLAN ID	VLAN Priority	IP SRC	IP DST	IP Proto	TCP/ UDP SRC Port	TCP/ UDP DST Port

图 7-7　OpenFlow1.0 中流表的 Header Fields 字段格式

- Counters：针对流表（活动的表项数、数据报文查询次数、数据报文匹配次数）、表项（收到数据报文数、字节数、数据流持续时间）、端口（收到的数据报文、字节数等）分别作统计信息。
- Actions：定义转发器如何处理数据报文，如Forward、Drop等。

OpenFlow1.0版本的优势是它可以与现有的商业交换芯片兼容，通过在传统交换机上升级固件就可以支持OpenFlow1.0版本，既方便OpenFlow的推广使用，也有效保护了用户的投资，因此，OpenFlow1.0是目前使用和支持最广泛的协议版本。

2. OpenFlow1.1：多流表

OpenFlow1.1版本开始支持多流表，如图7-8所示。OpenFlow1.1将流表匹配过程分解成多个步骤，形成流水线处理方式，这样可以有效和灵活利用硬件内部固有的多表特性，把数据报文处理流程分解到不同的流表中也避免了单流表过度膨胀的问题。

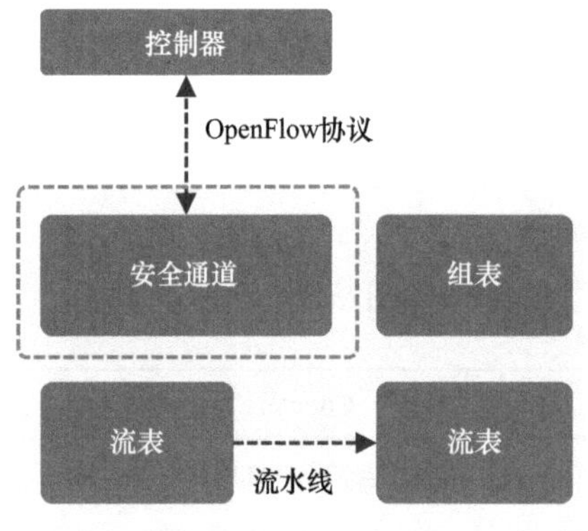

图 7-8　OpenFlow1.1 的示意

多流表的数据报文转发过程如图7-9所示，OpenFlow交换机会逐级进行流表匹配，根据每一级流表匹配的结果修改Action Set，最后执行Action Set中的动作。

OpenFlow交换机
报文入
入端口
流表0
Action
Set
报文+
入端口+
元数据
流表1
Action
Set
流表N
报文
Action
Set
执行
Action
Set
报文出

(a) 报文与管道中的多个流表进行匹配

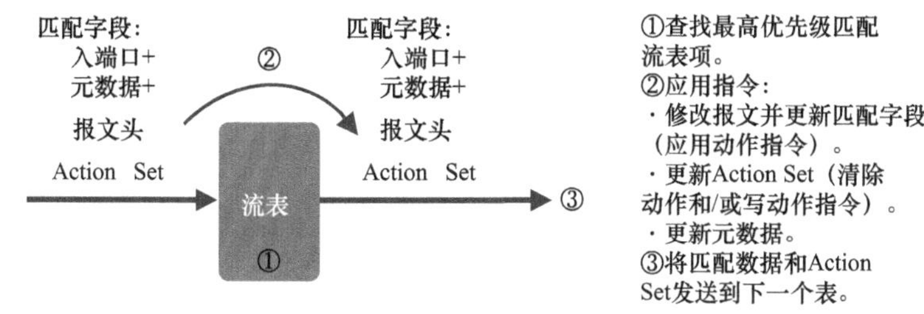

(b) 逐表报文处理

图 7-9　多流表的数据报文转发过程

另外，OpenFlow1.1中增加了对于VLAN和MPLS标签的处理，并且增加了Group Table，通过在不同流表项动作中引用相同的组表实现对数据报文执行相同的动作，从而简化了流表的维护。OpenFlow1.1版本是OpenFlow版本发展的分水岭，它和OpenFlow1.0版本不兼容，但后续版本仍然在此基础上发展。

3. OpenFlow1.2：OXM

为了更好地支持协议的可扩展性，在OpenFlow1.2版本中，下发规则的匹配字段不再通过固定长度的结构来定义，而是采用TLV结构定义匹配字段（Type、Length、Value，Value由Length指定），因此称为OXM（OpenFlow eXtensible Match），这样用户就可以灵活地下发自己的匹配字段，增加更多关键字匹配字段的同时，也节省了流表空间。

同时，OpenFlow1.2规定可以使用多台控制器和同一台交换机连接，以增加可靠性，并且多台控制器可以通过发送消息来变换自己的角色。还有重要的一点是，自OpenFlow1.2版本开始，Open Flow支持IPv6。

4. OpenFlow1.3：Meter表

经过1.1和1.2版本的演变，2012年4月发布的OpenFlow1.3版本成为长期支持的稳定版本。OpenFlow1.3流表支持的匹配关键字已经增加到40个，足以满足现有网络应用的需要。OpenFlow1.3还增加了Meter表，用于控制关联流表的数据报文的传送速率，但目前的控制方式相对简单。另外，OpenFlow1.3改进了版本协商过程，允许交换机和控制器根据自己的能力协商支持的OpenFlow协议版本，也增加了辅助连接，用来提高交换机的处理效率和实现应用的并行性。OpenFlow1.3还支持IPv6扩展报文头和Table-miss表项。

5. OpenFlow1.4：流表同步机制

2013年发布的OpenFlow1.4版本仍然是基于1.3版本的改进版本，其中数据转发平面没有太大变化，主要增加了一种流表同步机制，多个流表可以共享相同的匹配字段，但可以定义不同的动作；另外增加了Bundle消息，确保控制器下发一组完整消息或同时向多个交换机下发消息的状态一致性。OpenFlow1.4还支持光口属性描述、多控制器相关的流表监控等功能。

OpenFlow协议的演进一直都围绕着两个方面，一方面是控制平面的增强，让系统功能更丰富、更灵活；另一方面是转发平面的增强，可以匹配更多的关键字，执行更多的动作。每一个后续版本的OpenFlow协议都在前一个版本的基础上进行了或多或少的改进。

由于自OpenFlow1.1版本开始，后续版本和之前版本不兼容，OpenFlow标准化组织ONF为了保证产业界有一个稳定发展的平台，把OpenFlow1.0和1.3版本作为长期支持的稳定版本，确保一段时间内后续版本要保持和稳定版本的兼容。

7.4 SDN的主要技术流派

SDN的诞生引起了业界的广泛关注，不同领域的厂商从自身价值出发，对SDN进行解读和定义，因此产生了3种不同范围的定义。

①狭义SDN：专指OpenFlow协议，通过OpenFlow协议下发流表的方式指导流量的转发。

②广义SDN：管理+控制和转发分离，这也是主流的定义，也是最有价值、最广为接受的一种定义。

③超广义SDN：管理和控制、转发分离。但控制和转发仍然不分离。

其实如何定义SDN并不重要，厂商关注的是SDN所能带来的价值。从厂商的角度，SDN可以分为以下3类。

第一类是谷歌等OTT厂商所支持的SDN，主要目的是解决自己的数据中心，以及数据中心之间的网络问题。这一类的SDN定义为：管理、控制和转发分离，同时从硬件设备中剥离出来，运行在通用服务器上，并支持自动化配置，北向应用程序接口（Application Program Interface，API）开放。

谷歌数据中心架构如图7-10所示，按照Peering流量大小计算，谷歌是全球第二大运营商，采用的网络架构面临以下几大问题。

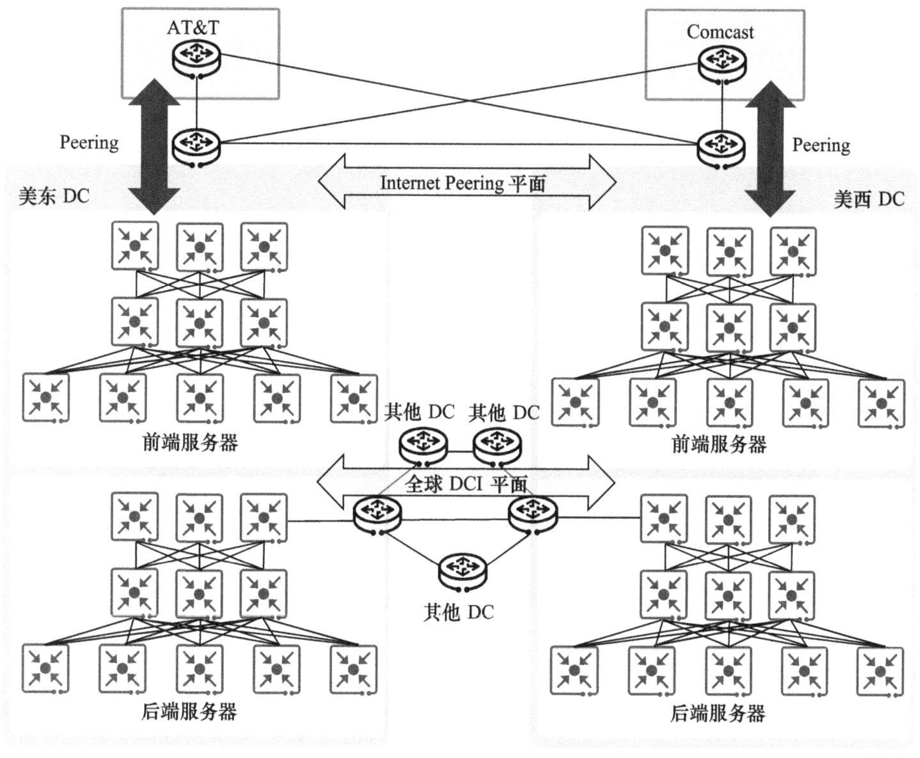

图 7-10　谷歌数据中心架构

①由于流量爆炸式增长，需要不断扩容长途骨干网的带宽，还需要不断购买思科等厂商的设备，成本高昂。

②IP网络的运维复杂，运维费用高昂。传统网络复杂的分布式控制，导致每一台设备都需要通过命令行做运维，对运维人力要求高。

③IP网络的链路利用率低下。虽然现网部署了MPLS RSVP-TE，但仍然很复杂，不能智能化地充分利用链路带宽。

④谷歌希望通过创新改造网络，例如网络仿真、事故预判等，但在传统网络中，受限于设备厂商，这种创新很难实现。

面对这些问题，谷歌定义了数据中心互联（Data Center Interconnect，DCI）网络的SDN架构，如图7-11所示。

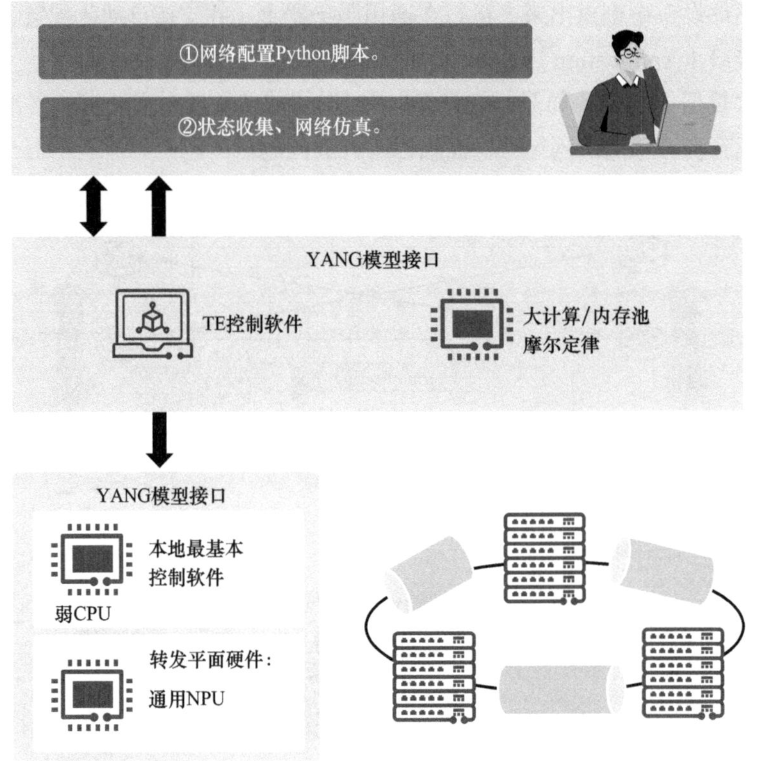

图 7-11　谷歌定义的 DCI 网络的 SDN 架构

这种SDN架构的特点如下。

①管理平面：人看到的是Fabric，而不是设备；人看不到设备的命令行，而是面向业务的脚本语言文件。无论多少设备，都是一个Fabric。

②控制平面：坚决杜绝复杂算法植入硬件设备。控制器利用扩展性极高的计算资源池管理算法；基于50个不同QoS等级的应用TE；必须达到100%的链路使用率，降低每比特开销；必须提供虚拟环境的软件仿真；大胆创新，在虚拟环境测试验证后，再植入现网控制器。

③转发平面：硬件保持简单，采用通用神经网络处理器（Neural Processing Unit，NPU）。符合摩尔定律和规模效应。

基于这个架构，谷歌把自己的网络改造成了彻底的SDN网络。2008—2010年，谷歌采用思科、Juniper定制芯片的高端路由器，路由器运行RSVP-TE控制平面软件。2012年，谷歌数据中心网络的转发器改为基于Broadcom等公司的通用芯片定制的交换机，定制了SDN软件控制器。

第二类是思科、Juniper、华为等路由器硬件厂商所支持的SDN，希望继续保持自己的硬件优势，但又必须面向SDN做出改变。思科提出了混合控制层的观点，认为控制器不能替代路由器的控制层，需要充分利用设备侧的分布式路由协议能力。

如图7-12所示，硬件厂商定义了如下SDN网络架构，从以设备为中心，转变为以网络为中心。这类SDN架构分为协同层（Orchestration）、SDN控制器层（SDN Controller）和设备层 3 层。

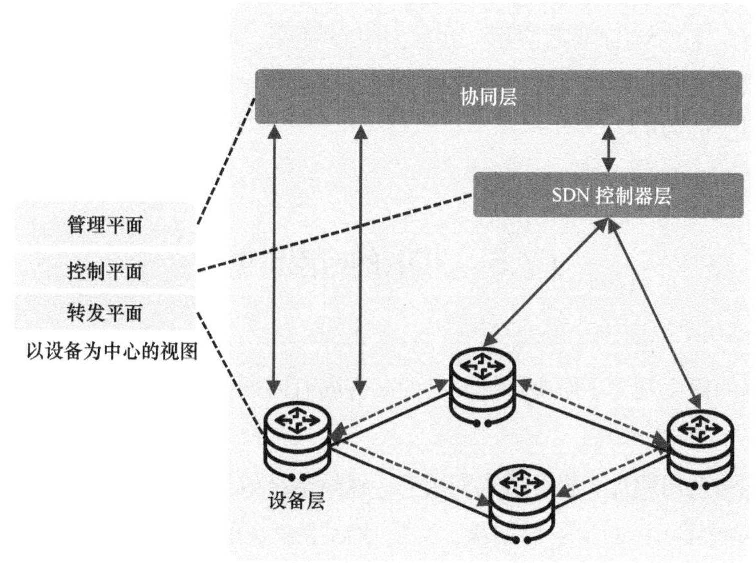

图 7-12　SDN 架构（硬件厂商定义）

- 协同层：负责完成全网业务编排，替换逐设备的配置方式，实现全网业务定义和部署。
- 控制器层：集中的控制平面，用于制定全网策略并进行控制。全网策略包括带宽日历、带宽调度和多层流量优化。
- 设备层：SDN控制器并不能完全替代单路由器的控制平面。为了实现路由的有效分发和快速收敛，仍然需要一种分布式路由协议，该协议最好能在单个路由器上实现。

第三类则是由运营商发起的SDN，希望通过SDN重构网络，把网络功能虚拟化，采用通用的硬件平台，而不绑定具体的设备厂商，以削弱网络设备的价值。

总结来说，SDN从诞生以来，经过各方的解读和博弈，最终形成了以下3个流派。

- IETF定义的SDN：核心思想是强调设备的可编程性，即网络设备开放北向API，为用户创新提供有力保障。关注重点是网络设备的功能与开放API。

- ONF定义的SDN：核心思想是控制转发分离，控制平面和转发平面之间采用标准协议OpenFlow。控制器进行网络级集中控制。控制器软件多样化，且开放、可编程，甚至实现开源或者客户定制。
- 欧洲电信标准组织（European Telecommunication Standards Institute，ETSI）定义的SDN：网络功能虚拟化。

当前，这3个流派各有应用：在数据中心领域，部分采用基于OpenFlow的方案；在云核心网，网络功能虚拟化已经被大量部署；在其他领域，基本是以对现有体系的改良为主。

| 7.5　SDN的应用价值 |

SDN的诞生是为了解决传统网络的某些固有问题，相应地，SDN的应用价值也体现以下两个方面。

1. 网络全局调优，提升带宽利用率，保障链路质量

SDN能够实现网络全局调优，从而使得带宽利用率提升，也能保障链路质量。SDN调优分为两种方式，即IP流量调优和隧道调优。

- IP流量调优：主要针对BGP AS域的出入方向流量进行调优。出方向流量调优主要是通过BGP Flow spec修改流表（下一跳出接口、引流入隧道等）。入方向流量调优主要是给对端发布BGP MED值、AS Path等路由，从而改变路由优先级，来引导对端的流量发送并达到本端的入方向。由于发布路由有一定安全风险，所以这种调优方式很少使用。通过实时/准实时采集网络上的路由和流量信息，来分析并识别流量是否均衡，是否有流量拥塞，是否为重点保障的大客户等。然后发起路由的精准调整，避免流量拥塞。
- 隧道调优：SRV6隧道由控制器进行控制，集中路径计算，逐跳控制指令下发到头端设备，可以精确控制隧道路径，提供端到端的SLA保障。采用SRV6隧道技术，可以解决3类问题：首先是业务敏捷开通，SR/SRV6可以实现一跳直达，免VPN拼接，业务天级开通；其次，SRV6隧道调优可以结合分片，保障SLA，避免尽力转发，提供确定性体验；最后，SRV6隧道调优还可以结合IFIT技术，解决路径可视问题。

2. 业务端到端自动化、敏捷发放，提升网络业务发放效率

运营商长期以来面临的一个痛点是业务上线非常慢，而运营商本身的新业务层出不穷。同时，新业务开通涉及很多设备，需要逐一调整，周期长并且容易出错。SDN通过集中式的业务控制和编排，可以屏蔽设备的细节，实现业务的敏捷发放。这种方式不仅提升了网络业务的发放效率，还可以降低对网络维护人员的要求。

7.6　SDN未能解决的老问题

虽然SDN提升了业务自动化的能力，但网络在生命周期中仍然有大量的人工断点无法自动化解决，对客户来说，网络依然难以维护。数据通信网络分为3种类型：运营商网络、数据中心网络和企业园区网络，它们在生命周期中面临不同的挑战。

在运营商网络中，传统的专线业务效率低，跨省专线开通需耗时半个月以上，专线排障需要数小时。运维人员工作被动，不能先于客户发现问题，只能被动响应；且侧重网络运维，难以感知对业务的影响。云网新业务对网络有更高的要求，如应用上云、时延敏感及确定性体验。另外，“一线一云”较难维护，需要“一线多云”。

在数据中心网络中，新业务开通涉及的部门多，几十个断点需要人为配置，效率低；网络变更引发的故障率高达70%，网络的正确性依赖工作人员的经验审核；排障也需要人工参与，缺乏自动化手段，排障周期需要数小时。

在企业园区网络中，平均一个分支的开通时间为1天；应用质量无法保障，视频会议、电话会议卡顿；用户接入不安全，容易受攻击。

以某个数据中心为例，在用了SDN之后，客户的感受依然是“网络部疲于奔命，加班熬夜，每月收到的投诉数量仍是全公司最多的”。存在的问题具体包括以下几个方面。

- 规划建网：网络新建和变更的大量工作仍需人工执行，方案的设计、评估、决策等人工内容占全流程的80%。
- 业务布放：依赖人工经验变更，无预防和检验手段，近40%故障来源于人为错误，多次造成重大事故。
- 运维监控：仍有大量故障需要根据人工经验解决，运维人员被动感知故障，平均故障处理时间超过2天。

- 优化调整：人工调优的过程复杂、漫长，大量数据需要人工分析，耗时按月计算。

总体来说，SDN解决了部分问题，但从使用者的角度来看，还有大量的网络运维问题没有解决，需要有新的架构解决网络生命周期中的各种问题。

7.7 从SDN到ADN

为了更好地解决网络全生命周期中存在的问题，实现网络的自动化，华为提出了ADN的概念。ADN致力于网络的闭环自治，让网络在运行过程中能够自愈、自治，同时让客户可以低成本使用网络。和传统网络相比，ADN的关键转变有以下3点。

- 从依赖人工经验运维转变为系统自动运维，可以自动化处理简单问题。
- 网络维护从被动维护转变为可预测的主动维护，可以智能化处理复杂问题。
- 从业务体验的开环管理转变为数据驱动的业务体验闭环管理。

ADN分为6个等级，每个等级均定义了衡量标准，通过这些标准来衡量ADN的能力，如表7-1所示。

表 7-1 ADN 各个等级的能力及衡量标准

等级定义	L0 人工 运维	L1 工具辅助 自动化	L2 部分 自动驾驶	L3 有条件 自动驾驶	L4 高度 自动驾驶	L5 完全 自动驾驶
执行	人	人/系统	系统	系统	系统	系统
感知	人	人/系统	人/系统	系统	系统	系统
分析	人	人	人/系统	人/系统	系统	系统
决策	人	人	人	人/系统	系统	系统
意图/体验	人	人	人	人	人/系统	系统
适用范围	不涉及	部分场景	部分场景	部分场景	部分场景	所有场景

ADN各个等级的技术代际特征描述如下。

①L0人工运维：全人工线下运维，执行、感知、分析、决策和意图活动全

部由人工完成。

②L1工具辅助自动化：自动化线上辅助运维，感知和执行活动由系统辅助，相关处理能被线上跟踪和记录。运维人员聚焦分析和决策活动。

③L2部分自动驾驶：基于静态规则自动化，执行和部分感知/分析活动能基于人工预定义的静态规则自动完成。简单/可重复的工作（如数据采集、预处理等）可由系统完成。

④L3有条件自动驾驶：基于动态规则自动化，感知、执行和大部分分析活动自动化，规则、策略、型等可被动态更新。部分决策活动可在人工预定义的规则、策略下自动决策。

⑤L4高度自动驾驶：AI能力辅助自动化，感知、分析、决策和执行全部自动化，实现在特定场景下基于意图的自动闭环，紧急情况需人工介入。运维人员聚焦规则和AI模型的构建和管理。

⑥L5完全自动驾驶：全场景自学习、自适应、自演进，所有认知活动全部自动化，自治机制（AI模型等）可以面向所有场景自动适应和演进。运维人员聚焦意图提出和进度、状态监控等。

等级的跨越有以下几个关键特征的变化。

L1到L2：从工具辅助人执行到人使用工具自动执行。

L2到L3：系统辅助人分析到系统自动定位问题。

L3到L4：系统辅助人决策到系统部分自主决策。

L4到L5：部分场景自主决策到全场景自主决策。

ADN的5种能力要求含义如下。

- 感知：理解网络意图、业务意图、商业意图，收集并处理网络数据及外部数据，监测网络运行状态，评估外部环境影响，输出分析所需的数据。
- 分析：在感知阶段输出的数据基础上，通过建模和分析，输出已定界的事件或候选方案。
- 决策：在分析阶段输出的事件或候选方案基础上，通过判断及仿真进行验证、评估，输出最优的操作方案。
- 执行：在决策阶段输出的最优的操作方案基础上，通过在现网执行操作指令序列，确保操作正确，并给意图方反馈信息。
- 意图 / 体验：意图是指人对网络的诉求，包括网络意图（维护人员）、业务意图（业务运营人员）、商业意图（最终客户），体验是指网络 SLA 的满足度。

从2018年华为提出ADN的概念和标准以来，ADN在产业界得到了快速的发展，其发展时间线如图7-13所示。

图 7-13　ADN 的发展时间线

目前，ADN已经成为行业共识，厂商和运营商都在ADN产业中进一步探索自动化和智能化之路。

第三篇

数据通信产品与架构篇

第 8 章
数据通信的主要产品

本章节介绍数据通信领域的主要产品，包括交换机、路由器、WLAN产品、安全产品和网络控制器5种类型。分别介绍各类产品的定位和应用场景。本章提到的产品均以华为的产品为例。

| 8.1　数据通信的产品全景 |

根据数据通信的产业类型，数据通信领域的产品分为以下4类，如图8-1所示。

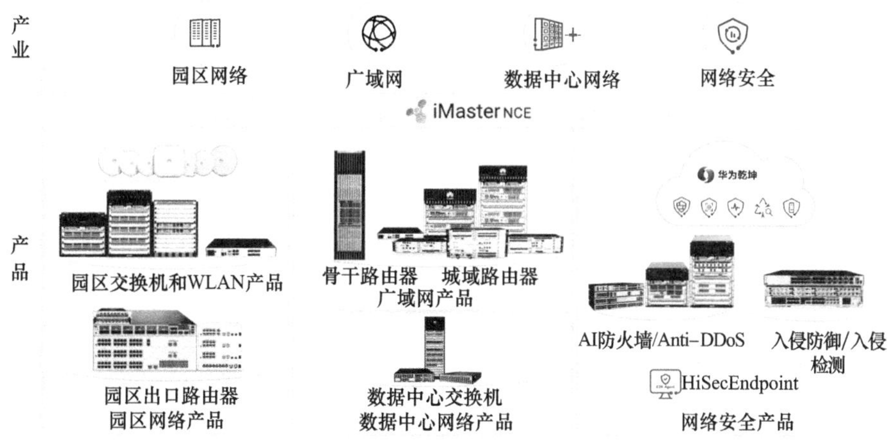

图8-1　华为数据通信主要产品

- 园区网络产品主要有园区交换机，比如S系列交换机；WLAN产品，比如AP、AC；园区出口路由器，比如AR系列路由器。
- 广域网产品主要有骨干路由器和城域路由器，比如NetEngine系列路由器、PTN系列路由器、CX系列路由器等。

- 数据中心网络产品主要是数据中心交换机，比如CE系列交换机。
- 网络安全产品主要有防火墙，比如USG系列防火墙；入侵防御产品，比如IPS系列；入侵检测产品，比如NIP系列等。

为了清晰地区分华为数据通信产品，华为自 2019 年开始推出了四大“Engine”系列产品，如图 8-2 所示。

- AirEngine，代表WLAN产品族，因为WLAN主要利用空间无线电波进行通信，所以称为AirEngine。
- NetEngine，代表路由器产品族，因为路由器是网络的“引擎”，所以称为Net Engine。
- CloudEngine，代表交换机产品族，因为企业业务上云是一个主流趋势，这类产品是“云的引擎”，所以称为CloudEngine。
- HiSecEngine，代表安全网关产品族，因为是网络安全的“引擎”，所以称为HiSec Engine。

另外还有iMaster NCE产品，主要实现网络全生命周期的自动化、智能化以及自动驾驶。

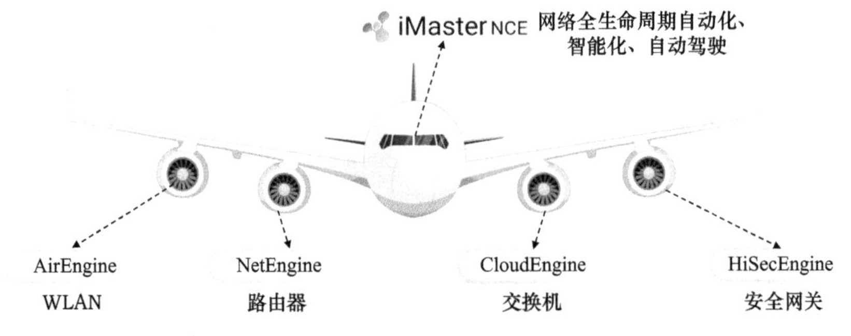

图8-2　华为数据通信四大“Engine”系列产品

| 8.2　交换机 |

1. 交换机简介

交换机（Switch）是一种常见的多端口网络设备，它能够在计算机网络上连接不同的设备，通过交换报文接收数据，并将数据转发到目标设备。以太网交换机是最常见的交换机形式。

1990 年，Kalpana 推出了世界上首台交换机 EtherSwitch，它拥有 7 个端口，远远多于当时网桥的 2 个端口。由于该设备不满足 IEEE 规定的相关标准，不能使用“网桥”一词，因此使用了交换机（Switch）一词。在那之后，交换机的概念逐渐被人们接受。1994 年，思科在收购 Kalpana 后，也推出了自己的 Catalyst 1200 以太网交换机产品。1997 年，华为推出了第一款以太网交换机 Quidway S2403。

按照应用场景，交换机分为园区交换机和数据中心交换机。园区交换机主要用于使园区网络内的计算机、手机、服务器、监控设备及物联网设备接入网络和互联互通。数据中心交换机主要用于使数据中心内部的服务器、存储设备和其他网络设备互联互通。

华为园区交换机助力打造管理简单、稳定可靠、业务智能的园区网络，其外观如图8-3所示。华为园区交换机有以下3个突出特点。

- 更可靠的网络：搭载全新可编程芯片，基于信元交换技术，在高并发、高负载工作环境下，可以实现无阻塞交换、业务零丢包。
- 更简单的管理：可以接入核心网的各个层次，深度融合有线无线网络，一台交换机支持高达10240个无线接入点的融合管理，实现统一用户认证、简化运维。
- 更敏捷的部署：基于SDN和VXLAN技术，整网设备即插即用，实现分钟级网络部署和调整，可以更敏捷地响应业务的变化。

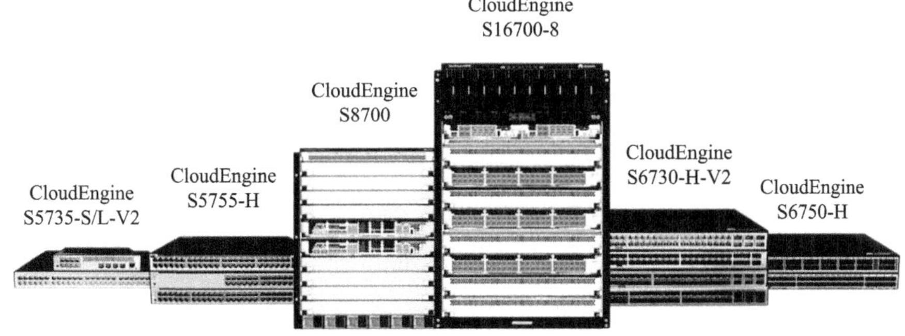

图8-3　华为园区交换机的外观

数据中心正在从云时代向智能时代演进，成为5G、人工智能等新型基础设施的核心。华为推出了面向智能时代的CloudEngine数据中心交换机，其外观如图8-4所示。同时，华为定义了智能时代数据中心交换机的三大特征：400 Gbit/s

超高宽带、无丢包以太网、全生命周期自动管理。华为数据中心交换机具有以下特点。

- 高可扩展性和灵活性：具备丰富的产品组合，支持从500台到超过50000台服务器规模的灵活组网；基于数据采集的实时分析，满足业务快速创新和智能运维。
- 自动化和敏捷性：采用iMaster NCE-Fabric，可以实现Overlay和Underlay的自动化操作；可基于标准的开放API与第三方DevOps工具集成，实现自动化管理。
- 基于开放架构的平滑演进：具备统一的开放架构，支持从传统数据中心网络向SDN和多云时代平滑演进。

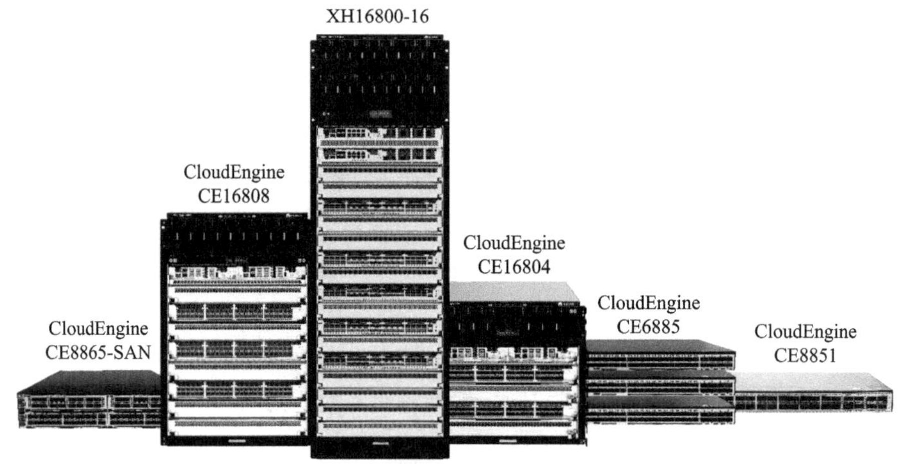

图8-4　华为数据中心交换机的外观

2. 交换机的结构

以太网交换机演进至今，已经形成了以主控板（Main Processing Unit，MPU）、交换网板（Switch Fabric Unit，SFU）、接口板（Line Processing Unit，LPU）、监控板（Control and Monitoring Unit，CMU）、背板为主的典型结构，图8-5所示是框式交换机的典型结构。

盒式交换机的架构与框式交换机类似，包括控制模块、交换模块及接口模块，只是都集成在一个盒子内而已，如图8-6所示。

下面介绍框式交换机结构中的硬件组件。

背板位于机框背部的内侧，是框式交换机用于连接MPU、SFU、LPU、扩展扣卡、风扇、电源等部件的印制电路板（Printed-Circuit Board，PCB），类似计算机的主板（显卡、声卡等都插入主板），提供供电、传输数据、配置管理、控制平面等功能。

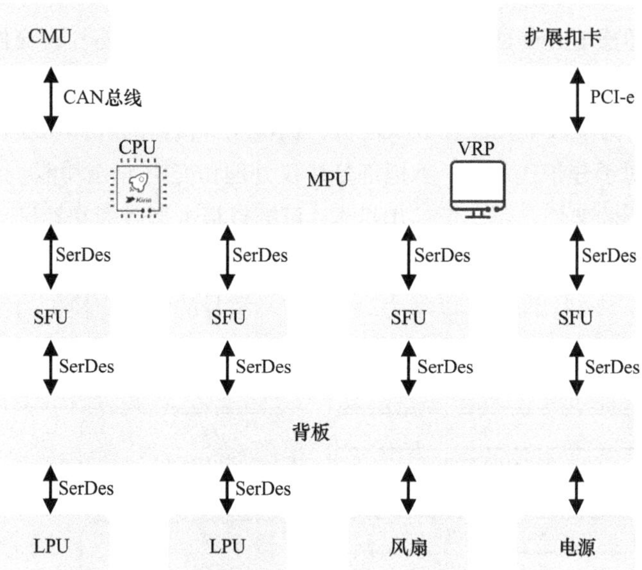

图8-5　框式交换机的典型结构

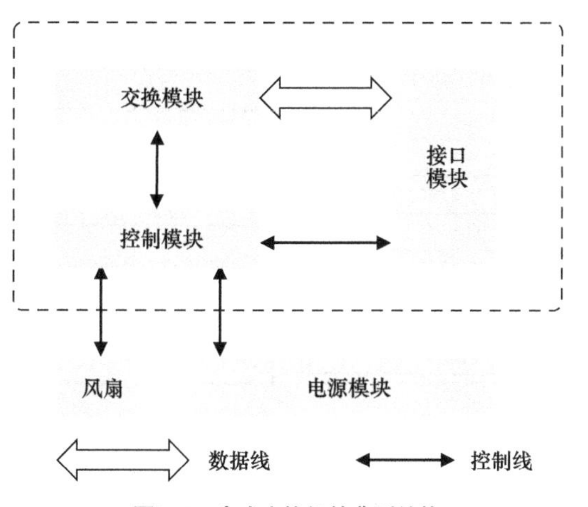

图8-6　盒式交换机的典型结构

MPU提供设备的管理和控制功能及数据平面的协议处理功能，负责处理各种通信协议。作为用户操作的代理，MPU根据用户的操作指令来管理系统、监视性能，并向用户反馈设备运行情况，以及对LPU、SFU、风扇、电源进行监控和维护。

SFU 主要负责跨接口单板卡之间的数据交换，提供各 LPU 之间的报文交换、分发、调度、控制等功能。SFU 通常采用高性能的 ASIC 芯片，可实现线速转发。从接口单板 A 到接口单板 B 的数据转发路径是接口单板 A →背板→ SFU →背板→接口单板 B。SFU 上一般会有一个或者多个交换机芯片，交换机芯片通过 SFU 内部链路和背板与各个接口单板相连，实现接口单板之间的数据交换。

LPU也称为接口单元或业务处理板，提供业务传输的外部物理接口，接收和发送报文。对于分布式系统，承担部分协议处理和交换/路由功能。

按照这样的架构，可以设计出机框+可插拔板卡形式的交换机。这种形式的交换机具有很好的灵活性和可扩展性，例如，当业务需要增加接口数量的时候，只需要增加一块LPU即可。以华为S12700E-8型号的框式交换机为例，整机的槽位分布如图8-7所示，整个机框可以插入2个MPU，4个SFU及8个LPU。

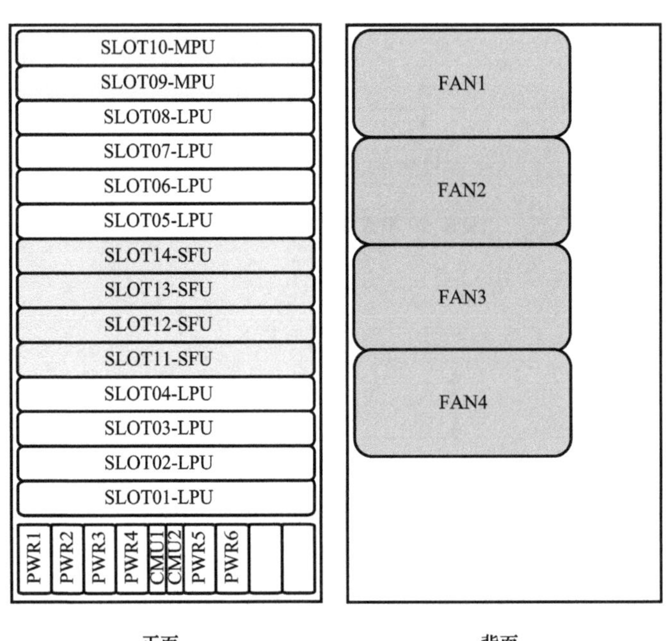

图8-7 华为S12700E-8交换机的槽位分布

3. 交换机的应用

在实际的网络应用中，交换机根据角色可以分为接入交换机、汇聚交换机、核心交换机，如图8-8所示。承担不同角色的交换机在性能上也会存在较大的差异。

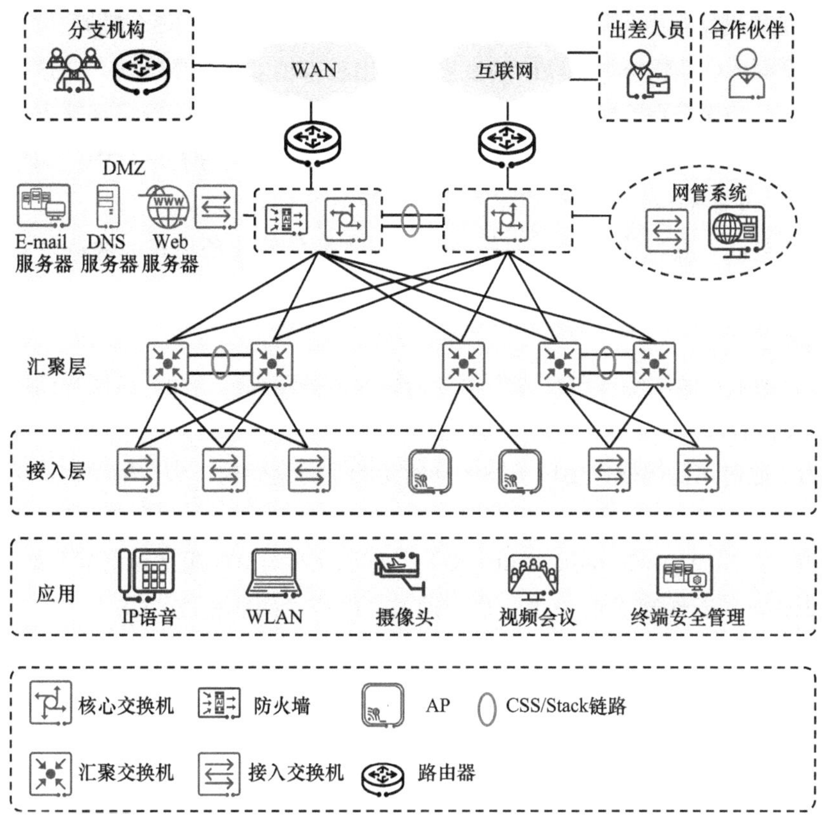

图8-8 交换机在网络应用中的角色

接入交换机在整个网络拓扑中的最底端，直接和用户设备相连。一般会使用最基础的L2交换机或者带有一些基础功能的L3交换机作为接入交换机。

汇聚交换机与接入交换机的主要区别是下挂设备的不同。汇聚交换机将多个网络节点（如接入交换机、AP等）连接在一起，用于简化组网方式，提升网络部署效率。一般会使用具备多种功能的交换机作为汇聚交换机，以满足网络要求的复杂功能。

核心交换机是一个网络的中心设备，通常用于连接不同的子网和网络设备，并提供高速数据传输和路由功能。它是一个高性能的交换机，可以实现大量数据的快速转发和处理，是一个网络中非常重要的组件。一般会使用具有高带宽的交换机作为核心交换机。

4. 交换机的管理与扩展

在传统的大中型园区网络中，海量的接入交换机给网络部署和日常管理带来挑战。随着网络数字化加速发展，传统园区网络架构面临以下3个挑战。

- 成本高：互联网、物联网的发展催生出越来越多的新型终端，在这种情况下，经常需要扩展网络以接入更多的终端。但在当前的网络部署方式下，交换机部署在楼层弱电间，连接接入点的网线通常埋在墙体中。如果扩展接入更多的终端，需要施工改造、重新布线，成本较高。
- 带宽低：后疫情时代，远程办公、线上教学等业务模式的快速发展对网络带宽的要求越来越高，目前网络用的双绞线难以满足带宽需求的不停演进。
- 管理难：园区多网融合成为趋势，导致网络越来越复杂，这使得网络管理变得更加困难。

为了应对这些挑战，出现了图 8-9 所示的小行星架构。小行星架构由中心交换机（Central Switch，CS），以及分布在各个办公桌面、公共区域、移动办公等信息点的远端模块（Remote Unit，RU）组成。CS 与 RU 通过光电混合缆相连，支持 300 m 的长距离 PoE 供电，也可通过光纤或者网线相连。CS 与 RU 之间基于私有的极简拓扑发现协议（eXtremely Lean Discovery Protocol，XLDP）进行通信和管理。这种架构省去汇聚层设备、RU 作为 CS 的端口扩展模块，具有免规划、免部署、免管理的优势。让网络的部署、运营更加高效。

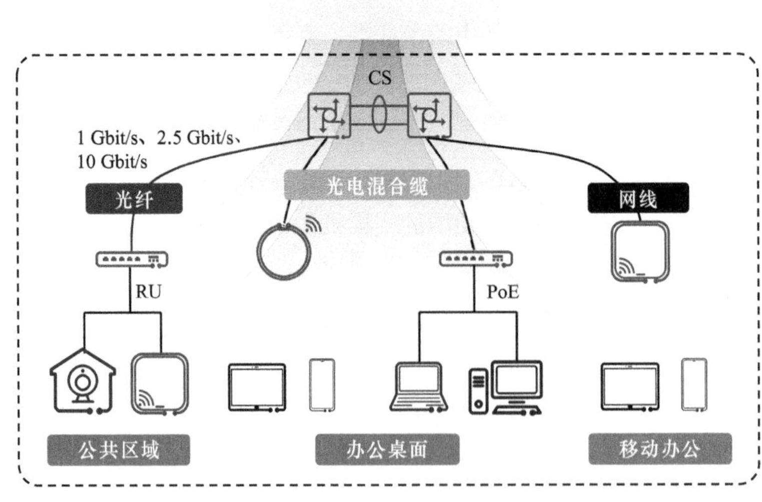

图8-9　小行星架构

（1）CS

CS是用于管理RU的交换机，负责管理RU的状态并转发数据，同时向RU提供故障信息收集、配置文件下发及软件升级等功能。

（2）RU

RU是CS的扩展，可看成CS的外挂接口。RU既可以通过常规的连接电源的方式进行供电，也可以通过光电混合缆进行PoE供电。RU支持挂墙、墙面管道、桌面等多种安装模式。RU还具有以下特点。

- RU具备二级PoE能力，即从CS受电后，可以作为PoE设备给下挂的接入终端、AP等设备供电。
- RU支持免配置、即插即用，还可以通过CS进行配置和管理，具有很高的易用性。
- RU仅部署轻量化固件，启动速度比普通的交换机快。

（3）光电混合缆

光电混合缆是一种集成了光纤和铜线的混合电缆，可以用一根线缆同时解决数据传输和设备供电的问题。在小行星架构中，CS和RU通过光电混合缆相连，用一根线缆同时完成对RU的数据传输和PoE供电。

| 8.3　路由器 |

1. 路由器简介

1984年，来自斯坦福大学的教师夫妇莱昂纳德·波萨克和桑蒂·勒纳设计了一种称为“多协议路由器”的全新网络设备，目的是把斯坦福大学中互不兼容的计算机网络连接到一起，这台路由器被认为是全世界第一台路由器。1996年，华为推出了第一款路由器Quidway R2501。

路由器是用来连接两个或多个网络的设备，在网络间起到网关的作用，工作在网络层，通过IP地址转发来实现设备间的数据通信。以华为接入级路由器和骨干级路由器为例，其外观如图8-10所示。

路由器的主要功能包括数据报文转发、路由选择、网络管理。

- 数据报文转发：通过查询路由转发表，路由器为接收到的数据报文寻找一条最佳的传输路径，然后将数据报文从对应的接口转发出去，最终送到对应的目的地址。

- 路由选择：负责构建和维护路由表。这些路由表决定了数据报文在网络中传输的路径。路由表可以通过多种方法获得，包括直连路由、静态路由和动态路由协议（如RIP、OSPF协议等）。
- 网络管理：提供配置管理、性能管理、容错管理和流量控制等功能。

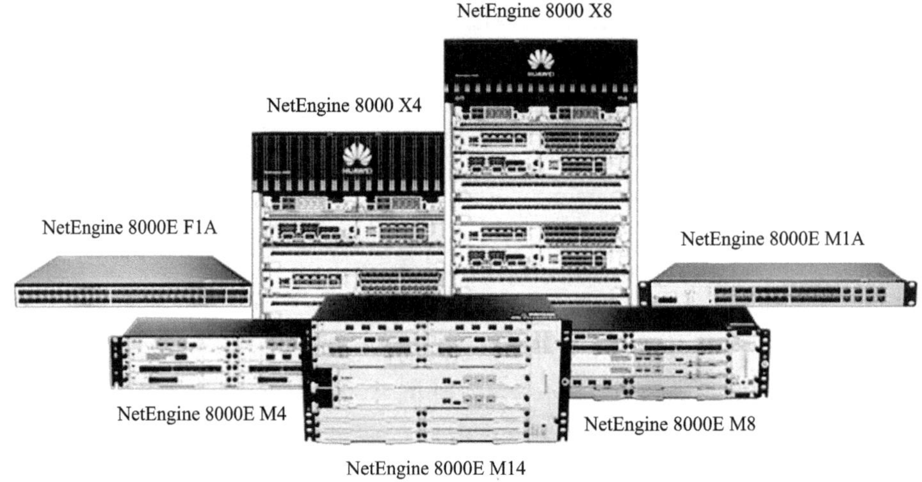

图8-10 华为接入级路由器和骨干级路由器的外观

2. 路由器的结构

路由器的典型结构如图8-11所示，主要包括控制、管理、交换、接口卡等核心部件。

- MPU：集成了多种硬件加速的多核CPU，具有控制、管理、处理业务的综合功能。
- 以太交换：具备高速交换能力，可以完成系统内部的数据交换。
- 接口卡：完成各种线路接口的接入、协议转换等功能。常见的接口包括GE、10GE、E1（欧洲的30路脉冲编码调制）、基于SDH/SONET的包封装（Packet over SDH/SONET，POS）、x数字用户线（x Digital Subscriber Line，xDSL）、3G、LTE、5G等。

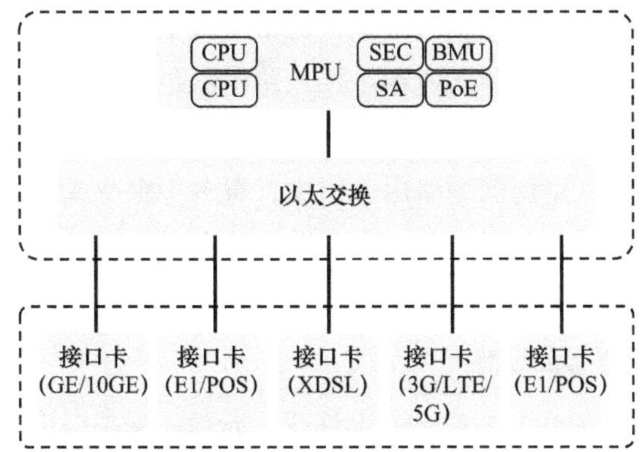

注：SEC、BMU、SA、PoE指业务流量的来源。

图8-11 路由器的典型结构

3. 路由器的应用

按使用场景划分，路由器主要应用在企业、运营商和家庭等网络场景中。

- 在企业网络中，路由器不仅负责连接企业内部网络到互联网，还负责内部网络的隔离与通信。企业路由器通常具备更强大的处理能力、更多的接口和更高级的安全特性。
- 在运营商网络中，路由器发挥着至关重要的作用，具备网络的接入与分发、路由的选择与转发等基本功能，同时还承担着网络隔离与安全、网络管理与监控，以及服务质量控制等重要任务。
- 在家庭网络中，路由器通常作为中心设备，连接ISP提供的宽带接入（如ADSL、光纤等），并将网络信号分发到家庭内的各台设备（如计算机、手机、智能电视、智能家居设备等），实现设备间的互联互通。

按网络层次功能划分，路由器分为骨干路由器、城域路由器和接入路由器。

- 骨干路由器位于网络的核心位置，通常采用高端路由器，主要在大型企业或城域网的核心层工作。骨干路由器具有高带宽、高性能、多协议兼容等特点，它的接口类型不多，但是接口的速率都很高，所存储的路由表规模也很庞大。由于处于网络的核心，这类路由器对安全性、稳定性要求最高。华为骨干路由器的代表是NE5000E。
- 城域路由器工作在运营商网络边缘，负责将各个企业网络连接到运营商骨干网。城域路由器起到承上启下的作用：对下，收集用户侧的流量；对上，将流量送到骨干网。城域路由器的接口类型丰富，提供高速数据传输和多业务支持功能。华为城域路由器的代表是NetEngine 8000系列路由器。

- 接入路由器一般工作在网络边缘，通常采用中低端产品，主要应用于中小型企业或大型企业的分支机构。接入路由器距离用户最近，要求具有较强的接入控制能力。接入路由器的接口数量不多，但接口类型差异很大。一般情况下，接入路由器的路由表很少，很多小企业或家庭用的接入路由器的路由表只有几条甚至一条。华为接入路由器的代表是NetEngine AR系列路由器。

4. 骨干路由器的多框集群

互联网的飞速发展和业务模型的多样化，对核心骨干网设备的计算能力、转发能力和端口密度都提出了更高的要求。传统路由器在可靠性、性能可扩展性、规模可扩展性和服务可扩展性等方面不能满足下一代互联网的发展需求，超级核心节点已成为电信运营商进一步发展业务的瓶颈。因此，怎样实现核心层路由器“大容量、可扩展”的特性，用更加简单且方便维护的网络架构来满足网络核心交换和互联的需求，是急需攻克的难题。

从目前的技术来看，解决核心层容量问题有以下3种方法。

- 提高单台设备容量：扩充路由器的单机框槽位数和增加单接口容量。虽然当前业界路由器系统的单端口速率已达到100 Gbit/s，未来还会更高，但受限于单机物理器件和微带处理工艺、功耗和串扰等因素，以及难以想象的高昂研发成本，单台设备的扩展能力极为有限。
- 路由互联：多台路由器通过路由互联扩展。这种方式需要额外消耗多个高速接口，增加了互连链路的开销，随之而来的就是地址、协议邻居、路由表条目和收敛时间增加等问题。这使得网络变得更加复杂，维护压力增大，且多台设备之间流量难以均衡，所以这种方式只能在小范围内部署。
- 路由器集群：通过集群技术扩展路由器。这种方式可在方便维护、不增加网络复杂度的前提下，用更低的成本满足业务高速增长、网络性能及容量提升的需求，实现核心层设备更大的容量，并降低网络建设成本和维护成本。这种方式符合网络需求，存在着广阔的发展空间。

华为创新的多框集群技术是一种高效、可靠、易扩展的网络架构，它通过将多个物理框组合成逻辑上单一的核心路由器，实现了网络性能以及路由器可靠性和可扩展性的全面提升，不仅节省了单板的数量，降低了用户的成本，还能够在不改变当前拓扑结构的情况下，实现网络的平滑升级。图8-12以华为NE5000E 3.2T-2+8集群为例展示了集群框间互联的效果。该技术被广泛应用于互联网骨干节点、城域网核心节点、数据中心互联节点及互联网承载节点等关键场景，为运营商和企业用户提供了强大的网络支撑能力。

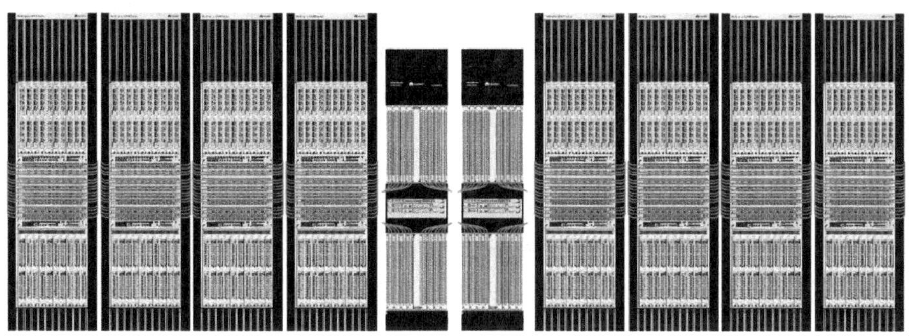

图8-12　NE5000E 3.2T-2+8集群路由器

8.4　WLAN产品

1. WLAN产品简介

WLAN产品主要包括AP和WAC，两者配合可以构建企业办公、校园、医院、大型商场、会展中心、体育场馆等各种应用场景中的Wi-Fi网络。以华为AirEngine系列WAC和AP为例，其外观如图8-13所示。

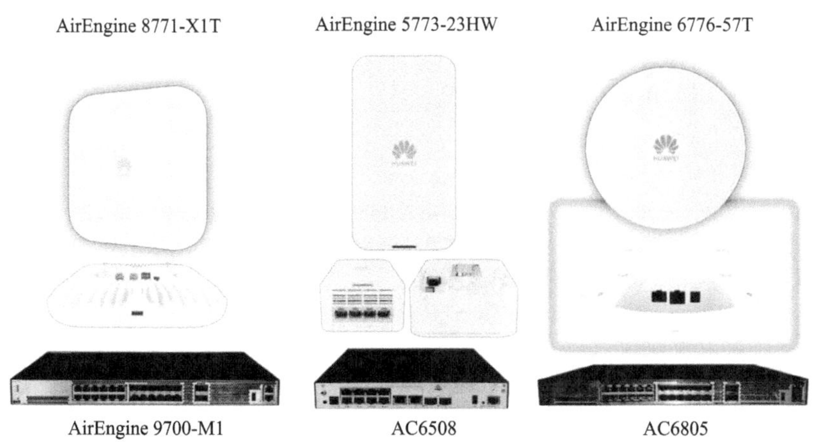

图8-13　华为WAC和AP产品典型外观

一个Wi-Fi网络，通常包含至少1个AP、1个或多个无线终端。AP允许无线终端连接到Wi-Fi网络，无线路由器（集成了AP功能）和AP等Wi-Fi设备都具备这些功能。AP为无线终端提供了基于IEEE 802.11标准的无线接入服务，起到有线网络和无线网络的桥接作用。AP按照无线频段可以发射2.4 GHz、5 GHz和6 GHz的无线信号，从而为支持不同频段的无线终端提供2.4 GHz、5 GHz和6 GHz无线网络。

2. WLAN产品的结构

AP从结构上可以分为CPU子系统、电源子系统、接口模块、射频模块和扩展模块，其中射频模块集成了无线信号收发处理能力。

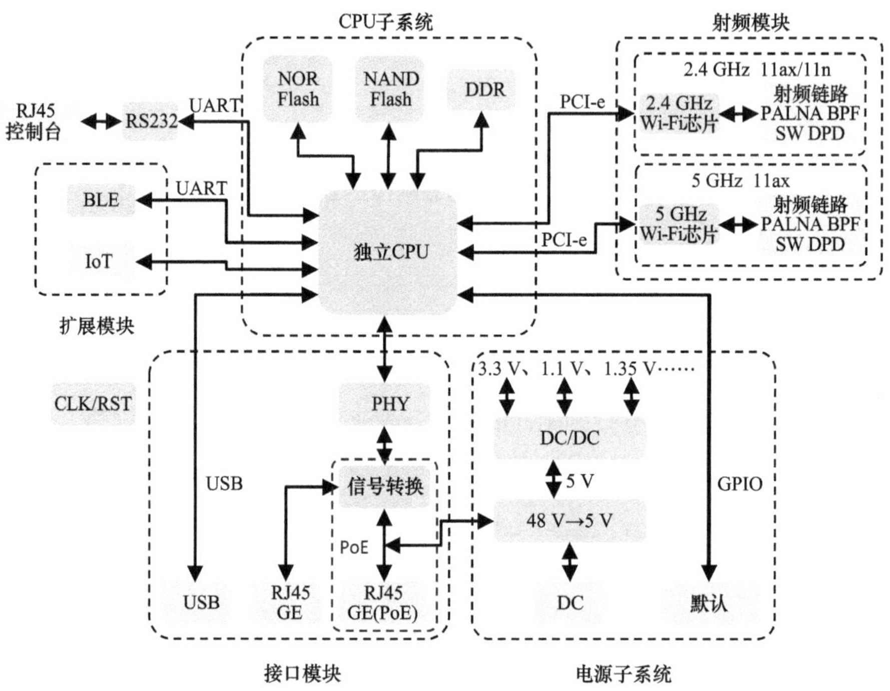

注：PALNA即Power Amplifier and Low Noise Amplifier，功率放大器和低噪声放大器；BPF即Band Pass Filter，带通滤波器；SW即Switch模式切换；CLK/RST即CLock/Reset，时针与复位；GPIO即General Purpose Input Output，通用输入输出端口。

图8-14 AP的结构

- CPU子系统：负责AP的电路控制和管理。
- 电源子系统：负责板级电源管理。
- 接口模块：包括通用串行总线（Universal Serial Bus，USB）接口、以太网接口、PoE接口等。以太网接口将AP接入有线网络，PoE接口连接有线网络的同时，可以给AP供电，并提供DC供电方式备份功能。

- 射频模块：包括Wi-Fi的MAC、PHY、中射频模块、滤波放大电路。发送数据时，该模块将数据处理为射频信号，通过天线发送出去；接收数据时，该模块将收到的无线信号还原为数据。
- 扩展模块：提供可扩展物联网、低功耗蓝牙（Bluetooth Low Energy，BLE）等功能，连接物联网模块，实现物联网和Wi-Fi网络的融合。

AP从有线侧的以太网接口接收到报文后，会经过以太网PHY处理，然后进入CPU进行报文解析和转发处理。需要转发无线信号时，报文被送至Wi-Fi芯片处理，Wi-Fi芯片中集成了MAC、PHY和中射频模块，对报文进行编码和调制处理，处理后的信号再经过滤波和功率放大，最终由天线发出无线信号。

无线通信的重点是降低干扰的影响，所以在产品设计上，要考虑如下几个方面。

- 天线：综合考虑信号辐射方向、增益、AP间相互干扰等因素。
- 射频功率：综合考虑覆盖范围和AP间相互干扰因素，实现根据干扰和网络监测的数据不断调整射频功率。
- 信号屏蔽：在产品内部做好屏蔽设计，避免出现产品内部器件相互干扰，例如DDR工作时产生的信号会干扰2.4 GHz Wi-Fi芯片接收信号。也要防止外部环境的干扰，例如2.3 GHz信号会干扰2.4 GHz Wi-Fi芯片接收信号。

另外，还要综合考虑性能和成本因素，提升产品的性能和可靠性，从而构筑产品的竞争力。在射频电路上，减少插入损耗，引入数字预失真（Digital Pre-Distortion，DPD）技术，对功放进行非线性预失真补偿，可以提升功率效率或者提高误差矢量幅度（Error Vector Magnitude，EVM），同时降低功耗，同样功率下能支持更高阶的调制与编码策略（Modulation and Coding Scheme，MCS）。在天线设计上，用更好的智能天线和抗干扰天线，实现更优的Wi-Fi覆盖；引入新材料，提高器件的工作效能。在散热设计上，降低传热路径上各环节的热阻，提升密闭盒体结构的散热效能。在制造和工艺上，通过提升自动化率，提高生产效率和产品质量。

3. WLAN产品的应用

采用WLAN产品组建无线网络，可以免去或减少繁杂的网络布线，具有实施简单、成本低、扩展性好等优点。图8-15所示为WLAN产品的典型应用。

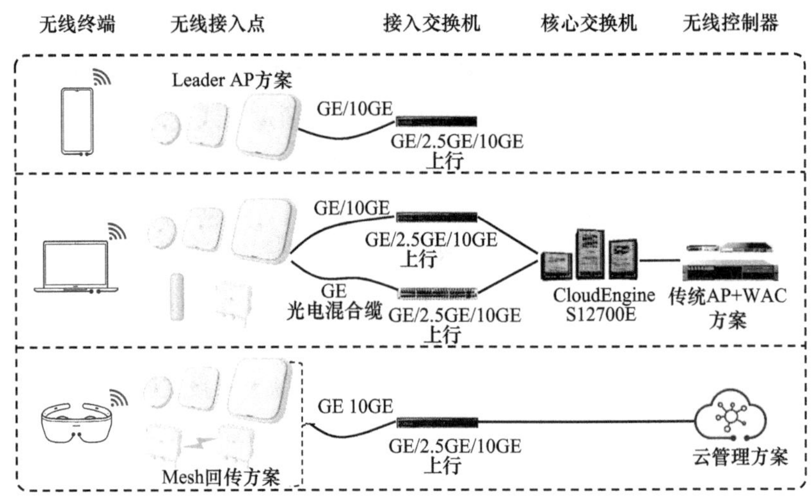

图8-15 WLAN产品的典型应用

WLAN无法脱离有线网络独立存在，这也是“WLAN是有线网络的延伸”的原因。AP主要为无线终端提供Wi-Fi网络。接入控制器（Access Controller，AC）主要提供WLAN的接入控制、转发和统计、AP的配置监控、漫游管理、安全控制等功能。根据AC部署位置的不同，组网方式可以分为直连式组网和旁挂式组网。

- 直连式组网：直连式组网是指AC直接接入AP或接入交换机，AC同时扮演无线控制器和汇聚交换机。AP的数据业务和管理业务都由AC集中转发和处理。直连式组网方式适用于新建的中小规模集中部署的WLAN，可以简化网络架构。
- 旁挂式组网：旁挂式组网是指AC旁挂在现有网络中（多在汇聚交换机旁边），实现对AP的WLAN业务管理。旁挂式组网属于现网叠加方式，对现网改造少，部署快速、方便，适用于网络改造场景或者中大规模的WLAN网络。

8.5 安全产品

安全设备可以为网络提供安全防护，从而保护用户、企业的数据和资产，防御网络攻击，并降低安全风险。安全产品通过集成多种安全功能，如病毒查杀、漏洞修复、文件加密、访问控制等，来构建一个综合性的安全防护体系。

华为安全产品种类丰富，按照功能的不同，可以分为云服务、分析器、控制器、执行器和终端安全5种类型，如图8-16所示。下面逐一介绍其中的产品

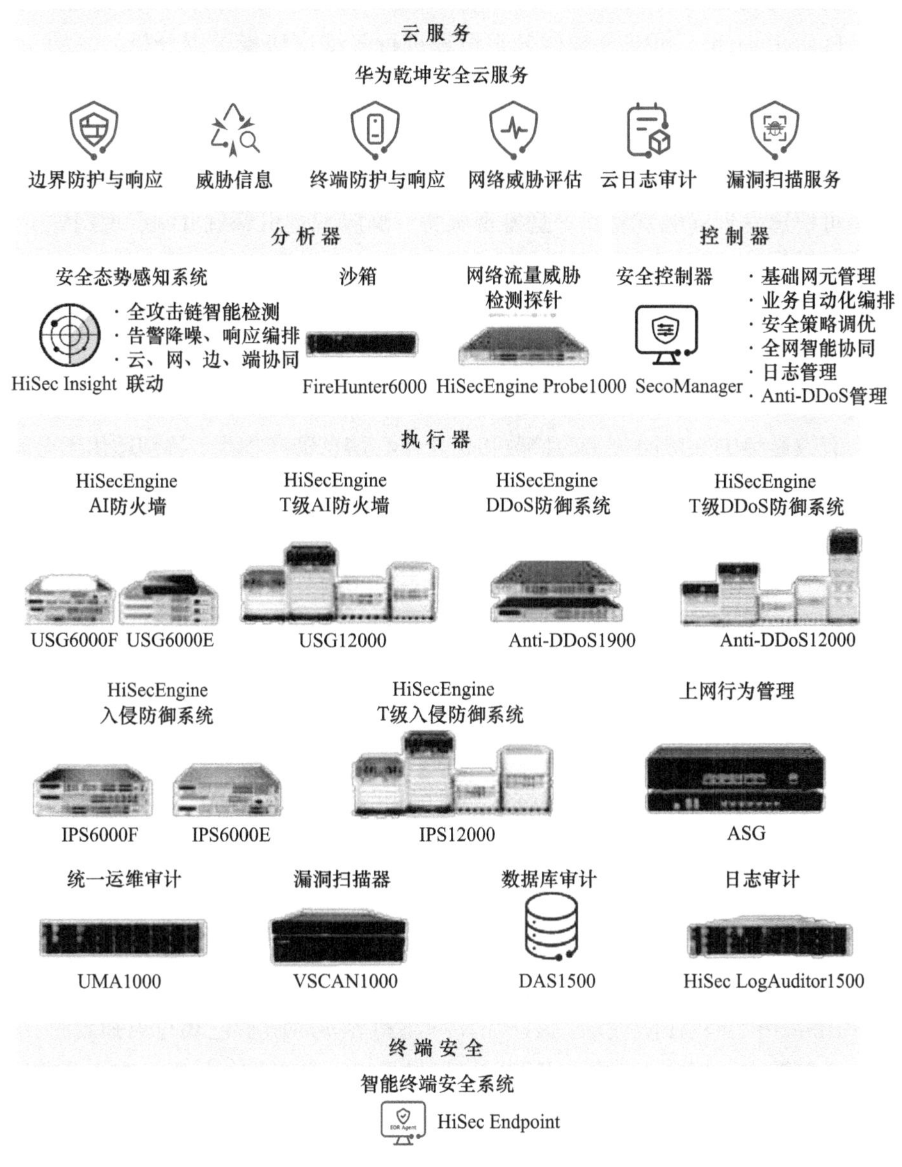

图8-16　华为安全产品全景

- 华为乾坤安全云服务：该产品采用云边一体创新架构，支持云端部署和本地部署，通过智能分析和安全专家为用户进行安全事件的分析与响应，并

提供紧急告警短信、邮件周报/月报、应急处置服务等内容。华为乾坤安全云服务能减少本地运维的投入，主要应用在中小型企业互联网出口和大型企业集团多分支互联场景。

- 安全态势感知系统（HiSec Insight）：该产品基于华为自研的大数据平台FusionInsight，可结合智能检索引擎进行多维度海量数据分析，主动、实时地发现各类安全威胁事件，还原出整个高级持续性威胁（Advanced Persistent Threat，APT）攻击链和攻击行为。HiSec Insight可以高效采集全网流量、日志和资产信息，并进行统一关联，仅借助本地大数据算力便可快速发现高级威胁。一旦发现威胁，响应编排引擎就可调度现网安全组件进行自动化分析。
- 沙箱（FireHunter6000）：沙箱是检测未知APT的有效手段。该产品利用多引擎虚拟检测技术及传统的安全检测技术，基于行为特征，可以识别网络中传输的恶意文件和命令与控制（Command and Control，C&C）攻击，有效避免未知威胁攻击的扩散和企业核心信息资产损失，特别适用于金融、政府机要部门、能源、高科技等场景。
- 网络流量威胁检测探针（HiSecEngine Probe1000）：该产品采用华为自研专用安全芯片、自研自适应安全引擎（Adaptive Security Engine，ASE），具备强大的IPS、病毒过滤、恶意文件检测能力；可对HTTP、DNS、ICMP、传输层安全（Transport Layer Security，TLS）协议等进行流量解析，上送Metadata数据给HiSec Insight进行分析和检测。流量探针一般采用旁路部署。
- 安全控制器（SecoManager）：SecoManager是针对数据中心、园区、海量分支等不同场景推出的统一安全控制器，可以提供安全网元/策略统一管理、安全策略编排、日志管理和Anti-DDoS管理等功能，支持安全功能服务化、可视化，协同网络、安全设备和大数据智能分析系统，形成全面威胁感知、分析和响应的整网主动安全防护体系。
- HiSecEngine AI防火墙：该产品在网络边界实时防护已知与未知威胁，通常部署在数据中心、企业及园区网络的出口。防火墙能够联动安全分析器、安全控制器等其他安全设备，主动防御网络威胁，增强边界检测能力，从而有效预防高级威胁。
- HiSecEngine DDoS防御系统：该产品由Anti-DDoS设备和管理中心组成，Anti-DDoS设备包含检测中心和清洗中心两部分，管理中心即SecoManager。华为Anti-DDoS防御系统在防护传统网络层分布式拒绝服务（Distributed Denial of Service，DDoS）攻击的基础上，重点加强了针对门户网站、App、API、DNS 等应用层攻击的识别和过滤。

- HiSecEngine 入侵防御系统：该产品通过对系统、应用、恶意软件及客户端攻击的精准检测，可以有效防止安全威胁。通过优化流量管理和防御策略，HiSecEngine 能够确保网络带宽的性能，避免因安全事件导致的网络拥堵和性能下降。另外，HiSecEngine 采用多重检测机制，增加网络环境感知能力、深度应用感知能力、内容感知能力及对未知威胁的防御能力，从而实现更精准的检测。该产品可以部署在网络出口或旁路中。
- 上网行为管理（ASG）：该产品是面向企业、政府、大中型数据中心及各类无线非经营性场所推出的综合上网行为管理产品，融合了应用控制、行为审计、网络业务优化等功能。该产品能够限制员工访问与工作无关的网站和应用程序（如在线购物、游戏软件等）；能够过滤恶意网站、危险下载和潜在的网络威胁（如病毒、木马等）；能够防止 DOS 攻击、App 欺骗等。
- 统一运维审计（UMA1000）：UMA 是针对运维操作进行控制和审计的管控系统。该产品通过统一运维门户，集中管理、监控与审计企业所有运维人员的操作行为，可以有效降低网络设备、服务器、数据库、业务系统等资源的内部运维风险，完善 IT 管理体系，同时满足相关法规、标准的要求。
- 漏洞扫描器（VSCAN1000）：该产品用于发现和评估网络设备、Web 应用、数据库等存在的安全漏洞，并提供相应的解决建议。
- 数据库审计（DAS1500）：DAS1500 是一款满足云系统数据库审计需求的产品，用于保护客户的核心数据库安全，防止数据被篡改或泄漏。
- 日志审计（HiSec LogAuditor1500）：该产品是用于提供事前预警、事后审计的一站式日志数据管理平台，通过对日志数据的全面采集、解析和深度的关联分析，及时发现各种安全威胁和异常行为事件。
- 智能终端安全系统（HiSec Endpoint）：该产品是一款针对企业本地终端设计的风险检测与处置服务产品，旨在防止终端感染及威胁在内网中的传播。该产品由客户端和服务器两部分构成。其中客户端以软件 Agent 的形式部署于终端设备上，能够实时监测并感知终端的异常行为，有效检测和识别潜在的安全威胁。服务器端支持乾坤安全云部署及本地服务器部署，可迅速响应威胁事件，执行恶意文件隔离、进程终止、病毒查杀等操作；同时，支持自动追踪入侵路径，迅速界定影响范围，实现病毒深度清除，从而全面强化安全风险防范，助力企业守护核心终端的资产安全。

8.6 网络控制器

网络控制器是一种用于管理和控制网络的设备或软件，它负责集中管理和优化网络资源（包括设备、链路、带宽等），通过对这些资源的实时监控和调度，确保网络资源的有效利用。该产品能够自动检测并快速定位网络中的故障（包括硬件故障、软件故障、配置错误等），自动触发故障恢复；能够实时监控和分析网络性能，系统了解网络运行状态和性能指标（如吞吐量、时延、丢包率等），实现网络质量自动评估、网络配置自动优化。

1. 网络控制器的诞生

1998年，美国马里兰大学的格雷戈里·沃尔什（Gregory Walsh）等人在论著中提出了网络控制系统的概念。网络控制系统将传感器、执行器和控制器等通过网络连接起来，形成闭环的控制系统。这一时期并未明确给出“网络控制器”的定义，但网络控制系统中的控制功能已经开始向网络化、集成化方向发展，为网络控制器的诞生奠定了基础。21世纪初，随着以太网、TCP/IP等网络技术的普及，以及SDN等新型网络架构的兴起，网络控制器作为网络控制系统的核心组件之一，开始受到广泛关注。

为了推动网络控制器的标准化，ISO、国际电工委员会（International Electrotechnical Commission，IEC）等机构开始制定相关标准和规范。这些标准和规范为网络控制器的设计、开发和部署提供了指导，促进了网络控制器的广泛应用。在此基础上，网络控制器逐渐实现了对网络资源的有效管理和调度，提高了网络控制系统的灵活性和可靠性。

目前，市场上已经涌现出多款优秀的网络控制器产品，如OpenDaylight、ONOS等开源平台及Orion等商业控制器。这些产品各具特色，被广泛应用于数据中心、物联网、工业互联网等领域。

2. 华为iMaster NCE系列控制器

iMaster NCE是华为推出的自动驾驶网络管理与控制系统，集管理、控制、分析和AI于一体，可以实现物理网络与商业意图的有效连接。该系统向下实现全局网络的集中管理、控制和分析，面向商业和业务意图使能资源云化、全生命周期自动化，以及数据分析驱动的智能闭环；向上提供开放网络API与IT快速集成。iMaster NCE主要应用于数据中心网络、企业园区网络、企业专线、运营商网络等场景，而且针对不同的场景有不同的产品。

- iMaster NCE-Campus：该产品作为园区网络的核心组件，可以实现园区网络的全生命周期自动化管理，让网络管理更自动、运维更智能。iMaster NCE-Campus基于Web的集中式管理控制系统，具备网络业务管理、网络安全管理、用户准入管理、网络监控、网络质量分析、网络应用分析、告警和报表等特性，提供大数据分析的能力，同时提供开放的接口并支持与其他平台集成。企业用户可以通过iMaster NCE-Campus在多租户网络中独立开展业务开通配置、日常运维等工作，实现规模设备的云化管理。
- iMaster NCE-Fabric：该产品作为数据中心网络的核心组件，可以实现对网络资源的统一控制和动态调度，提升数据中心网络的可靠性和性能。iMaster NCE-Fabric是集管理、控制、分析和AI智能功能于一体的自动驾驶控制系统，面向金融、企业领域提供云网一体化、计算联动全场景下的自动化能力，可以协同FabricInsight实现全生命周期的端到端自动驾驶能力，从规、建、维、优4个业务周期维度实现L3级自动驾驶。
- iMaster NCE-IP：该产品作为运营商网络的核心组件，可以实现对网络资源的集中管理、控制和分析，提升网络运维效率和用户体验。iMaster NCE-IP提供网络资源自动化管理、业务全生命周期自动化管理、网络导航式路径计算、差异化路径承载及智能故障管理等功能。

第 9 章 数据通信产品的硬件架构

数据通信产品的硬件形态多种多样，其硬件架构的设计直接影响产品的安装、供电、散热、功耗及软硬件性能等。本章介绍数据通信产品的硬件架构，包括整机架构、单板类型、供电设计、散热设计，并介绍常见的硬件形态，同时对数据通信产品硬件架构的未来演进进行简要的展望。

9.1 数据通信产品的硬件架构概述

数据通信产品主要涵盖交换机、路由器、WLAN产品和安全产品这4种硬件形态。在交换机领域，根据不同业务场景，产品分为园区交换机和数据中心交换机两大类，其中园区交换机根据网络层级，进一步细分为核心交换机、汇聚交换机、接入交换机，以及适用于工业环境的交换机；数据中心交换机则依据数据中心的网络层级，同样分为核心交换机、汇聚交换机和接入交换机。在路由器领域，依据网络层级、业务场景及客户市场，产品细分为骨干路由器、城域路由器、网关路由器、企业路由器、切片分组网（Slicing Packet Network，SPN）承载路由器，以及接入传输网络（Access Transport Network，ATN）承载路由器。WLAN产品则包含室内AP、室外AP和WAC等，以满足各类无线网络需求。在安全产品领域，产品包括业务网关、防火墙、DDoS防御、入侵检测与入侵防御等，以满足不同安全需求。

提及交换机和路由器，人们往往首先联想到家庭或办公场所常见的小型设备。实际上，除了公共场所安装的小型WLAN AP之外，路由器、交换机及网络安全产品等大型设备通常被部署在电信运营商的通信机房或企业数据中心。除了专业运维人员，大众很少见到这些设备。

数据通信设备在物理形态上展现出多样化的特征。有的设备高达2.2 m，重达900 kg，外观呈框式；而有的设备则小巧如书，仅重0.5 kg，外观呈盒式。无论体积还是质量，都体现出数据通信设备形态的多样化。

9.1.1 整机架构

1. 插卡框式

插卡框式架构主要应用于插卡框式形态的产品，这类产品通常部署在网络的核心层或汇聚层，需要承载高带宽业务流量，具备强大的数据转发和业务处理能力。因此，产品设计时需要确保可扩展性和演进能力，同时具备高可靠性。为实现持续的容量扩展和业务能力提升，插卡框式产品通常配备多个业务插卡槽位，这是架构设计中的关键要素，直接关系到产品的市场竞争力。鉴于整机带宽庞大，此类产品往往体积较大、功耗较高，故整机架构需要支持高功率供电和高效散热。插卡框式产品通常配置较多的电源槽位和风扇，以满足高功耗需求。为保障整机运行高可靠性，管理、监控、供电和散热系统均采用冗余设计方式，确保在部件故障时，业务运行不受影响。此外，为便于现场维护，板卡、电源和风扇等关键部件可现场更换，以提高维护效率和减少停机时间。

插卡框式架构由以下几个模块组成。

- 电源模块：电源模块是设备的供电部件，承担着将外部输入的交流或直流电源转换为系统总线所需电源的任务。
- 主控模块：MPU所在区域，负责系统的控制、管理和监控任务，具备路由计算、设备管理和维护、设备监控、数据配置等功能。
- 业务模块：LPU所在区域，负责数据报文处理，具备查找表、业务流转发等功能。
- 交换模块：SFU所在区域，负责设备内部所有线卡LPU间的数据交换。
- 散热模块：风扇所在区域，负责给LPU卡和MPU卡散热。
- 背板：负责各单板的物理互联。

2. 插卡盒式

类似插卡框式的结构，插卡盒式结构包括电源模块、风机盒、控制及业务单板、背板等部件。相比插卡框式产品，插卡盒式产品尺寸、单板尺寸均更小巧、紧凑。插卡盒式产品的硬件没有可替换的主控模块、业务模块和交换模块，可替换的是插卡模块。

3. 固定盒式

固定盒式架构较为简单，由电源模块、风机盒、控制及业务单板组成。

9.1.2 MPU

MPU 的外观如图 9-1 所示。MPU 通常具备低功耗、高性能和高可靠性等特性，适用于智能家居、工业自动化、汽车电子等领域。MPU 承担系统控制、系统管理和状态监控等功能，它能够执行各类指令，收集并监控设备运行状态。总体而言，MPU 作为数据通信设备的核心处理单元，负责指令执行、数据处理和控制操作，是不可或缺的组成部分。MPU 通常包括 CPU 模块、系统监控模块、LAN 交换机、系统时钟及存储模块等模块，如图 9-2 所示。

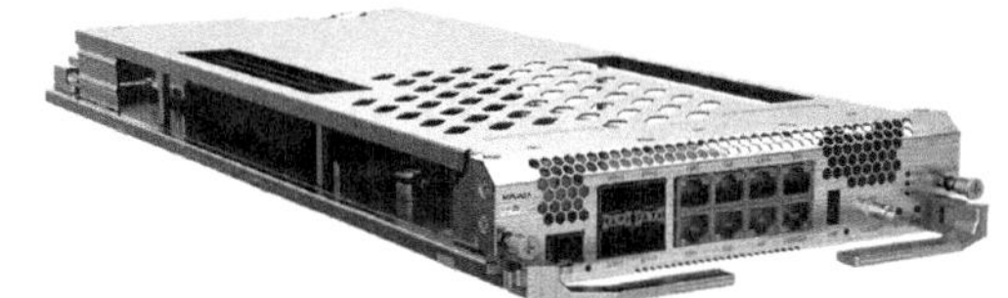

图9-1　MPU的外观

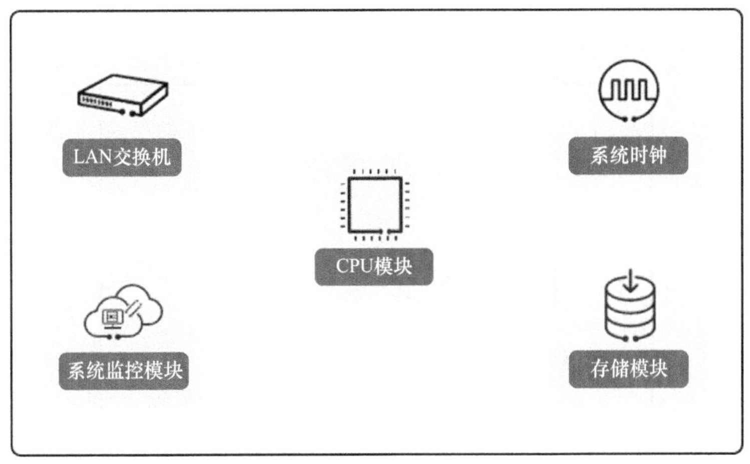

图9-2　MPU的模块组成

CPU模块主要负责整个系统的控制、管理和监控工作，包括路由计算、设备管理和维护、设备监控及数据配置等功能。系统监控模块主要收集系统监控信息，实现从远端、近端或在线升级系统各单元的功能。LAN交换机就像一个局域网交换机，连接着设备内部的所有板卡，实现了MPU和设备内所有板卡的通信。系统时钟作为系统同步单元，提供高精度、高可靠性的同步系统时钟、时间信号。存储模块作为存储单元，用来保存设备的数据文件。

9.1.3 SFU

SFU的外观如图9-3所示，主要功能是连接设备内所有的LPU单板，并负责LPU单板之间的数据交换。

图9-3 SFU的外观

图9-4展示了SFU的模块组成，SFU主要由SC交换模块（一种光纤连接器）、CPU模块和监控模块3个部分组成。其中，SC交换模块与线卡板相连，负责设备内部所有线卡板之间的数据交换。CPU模块与MPU通信，接受MPU的集中控制和管理。监控模块负责检测单板内的电源、时钟、温度及单元电路模块的状态，并通过监控总线将这些状态信息传至MPU，对于异常状态则会上报并触发告警。

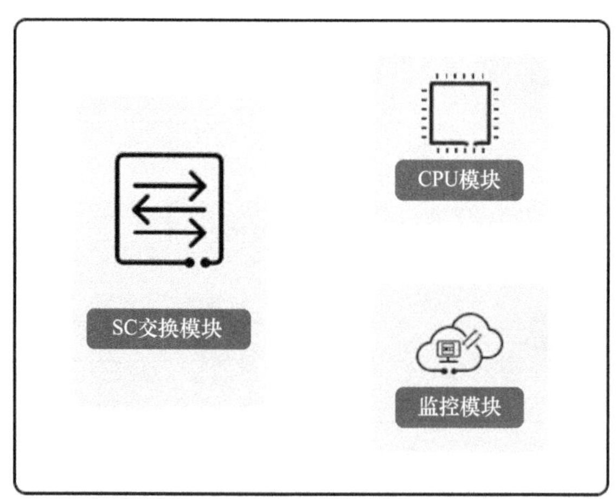

图9-4 SFU的模块组成

9.1.4 LPU

LPU的外观如图9-5所示，一般业内也称为业务板。LPU主要负责业务数据报文的高速处理和转发，以及流量的管理。

图9-5　LPU的外观

图9-6展示了LPU的模块组成。LPU通常由物理接口控制器（Physical Interface Controller，PIC）、NP、交换管理（Swith Management，SM）模块、流量管理（Traffic Management，TM）模块、CPU模块和监控模块组成。当前芯片的集成度较高，所以通常将NP、TM模块、SM模块集成到一颗芯片上。SM模块与SFU相互配合，实现LPU卡数据报文信元的上送和接收。TM模块提供QoS、线速转发、大容量缓存等功能。NP是线卡板的业务处理核心，实现路由查找和业务流量转发。PIC实现物理层对接，业务流量由此进入和发出。CPU模块和监控模块与SFU的类似，实现与MPU的通信，接受MPU的集中控制和管理，检测单板电源、时钟、温度和各单元模块的状态，并通过监控总线将状态传到MPU，如有异常状态则上报信息并告警等。

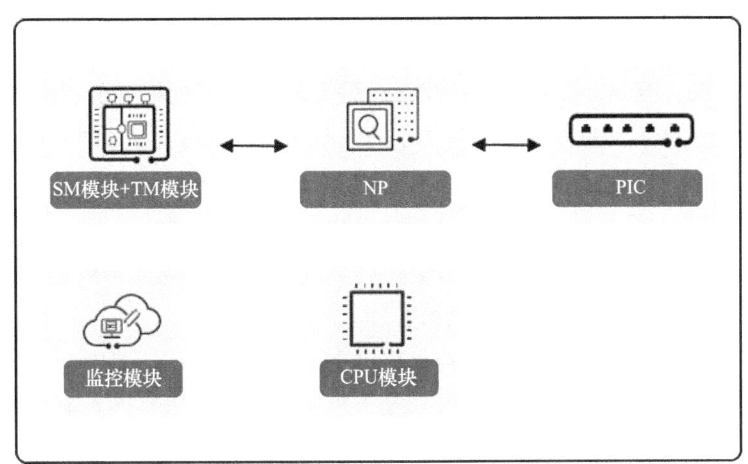

图9-6　LPU的模块组成

LPU上配备了各种业务物理接口，用于接收和发出数据。LPU的接口种类繁多，包括光口和电口等。电口根据业务种类还可细分为低速E1和以太网RJ45。光口也有多种类型。目前，以太光口是最主流的业务接口，通常需要搭配光模块使用。常见的光口/光模块的分类见表9-1。

表 9-1　常见的光口 / 光模块的分类

光口/光模块分类	描述
按速率分类	光模块传输速率涵盖很大的范围，根据传输速率的不同，光模块可分为400 Gbit/s光模块、200 Gbit/s光模块、100 Gbit/s光模块、40 Gbit/s光模块、25 Gbit/s光模块、10 Gbit/s光模块、2.5 Gbit/s光模块、1.25 Gbit/s光模块、1000 Mbit/s光模块、155 Mbit/s、100 Mbit/s光模块等
按封装分类	传输速率越高，光模块的结构越复杂。根据封装类型的不同，光模块可分为SFP、eSFP、SFP+、XFP、SFP28、QSFP28、QSFP+、CXP、CFP、CSFP、QSFP-DD等
按模式分类	光纤分为单模光纤、多模光纤，为了使用不同类别的光纤，产生了单模光模块、多模光模块。
按波分复用技术分类	彩色光模块分为粗波分复用（Coarse Wavelength Division Multiplexing，CWDM）和密集波分复用（Dense Wavelength Division Multiplexing，DWDM）两种。

9.1.5　电源模块

每台设备的硬件系统都配备了供电系统，该系统负责将电源接入设备，并为芯片供电。从机房的配电柜输出的电源会接入设备的电源输入模块（Power Entry Module，PEM），然后由PEM汇总后传送给一次电源模块。电源模块会完成电源的电压变换和稳压，然后将稳定的电源送至设备的电源总线。电源总线一般由电源背板、通流母线铜排、电源连接器等构成，连接到各个板卡和风扇模块。电能在进入板卡后，会经过电源缓启动电路和EMC滤波电路，然后被送至板卡上的二次电源模块进行二次电压变换。经过变换后的电源再被送至三次电源模块进行进一步的变压，最终提供给芯片。

数据通信产品上常见的电源接入接口类型有普通直流、普通交流和高压直流 3 种。普通直流指的是额定 −48 V 输入电压的直流电压，输入额定电压范围为 −48 ～ −60 V，输入电流为 63 A，主流功率有 2200 W 和 3000 W，普通直流的输入端子物理接口一般采用 OT 端子（圆形冷压端子），支持现场做线。普通交流指的是 200 ～ 240 V 的额定输入电压两相交流电，主流功率为 3000 W，输入电流为 16 A，常用的普通交流输入端子物理接口为 C13/C14 接口端子。还有一种高压直流电源，额定输入电压是 240 V 或 380 V，240 V 比较常见。只有少部分机房采用高压直流电源供电，多数设备支持普通交流，同时兼容 240 V 高压直流，主流功率也是 3000 W。

9.1.6 散热模块

1. 风道

目前有以下3种主流的风道。

- 前后直通风风道：这种风道主要是为了适应新型数据中心冷热通道隔离诉求而设计的。风沿着风道从面板进入，经过单板的器件和散热器，直接从风扇排出。这种风道的优点是风阻小、散热效率高。数据中心盒式交换机、园区盒式交换机常使用这种风道。
- 左右风道：这种风道适用于紧凑型产品，比如220 mm深的盒式交换机产品。
- 特殊风道：比如华为PTN7900产品的π型风道，这种风道是针对设备深度浅及LPU卡槽位多而特别设计的。

2. 散热器

在散热模块中，除了风道设计，散热器和风扇也需要重点关注。不同的散热器不仅外观和尺寸不同，型材、结构和覆盖面设计也不同，比如从型材上看，有铝型材、铜型材；从结构上看，有镶嵌热管的散热器，也有内部为微型腔体的散热器；从覆盖面上看，有覆盖单芯片的单体散热器，也有覆盖多芯片的连体散热器和覆盖整个单板的整板散热器。

3. 风扇

风扇主要有轴流风扇、离心风扇和混流风扇等类型。

- 轴流风扇的气流前进后出，风量大、风压适中，是数据通信产品应用最多的风扇类型。
- 离心风扇的气流前进侧出，风量有限、风压大。这种风扇在需要气流拐弯时可使用。目前的数据通信产品未使用这种风扇。
- 混流风扇的外观与轴流风扇相似，综合了轴流扇和离心扇的优点，风量大、风压高，但成本高。

9.2 数据通信产品常见的硬件形态

本节将介绍数据通信领域中各类硬件的代表性产品，并结合典型的应用场景，详细说明数据通信设备的硬件规格。数据通信产品总体划分为3种硬件形态：插卡框式、插卡盒式和固定盒式。这3种形态在物理特性和网络层级上均存在一定的差异。

- 在物理特征方面，插卡框式产品通常具有较大的体积、较高的高度及较大的质量。相比之下，插卡盒式产品的体积、高度和质量均显著小于插卡框式产品。而固定盒式产品更紧凑，也更轻便。
- 网络层级对插卡框式产品和插卡盒式产品的性能与尺寸影响显著。插卡框式产品常部署于骨干网、核心网、汇聚网等网络高层，因业务量庞大，接口丰富，性能卓越，需要配备充足的空间以承载其业务能力。相比之下，插卡盒式产品多位于网络中较低的层级，业务量及接口数量较少，性能适中，故设计上更趋紧凑，体积与质量均较小。固定盒式产品则主要应用于网络接入点，业务能力与接口数量有限，出于成本效益考量，此类产品通常采用固定接口设计。

9.2.1 插卡框式

1. 概述

插卡框式产品的硬件外观是较大的结构机箱，体积大、高度高、质量大。图9-7所示的华为NE8000X系列3款框式产品，就是典型的数据通信插卡框式产品。

插卡框式产品由结构机箱、LPU卡和辅助功能部件组成。

- 结构机箱：机箱宽度一般为442 mm左右，深度和高度根据不同产品会有所不同，深度一般为220～1000 mm（标准机柜深度最深为1200 mm），高度为500～2200 mm（最高不超过2200 mm）。满载LPU卡和辅助功能部件的插卡框式产品质量近1 t。
- LPU卡：LPU卡是完成数据业务处理的物理部件，也是实现产品功能的核心单元。数据通信插卡框式产品的LPU卡是灵活配置的，可形成多种多样的业务接口配置，这使得业务接口灵活度很高，后期升级扩展能力强，并可以通过对板卡的升级实现数据带宽容量的提升和性能的提升。
- 辅助功能部件：为了确保LPU卡的可靠运行，还需要一些辅助功能部件，如电源模块、风扇模块、MPU和监控模块等。LPU卡、电源、风扇部件可现场插拔更换。

图9-7　NE8000X系列框式产品的外观

一般来说，插卡框式产品的整机数据处理容量大，一般大于10 Tbit/s。插卡框式产品业务能力强、散热需求高，功耗也相应较大，一般整机功耗大于6 kW。

2. 机柜

数据通信产品通常安装在运营商的通信机房或企业数据机房内的标准机柜中，如图9-8所示。这些机柜主要遵循欧洲电信标准组织制定ETSI EN300 119标准、美国电子工业协会（Electronic Industries Association，EIA）制定的EIA-310-D标准，以及OCP Open Rack机柜标准。

- ETSI标准定义净安装空间宽度为535 mm，即约21 in。
- EIA标准定义净安装空间宽度为19 in，即约483 mm。

数据通信产品的设计需要确保其能被安装在标准机柜中，因此机箱宽度通常被设定为约442 mm，以适应19in机柜的安装要求。通过加装挂耳附件，这些产品也能兼容21 in的机柜。

数据通信产品安装在标准机柜中所占用的高度空间，通常以一个标准机架单元（Rack Unit，RU）作为基本计量单位。设备的高度常以RU表示，1RU为44.45 mm。OCP OpenRack机柜标准定义的1个单元高度为48 mm，称为OU，即1OU为48 mm。

常见的机柜高度为1.8 m、2 m和2.2 m等，2 m是较为普遍的尺寸。2 m高的机柜通常提供42RU的安装空间，因此数据通信设备的高度一般不会超过42RU，即1.87 m。机柜的深度范围通常为300～1200 mm，数据通信产品常用的机柜深度为300 mm、600 mm、800 mm、1 m、1.1 m和1.2 m。PTN系列产品和

ATN系列产品通常被安装在深度为300 mm的机柜中，而路由器和交换机则通常被安装在深度为800 mm、1 m或1.2 m的机柜中。数据中心的交换机一般被安装在深度为1.2 m的机柜中。

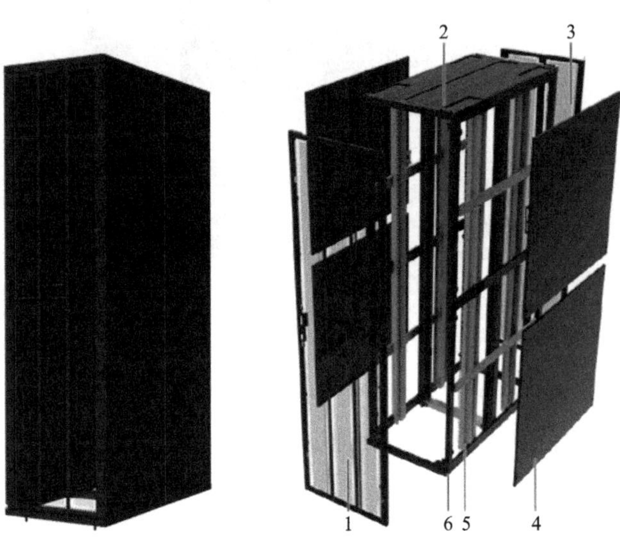

1.前机柜门　2.顶盖　3.后机柜门　4.侧门　5.方孔条　6.机架

图9-8　数据通信产品的机柜

3. 典型产品

插卡框式产品通常部署在网络架构的较高层级，典型产品有IP骨干网的NE5000E-20集群路由器，IP城域网的CR和SR路由器，智能城域网的核心路由器，SPN移动承载网的核心与汇聚路由器，园区网络及数据中心网络的核心交换机等。接下来介绍2种典型的插卡框式产品。

（1）IP骨干路网由器NE5000E-20

NE5000E集群路由器系列产品历经了NE5000E-X16、NE5000E-X16A及NE5000E-20的演进，槽位容量从初始的20 Gbit/s提升至3.2 Tbit/s。目前，前3代产品均已停止生产，市场主流供应的是最新一代的NE5000E-20产品，该产品涵盖NE5000E-20单机与集群路由器。图9-9所示为NE5000E-20整机示意图。

- 设备前面为板卡区和电源区。上面打开造型罩有24个电源槽位，可以插入24个电源模块；电源模块下面有2个CMU槽位，可安装2个CMU卡；最下面是20个LPU槽位。

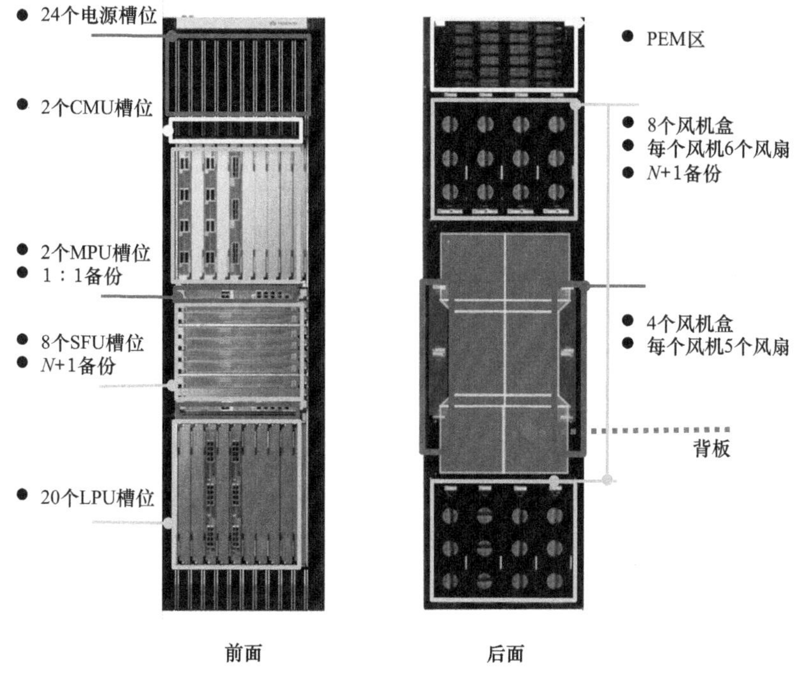

图9-9　NE5000E-20整机

- 设备中间是8个横插的SFU槽位，可以插入单机交换板和集群交换板。SFU槽位上面和下面分别有一个MPU槽位，可以插入2块MPU卡，实际配置时一般插满2块MPU卡，形成1：1主备冗余备份，确保设备可靠运行。
- 从设备后面看，后侧上面是PEM区，用来接入供电线缆；PEM区下面和设备最底部是风扇区，共有8个风机盒，用来给LPU卡散热，每个风机盒有6个风扇；中间的两侧各有2个风机盒，用来给MPU和SFU散热，每个风机盒有5个风扇。NE5000E-20强大的风扇配置确保了设备的高散热性能，风扇具备*N*+1冗余保护能力，即一个风扇失效情况下，仍然能保证设备散热，确保可靠运行。
- 在 NE5000E-20 内部有一个叫作背板的部件，用于 LPU 和 SFU 的数据传输。传统的插卡形态的产品内部均有背板部件，一般是一块 PCB 介质的单板。NE5000E-20 抛弃了传统的 PCB 背板，在业界首次创新性地使用了 Cable 介质的背板，大大提升了背板传输性能，使产品具备良好的代际升级能力。当前NE5000E-20的背板速率已经升级到 50 Gbit/s，槽位带宽扩展到了 8 Tbit/s，未来的背板速率将进一步演进到 112 Gbit/s，带宽容量将更上一层楼。

NE5000E-20既可以以单台设备进行组网，也可以由NE5000E-20业务框和CCC-A中央交换框组成2+2、2+4、2+8等集群网络形态进行组网。

NE5000E-20 采用框柜一体的整机结构，在机房中部署时无须安装到机柜中，可直接放置部署。NE5000E-20 设备高度为 2.2 m，深度为 1 m，设备宽度为 0.6 m，满配板卡时质量约 870 kg，是典型的“高大重”型插卡框式产品。

当网络中数据业务流量庞大，单台 NE5000E-20 设备的带宽容量不足以应对时，可采用多台 NE5000E-20 设备组成集群路由器进行组网，以增强处理能力。NE5000E-20 支持 2 台、4 台或 8 台设备集群配置。在构建集群形态时，需要通过 2 台 NE5000E CCC-A 中央交换框设备实现多台 NE5000E-20 设备的互连，如图 9-10 所示。NE5000E CCC-A 中央交换框设备采用插卡框式形态，配备 18 个 SFU 槽位，通过 CXP 接口与 NE5000E-20 的 SFU 相连，从而实现集群内所有 LPU 数据的高效交换与互通。NE5000E CCC-A 中央交换框设备的宽度为 442 mm、高度为 1778 mm、深度为 650 mm，因此，安装该设备需要选用深度至少为 800 mm 的标准机柜。

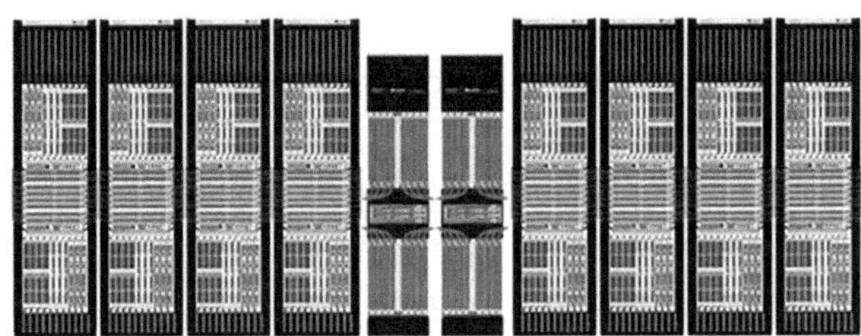

图9-10　NE5000E-20集群

NE5000E-20业务框与CCC-A交换框之间的互连是采用CXP、CXP2、CXP3光模块（如图9-11所示）实现的，CXP、CXP2、CXP3光模块的带宽分别为150 Gbit/s、300 Gbit/s和600 Gbit/s，CXP为可插拔有源光缆（Active Optical Cable，AOC）模块，支持10～100 m的走线距离。

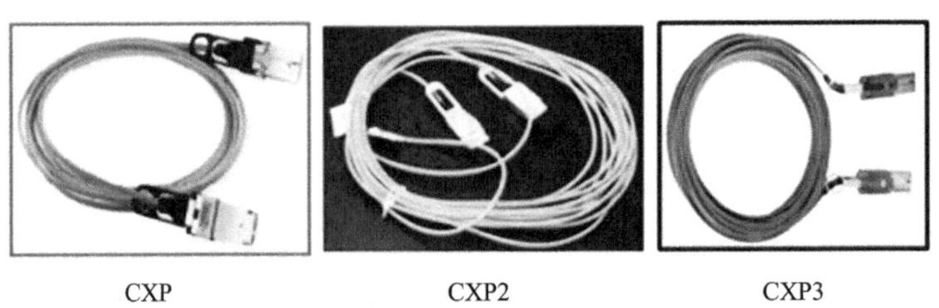

图9-11　CXP、CXP2、CXP3光模块

（2）数据中心核心交换机CloudEngine 16800

CloudEngine 16800系列交换机，作为华为面向智能时代推出的高端数据中心交换机，主要部署于数据中心网络的核心节点。该系列产品涵盖CE16800系列、CE16800-X系列及XH16800系列，尽管型号各异，但均基于同一整机平台设计，因此硬件外观呈现一致性。CloudEngine 16800系列产品提供CE16816、CE16808、CE16804共3种整机形态，它们分别配备16个、8个和4个LPU槽位。CloudEngine 16800系列交换机属于典型的插卡框式架构，它们的物理设计遵循业界通用的无背板正交架构，同时采用了分布式转发架构，以优化业务处理能力，3种产品的规格如下。

- CE16816的宽度为442 mm、高度为1436 mm、深度为1020 mm，需要安装到深度至少为1.2 m的标准机柜。
- CE16808的宽度为442 mm、高度为702 mm、深度为861 mm，需要安装到深度至少为1 m的标准机柜。
- CE16804的宽度为442 mm、高度为435.6 mm、深度为861 mm，需要安装到深度至少为1 m的标准机柜。

图9-12所示为CloudEngine 16800系列交换机的外观。设备前面为电源区、MPU区和LPU区。

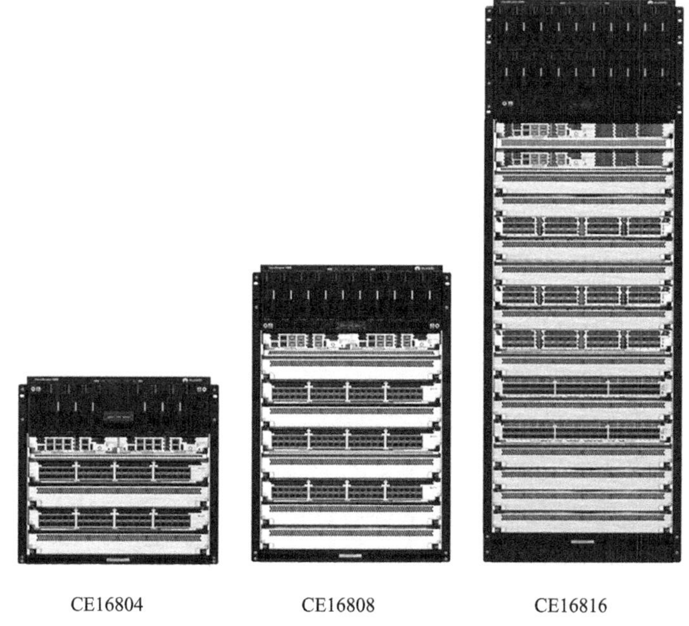

图9-12　CloudEngine 16800系列交换机的外观

- 电源槽位：CE16816、CE16808和CE16804分别有20个、10个、6个电源槽位，可以插入20个、10个、6个电源模块。
- MPU槽位：CE16804和CE16808使用半宽MPU，CE16816使用全尺寸MPU。
- LPU槽位：CE16816、CE16808和CE16804分别有16个、8个、4个LPU槽位。

设备后面为PEM区、风扇区和SFU区。

- PEM区：供电线缆连接区域。
- 风扇区：可插入风扇，提供设备的散热功能。
- SFU区：内部有8个SFU槽位，SFU竖直放置，与所有LPU垂直，形成正交连接。

CloudEngine 16800采用的无背板正交架构，是当前业界数据通信大容量设备的主流物理架构。这种架构实现了LPU与SFU之间无传统PCB背板或Cable背板的直接互连。正交连接器的直接连接有效避免了背板带来的损耗，从而使交换机展现出更优的高速性能和更强的产品代际升级能力。这种设计使得在不更换整机机框的情况下，较容易实现整机容量的提升。目前，CloudEngine 16800的槽位容量支持16 Tbit/s，16槽位的产品可达到256 Tbit/s的整机容量，未来有望进一步演进至超过500 Tbit/s的整机容量。

除此之外，业务路由器NE40E-XA、城域路由器NE8000X、承载路由器PTN7900E、园区核心交换机S12700E、园区核心交换机S16700、高端防火墙USG12000/Eudemon9000E-X也都是插卡框式硬件。

9.2.2 插卡盒式

1. 概述

插卡盒式产品是数据通信产品中较为常见的产品之一。相比插卡框式产品，它们的体积更小、高度更低、质量更小。在使用时，插卡盒式产品同样需安装于标准机柜中，设备宽度与插卡框式产品相同，均为442 mm，但深度更小，便于适配深度较浅的机柜。插卡盒式产品同样具备多个LPU槽位，与插卡框式的LPU不同的是，前者的LPU尺寸较小，带宽容量有限，业务性能相对较低。图9-13为典型插卡盒式产品的外观。

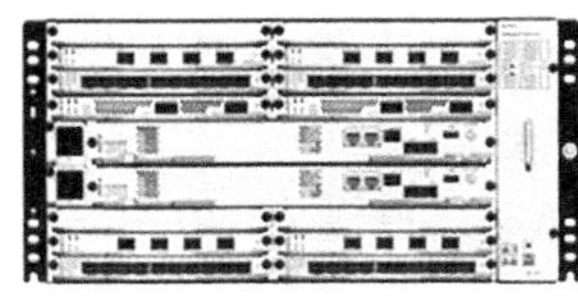
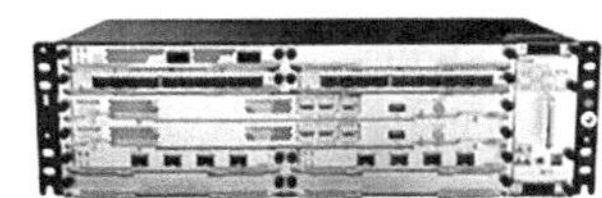

图9-13　典型插卡盒式产品的外观

插卡盒式硬件也由结构机箱、LPU和辅助功能部件组成。

- LPU通常包括负责数据转发处理的LPU和承担业务接口功能的LPU卡。前者作为设备的核心，直接决定设备的转发容量与性能，一般配置两块数据转发板卡。后者则通常有多个，用于实现不同数量、不同类型的业务接口输入输出功能，以满足多样化的业务需求。
- 辅助功能部件包括电源模块、风扇模块、MPU等。电源模块供电，风扇模块为芯片及各种内置器件散热，MPU提供设备的控制管理及运维监控功能。

在插卡盒式产品中，常见的设计是将主控与数据转发功能集成在同一块板卡上。风扇和电源通常设计为可插拔组件，但数量有限。这类数据通信插卡盒式产品具备多个接口卡槽位，能够灵活配置不同类型的LPU卡，从而实现多样化的业务接口组合，展现出高度的业务接口灵活性。然而，插卡盒式产品升级容量与性能有一定限制，往往需要更换核心转发板卡。

插卡盒式产品因体积小巧，内部空间紧凑，通常配置的风扇数量有限，故散热能力相对较弱。加之LPU尺寸较小，因此设备的带宽容量较低，数据处理能力一般不超过10 Tbit/s。

2. 典型产品形态

插卡盒式产品一般在网络中位于较低的层级，常部署于网络接入或汇聚节点，NE8000 M系列路由器、NE8000 E系列路由器、AR系列企业路由器、S8700系列园区交换机、CE9800系列数据中心交换机、USG12000-F系列防火墙等均是插卡盒式产品。

（1）NetEngine 8000 M系列路由器

NetEngine 8000 M系列主要应用于接入和汇聚场景中的高端智能路由器，包含NetEngine 8000 M14、NetEngine 8000 M8、NetEngine 8000 M6和NetEngine 8000 M4共4种型号。

- M14：有14个线卡槽位，高度为5RU，宽度为442 mm，深度为220 mm，可安装至深为300 mm的标准机柜。

- M8：有8个线卡槽位，高度为3RU，宽度为442 mm，深度为220 mm，可安装至深为300 mm的标准机柜。
- M6：有6个线卡槽位，高度为2RU，宽度为442 mm，深度为220 mm，可安装至深为300 mm的标准机柜。
- M4：有4个线卡槽位，高度为2RU，宽度为442 mm，深度为220 mm，可安装至深为300 mm的标准机柜。

如图9-14所示，M14设备的中间两个槽位为主控转发槽位，上方排列有8个线卡槽位，下方则有6个线卡槽位。值得注意的是，下方的4个线卡槽位空间可复用，用于插入交流电源模块。在中间主控转发模块的左侧，配备了2个电源接入模块（Power Input Unit，PIU），而右侧则为风机盒，支持现场更换。M14提供交流和直流两种整机形态，其中直流形态的电源通过PIU接入，而交流形态的电源则从下方4个线卡槽位插入，因此，交流款型的可用线卡槽位数量会相应减少。

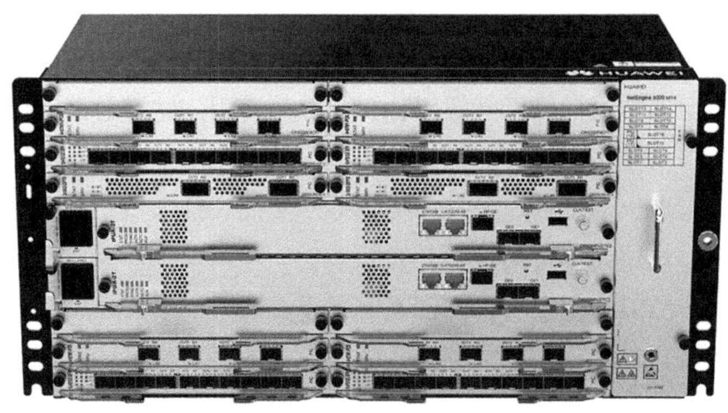

图9-14　NetEngine 8000 M14路由器的槽位

（2）CloudEngine S8700系列园区交换机

CloudEngine S8700系列交换机（简称S8700）是华为面向云园区网络推出的全新一代高密度框式交换机，包含S8700-4、S8700-6、S8700-10 3种产品，主要应用于园区网络中的汇聚层和核心层。

S8700-4、S8700-6、S8700-10 交换机分别提供 4 个、6 个、10 个 LPU 槽位。S8700-4、S8700-6、S8700-10 高度分别为 5RU、8RU 和 13RU，宽度均为 442 mm，深度均为 515.5 mm，可以安装到深度为 600 mm 的标准机柜中。

图9-15所示为S8700-6和S8700-10交换机。以S8700-6为例，中间2个槽位可安装MPU，MPU上方2个槽位和下方2个槽位可安装LPU。最下方是6个系统电源槽位，可插入交流或直流电源模块。在设备后侧有2个风机盒，提供设备的散热功能。

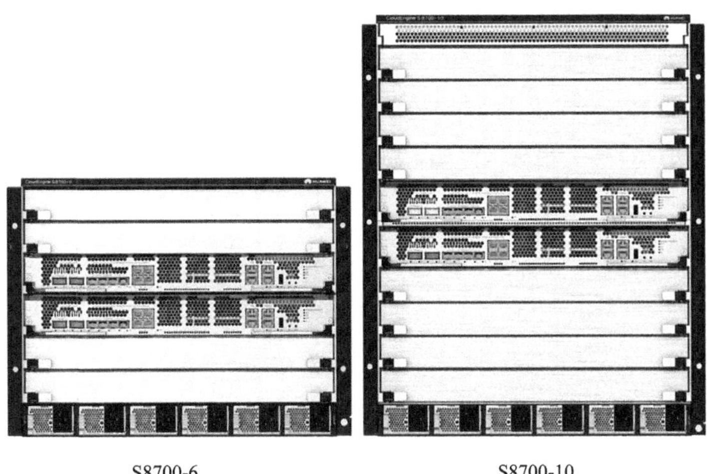

S8700-6　　　　S8700-10

图9-15　CloudEngine S8700系列交换机的槽位

9.2.3　固定盒式

1. 概述

固定盒式产品是华为数据通信产品线中数量最为庞大的一类产品，其形态多样。这类固定盒式产品以小巧、低矮和轻盈为特点，通常部署在网络的接入层。鉴于在组网时需要大量使用这类产品，客户普遍要求它的成本低廉。因此，设计时通常固定业务接口的类型和数量，不支持灵活配置。部分产品设计了可插拔的电源和风扇，便于更换；而有些产品则将电源和风扇固定于设备内部，以此进一步压缩成本。

固定盒式产品的外观不固定，设备大小甚至形状都有所不同，总体上可以分为机架安装和非机架安装两大类。机架安装类产品的宽度与插卡框式和插卡盒式产品一样，是442 mm，便于安装到标准机柜中；高度一般为1RU～4RU，深度一般有220 mm、310 m、420 mm、600 mm等多种不同尺寸。图9-16所示为典型的机架安装的固定盒式产品。

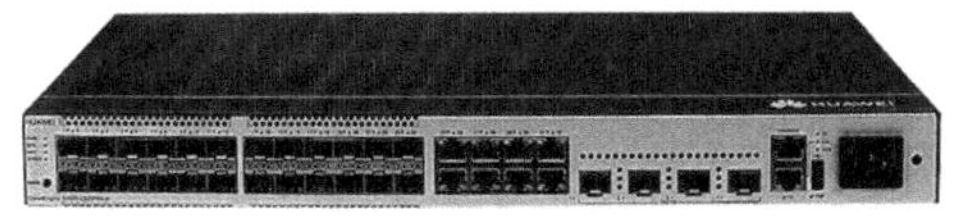

图9-16　机架安装的固定盒式产品的外观

非机架安装类盒式产品一般靠近客户端安装和部署，不安装到标准机柜中。为了方便携带和安装到狭小空间，这类盒式产品尺寸非常小、质量很小，便于放置。由于靠近客户端，因此对外观设计比较看重，其产品外观一般都有造型设计。图9-17所示为Wi-Fi盒式产品，就是非机架安装的盒式产品。

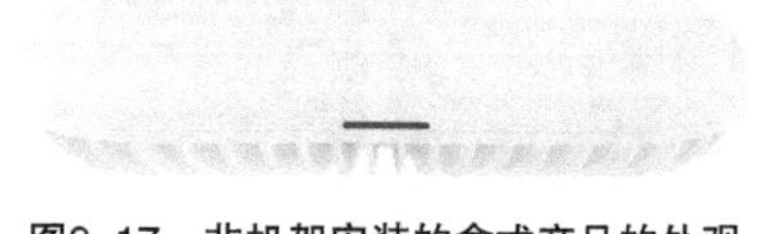

图9-17 非机架安装的盒式产品的外观

2. 典型产品

（1）NetEngine 8000 F1A-8H20Q

图 9-18 所示为华为 NetEngine 8000 F1A-8H20Q，这是一款机架安装固定盒式路由器，设备宽度为 442 mm、深度为 420 mm、高度为 43.6 mm，可以安装到深度为 600 mm 的标准机柜。裸设备质量约 6.3 kg，一个人可以轻易进行操作。设备前面为业务接口，设备后面为管理接口、风扇和电源模块，一共可插入 4 个风扇和 2 个电源模块。2 个电源模块是为了实现电源 1+1 备份，增强设备运行的可靠性。对于固定盒式产品，虽然网络层级较低，但也要增加一些冗余备份设计。

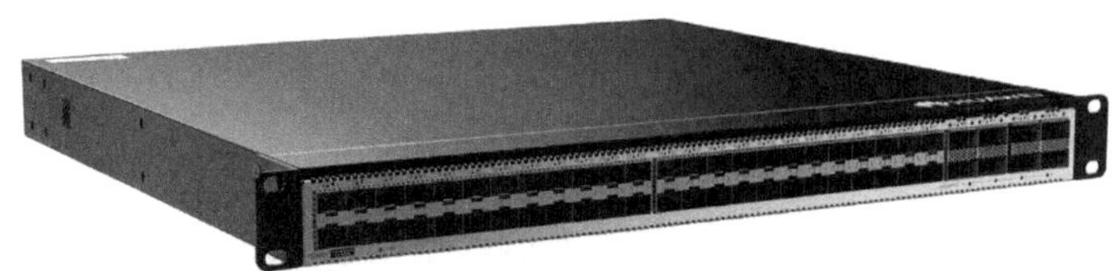

图9-18 NetEngine 8000 F1A-8H20Q产品的外观

（2）NetEngine A800 E

图9-19所示为华为NetEngine A800 E，这是一款云终端综合业务一体化接入路由器，属于固定盒式产品，有固定的接口、内部电源和风扇，成本比较低。这一系列的固定盒式产品设计紧凑，设备宽度为320 mm、深度为220 mm、高度为43.6 mm，可以通过适配挂耳支持机架安装，也可以直接放到桌面。

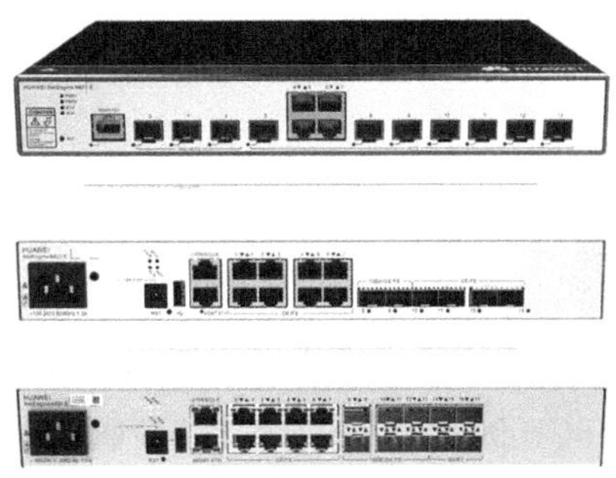

图9-19　NetEngine A800 E产品的外观

（3）Wi-Fi AP

还有一类非机架安装固定盒式产品，比如物联网、Wi-Fi产品。这类产品的形态跟机架安装固定盒式产品有较大差异，例如图9-20所示的Wi-Fi AP产品，有方形、圆形、柱形等各种形状。

图9-20　Wi-Fi AP产品的外观

9.3　数据通信产品的硬件架构演进

数据通信产品的硬件架构演进本质上是持续追求更高的转发效率。通过采用更科学的架构设计与更快的转发介质，使数据在设备各组件间的传输速率不断加快，从而提升设备整体性能，以适应5G和云时代对网络提出的日益增长的需求。本节将介绍数据通信产品背板架构与新兴硬件架构的演变历程，并对未来的数据通信硬件发展方向进行展望。

9.3.1 背板架构的演进

传统的数据通信框式产品普遍采用PCB背板。随着背板速率的持续提升，PCB背板难以满足大尺寸框式产品对高速数据链路性能的需求，因此，Cable背板架构应运而生。相比PCB介质，Cable介质在高速信号传输中展现出更低的损耗，能够支持更高的背板速率及更远距离的传输。然而，随着传输速率进一步提升，单芯片容量不断扩大，Cable背板也出现难以胜任高速链路传输任务的问题。于是，无背板正交架构得以发展。

1. PCB背板

图9-21所示为传统PCB背板的示意图。PCB背板通常应用于槽位数量有限的机框，或是背板速率不超过25 Gbit/s的大型机框。因此，采用PCB背板架构的产品的交换容量通常低于6.4 Tbit/s，背板链路数量一般不超过128条。由于PCB背板的高速性能受限，产品升级较为困难，通常仅能支持背板速率未来两代的演进。华为NE40E-XA、S12700E和PTN7900E等设备采用的就是PCB背板。

图9-21　传统PCB背板的外观

2. Cable背板

图9-22所示为Cable背板的示意图。Cable背板为中等背板速率的多槽位大型机框设计，通常最高可支持112 Gbit/s的背板速率。Cable背板产品通常包含

少于192条的背板链路，具备中等的槽位容量。典型的Cable背板产品包括华为NE9000和NE5000E-20等骨干路由器。

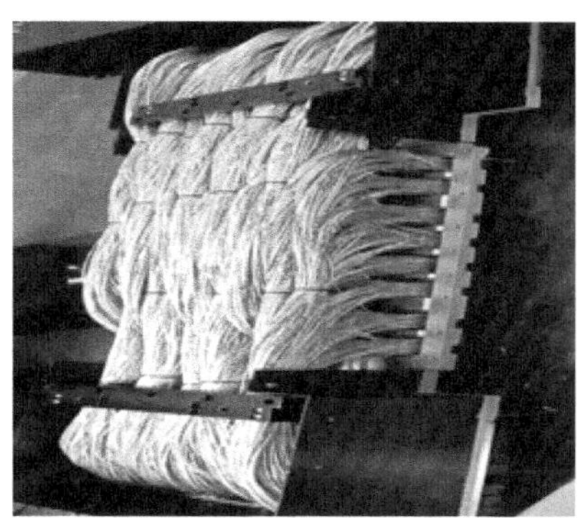

图9-22　Cable背板的外观

3. 无背板正交架构

无背板正交架构是业界当前的主流物理架构，如图9-23所示，这种架构没有背板，LPU与SFU直接通过连接器正交连接。无背板正交架构通常能够包含超过384条的背板链路，从而实现超大槽位容量。由于该架构没有背板，因此对传输速率的演进具有良好的适应性，可通过现场更换高速率板卡轻松实现升级。目前，采用无背板正交架构的框式产品已演进至112 Gbit/s的背板速率，未来有望提升至224 Gbit/s乃至更高。相比PCB背板或Cable背板，无背板正交架构在高度上更为紧凑，但深度较大，需要配备深度超过1 m的机柜。采用无背板正交架构的代表产品包括华为NE8000X、CE16800、USG12000、S16700系列产品。

图9-23　无背板正交架构

9.3.2 新兴的硬件架构

1. 光背板

面向未来，数据通信领域可能出现新的硬件架构。框式产品的背板速率已演进至112 Gbit/s，预计下一步将迈向224 Gbit/s。当前，SerDes的速率发展迅猛，相关产品加速迭代。初步分析表明，电背板的演进仍具有可行性，但电接口的速率上限已经十分明确，随着业务的持续增长，电背板的发展极限近在咫尺，转向光背板将是必然趋势。相比电背板，图9-24所示的光背板具有密度高、损耗小及串扰小的优势，更加有利于架构向更高速率、更大容量的方向演进。

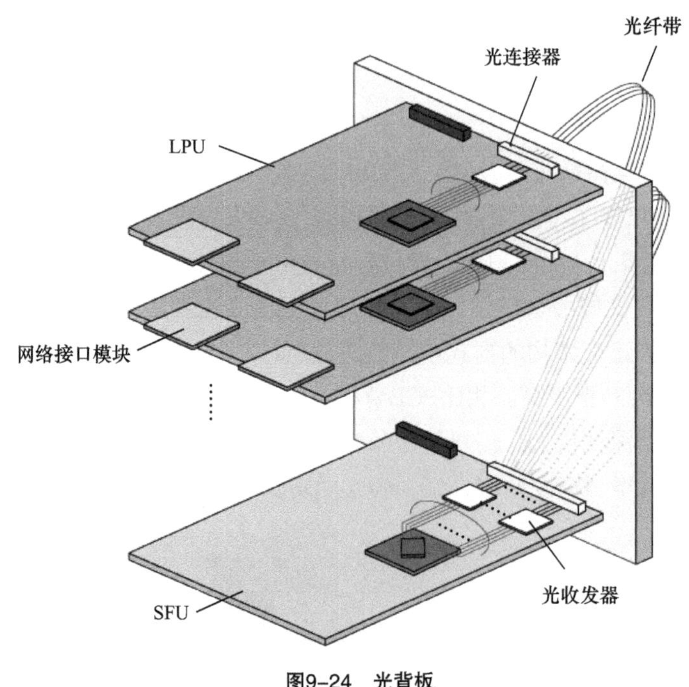

图9-24 光背板

2. DDC架构

随着带宽需求的持续增长，框式产品的供电需求和功耗也随之增加。当前，具备 300 Tbit 容量的整机最大功耗已超过 50 kW，在机房部署时，供电和散热问题日益突出，对设备的部署环境提出了更高要求。因此，业界开始探索一种新方式：不再追求在单台框式设备上提升性能，以避免设备尺寸和能耗的持续增长，进而防止发生普通机房难以部署设备的情况；通过拆分设备功能，将原本集中于一台框式设备的各功能模块，拆解并重新构建成一组固定盒式的设备集群。这种方式在物理层面实现分散部署，而在逻辑层面保持功能的一体性，从而构建出一种分布式设备架构。这种架构在业界被称为分布式分离机箱（Distributed Disaggregated Chassis，DDC）架构，如图 9-25 所示。

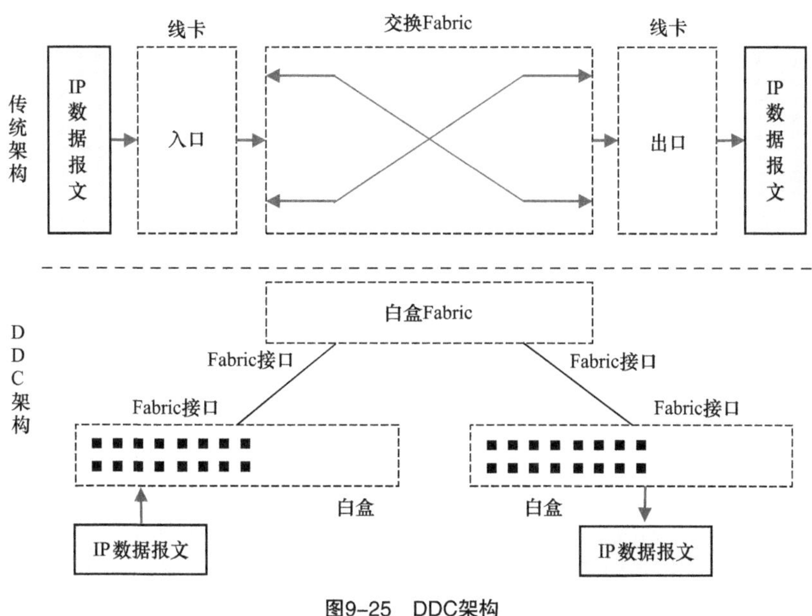

图9-25　DDC架构

从物理形态上看，DDC架构实现了设备的物理解构，将原本紧耦合的大型框架解构成物理上松耦合的盒子互连结构。每个交换盒子和线卡盒子都配备了独立的电源、风扇和控制器，它们通过外部线缆相连。这种连接方式相当于传统框架中的背板。由于系统容量不再受限于机箱的物理尺寸或背板信号传输速率，因此可以通过增加盒子来实现横向的规模扩展。虽然DDC架构解决了供电和散热的难题，但系统的复杂性和维护难度也随之增加，其可靠性相比当前的产品有所下降。DDC架构是否能成为未来的主流架构，还需要进一步的研究和实践来验证。

9.3.3　数据通信产品硬件的未来演进

1. 芯片高容量

表9-2列出了转发芯片的代际发展，大约每隔2年，芯片容量就会翻倍。随着

芯片容量的持续增长，芯片的封装尺寸也随之扩大，功耗亦在增加。然而，得益于芯片工艺的不断进步，功耗增长与带宽增长呈现非线性关系，这意味着单位带宽的功耗实际上在逐渐降低。但从硬件系统设计的角度来看，SerDes速率的提升、芯片封装尺寸的增大及功耗的升高，使硬件系统设计的复杂度日益增加。这要求我们在高速、高热、高密度设计上持续创新，以确保硬件的竞争力持续领先，适应芯片容量的迅猛发展。

表 9-2　转发芯片的代际发展

时间	芯片容量	SerDes速率	封装尺寸	功耗	芯片工艺
2009年之前	100 Gbit/s	5 Gbit/s	45 mm × 45 mm	33 W	65 nm
2010年	640 Gbit/s	10 Gbit/s	50 mm × 50 mm	65 W	40 nm
2015年	3.2 Tbit/s	25 Gbit/s	55 mm × 55 mm	175 W	28 nm
2017年	6.4 Tbit/s	25 Gbit/s	67.5 mm × 67.5 mm	305 W	16 nm
2018年	12.8 Tbit/s	50 Gbit/s	67.5 mm × 67.5 mm	365 W	16 nm
2020年	25.6 Tbit/s	50 Gbit/s或100 Gbit/s	77.5 mm × 77.5 mm	510 W	7 nm
2022年	51.2 Tbit/s	100 Gbit/s	87.5 mm × 77.5 mm	795 W	5 nm
2024年之后	超过100 Tbit/s	224 Gbit/s	?	超过1 kW	3 nm

2. 高速传输技术

框式系统现已逼近112 Gbit/s的SerDes速率，所需的硬件核心技术已基本达到可应用的状态。然而，若要实现更高速率（例如224 Gbit/s），仍存在一些不确定性。

- 在框式系统中，由于SerDes速率持续提升，高速链路系统性能面临挑战。因此在高速链路系统中，传输介质正经历显著变化，例如，Cable和柔性印刷电路板（Flexible Printed Circuit，FPC）正大量替代传统的PCB，以适应性能需求。
- 盒式系统不仅广泛采用Cable介质或FPC介质，还在芯片封装的光技术上探索新路径，例如采用共封装光电系统（Co-Package Optics，CPO）芯片。

图9-26展示了高速传输技术的发展趋势。在硬件技术上，各厂家也在PCB、FPC、Cable、连接器、芯片基板等无源部件上进行创新，以提高性能，向着224 Gbit/s的传输速率目标前进。

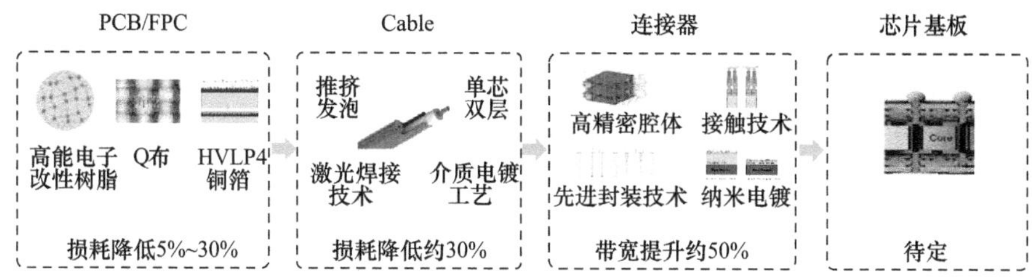

图9-26　高速传输技术的发展趋势

3. 单板高密度技术

图9-27展示了高密度技术的发展趋势。对于单板的高密度设计，将广泛采用模块化、模组化及多层模块堆叠的架构。为了降低高速链路的损耗，芯片采用高性能基板实现模块化设计，模块间通过FPC等柔性有源连接或Cable连接，进而催生了高密度3D模组设计，实现了板级与芯片封装的融合堆叠。总之，单板设计的复杂度显著提升，其中应用了大量创新技术。

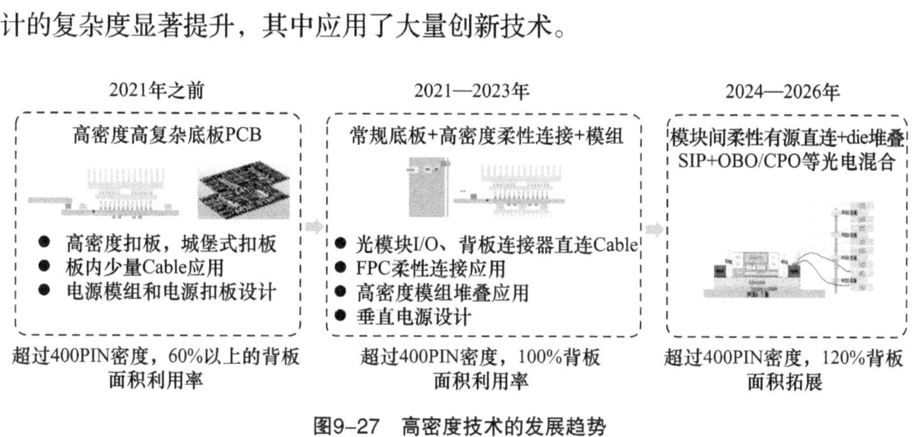

图9-27　高密度技术的发展趋势

- 在2021年之前，高密度单板设计广泛采用高密度扣板和城堡式扣板，以解决布局密集的问题。同时，板内开始少量采用Cable局部替代PCB走线，以解决高速信号传输或PCB走线空间紧张的问题。电源部分通过设计为电源模组和电源扣板等，实现了高密度布局。通过这些设计手段，实现了超过400PIN密度的PCB设计，且PCB背板的面积利用率达到了60%以上。
- 2021—2023 年，Cable 在板内的应用显著增加，背板连接器直接从 Cable 背板垂直延伸，光模块 I/O 连接器直接连接 Cable，紧邻芯片周边，不需要额外的连接线。这一设计使得高速链路传输速率从 58 Gbit/s 演进至 112 Gbit/s。同时，FPC 柔性连接和高密度模组堆叠应用开始出现，通过在芯片背板布局电源，实现垂直电源设计，进一步优化了单板密度和单板高速链路设计。PCB 背板设计可实现 100% 的面积利用率。

- 2024—2026年，板级工程与芯片封装工程将逐渐融合，多芯片融合封装，以及在die上堆叠系统级封装（System in Package，SIP）模组等技术将得到应用。同时，板载光学系统（On Board Optics，OBO）、CPO、近光学封装系统（Near Package Optics，NPO）等光电混合设计技术的应用，将推动传输速率的进一步演进，实现单板容量的提升。

4. 散热技术

图9-28展示了散热技术的演进过程。当前的芯片功耗已逼近1000 W，尽管散热器、风扇、热界面材料（Thermal Interface Material，TIM）技术持续演进，但在硬件系统中，正逐渐达到风冷散热的极限。未来，设备散热方式将从风冷转向液冷，以应对更高的散热需求。液冷散热的带热能力显著增强，有望缓解芯片散热的瓶颈。然而，设备采用液冷散热对机房环境的依赖性较大。风冷到液冷的转变过程需要较长时间的逐步过渡。

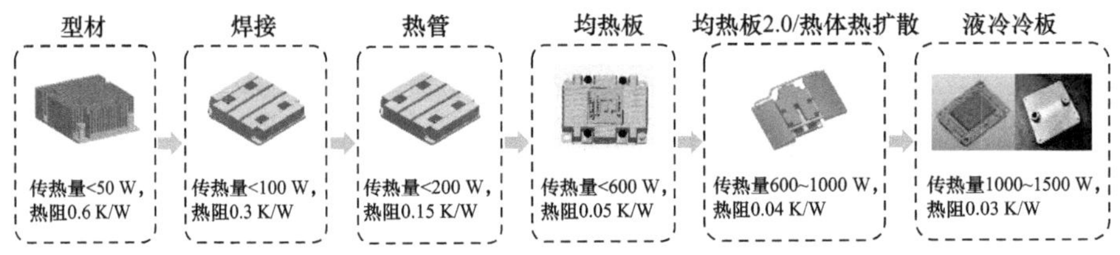

图9-28　散热技术的演进过程

第10章
数据通信产品的软件架构

数据通信产品的种类繁多、形态各异。这导致运行在这些产品上的软件功能也存在显著差异，相应地，软件架构也各具特色。数据通信硬件产品可以分为交换机、路由器、WLAN产品和安全产品4类。如果追本溯源，我们会发现这几类产品其实都源于最早的路由器，之后逐步分化、演变。因此，本章将重点以路由器为例，阐述路由器软件架构的演进历程，同时简要介绍其他类型产品的演进历程。

| 10.1　路由器软件架构的演进 |

作为典型的数据通信产品，路由器的产品形态和业务功能非常丰富。从低端的SOHO小型路由器，到多框级联的巨型路由器，不同场景中的路由器的软硬件结构存在显著差异。为了更好地说明路由器软件架构的演进过程，本节将从功能逻辑架构和软件实现架构两个方面详细阐述。

10.1.1　功能逻辑架构

路由器的核心功能是数据报文的分组转发。特别是在TCP/IP成为全球互联网的主导协议之后，IP分组（报文）转发的核心功能地位更加明显。

路由器的功能逻辑架构由管理平面、控制平面和转发平面组成，如图10-1所示。虽然路由器经过几次技术的迭代，性能得到了巨大的提升，但其基本的功能逻辑架构却没有变化。其实所有数据通信产品的架构都是由这3个功能逻辑平面构成，只是不同的产品在3个功能逻辑平面的功能实现上有一些差异。在路由器的演进过程中，3个功能逻辑平面也以各自的节奏演进，相对独立而又相互影响。

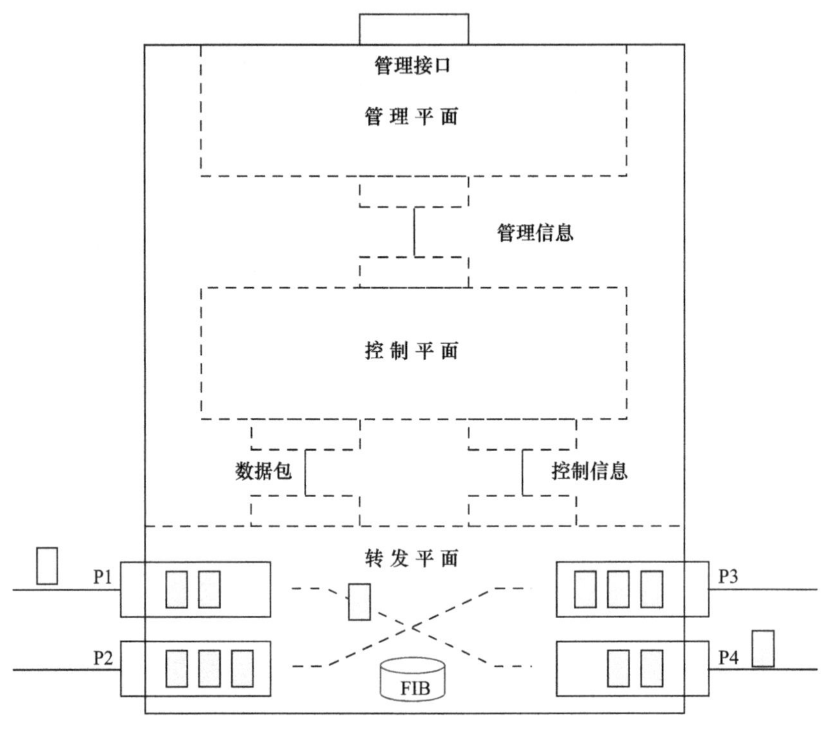

图10-1　路由器的功能逻辑架构

- 管理平面主要负责执行各种与管理相关的功能，包括各种北向管理协议和完整的配置管理功能。该平面接收来自管理员的各种配置，并将其传达给控制平面和转发平面。同时，管理平面负责收集控制平面和转发平面的各种日志、告警和统计信息，并按需将这些信息上报给网管系统或网络控制器。
- 控制平面主要按照管理员下发的各种配置进行工作，完成二、三层的路由计算，接入安全认证，以及各种业务控制逻辑。最终形成各种用于指导转发平面进行分组报文转发的信息表，并将这些信息发送至转发平面。
- 转发平面有时也被称为数据平面，主要负责路由器的核心功能——分组报文的转发，同时生成各种统计信息，供管理平面和控制平面查询。需要注意的是，用于管理和控制的各种协议报文，也是通过转发平面进行接收和发送的。

路由器作为一种数据通信设备，与其他网络设备最显著的区别之一是支持所谓的“带内管理和控制”，即用于管理和控制路由器的各种管理协议和控制协议的报文，可以与转发的用户业务的数据报文使用相同的网络接口和链路。

下面我们重点介绍转发平面的核心功能——IP报文转发流程。如图10-2所示，图中实线箭头标识的是转发平面的IP报文转发流程，具体流程如下。

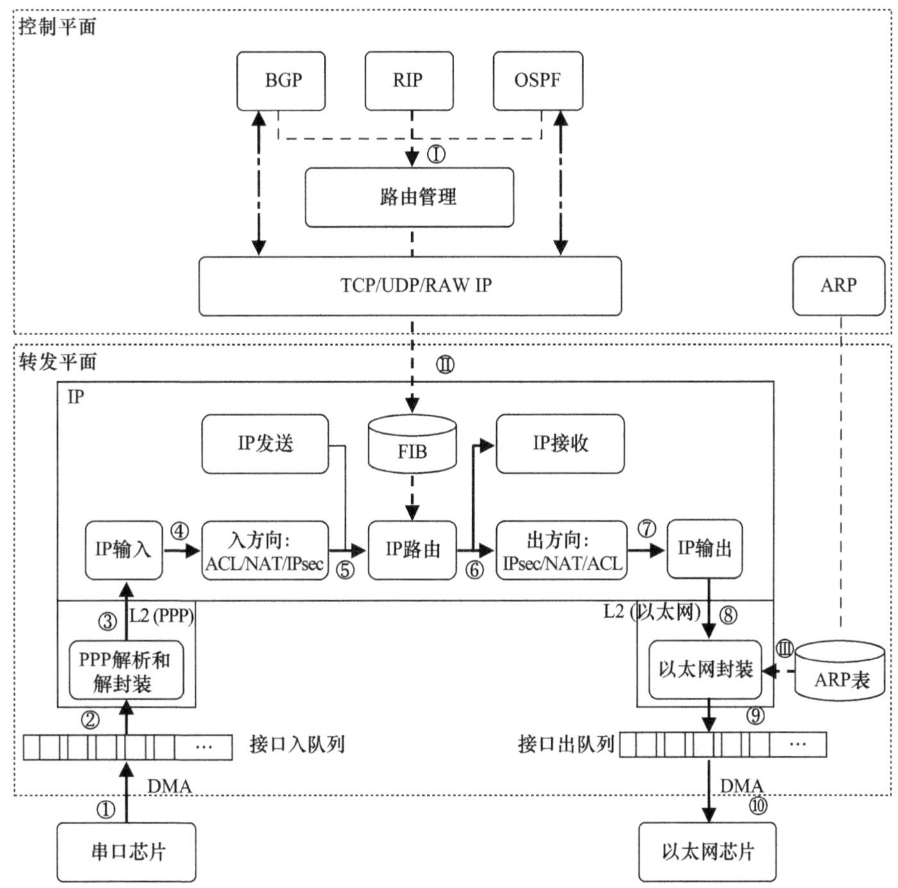

图10-2　IP报文转发流程

① 物理线路上的报文在串口芯片和I/O控制器的协同控制下，通过直接存储器访问（Direct Memory Access，DMA）方式被接收至内存中指定入接口的接收缓冲区。

② I/O控制器通过中断唤醒CPU，CPU在中断处理过程中，将特定的内存缓冲区交换至接口入队列，并唤醒相应的转发线程开始工作。

③当线程获得CPU控制权后，它将从特定的队列中读取报文，并将其传送给与接口（ifnet）相连的链路层进行接收和处理。

④ 链路层（如PPP）解析报文并完成L2的解封装，确认是IP数据报文后，继续调用IP输入函数IP_Input进行处理。

⑤完成IP报文解析后，调用ifnet接口上入方向的业务处理功能（如ACL过滤、NAT地址转换、IPsec解密等）。

⑥完成入方向的业务后，开始进行IP路由，查找转发信息表（Forwarding Information Base，FIB），确定出接口和下一跳（Next Hop）。

⑦然后进行出方向的业务处理（例如IPsec解密、NAT地址转换、ACL过滤等）。

⑧接着调用IP输出函数IP_Output，完成IP报文的改写，最后将报文交给链路层（例如以太网）处理。

⑨链路层会根据下一跳的IP地址查询ARP表，找到对应的MAC封装地址，然后完成L2报文封装，并将封装后的报文放入接口出队列中。

⑩在I/O控制器和接口芯片的协同控制下，通过DMA方式，将报文发送到特定接口的物理线路上。

图10-2中虚线箭头标识的是控制平面计算控制信息的过程，具体流程如下。

Ⅰ各个路由协议（例如BGP、RIP、OSPF）通过本机的协议栈（例如TCP、UDP、RAW IP）收发路由协议报文，并计算路由信息。

Ⅱ各个路由协议将其计算出的路由信息发送给路由管理器（Routing Management，RM），RM对路由进行优选，选出最佳路由后发送给IP转发平面，形成FIB。

Ⅲ ARP通过协议解析形成ARP表（ARP Table），然后将该表发送给以太网，以便指导报文的封装处理。

路由器软件架构的演进与路由器硬件架构的演进密切相关。在实现功能逻辑架构的平面功能的过程中，由于采用的实体和架构的不同，不同产品采用的转发方式有所差异。路由器的转发方式大体上可以分为5代：集中式软转发、分布式软转发、NP转发、ASIC/FPGA转发，以及同时考虑负载均衡、虚拟化、自动化管理的结构化网络架构。请注意，这只是表示一种趋势，并不意味着采用前几代架构的产品已经消失。实际上，当前各种架构的产品都非常活跃，都有代表性的产品在销售和使用。

（1）集中式软转发

集中式软转发路由器诞生于20世纪80年代，是最早的路由器。它的硬件架构如图10-3所示。这类产品的一个显著特征是各种类型的物理接口都连接在同一条I/O总线上。

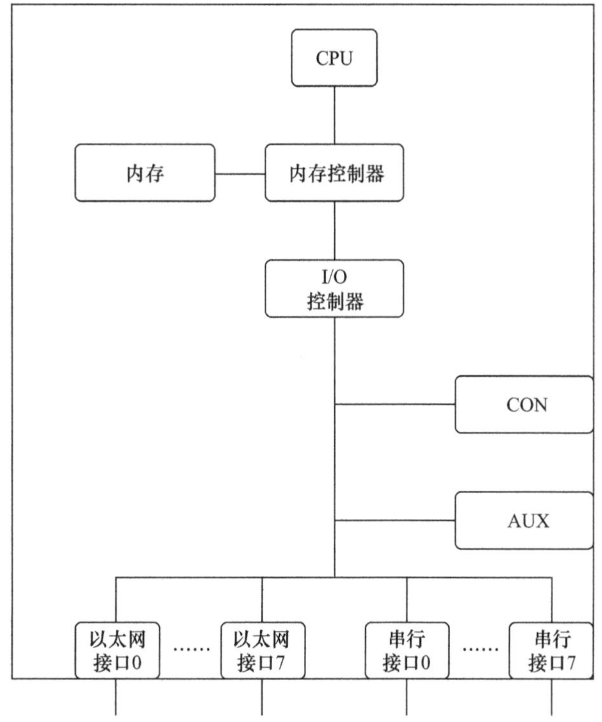

图10-3　集中式软转发路由器的硬件架构

说明

历史小知识：早期常见的总线是工业标准架构（Industry Standard Architecture，ISA）总线，之后逐渐被外部设备互连（Peripheral Component Interconnect，PCI）总线取代。PCI总线后来被其继承者PCI-e总线替代。当今最新的总线则是计算快速链接（Compute Express Link，CXL）总线。

集中式软转发路由器所有接口都连接在同一条I/O总线上，因此可接入的物理接口数量有限，通常仅有几个至几十个。报文转发速率大约在几十至几百kbit/s之间。这类产品是最贴近图10-1和图10-2中描述的功能逻辑架构和IP报文转发流程的路由器。

（2）分布式软转发

随着带宽和网络规模的不断增长，路由器需要具备更高的物理接口密度、更快的转发速率及更强的可靠性。自然而然地，人们考虑将不同层面的功能进行分离，采用并行处理的方式，以提升这3个关键指标的性能。分布式软转发路由器

（也有人把这一代架构称为路由与转发分离架构）应运而生，这类产品的硬件架构示意图如图10-4所示。这类产品通常由一个专属的机框构成，插有不同功能的单板，一般主要包括MPU和LPU。

- MPU：通常主要用于实现管理平面和控制平面的功能，负责全面协调管理整台设备，计算路由信息，并将计算得出的转发信息表下发至各个LPU。
- LPU：负责报文的转发。

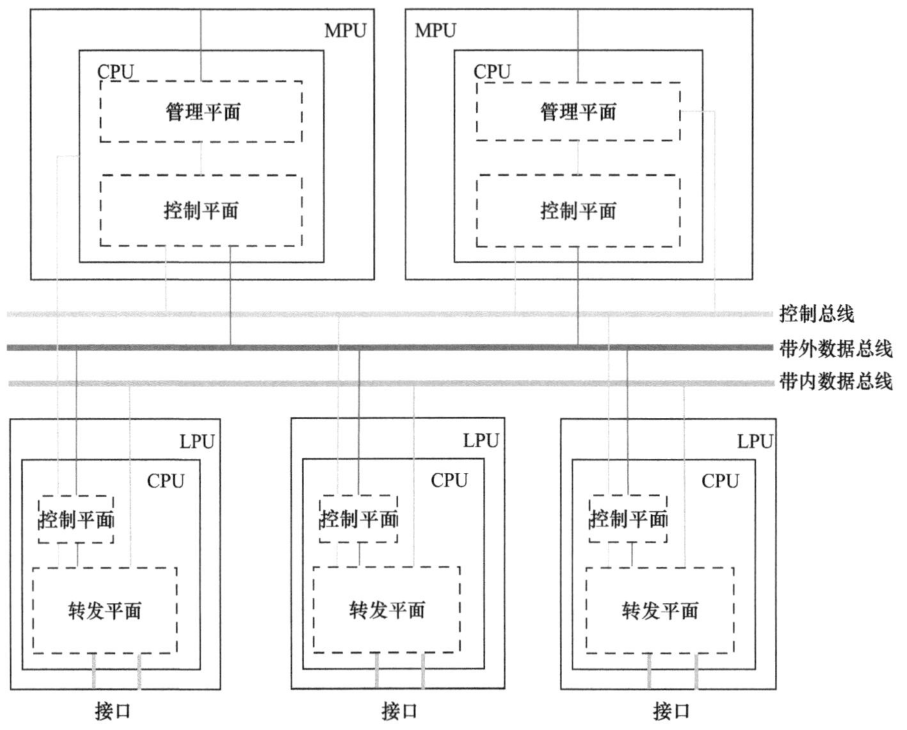

图10-4　分布式软转发路由器的硬件架构

在一般情况下，一个机框中可以插入1到2个MPU，以及多个LPU，它们通过背板总线实现互连。这种架构具有以下特点。

- 所有的LPU都连接在背板总线上，共同构成一个完整的转发平面。报文转发时从一个LPU接收，从另一个LPU发送，就如同所有接口都位于同一台路由器上一样。
- 在双主控系统中，两个MPU分别处于主备状态，其中主MPU为活动状态，备MPU为备用状态。
- 主MPU承担全部管理和控制职责，包括监管所有LPU的运行。主要的控制协议在MPU上执行，由此产生的指导转发的转发信息表将被分发至所有LPU。

• 备用MPU存储所有相关的信息，并实时监控主MPU的状态。一旦检测到主MPU出现异常，备用MPU会立即升级为主MPU，并通过利用实时备份的配置信息和状态信息，迅速恢复设备的运行状态，控制整台设备，包括LPU。

由于报文的接收与发送可能不在同一个LPU，因此分布式软转发的过程被分为了两个阶段，流程如图10-5所示（为了说明核心流程，忽略了备用MPU）。

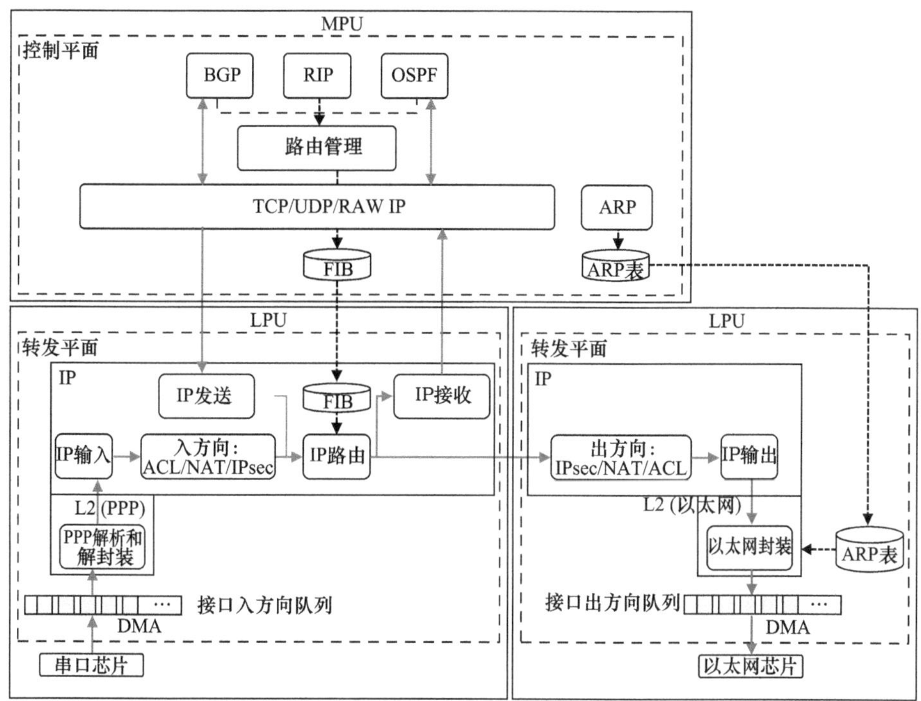

图10-5　分布式软转发的流程

• 控制平面的核心组件，包括各种路由协议等，均位于MPU上。MPU负责计算并生成FIB和ARP表，随后将这些表下发给所有参与数据转发的LPU。

• 转发平面位于LPU上，一个完整的IP转发流程被划分为两个阶段：首先，入方向流程（Inbound Process，也称为上行处理）处理至路由转发，通过查找FIB获取出接口和下一跳信息，随后将数据报文发送至出接口所在的板卡；其次，出方向流程（Outbound Process，也称为下行处理）接续入方向的处理，依据已获取的出接口和下一跳信息，查询ARP

表，完成链路层的封装处理。尽管转发流程被划分为两个阶段，但转发过程通常是双向的，因此每个LPU实际上都具备入方向和出方向的双重处理能力。

- 在报文进行跨板转发的过程中，通常会附带一些由入LPU处理得到的上下文信息（例如入接口、通过查找确定的出接口、下一跳等）。因此，在出方向的处理流程中，无须再次查询FIB表，从而节省了查表所消耗的时间。

由于转发平面由多个LPU协同进行转发处理，整台设备的端口接入密度和总转发性能均获得显著提升。同时，实现MPU主备配置，大幅增强了设备管理平面和控制平面的可靠性。通常情况下，单板的可靠性为99.99%，而通过主备配置，可靠性可达到99.999%。

（3）NP转发

由于通用CPU并非专为报文转发设计，使用它进行报文转发处理的性价比低，性能易受限。因此，人们开始探索利用专用硬件进行报文转发，这促使了两种转发技术的兴起：NP转发和ASIC转发。

NP是一种专门用于处理网络数据报文的处理器，它可以通过编程实现灵活配置，从而提升网络处理的复杂度。随着NP技术的日益成熟，路由器迎来了NP时代。无论是集中式的盒式路由器，还是分布式的框式路由器，都开始采用NP来承担转发平面的任务。

一个采用NP转发的盒式路由器的硬件架构如图10-6所示。不同于早期的集中式软转发的路由器，采用NP转发的路由器具有以下特点。

- 管理以太网接口（MEth）和控制台接口（CON）直接连接到CPU上。如今，大多数CPU都是单片系统（System on a Chip，SoC），具备直接提供接口的能力。
- 所有连接数据网络的接口均由NP直接提供，NP通过PCI-e接口与CPU建立上行连接。

在这种产品形态下，转发平面的所有工作都由NP完成。

采用NP转发的框式路由器的硬件架构如图10-7所示。可以看出，一个机框上一般有3种单板：MPU、LPU、SFU，并具有以下特点。

- LPU上有专用的NP（图中标识为芯片1）接管全部的物理接口，并向上连接到SFU。

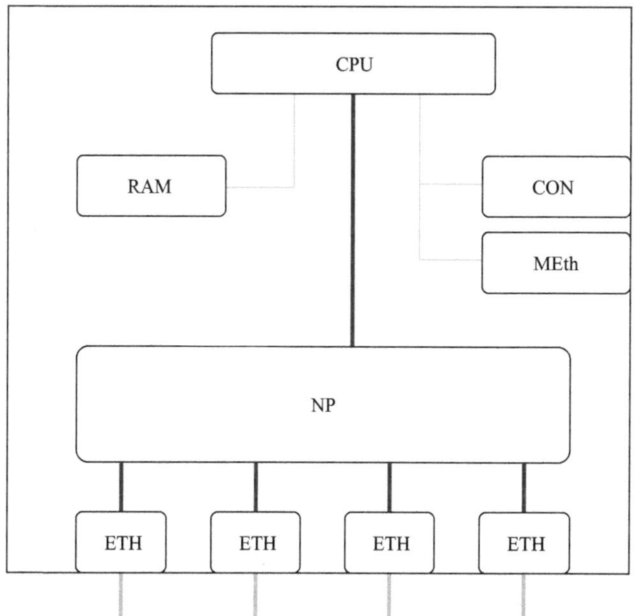

图10-6　采用NP转发的盒式路由器的硬件架构

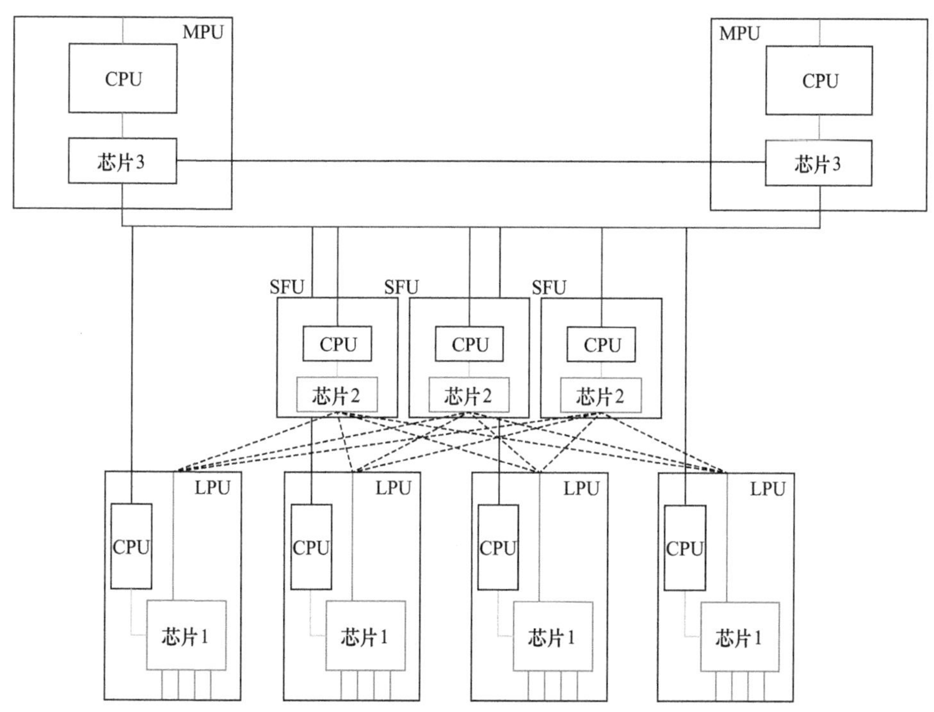

图10-7　采用NP转发的框式路由器的硬件架构

- 因为采用NP转发，总带宽非常大，之前的背板总线很难满足带宽要求，所以需要专用的SFU替代原来的背板总线。每个SFU上都具有CPU和专门用作交换总线的NP芯片（图中标识芯片2）。通常会有多个SFU并行与所有的LPU交叉连接，这样总带宽就是所有SFU带宽的总和。所有的芯片1和芯片2共同组成完整的转发平面（图10-7中的虚线）。
- 所有单板上的CPU都连接到一个芯片上（图中标识为芯片3），提供控制通道，以及本机报文的收发通道，相当于分布式软转发中的控制总线和带外数据总线。芯片3一般安装在MPU上，也可以安装在背板上，但不会单独做成一块单板（在DDC架构中，这个芯片可以演化成一个独立的单元）。

一般而言，SFU有两种工作模式，即包交换模式和信元交换模式。路由器为了减少转发的时延，一般采用信元交换模式。

框式路由器的转发流程如图10-8所示。其中，数据报文转发流程用实线箭头标识。

①PHY&MAC完成以太网接口的物理层相关处理。

②入方向LPU的NP完成入方向的L2、L3协议处理和业务处理，查找转发表，获得出接口的下一跳信息。

③入方向的TM模块主要完成流量的入方向队列缓存和调度。

④入方向的交换接口电路（Fabric Interface Circuit，FIC），数据报文切分成固定长度的信元，通过交换网络电路（Switch Fabric Circuit，SFC）发送给出LPU。

⑤出方向的FIC将收到的信元重组为报文。

⑥出方向的TM模块完成出方向队列缓存。

⑦出方向的NP完成出方向的L3协议处理和业务处理，L2、L3报文改写等处理。

⑧出方向的eTM模块负责出接口调度（可选，很多产品没有这一级处理）。

⑨PHY&MAC完成以太网接口的物理层相关处理。

图10-8所示的转发流程相比图10-5简化了很多内容。需要说明的是，因为要做NP转发，指导转发的FIB、ARP表等信息要转换成符合NP要求的格式，并通过NP提供的软件开发工具包（Software Development Kit，SDK）接口下发给NP芯片处理。这种适配芯片的FIB和ARP的转换工作，通常在LPU上完成。

（4）ASIC/FPGA转发

与NP相比，ASIC芯片在编码灵活性上显然处于劣势，因为它所实现的功能通常是固定的，一旦确定就难以进行功能扩展。然而，ASIC芯片的优势也很明

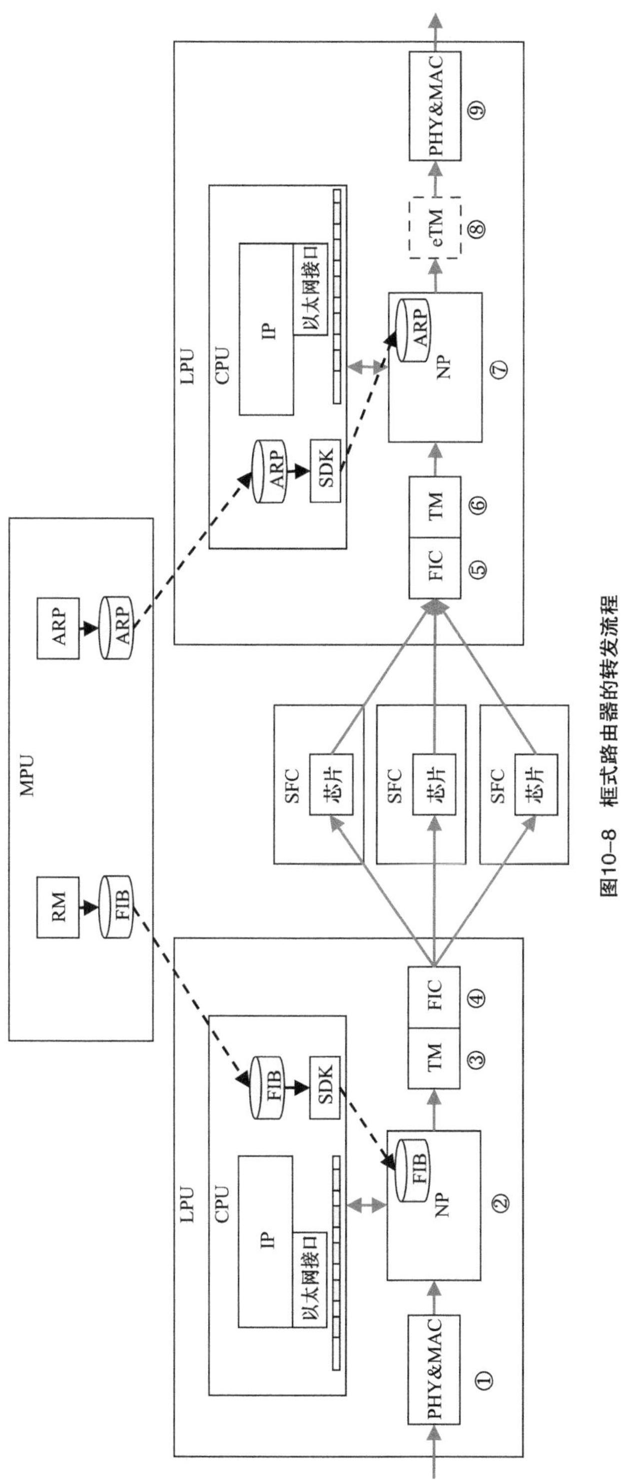

图10-8　框式路由器的转发流程

显，即在相同规格下，ASIC芯片具有更高的性价比。

采用ASIC芯片构建的路由器，基本的逻辑架构和图10-8所示的架构类似，只不过芯片是ASIC芯片而不是NP。

由于路由器在各种组网中的使用比较灵活，经常会发生业务变更，因此现在高级的路由器普遍采用NP作为核心转发部件。ASIC芯片则更多地被用于以太网交换机。

与ASIC技术类似的还有现场可编程门阵列（Field Programmable Gate Array，FPGA）技术。在功能实现上，FPGA与ASIC更为接近，但由于具备逻辑可编程特性，FPGA相比ASIC具备更高的灵活性，这使得FPGA成为构建路由器的可行选择。不过，FPGA的编程灵活性不及NP，且在性价比上也逊于ASIC。因此，在实际商用中，以FPGA作为转发核心的路由器并不多见。在多数情况下，FPGA被用作特定原型机或小规模、高附加值产品的解决方案。

（5）结构化网络架构

当今的路由器持续朝着高集成度、高性能和大带宽的方向演进。随着接入设备密度的提高，单一机框已无法满足高端网络设备的需求。因此，多框级联设备应运而生，如2+8的多框级联设备（亦被称为路由器的多框堆叠），包含2个主控框和8个线卡框（Cluster Line-card Chassis，CLC），通过光纤将主控框与CLC相连。所有框均可安装LPU，每个主控框可插入2个MPU，从而实现整机配备4个MPU。为增强可靠性，4个MPU通常采用1主、1热备、2冷备的工作模式。主MPU和热备MPU的工作状态与分布式软转发类似，而冷备MPU则处于待机状态。当主MPU发生故障时，热备MPU将升级为主MPU，并激活一个冷备MPU作为新的热备MPU，实现无缝备份。这种设计显著提升了设备的整体可靠性。

与此同时，随着大型设备集成度的提升，其价格也相应上涨，直接部署这类大型设备会导致初期成本过高。于是，部分厂商开始从另一个角度推动路由器的技术进步，这就是 DDC。DDC 的架构如图 10-9 所示，其中定义了 3 个单元和 Fabric。

- 控制单元：通常可以是一个服务器，通过以太网接口连接到交换单元上。在功能上，它首先让整个集群连接在一起，构成一个逻辑网元，同时行使传统框式路由器的MPU的功能，完成整台设备的配置管理和控制。控制单元负责运行主要的协议和应用，计算得到指导转发的FIB等信息，然后将其下发到LPU指导转发。
- 交换单元：提供以太网接口，连接控制单元、Fabric、接口单元，使得三者之间的管理和控制通道是连通的。交换单元的安装位置有点类似传统框式路由器MPU上集成的交换芯片，只不过为了便于扩展和替换，采用了独立的交换单元盒子。

- 接口单元：和所有Fabirc交叉连接，其功能和位置相当于传统框式路由器的LPU，负责完成网络报文的转发和各种业务处理功能。
- Fabric：和所有LPU交叉连接，构成所有LPU之间的交换总线，跨LPU的转发都被分配到Fabric，其功能和位置相当于传统框式路由器的SFU。

从功能角度来看，DDC的各单元与传统框式路由器的各类板卡或组件存在对应关系。然而，相比传统框式路由器，由于DDC中的单元皆为独立个体，DDC架构显然更为灵活，便于更换与扩展。

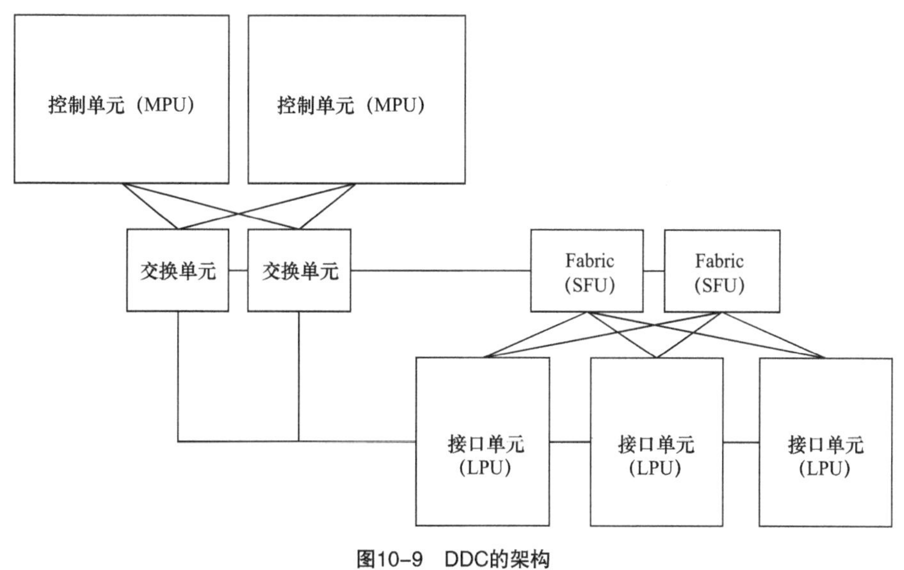

图10-9　DDC的架构

10.1.2　软件实现架构

要想实现路由器的3个功能逻辑平面上的功能，需要操作系统的支持。一个完整的路由器软件实现架构如图10-10所示。从图中可见，除了基本的管理平面、控制平面、转发平面，还包括以下两个平面。

- 基础设施平面：该平面提供操作系统的基础功能，包括内核、驱动、基础C库、数据库、基础中间件。这些基础能力并非路由器软件所独有，而是大部分嵌入式设备软件都具备的。
- 系统服务平面：路由器作为独立设备，除了具备基础操作系统自带的功能，还可以提供软件升级、网络部署与管理、热补丁管理、高可用性管理及分布式管理等特定的系统级服务。

这5个平面一起构成了一个完整的软件系统。

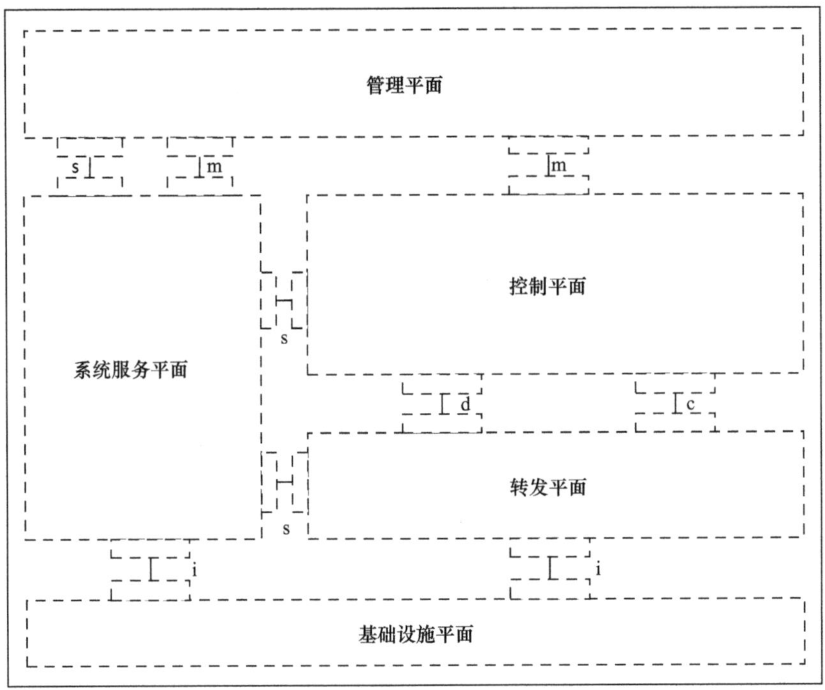

图10-10　路由器的软件实现架构

从软件实现架构上看，路由器的软件架构有着明显的演进趋势。这种趋势既受到CPU硬件的影响，也受到软件操作系统技术发展的影响。

- 从硬件角度来看，路由器的CPU架构持续演进。起初仅有单核CPU，现已发展至双核、多核，乃至大小核，可以根据不同任务需求灵活选择核心数量。
- 从软件角度来看，路由器的操作系统经历了持续的演变，从最初的单任务/实模式发展到多任务/实模式，直到当前的多任务/用户态-内核态模式。

随着路由器软件功能的日益复杂，软件代码规模不断增大，软件架构也逐步从单体软件演进到模块化、组件化软件。

1. 基于单任务/实模式操作系统的单体软件架构

早期的集中式软转发的路由器是构建在硅片上的便携式软件（portable Software on Silicon，pSOS）这种实时操作系统（Real-Time Operating System，

RTOS）之上的。整个系统有如下特点。

- 系统工作在单任务模式下，只有一个线程上下文和一个栈空间。
- 系统工作在实模式下，不区分内核态和用户态，所有功能逻辑都运行在同一内存空间。

构建在RTOS上的路由器的软件架构如图10-11所示，各层的功能如下所述。

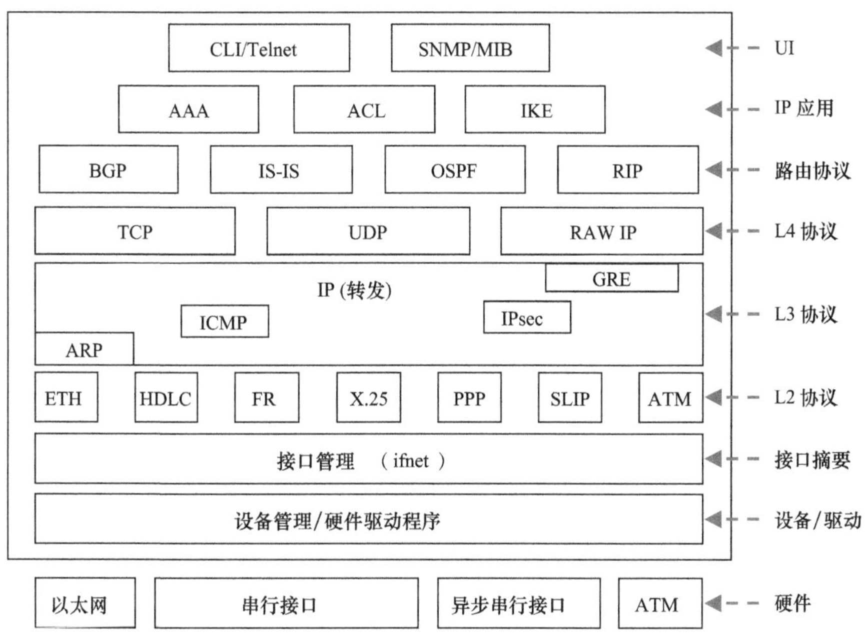

注：SNMP即Simple Network Management Protocol，简单网络管理协议。

图10-11　构建在RTOS上的路由器的软件架构

①最底层是硬件。

②第二层是设备管理和硬件驱动程序，在启动时构建设备链，负责与底层驱动程序交互，收发总线上的数据报文。

③第三层是接口管理层，ifnet扮演了网络接口抽象实体的角色，启动时构建接口链，承上启下，负责报文的完整上下行及相关控制流程。各个链路层将自己的收发报文回调函数和控制处理函数挂接在ifnet结构体上。

④第四层是链路层协议，根据初始创建的ifnet类型及相关配置，选择合适的链路层协议，将其挂载在ifnet上，完成L2相关的处理。

⑤第五层的IP是转发的核心部分，在完成转发功能的同时，也承担着上层协议收发报文的通道功能。

⑥第六层是传输层，负责各自传输层的报文处理及对更上一层的路由协议，

IP应用提供类似socket的编程接口。

⑦第七层是各种路由协议，这也是路由器的核心控制功能。它们通过协议发现网络拓扑连接关系，计算路由，并形成转发信息表，然后将其下发给IP层，以指导报文的转发。

⑧第八层是各种IP应用，包括身份认证、授权和记账协议（Authentication Authorization and Accounting，AAA）、互联网密钥交换（Internet Key Exchange，IKE）及其他IP相关的业务。

⑨第九层则是整台设备的UI接口，提供命令行接口（Command Line Interface，CLI）或者网络管理接口（SNMP/MIB）等。

路由器的软件实现架构虽然划分为5个平面，但代码的运行是混杂在一起的。例如，第四层的PPP代码，既处理PPP链路状态协商、参数下发、状态统计，也负责PPP链路层的封装和解封装处理，发送报文给IP或从物理接口发送报文，控制逻辑代码实际上是混杂在一起的。

虽然多个协议代码有独立的源码目录，但整个系统实际上统一编译为一个独立的可执行文件，从唯一的运行入口开始运行。我们通常把这样的软件架构称为单体架构。这种系统的代码极其精简，因此通常对物理内存的要求很少，只需要几MB的内存就可以运行。一些低端的产品整个系统的可执行文件的大小甚至只有几百KB。

单任务/实模式的软件系统虽然非常小巧，但问题也非常明显。

- 由于路由器是一个实时系统，各个协议都有自己的定时器和实时调度需求。然而，系统只有一个任务上下文，如果一个功能长时间占用CPU且不主动释放，其他功能将无法得到调度。因此，系统工程师需要精心设计和控制系统的调度。需要注意的是，系统的功能是不断发展变化的，不同的组网和配置会导致各种功能运行时间的分布要求不同。因此，设计灵活且合理的调度方案变得非常重要。
- 由于工作在实时模式下，各种代码混杂在一起，各种协议和业务功能代码污染操作系统代码，使得系统变得非常脆弱。新加入系统的不稳定代码会导致整个系统崩溃。

说明

历史小知识：pSOS是在1982年由SCG公司开发的一款RTOS，在20世纪80年代是摩托罗拉68000微处理器上的嵌入式系统的首选。在1991年SCG公司并入ISI公司后，pSOS更名为pSOS+，整个系统都用C语言重写，并提供了名为

PRISM+的集成开发环境。在2000年ISI公司并入Wind River Systems公司后，Wind River Systems公司宣称VxWorks将兼容pSOS的系统调用，pSOS不再发展。

2. 基于多任务/实模式操作系统的模块化软件架构

虽然多任务操作系统很早就出现了，但是早期的路由器功能较为简单，且物理资源稀缺，因此采用的都是单任务操作系统。

多任务操作系统可以根据需求创建多个独立的任务，每个任务都有自己的独立栈空间和程序入口。各个任务之间的调度由操作系统统一管理，而不是由各个业务代码自行控制任务调度逻辑。通常，操作系统会采用加权公平调度模式来调度各个任务，以避免个别任务因长时间无法获得调度而“饿死”，同时尽量保证需要更高优先级的任务在忙时获得更多的调度。

随着功能的日益复杂化，许多路由器开始采用多任务实时操作系统（如VxWorks），也有一些产品直接在通用操作系统（如FreeBSD）上运行。与此同时，路由器软件架构也越来越多地采用模块化架构。需要注意的是，尽管业界并没有严格的模块化架构定义，但相比单体架构，模块化架构具有以下特征。

- 由于各个任务（线程）都有自己独立的入口（类似于task_main()），在一个独立的任务上下文中所运行的二进制代码是相对独立的，因此可以在创建任务时加载。
- 既然二进制代码可以独立加载，就需要在编译时将其编译成一个独立的二进制可执行文件，这相当于通常软件意义上的模块。

显然，模块化架构更符合软件设计的高内聚、低耦合设计原则，从而可以建立更为复杂的软件系统。

说明

历史小知识：VxWorks是Wind River Systems公司研发的一款RTOS，在1987年正式发布。VxWorks支持当前大部分市场上可见的CPU架构，包括x86、MIPS、PowerPC、SPARC、ARM等，被广泛应用于航空航天、制药、工业控制、机器人、能源、网络等各种行业，是当前应用最广泛的RTOS之一。

3. 基于多任务/用户态–内核态操作系统的组件化软件架构

随着路由器软件功能的日益丰富和规模的不断扩大，越来越多的通用软件技术被应用于路由器中。许多路由器开始采用通用操作系统（如Linux），这是因为通用操作系统能够有效解决各功能需要多线程运行的问题，同时可以适应各种

CPU，并利用其丰富的软件生态，大大提高路由器软件的开发效率。

基于通用操作系统的组件化架构软件架构如图10-12所示，整个系统划分为内核态和用户态两大部分。组件化架构的最显著特征，就是各种网络控制协议（如BGP）、管理协议（如NETCONF/YANG）或者网络业务（如AAA）都被封装在独立的应用中。每一个应用都可以被视为一个独立的组件。路由器软件和其他服务器软件系统有很大的区别，如图10-12中灰色部分所示。

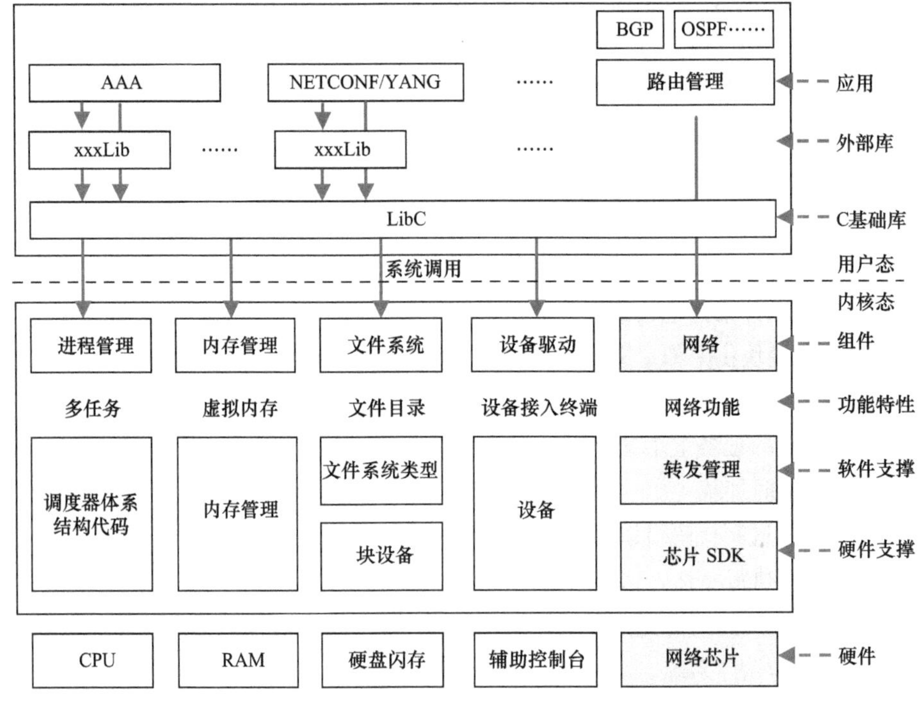

图10-12　基于通用操作系统的组件化软件架构

- 为了驱动NP芯片进行报文转发处理，路由器需要将由路由计算形成的各种指导转发的FIB转换为NP所需的形式。这些信息在功能逻辑上是相似的，因此在路由协议（如BGP、OSPF）和路由优选管理层中基本保持一致。然而，在NP内部组织中，不同的NP存在显著的差异。为了驱动不同的NP芯片，一个良好的路由器软件系统需要完成转换。这种转换由转发管理负责完成。
- 有一些NP芯片会提供运行在用户态的SDK。对应的产品就会把转发管理也放在用户态实现，这可以被视为独立的组件。

近年来，除了像Linux这样的宏内核系统架构，采用微内核的操作系统也越来越多。典型的例子就是鸿蒙操作系统（HarmonyOS）。基于微内核操作系统构建的组件化软件架构如图10-13所示。

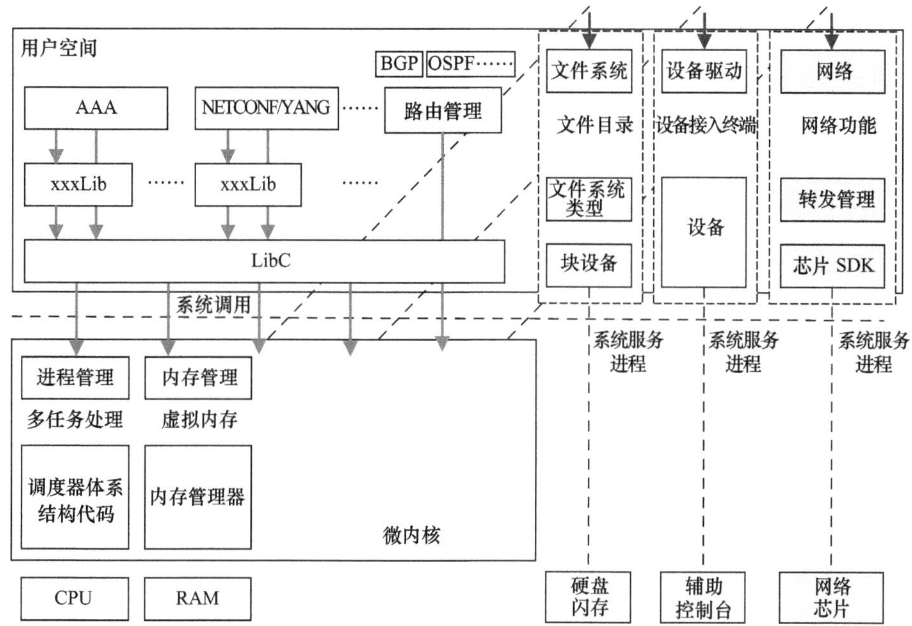

图10-13　基于微内核操作系统构建的组件化软件架构

相比Linux宏内核系统，微内核操作系统具有如下特点。

- 原来位于内核中的系统服务，包括文件系统、设备驱动和网络，都被从内核中移除，并转化为独立的服务程序。
- 当上层软件通过LibC接口调用系统服务时，微内核操作系统会切换上下文到相应的服务进程中。

通过上述调整，微内核操作系统中只保留进程调度管理和内存管理等最基本的内核能力。而那些可能会受到硬件或技术演进影响而发生变化的部分，都由独立的服务程序处理，这些独立的服务程序可以根据需要动态地加载或卸载。系统的稳定部分和变化部分被分离，各自独立演化。这就使得系统的稳定性和可扩展性都得到了提升。

对于路由器，上层协议和业务软件并不能明显感知到宏内核和微内核的差异，依然可以采用组件化的系统架构。只不过一些系统服务已从内核态“上升”到用户态，成为可以方便安装和卸载的组件。

10.2 以太网交换机软件架构的演进

以太网的诞生早于以太网交换机。早期的以太网不需要交换机，而采用无源的同轴电缆连接，构成一个线性拓扑；或者通过有源的集线器连接，构成一个星形拓扑。这些拓扑结构共同的特点是共享总线，相当于是物理广播模式（这种技术最终被用在了无线通信上），一个节点发送报文，其他所有节点都会收到。这也是以太网采用了CSMA/CD技术的根本原因。

直到有了交换机，以太网就不再使用CSMA/CD，而是采用存储转发，这个转发过程被称为二层转发，即根据以太网报文头的目的MAC地址，确定向哪个或者哪些接口转发以太网报文。

以太网的带宽生来就比同时代其他有线通信技术的带宽大很多，采用CPU处理以太网报文转发对CPU性能的要求很高。所以直到专门用于处理以太网转发的ASIC芯片诞生，以太网交换机才大规模应用起来。

以太网交换机的典型硬件逻辑架构和采用NP转发的路由器硬件架构十分相似，都是由芯片（NP/ASIC）来连接所有的网络接口，通过PCI-e总线连接CPU，管理接口通常由CPU直接提供。

以太网交换机也有高集成度的框式产品，其整体结构和采用NP进行转发的框式路由器大同小异，这里不再展开说明。

数据通信网络发展到今天，以太网已成为有线网络最主要的连接方式。当前，以太网交换机也具备三层IP转发能力。在完全由以太网组成的网络中，以太网交换机几乎完全可以替代路由器的功能。路由器的长处是可以处理以太网以外的其他链路类型的网络连接，并且具备更强的业务能力，比如加密、地址转换等。

单纯从软件架构发展的角度看，以太网交换机和路由器的软件架构已经趋同。很多数据通信网络平台都同时支持路由器或者以太网交换机。

在以太网交换机的发展过程中，比较独特的地方是发展出了交换机堆叠技术。不同于路由器的多框堆叠技术，最早的以太网交换机的堆叠技术是为了适应LAN规模不断扩大的低成本解决方案。用户在网络建设初期，只需要购买容量不大的盒式以太网交换机。在网络规模扩张时，只需要不断增加这个网络节点上的交换机数量，而不用对网络做大的变更。这样就降低了网络建设的成本。

采用堆叠技术构建的以太网交换机如图10-14所示。

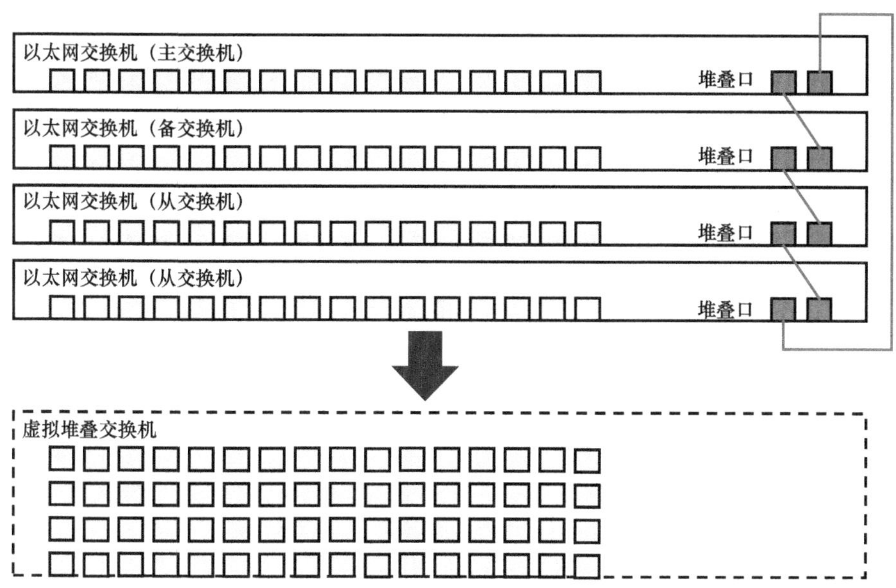

图10-14　采用堆叠技术构建的以太网交换机

- 每个参与堆叠的交换机，都有专门用来堆叠的堆叠口，用堆叠电缆或者光纤将所有参与堆叠的交换机连接在一起，通常采用环形拓扑连接。堆叠口可以是特定的物理接口，也可以是普通的网络接口，可以通过预先配置指定其工作在堆叠模式状态下。
- 参与堆叠的交换机都是一样的盒式交换机，但其中有些被指定为主交换机，有些被指定为从交换机。有些交换机也可以预先不指定，由参与堆叠的交换机自行选举，形成主交换机和从交换机。
- 为了提升可靠性，一个堆叠中通常有两个主交换机，它们之间通过竞争形成1∶1备份，一个成为活动状态的主交换机，一个成为备份状态的主交换机（即备交换机）。
- 参与堆叠的所有交换机共同构成一个虚拟的大交换机，拥有参与堆叠的交换机的全部网络接口。
- 由于采用环形拓扑连接，即使有一个线路发生故障，整个堆叠中的交换机也是连通的。只有同时存在两个以上的断点时，堆叠才会断开，拥有主交换机的一侧构成一个更小一些的堆叠，而没有主交换机的一侧，则被彻底隔离出去，防止出现以太网环路。

以太网交换机堆叠后形成的功能逻辑架构如图10-15所示。对比前文中采用NP转发的框式路由器硬件架构，堆叠后的功能逻辑架构具有以下特点。

- 功能逻辑上看，主交换机相当于MPU，从交换机相当于LPU。
- 不同于框式结构的MPU和LPU，主交换机和从交换机在硬件和软件版本上没有差异，只是通过初始指定或者选举确定身份，然后按照特定身份运行。
- 连接主交换机和从交换机的只有堆叠电缆或者光纤，并没有背板总线或者SFU，所有跨板的网络转发流量都要经过堆叠口，所有的控制和管理逻辑也要在堆叠口中划分出管理/控制通道，以传送管理控制消息。

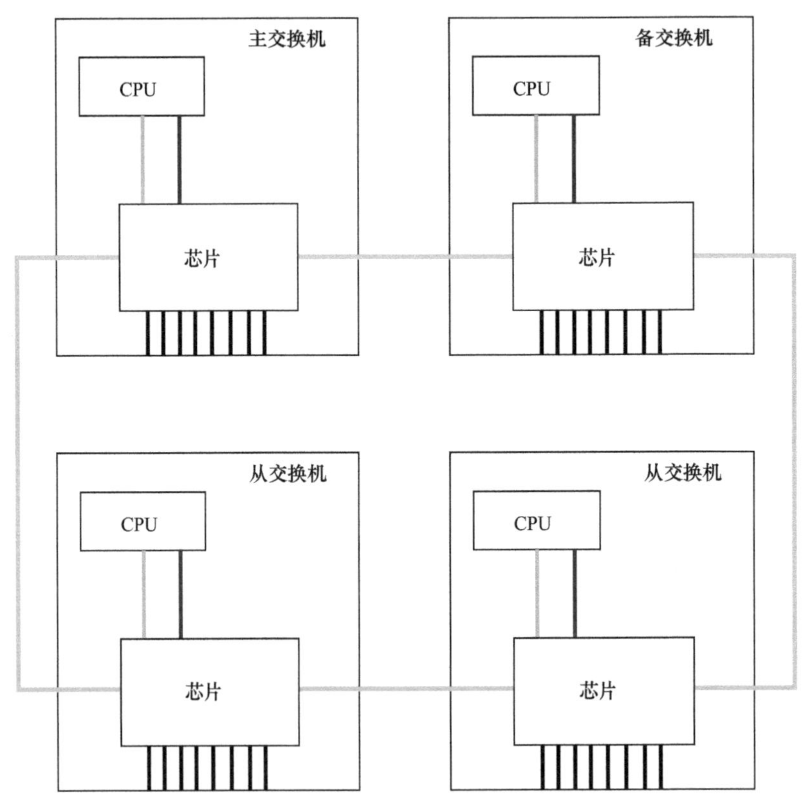

图10-15　以太网交换机堆叠后的功能逻辑架构

支持堆叠的以太网交换机有3种功能逻辑结构，也就是具备3种模式：作为独立的盒式交换机运行；作为堆叠的主交换机运行；作为堆叠的从交换机运行。

通常，支持堆叠的以太网交换机会同时把支持这3种功能的软件包都放到硬件的存储单元中，设备启动时，会根据之前的设定或者上次启动协商的结果选择一种功能，来加载对应模式的软件。这种技术不仅增强了软件的灵活性，也大大增加了软件的复杂度。

| 10.3　防火墙软件架构的演进 |

防火墙的诞生晚于路由器。早期的防火墙和集中式软转发的路由器在硬件和软件结构上都非常相似。实际上，早期的防火墙正是在路由器的基础上衍生而来的。

在图10-2中，我们可以看到，在路由器的IP报文转发流程中，在接口的入方向和出方向都有ACL过滤的处理。这种ACL过滤功能需要通过匹配IP报文的五元组（源IP地址、目的IP地址、协议号、源端口号和目的端口号）来决定报文是否能够通过。通常是预先配置ACL规则中的五元组信息，然后针对这些规则，设定通过和丢弃动作。最后把这些ACL规则应用到路由器的接口上。当IP报文到达时，就会匹配这些规则，一些匹配丢弃规则的报文就会被丢弃。这就是最终的包过滤防火墙雏形。

为了应对不断加大的网络威胁，防火墙的防护能力也不断提升。路由器自带的包过滤功能已经不能满足网络安全的需要，更复杂的应用层状态检测与过滤（Application Specific Packet Filter，ASPF）防火墙诞生。防火墙开始向专业的网络安全设备演化，不再采用和路由器一样的软硬件架构。

防火墙在网络中面临的接口接入密度和处理性能的问题和路由器是不同的。防火墙通常不需要太高的网络接口密度，但对CPU的处理性能要求会很高。所以，一些对性能有很高要求的防火墙，往往会为一个NP（ASIC/FPGA）配置多个CPU。这样，一个从物理接口接收的报文，可以被分担到不同的CPU上处理，从而大大提升了防火墙的处理性能。

一个盒式高性能防火墙的硬件架构如图10-16所示。

- 一个盒式高性能防火墙可能有一个主控CPU、一个NP（ASIC/FPGA）和多个负责转发的高性能CPU。
- 主控CPU主要完成整台设备管理和各种控制协议的功能，生成用以指导转发的各种转发信息表。
- NP主要负责报文的负载分担，并按照一定的规则，把报文分发给各个转发CPU进行处理。
- 转发CPU主要完成转发的各种业务处理，它所用到的相关配置信息，各种控制平面计算所得的FIB、ARP等转发相关的表项，均由主控CPU生成，并通过总线下发给转发CPU。
- 有的防火墙产品会把转发CPU所产生的会话信息也下发到NP中，这样可以让满足条件的部分直通流量利用NP进行转发，不必经过转发CPU。

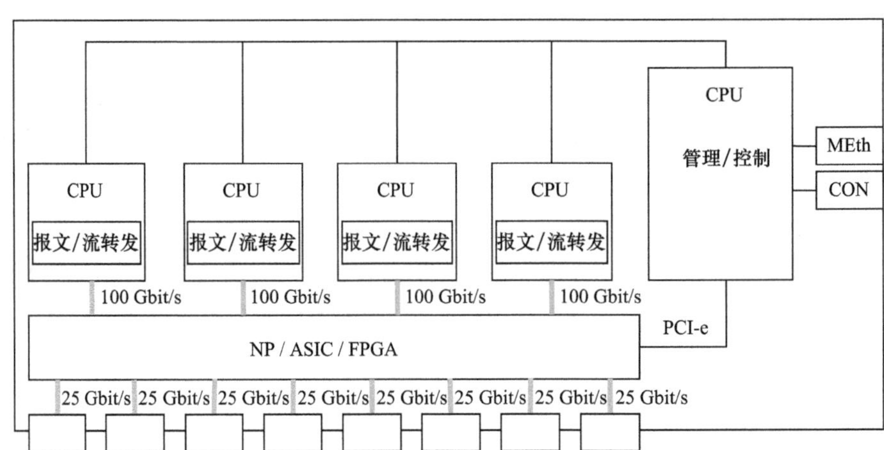

图10-16　盒式高性能防火墙的硬件架构

从软件架构的角度看，防火墙和路由器软件架构的主要差异体现在转发平面上。路由器一直采用标准报文转发模式，即每次转发都会查找转发信息表，一报文一处理，不会关心报文的前后上下文信息。防火墙则不然，防火墙的很多处理是要关心所处理报文的上下文信息的。这种转发有时候也被称为“流转发”。需要说明的是，即使是流转发，转发的动作也是一个一个报文处理。

所谓的流，一般就是指终端上的一次完整的TCP/IP通信过程，例如，一次完整的基于TCP的通信过程包括前期的TCP建立会话的过程，中间的数据传输过程，以及最终的会话关闭过程。整个过程中，在一个方向上的IP报文的五元组都是不变的，两个方向上的五元组是不同的。如果是普通会话，则正反向五元组中的源/目的IP地址和端口号会互换。如果会话经过NAT等地址转换，则正反向的五元组可以完全不同。

防火墙的CPU中，转发处理流程一般如图10-17所示。

①防火墙的转发流程有两条路径，一条是标准的IP报文转发流程，如图10-17中的黑色双线箭头部分，这个转发流程和路由器的软转发流程大致相当。一般只有一个流的首包才会走这个流程。

②一旦完成首包的处理，就会在流表（也称会话表）中生成一个流信息，其中记录了处理后续报文所需要的参数。

③当后续报文到达时，如果在入方向的会话查找过程中匹配到会话，如图10-17中虚线所示，就会走另一条路径，即图10-17中的点画线流程，跳过黑色双线箭头部分流程，处理效率大大提升。

④一部分安全业务是需要逐包处理的，如图中的Anti-DDoS、内容安全等处理，不论是不是首包，都要逐包处理。

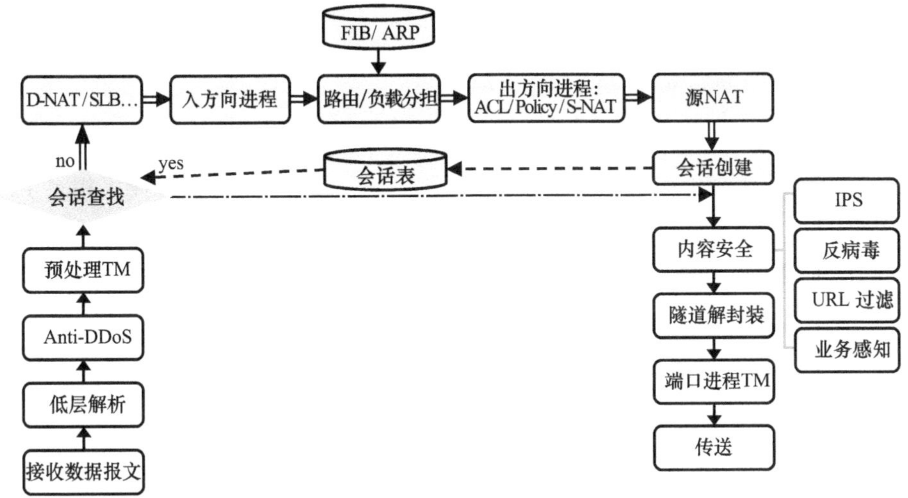

图10-17　防火墙的转发处理流程

在防火墙的转发处理流程中，通常会要求一个流的所有报文都经过同一个CPU处理。所以，当有多个转发CPU为同一个防火墙实例工作时，CPU下面的NP通常会根据五元组进行哈希处理，保证同一个流的报文送到上面多个转发CPU中的某一个处理。而为了提升可靠性，当其中一个转发CPU发生故障时，会有另外一个CPU接替其工作。接替的CPU也必须有会话信息，所以多个CPU的流信息需要共享，通常会通过算法，选出成对的CPU做1：1备份，即会话会被同步到备份CPU上。

| 10.4　WLAN产品软件架构的演进 |

随着网络技术的发展，人们使用网络的方式也在逐步演变。特别是移动终端（如便携机、PAD、手机）的普遍使用，人们开始习惯采用无线网络的接入方式，摆脱网线的束缚。日常生活中，我们最常见到的无线接入方式有两种：一种是移动数据网络，如3G、4G、5G等，由移动通信运营商提供；另外一种是WLAN，也被称为Wi-Fi，可以看成以太网技术在无线上的扩展。WLAN

技术标准虽然是IEEE的802.11系列，但其中很多地方借鉴了以太网的802.3技术。

WLAN组网中最核心的设备被称为AP。在20多年的演进过程中，围绕着AP的架构，出现了3种典型的组网解决方案：Fat AP、AC+Fit AP、Central AP+射频拉远单元（Remote Radio Unit，RRU）。

1. Fat AP

最早出现的WLAN产品是WLAN路由器，后来也被称为Fat AP（相对于Fit AP而言，Fat AP具备更多的功能，所以被称为“胖”AP）。每个Fat AP都是一个独立的网关路由器，除了有以太网接口，还要有WLAN射频口，对外表现为天线。一个Fat AP的硬件功能逻辑如图10-18所示。

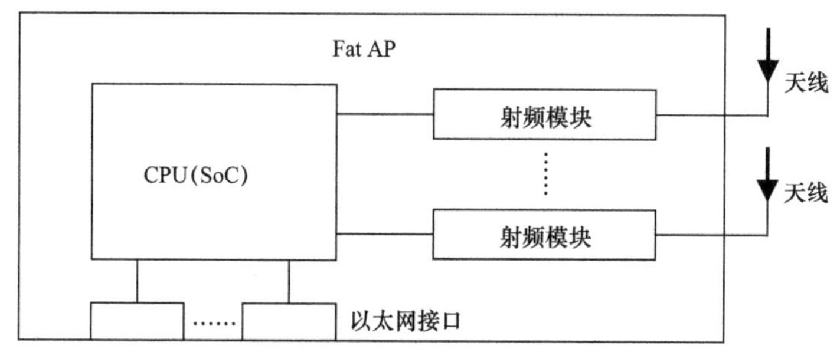

图10-18　Fat AP的硬件功能逻辑

和只具有以太网接口的普通路由器相比，无线路由器主要是多了无线网络接口，通常由射频模块（RF Module）和天线构成。

Fat AP的软件架构和普通路由器也没有太大的区别，只是多了一种新的物理接口：基本服务集（Basic Service Set，BSS）。Fat AP的组网如图10-19所示。

- 每个Fat AP都是一个独立的网关，提供独立的WLAN接入热点。
- BSS指一个WLAN热点所覆盖的范围。每个BSS都有一个BSSID，作为区分BSS的标识，一般是AP的一个48 bit的MAC地址。由于MAC地址不好记忆和理解，人们又定义了一个服务集标识（Service Set ID，SSID），通常是一个人类可读的字符串，比如我们在手机中连接WLAN时，看到的代表热点的那个字符串。
- 一个AP可以同时设置多个BSS，每个BSS都代表一个独立的网络接入服务。
- Fat AP通常提供互相独立的WLAN热点服务。当终端从一个Fat AP服务热点移动到另外一个Fat AP服务热点时，会断开原来的BSS服务连接，与新的BSS服务建立连接。这个过程通常会导致终端的数据连接中断。我们通常会说，Fat AP一般不支持WLAN漫游。

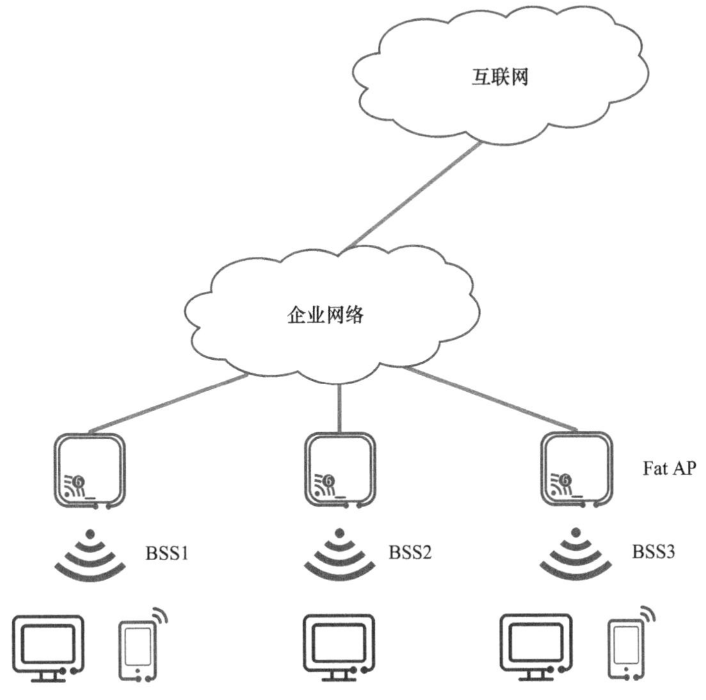

图10-19　Fat AP组网示意图

Fat AP通常适合在家庭或者较小的独立空间中部署。如果希望在一个比较大的空间中提供统一的无线服务热点，就需要采用下面的解决方案。

2. AC+Fit AP

AC+Fit AP的组网如图10-20所示。

- AC管理其下连接的所有Fit AP。
- Fit AP，有时也被称为Thin AP，相对于Fat AP而言，Fit AP功能更少，所以被称为“瘦”AP。作为无线接入点，Fit AP不能单独工作，必须由上一级的AC统一管理。
- 通常一个AC管理的Fit AP对外可以提供统一的WLAN热点，对外表现为一个统一的BSS，即终端可以从一个Fit AP下面移动到另外一个Fit AP下面，而不需要重新进行WLAN接入认证。这种跨AP移动一般也被称为漫游。
- Fit AP和AC之间会建立CAPWAP隧道，通过这个隧道在AC和Fit AP之间传递管理和控制报文，以及转发数据报文。

- 当一台终端接入一个Fit AP时，先向AP发起连接，其中认证授权相关的信息会通过CAPWAP隧道传输给AC进行处理；然后，认证的结果及协商所得的WLAN加密等信息，会由AC通过CAPWAP隧道下发给Fit AP；最后，由Fit AP将这些信息下发给终端。
- 后续的数据报文从终端到达Fit AP后，会被Fit AP通过CAPWAP隧道发送给AC处理。AC具有上行的路由，以及下行所有终端和Fit AP的位置关系，会对报文进行路由转发。

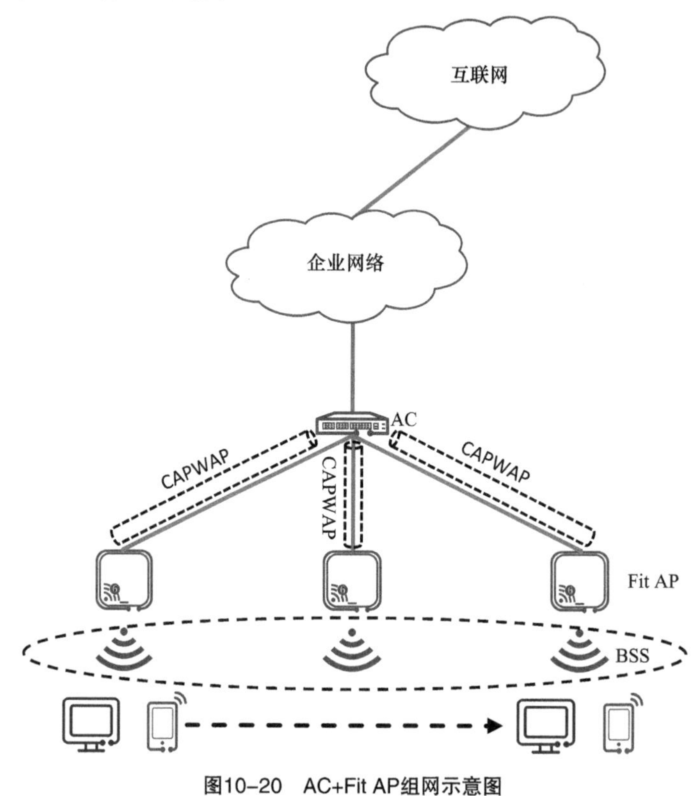

图10-20　AC+Fit AP组网示意图

在实际组网中，担当AC职责的可以是一个独立的设备，比如一个独立的AC控制器；也可以是附着在其他设备（如路由器、以太网交换机、防火墙等，或者干脆就是一个Fat AP）上的一个软件功能。AC的软硬件架构与前面几节所讲的网络设备没有太大的差别，只不过在软件上要支持802.11协议族，并支持CAPWAP相关的隧道功能，以及对Fit AP的管理功能。组网时，AC和Fit AP不一定要直接相连，中间可以经过若干个以太网交换机。

就硬件结构而言，Fit AP和Fat AP差异不大。为了减少实际部署中的复杂度，很多Fit AP都支持PoE供电模式，可以从Fit AP所连接的以太网交换机获得供电，不必单独部署供电线路。

在软件架构方面，Fit AP就要简单得多。一般而言，Fit AP上不具备IP路由功能，也不具备DHCP Server AAA认证等功能，因此，Fit AP自己不独立工作，完全接受AC的管理，Fit AP上也不需要复杂的管理面功能。

此外，由于理论上AC和Fit AP并不需要物理直连，中间可以经过其他的以太网交换机，甚至是三层IP网络。所以AC+Fit AP的组网方案又衍生出了云AC+Fit AP的方案。这种方案把AC做成云化的虚拟设备，直接部署在云端，Fit AP部署在园区网络，启动后根据DHCP所携带的选项获得云AC的管理地址，通过远程向云AC发起连接，被云AC统一管理。

总之，AC+Fit AP的组网可以支持在很大的一个范围内提供统一的WLAN接入服务，使得终端可以在整个WLAN覆盖范围内任意移动而无须中断WLAN连接，大大提升移动终端的接入体验，所以非常适合较大规模的园区组网使用。

3. Central AP+RRU

采用上述AC+Fit AP的组网可以在大范围内提供统一的WLAN接入服务，但需要额外部署AC。同时对众多Fit AP的管理有些复杂。所以人们想出了第三种方案——Central AP+RRU，其组网如图10-21所示。

和AC+Fit AP的方案不同，Central AP加上其所连接的RRU完全可以看成一个独立的网元，它们本就是一个AP。每个RRU都是一个拉远的天线模块。相关的射频处理则主要在Central AP上完成。因此RRU更为简单。Central AP+RRU对比AC+Fit AP的方案最大的优势是成本更低，而对比Fat AP的方案，其优势是WLAN覆盖空间更大。

由于所有的转发功能及与有线无线相关的处理都在Central AP上处理，一个Central AP通常只能带动约20个RRU。所以单纯采用这种方式组网，WLAN热点范围仅比Fat AP的覆盖范围大一些，适合比较小的园区或者较大的家庭场景使用。

当然，Central AP+RRU的方案也可以和AC+Fit AP的方案结合，形成三层结构的AC+Central AP+RRU的解决方案，如图10-22所示。这样的组网中，Central AP从组网位置上看，就是一个Fit AP，只不过天线被拉远，可以比普通的Fit AP覆盖更大的范围。

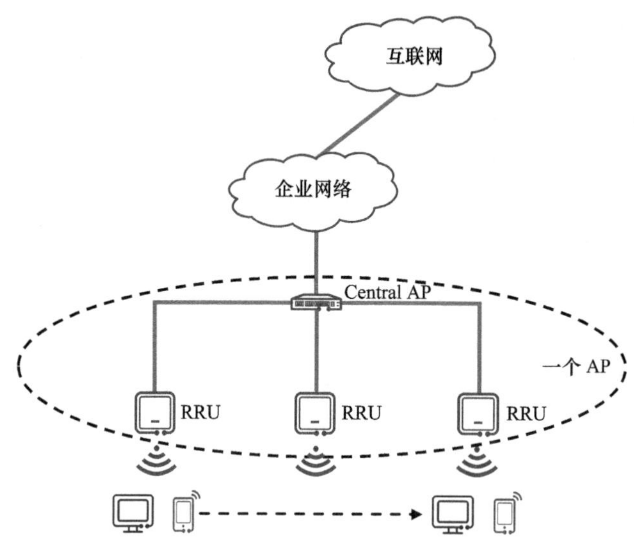

图10-21　Central AP+RRU组网

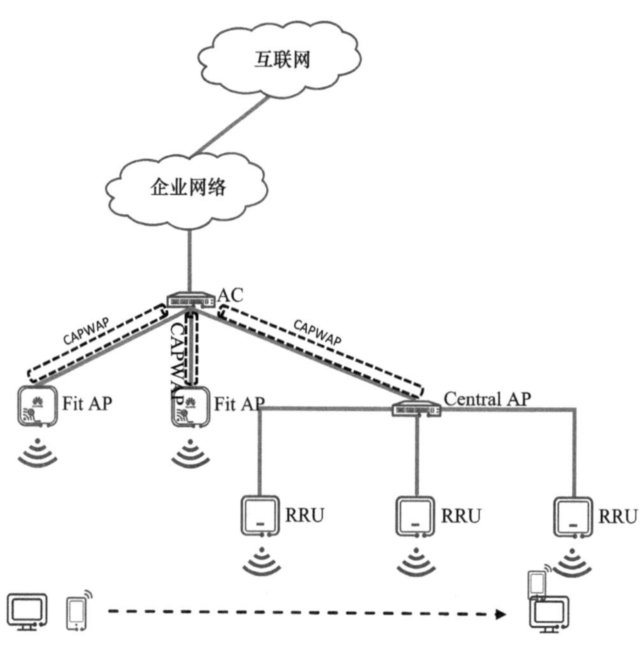

图10-22　AC+Central AP+RRU组网

上述的各种AP都可以看成一个集中式软转发的设备，其软件架构都相对简单。Fat AP相关的软件架构更贴近盒式路由器的软件架构，而Fit AP的软件架构只由很少的WLAN的协议组件组成。业界的WLAN产品很多都采用Linux作为AP的操作系统，特别是采用OpenWrt这样的Linux的嵌入式发行版作为操作系统。

说明

历史小知识：OpenWrt是一个面向嵌入式设备的Linux发行版，最早的代码源自Linksys开发的一款基于MIPS架构的无线路由器WRT54G，并于2004年正式开源。所以OpenWrt可以说天然对WLAN具有较大的支持力度。经过多次的迭代，OpenWrt今天已经成为最流行的支持嵌入式设备的Linux发行版之一，也成为很多无线路由器厂商的首选操作系统。

第 11 章 数据通信产品的交换架构

在数据通信网络中，决定数据通信设备性能和功能的主要组件之一是交换网。交换架构对数据通信设备的整机容量、可扩展性、无阻塞特性及QoS等特性产生关键影响。本章就交换网的原理、典型模式、应用以及未来演进等内容进行讲解。

11.1 什么是交换网

交换网的核心作用是在数据通信设备内实现多个业务单元之间的信息交换，也就是把经由设备源端口接收的报文信息传输到对应的目的端口，并从目的端口将报文信息发送出去，从而完成数据转发。交换网的能力决定了数据通信设备整体的数据转发能力，交换网技术是推动数据通信设备向更大容量、更高性能发展的关键技术之一。

数据通信设备交换网的通用模型如图11-1所示，由n个输入端口（即I PORT）、n个输出端口（即E PORT）、交换矩阵及交换控制模块组成。其中输入端口连接上行业务单元，输出端口连接下行业务单元。交换矩阵用于实现输入端口和输出端口的数据连接。交换控制模块实现对输入端口和输出端口及交换矩阵的控制和管理功能。上述模块组合可以实现把从一个或多个端口接收的数据，按照要求从另一个或者多个端口转发出去的功能。

两个端口之间的信息传输，最简单的方式是直接相连以实现点对点的通信；当有多个端口要相互通信时，如果仍采用这种方式，则需要实现在任意端口间的互连。在这种点对点的互连方式下，随着端口数的增加，所需的互连线会急剧增加。当系统有N个端口需要互连时，一共需要$N\times(N-1)/2$条互连线。因此需要一种更为高效的互连方式，这就产生了多端口互连的交换需求和相对应的技术。

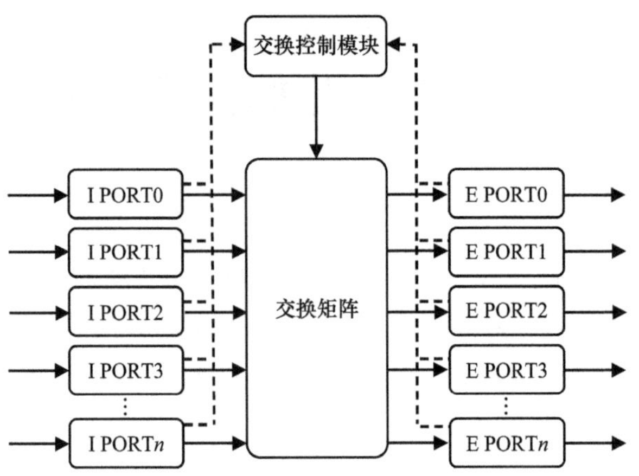

图11-1　数据通信设备交换网的通用模型

图11-2所示为一个简单的$a\times b$交换单元，它可实现在任意入线（1～a）到出线（1～b）间的连接。

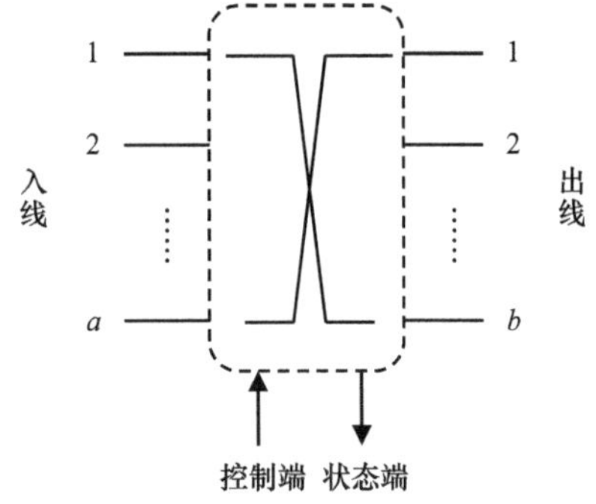

图11-2　一个简单的$a\times b$交换单元

多个交换单元按照一定的拓扑结构和控制方式组合在一起，就可以构成更大规模的交换网络，如图11-3所示。

通常来说，可以通过以下几个关键参数来衡量一个交换网络的优劣。

- 吞吐量：吞吐量是指业务流量经过交换网的最大带宽，是交换网输入端口到输出端口连接资源和调度效率的体现。
- 效率：高效率是指最大限度地使用所有输入端口和输出端口资源，避免产生空调度。影响交换网效率的主要因素是交换网的调度和仲裁机制。
- 公平性：公平性可分为优先级公平性和端口公平性。优先级公平性是指交换网内相同优先级的队列享有平等的调度机会，端口公平性是指所有的端口都享有平等的调度机会。将两者结合后，相同端口的不同优先级队列享有优先级公平性，相同优先级的不同端口的队列享有端口公平性。

- QoS：QoS是一个综合指标，包括带宽、时延、抖动等指标。交换网的QoS体现在区别不同优先级的数据流，保证其相应的带宽、时延和抖动。影响QoS的主要因素是交换网的调度和仲裁机制。
- 调度：调度是指根据一定的策略，按照一定的顺序来决定何时对某队列进行服务，实现“多对一”的选择功能。
- 仲裁：仲裁是指控制数据流通过交换网的路径的过程，实现“多对多”的选择功能。

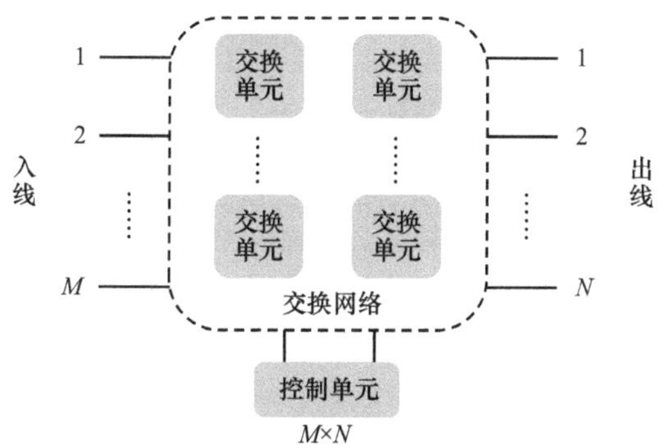

图11-3　多个交换单元构成的交换网络

11.2　包交换和信元交换

包和信元都是信息传输中的信息组成格式和计量单位。在数据通信网络中，需要一次性传输的内容一般称为报文或者数据包，比如以太网报文。报文的格式、封装协议可能不同，大小也可能不同，小到几十字节，大到几千字节。如果将报文进一步切割成更小的传输单元，那么拆分出来的更小的传输单元称为信元。

在交换机和路由器等数据通信设备中，根据上送到交换网的数据报文类型，可以分为包交换和信元交换。

包交换设备在交换过程中以接收到的数据报文为单位进行交换。以框式设备为例，如图11-4所示，有3个报文P1、P2、P3分别从A、B两个端口进入设备，P1和P2的目的端口为C，P3的目的端口为D。报文在设备内部的处理过程如下：上行线卡对报文进行处理后，报文仍然会以原有的格式发送至交换网单元，交换网根据报文中携带的目的端口信息将报文转发至下行线卡，下行线卡将报文通过约定的端口发送出设备。

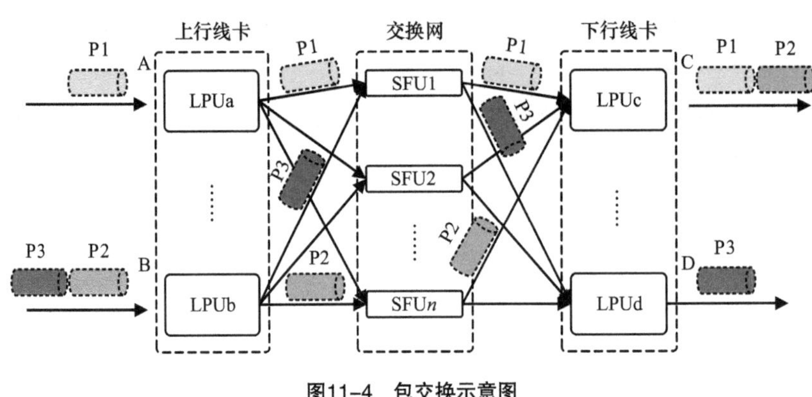

图11-4　包交换示意图

包交换的优点是可以节省网络芯片中的重组资源，缺点是由于报文长度的随机性，对于大容量的交换网，调度就变得异常复杂，处理等待时间长而造成报文传输时延更大，容易出现报文流量大时的负载不均衡而导致某一路径拥塞。

在信元交换设备中，数据交换的基本单元不再是原始的数据报文，而是数据报文切片后的信元。如图11-5所示，仍然有3个报文P1、P2、P3分别从A、B两个端口进入设备，P1和P2的目的端口为C，P3的目的端口为D。数据报文在设备内部的处理过程如下：首先，上行线卡对接收的报文进行处理，确定发送端口；其次，将报文切片成特定长度的信元，发送至交换网；再次，交换网根据信元中携带的信息将信元转发至下行线卡；最后，下行线卡将接收到的信元重新组装成报文，通过约定的端口发送出设备。

信元交换作为一种面向连接的快速分组交换技术，最早被应用于ATM交换系统。它通过建立虚电路进行数据传输，并采用固定长度信元作为数据传输的基本单位，信元长度为53字节，其中信元头占5字节，数据占48字节。采用长度固定的信元，ATM交换机的设计就可以尽量简化，并且只使用硬件电路就可以完成对信元头中虚电路标识的识别，因此大大缩短了每一个信元的处理时间。

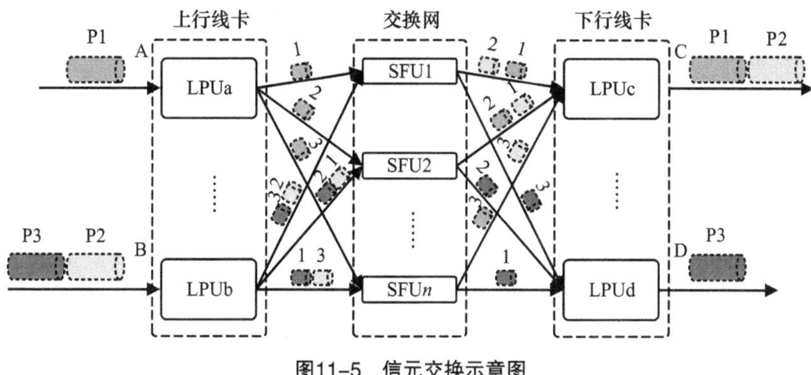

图11-5　信元交换示意图

信元交换的优点是信元长度小，可保证传输时延和业务优先级，利于做到各链路的负载分担；缺点则是下游芯片需要额外重组资源，并且信元切片后额外增加的报文头信息增加了链路开销，降低了带宽利用率。固定长度信元交换的另一个缺点是切信元的$N+1$问题，即在报文长度不是信元数据长度整数倍时，最后一个信元需要填充无效数据至指定长度才能构成一个信元，这就导致了带宽利用率的进一步降低。针对这种问题的解决办法是采用可变长度信元交换。但是可变长度信元的引入使得信元交换简洁的硬件实现趋于复杂。

包交换和信元交换在数据通信网络中均被广泛应用，并根据实际业务场景及两种交换方式的优缺点被部署在不同的产品中。包交换多用于盒式交换机，比如数据中心ToR交换机，其特点就是容量大、协议简单，转发单元均为标准的以太网报文，易于扩展。信元交换多用于高端的框式交换机、路由器设备，其特点是具备高端口密度、高性能、低时延和高QoS。为了实现更高的转发效率，产生了新一代交换架构（Next Generation Switch Fabric，NGSF）芯片，它兼具包交换和可变长度信元交换的特点，可以同时满足路由器、交换机等多种应用场景的需求。

| 11.3　交换架构的主要功能和典型模式 |

11.3.1　交换架构的主要功能

交换架构的功能可以大致分为控制路径功能和数据路径功能，如图11-6所示。

控制路径功能包括数据路径调度（例如节点/端口互通、内存分配）、数据路径的控制参数设置（例如QoS/CoS、服务时间）以及流控制和拥塞控制（例如流控制信号、反压机制、丢包机制）。

数据路径功能包括输入到输出的数据传输和缓存等。缓存是任何交换架构正常运行的基本要素，当输入线路速率和输出线路速率不匹配时，缓存可以吸收流量偏差，以避免丢包。

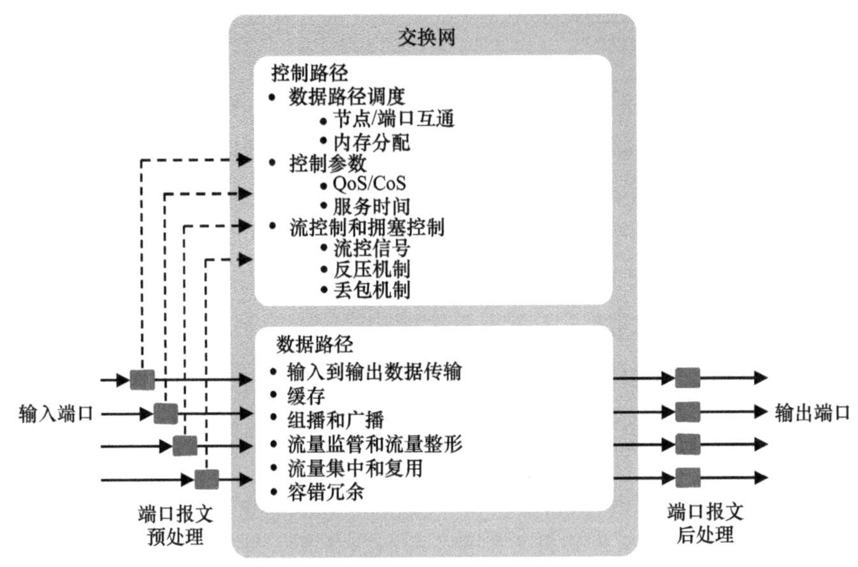

图11-6　交换架构的功能划分[5]

11.3.2　交换架构的典型模式

经过多年的持续演进，交换架构存在很多标准架构和自定义的架构。根据数据在交换节点的处理方式不同，交换架构可以分为时分交换架构和空分交换架构两类。

时分交换架构是从时间维度将时间划分为若干不重叠的小时隙，然后将不同时隙分配给不同数据报文进行转发，在特定的时间点，只有一个数据报文被处理。时分交换架构的典型代表是共享总线交换、共享存储交换等模式，如图11-7（a）和（b）所示。

空分交换架构是对物理空间分割配置组合，同时建立多条独立的数据传输路径，不同路径相互独立，支持在同一个时间点多条路径并行传输。空分交换架构的典型代表是Crossbar矩阵交换、CLOS交换等模式，如图11-7（c）和（d）所示。

在实际应用中，设备具体采取哪种交换架构，取决于设备部署于网络中的位置以及它承载的流量大小和类型等要素。在现代数据通信设备的实际设计中，往往会进一步对上述交换架构进行改进，形成基于基本架构的变体或几种基本架构的组合，以适应复杂的业务需求。

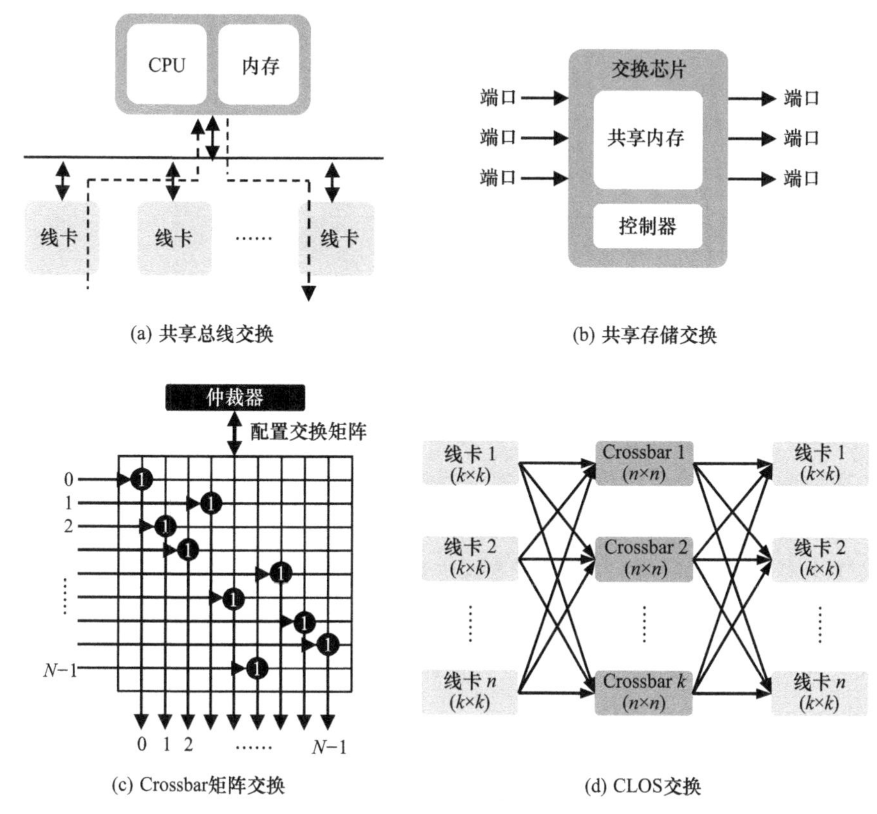

图11-7　交换架构的典型模式

11.4　共享总线交换

共享总线交换是第一个成功应用的交换架构，它是由计算机工业中的共享式总线演变而来的。如图11-8所示，在共享总线交换架构中，所有的输入、输出端口都连接到一条共享的总线上，通过一定的仲裁申请机制，在任何时刻只允许有一对输入、输出端口利用该总线进行通信。一般由输入、输出端口对总线的使用权提出申请，由一个中央仲裁器负责对总线的使用权进行分配，以防止冲突的发生。共享总线交换架构确保每个端口或设备都能连接到共享总线上，并且每台设备在给定的时间段内访问该通道并完成数据交换。早期常见的时分复用（Time-Division Multiplexing，TDM）系统就是一种共享总线的交换架构，该架构实现简单、成本低，是早期低速路由器最常见的交换架构。

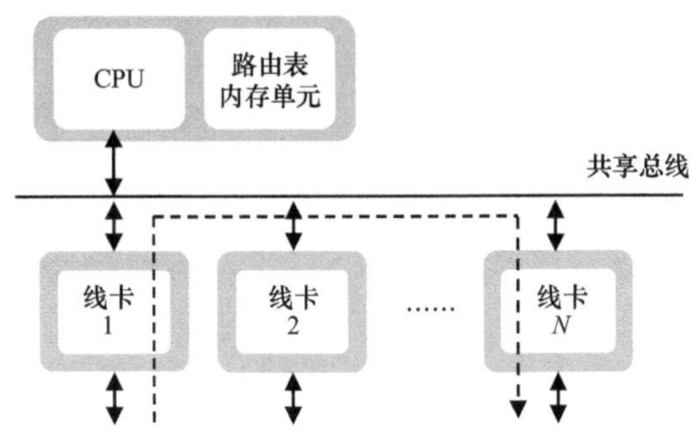

图11-8　共享总线交换架构的原理

在共享总线交换架构中，无阻塞交换意味所有端口的带宽之和必须小于总线的带宽，也就是说系统的交换性能受限于共享总线的容量。同时，系统的性能还受限于中央仲裁器的性能。由于所有端口共享总线，通过分时占用总线完成数据的交换，因此不可避免地会产生冲突。由于这种架构的交换容量受到总线带宽的限制，同时考虑到总线利用效率，一般都是有阻塞系统，且交换容量一般小于32 Gbit/s，无法构建大容量系统。

共享总线交换架构中，根据总线的数量和结构不同，可以分为3种：单共享总线结构、多共享总线结构及多级共享总线结构。

单共享总线结构如图11-9所示，整个系统只有一条总线，所有数据都通过这条总线进行交换。

多共享总线结构如图11-10所示，系统中存在多条总线，每个端口和每条总线均有连接，存在多条交换路径。

多级共享总线架构如图11-11所示，系统中存在多级总线，下级端口之间的交换只使用本地的数据总线，不同本地总线上的端口之间的交换需要通过顶层总线进行交换。

共享总线交换架构的关键特性包括总线位宽、总线速率、总线带宽、突发模式。

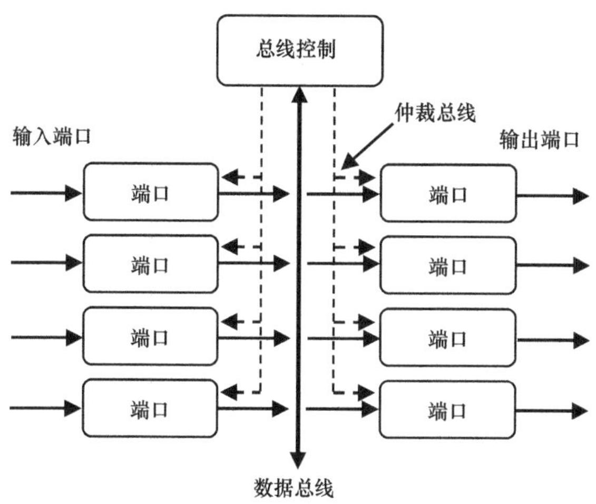

图11-9　单共享总线交换结构

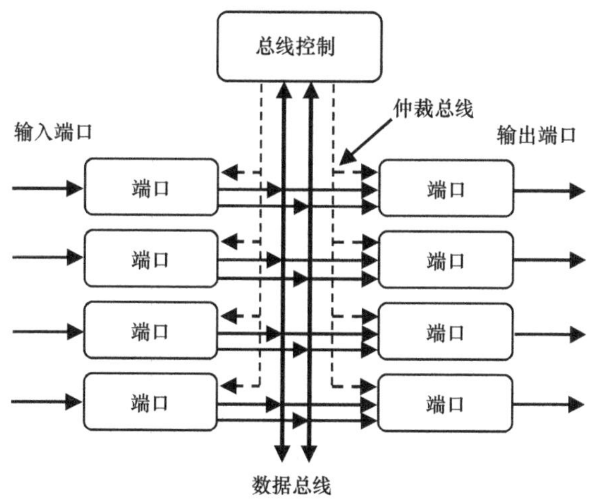

图11-10　多共享总线交换结构

- 总线位宽即总线通道的宽度或数量。总线位宽越大，容量越大，当然消耗的资源也越多，系统会更复杂。
- 总线速率即总线上每个通道的速率，通常用1 s传输的数据量（bit）来表示；总线的速率与总线的时钟频率相关，通常1个时钟周期传输1 bit（仅上升沿或下降沿传输数据）或者2 bit数据（上升沿和下降沿同时传输数据）。
- 总线带宽即总线的容量。对于给定的总线，总线带宽=总线位宽×总线速率，表征总线单位时间内传输数据的最大容量。

- 突发模式是指为了提升总线的利用效率，总线一般会具备突发传输数据的能力，即连续传输一组数据，中间无中断、不切换端口，可以有效减小总线切换带来的开销。

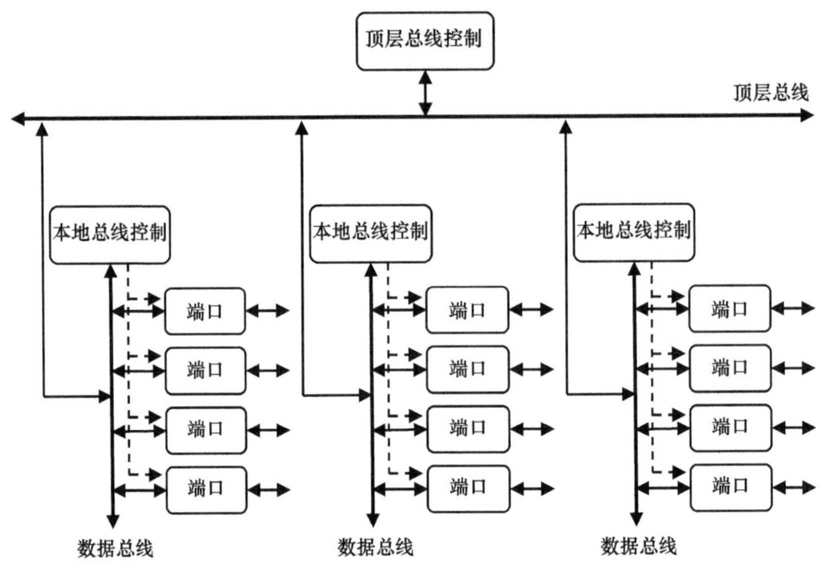

图11-11　多级共享总线交换结构

共享总线交换不仅可以通过时分复用的方式完成数据交换，也可以用多个共享总线做空分复用来提升容量及交换效率。在这类交换架构中，所有端口都接入同一条总线，所以组播或广播效率很高。但是在这类交换架构中如果要实现无阻塞交换，则需要总线具备很大的冗余。因此，共享总线交换架构的容量不可能做到特别大，所以也渐渐淡出了交换架构的舞台。

11.5　共享存储交换

共享存储交换是一种输出缓冲交换结构，系统中所有输入和输出共享一个多写多读的共享缓存，所有输入和输出端口都可以访问共享缓存模块，能够写入多达N个输入信元，并且能够在一个开关周期内，从缓存中读取输出N个信元。

共享存储交换的数据处理流程如图11-12所示。报文/信元从输入端口进来后，首先进行串并转换（IS/P），然后通过多路复用模块汇集成数据流，按照源地址写入共享缓存中，同时，内部路由标记通常在数据报文写入内存之前被附加/预支到数据报文。在共享内存中，数据报文/信元进入独立的输出队列，每一个队列对应一个/多个输出线路。控制器通过检索并按照顺序从输出队列中取出报文/信元，形成输出流；输出流通过复用模块，进行并串转换（OP/S），并输出到线路上。

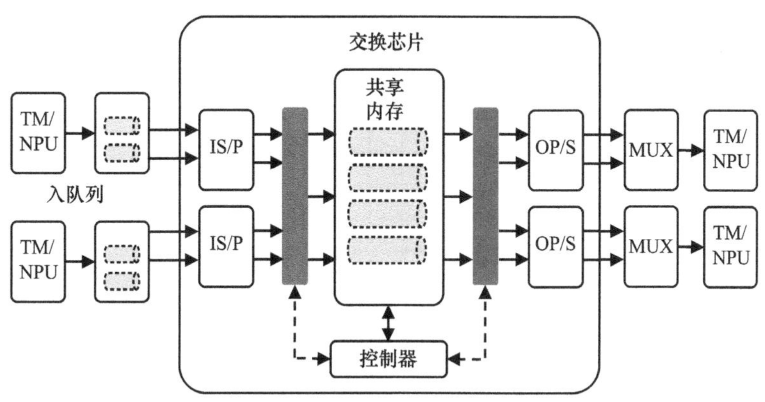

图11-12　共享存储交换的数据处理流程

共享存储架构很容易通过优先级来实现对各种业务的差异化处理，与其他交换模式相比，它也更加容易实现组播和广播功能。共享存储架构的主要缺点是带宽可扩展性受存储访问速度（带宽）的限制，共享存储带宽必须至少是聚合系统端口速度的两倍，这样所有端口才能以全线速运行。共享缓存大小和输入带宽、输入端口数量及丢包率相关，其设计的难点在于实现$n \times \mathrm{W} + n \times \mathrm{R}$的大带宽、大容量缓存及对应的调度算法。共享存储交换结构一般适用于高速端口数量较少或低速端口数量较多的网络设备。

11.6　Crossbar矩阵交换

Crossbar矩阵被称为交叉开关矩阵或纵横式交换矩阵，Crossbar矩阵交换是一种灵活、高效的交换结构，可将N个输入端口与N个输出端口任意互连。如图11-13所示，任何一个输入端口和输出端口之间都有一个交叉点，在交叉点处有一个半导体开关。当数据需要从一个输入端口交换到另一个输出端口时，仲裁器闭合对应处的开关，数据就可以被发送到指定的输出端口。仲裁器可以同时闭合多处的开关，实现多个不同的端口之间同时传输数据。

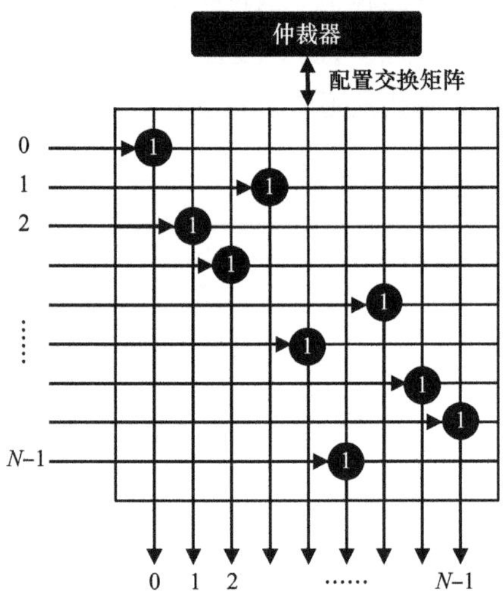

图11-13　Crossbar矩阵交换的简单模型

Crossbar矩阵交换的优点是可在一个信元周期内并行传送N个信元，因而有较高的吞吐量。由于电路实现简单，Crossbar矩阵交换在交换网中得到广泛应用。Crossbar矩阵交换的缺点是，随着端口数量的增加，交换矩阵中开关的数量及仲裁器的复杂性随之增加，当信元数量少于64个时，Crossbar矩阵交换是比较好的选择；当信元数量大于64个时，仲裁器的复杂度会快速提升。

Crossbar矩阵交换的报文转发流程如图11-14所示。报文首先进入上行线卡的输入队列，上行线卡向交换网发起请求；交换网卡上的仲裁器规划交换路径；当上行线卡收到交换网卡的回应后，报文从上行线卡通过交换网卡的Crossbar发送到下行线卡的输出队列。

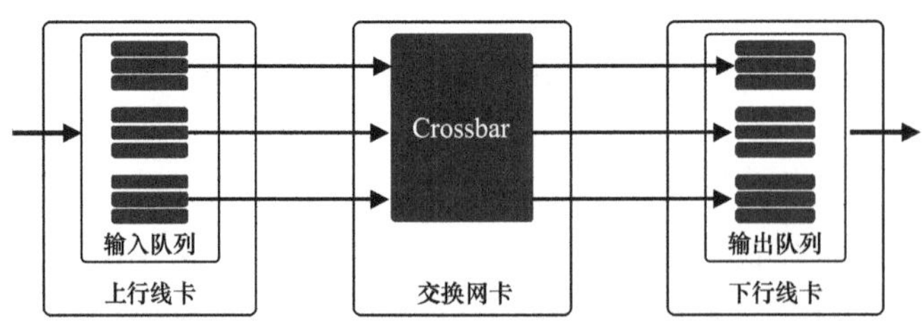

图11-14　Crossbar矩阵交换的报文转发流程

这种依赖于仲裁器集中调度的仲裁式Crossbar矩阵交换，在大容量的场景下容易导致拥塞。于是，人们在这种架构上引入了缓存，演变成缓存式Crossbar矩阵交换。数据通信设备常用的缓存式Crossbar矩阵交换结构为组合输入输出排队（Combined Input-Output Queuing，CIOQ），在这种结构中，信元缓存部分放在交换矩阵之前，部分放在交换矩阵之后。这种组合输入输出排队方式能够有效地解决对输出缓存带宽要求较高和输入阻塞的问题，是交换网中常用的一种方式。

在Crossbar矩阵交换架构中，随着Crossbar端口数量的增加，交叉点开关的数量按端口数平方的方式增长，与此同时，随着流量的增大，Crossbar芯片的电路集成水平以及矩阵控制开关的制造难度、制造成本也会大幅度增加，相应的软件调度算法的复杂度也越来越高，这些问题限制了Crossbar矩阵交换的扩展性。

11.7　基于动态路由的CLOS交换

1953年，美国贝尔实验室的研究人员查尔斯·克洛斯（Charles Clos）在题为《无阻塞交换网络研究》的论文中首次提出CLOS交换架构，并且在TDM网络设备中得到了广泛应用。为纪念这一成果，这一架构便以他的姓CLOS命名。

克洛斯最开始提出CLOS架构，是为了克服电话网络中平衡机电开关的性能和成本的挑战。在论文中，克洛斯采用数学的方法证明了CLOS交换架构具备无阻塞、可重构、可扩展等特性，让该架构成为网络理论和交换网络设计中的一个重要里程碑。

近20年来，随着数据通信交换网络的高速发展，迫切需要超大容量和具备优异可扩展性的交换架构。在这种背景下，CLOS交换架构凭借其优势逐步成为框式交换机、路由器等大型数据通信设备的主流交换架构。

11.7.1　CLOS交换的基本原理

CLOS交换架构是一个多级交换架构，每一级的交换单元都和下一级的所有交换单元相连接。图11-15所示为一个典型的CLOS三级交换架构，其中，CLOS交换架构通过k和n两个参数来定义整个交换矩阵。

输入级和输出级的基本交换单元是$k \times k$端口的交换矩阵，数量为n个；中间级的基本交换单元是$n \times n$端口的交换矩阵，数量为k个。

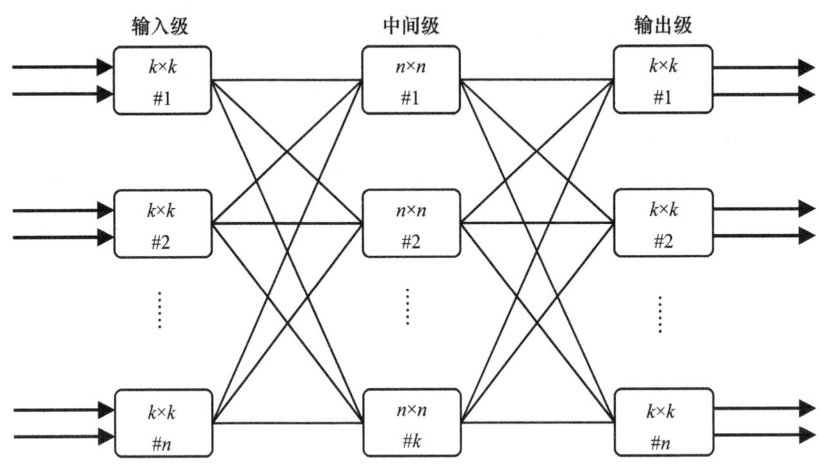

图11-15　典型的CLOS三级交换架构

三级之间采用Mesh连接，即输入级的任一基本交换单元的输出均连接至中间级所有交换单元的输入；同样，任一中间级交换单元的输出均连接至输出级所有交换单元的输入。

通过上述基本交换单元相互之间的连接，构成了一个有$k \times n$个输入和输出端口的CLOS交换矩阵。实现相同容量的交换网时，采用CLOS结果可以减少交叉点，从而使网络具有更好的扩展性。例如实现100 × 100无阻塞的Crossbar交换架构需要10000个交叉点，而CLOS交换架构只需要5700个交叉点，当网络规模更大时，CLOS能减少更多的交叉点。

CLOS交换架构可以递归构建，即通过将中间级交换矩阵用一个三级CLOS交换网替换，从而轻易实现交换规模的扩展，此时CLOS交换架构的级数也从3级变为5级。同理，如果进一步扩展，只需要重复进行基础交换单元模块和CLOS子网的替换，就可以得到7级、9级……的交换矩阵。这种灵活的扩展方式实现了无与伦比的可扩展性，支持交换机、路由器等数据通信设备在端口数量、端口速率、系统容量方面的平滑扩展，形成系列化整机。

利用CLOS交换架构可以灵活扩展的特性，在高端框式数据通信设备的物理实现上，通常采用$N+1$个独立的SFU。这样做的优点有两方面：一方面，可以灵活地实现多种系统容量；另一方面，通过SFU的冗余备份极大地提高了转发平面的可靠性，同时独立的SFU与MPU之间不存在物理绑定关系，避免了MPU出现故障或进行主备倒换时对转发平面的影响，进一步提升了整个系统的稳健性。

11.7.2　CLOS交换的扩展应用

交换网按照拓扑连接方式可以分为单级交换和多级交换。以IP网络中的核心路由器为例，随着移动互联网对网络带宽需求的剧增，核心路由器的容量越来越高，核心路由器也由单级交换路由器向多级交换路由器（集群路由器）发展。CLOS交换架构是一种典型的多级交换架构，本小节对其原理和应用进行介绍。

如果将CLOS交换架构进行抽象，那么可以认为该架构是一种几何拓扑。除了用于交换机或者路由器等网络设备的SFU的架构设计，CLOS交换架构还可以进一步扩展应用到宏观上的交换架构的设计。它们的目的是相同的，都是在超大规模的交换网中实现无阻塞的交换。

如图11-16所示，在单框设备系统中，线卡上的FIC芯片和SFU上的Fabric芯片从逻辑上看也是一个三级CLOS交换网络。

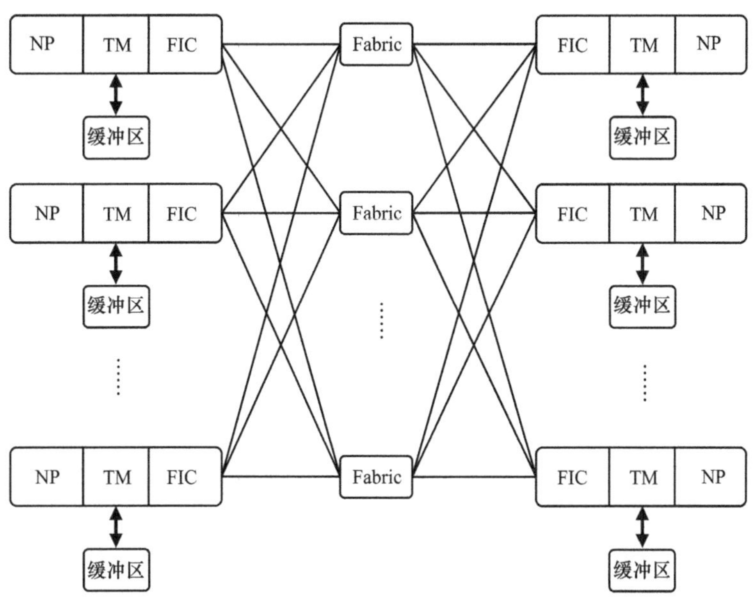

图11-16　CLOS交换架构在单框设备系统中的应用

如果上述结构中的Fabric芯片可以连接到其他整机的LPU，那么就可以实现更大规模的交换能力，典型应用场景是数据通信产品中的核心路由器多框集群。在核心路由器的多框集群系统中，整机分为CLC和中央交换框（Central Cluster Chassis，CCC）两类，如果两者之间按照CLOS交换架构进行互连，就可以组成更大规模的交换网，如图11-17所示。

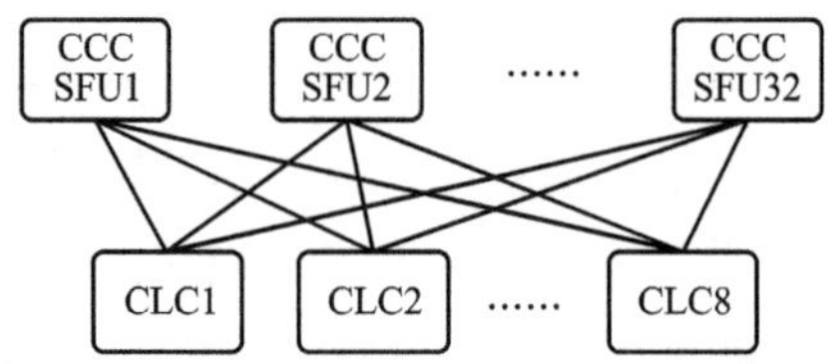

图11-17　CLOS交换架构在核心路由器的多框集群系统中的应用

图11-17所示为一个由32个CCC SFU互连组成的8框集群系统。按照CLOS交换架构的扩展模型，集群的规模还可以进一步扩大，如组成16、32、64框等集群形态。

CLOS交换架构还可以再进一步扩展到网络级的应用，例如在数据中心网络中，把交换机按照CLOS交换架构组网，就可以形成图11-18所示的数据中心网络架构。

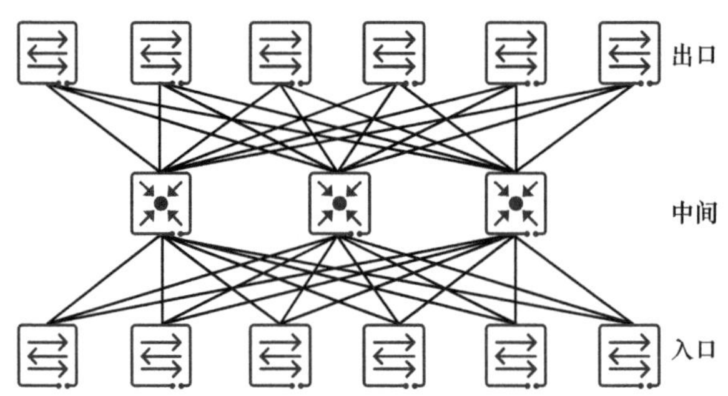

图11-18　数据中心网络的CLOS交换架构

将图11-18所示CLOS交换架构对折，也就是输入端和输出端都放在接入交换机上，将得到图11-19所示的网络架构，这就是当前数据中心网络经典的Spine-Leaf架构。这种无阻塞架构在超算数据中心、金融数据中心、ISP数据中心等多个行业有非常广泛的应用。

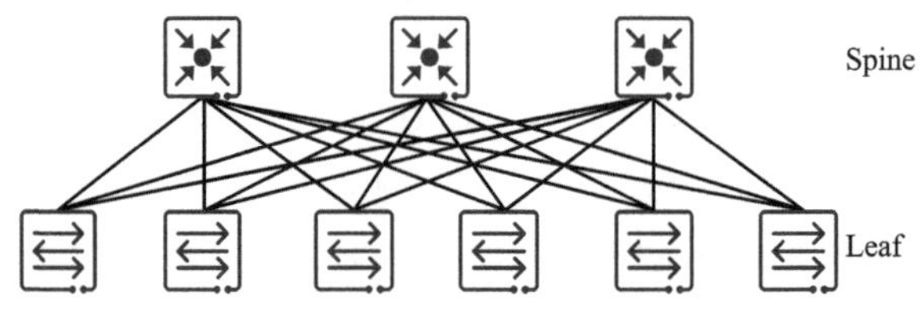

图11-19　数据中心网络的Spine-Leaf架构

对比图11-17所示的CCC+CLC多框集群系统和图11-19所示的Spine-Leaf数据中心网络，会发现两者在拓扑上基本相同。这里就体现出CLOS交换架构在网络中的重要性，同时也为网络转发容量的扩展提供了技术方向指引。

| 11.8　交换架构的未来演进 |

随着数字化业务的蓬勃发展对数据通信网络容量的需求越来越大，借助半导体技术高速发展的契机，单个交换网芯片的交换能力越来越大，随之而来的是单芯片的功耗剧增，未来可以达到kW量级，整机功耗则会达到数十kW，这使得整机散热和机房部署受到很大的约束。同时，新的应用（例如AI）对交换时延要求也更低。交换网技术在追求更大容量的同时，也朝着更低时延、更低能耗的方向发展。

11.8.1　传统交换架构的总结

传统的交换架构在容量、QoS功能、扩展性、阻塞交换等几个方面的关键特征如表11-1所示。

表 11-1　传统交换架构的关键技术特征

交换架构	容量	QoS功能	扩展性	阻塞交换
共享总线	低	差	差	是
共享存储	中	优	优	否
Crossbar矩阵	高	差	差	否
基于动态路由的CLOS	极高	优	优	否

不管是Crossbar矩阵交换，还是基于动态路由的CLOS交换，或者Crossbar矩阵+CLOS交换，为了解决容量问题，它们的技术发展路径是相同的，主要包括以下3个方面。

- 单个接口的速率提高：例如从56 Gbit/s提高到112 Gbit/s再到244 Gbit/s。截至2024年底，Broadcom最先进的数据交换芯片Tomahawk 5的接口速率已经达到112 Gbit/s，NVIDIA的GB200芯片更是实现了224 Gbit/s的接口速率。224 Gbit/s下一代将是448 Gbit/s，在单个接口达到448 Gbit/s

速率时，如果继续维持PAM4调制模式，其电信号的奈奎斯特频率达到了112 GHz以上，这个频率已经逼近电互连信道传输的带宽极限，将成为速率进一步提升的最大阻力。

- 交换矩阵端口的数量扩展：单个交换芯片的端口数量从128个端口扩展到512个端口，再到1024个端口。但是受芯片的封装尺寸及供电、散热等因素制约，交换芯片配置1024个以上的端口将遇到挑战。
- 组网拓扑的升级：从单设备容量升级的Scale up模式到多设备堆叠组网的Scale out模式。如图11-20所示，Scale up模式提升单台设备容量的方法是提升交换网络的容量，如更高的接口速率、更多的交换矩阵端口数量等；Scale out模式是在不改变单台设备容量的前提下，通过多台设备的堆叠协同提升整个网络的容量。Scale up模式和Scale out模式的特点对比如表11-2所示。Scale out模式与Scale up模式对比，最主要的优势就是突破了单个机框物理架构的约束，使整个网络的容量进一步提升。

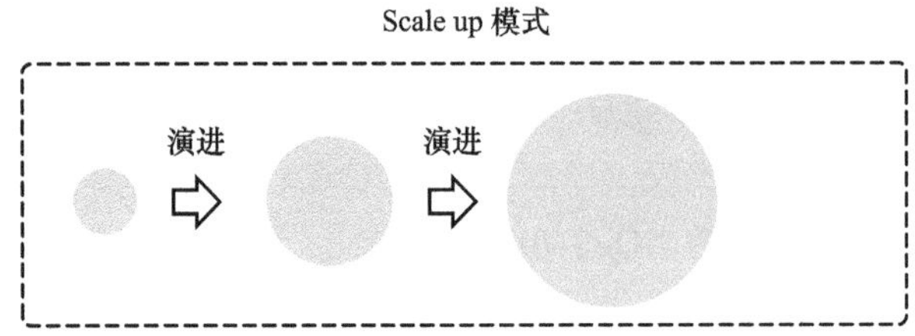

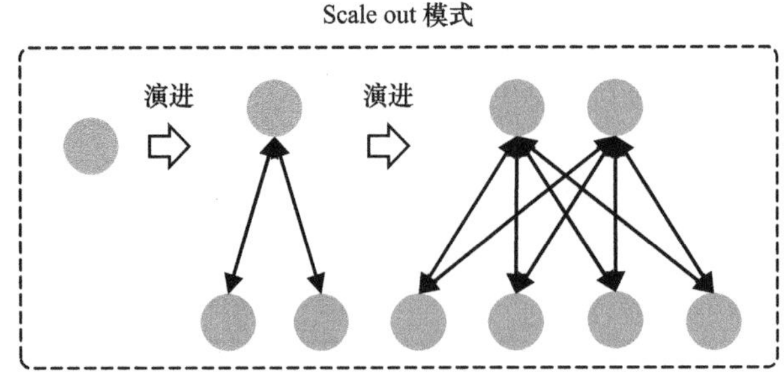

图11-20 Scale up模式和Scale out模式

表 11-2 Scale up 模式和 Scale out 模式的特点对比

组网模式	单节点复杂度	管理协同难度	容量限制	网元可替换性
Scale up	高	低	单设备规模	弱
Scale out	低	高	理论上无限制（考虑多级拓扑）	强

11.8.2 新型交换架构展望

目前，数据通信设备的交换架构都是将信息承载在电信号上，然后通过对电信号进行交换，完成信息的转发。随着电信号交换在单接口速率、芯片出接口密度等方面逐渐达到物理条件极限，同时也为了获得更低的交换时延，光交换成为潜在的发展方向。

光交换相对于电交换，在以下几方面有着明显的优势。

- 在出接口密度方面，光纤本身很细，并且不需要像电缆那样增加信号的屏蔽层，所以光连接器的密度可以更高，也可以通过波分复用技术进一步增加接口数量。
- 在时延方面，光交换网的静态时延比电交换网小一个数量级，从百纳秒级降低到十纳秒级。由于光不具备缓存能力，因此相对于电交换网，光交换网没有额外的动态时延抖动。
- 在能耗方面，光交换网是基于光通路的空分切换，数据报文的交换传输过程不需要进行光 / 电和电 / 光转换，而直接在光部件进行处理，因此能耗比较低。这也是光交换技术相对于电交换技术最本质的区别。

从目前光交换技术发展的情况看，要想通过光交换技术达成像电交换一样的颗粒度、带宽利用率及 QoS 保障能力，仍然有很多关键技术需要突破。本节仅对几种典型的光交换架构进行介绍，对于光交换技术中存在的技术难题不做过多介绍。

光交换主要分为光路交换（Optical Circuit Switching，OCS）、光分组交换（Optical Packet Switching，OPS），以及光突发交换（Optical Burst Switching，OBS）3 种模式。下面对 3 种光交换模式进行简要介绍。

（1）OCS

OCS的交换原理如图11-21所示，类似电的面向连接的电路交换。在OCS中，网络需要为每一个连接请求建立从源端口到目的端口的光路；并且为每一条光的链路分配一个专门的波长用于承载数据信息。OCS的关键特点是面向连接、大颗粒度、带宽利用率低。数据报文通过OCS交换分为3个阶段：①光链路建立阶段，OCS设备在数据接收前完成从输入端口到输出端口的光路建立；②光链路保持阶段，通过既定的光路完成数据报文的转发；③光链路拆除阶段，数据传输完成后收回光路，用于组建新的数据传输。OCS的3个关键组件是：复用器/解复用器（负责输入波长的恢复和提取）、光交叉连接（Optical Cross-Connect，OXC）组件（负责搭建光路的物理连接通道）、控制信号（负责控制OXC组件搭建和拆除光路）。

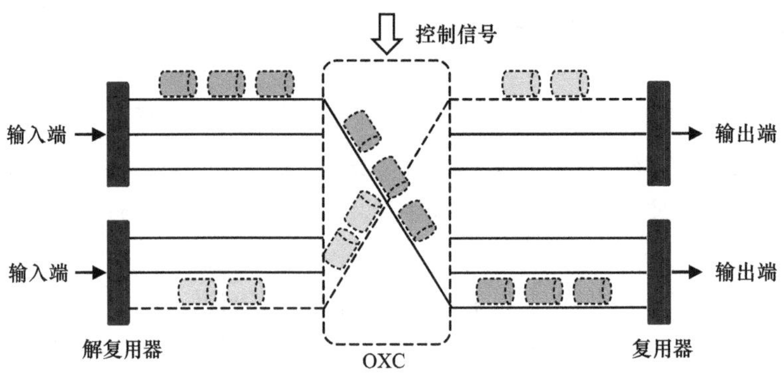

图11-21 OCS的交换原理

（2）OPS

OPS的处理过程在逻辑上基本等同于电交换的处理过程，且具备分组的自路由能力。不同于上文中的OCS，OPS是一种面向无连接的交换方式。在进行数据传输前，OPS不需要设备提前建立路由和预先分配资源，光分组中的数据净荷和分组头在相同的光路中传输。OPS交换节点需要根据分组头中携带的目的地址信息，确认光分组的路由，然后再更新分组头中的信息。相比OCS，OPS有着很高的资源利用率和很强的适应突发数据的能力。

由于光部件很难对分组头中的信息进行处理，目前比较成熟的 OPS 方案是将分组头转换到电部件处理，而数据净荷继续在光部件处理，如图 11-22 所示。

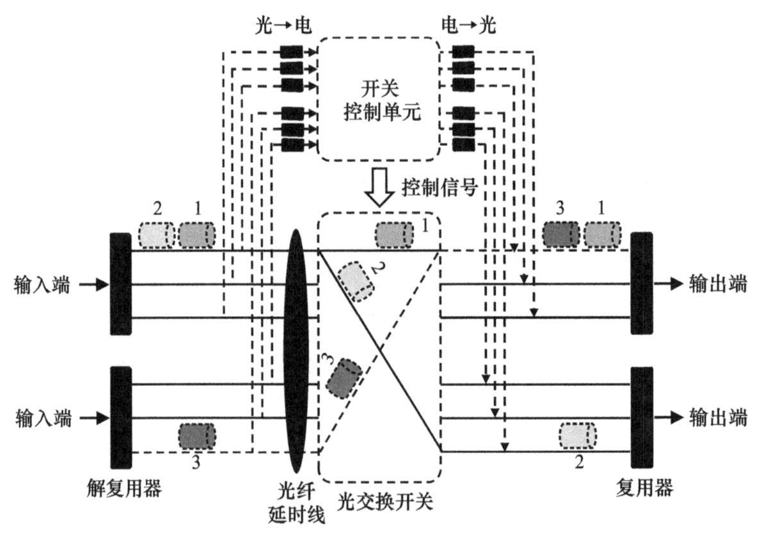

图11-22 OPS的交换原理

这种方案要求OPS设备在完成分组头的处理前，先对数据净荷进行缓存。它的难点是光缓存技术、快速光开关技术和多个输入分组的精确同步技术的实现难度比较高。

（3）OBS

OBS的交换原理如图11-23所示。OBS综合了OCS和OPS的优点，又克服了它们的不足，可以看作两者的折中方案。OBS的基本思路是：首先把各种报文统一到突发数据分组（Burst Data Packet，BDP）格式上，加大交换粒度，且将缓存统一在边缘节点上，这样中间节点就不需要光的缓存能力；其次是将突发数据与控制分组的传输相分离，每一个突发控制分组（Burst Control Packet，BCP）对应于一个BDP报文。

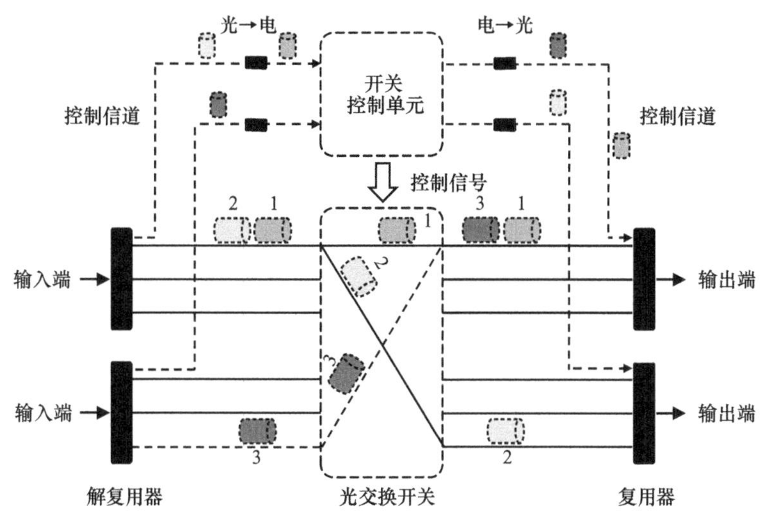

图11-23 OBS的交换原理

OBS的主要特点如下。

①相比OPS，OBS有更粗的交换粒度（μs量级），可以降低对快速光开关速度的需求，且减少控制单元的处理开销，降低运算量。

②突发头和负载分离传送和处理，降低了光交换节点的复杂度。

③相比OCS，OBS带宽可以单向预留，负载的发送不需要等待应答信号，减少了等待时延。

④突发负载在光交换中间节点透明传输，不需要光电/电光转换，也不需要光缓存。

由于OCS是面向连接的大颗粒度的交换技术，不能适配当前数据通信的业务模式；而OPS依赖于大规模快速光开关矩阵、光缓存能力，所以短期无法实现；因此，业界当前的研究以OBS技术为主。OCS、OPS和OBS的优劣势对比如表11-3所示。

表 11-3　OCS、OPS 和 OBS 的优劣势对比

光交换模式	报文粒度	时延	带宽利用率	开销	复杂度
OCS	粗	高	低	小	低
OPS	细	低	高	大	高
OBS	中	低	较高	小	中

目前业界对基于OBS技术的光交换网做了一些技术性探索。电的关键技术包括但不限于仲裁器、控制器、BCDR（Burst CDR）及时钟同步方案等。光的关键技术包括但不限于快速光开关、光放大器等。整体来看，OBS技术距离要达到商用仍需要一段时间。同时，电的技术也在不断发展，不排除交换网的技术在电方向上往更高的带宽持续演进。

第12章
数据通信产品的转发架构

数据通信网络是一种典型的分布式组网架构，数据报文从源节点出发，需要经过若干节点的接力转发，才能最终到达目的节点。在这个过程中，如何实现数据报文的高效转发是提升整网性能的关键。本章介绍转发的基本原理和原则、转发架构、转发处理器的主要技术、路由器和交换机的转发技术演进，同时对转发技术的未来发展进行简单分析。

| 12.1 什么是转发 |

转发是指数据通信网络中数据报文从源节点到目的节点的传递过程。每个数据报文的前面都有一个报文头，用来指明该数据报文的目的地址，设备根据该地址，将它们送至预期目的地，这个过程就是“转发”，如图12-1所示。

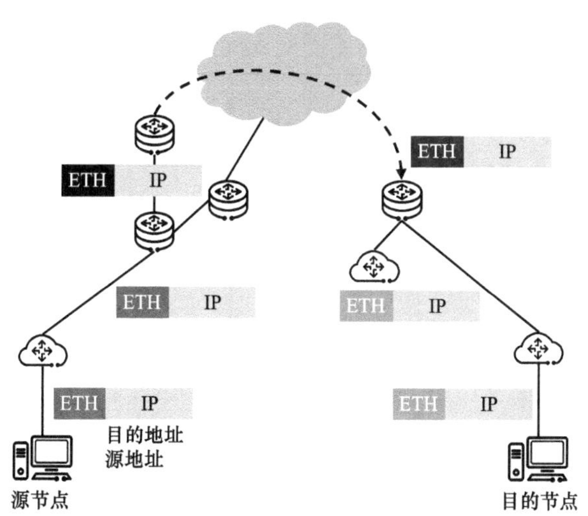

注：图中实线表示网元和部件之间的连接关系，虚线表示报文的传递方向。本章其余图中虚线含义相同。

图12-1　数据报文的转发过程

12.1.1 二层转发

二层转发是基于MAC地址进行数据报文转发的过程。在OSI七层模型中，第二层是数据链路层。数据链路层传输的数据单元也称为帧，在图12-2所示以太网帧格式中，前导码和SFD字段之后分别是DMAC字段和SMAC字段。此外，以太网帧还包含类型/长度字段（用于标识上一层协议，例如0x800表示IP，0x0806表示ARP）、数据（负载）字段和FCS字段。二层转发主要用于同一局域网下的主机之间的通信。

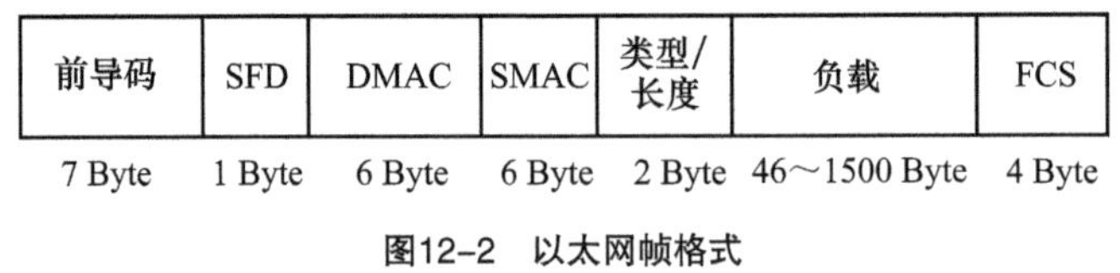

图12-2 以太网帧格式

12.1.2 三层转发

三层转发是在OSI七层模型中的第三层，也就是网络层进行转发。三层转发是路由器的基本功能。路由器根据图12-3所示的IPv4报文头格式中的MAC地址查询路由表，选择合适的路由，将报文处理后发送到下一台设备。三层转发主要用于跨网段的通信，即不同子网之间的数据传输。在三层转发过程中，通常还需要进行二层（数据链路层）的封装，即改变帧头中的（源、目的）MAC地址。

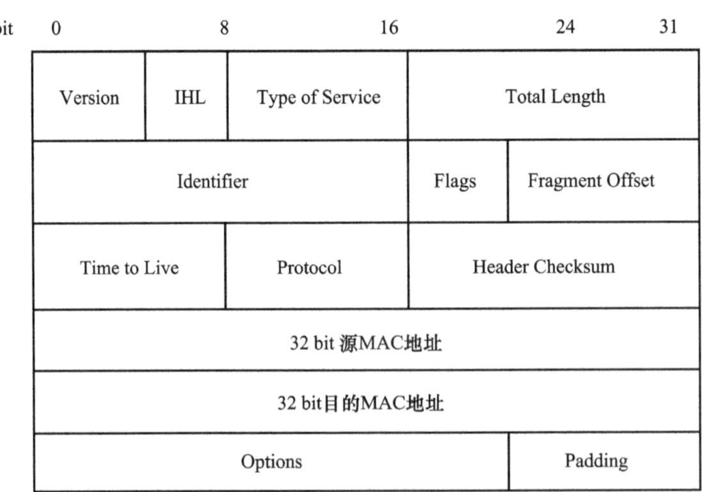

图12-3 IPv4报文头格式

12.1.3　MPLS转发

MPLS转发是一种利用标签来指导数据报文高速转发的技术。通常是将IP地址映射成为简单且长度固定的、只具有本地意义的标签，用标签查表转发替代IP地址查表转发，从而显著提升转发效率。MPLS在设计时定位在TCP/IP网络体系结构中的2.5层，即位于数据链路层和网络层之间，这使得MPLS在VPN、TE、QoS等应用方面变得更加灵活。MPLS标签封装结构如图12-4所示。

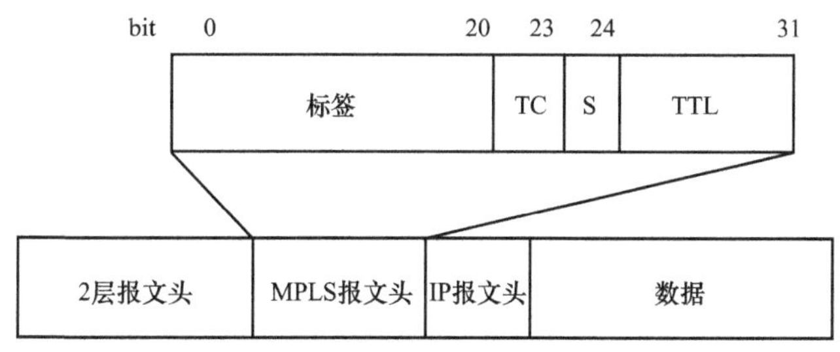

图12-4　MPLS标签封装结构

MPLS转发的工作原理如下。

- 标签分配：当数据报文进入MPLS网络时，标签边缘路由器会根据数据报文的目的地址查找路由表，并为该数据报文分配一个固定长度的短标签，然后将标签与数据报文封装在一起。这个标签代表了数据报文在MPLS网络中的转发路径。
- 标签交换：在MPLS网络内部，标签交换路由器仅根据数据报文上的标签进行转发，而无须查看数据报文的网络层报文头信息。这大大减少了查找路由表的时间，提高了转发效率。
- 标签剥离：当数据报文离开MPLS网络时，标签边缘路由器会剥离数据报文上的标签，然后按照传统的IP路由方式将数据报文转发到目的网络。

12.1.4　SR转发

SR 是一种源路由技术。在 SR 转发过程中，入节点将转发路径相关信息封装到数据报文的报文头（即 SR 报文头），中间节点根据压入的信息进行转发，出节点删除 SR 头信息后，按照传统路由或其他规则将数据报文转发至目的地。SR 转发通过在原始数据报文中封装相关的信息（即 Segment List，段列表），来规划数据报文的转发路径，而不是简单地通过 IP 报文的目的 IP 地址进行路由表查找和转发。这种方式使得网络流量的转发更加灵活和可控。SR 转发的过程如图 12-5 所示。

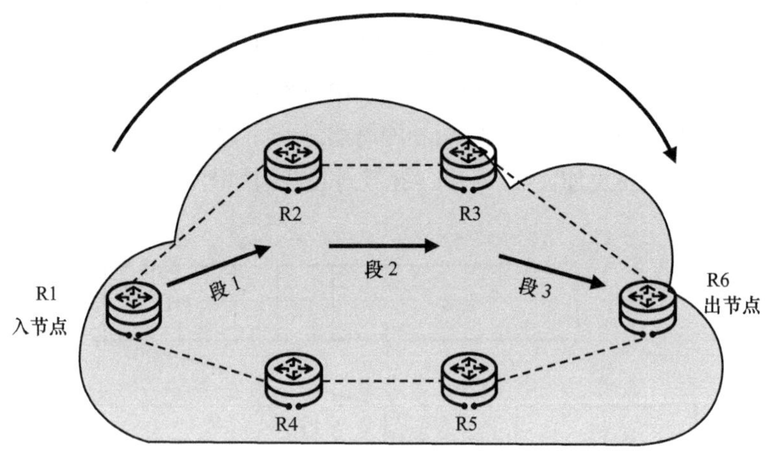

图12-5　SR转发的过程

SR转发的工作原理如下。

- 路径分段：SR将网络路径分割成多个段，每个段代表网络中的一个部分或节点，这些段可以是物理链路、逻辑链路或网络节点。
- 段标识分配：SR为每个段分配唯一的SID，这个SID在MPLS SR中通常是MPLS标签，在SRv6中则是IPv6地址。
- 路径编码：在源节点中，根据业务需求和网络状态，将路径上各个段的SID有序排列成一个段列表，并将这个列表封装到SR报文头。
- 逐段转发：数据报文在网络中传输时，每个中间节点根据报文头的段列表进行逐段转发。当数据报文到达段列表中的某个节点时，该节点会执行弹出操作，即移除段列表顶部的SID，并根据下一个SID将数据报文转发给下一个节点。
- 目的节点处理：当数据报文到达目的节点时，目的节点会删除数据报文SR头，完成转发过程。

SR转发是一种基于源路由理念的高效、灵活的网络转发技术。它通过路径分段、段标识分配和逐段转发的方式实现了网络流量的灵活转发和可控管理。随着网络规模的持续扩大和业务需求的不断增加，SR转发将在未来的网络架构中发挥越来越重要的作用。

12.1.5　组播转发

组播是一种通过网络进行一对多通信的技术。组播转发会根据需要把同一个报文复制到多个出口。不同于单播（一对一）和广播（一对所有），组播可以按需进行报文复制。组播转发可以减轻服务器负担，有效地节约网络带宽，降低网络负载，因此被广泛应用在IPTV、实时数据传输和多媒体会议等网络业务中。单播和组播的区别如图12-6所示。

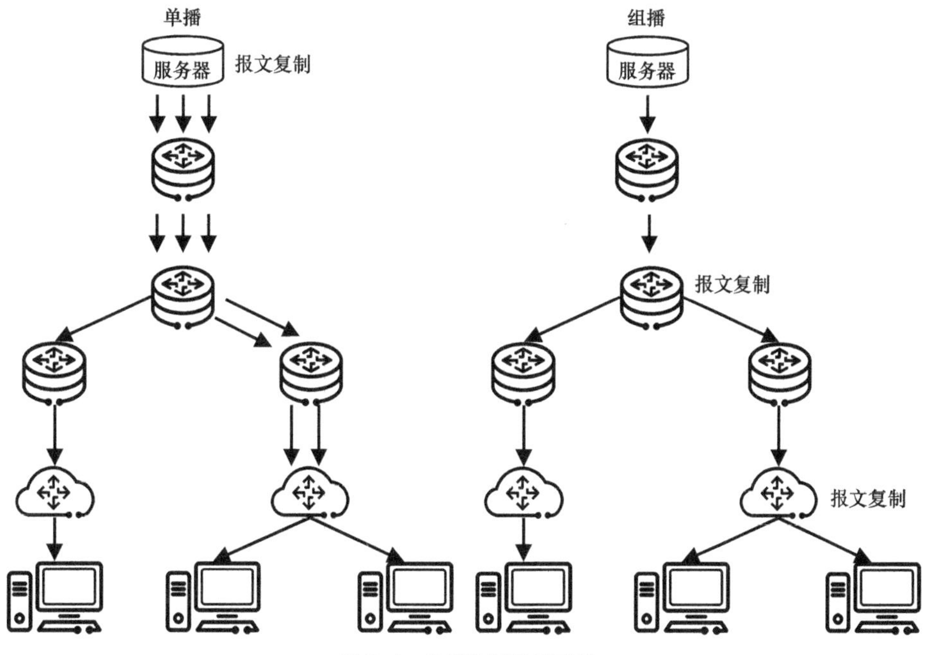

图12-6　单播和组播的区别

组播转发的基本原理如下。

- 组播地址：组播转发使用特定的组播地址作为目的地址，这些地址在IPv4中位于224.0.0.0和239.255.255.255之间，是IANA为组播分配的地址空间。组播地址不代表特定的某个主机，而是代表一组主机。
- 组播组：接收相同组播数据的接收者集合被称为组播组。为了接收组播数据，接收者需要加入相应的组播组。
- 转发机制：当组播源发送数据时，设备会根据组播地址和接收者的位置，有选择性地复制和转发组播数据，确保数据只被发送给组播组的成员。

12.2 转发的基本流程

转发是一个涉及多个步骤的复杂流程，从报文接收与初步处理开始，会经过报文分类与处理、查表转发、报文封装与发送等步骤，中间还涉及流量调度、TM等QoS处理。以路由器为例，报文在网络设备内的转发流程如图12-7所示。

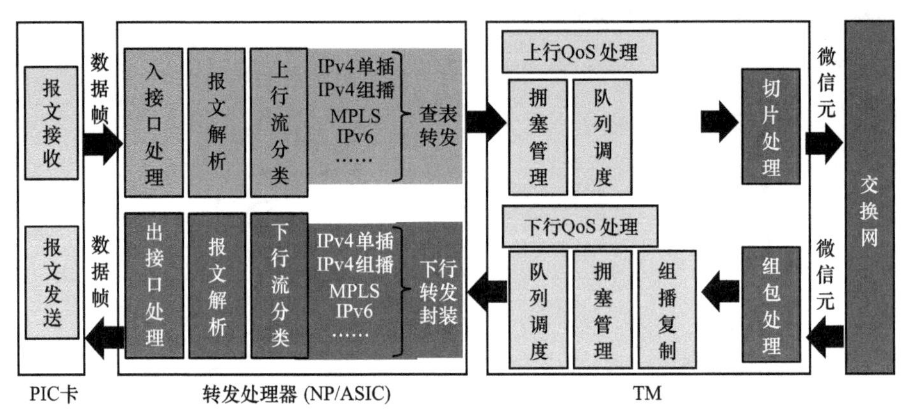

图12-7　报文在网络设备内的转发流程（以路由器为例）

①数据在通信线缆上传输时通常是以光/电信号（对应于物理层的比特流）的形式存在。上行PIC卡首先把光/电信号转换成数据帧，并在检查“合法性”之后，把数据帧的内容发送给上行转发处理器。

②上行转发处理器从PIC卡收到报文后，首先解析报文的二层帧头，并根据配置进行检查。之后，转发处理器根据入接口配置查表并找出接口，如果是二层转发，则查找MAC地址表以确定报文的出接口；如果是三层转发，则查找路由表以确定报文的下一跳地址和出接口。上行转发处理完成后，转发处理器会封装SFU帧头，并将报文发给上行TM。除了查表找出接口，转发处理器还支持流分类，如根据报文五元组对报文进行精细的分类，并选择对应的策略动作（如丢弃、限速等）。

③上行TM从转发处理器收到报文后，将报文存储在缓冲区中，并进行拥塞管理等处理。拥塞管理是指当网络发生拥塞时进行管理和控制，常见的拥塞管理方法是队列调度，也就是将从一个接口发出的所有报文放入多个队列，按照优先级进行处理。不同的调度算法用来解决不同的问题，能够产生不同的效果。上行TM的另外一个功能是拥塞避免。拥塞避免是指通过监视队列资源的消耗情况，在拥塞加剧时，主动丢弃报文，通过调整网络的流量来避免网络过载。

常见的丢弃策略有两种：尾丢弃和加权随机早期检测（Weighted Random Early Detection，WRED）。

④在上行TM把报文送往交换网之前，通常需要进行切片处理，也就是把报文按一定粒度进行切片，SFU基于信元对这些切片数据进行交换（信元交换）。当流量传输至下行链路时，再将分割的切片重组为原始报文。

⑤下行TM对数据进行组播复制、拥塞管理及队列调度等处理后，将数据传输至下行转发处理器。下行转发处理器查找对应的封装表，得到目的/出口封装信息并修改报文，再经过出接口处理后，将数据帧发送给PIC卡。如果是三层转发，封装信息就包括数据链路层的源MAC地址和目的MAC地址。如果是其他场景，除了这两个封装信息，可能还需要获取其他的封装信息。例如，对于QinQ场景，需要封装VLAN Tag；对于MPLS场景，需要封装MPLS标签。

⑥下行PIC卡对待发送的数据帧内容进行帧检验计算，完成封装操作后，将数据帧转换成光/电信号，最终发送到线路上。

12.3　转发的基本原则

转发的基本原则包括端到端原则、宽进严出原则、转控分离原则等。

12.3.1　端到端原则

端到端原则源于美国麻省理工学院的约翰·萨尔泽（John Saltzer）、大卫·里德（David Reed）和大卫·克拉克（David Clark）在20世纪80年代初发布的论文《系统设计中的端到端原则》。这篇论文着重讲述了如何在功能之间进行合理的划分，以及如何将功能安置到合适的分层中。通信系统设计的主要目标是要让传输中各种错误发生的概率降低到可以接受的水平。对于一个可靠的通信系统，它的出错率应该是很低的，而且只需要通过简单的多次传输就可以实现系统的目标。当然也可以采用“端到端确认重传”的方法来实现，这时就要考虑这些功能在系统中什么地方实现，即层次上的考虑。

设计功能时要权衡两个因素：代价和功能。底层的功能通常可以提高系统的性能（如底层的校验机制），但全局的代价较大。在上述论文中，作者通过几个例子（传输保证、安全传输、时序控制及实务管理）来说明将一些功能放到高层是有利于系统实现和性能提高的。同时也强调一点，任何应用对功能的需求都是有特指的，因此不可能存在一种底层的功能可以满足所有的上层应用需求。任何底层功能的设计都会牺牲某些全局性能，因此某些功能的不完全实现往往是提高系统性能的好办法。

该论文指出网络传输是不可靠的，由于错误的复制、缓冲、硬件处理器或记忆短暂的错误等各种原因，数据报文会丢失或损坏。因此在网络的最核心的部分应该只进行数据的传输，而数据是否正确传输应该放到应用层检查和判断，由此产生了今天网络应用层的确定重传机制。这实际上降低了网络核心的复杂度，同时提高了网络的灵活性和可维护性。因为网络只需要做一件事情，即传输数据，而其他功能可以放到应用层实现。在这种方式下，网络一旦出现故障，我们首先想到的就是网络的核心部件不会出问题。

端到端原则主要用于指导转发平面和系统的其他部分在功能上的边界划分，并合理部署需要在转发平面实现的功能。转发平面只实现二层报文头和三层报文头的必要校验，比如协议报文的四层以上的其他检查应当由控制平面来完成。也就是说，一个可以在控制平面实现的功能，就不应当在转发平面实现，以尽量保持转发的精简和高效。

12.3.2 宽进严出原则

在RFC 761中，约翰 · 波斯特尔（Jon Postel）提出“发送时要保守，接收时要开放”。从此之后，这个稳健性准则就广为人知，并通常被称为波斯特尔法则，也称为宽进严出原则。该原则有以下两个特点。

- 发送内容的谨慎性：发送方在发送数据时应该尽可能遵循协议规范，避免发送不符合规范或可能引起接收方错误处理的数据。这有助于减少因数据格式错误而导致的通信失败或安全问题。发送方应该对发送的数据进行充分的验证和预处理，确保数据的完整性和准确性。
- 接收内容的自由性：接收方应该能够处理各种可能的数据格式和变异，即使这些数据不完全符合协议规范。这种灵活性有助于增强系统的容错能力和兼容性。接收方应该能够优雅地处理错误或异常数据，而不是简单地拒绝或中断通信。这有助于确保网络的稳定性和可靠性。

转发平面接收报文时，通常要求兼容协议的历史草案的实现，并兼容各类厂商的私有扩展、非标实现，向外发送时则要严格按照标准和协议的要求进行处理和封装。

近年来，业界也出现了一些质疑波斯特尔法则的声音，一些专家认为过度的自由性可能会导致安全漏洞或性能问题。因此，在应用波斯特尔法则时，需要根据具体场景进行权衡和折中，在系统的安全性、性能和兼容性之间进行合理的平衡。

12.3.3 转控分离原则

转控分离是指将系统的控制平面与转发平面进行物理或逻辑上的分离。控制平面主要负责决策制定、网络管理和参数配置等控制方面的操作，而转发平面则负责数据的实际传输或处理。RFC 3654中指出将这两个平面分离可以提高系统的可扩展性，并允许它们独立发展，从而加速技术创新。转发平面和控制平面的分离可以给系统带来如下几个方面的好处。

- 提高可扩展性：控制平面和转发平面的分离使得系统可以独立地扩展这两个部分。例如，在网络设备中，可以通过增加更多的转发硬件来扩展转发平面的转发能力，而无须改变控制平面的配置。比如原有系统仅支持RIP，伴随着网络设备数量的增长，RIP不能满足需求，系统开发者可以在不改变转发平面的基础上升级控制平面来支持OSPF协议，从而减少升级的代价。
- 增强可维护性：由于控制平面和转发平面是分离的，因此可以分别进行维护和升级。这降低了系统维护的复杂性和成本。
- 提升灵活性：分离的设计使得系统可以更容易地适应不同的网络环境和业务需求。例如，在云计算环境中，可以通过动态调整控制平面的策略来优化资源的分配和使用。
- 提高安全性：控制平面与转发平面的分离可以减少潜在的安全风险。例如，通过限制对控制平面的访问，可以防止恶意攻击者通过控制平面影响转发平面的正常运行。
- 提高可靠性：分离后的控制平面与转发平面互不影响。当系统的控制平面暂时出现故障时，转发平面还可以继续工作。这样可以保证网络中原有的业务不受系统故障的影响，从而提高整个网络的可靠性。

控制平面与转发平面既可以物理分离，也可以逻辑分离。高端的网络设备（例如核心交换机、核心路由器）一般采用物理分离，其MPU上的CPU不负责报文转发，专注于系统的控制；而LPU则专注于数据报文转发。如果MPU损坏，LPU仍然能够转发报文。对于入门级的网络设备，受限于成本，一般只能做到逻辑分离，即设备启动后，系统将CPU和内存资源划分给不同的进程，有的进程负责学习路由，有的进程负责报文转发。在SDN架构中，控制平面和转发平面被彻底分离，控制平面被部署在单独的控制器节点上，通过南向接口对转发平面进行编程和控制，实现了网络的灵活配置和动态调整。

12.4 转发系统的关键质量属性

1. 转发性能

转发性能是衡量网络设备（例如路由器、交换机等）转发数据报文能力的一个重要指标。它指的是设备每秒可以转发的数据报文数量或数据量，通常用于评估网络设备的数据处理能力。

影响转发性能的因素包括硬件处理能力、存储容量、总线带宽及转发算法等。高速的交换芯片和转发引擎常常采用专用的硬件加速技术，能够显著提高数据报文的转发效率，这些硬件组件专门用于网络数据报文的快速处理和转发。另外，优化的转发算法设计也可以降低处理时延和丢包率，提高转发效率。

转发性能和吞吐量、帧丢失率、时延、抖动等其他性能指标共同反映了网络设备的综合性能。

2. 可靠性和可用性

转发系统的可靠性是指网络设备在转发数据时，能否高效、准确、稳定地处理数据报文，以及在网络出现故障时，能否提供有效的容错和恢复机制。

负责转发的数据平面发生故障有可能导致大量的业务中断。为了降低数据平面的失效率及其影响，需要数据平面快速感知故障，并快速倒换或者收敛。这要求数据平面具备一定的稳健性和冗余自愈能力，比如对转发系统的内存及各处理部件的软失效、硬失效故障具备故障检测、恢复、隔离、自愈能力等。

容错机制是指通过引入冗余链路、冗余设备等元素，提高网络的容错能力。在网络出现故障时（如链路中断、设备故障等），转发系统可靠性要求网络设备能够提供有效的容错机制，如链路聚合、快速重路由等，以确保数据报文能够继续被转发到目的地。

恢复机制是通过部署故障检测系统和恢复机制，及时发现并处理网络故障；一旦故障发生，网络设备需要迅速恢复转发功能，减少对网络的影响。这通常涉及故障检测、故障隔离和故障恢复等多个环节。

可用性是指系统能够正常运行的时间和总时间的比例，通常用两次故障之间的时间或在出现故障时系统能够恢复正常的时间来表示。高可用性意味着系统能够持续提供服务，减少因故障导致的服务中断时间。比如按照电信业务的设备可用性的要求，路由器的可用性能力目标要达到99.999%，也就是每年的业务中断时间不超过5分钟。

3. 灵活性与可编程性

转发系统的灵活性主要是指修改转发系统中的报文处理行为的能力。灵活性通常与网络设备中引入的新业务/协议有关，许多新业务会影响转发内部处理数据包的方式，通常新的业务需要定义新的转发行为。

随着物联网设备、数据流量、新协议及私有云和公共云的急剧增长，网络的创新速度也在不断加快。传统的网络设备（例如交换机和路由器等）转发平面的功能往往是由硬件厂商固化的，用户难以进行定制或二次开发。这种封闭性限制了网络的灵活性和可扩展性。而转发平面可编程能力的出现，为用户提供了更多的控制权和定制能力。

转发平面可编程能力使用户可以根据自己的需求定制网络功能，而不再受限于硬件厂商提供的固定功能。随着新协议和新技术的不断出现，转发平面可编程能力允许用户通过更新包处理程序来支持这些新特性，而无须更换硬件设备。通过软件编程来实现网络功能的定制和扩展，也可以降低对硬件设备的依赖和投入成本。

4. 可扩展性

转发系统的可扩展性是指系统在面对不断增长的用户需求或数据量时，能够平滑地加强处理能力或存储容量的能力。随着业务的发展，转发系统需要能够支持更多的用户和更大的数据量，良好的可扩展性可以确保系统在未来能够持续满足业务需求。业界常常采用分布式架构、模块化设计、负载均衡等技术满足可扩展性的要求。

5. 安全性

转发系统的安全性是指系统在向合法用户提供服务的同时，能够阻止非授权用户的使用企图或拒绝非法的服务。在数据传输和处理过程中，转发系统需要确保数据的安全性，防止数据泄露或被篡改，并防止数据平面遭受拒绝服务攻击。转发系统通常需要实现非法报文过滤，上送协议防攻击，以及和上层系统联动配合实现攻击检测和溯源等。

除了上述的几个关键属性，转发系统的质量属性还包括可维护性、可调试性、功耗、成本等。这些属性相互关联，共同构成了转发系统的整体质量属性。在设计和实现转发系统时，需要综合考虑这些属性，以确保系统能够满足业务需求，并为用户提供优质的服务。

12.5　转发的主流架构

转发架构在演进过程中先后出现过两种主流的架构：集中式转发架构和分布式转发架构。

12.5.1　集中式转发架构

集中式转发架构如图12-8所示。在该架构中，所有线卡收到的数据都被送到同一个处理器，进行集中查表处理。20世纪80～90年代，基于CPU转发的路由器普遍采用这种架构。

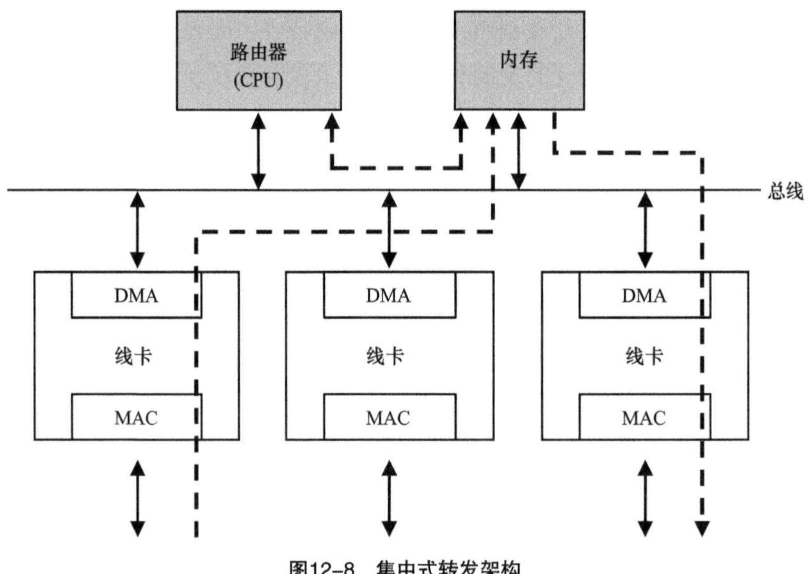

图12-8　集中式转发架构

集中式转发架构的优点是便于集中管理和控制，很容易实现对整个系统的统一配置和监控；缺点是集中处理节点可能成为单点故障，一旦出现故障，整个网络或系统可能无法正常工作。随着网络规模的扩大和流量的增加，集中处理节点的处理能力和转发能力可能成为瓶颈。

集中式转发架构适用于网络规模较小，对性能要求不高或者需要集中管理和控制的场景，例如低端路由器、需要集中进行安全策略处理的防火墙等。

12.5.2　分布式转发架构

分布式转发架构如图12-9所示。在该架构中，每个线卡都独立进行查表并转发流量，线卡间通过Switch Fabric互连。分布式转发架构易于扩展，在最新的互联技术下，单框整机可以支持96 Tbit/s的数据转发速率，是目前高端路由器和交换机普遍采用的转发架构。

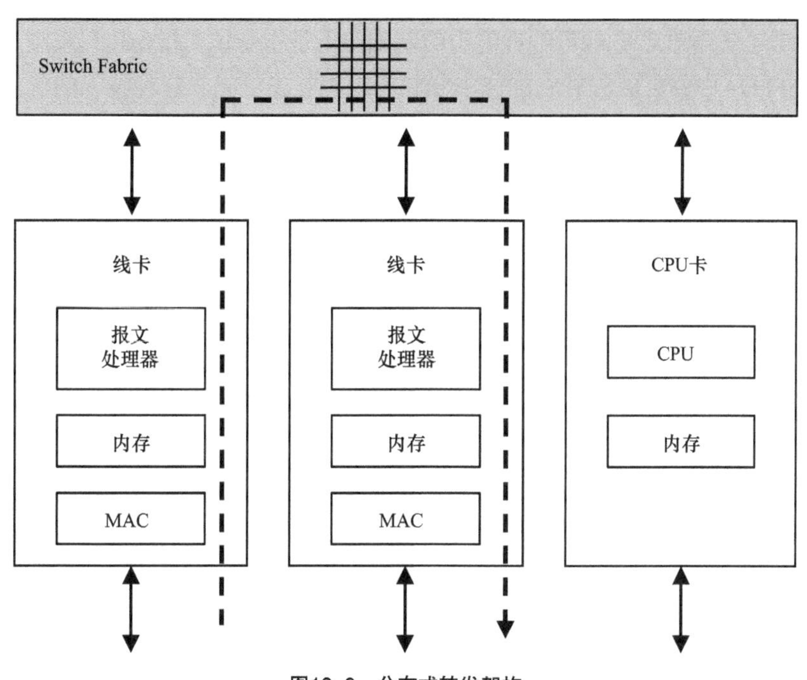

图12-9　分布式转发架构

分布式转发架构突破了集中式转发的性能瓶颈，提高了系统的整体处理能力和转发能力；同时，降低了对集中处理节点的依赖，提高了系统的可靠性和稳定性。分布式转发架构有利于实现负载均衡和资源的优化配置，提高系统的灵活性和可扩展性，并可以降低数据传输的时延和丢包率，提高网络的整体性能。相应的是，分布式转发架构的设计和实现相对复杂，成本较高。

12.6 转发处理器的主要技术

转发处理器的体系架构有两种主要技术，一种是主要用于交换机的ASIC，另一种是主要用于路由器的NP技术。

12.6.1 ASIC技术

ASIC技术的架构来源于传统芯片的逻辑设计架构。这种技术最早的架构是没有任何灵活性的硬件转发ASIC，后来在架构的演进过程中逐渐增加了灵活性；它的可编程能力也继承自数字逻辑设计中的相关技术，包括传统芯片的综合设计技术、布局布线技术、高层次综合技术及FPGA等相关技术。这种技术与NP技术的核心差异在于它的可编程能力的基础并不是指令集和指令执行模型，而是类似于FPGA中的可编程转发加速单元和可编程互连单元。这种技术的优点是芯片成本非常低，缺点是灵活性差，因而其演进方向是用可编程逻辑单元替换硬件逻辑单元，从而实现更高的业务灵活性。

硬件逻辑转发主要指通过硬件逻辑实现转发处理，因其转发处理行为不可变更，也不能支持新的特性，代表芯片为Trident2。

可配置逻辑转发主要是通过可配置的专用转发单元实现转发处理，并通过修改和新增配置，实现有限的转发行为变更，因而支持一些相对简单的新功能特性，代表芯片为Jericho1、TD3。

可编程逻辑转发则通过可编程逻辑单元实现部分或全部转发处理功能，并可以通过修改可编程逻辑单元上执行的软件实现不同的转发功能，因而逻辑上能够支持新的转发功能。但是，因可编程逻辑单元通常针对特定转发业务深度优化，一旦转发需求与架构设计不匹配，就会消耗大量的资源，导致因为资源原因无法实现很多需求，代表芯片为TD4。

12.6.2 NP技术

NP技术的架构来源于传统的精简指令集计算机（Reduced Instruction Set Computer，RISC）的CPU架构，它的可编程能力也继承了传统的RISC CPU架构，并通过可编程机器指令执行模型，从而实现可编程能力。这种技术的优点是通过指令实现各种功能特性，灵活性高，缺点是芯片成本较高，因而其演进方向是如何提升指令效率和如何卸载指令，从而提升整个报文处理的效率。

NP通常针对数据分组处理，采用优化体系结构、专用指令集、硬件单元等技术手段，满足高速数据分组线速处理要求，具有灵活的软件编程能力，能够迅速实现新的标准、服务和应用，可以满足网络业务复杂多样化的需求。按照报文处理机制不同，NP可以分为并行处理式和流水线式两种类型，如图12-10所示。

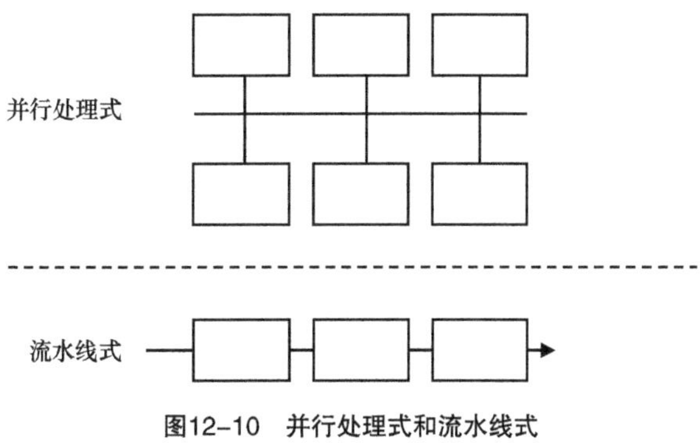

图12-10 并行处理式和流水线式

并行处理式NP是指利用传统多核架构实现的NP。其可以通过多核（也称微引擎）执行任意长度的转发处理程序，因而可以兼顾高性能简单业务与慢速复杂业务并存的场景。多个核可以并行工作，通常每个核都执行类似的功能，复杂处理由协处理器完成，核通过仲裁机制共享协处理器。代表芯片为华为自研NP，思科 ASR 9K NP、Juniper TRIO NP等。

流水线式 NP 中的每个处理器都被设计用于执行特殊的报文处理任务，处理器之间的协作类似流水线操作，前面的处理器处理完数据后，就将数据交给后面的处理器进行处理。可编程流水线式NP可以看作传统NP与逻辑转发的折中产物，既继承了传统 NP 的指令执行模型与相关技术，实现了相对较好的可编程能力；又继承了逻辑转发高效的流水线处理架构，降低了开销。流水线式 NP 架构适用于性能要求高且中等复杂度的转发业务。代表芯片为 Xelerated X11、Tofino 等。

ASIC技术与NP技术的对比如表12-1所示。

表 12-1 ASIC 技术与 NP 技术的对比

技术		可编程实现方式	是否支持新特性（可编程能力）	转发协议/特性专用模块比例	适用场景	实现开销
ASIC	硬件逻辑	无	不支持	全部	高性能简单业务	低

续表

技术		可编程实现方式	是否支持新特性（可编程能力）	转发协议/特性专用模块比例	适用场景	实现开销
ASIC	可配置逻辑	预设转发功能的配置排列组合	非常有限	几乎全部	高性能简单业务，但有一定灵活性需求	较低
	可编程逻辑	专用可编程逻辑单元	部分支持	大量	高性能简单业务，但有较高灵活性需求	中
NP	流水线式NP	指令实现	较好支持	少量	高性能简单业务或中等复杂业务	较高
	并行处理式NP	指令实现	完美支持	几乎没有	高性能简单业务与低速复杂业务混合	高

| 12.7　路由器的转发技术 |

根据技术演进过程，路由器的转发技术可以划分为集中式转发、准分布式转发、分布式转发、ASIC分布式转发、NP分布式转发等，下面将逐一进行介绍。

12.7.1　集中式转发技术

第一代路由器是通过在计算机上插上多块网络接口卡的方式来实现的，接口卡与CPU通过内部总线相连，CPU负责所有的事务处理，包括路由收集、转发处理、设备管理等，所以称为集中式转发，其架构如图12-11所示。网络接口卡收到报文后通过内部总线传递给CPU，由CPU完成所有处理后从另一个网络接口卡传递出去。

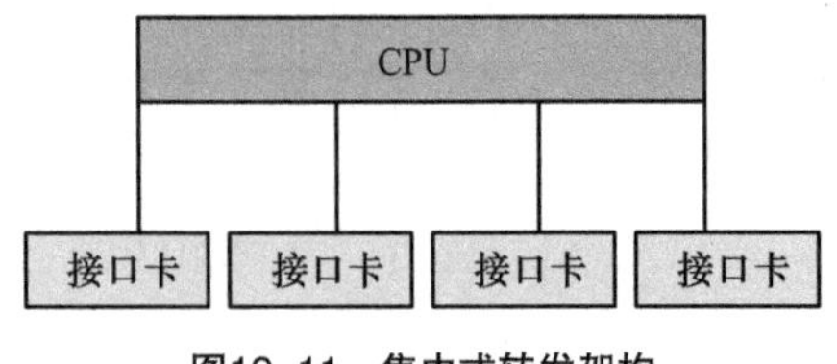

图12-11　集中式转发架构

这种技术使得所有报文处理都集中在CPU上，因此CPU总线容易成为瓶颈，其关键构成要素如表12-2所示。

表 12-2　集中式转发技术的关键构成要素

典型特征	解决的问题	典型产品
集中式转发 总线交换	基础报文转发	思科2500系列路由器 华为Quidway R2500系列路由器

12.7.2　准分布式转发技术

第二代路由器在网络接口卡上增加了高速缓存存储器（Cache），由于网络用户通常只会访问少数的几个地方，因此可以把少数常用的路由信息利用Cache技术保存在业务接口卡上，这样大多数报文就可以直接通过Cache的路由表进行转发，只有在Cache中不能找到出接口的报文才被上送到CPU处理，这种技术被称为准分布式转发技术，其架构如图12-12所示。

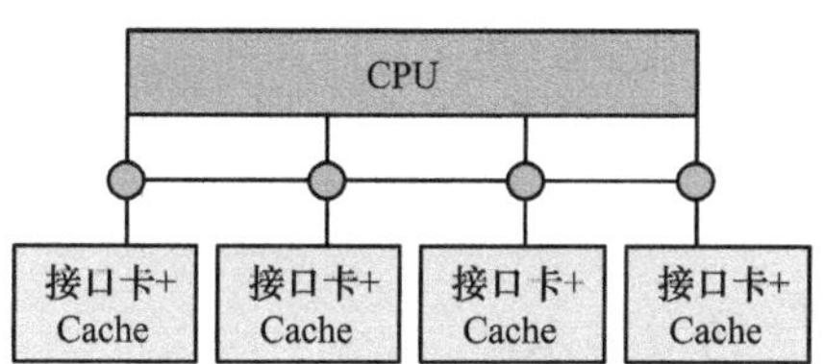

图12-12　准分布式转发架构

这种技术可以在接口卡上进行部分报文处理，减少了对总线和CPU的需求，解决了CPU总线瓶颈的问题，其关键构成要素如表12-3所示。

表 12-3　准分布式转发技术的关键构成要素

典型特征	解决的问题	典型产品
集中+分布式转发 接口模块化 总线交换	CPU总线瓶颈	思科4500系列路由器 华为Quidway R3600系列路由器

12.7.3　分布式转发技术

第三代路由器采用了路由与转发分离的技术，MPU负责整台设备的管理和路由的收集、计算功能，并把计算形成的转发信息表下发到各LPU；各LPU根据保存的路由转发表能够独立进行路由转发，所以称为分布式转发技术，其架构如图12-13所示。另外，通过总线，LPU之间的数据转发完全独立于MPU，实现了并行高速处理，使路由器的处理性能成倍提高。

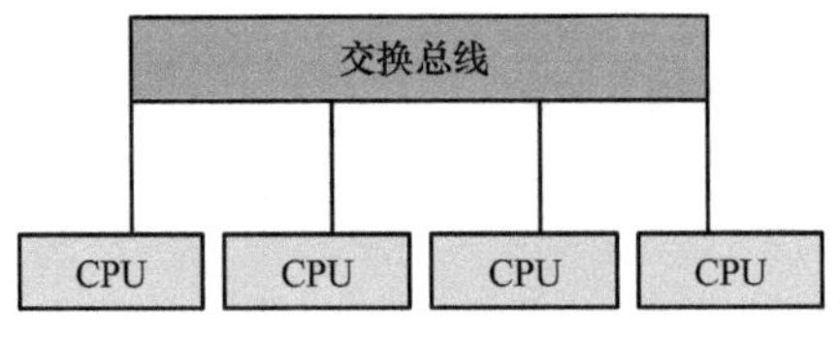

图12-13　分布式转发架构

这种技术将查找路由表的过程完全下沉到各LPU上，解决了CPU转发性能低下、端口密度和转发速率低的问题，其关键构成要素如表12-4所示。

表 12-4　分布式转发技术的关键构成要素

典型特征	解决的问题	典型产品
分布式转发 总线交换	CPU转发性能低下 端口密度和转发速率低	思科GSR12000系列路由器 思科7500系列统路由器 华为NE16/08系统列路由器

12.7.4　ASIC分布式转发技术

随着数据报文的快速增长，传统的基于软件的IP路由器无法满足网络的发展需要。第四代路由器针对转发流程设计了专门的大规模集成电路（即ASIC），以硬件方式来实现数据报文的路由转发处理，极大地提高了转发性能，所以称为ASIC分布式转发技术，其架构如图12-14所示。

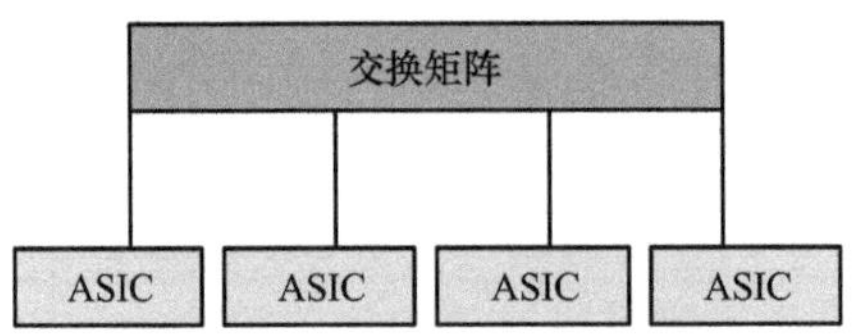

图12-14　ASIC分布式转发架构

ASIC一般采用流水线处理结构，也就是将任务平均分配到流水线上的各个部件中。另外，这种技术在交换网上采用Crossbar或共享内存的方式解决了内部交换的问题，使路由器的性能达到了Gbit量级。其关键构成要素如表12-5所示。

表 12-5　ASIC 分布式转发技术的关键构成要素

典型特征	解决的问题	典型产品
ASIC分布式转发 网络交换	CPU转发性能低下 端口密度和转发速率低	思科GSR12000系列路由器 Junipper M40/160系列产品

12.7.5　NP分布式转发技术

前四代路由器的发展焦点均集中在路由器的转发性能上，它们的进步均体现在转发速率的提升方面。随着各类新业务的快速出现，第四代路由器的ASIC技术逐渐显现出不够灵活、业务提供周期长等缺陷。

第五代路由器在硬件体系结构上继承了第4代路由器的成果，并在关键的IP业务流程处理上采用了可编程的、专为IP网络设计的NP技术，所以称为NP分布式转发技术，其架构如图12-15所示。

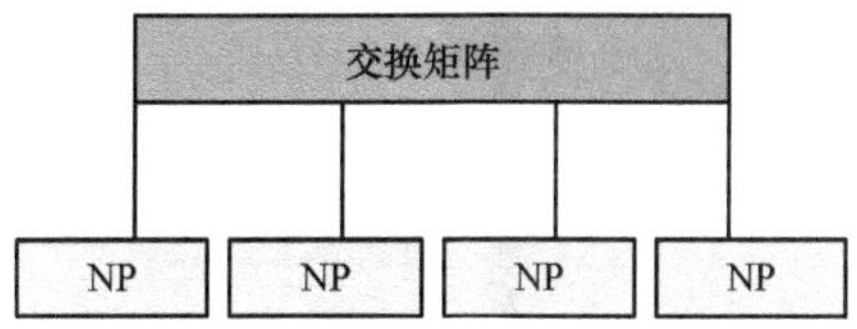

图12-15　NP分布式转发架构

NP通常由若干微处理器和一些硬件协处理器组成，可以实现多个微处理器并行处理，并通过软件来控制处理流程。对于一些复杂的标准操作（如内存操作、路由表查找算法、QoS的拥塞控制算法、流量调度算法等）采用硬件协处理器来提高处理性能，这样可以实现业务的灵活性和高性能的有机结合。NP分布式转发技术的关键构成要素如表12-6所示。

表 12-6　NP 分布式转发技术的关键构成要素

典型特征	解决的问题	典型产品
NP分布式转发 网络交换	用户对业务的要求增加 对特性推出的时间要求快	华为NE40E系列路由器 思科ASR9K系列路由器

12.8 交换机的转发技术

在交换机方面，基于IP的转发技术在演进过程中也经历了多次迭代，主要有集中式转发技术-固定接口、集中式转发技术-模块化接口、ASIC分布式转发技术及ENP分布式转发技术4种，下面逐一进行介绍。

12.8.1 集中式转发技术：固定接口

以太网交换机刚刚诞生的时候，网络规模不大，通过网络传输的数据量也比较小，而且网络本身的变化也不大，因此这个阶段的交换机采用了固定的接口，所有流量必须经过MPU进行集中转发，其转发架构如图12-16所示。最具代表性的产品是Kalpana公司发明的业界第一台以太网交换机EtherSwitch，该交换机对外提供了7个固定接口。

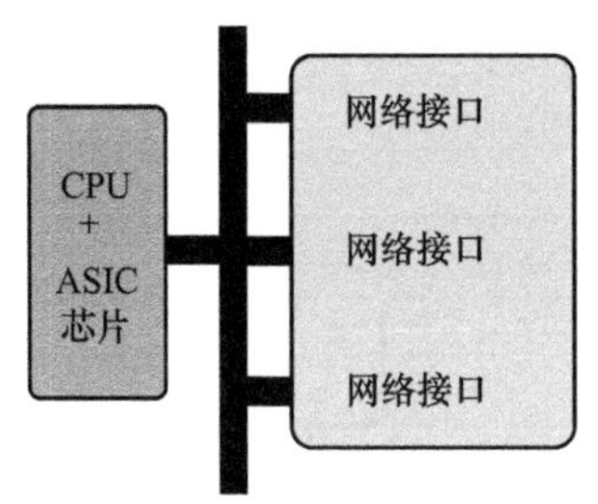

图12-16 集中式转发架构-固定接口

这一阶段持续到了1997年左右。由于这种交换机是固定接口的，需要经常更换交换机才能升级用户的带宽，不利于网络设备的投资保值和维护管理，因此带宽和扩展性成为这种交换机的主要问题。

12.8.2 集中式转发技术：模块化接口

为了解决可扩展性问题，大约在1998—2002年，交换机的网络接口被做成了可插拔的模块，数据报文在MPU上完成集中转发，具有模块化接口的交换机由此诞生，其转发架构如图12-17所示。用户在升级带宽时仅需要增加或者更换相应的接口模块，即可对原有交换机进行升级扩容。这种技术大大提升了交换机的可扩展性和应用范围。

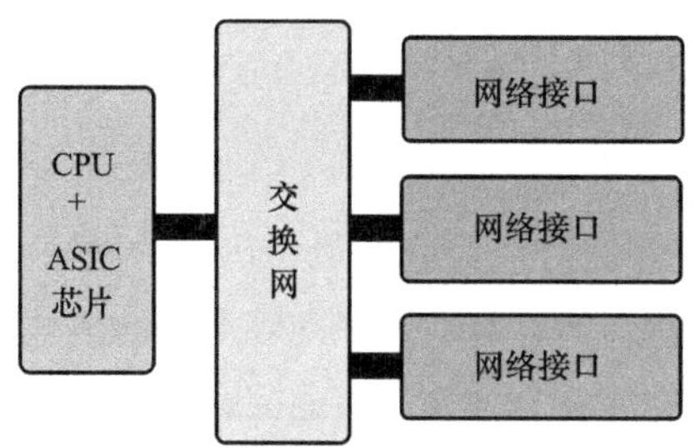

图12-17　集中式转发架构-模块化接口

这一阶段虽然只有短短的5年，却是以太网速率提升最快的时期，从100 Mbit/s提升到1 Gbit/s，再由1 Gbit/s到10 Gbit/s，提升了100倍。万兆以太网出现以后，语音、视频、游戏等高带宽业务逐步开始普及，网络中需要转发的数据流量快速增长。但受限于芯片技术的发展和单个芯片的性能，集中式转发技术逐渐成了进一步提升交换机性能的瓶颈。

12.8.3　ASIC分布式转发技术

为了突破集中式转发的性能瓶颈，2003年以后，业界各大厂商普遍采用了ASIC分布式转发技术，其架构如图12-18所示。这种技术将ASIC芯片分布式地放到了每个接口单元上，这样交换机的整体性能是所有LPU处理性能的总和，相对于集中式架构而言，大大提升了交换机的转发性能。

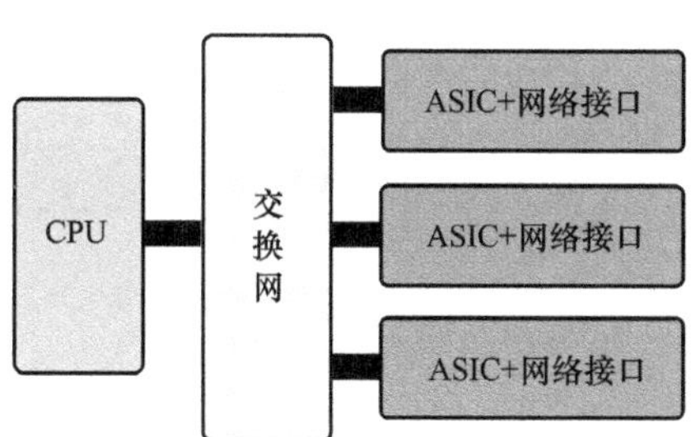

图12-18　ASIC分布式转发架构

随着云计算技术逐渐普及，业务的无线化和移动化特征逐渐明显，SDN、物联网及大数据等技术持续升温，新技术、新应用也层出不穷，ASIC芯片的更新换代速度远远跟不上新业务上线速度。因此，ASIC分布式转发技术灵活性差的缺陷逐渐阻碍了网络业务的快速创新。

12.8.4 ENP分布式转发技术

在以太网交换机诞生的最初20年间，以ASIC芯片为核心的传统交换机凭借着“高性能、低成本”等优势成为应用最为广泛的网络设备之一。然而，大数据、移动化、多业务承载、云计算、物联网等业务的迅猛发展，不仅要求以太网提升转发能力，还要求网络具备弹性、智能控制、管理简易等特性，这就要求以太网交换机的功能可以进行灵活、敏捷的扩充。

但是，传统的ASIC芯片有先天的缺陷，它固定的架构无法随需应变，ASIC只能解析预先定义的应用协议，如果要支持新的应用协议，那么模块内的数字电路必须重新设计。对芯片来说，即使增加一个寄存器，整个芯片也需要重新设计，而从样片测试到设备上市，一般需要两年以上的时间。同时，市场上普通商用的NP芯片虽然编程灵活，但功耗较高，总体性能差，且需要支持众多广域协议（如ATM、POS等），成本也比较高。

为了突破这种困境，业界通过对交换机底层架构进行革命，创造性地研发出了以太网络处理器（Ethernet Network Processor，ENP）芯片，从而诞生了ENP分布式转发技术，其架构如图12-19所示。

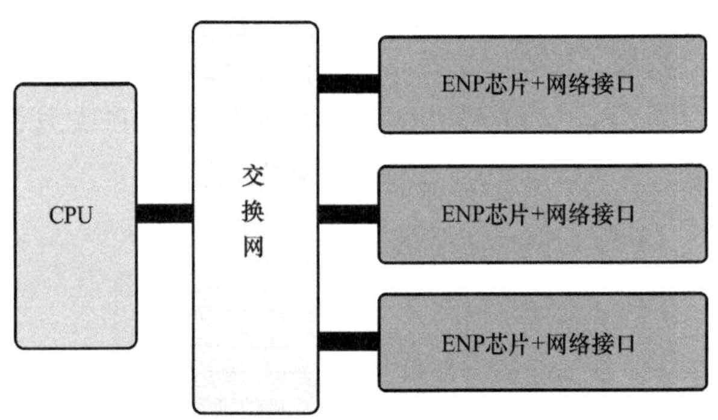

图12-19 ENP分布式转发架构

ENP芯片基于成熟的NP芯片，融合ASIC芯片和NP芯片，通过内置硬件加速组件、片内集成SmartMemory和高速查找算法，在保留了传统交换机ASIC芯片成本、功耗、性能等方面优势的同时，具备灵活的可编程能力。

ENP芯片是一种效率和功能折中的底层硬件方案，采用了ENP芯片的交换机具备极大的灵活性，厂商或者第三方都可以利用交换机上提供的API进行编程，从而在业务上具备了按需定制的能力，很好地匹配了业务快速创新的诉求。

12.9　转发架构的未来演进

数据通信网络的不断发展，对转发的扩展性、灵活性、可靠性、安全性等方面的性能不断提出更高的要求。转发架构的未来演进是一个持续且不断创新的过程。以下是对转发架构未来演进趋势的一些预测和分析。

1. 全可编程流水线架构

全可编程流水线架构将成为数据中心等超高性能场景的主流架构，以可编程处理器为粒度构建流水线，将集中的查找引擎和资源分解为每级流水线的局部引擎和资源。这种架构可以实现报文处理流程及流水线中每级处理的全可编程，满足数据中心等业务灵活变化的需求，同时实现超高转发性能。

新型可编程数据报文处理器将逐渐普及，它们允许用户通过编写高级语言程序来定义数据报文的转发逻辑，从而实现更灵活的网络控制和优化。生产商会提供一整套工具、开发环境和模拟测试环境，以缩短用户开发部署的周期，并提高质量。

2. 转发硬件加速器

转发架构将越来越多地采用高性能硬件来加速数据报文的处理，从而提高转发性能和吞吐量。面向转发业务的加速器技术是实现高性能面积比的有效途径，其本质是面向转发业务的特定领域架构。转发硬件加速器技术包括各类报文解析和编辑加速器、用于高性能查表的协处理器等。

报文解析和编辑加速器在报文解析时生成报文模板及模板描述信息，在报文处理过程中根据上下文信息更新报文模板，在报文封装时直接根据报文模板描述信息及模板内容生成报文头信息，从而大幅度减少报文封装的编辑指令。协处理器中的表项查找算法（如最长前缀匹配、精确匹配、ACL匹配、线性表查找、CAR统计表）提供表项内存动态共享能力，能够有效增加单项表项规格。除此之外，协处理器提供了级联查表及并联查表的加速器能力，能够有效减少流水线级数。

3. 集成在网计算能力

机器学习（Machine Learning，ML）、AI大模型等应用要求计算、存储和网络能力跟上新业务的需求。转发芯片处于数据流交汇的独特位置，天然适合分布式计算应用的加速处理。转发芯片将会更多集成在网计算能力，以高效实现对数据的处理。通过在数据平面集成计算能力，可以有效降低通信时延、提升计算效率。在网计算技术在高性能计算和AI等多个领域具有广泛的应用前景。

4. 智能化和自动化

AI和ML技术的应用将使转发架构更加智能化。通过分析和学习网络流量模式和行为特征，AI和ML可以帮助预测和应对潜在的网络问题，并自动优化网络性能和资源分配。未来的转发架构将支持更加智能/自动化的运维管理和遥测技术，通过智能/自动化工具和技术来简化网络配置、监控和故障排查等任务，降低运维成本，并提高运维效率。

5. 安全可靠和绿色节能

未来的转发架构将更加注重安全性，通过在硬件或软件中内置安全功能来防范网络攻击和数据泄露等风险。为了提高系统的可靠性，未来的转发架构将采用更加高可用的设计，如冗余备份、故障自动切换等机制，以确保在网络故障或攻击发生时能够迅速恢复服务。

随着环保意识的提高和能源成本的增加，未来的转发架构将更加注重低功耗设计。通过采用先进的节能技术和优化硬件结构，可以在保证性能的同时，降低能耗和运营成本。

面向未来，数据通信的转发架构将朝着更高性能、更灵活可编程、更安全可靠、更智能化和自动化及更绿色节能的方向发展，这些趋势将共同推动转发技术的不断进步和创新发展。

第四篇

数据通信产业篇

第13章
园区网络产业

园区作为重要的人口和产业聚集区，在经济发展和创新驱动中扮演着重要角色。本章介绍园区网络产业，内容涉及园区网络的发展趋势和挑战、组网架构、关键技术、应用实践及未来演进等。

13.1 什么是园区网络

传统的园区网络一般是一个在连续的、有限的地理区域内相互连接的局域网，不连续区域的网络会被视作不同的园区网络。现在，受云计算和SDN等技术的影响，企业业务大量部署在云端，多个园区之间会通过SD-WAN、专线等广域网技术进行互联，企业可以统一管理多个园区的网络。在这种情况下，企业多个园区的网络也可以看作一个逻辑上的园区网络。

园区的规模是有限的，一般的大型园区，例如高校园区、工业园区，规模被限制在几平方千米以内，在这个范围内，我们可以使用局域网技术构建园区网络。园区网络的规模可大可小，小到SOHO，大到校园、企业园区、公园、购物中心等。

园区网络使用的典型局域网技术包括遵循IEEE 802.3标准的以太网技术（有线）和遵循IEEE 802.11标准的Wi-Fi技术（无线）。

园区网络通常只有一个管理主体。也就是说，覆盖同一个区域的多个网络，如果有多个管理者，通常被认为是多个园区网络；如果多个网络被一个管理者管理，我们会把这些网络作为一个园区网络的多个子网络。

园区网络服务于园区和园区内部的组织。由于园区和园区内部组织的多样性，不同维度下的园区网络大小各异，各有不同。下面从规模、服务对象、承载业务和应用场景这几个维度介绍园区网络的特点。

1. 规模

小的园区网络可以是一个小门店，大的园区网络可以是一个数万人的大型企业。如果用终端数来区分不同规模的网络，可以分为：小型网络（<200 台终端）、中型网络（200 ~ 2000 台终端）、大型网络（>2000 台终端）。网络规模的不同带来了网络复杂性的不同，进而导致管理运维方式的不同。大型园区网络通常存在一个专门的管理运维团队，小型园区网络甚至没有专人管理和维护。由于运维人力的不同，对网络管理工具的要求也不同。大型网络配有专门的管理运维平台，小型网络则强调简单化，可能采用手机 App 进行管理。

2. 服务对象

园区网络可能服务内部员工，也可能服务访客；不同部门的员工访问权限也可能不同，这就造成了网络的认证方式和访问策略不同。内部员工相对固定，一般采用用户名 / 账号、证书等方式认证，访问权限根据业务需求不同而不同。访客的情况不固定，一般采用手机号码 + 短信识别码、社交账号等方式认证，另外，访客人员可能为网络带来一定的安全风险，一般部署用户行为管控系统，避免非法攻击。

3. 承载业务

传统的园区网络主要承载办公业务（例如邮件服务、网页浏览、文件下载等）。随着企业数字化的不断发展及以太网 /IP 技术的不断完善，园区网络承载的业务也在不断丰富。除了办公业务，园区还需要提供消防管理、视频监控、车辆管理、能耗管理等服务，这就要求在统一的物理网络的基础上提供虚拟网络的能力。不同的虚拟网络之间相互隔离，虚拟网络提供类似物理网络的功能。

4. 应用场景

企业办公、工业生产等场景都需要园区网络。另外，有些多分支企业还存在多园区网络互联的情况。不同场景的业务不同，对网络的要求也就不同。例如，工厂的生产 IT 网络，对网络的可靠性和性能有很高的要求；高校校园网，除了服务于科研和教学，还存在运营性质的宿舍网，需要具备计费功能和较严格的上网行为管理功能。政务园区网络（一般指政府机构的内部网络）对安全性要求极高，并要求具备内外网访问的隔离功能。园区网络服务于千行百业，根据行业不同的特点和不同的需求需要具备不同的网络功能。

| 13.2　园区网络的发展趋势和挑战 |

园区包含有生命的人，以及无生命的建筑、设施设备和环境空间等各种元素。近年来，园区也在从传统园区向智慧园区演进。智慧园区需要构建一张“全面感知”的融合园区网络，使园区内部的人与人、人与物、物与物、业务与业务等各种元素彼此交互、作用和影响，并让系统间的协同、信息的交互、业务的融合成为常态，在交互和融合的过程中实现价值再造。同时，园区业务网络的融合，也影响了园区网络业务的发展趋势，并带来了新的挑战。本节介绍园区网络主要的业务发展趋势和挑战。

1. 终端数量快速增加

接入网络的终端主要包含两部分。一部分是智能终端，包含PC、手机等，另一部分是物联终端。如图13-1所示，根据Gartner和ABI Research的统计，人均无线终端数量将从2022年的人均1台增加到2025年的人均5台。IoT Analytics的分析师团队预测，2025年全球的联网设备数量将达270亿台。另外，80%的物联网设备以无线方式接入网络，而且仍在快速增长。接入网络的智能终端和哑终端的数量近年来增长超过10倍，这个变化趋势在园区网络中更加明显。

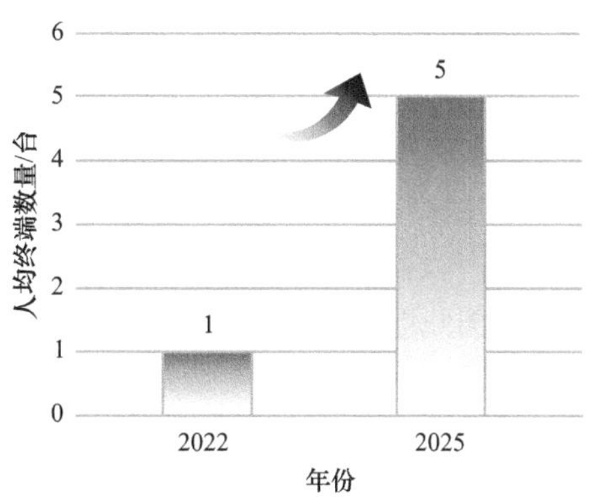

图13-1　人均终端数目变化趋势

2. 业务带宽快速增长

目前，企业办公业务云桌面、视频会议、4K视频等大带宽业务正在从有线网络逐步迁移至无线网络，且新一代的虚拟现实（Virtual Reality，VR）、增强现实（Augmented Reality，AR）、虚拟助手等技术也都基于无线网络部署。如图13-2所示，根据Gartner和ABI Research统计，视频会议作为企业远程沟通和混合办公的重要工具，市场规模将在2022—2032年的10年内增长约3倍；高清视频会议作为关键增长点，预计在2024—2027年，全球市场规模每年将增长10%。视频会议市场规模与视频会议数量呈正比，这意味着园区网络需要支持成倍增长的视频会议流量。另外，视频除了要求网络有更大的带宽，对网络的实时性要求也更高，这就要求园区网络能够提供稳定的连接和低时延的传输。

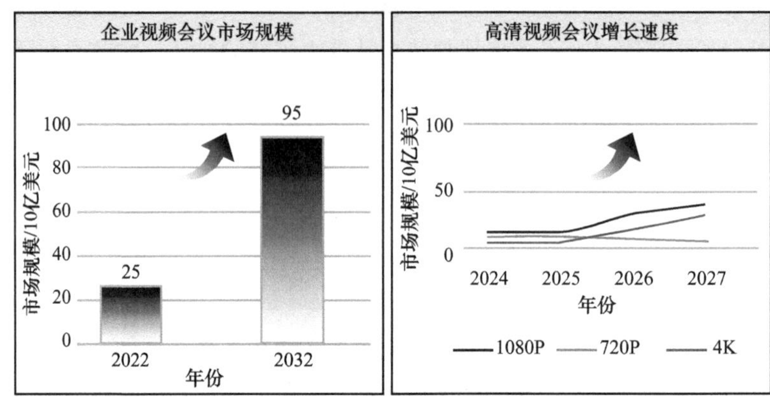

图13-2　视频会议变化趋势

3. 确定可靠是制造生产的刚需

随着企业数字化转型的不断深入，智慧工厂的架构逐渐清晰，其本质是借助不断进步的ICT实现末端设备/机器的数字化，真正让设备“开口说话”，让机器作业代替人工作业，并用AI数据训练实现数据分析处理，从而实现工厂生产的无人化、智能化。自动化生产线和智能机器人需要满足运动周期的精确性控制和高可靠性的冗余保护能力，因此提高了对园区网络的确定性和可靠性的要求。

4. 业务体验需求更明确

视频会议对时延的要求一般小于150 ms，抖动小于50 ms，因此需要网络提供更稳定的质量保障。而业务量正在不断上升的VR业务对带宽和时延要求更高：单路带宽需要500 Mbit/s，时延不能超过20 ms。

5. 智能化运维成为共识

传统园区场景下，网络问题需要运维人员到现场进行处理，但随着园区网络规模越来越大、部署区域越来越广、网络业务越来越复杂，这种运维方式难以为继。新的园区网络需要提供智能化运维能力，从被动响应转向主动运维，以应对新的挑战。

6.安全是园区网络的基石

未来，随着园区无线网络的建设与推广，以及VPN等远程接入技术的成熟应用，企业园区网络的边界会逐渐消失，企业员工的办公位置将变得更加灵活。同时，物联网和车联网的快速发展，使得越来越多的设备接入网络，将形成庞大的物联网生态系统，且这些设备的安全防护能力参差不齐，很容易成为黑客攻击的目标。这些变化都使园区网络对安全的需求更加强烈。

| 13.3　园区网络的组网架构 |

随着技术的发展、业务需求的变化以及网络规模的扩大，园区网络的组网架构也在不断演进。目前，办公园区多采用分层的树形架构。对时延、可靠性要求较高的生产园区，一般采用环形或者环形+树形的组网方式。为了便于部署和扩展，近年来园区网络开始向扁平化的极简架构发展。

13.3.1　办公园区的组网架构

办公园区组网通常采用核心层为“根”的传统树形网络架构。如图13-3所示，这种架构拓扑稳定，易于扩展和维护。办公园区网络可划分为多个层次，包括终端层、接入层、汇聚层、核心层；以及多个分区，包括出口区、数据中心区、网络管理区、半信任区（Demilitarized Zone，DMZ）等。各功能分区模块边界清晰，模块内部调整涉及范围小，易于进行问题定位。根据园区规模，可灵活选择汇聚层、接入层及出口区进行组网。

各个分层和分区模块在网络中的作用如下。

- 终端层是指接入园区网络的各种终端设备，例如计算机、打印机、IP电话机、手机、摄像头等。
- 接入层为终端提供各种接入方式，是终端接入网络的第一层。接入层通常由接入交换机组成，接入层的交换机在网络中数量众多，安装位置分散，通常是简单的二层交换机。如果终端层存在无线终端设备，接入层需要无线AP设备，AP设备通过接入交换机接入网络。

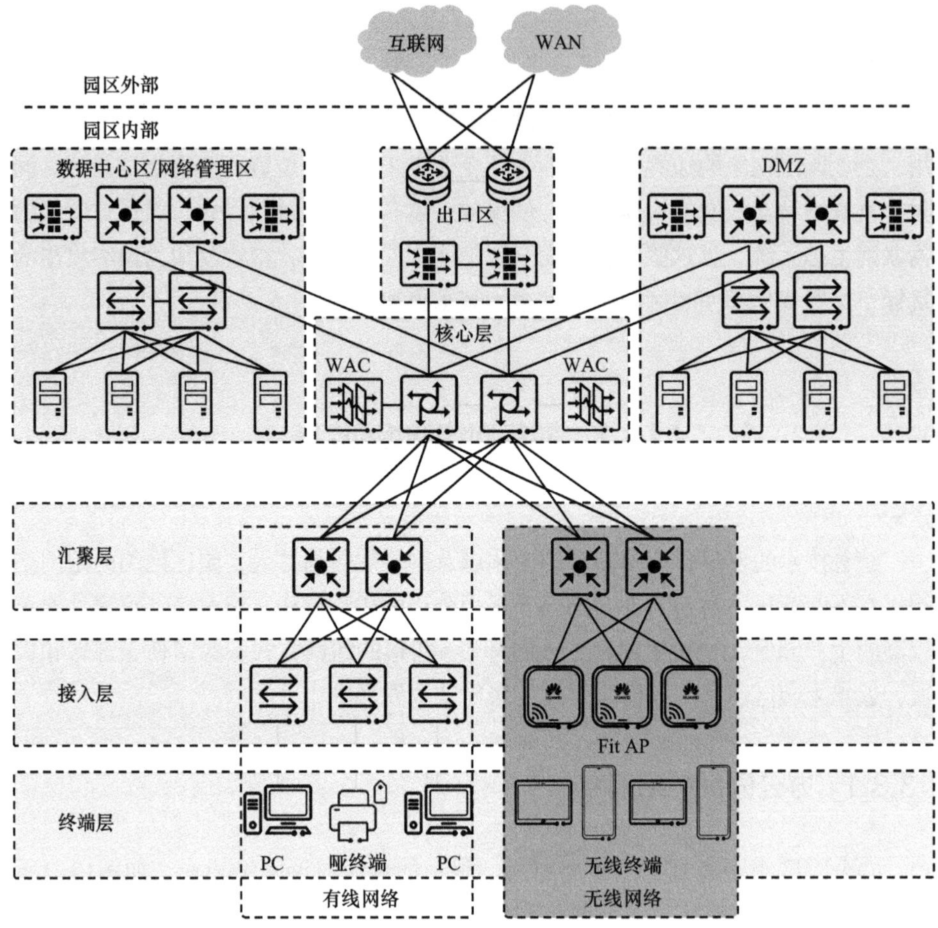

图13-3　办公园区网络的架构

- 汇聚层是接入层与园区核心层之间的网络分界线，主要用于转发用户设备间的数据交互流量（横向流量），同时将数据转发到核心层（纵向流量）。汇聚层可作为部门或区域内部的交换核心，实现与区域或部门专用服务器区的连接。另外，汇聚层还可以扩展接入终端的数量。
- 核心层是园区数据交换的核心部分，连接园区网络的各个组成部分，如数据中心区、汇聚层、出口区等。核心层承担着实现整个园区网络高速互联的关键任务。网络需要实现带宽的高利用率和网络故障的快速收敛，通常需要在核心层部署高性能的核心交换机。通常3个以上部门规模的园区网络建议规划核心层。针对无线网络，核心层还包含WAC，WAC通过CAPWAP对无线AP进行管理。

- 出口区是园区内部网络和外部网络的边界。园区授权有效用户通过园区出口区接入外部网络，外部网络的用户通过园区出口区接入内部网络。园区出口区一般需要部署出口路由器和防火墙。出口路由器解决内外网互通的问题，防火墙提供边界安全防护能力。
- 数据中心区是管理业务服务器（例如文件服务器、邮件服务器等）的区域，为企业内部和外部用户提供业务服务。
- 网络管理区是管理网络服务器（例如网络管理系统、认证服务器等）的区域。网络管理系统通过网络管理协议与网络设备交互，能够提供配置、管理和运维功能，主流的网络管理协议有：SNMP和NETCONF。认证服务器可提供网络准入的认证、授权和计费功能，主流的认证协议有远程身份认证拨号用户服务（Remote Authentication Dial-In User Service，RADIUS）协议和终端访问控制器接入控制系统（Terminal Access Controller Access-Control System，TACACS）协议。
- DMZ为外部访客（非企业员工）提供访问服务，通常将公用服务器部署在该区域，DMZ的安全性受到严格控制。

13.3.2　生产园区的组网架构

生产园区对网络的可靠性要求较高，一般采用环形或者环形+树形的组网方式，如图13-4所示。

生产园区的终端主要包括摄像头、传感器（如温湿度传感器等）、可编程逻辑控制器（Programmable Logic Controller，PLC）等工业终端。考虑到生产类业务对网络的高可靠要求，工业网络通常设计为环形网络，当链路发生故障时，环形网络可以快速检测故障，并将业务流量切换到备份路径。

13.4　园区网络的关键技术

本节重点介绍园区网络的关键技术，包括超宽无线接入技术、极简汇聚承载技术、虚拟化组网技术、可靠性和确定性技术、高品质体验保障技术、智能运维技术，以及园区网络安全技术。

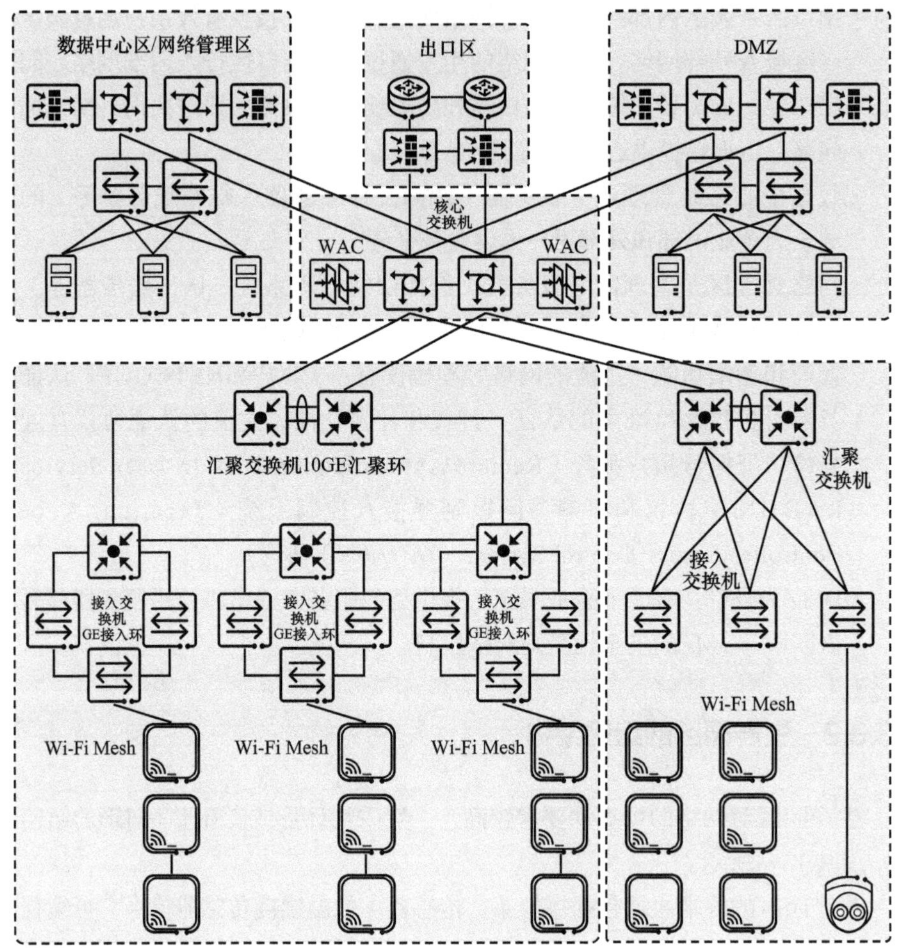

图13-4　生产园区网络的架构

13.4.1　超宽无线接入技术

随着智能终端和应用不断涌现，用户随时随地接入网络的需求日益强烈，使得园区无线网络成为标配。一个高品质的无线网络必须提供超大的网络带宽，以满足多用户场景下的视频会议、无线投影、协同办公等业务需求。这不仅要求单台AP设备提供极高的网络带宽，还需要网络设备有极强的连续组网能力。本小节介绍如何基于Wi-Fi 7技术，通过零盲区全覆盖、智能无线调优和智能漫游切换来实现园区网络智能超宽无线接入。

1. 零盲区全覆盖

虽然合理的网络规划能够有效减少覆盖盲区，但是在一些存在障碍物的场景中，信号经过障碍物后会导致覆盖效果变差，影响用户体验。而智能天线技术能够有效解决这个问题。此外，针对网络中终端的潮汐效应，动态变焦智能天线技术能够让AP设备根据用户数量的变化动态调整覆盖范围。

（1）智能天线

一般情况下，企业无线AP采用的都是内置全向天线，这种天线增益有限，对近距离用户可以提供较好的服务，但对于中远距离的用户只能提供吞吐量较低的服务。在实际组网中，障碍物（如墙或柱子）的遮挡也是对AP覆盖能力的挑战。另外，在高密度组网环境下，多用户并发会导致AP间的干扰大大增加。而智能天线能够显著提升覆盖和抗干扰能力，在相同的点位下，智能天线的性能相比普通内置天线提升20%以上；在相同信号强度下，覆盖范围较普通内置天线大20%。

另外，如图13-5所示，智能天线还可以将波束成型和天线阵列两种技术相结合，使用多个天线组成天线阵列，通过智能算法计算出最佳的天线组合，并应用

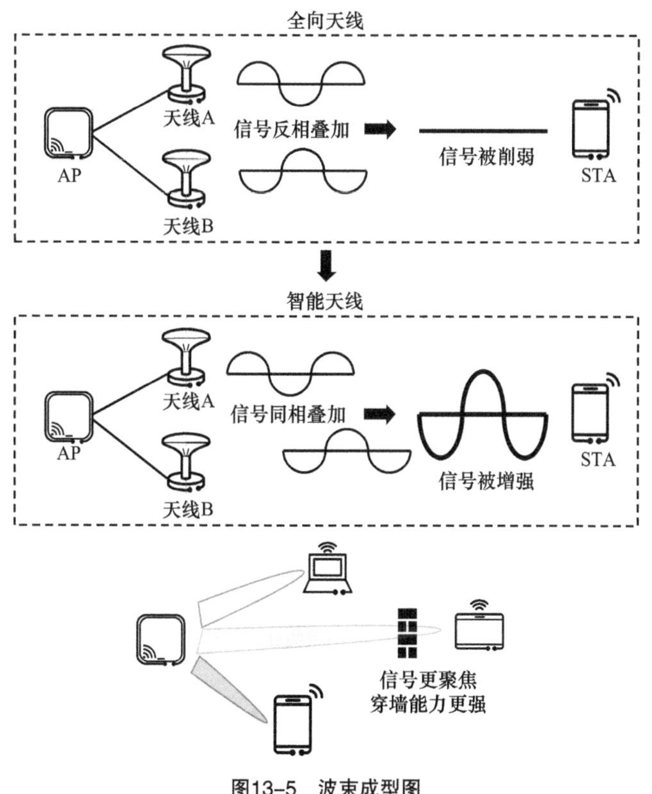

图13-5　波束成型图

波束成形技术使各天线发射的信号在信号接收端同相叠加，从而增加信号覆盖距离，提高传输速率。同时，当智能天线算法选择接收终端增益最大的波束传输下行信号时，通过定向波束的高增益，可以克服干扰信号的影响，增强下行用户传输的抗干扰能力。

（2）动态变焦智能天线

动态变焦智能天线通过天线的抗干扰能力来增加同频 AP 间的隔离度，从而提高并发能力。动态变焦智能天线具备高密度和全向两种模式。在人群集中的高密度接入场景中，一个比较小的范围内存在大量终端，AP 密集部署，此时天线设置为高密度模式，该模式下的信号覆盖范围收缩，天线能量在垂直方向集中，从而增大了此范围内的信号强度，并降低其他区域的能量泄漏和干扰。对于人群分散、需要广覆盖的场景，AP 部署较为稀疏，此时天线设置为传统全向模式，扩大覆盖范围，确保单个 AP 覆盖的距离尽量远，从而保证更大范围内用户的使用体验。

2. 智能无线调优

无线网络调优是一个系统性的工程。传统的调优技术通过建立AP之间的逻辑拓扑，对AP的功率和信道进行调整。在这种方式下，同频部署的AP没有协同工作，导致同频干扰比较严重。同时，网络在调优计算时并没有考虑AP高挂、遮挡等场景，也没有考虑网络中过往的干扰和负载信息，导致实际调优的效果并不理想。通过立体射频调优、智能负载预测调优这两个智能无线调优新技术，可以提升无线调优效果。

（1）立体射频调优

WLAN网络是一个由AP和终端共同组成的三维空间。立体射频调优是指借助对终端的下行测量，构成一个三维立体的拓扑关系，能够全面、真实地反映无线信号在空间中传播的情况及信号对终端和AP的影响，从而提升整体的调优效果，如图13-6所示。

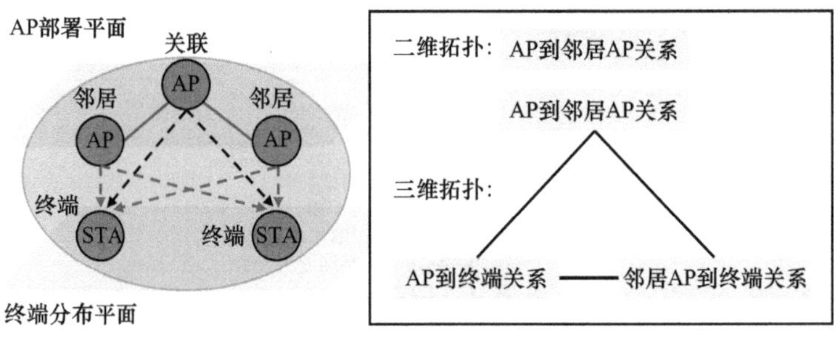

图13-6 立体射频调优

通过立体射频调优，可识别80%左右的AP之间的遮挡场景，避免由于遮挡出现严重的同频干扰。同时，针对AP高挂场景的优化可以适应实际部署的各种特殊情况，包括层高过高、天花板安装、覆盖范围过大等，以实现覆盖需求优先，尽量保证90%的用户处在良好覆盖区域。

（2）智能负载预测调优

如图13-7所示，智能负载预测调优方案的步骤是：第一步，利用大数据平台分析设备上报的大量数据信息，准确识别出网络的拓扑和边缘AP设备列表，并通过对历史数据的分析对下一个调优周期内的负载进行预测；第二步，系统启动调优时，以最新的预测数据作为调优算法的输入值，结合实时的网络质量进行调优计算，以便能够获得最优的调优效果。

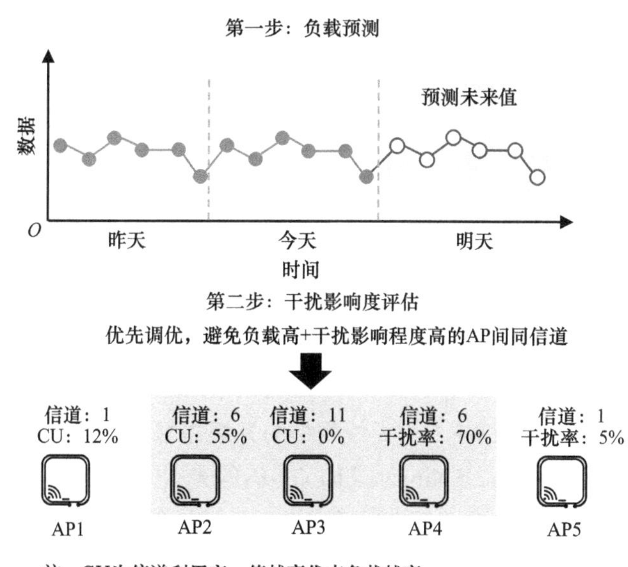

图13-7　智能负载预测调优

3. 智能漫游切换

为了提升用户的终端漫游体验，需要智能漫游技术帮助网络对终端进行差异化漫游引导。如图13-8所示，智能漫游的核心逻辑是由终端主动漫游变为网络侧智能引导漫游，优化漫游切换时机，缩短漫游时间。由终端“千端一面”变为“终端画像”，基于每类终端配置个性化漫游参数，最大程度消除协议兼容性和终端实现差异带来的负面影响。

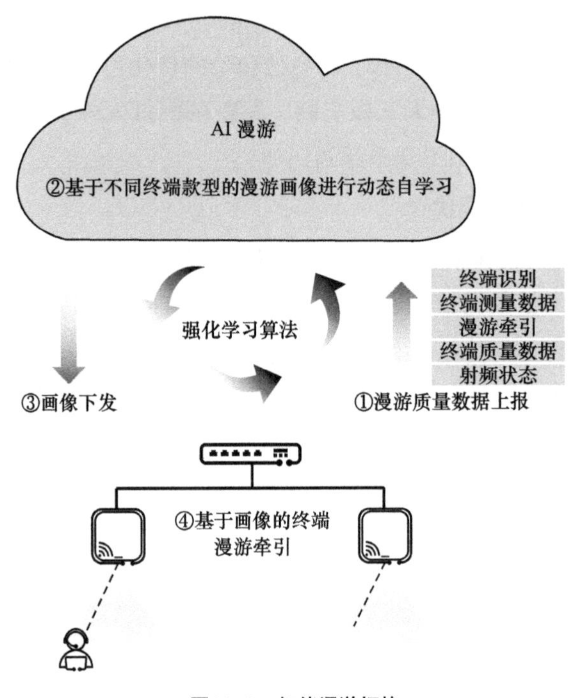

图13-8 智能漫游切换

13.4.2 极简汇聚承载技术

为了满足终端带宽及Wi-Fi 7无线网络的升级需求，结合新建和利旧场景，园区网络的接入需要具备2.5 Gbit/s或10 Gbit/s的光/电灵活选择能力，以满足万兆园区网络的接入带宽诉求。万兆园区网络汇聚层包含经典万兆以太网和万兆以太全光网两种架构。

针对广泛的利旧场景，经典以太网方案采用弱电间有源和利旧线缆的方式，可在提速的同时节省总拥有成本（Total Cost of Ownership，TCO）。

新建园区场景可以考虑以太全光网方案。以太全光网包含两种组网方案：通过有源光交换设备提供的有源万兆以太全光组网方式和通过无源光交换设备提供的无源万兆以太全光组网方式。

1. 经典万兆以太网

如图13-9所示，用于连接终端和接入交换机的网线代际分明，带宽从Cat5的100 Mbit/s、Cat5E的1/2.5 Gbit/s，到Cat6的5 Gbit/s，再到当前Cat6A的10 Gbit/s，每一次网络带宽的升级都会伴随着网线的翻新改造，从而造成较大的投资浪费。

因此，园区网络设计需要综合考虑利旧现网布线、成本最优和长期演进等几方面的因素。

- 现网广泛部署的Cat5E/Cat6类线缆可满足1 Gbit/s升级到2.5 Gbit/s速率，因此Wi-Fi 6到Wi-Fi 7升级无须更换线缆，免去重复布线，可节省30% TCO。
- 超过2.5 Gbit/s速率的场景中，由于5/10 Gbit/s在成本和功耗方面相同，产业界针对端口物理层只提供唯一芯片，因此建议都采用10 Gbit/s兼容5 Gbit/s的方式进行规划和建设。

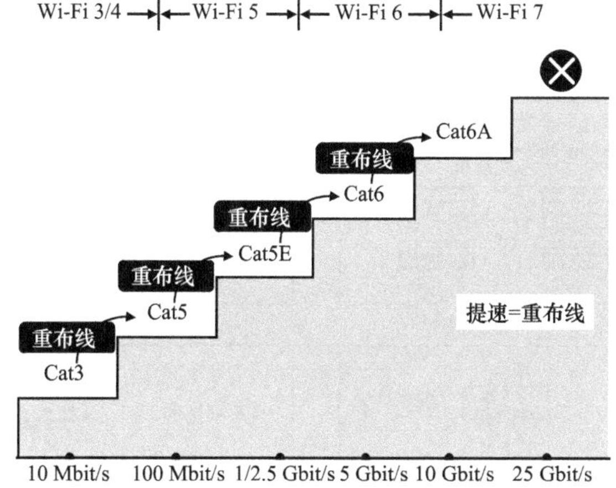

图13-9　网线代际分明带来重布线的问题

如图13-10所示，在经典万兆以太网组网架构中，可以看到有两种组合，分别是三射频Wi-Fi 7采用5GE/10GE上行和两射频Wi-Fi 7采用2.5GE上行，配合不

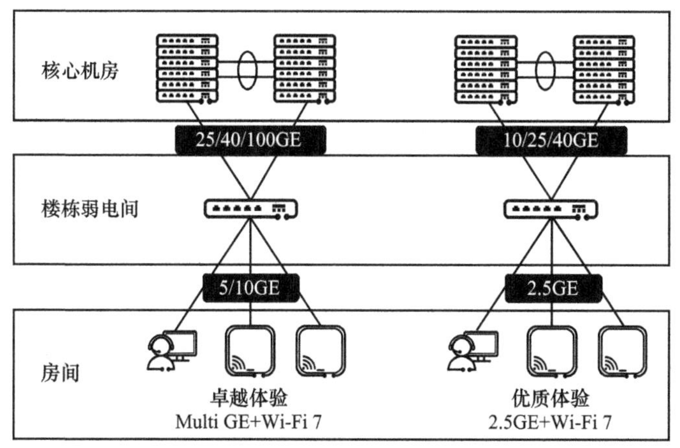

图13-10　经典万兆以太网组网图

同速率的交换机，可以构建具有卓越体验的10GE组网和优质体验的2.5GE组网。

- 对于配套Wi-Fi 7初步的无线体验及利旧Cat5E/Cat6布线场景，建议采用2.5GE组网。
- 面向高端办公和高密度场景可部署10GE组网，该网络的AP支持三射频，整机速率高，上行带宽大。同时建议部署Multi GE组网，支持2.5GE平滑升级到10GE，以节约整体成本和支持长期演进。

2. 万兆以太全光网

基于万兆到房间、全光到房间的以太统一架构方案，具备极简架构、平滑演进的能力。万兆以太全光网包括无源和有源两种组网方式，如图13-11所示。

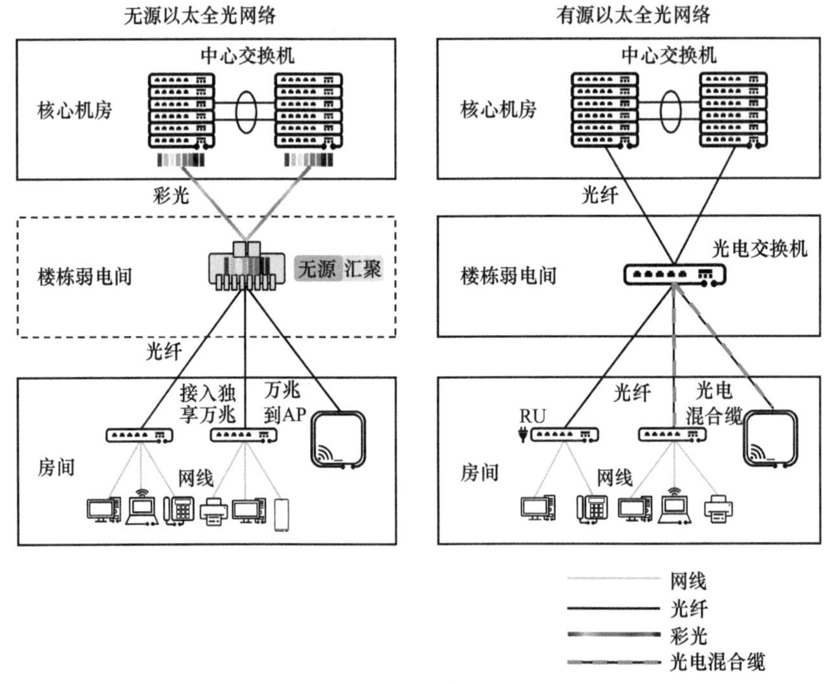

图13-11 万兆以太全光网的两种组网方式

无源以太全光网络兼具以太网协议和无源光网络架构的优势。

- 极简架构：无源汇聚配套万兆接入的极简二层架构以太网组网，具备高密度可扩展的接入能力，可通过中心设备统一管理，简化网络管理。同时，无源汇聚的免供电设计可以简化弱电间的部署，根据实际部署情况灵活选择部署位置。
- 统一标准：采用以太网标准方案，继承了以太网超低时延、安全隔离等优势，又避免了协议转换导致的定位定界断点风险，无须企业运维人员学习多种技术。

- 万兆升级：融合波分复用（Wavelength Division Multiplexing，WDM）和PON的优势，可采用160 Gbit/s上行带宽，实现独享10 Gbit/s全光入室。

有源以太全光网络兼具全光纤介质组网和光电混合部署的优势。

- 全光介质，弹性超宽：全网光纤介质，一次布线即可满足未来10～15年的网络演进需求，特别是满足未来超10 Gbit/s带宽的演进，最大程度保护客户投资。
- 光电混合，远距离PoE取电：通过引入光电交换机和光电混合缆（如图13-12所示），提供了PoE技术在全光场景下持续演进的可能性，突破了网线PoE供电100 m的限制，可实现终端超300 m以上的远距PoE供电和网络覆盖。

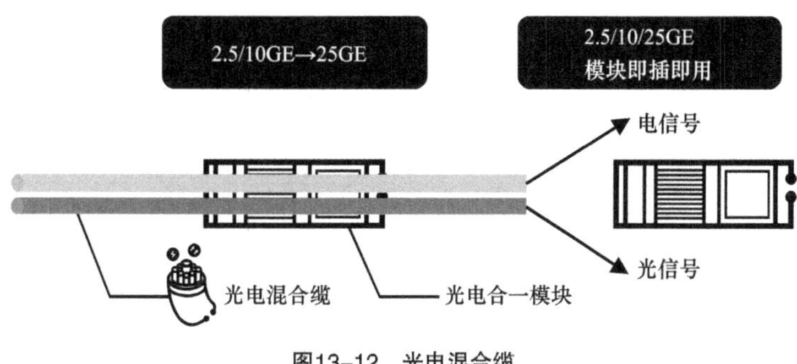

图13-12　光电混合缆

13.4.3　虚拟化组网技术

为了满足中大型园区网络极简部署和变更的需求，支撑园区业务敏捷发放和快速演进，需要基于SDN控制器和VXLAN技术的虚拟化组网技术，实现网络资源池化和灵活调整。如图13-13所示，虚拟化组网技术的功能主要实现和价值包括以下几点。

- 通过虚拟化技术，将物理网络资源池化，即在同一个物理网络上虚拟出多个逻辑独立的虚拟网络，分别承载多种不同的业务，实现一网多用、融合承载，以及不同用户和业务的隔离。
- 采用SDN管控析平台实现网络和业务的自动配置，通过NETCONF、Telemetry技术等实现对南向网络的管控。SDN控制器可以对网络、设备、应用进行抽象和解耦。
- VXLAN是一种适用于园区虚拟化的网络协议标准，具备自动化部署、无状态的VPN、L2和L3 VPN合一、穿越任意IP网络等优势，可很好地解决园区设备能力不一样、改造难度大等问题。

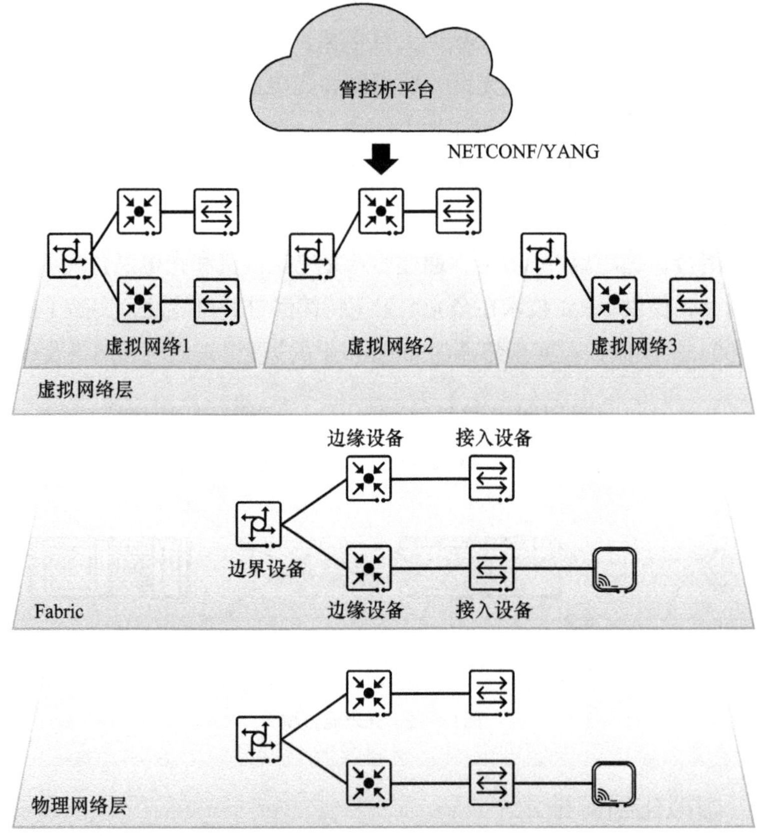

图13-13　SDN管控析平台及虚拟园区网络层次

虚拟园区网络的层次及其概念如下。

- 物理网络层是由实体网络设备（如交换机、AP、防火墙、路由器等）建立的物理拓扑组网，为园区所有业务提供互联互通的能力，是园区业务数据转发的承载网。
- Fabric是通过虚拟化技术（即VXLAN）构建在物理网络层拓扑之上的全互联逻辑拓扑。业务网络创建在Fabric上，可以实现业务网络与物理网络的解耦，当业务网络需要调整时，不需要改变物理网络层的拓扑结构。
- 虚拟网络层是在物理网络层基础上通过虚拟化技术抽象出来的、将物理层网络资源进行池化处理、让业务层可按需调度的网络资源池。虚拟网络层是在Fabric上基于业务需求创建的多个虚拟网络，可以实现业务隔离。例如，传统园区网络为了实现业务隔离，办公网和安防网是独立的两套物理网络，而在虚拟化网络中，通过创建两个虚拟网络即可实现在一套物理网络上创建业务隔离的办公网和安防网。

13.4.4　可靠性和确定性技术

园区网络作为企业业务运行的基础设施，它的可靠性直接关系到企业业务的连续性和稳定性。因此，园区网络需要充分考虑可靠性和确定性体验，以保障企业业务的连续性、提升用户体验、满足特定业务的需求。园区网络的可靠性和确定性技术主要包括网络冗余、协议可靠性和TSN 3种技术。

1. 网络冗余技术

网络冗余技术主要包括跨设备链路聚合组（Multichassis Link Aggregation Group，M-LAG）技术和堆叠技术。M-LAG技术通过将两台设备虚拟成一台设备，实现设备的冗余，但实际架构中还是独立的两个控制平面，这样可以实现单台设备的独立升级；堆叠技术是将两台及两台以上的设备组成一个堆叠组，实现了端口的扩展，堆叠组只有一个控制平面，体现为一台设备。

（1）M-LAG

M-LAG是一种实现跨设备链路聚合的机制。如图13-14所示，这种技术将交换机A和交换机B通过Peer-link连接，并以同一个状态和交换机进行以太网链路聚合协商，从而把链路可靠性从单板级提高到了设备级。当某条上行链路、下行链路、Peer-link或心跳链路发生故障，或者单台M-LAG交换机发生故障时，M-LAG均可自行完成流量的切换。

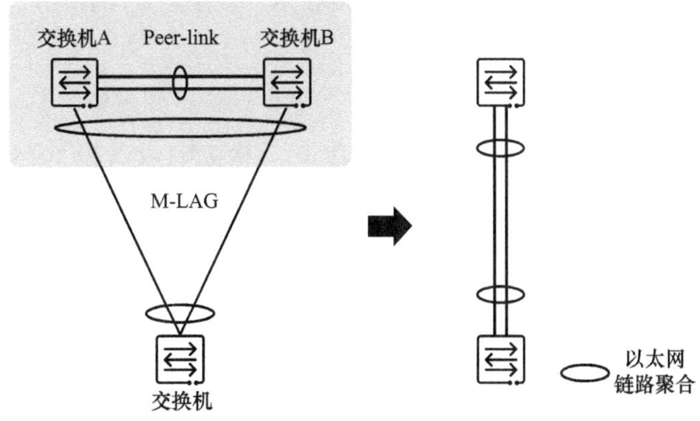

图13-14　M-LAG示意图

(2)堆叠

堆叠是一种将多台支持堆叠特性的交换机通过堆叠线缆连接在一起，从逻辑上虚拟成一台交换设备的技术，如图13-15所示。作为园区网络虚拟化和可靠性的关键技术，堆叠是园区网络必备的基础特性。该技术可以降低管理代价，简化组网，同时，双上行和本地转发提升了转发性能、端口容量和可靠性能力。

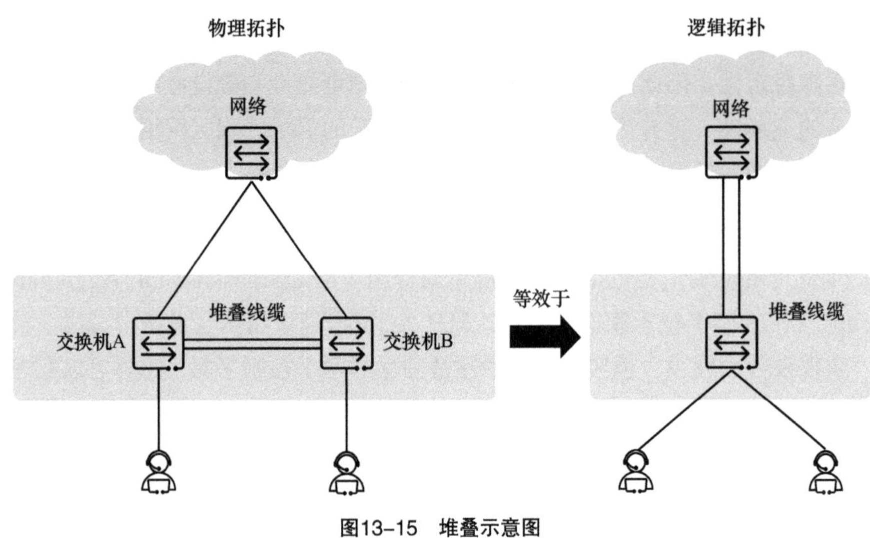

图13-15　堆叠示意图

2. 协议可靠性技术

协议可靠性则是通过快速检测技术，感知到故障点后完成业务路径的快速切换，包括传统的OSPF、BGP等三层检测技术，也包括高可靠性无缝冗余（High-availability Seamless Redundancy，HSR）、以太网环保护切换（Ethernet Ring Protection Switching，ERPS）等二层检测技术。在生产OT网络中，二层检测技术的应用更为广泛。

(1)HSR

HSR是一种基于以太网的二层检测技术。HSR由IEC 62439-3国际标准定义，主要应用于变电站及运动控制等对可靠性具有严苛要求的场景。该技术通过在源节点插入HSR标签并向环网双端口同时转发流量，目的节点选收，从而实现双发选收高可靠性。如图13-16所示，HSR的原理是在冗余盒子的两个端口同时发送从它的上层收到的帧，在这个帧前面加上HSR标记，以识别帧重复。目标节点在特定时间间隔内接收两个相同的帧，转发第一个帧，删除该帧的HSR标记，并丢弃之后收到的任何重复帧。

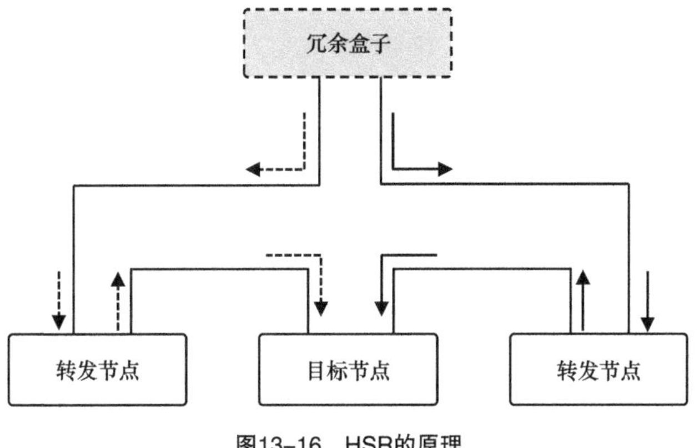

图13-16　HSR的原理

(2) ERPS

ERPS是ITU-T定义的一种二层破环协议标准，用于在以太网层面进行环网拓扑的保护倒换。它以ERPS环为基本单位，包含若干个节点，通过阻塞环路保护链路（Ring Protection Link，RPL）的Owner端口，控制其他普通端口，使端口的状态在转发和丢弃之间切换，达到消除环路的目的。如图13-17所示，ERPS环网指定一条链路为RPL，与之相连的一个节点称为RPL Owner。在正常状态下，RPL Owner阻塞其RPL端口以防止业务形成环路，并定时向以太网环上发送R-APS消息。一个环只有一条RPL和一个RPL Owner，当有多个RPL Owner存在时，系统会上报相应的告警。

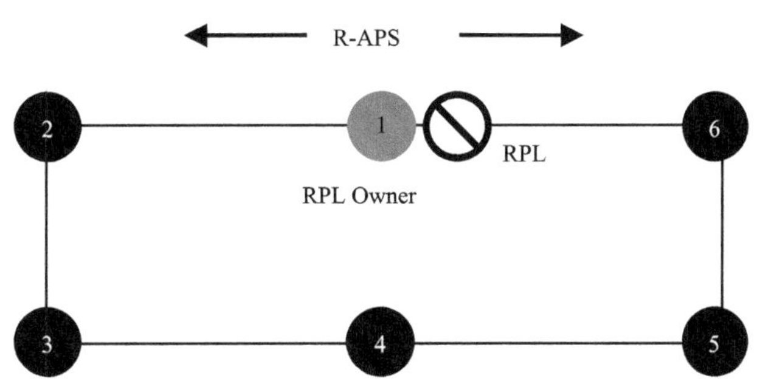

图13-17　ERPS环网状态

3. TSN技术

TSN是IEEE 802.1任务组开发的一套数据链路层协议规范，提供更可靠、低时延、低抖动的数据传输服务。TSN在以太网传输机制中引入时间敏感机制，为数据在标准以太网内的稳定传输增加确定性和可靠性，如图13-18所示。

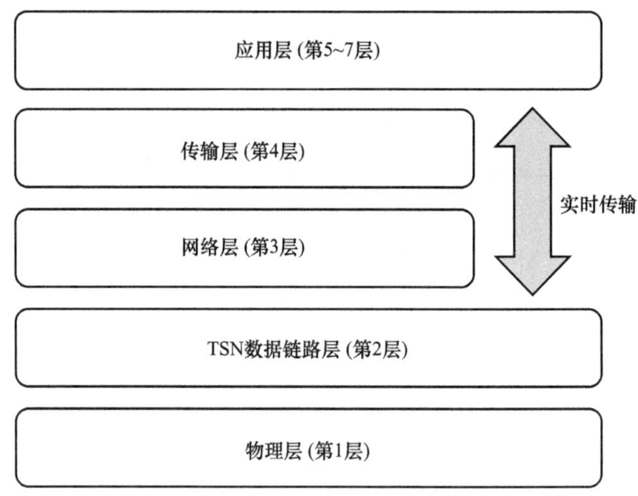

图13-18　TSN协议在网络分层架构中的位置

传统以太网采用CSMA/CD的机制，突发流量和冲突是引起抖动、丢包和不能保障时延的根本原因。为了解决这个问题，TSN引入了新的机制。TSN协议族包含了时间同步、数据调度及流量整形、可靠性、资源管理这几个方面的核心机制。

- 时间同步：时钟在 TSN 网络中起着重要的作用。对于实时通信而言，端到端的传输时延具有难以协商的时间界限，因此 TSN 中的所有设备都需要具有共同的时间参考模型，需要彼此同步时钟。目前 TSN 采用 IEEE 1588 协议和 IEEE 802.1AS 协议来实现时间同步。
- 数据调度及流量整形：TSN 通过定义不同的整形机制将数据流的时延限定在一定范围内，以此满足不同的低时延场景需求。在传统以太网中，数据流的通信时延是不确定的，由于这种不确定性，数据接收端通常需要预置大缓冲区来缓冲输出。但是这样会导致数据流（例如音视频流）缺失实时方面的特性。TSN 不仅要保证时间敏感流到达，同时也要保证这些数据流的低时延传输。通过优化控制时间敏感流和 best-effort 流，以及其他数据流在网络中的传输过程，来保证对数据流的传输时间要求，这个优化控制的方式就是整形。TSN 用于数据调度和流量整形的协议有 IEEE 802.1Qav、IEEE 802.1Qbv、IEEE 802.1Qbu、IEEE 802.1Qch 及 IEEE 802.1Qcr。
- 可靠性：对数据传输实时性要求高的应用除了需要保证数据传输的时效性，也需要高可靠的数据传输机制，以便应对网桥节点失效、线路断路和外部攻击带来的各种问题，确保功能安全和网络安全。IEEE 802.1Qci、IEEE

802.1CB 及 IEEE 802.1Qca 用于实现 TSN 的可靠性。

- 资源管理：在 TSN 中，每一种实时应用都有特定的网络性能需求。使能 TSN 的某个特性是对可用的网络资源进行配置和管理的过程，允许在同一网络中通过配置一系列 TSN 子协议合理分配网络路径上的资源，以确保它们能够按照预期正常运行。TSN 资源管理协议包括 IEEE 802.1Qat 协议和 IEEE 802.1Qcc 协议。IEEE 802.1Qcc 协议是 IEEE802.1Qat 协议的增强。

13.4.5　高品质体验保障技术

园区网络的高品质体验保障技术包括应用保障和VIP保障，这些技术是确保园区内各种业务正常运行和重要用户网络体验的关键措施。

1. 应用保障技术

针对应用路径不可视、转发优先级无保障、出现问题难定位等问题，基于应用识别、关键应用优先转发、多媒体智能调度、应用智能选路、自适应前向纠错和随流体验测量等应用保障技术，可以构建应用路径可视、关键应用可保障、应用问题可定界的高品质网络，应用保障网络架构如图13-19所示。

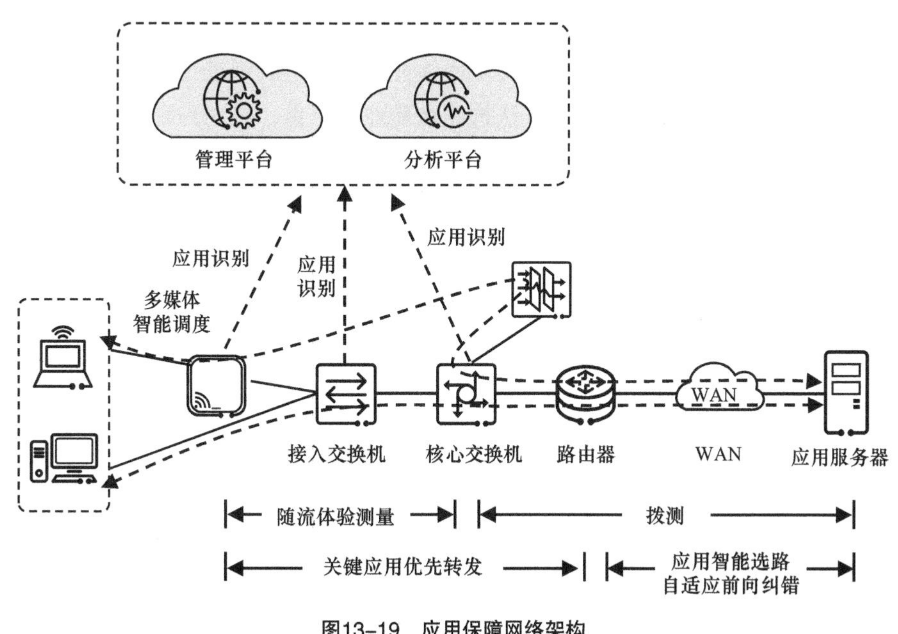

图13-19　应用保障网络架构

（1）应用识别

传统流量分类技术只能检测IP报文的4层以下的内容，包括源地址、目的地址、源端口、目的端口及业务类型等，无法分析出报文的应用。应用识别在分析报文头的基础上，对报文中的第4～7层内容和一些协议（如HTTP、FTP）进行检测和识别，是一种基于应用层的流量检测技术。常见的识别方式有基于协议端口的应用识别、基于签名的应用识别、基于协议关联的应用识别、基于行为分析的应用识别和多维度组合的应用识别。

（2）关键应用优先转发

在应用识别的基础上，将关键应用报文的QoS优先级修改成高优先级，从而保障关键应用报文在整个网络中优先转发，同时降低转发时延，在网络中有大流量时确保RTT小于100 ms。

（3）多媒体智能调度

在Wi-Fi技术中，传统QoS是通过增强型分布式信道访问（Enhanced Distributed Channel Access，EDCA）竞争参数控制的，主要逻辑是对不同业务配置不同的随机回退参数，调整其空口抢占能力，实现不同业务的差异化调度能力，但是存在不同业务抢占空口导致应用质量变差的问题。例如，存在上传或下载大文件的业务会抢占同时进行的多媒体业务（语音/视频）的发送机会，导致多媒体业务体验变差。多媒体智能调度算法通过应用识别技术来区分高优先级多媒体业务和低优先级贪婪业务，并对多媒体业务的业务时延进行监测，如果发现这些业务受损，就通过拥塞控制算法抑制贪婪业务流量，让用户享受高速网络的同时，语音视频业务也不受影响。通过基于拥塞控制的多媒体业务保障算法，可以在网络出现因为贪婪业务而拥塞的情况下，精准抑制和调度，让关键的多媒体业务时延有边界，达到整网不限速的目标。

（4）应用智能选路

应用智能选路可以提供最优路径动态选择、逐流/逐包负载分担、多发选收等多种选路算法。这种技术基于业务随流检测技术，能够精准感知应用SLA，当网络SLA不满足应用要求时，能够秒级实现主备路径切换。同时，可以根据应用诉求进行智能选路，即能够实时监控网络的质量，并根据应用对SLA质量的要求，在多条不同网络质量的WAN链路上，动态、自动地选择符合应用SLA质量要求的网络路径，同时兼顾WAN的整体使用效率，所以称为智能选路。应用智能选路支持多种智能选路策略，包括链路质量选路、负载均衡选路、应用优先级选路、带宽利用率选路等。

（5）自适应前向纠错

自适应前向纠错能够根据网络丢包情况，自适应调整冗余包的数量，当网络丢包较少时，避免过多的冗余包消耗链路带宽；当网络丢包较高时，可以在丢包率最高达30%的恶劣情况下仍保持视频不卡顿。前向纠错（Forward Error Correction，FEC）通过流分类拦截指定数据流，增加携带校验信息的冗余报文，并在接收端进行校验。如果网络中出现了丢包或者报文损伤，则通过冗余报文还原报文。这种技术可以让设备自动检测网络丢包率，根据丢包率实时调整冗余报文的数量，在丢包少的时候减少冗余报文，节约带宽；在丢包率变高时增加冗余报文，提升抗丢包能力。

（6）随流体验测量

传统的运维手段针对可复现的故障通过Ping/Tracert进行故障定界，并利用分析日志、流监控等信息进行故障定位，但针对不可复现故障（例如音视频短暂劣化）常常束手无策。随流体验测量技术可以针对音视频会议流量进行全流监控，检测音视频会议每个流的丢包和时延，如果出现音视频劣化的问题，就可以通过分析历史记录进行逐跳的故障定界定位，无须故障复现。针对体验类问题，该技术可以在5分钟内定界，大大提升了运维效率和客户满意度。

2. VIP保障技术

针对无线网络体验不佳问题，通过VIP优先接入和VIP带宽预留技术保障在高密度接入场景下VIP用户的访问体验。网络规划时，把企业关键用户规划为VIP用户，并针对VIP用户采用VIP用户优先接入和VIP用户带宽预留及VIP超帧抢占等技术。

（1）VIP用户优先接入

VIP用户优先接入是指当接入用户数达到AP最大用户数或用户数量门限时，如果再有新用户接入网络，要先对该用户进行认证，认证成功后，在授权阶段判断该用户是否为VIP用户，如果是，则允许该用户接入并替换一个非VIP用户，强制该非VIP用户下线；如果不是，则强制该用户下线，从而保障VIP用户的优先接入。

（2）VIP用户带宽预留

VIP用户带宽预留算法基于射频，通过为VIP用户预留相应的时间切片来保证VIP用户的体验。预留的带宽由所有VIP用户共享。

（3）VIP超帧抢占

使用用户带宽预留的方案仅能保障下行拥塞的场景，对上行拥塞场景是无法保障的，因为终端不遵从标准EDCA，拥塞场景下，空口资源被贪婪终端抢占，从而影响VIP体验。此时需要采用VIP超帧抢占的方案。

VIP超帧抢占可以为VIP用户预留时间切片（包含上下行）来保障VIP用户的体验，在信道利用率80%情况下保障VIP用户的RTT小于50 ms。在无VIP用户和VIP用户无流量的场景，则不会进行时间切片预留。

13.4.6 智能运维技术

智能运维技术利用网络的数字孪生技术，通过实时采集海量数据，在数字空间中重建物理世界的网络，并通过数字地图方式来清晰呈现网络基础信息，实现全网一图可视，协助运维人员定位问题，采用AI算法主动优化网络。如图13-20所示，智能运维系统包含控制器和智能分析器两部分，控制器实现配置下发，智能分析器实现数据的收集、汇总和分析。

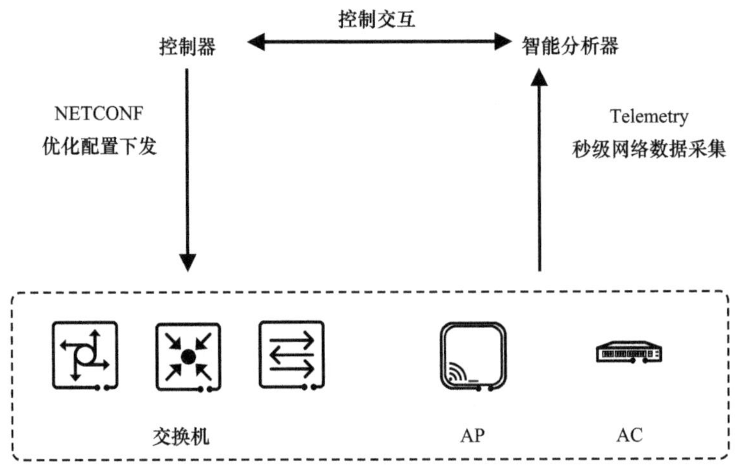

图13-20　智能运维系统架构

智能运维技术具有以下几个特点。

（1）部署自动化

零接触配置（Zero Touch Provisioning，ZTP）开局：设备支持ZTP部署，具备邮件、U盘及DHCP Option等多种开局模式，通过远程配置，现场即插即用，能够快速完成分支部署。

自动化布放：具备VXLAN虚拟化的Underlay和Overlay的端到端自动化部署能力，可以基于意图进行网络布放。

模板化定制：具备灵活的业务配置模板能力、多模板定制能力，以适应不同的园区站点；同时，多个模板间具备灵活的组合、继承能力，提供的配置模板具备变参能力，能够灵活部署不同站点或者根据设备部署差异性网络业务，降低复杂度。

（2）网络可视化

一图可视：支持一张网络数字地图呈现整个网络拓扑，打通网络、应用、用户/终端之间的关系，解决看不到、看不全、看不准的问题。类比交通地图，网络数字地图是物理网络世界的数字孪生，可视、可交互，有助于构建数字化智能管理平台。

实时感知设备状态：通过Telemetry等技术精准采集设备信息，秒级感知设备异常，智能分析问题根因，同时可智能化提供处理建议。让机器基于故障特征库在秒级采集的大数据仓库中自动关联分析、挖掘，并结合专家经验识别异常；同时，海量大数据的汇集也给通过机器学习从海量数据中发现未知关联和因果关系创造了条件。

无线网络：基于Telemetry技术，监控无线侧关键指标。主动识别弱信号覆盖、高干扰、高信道利用率等空口性能类问题。

有线网络：基于Telemetry技术采集设备、接口、光链路等性能Metrics数据，主动监控、预测网络异常，并使用AI算法对设备CPU/内存利用率等指标进行基线预测。通过和动态基线的对比，在业务中断前识别网络指标的劣化。

（3）定位智能化

智能分析：在问题发生时，智能网管工具能基于采集的信息通过预置的故障知识库，自动、快速给出根因分析，协助运维人员快速定界并解决问题。

问题回放：在问题发生后，智能运维工具需要具备回放问题发生过程的能力，减少运维人员在处理已发生问题时复现问题的次数，提高运维效率，降低运维成本。

（4）预测性优化

智能运维技术支持收集和分析大量网络数据，通过机器学习算法，持续学习并适应网络环境的变化；通过预测性算法，提前预测问题，并启动自动化流程进行响应，快速纠正问题，降低网络问题发生的可能性。

13.4.7 园区网络安全技术

本小节重点介绍园区网络安全技术中的链路安全相关技术，其他安全技术将在第16章节详细介绍。

链路安全相关的技术有Wi-Fi保护接入（Wi-Fi Protected Access，WPA）、空口信号加扰、MACsec和IPsec等。

通过WPA等加密算法对空口进行加密，可以保证数据被抓取后需要解密后才能获取有效信息。在无线高安全场景下，通过空口信号加扰，确保非法用户无法抓取到有效的空口数据。有线链路通过MACsec实现物理层加密，通过IPsec实现IP数据报文加密。

（1）WPA

WPA有WPA、WPA2和WPA3三个标准，是一种保护无线网络安全的系统，支持EAP-PEAP、EAP-TLS等认证方式。

（2）空口信号加扰

空口信号加扰技术是通过多用户MIMO技术，利用AP多余的天线发送额外的电磁波噪声，从而对终端的通信路径实现保护；在目标终端的位置范围内，因为干扰信号不影响真实数据，所以可以正确解调得出数据，而在目标终端的位置之外，干扰信号影响真实数据，导致非法用户无法解调Wi-Fi信号。如图13-21所示，在目标终端位置之外进行无线抓包侦听的时候，只能够抓到无效噪声。

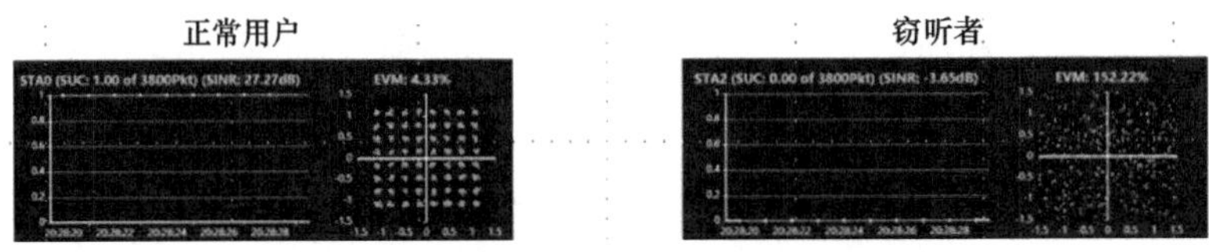

图13-21　不同用户收到的信号图

考虑到未来全无线移动办公的普及，空口信号加扰要在终端移动位置后，具有快速更新信息的能力，保证空口加扰的准确性。

（3）MACsec

MACsec是二层加密技术，可以提供逐跳设备的链路级数据安全传输。MACsec的安全功能包含数据加密、完整校验、重放保护。MACsec适用于政府、金融等对数据机密性要求较高的场景，可以按照在单栋楼宇内部互连和楼宇间光纤互连的方式部署，如图13-22所示。

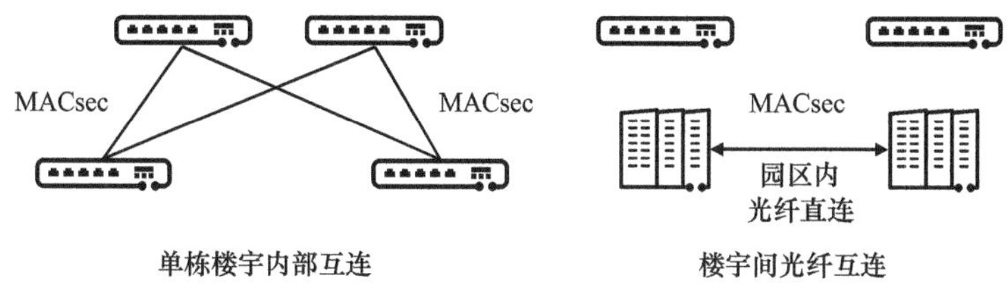

图13-22　MACsec的两种部署方式

（4）IPsec

IPsec 是 IETF 制定的一组开放的网络安全协议。它并不是一个单独的协议，而是一系列为 IP 网络提供安全性的协议和服务的集合，包括认证头（Authentication Header，AH）和封装安全负载（Encapsulating Security Payload，ESP）两个安全协议，以及密钥交换和用于验证及加密的一些算法等。

| 13.5　园区网络的应用实践 |

华为的园区网络解决方案在全球范围内有广泛的应用。本节以高教园区网络和车企园区网络为例，介绍园区网络的典型应用实践。

13.5.1　高教园区网络的应用实践

1. 场景说明

高校要实现数字化转型，数据是根本，网络是基础。网络建设是数字化转型的前提条件。高校数字化转型对高教园区网络提出了更高的诉求，如智慧教学要求高教园区网络具备随时随地接入、大带宽的能力，以保证在线课堂、VR教学的开展。精细管理要求高教园区网络具备多协议物联终端接入的能力。科研算力需要更高的带宽，更低的时延来支撑。主动服务则要求打破“烟囱式”网络导致的数据孤岛，实现数据互通、共享。当前传统高教园区网络在数字化转型中主要面临如下挑战。

（1）无线网络质量差，无法满足智慧教学需求

据统计，高校80%以上的终端是通过无线方式接入网络的，高教园区网络从有线和无线并重逐渐向无线为主、有线为辅转变。传统高教园区网络面临的首要问题就是无线网络覆盖不连续、无线覆盖质量参差不齐。例如在教学楼、宿舍等区域，无线信号存在盲区，学生无法随时随地接入网络。另外，学校在进行线上课堂、VR沉浸式教学等线上教学时，由于校园内的终端非常密集，并发率高，对带宽的需求非常大。

（2）物联终端连接难，基础网络重复建设

高教园区网络除了要满足PC和手机的接入，还需要满足大量物联终端的接入。各类终端使用的接入方式和协议各不相同，如Wi-Fi、蓝牙、射频识别技术（Radio Frequency Identification，RFID）、ZigBee等。但是，传统高教园区网络的接入方式往往比较单一，很难满足各类终端的统一接入，这就导致高校需要分别建设有线、Wi-Fi、物联网等多张网络，导致建设和管理成本高。

（3）“烟囱式”建设方式，数据无法互通

传统的高教园区网络中，由于缺少统一规划，整网出现多个碎片化的网络和信息孤岛，例如教学专网、一卡通专网、安防专网等。这不仅给学校网络安全带来诸多未知的风险，也导致数据无法互联互通，从而给大数据、智能技术等上层应用带来阻碍，影响智慧校园的建设进程。

（4）网络管理节点多，运维效率低

传统的高教园区有线网络、无线网络、物联网等大多是独立建设，融合度低，网络存在不同时期建设的多套网络管理设备、多个管理节点，无法统一运维。另外，传统的人工网络维护方式效率低，运维工作长期依靠工程师的经验，缺乏专业的运维工具，导致网络突发问题难以定位，影响正常的教学活动。

（5）安全防护边界外延，安全隐患大

校园移动终端接入位置往往不固定，物理边界模糊，传统的物理安全管控方法已不足以应对这种挑战。同时，高校中大量信息系统由第三方软件公司开发，供应链环节复杂、软件架构复杂，容易受到来自供应链各个节点的安全威胁。另外，挖矿病毒、勒索病毒、木马病毒、蠕虫病毒频发，操作系统漏洞层出不穷，这些都给高教园区网络的安全带来了未知风险。

2. 解决方案的架构

高校可以按照图13-23所示的逻辑架构构建一张全联接、全智能、一体安全、多业务极简融合承载的高品质高教园区网络，网络整体架构可分为物理网络层、虚拟网络层和管控层3个部分。

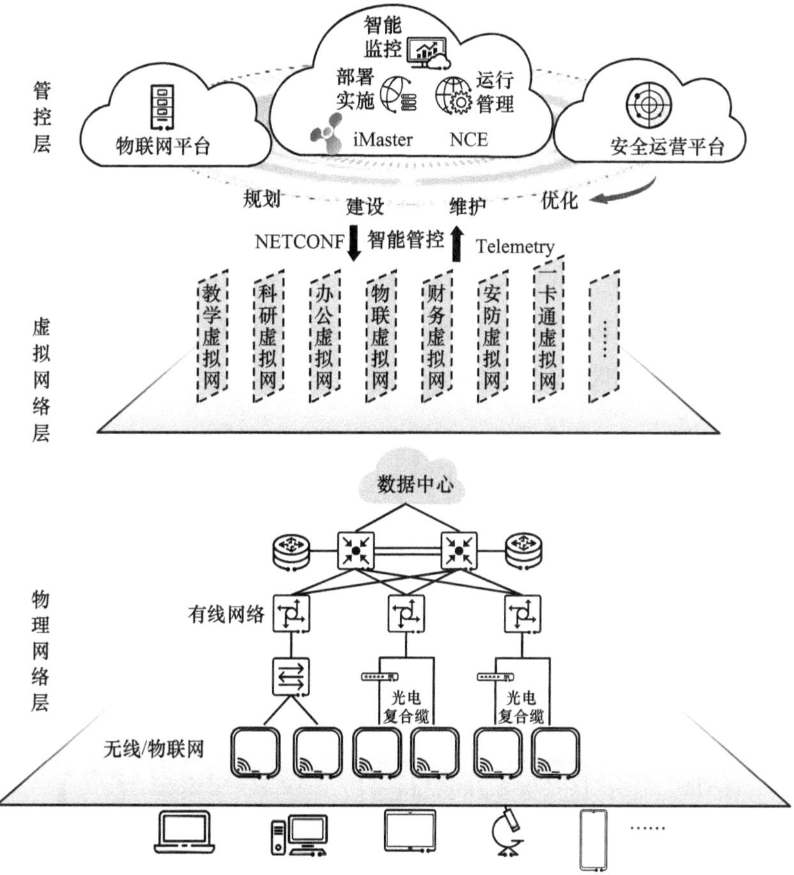

图13-23　高教园区网络的逻辑架构

- 物理网络层通常分为出口层、核心层、汇聚层和接入层，主要由园区交换机设备、无线AP、AC设备、宽带远程接入服务器（Broadbard Remote Access Sever，BRAS）用户管理设备、出口防火墙等构建统一的Underlay物理网络，是智慧高教园区网络的基础，主要作用是将校园内师生的终端、智慧校园的物联终端接入网络，并且满足终端与数据中心、互联网、教育网等网络服务的互通。
- 虚拟网络层通过虚拟化技术，可在统一的Underlay上构建多个Overlay，实现多业务一网承载。高校的教学、办公、科研等业务对网络SLA的要求不同。学校可以将这些业务划分到不同的虚拟网络中进行承载，实现不同业务间的逻辑隔离和带宽隔离。
- 管控层（如华为iMaster NCE）通过Telemetry等技术实时收集网络拓扑、

链路、业务等信息，实现网络的可视化管理与运维；并基于NETCONF模型，快速下发业务配置。物联网平台实现物联数据的统一利用，打破各业务间的“数字化鸿沟”，为校园信息化打下基础。通过安全运营平台（如华为的HiSec Insight、乾坤云等）、网络层及终端联动，实现全局防御。同时通过安全运营平台对安全威胁进行动态检测和智能分析，实现威胁实时感知、秒级处置。

高教园区物理网络可以分为核心层、汇聚层、接入层，并按照核心全100 Gbit/s互连、100 Gbit/s到楼栋或楼层、10/25 Gbit/s光纤入室、1/2.5 Gbit/s到终端的标准进行构建，如图13-24所示。

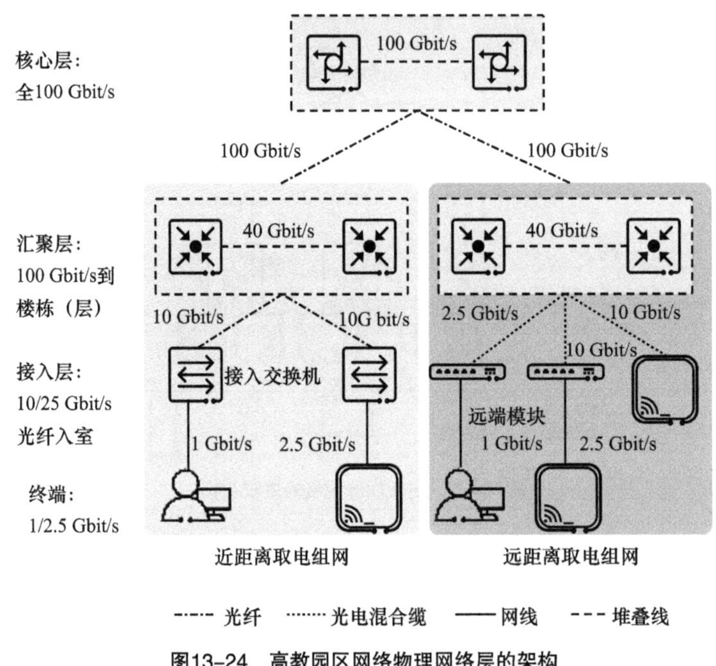

图13-24　高教园区网络物理网络层的架构

核心层部署两台高性能框式交换机，连接校园所有的汇聚交换机，承载高教园区教学、办公、学生宿舍、家属区、实验室等所有业务流量。核心层采用全连接树型结构，具有高带宽、高转发、高可靠等能力，核心交换机可提供高密度100GE端口，同时具备演进到400GE端口的能力。

汇聚层通常是在一个学院、一幢教学楼或一幢学生宿舍部署的一对汇聚交换机。汇聚层设备汇聚本区域流量并转发到核心层或本区域其他接入设备。汇聚层具备高带宽、高转发、高可靠等能力，汇聚交换机上行可支持100GE，下行支持高密度10/25GE端口。同时为了解决接入设备（接入交换机或AP）无法近距离取电的问题，汇聚交换机需要支持光电PoE能力，以实现300 m以上远距离PoE供电。

接入层是最靠近终端的网络区域，为终端提供各种接入方式，是终端接入网络的第一层。高教园区网络的接入层包含接入交换机、AP、远端模块等设备。接入交换机采用10/25GE双归接入汇聚交换机，远端模块采用10GE双归接入汇聚中心交换机。近距离取电场景，AP通过网线以2.5/10GE速率互联接入交换机；远距离取电场景，AP通过光电混合缆以10GE速率接入汇聚交换机。

高校存在比较多的教室、宿舍等区域，光纤入室导致末端会部署海量接入设备，网络管理运维难度大幅增加。对于这类场景，建议采用“中心交换机+远端模块”的极简架构。极简架构组网包含核心交换机、中心交换机、远端模块，支持两种组网方式，如图13-25所示。

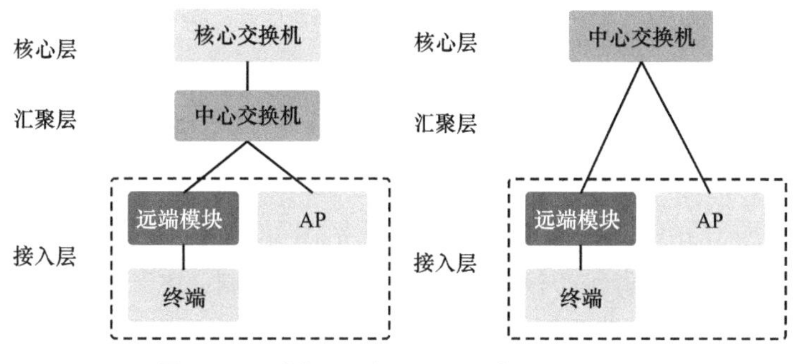

图13-25　“中心交换机+远端模块”的极简架构

- 中心交换机是具备管理远端模块能力的交换机，负责管理远端模块并做流量的集中转发，提供远端模块信息查询、配置下发等功能。
- 远端模块挂接在中心交换机下行端口，是中心交换机的端口扩展，支持通过电源适配器进行供电，或通过中心交换机PoE进行供电。远端模块也具备PoE供电的能力，支持挂墙、墙面管道、桌面多种安装模式。远端模块可通过中心交换机支持可视化运维、集中固件升级、业务配置。相比普通无管理交换机，远端模块可管理能力明显提升。
- 互连口是中心交换机与远端模块的接口，可以是物理接口，也可以是以太网链路聚合接口，上行带宽可灵活扩展。

极简架构中的汇聚层中心交换机可集中管理远端模块，远端模块则免配置、免运维。网络运维人员只看到核心层、汇聚层两个层次，大大减少了需要管理的网元数量，从而显著简化了整体的组网架构。

13.5.2 车企园区网络的应用实践

1. 场景说明

车企园区网络主要连接工厂内部的各种要素，包括人员（如生产人员、设计人员、外部人员）、机器（如生产装备）、材料（如原材料、过程件、制成品）、环境（如仪表、监测设备）、安防设备（如摄像头）等。车企园区网络一般由生产网络、办公网络、安防网络组成。

- 生产网络承载冲压、焊装、涂装、总装等生产车间业务，生产所用的终端有的使用有线的方式连接生产网络，如工位PC、拧紧机、打标机等；有的使用无线的方式连接生产网络，如自动导引车（Automated Guided Vehicle，AGV）、电子质量支持（Electronic Quality Support，EQS）、无线拧紧扳手、物流手持等；还有部分制造装备直接通过工业交换机连接在PLC侧，本地直接完成生产控制。
- 办公网络承载制造企业的研发、行政办公等业务，典型应用有视频会议、Skype、存储、邮件、虚拟桌面等。
- 安防网络承载车企园区网络中的视频监控、人脸识别、车辆识别等应用。

典型的生产网络场景中，各类业务对网络指标的关键要求主要有：工业控制过程中，要求网络的确定性时延小于100 ms；工业控制、生产监控等要求网络提供零中断的高可靠性；智慧物流、数据采集、视频会议、视频监控等均要求提供千兆或万兆的网络带宽。

从车企园区网络的现状和发展趋势上看，一方面，基于通用标准的工业以太网逐步取代各种私有的工业以太网，并实现控制数据与信息数据的同口传输；另一方面，车企内无线网络成为有线网络的重要补充，主要用于信息采集、非实时控制和厂区内部信息化等场景，同时无线技术正逐步向工业实时领域渗透，成为现有工业有线控制网络有力的补充或替代。新一代Wi-Fi 6/7技术具备大带宽、低时延、高容量的特点，已经广泛应用于生产场景。另外，柔性生产要根据订单要求将生产资源灵活重构，各类生产设备需要在不同生产域间迁移和转换，实现即插即用，这就需要网络层资源能灵活、快速编排，目前的主流实现方式之一是SDN。

总体来看，车企园区网络需要满足OT装备、视频监控、生产物联等多种类型的设备与人员、业务系统要素间的全面联接，这就要求车企园区网络需要具备敏捷和高可靠的基础架构，同时支持有线、无线灵活接入网络及超宽连接能力；在管理层面要归一化、集约化地构建整网自动化、智能化的规建维优能力。

2. 解决方案架构

车企可以按照图13-26所示的逻辑架构构建一张无线化、高品质、物联网融合的园区网络，实现车企园区网络的万物互联。

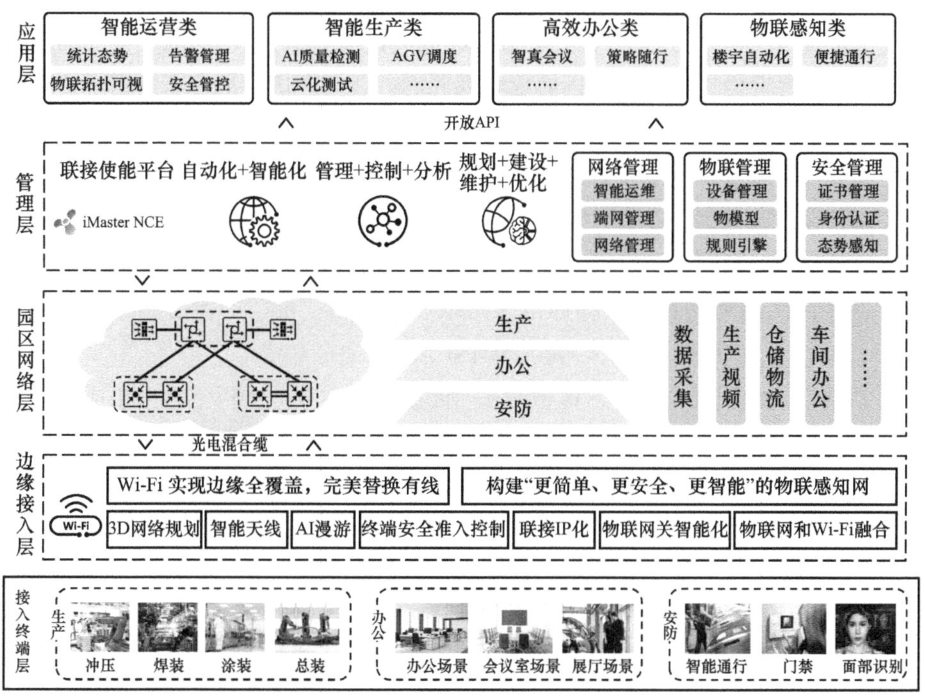

图13-26　车企园区网络的逻辑架构

该逻辑架构分为以下5个层次。

- 应用层：直接面向车企各个岗位的工作人员提供专业服务的应用，可分为智能运营类应用、智能生产类应用、高效办公类应用、物联感知类应用等。这些应用与管理层之间通过API方式进行业务交互。
- 管理层：部署各类管理控制分析服务软件，用于对下层的各类网络设备、物联设备进行全生命周期管理，以及安全策略管理等。
- 园区网络层：划分多个网络区域，例如生产与办公独立组网，实现物理隔离；区域内部署核心层、汇聚层、接入层，双上行组网，提升网络可靠性；各层次设备采用集群/堆叠、链路聚合等技术提升网络的可靠性和可用性。有线核心层规划带宽100 Gbit/s、核心层至汇聚层带宽40 Gbit/s、汇聚层至接入层带宽10 Gbit/s、1 Gbit/s到终端；无线Wi-Fi 6/7具备无感接入、大带宽、低时延、高并发、漫游等关键能力，满足办公全场景需求和部分生产场景需求。

- 边缘接入层：在边缘侧提供各类物联网网关（例如物联网接入AP、物联网接入交换机、物联网接入网关），支持采用传统的连接方式、短距无线、IP网络等方式进行连接，提供边缘计算的能力；边缘网关上安装物联业务处理软件，进行协议转换和应用支撑，提供边缘自治的功能。本层需要满足的要求是：数百种通信协议转换互通，IP与非IP的混合联网需求，终端数量众多且分散部署，苛刻的网络实时响应要求。
- 接入终端层：需要接入网络的各类生产类终端（例如智能PAD、各类生产仪器仪表等）、办公类终端（如PC、移动终端、会议室大屏等）、安防类终端（如摄像头、门禁、脸部识别摄像机等）。

车企园区网络的物理架构通常采用以核心层为“根”的树形网络架构，如图13-27所示。这种架构拓扑稳定，易于扩展和维护。

从网络的物理架构上看，典型的车企园区网络主要分为以下几个组成部分。

- 出口互联区：部署出口路由器与外部网络互联，同时部署防火墙、安全沙箱、IPS、DDoS、上网行为管理等安全设备，作为车企园区网络的统一出口，防范来自外部网络的攻击。
- 生产区：部署核心、汇聚等框式交换机双机集群，接入-汇聚、汇聚-核心之间采用双链路，提高整网的可靠性。无线接入层部署Wi-Fi 6/7 AP，上行最高带宽10 Gbit/s，满足各种高带宽、低时延业务应用的需求。部署安全探针用于网络流量的采集，结合HiSec Insight安全态势感知系统，实现整网安全风险的分析与预防。通过物联边缘计算网关实现各类物联终端的联网。物联边缘计算网关完成对接入侧感知数据的汇聚、处理、封装等，包括异构感知数据间的格式转换和应用转换。
- 办公区：办公区一张物理网络同时承载有线办公网、无线办公网、安防网等，基于VXLAN技术构建多个虚拟网络，一网多用，逻辑上实现安全隔离。部署核心、汇聚等框式交换机双机集群，接入-汇聚、汇聚-核心之间采用双链路，提高整网的可靠性。无线接入层部署Wi-Fi 6/7 AP，上行最高带宽10 Gbit/s，满足各种高带宽业务应用。部署安全探针用于网络流量的采集，结合HiSec Insight安全态势感知系统，实现整网安全风险的分析与预防。
- 安防区：安防网络中采用华为Wi-Fi 6/7系列产品和物联网关、交换机，实现各类有线、无线终端无缝接入网络。
- 工厂核心区：办公区核心、安防区核心、生产区核心的设备均连接着工厂核心区的交换机。同时，工厂核心区部署防火墙、安全沙箱、漏扫及安全探针等设备，对办公区域访问生产IT网络的行为进行安全控制，杜绝各种安全风险。

- 运维管理区：用于布放网络控制器（如iMaster NCE-Campus）、大数据智能运维平台（如iMaster NCE-CampusInsight）、安全态势感知系统（如HiSec Insight）等，实现对整网进行管理、运维和安全防护。运维管理区旁挂于工厂核心区的交换节点。

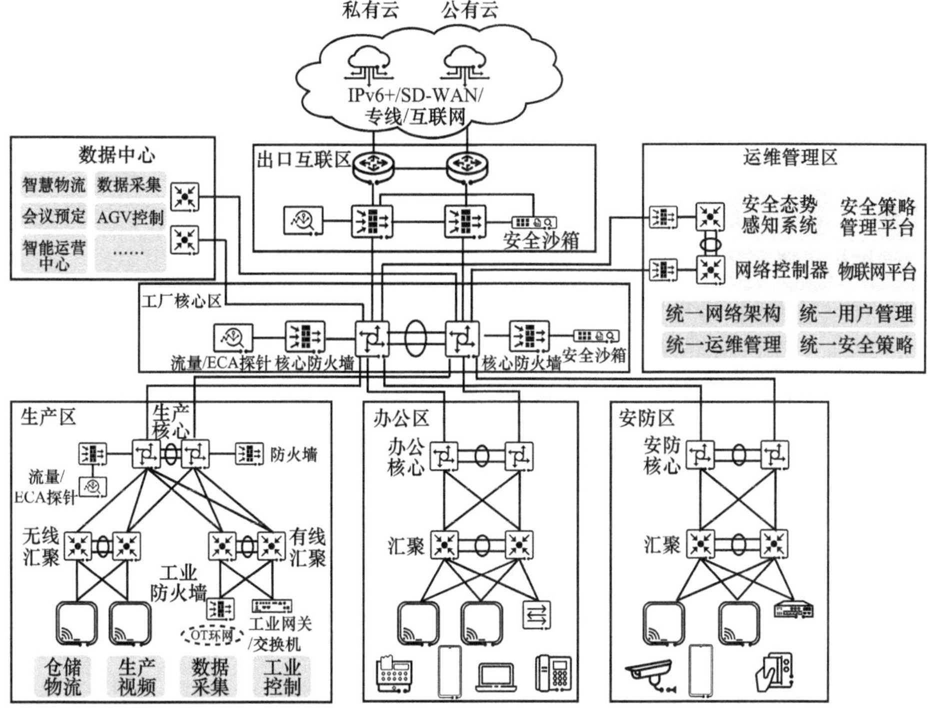

图13-27　车企园区网络的物理架构

| 13.6　园区网络的未来演进 |

1. 园区网络场景的演进

未来园区网络将会产生更多新的应用和场景，例如云AR/VR、智能制造、智慧能源、无线医疗、个人AI辅助、智慧城市等应用。

云AR/VR的应用涉及大量的数据传输、存储和计算任务，如果把这些数据和计算密集型任务转移到云端，就能利用云端服务器的数据存储和高速计算能力。这就对园区网络的数据流量、时延和QoS保障提出了更高的要求，其中实时CG类云渲染VR/AR需要低于5 ms的网络时延和高达100 Mbit/s～9.4 Gbit/s的大带宽。

智能制造的基本理念是通过更灵活、高效的生产系统，更快地将高质量的产品推向市场，通过协作机器人和AR智能眼镜提高工作效率，帮助整个装配流程中的工作人员完成任务。协作机器人需要不断交换分析数据以同步和协作自动化流程；智能眼镜使员工能够更快、更准确地完成工作，这对网络的实时性、移动性、单位区域的连接数要求更高。

在医疗行业，医疗机器人和远程医疗得到广泛应用。医疗机器人对网络连接提出了不间断保障的要求（如生物遥测，基于VR的医疗培训，救护车无人机，生物信息的实时数据传输等）。远程诊断依赖网络的低时延和高QoS保障特性。一种远程机器人已经到了可商用的程度，这是力反馈功能和“触觉互联网”的典型应用。力反馈使得远程操作以更精确的方式作用于病人，减少了检查过程中病人的疼痛，力反馈信号要求网络确保10 ms的端到端时延。

2. 园区网络技术演进

（1）无线技术的演进

随着园区数字化水平的提高，以及各种“剪辫子”应用场景的深入，对WLAN的吞吐量、高可靠及确定性提出了更高的要求。结合当前IEEE的Wi-Fi 8工作组正在讨论的内容，我们认为WLAN技术的演进方向有以下几个方面。

- 毫米波技术：频谱作为无线通信系统的关键资源，直接决定了系统的传输带宽能力。传统Wi-Fi的sub-7 GHz频段已经非常拥挤，中国占有260 MHz的带宽，2.4 GHz频段只有80 MHz带宽。而毫米波频段可以提供极其丰富的频谱资源，如60 GHz一般可以提供5 GHz以上的带宽。尤其在缺失6 GHz频谱的情况下，毫米波的应用需求尤为强烈。然而，毫米波频段波长短、绕射能力差，所以空间衰减快速，导致覆盖能力明显弱于低频。如何通过相控阵天线等技术确保毫米波信号的覆盖连续性是关键。
- 高可靠技术：一方面，提升Wi-Fi传输的抗干扰性能，如定义新的导频结构，在Payload部分增加时频域的导频字段，用来在空口随机干扰场景下准确识别干扰信号，以便通过先进的接收机算法来进行干扰抵消。另一方面，提升漫游的可靠性，在Wi-Fi 7引入的Multi-link并发能力基础上，引入跨站Multi-link概念。支持STA同时与不同AP建立Multi-link，从而实现漫游过程中始终保持至少有一条链路在承载业务，理论上可以做到漫游丢包零时延。

- 智能化技术：随着芯片工艺的提升，AP/AC内置AI核的情况越来越普遍。算力的大幅提升将解锁很多传统算法难以企及的能力，从而带来明显的性能提升和体验增强。如自动调制控制（Automatic Modulation Control，AMC）速率选择算法，传统方案是采用Minstrel算法，通过逐包试探的方式，基于丢包率来选择最优的MCS调制阶数。这种算法在稳定的环境中可以收敛到最佳水平，但是一旦环境发生变化，如用户移动或者突发随机干扰，就会出现选速异常或收敛慢的问题。而利用AI核运行AI算法，理论上可以基于实时无线信道的容量分析快速选择最优的MCS。

（2）AI技术的演进

自从OpenAI发布ChatGPT以来，AI大模型呈现出快速发展趋势，正在掀起新一轮人工智能发展的浪潮，大模型作为基础能力深刻影响着人工智能产业。国内外互联网巨头、初创企业及科研院所纷纷围绕自身业务研发基础大模型，并积极布局相关领域行业大模型，在赋能实体经济方面发挥了越来越大的作用。在园区网络中，AI大模型可能会在以下几个方面产生应用。

- 自动网络优化：Wi-Fi网络的设计不再取决于某个工程师的经验或者专家的模型，而是基于由具备强大算力和学习能力的AI控制器通过大数据分析得出的最佳方案。例如无线干扰的规避机制不是仅针对网络设备，而是针对整个园区范围内所有会产生干扰的事物设计出来的。在部署阶段，AI控制器会对探针数据进行采集、分析和评估。在白天，网络不断地进行自诊断和分析；到了晚上，网络自行优化调整，部署并调试新的策略。
- 网络自动设计：对于网络的设计，企业只需要设定预算范围，AI控制器会自动计算出园区最合理的网络构架和最佳的设备选型，AI控制器还可以安排机器人自行完成工勘和设备配置调测。例如，企业需要在某地新建一个分支机构，企业设定预算范围后，AI控制器就会自动收集和分析分支机构的所有相关信息，包括分支机构未来10年的业务和对应的人员规划等企业内部信息、气候信息、分支机构周围的地形地貌、治安情况、物流交通信息、公司库存物料信息、新采购物料信息等，自动规划出几套园区网络设计方案供企业选择，还能详细说明各个方案的差别。
- 网络自动配置：网络管理员的意图将会被AI控制器自动识别，网络管理员只需要确认个别关键决策即可。例如，有10个访客明天要坐飞机来本市参观园区和参加会议，网络管理员只需要告诉网络这10个访客来园区做的事情，AI控制器将自动计算这10个访客各自需要的网络服务等级和安全等级，并自动向各个网络设备下发配置。

- 故障自动定位：网络会实时分析用户的业务体验情况。当感知到业务体验下降或者预测到潜在故障时，网络会记录问题并分析根因和启动优化。优化后，网络还会持续关注优化效果，直到用户的业务体验正常为止，整个过程不需要人工参与。如果没有前兆，直接发生网络故障，自动驾驶网络就会自动分析故障产生的日志、告警等信息，自动修复故障。所有相关的备件也会在第一时间被送到故障点。确认备件消耗后，仓库会自行采购补充。

（3）安全技术的演进

随着园区网络物联化、无线化、云化的趋势越来越明显，园区网络不再存在明显的边界，而更多的安全威胁将来自网络内部，零信任的概念也运用在园区网络。零信任是对网络连接的任何物默认不信任的，强调权限最小化和持续验证，从而构筑安全的内网环境。

园区安全的另外一个趋势是和AI技术的结合，网络将具备威胁实时感知的能力，实时监控和分析流行为，根据是否有被攻击的特征来决定是否做出安全保护动作。这种手段不仅能检测已知安全威胁，也能对未知安全威胁进行有效识别，根据园区所有人、事、物和环境的数据，预判可能的攻击，甚至模拟“蓝军”对园区的数据模型自行进行攻防演练。

第14章
数据中心网络产业

数据中心是数字时代的“信息粮仓”，承载着企业的核心数据资产，深度融入现代社会生产生活的方方面面。而数据中心的高效运行离不开数据中心网络对数据的高效传输。本章将介绍数据中心网络的架构、技术演进、物理网络、逻辑网络、以太网智能无损转型的诉求和技术，以及未来演进。

| 14.1 什么是数据中心网络 |

本节将介绍数据中心的概念和发展趋势，然后在此基础上，介绍数据中心网络的架构和技术演进。

14.1.1 什么是数据中心

数据中心是指安置计算机系统及相关部件的设施，例如电信和储存系统。数据中心一般包含冗余和备用电源、冗余数据通信连接、环境控制（比如空调、灭火器）设备、监控设备和各种安全设备。

如图14-1所示，如果把人们在办公或生产等过程中产生的数据看作水资源，那么数据中心就是存储水资源的水库，运营商网络就是将这些水库连接在一起的江河，园区网络就相当于城市里的自来水管网，将水资源引入需要水资源的地方，而终端则像水龙头一样负责将水资源最终提供给用户。

从基础设施的视角来说，数据中心由IT模块、制冷模块、电源模块和辅助系统组成。IT模块包括计算、存储和网络等ICT基础设施。制冷模块主要包括冷站和机房空调。电源模块主要包括变电站、发电机、变压器及电源机房。辅助系统则主要包括一些办公管理的配套设施。本章主要介绍数据中心中IT模块的相关信息。

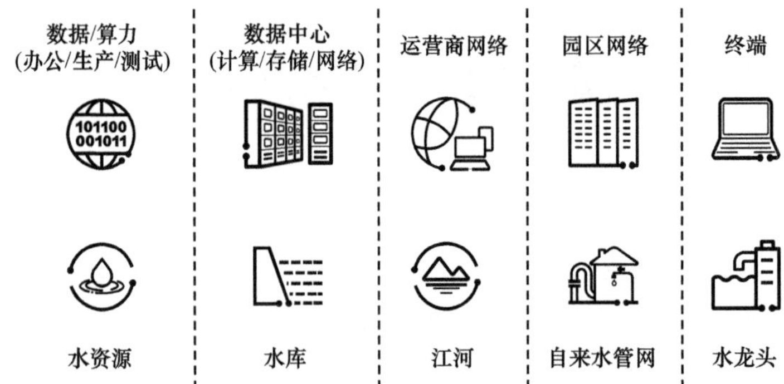

图14-1　什么是数据中心

以分层架构视角来说，数据中心可以从物理环境和软件平台两部分进行解构。如图14-2所示，物理环境包括了L0（土建及配套）、L1（基础设施层）、L2（硬件设备层），软件、平台及应用则占据了L3（平台系统层）、L4（业务应用）。

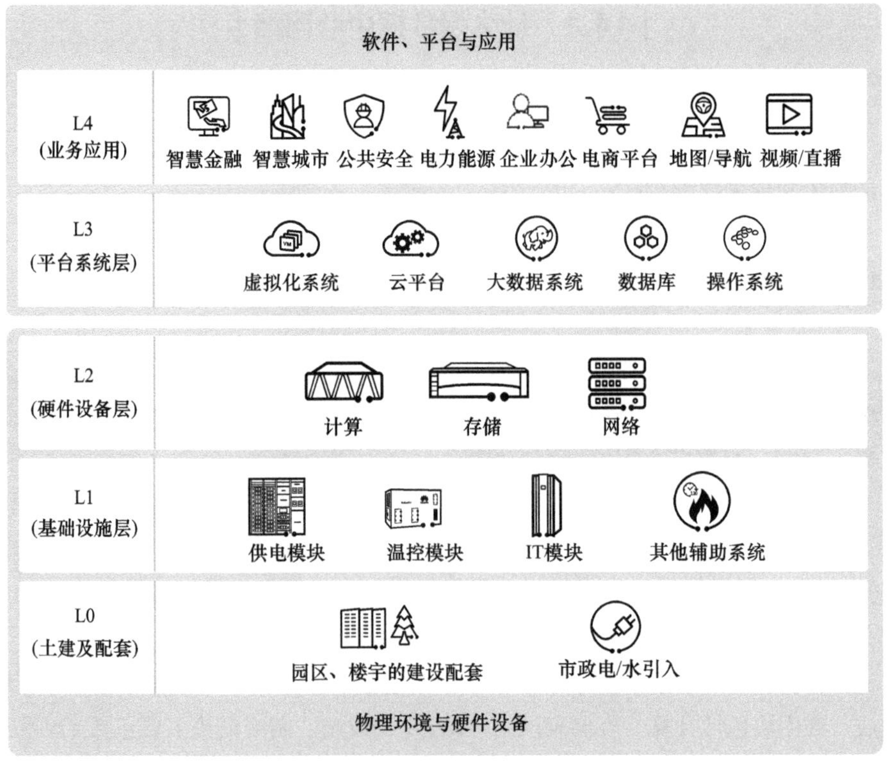

图14-2　数据中心分层架构

L0（土建及配套）主要包含数据中心施工前的准备工作，比如市政电/水引入、园区和楼宇的建设配套等。L1（基础设施层）主要包含供电模块、温控模块、IT模块和其他辅助系统。L2～L4是数据中心的核心部分。L2（硬件设备层）包含计算、存储和网络等核心基础设施。L3（平台系统层）主要包含虚拟化系统、云平台、大数据系统、数据库及操作系统等。L4（业务应用层）则是最贴近人们生活的部分，主要包括我们使用的各种服务，比如金融、政务、电商等，同时包括电力调配、企业办公、视频购物等应用。

14.1.2　数据中心的发展趋势

早期的数据中心实际上就是巨型机的机房，比如第一台巨型机埃尼阿克（ENIAC）在20世纪40年代诞生，而放置埃尼阿克的机房就成为最初的数据中心。

20世纪60年代，随着计算机体积变小，物理上已经可以将多台计算机放置在一个机房中，但是每一台计算机独立承担自己的计算任务，彼此之间没有联网，也没有统一的管理和运维，这种模式被命名为服务器农场模式。

20世纪90年代，随着Client-Server模型的出现，数据中心中的服务器需要对众多客户端进行服务，这就导致单独一台服务器的性能出现瓶颈，所以人们将多台服务器通过网络连接在一起，形成一个集群对外服务。这就是数据中心网络的雏形，网络正式成为数据中心基础设施的一部分。这个时期的数据中心服务器数量通常有几百台。

2010年之后，随着互联网和云计算技术的逐渐成熟和广泛应用，互联网流量快速增长，数据中心的规模也迎来了爆发式增长，几万、几十万甚至几百万台服务器的超大型数据中心陆续出现，这也是我们当前所处的时代。

数据中心的发展趋势可以总结为4类趋势：从虚拟化/云化到服务化、从单中心到多地多中心、从单云到混合云及算力密度和强度持续升级。

1. 从虚拟化/云化到服务化

在早期的传统数据中心中，所有服务器都是物理机，数据中心的建设是烟囱式的，比如有5个应用，每个应用都建设一个资源池，其中有对应的基础设施，每个资源池只对其中一个应用负责。这个模式对资源的利用是低效的，比如当一个应用的负载降低时，空出来的资源无法被其他应用所利用。同时，这个时期数据中心的基础设施，以及计算、存储、网络都是人工进行部署、管理和运维。

为了解决传统数据中心资源利用率低下的问题，数据中心产生了虚拟机，数据中心也逐渐发展到了第二阶段——虚拟化阶段。这个阶段大概在2010年前后开始，特点是承载业务的服务器变成了虚拟机。虚拟机拥有较强的迁移能力，使得数据中心的资源利用率大幅提升。同时，这个阶段还引入了自动化的能力，比如计算、存储和网络的控制器可以用于自动化部署和管理运维。SDN这个概念也是在这个阶段开始兴起的。

在这个阶段，虽然引入了计算、存储和网络的控制器，使得网络和计算存储之间有了协同能力，但数据中心整体的基础设施之间还是割裂的。这时，云平台的引入使我们可以通过云平台统一管控数据中心中的计算、存储和网络资源，也标志着数据中心发展到了第三阶段——云化数据中心阶段。在这个阶段中还引入了容器技术，使服务器的虚拟化程度越来越高，资源的利用率也得到了进一步提升。

当前，数据中心正向着第四阶段服务化数据中心演进。简单来说，在服务化数据中心，用户无须感知数据中心的基础设施，而是直接使用数据中心对外提供的各类服务。这种数据中心的开放性很强，可以对外提供各种灵活整合的服务。

2. 从单中心到多地多中心

在最初的阶段，数据中心的业务是部署在一个数据中心的。单中心的问题是可靠性较差，业务连续性不好。因此，这一阶段很快就过渡到了主备数据中心阶段。

在主备数据中心阶段，企业会建设一个主数据中心，用于承载业务，同时在另外一个城市或同一城市距离较远的位置建设一个灾备数据中心。灾备数据中心平时并不承载业务，只在主数据中心出现故障时恢复业务。

在企业业务增加到一定规模后，一个主数据中心就会无法满足业务的要求，通常会再建设一个同城中心，这两个数据中心通常是双活模式，同时对外提供服务。这就是我们所说的两地三中心阶段。比如银监会要求银行资产超过一定数额后，必须构建两地三中心来保证业务可靠运行。

两地三中心再演进就是多地多中心。当企业业务扩张到一定程度后，单个数据中心的资源已经不能承担企业的所有业务了，因此企业会建立多个数据中心来分担业务的压力，但是核心业务一般还是由主数据中心和同城中心来承担。比如目前的国有四大银行和部分股份制银行已经向着多地多中心演进。

3. 从单云到混合云

在数据中心发展的早期，企业一般是自建数据中心，也就是私有云（单云也是私有云）。随着业务的发展，企业将宝贵的私有云资源用于核心业务，而对于非核心业务则通过公有云承载，这使得企业的数据中心架构从私有云向私有云+公有云的混合云架构演进。

如图14-3和图14-4所示，据《Flexsera 2021年云状态报告》统计，有76%的企业使用多公有云，56%的企业使用多私有云，以及43%的企业使用多私有云+多公有云。而使用单云的企业仅有8%，同时还有超过90%的企业明确多云战略，超过80%的企业在规划部署混合云。所以，多云是数据中心非常明显的演进趋势。

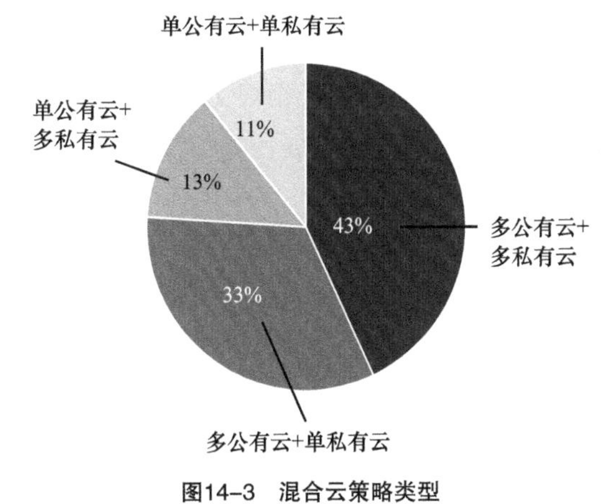

图14-3　混合云策略类型

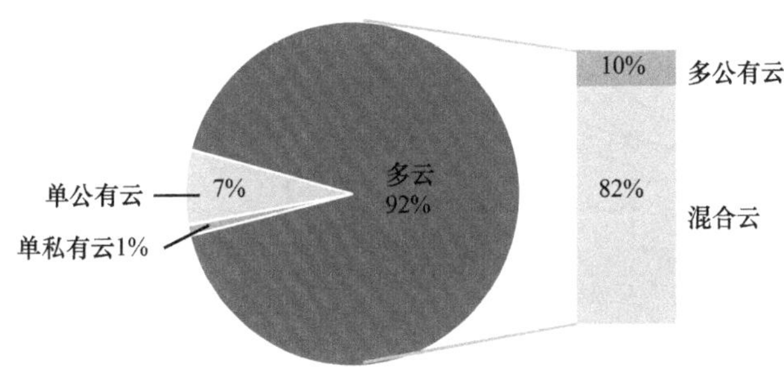

图14-4　企业云策略

4. 算力密度和强度持续升级

数据中心演进的第4个趋势是数据中心内的算力密度一直在升级，数据中心中服务器的接口速率已经从开始的1 Gbit/s、10 Gbit/s、25 Gbit/s，发展到目前的100 Gbit/s、200 Gbit/s和400 Gbit/s。据预测，在2030年，人类将迎来YB时代，对比2020年，通用算力会增长10倍，人工智能算力会增长500倍。

同时，数据中心的算力也将趋于异构和多样化，在通用计算基础上，有各种各样的XPU来执行各类计算任务，包括图形处理单元（Graphics Processing Unit，GPU）、神经网络处理器（Neural Processing Unit，NPU）、媒体处理器（Media Processing Unit，MPU）和数据处理器（Data Processing Unit，DPU）等，异构处理器在处理特定类型的计算任务时，效率是极高的。

14.1.3 数据中心网络架构

如上文所述，随着数据中心在短时间内的迅速发展，虚拟化、云化（私有云、公有云、混合云）、大数据、SDN等也成为热点技术。但不论是虚拟化、云计算或是SDN，有一点需要明确，网络数据报文最终都是在物理网络上传输的。物理网络的特性（例如带宽、时延、扩展性等）都会对虚拟网络的功能产生很大影响。从硅谷创业公司Mirantis对OpenStack Neutron的性能测试报告中可以看出，网络设备的升级和调整可以明显提高虚拟网络的传输效率，所以理解物理网络是理解虚拟网络的前提。本小节将介绍数据中心网络的物理架构和技术。

1. 传统三层网络架构

三层网络架构起源于园区网络，传统的大型数据中心网络将其沿用了下来。这个模型包含以下3层，如图14-5所示。

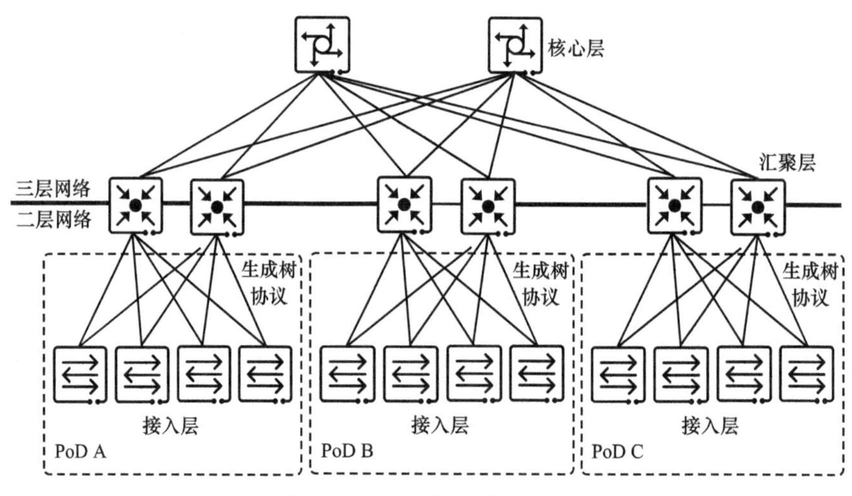

图14-5 三层网络架构示意图

- 接入层主要负责物理机和虚拟机的接入、VLAN 的标记，以及流量的二层转发。
- 汇聚层的汇聚交换机连接接入交换机，同时提供其他服务，例如安全、

QoS、网络分析等。在传统的三层架构中，汇聚交换机往往承担网关的作用，负责收集一个分发点（Point of Delivery，PoD）内的路由。

- 核心层的核心交换机主要负责对进出数据中心的流量进行高速转发，同时为多个汇聚层提供连接性。

通常情况下，汇聚交换机是二层网络和三层网络的分界点，汇聚交换机以下的是二层网络，以上是三层网络。每组汇聚交换机管理一个PoD，每个PoD都是独立的VLAN。服务器在PoD内迁移时不必修改IP地址和默认网关，因为一个PoD对应一个二层广播域。

三层网络架构以实现简单、配置工作量低、广播控制能力较强等优势在传统数据中心网络中得到广泛应用。但是在当前的云计算背景下，传统的三层网络架构已经无法满足云数据中心对网络的诉求，主要原因有以下两点。

（1）无法支撑大二层网络构建

三层网络架构的优势之一是对广播的有效控制，可以在汇聚层设备上通过VLAN技术将广播域控制在一个PoD内。但是在云计算背景下，计算资源被资源池化，根据计算资源虚拟化的要求，虚拟机（Virtual Machine，VM）需要在任意地点创建、迁移，而不需要对IP地址或者默认网关进行修改，这从根本上改变了数据中心的网络架构。为了满足计算资源虚拟化的要求，必须构建一个大二层网络来满足VM的迁移诉求，如图14-6所示。针对传统的三层网络架构，必须将二三层网络的分界点设置在核心交换机，核心交换机以下均为二层网络，这样一来，汇聚层作为网关的作用就不复存在。这也标志着网络架构演进到了没有汇聚层的二层架构。

汇聚层作用被弱化的另一个原因是安全、QoS、网络分析等业务的外移。在传统数据中心，服务器的平均利用率只有10% ～ 15%，网络的带宽并不是主要瓶颈。但是在云数据中心，服务器的规模和利用率大幅提高，IP流量每年都呈指数级增长，网络的转发性能要求也成倍提高。因此，QoS、网络分析等业务不会再部署在数据中心内部，而防火墙一般部署在网关设备附近，所以汇聚层就可有可无了。

另外，三层架构网络中，在进行网络横向扩展时，只能通过增加PoD的方式进行。但是汇聚层设备的增加给核心层设备带来了巨大的压力，导致核心交换机需要越来越大的端口密度，而端口密度非常依赖厂家对设备的更新。这种依赖设备能力的网络架构同样被网络设计人员所诟病。

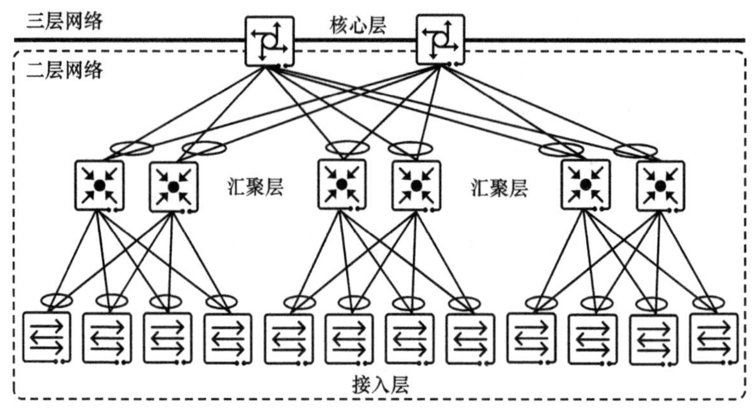

图14-6　大二层网络

（2）无法支持流量（尤其是东西向流量）的无阻塞转发

数据中心的流量可以分为以下几种。

- 南北向流量：数据中心之外的客户端与数据中心内部服务器之间的流量，或者数据中心内部服务器访问外部网络的流量。
- 东西向流量：数据中心内部服务器之间的流量。
- 跨数据中心流量：不同数据中心之间的流量。

在传统数据中心中，业务往往采用专用模式进行部署，通常一个业务只会部署在一台或者几台物理服务器上，并和其他的系统进行物理隔离。所以在传统数据中心中，东西向流量比较少，南北向流量可以占据数据中心总体流量的 80% 左右。

而在云数据中心，业务的架构逐渐从单体模式转变为“Web-App-DB”模式，分布式技术开始在企业应用中流行。一个业务的多个组件通常分布在多个虚拟机 / 容器中。业务的运行不再由单台或几台物理服务器来完成，而是多台服务器协同完成，这就导致了东西向流量的快速增长。

另外，大数据业务逐渐兴起，使得分布式计算基本上成了云数据中心的标配。在这类业务中，数据分布在数据中心成百上千台服务器中，它们进行并行计算，这也导致了东西向流量的大幅提升。

在这种情况下，东西向流量取代了南北向流量，成为数据中心网络中占比最高的流量类型，占比可达90%。而保证东西向流量的无阻塞转发成为云数据中心网络的关键需求。

传统的三层网络架构是在以传统数据中心南北向流量为主的前提下设计的，面向大量的东西向流量就力不从心了，具体原因如下。

- 在为南北向流量设计的三层网络架构中，某些类型的东西向流量（如跨

PoD的L2流量及L3流量）必须经过汇聚层和核心层进行转发，这导致数据经过了许多不必要的节点。由于收敛比的存在（传统网络为了提高设备的使用效率，一般会设置1：10～1：3的带宽收敛），流量转发每多经过一个节点，都会出现非常明显的性能衰减，而应用于三层网络的多种STP技术通常会加剧这种衰减。

- 东西向流量经过的设备层级变多可能会导致流量的来回路径不一致，而不同路径的时延不同，使得整体流量的时延难以预测。这对于大数据这类对时延非常敏感的业务来说是不可接受的。

因此，企业部署数据中心网络时，为了保证东西向流量的带宽，需要更高性能的汇聚交换机和核心交换机。同时，为了保证时延的可预测性，且降低性能衰减，又必须小心谨慎地规划网络，尽量对东西向流量业务进行合理的规划。这些要求无疑降低了数据中心网络的可用性，为网络的后续扩展增加了难度，同时也增加了企业部署数据中心网络的成本。

2. Spine-Leaf架构

由于传统的三层网络架构并不适合作为云数据中心网络的网络架构，一种基于CLOS架构的两层Spine-Leaf架构在云数据中心网络中流行了起来。图14-7所示为一个基于3级CLOS架构的Spine-Leaf网络，每个Leaf交换机的上行链路数都等于Spine交换机的数量，每个Spine交换机的下行链路数都等于Leaf交换机的数量。可以说，Spine交换机和Leaf交换机之间是以全网状（Full-Mesh）方式连接的。

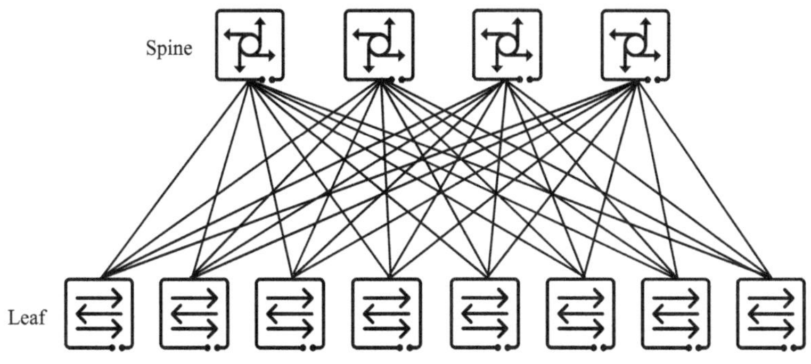

图14-7　Spine-Leaf网络架构（3级CLOS架构）

CLOS架构的核心思想是用大量的小规模、低成本、可复制的网络单元构建大型的网络架构。典型的对称3级CLOS架构如图14-8所示。CLOS架构被分为输入级、中间级和输出级，每一级都由若干个相同的网元构成。很容易看出，在一个3级CLOS交换网络中，经过合理的重排，只要使中间级设备的数量m大于n，无论哪一路输入到输出，均可满足无阻塞交换的要求。

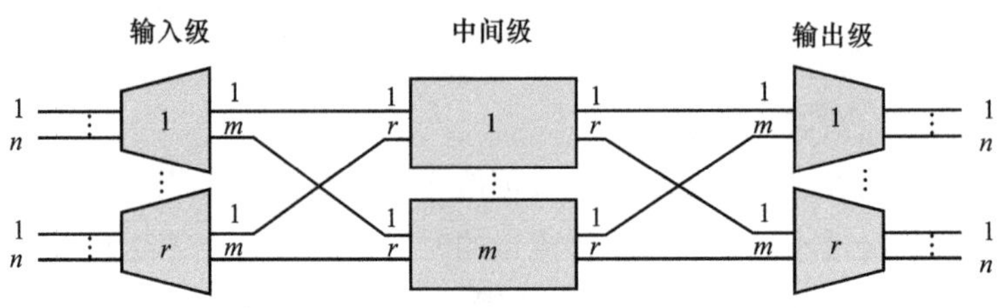

图14-8　对称3级CLOS交换网络

CLOS架构提供了一种构建大型无阻塞网络且不依赖设备形态的方式，扩展起来非常方便，于是被应用到了数据中心网络架构设计上。如果进行一个简单的图形变换就可以发现，Spine-Leaf实际上是对一个三级CLOS架构进行了一次折叠，因此Spine-Leaf在架构上是可以轻松实现无阻塞的。在所有端口速率一致的情况下，如果能够使用一半的端口作为上行端口，则理论上带宽的收敛比可以做到1：1。但是实际上，即使是在云数据中心，服务器的利用率也不可能达到100%，即不可能所有的服务器均随时保持满速发送流量。实际应用中，设备的上行带宽和下行带宽之间的比例会设计为1：3左右，这个比例的设计被认为大体上可以支撑无阻塞转发。

在Spine-Leaf架构中，Leaf交换机相当于传统三层架构中的接入交换机，直接连接物理服务器，并通常被作为网关设备。Spine交换机相当于核心交换机，是整个网络的转发核心。Spine交换机和Leaf交换机之间通过等价多路径（Equal Cost Multi-Path，ECMP）技术实现多路径转发。和传统三层网络中的核心交换机不同的是，Spine交换机是整个网络流量的转发核心，相当于CLOS架构中的中间级。由CLOS架构可以看出，南北向流量可以不再通过Spine交换机发送至网络外部，而是可以通过Leaf交换机完成这一任务，这样Spine交换机就可以专注于流量的转发而不再需要关注其他一些辅助功能。

总之，Spine-Leaf架构相对于传统的三层网络架构的优势如下。

第一，支持无阻塞转发。可以看到，Spine-Leaf 架构对于东西向和南北向流量的处理模式是完全一致的，在设计合理的情况下，可以实现流量的无阻塞转发。无论何种类型的流量，都只需要经过 Leaf-Spine-Leaf 3 个节点即可完成转发。

第二，弹性和可扩展性好。Spine-Leaf架构拥有很好的横向扩展能力，只需要保证Spine和Leaf的比例在一定范围内，不需要重新设计，将原有的结构复制一份即可。一般来说，基于3级CLOS的Spine-Leaf架构可以满足当前大部分数据中心网络的带宽诉求。针对超大型的数据中心，可采用5级的Spine-Leaf架构，即每个PoD部署一个3级CLOS的Spine-Leaf网络，不同PoD之间再增加一层核心交换机进行互连，跨PoD流量可以通过Leaf-Spine-Core-Spine-Leaf传输，5跳可达。Spine和Core之间进行Full-Mesh连接。另外，网络设计可以非常灵活，在数据中心运行初期网络流量较少时，可以适当减少Spine交换机的数量，后续流量增长后再灵活地增加Spine交换机即可。

第三，网络可靠性高。传统三层网络架构中，尽管汇聚层和核心层都做了高可用设计，但是由于汇聚层的高可用基于STP，并不能充分利用多个交换机的性能，如果所有的汇聚交换机（一般是两个）都出现故障，那么整个汇聚层的PoD网络就会瘫痪。但是在Spine-Leaf架构中，跨PoD的两个服务器之间有多条通道，不考虑极端情况时，该架构的可靠性比传统三层网络架构高。

14.1.4　数据中心网络的技术演进

虽然Spine-Leaf为无阻塞网络提供了拓扑的基础，但是还需要配套合适的转发协议才能完全发挥出拓扑的能力。数据中心网络Fabric的技术演进经历了从xSTP、虚拟机框类技术、二层多路径（Layer 2 Multi-Path，L2MP）类技术到最终选择三层网络虚拟化（Network Virtualization over Layer 3，NVo3）类技术的VXLAN作为当前事实上的数据中心网络技术标准。本小节将介绍产生这种演进的原因。

1. xSTP

LAN在网络发展的初始阶段是非常受欢迎的，它通过构建无环的二层网络，再通过广播进行寻址。这种方式简单而有效，因为在一个广播域内，报文是基于MAC地址进行转发的。

在这个背景下，xSTP技术诞生了，它用于破除广播域环路。定义xSTP的标准是IEEE 802.1D，它是通过创建一个树状拓扑结构破除环路，从而避免报文在环路网络中无限循环。关于xSTP的内容和具体原理，读者可以自行查阅相关资料，这里仅说明为什么xSTP不再适用于当前的数据中心网络。xSTP主要有以下几个问题。

- 收敛速度慢。在xSTP网络中，当链路或交换机出现故障时，需要重新计算生成树，重新生成MAC表，如果是根节点出现故障，还需要重新选举根节点。这些问题导致xSTP的收敛速度在亚秒级甚至秒级。在早期的百兆、千兆速率作为接入标准的网络中，这个收敛速度尚可以接受，但是在现在动辄10 Gbit/s、40 Gbit/s甚至100 Gbit/s的网络中，秒级的收敛会导致大量业务掉线，这是不可接受的。所以收敛速度慢是基于xSTP的网络的主要缺点之一。

- 链路利用率低。如上所述，xSTP将网络构建为一个树状结构，以确保由此产生的网络拓扑没有环路。具体实现方法是通过阻塞一些网络链路来构建树状结构，这些被阻塞的链路是网络的一部分，只是被置于不可用的状态，只有在正常转发的链路出现故障时，才会使用这些被阻塞的链路。这就导致了xSTP不能充分利用网络资源。
- 次优转发路径问题。由于xSTP网络是树状结构，任意两台交换机之间只有一条转发路径。如果两台非根交换机之间有一条更短的路径，但是更短的路径由于xSTP计算的原因被阻塞了，那么流量就不得不沿着更长的路径进行转发。
- 不支持ECMP。在三层网络中，路由协议通过ECMP机制可以实现两点之间有多条等价路径进行转发，实现了路径冗余，并提高了转发效率。xSTP技术没有类似的机制。
- 广播风暴问题。尽管xSTP通过构建树状结构防止了环路的发生，但是在一些故障场景下，还是有可能产生环路，而xSTP对这种场景完全无能为力。在三层网络中，IP报文头里有TTL字段，每经过一台路由器时，该字段都会减去一个设置好的值，当TLL字段变成0后，该报文就会被丢弃，从而防止报文在网络中无休止循环。但是以太网报文头中并没有设置类似的值，所以一旦形成了广播风暴，会导致所有涉及的设备的负载大幅上升，这就极大地限制了xSTP网络的规模。在一些经典的网络设计资料中，xSTP的网络直径被限制在7跳或者7跳以内。这对于动辄数万甚至数十万个终端的数据中心网络来说简直是杯水车薪。
- 缺乏双归接入机制。由于 xSTP 网络是树状结构，当服务器双归接入两台基于 xSTP 的交换机时，必然会产生网络环路（除非这两台交换机属于两个局域网，那么服务器可能需要两个不同网段的 IP 地址）。所以，即使服务器上行链路是通过双归接入的，也会被 xSTP 堵塞端口，从而导致双归变为单归。
- 网络规模小。除了广播风暴问题限制了xSTP网络的规模，xSTP网络支持的租户数量也限制了网络规模。xSTP通过VLAN ID来标识租户，VLAN ID仅占12 bit，最多可以支持4096个不同的VLAN。在IEEE 802.1q标准设计之初，设计者可能认为4000个租户的数量已经足够大了，但是在云计算时代，远不止4000个租户。

以上问题导致xSTP技术慢慢地在数据中心网络中被淘汰。在网络后续的发展中，为了解决上述问题，一些新的技术陆续出现。

2. 虚拟机框类技术

首先要介绍的是虚拟机框类技术，这种技术能够将多台设备中的控制平面整合在一起，形成一台统一的逻辑设备，这台逻辑设备不但具有统一的管理IP地址，而且在各种L2和L3协议中也表现为一个整体。因此，完成整合后，xSTP所看到的拓扑是无环的，这就间接规避了xSTP的种种问题。

虚拟机框类技术实现了设备的"多虚一"，不同的物理设备分享同一个控制平面，实际上相当于给物理网络设备做了个集群，并有选主和倒换的过程。业界各厂家都有虚拟机框类技术，比如思科的VSS、新科三集团的IRF2。

虚拟机框类技术通过控制平面多虚一，将多台设备虚拟成一台逻辑设备，通过链路聚合使此逻辑设备与每个接入层物理或逻辑节点设备均只通过一条逻辑链路连接，将整个网络逻辑拓扑变成一个无环的树状连接结构，从而满足无环与多路径转发的需求。如图14-9所示，在设备经过堆叠后，逻辑上来说，整个网络就成为一个天然的树状结构，整网甚至不需要通过xSTP进行环路破除。

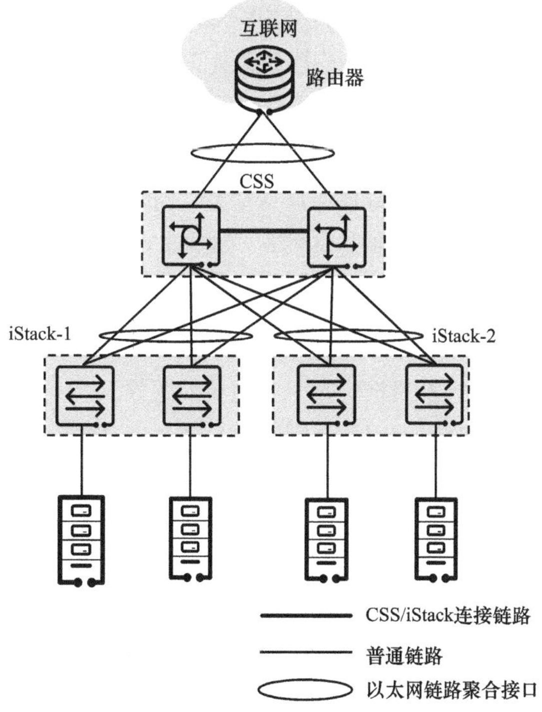

图14-9　通过堆叠构建无环网络

但是，虚拟机框类技术本身也存在以下一些问题。

- 扩展性受限。由于控制平面合一，整个虚拟机框系统控制平面的重担全部压在了主交换机身上，控制平面的处理能力最多不超过系统中单台设备的处理能力。所以任何一种虚拟机框类技术的扩展性都会受到系统中主交换机性能的限制。这是如今流量呈井喷式增长的数据中心网络难以接受的。
- 可靠性问题。控制平面合一的另一大问题是可靠性问题。由于控制平面完全集中在主交换机上，一旦主交换机出现故障，可能会出现较长时间的丢包或者整个系统停止运行。
- 升级丢包问题。控制平面合一还会导致虚拟机框系统升级较为困难。一般的重启升级必然会导致控制平面的中断，从而导致较长时间的丢包。对于一些对丢包敏感的业务，虚拟机框系统升级可能会导致的秒级甚至分钟级的丢包是完全不可接受的。虽然各个厂家都推出了一些无损升级的方案，如在线业务软件升级（In-Service Software Upgrade，ISSU）（这类技术一般通过控制平面的多进程实现无损升级，主进程重启时，备进程正常工作；主进程重启完成后，进行进程主备倒换。具体过程不赘述，读者可以自行查阅资料），但是这些方案普遍非常复杂，操作难度极高，对网络也有要求，所以在实际应用中的效果并不好。
- 带宽浪费问题。虚拟机框系统中需要设备提供专门的线路用于设备之间的状态交互及数据转发，通常这条专门的线路可能需要占用设备10%～15%的总带宽。

虚拟机框类技术虽然一定程度上解决了xSTP技术的一些问题，但是仍然不能单独作为网络协议应用于数据中心网络。事实上，虚拟机框类技术在目前的数据中心中通常被用来保证单节点的可靠性。

3. L2MP类技术

上文讲到的xSTP和虚拟机框类技术的主要问题如下 。

- 无法支撑目前海量数据背景下的数据中心网络的规模。
- 链路利用率低。

那么，是否有一种能支持足够多的设备、天生没有环路，并且链路利用率很高的协议呢？在三层网络中广泛应用的链路状态路由协议进入了人们的视线。在常见的2个域内路由协议中，OSPF和IS-IS支持ECMP负载分担，SPF算法保证最短路径转发和天生无环路，并且都能支持拥有几百台设备的大型网络。而L2MP类技术的基本思想是将三层网络路由技术的机制引入二层网络中。

传统的以太网交换机通常是透明传输的，本身不维护网络的链路状态，也不需要显式寻址的机制。而链路状态路由协议通常要求网络中的每个节点都是可寻址的，每个节点通过链路状态协议计算出网络的拓扑，再通过这个拓扑计算出交换机的转发数据库。所以，L2MP类技术需要给网络中的每台设备添加一个可寻址的标识，类似IP网络中的IP地址。

在以太网中，由于交换机以及终端的MAC地址需要承载在以太网帧中，为了在以太网中应用链路状态路由协议，需要在以太网报文头之外再添加一个帧头，用于链路状态路由协议寻址。关于帧头的格式，目前IETF定义的标准L2MP协议多链接透明互联（Transparent Interconnection of Lots of Links，TRILL）协议使用的是MAC in TRILL in MAC封装，在原始以太帧头外，增加了提供寻址标识的TRILL帧头和供TRILL报文在以太网中转发的外层以太帧头。而另一个L2MP协议最短路径桥接（Shortest Path Bridge，SPB）协议则使用的是MAC in MAC封装，直接使用IP作为寻址标识。其他私有L2MP类技术如思科的FabricPath也是大同小异，基本不会脱离MAC in MAC封装的框架范围，仅在寻址标识的处理上略有差别。

关于链路状态路由协议的选择问题，业界几乎所有的厂家和标准化机构都选择了IS-IS作为L2MP类技术的控制平面协议。之所以选择IS-IS，是因为它本身就是运行在链路层的协议，可以毫无障碍地运行于以太网中。这个协议由ISO的OSI协议套件所定义，并被IETF的RFC 1142所采纳。IS-IS的扩展性非常出色，通过定义新的TLV属性，就可以轻松扩展IS-IS，使之为新的L2MP协议服务。

L2MP类技术的优势是通过在二层网络引入路由的机制解决了环路问题，同时也解决了网络扩展性和链路利用率的问题。而L2MP类技术的主要问题有以下3个。

- 租户数量问题。和xSTP类似，TRILL也通过VLAN ID来标识租户，VLAN ID仅有12 bit，仅支持4000户左右的租户规模。
- 部署成本问题。L2MP类技术或引入了新的转发标识，或增加了新的转发流程，不可避免地需要对设备的转发芯片进行升级换代。所以存量网络使用旧版芯片的设备是无法使用L2MP类技术的，这就增加了客户的部署成本。
- 机制问题。TRILL的OAM机制和组播机制一直未能形成正式的标准，影响了协议的演进。

因为L2MP技术存在以上问题，业界有一些反对的声音，但是在笔者看来，L2MP类技术更像是一个技术流派之争的牺牲品。2010—2014年，L2MP类技术在金融、石油等领域的一些大型企业数据中心屡有建树，但是NVo3类技术

VXLAN横空出世后，几乎所有的IT和CT厂商均倒向了NVo3的阵营（主要原因是其转发机制完全重用了IP转发机制，可以直接应用于存量网络），导致L2MP类技术的市场占有率一落千丈。

再看L2MP类技术的这3个问题。租户数量问题的解决方法其实在TRILL设计之初已经有所考虑，在TRILL帧头预留了字段用于租户标识，只是后续未能持续演进。在今天看来，部署成本问题也并不是L2MP类技术的原罪（实际上VXLAN也需要设备进行升级，只是升级过程比较平滑）。而每一项新技术都会存在机制问题，如果后续能够正常持续演进，一定会有解决方案。

4. 跨设备链路聚合技术

跨设备链路聚合技术的出现是为了解决终端双归属接入的问题。终端双归属必然会导致网络成环，xSTP技术不能解决设备的双归属接入问题，而设备单归属接入的可靠性非常差。而前文所述的技术中，L2MP类技术主要聚焦网络转发本身，对终端如何接入网络也未做说明。虚拟机框类技术由于对外逻辑上是单台设备，所以天然支持双归属接入，终端或交换机只需要通过链路聚合和虚拟机框系统进行对接即可。但是虚拟机框类技术的控制平面完全耦合也会导致一些问题。

两台接入交换机以同一个状态和被接入的设备进行链路聚合协商，在被接入的设备看来，就如同和一台设备建立了链路聚合关系，其逻辑拓扑如图14-10右侧所示。

跨设备链路聚合技术继承了虚拟机框类技术的思想，仍然是对两台设备进行控制平面的耦合。不同的是，跨设备链路聚合技术并不要求设备间的所有状态信息完全同步，仅同步一些链路聚合的相关信息即可，其主体技术思想如图14-10所示。

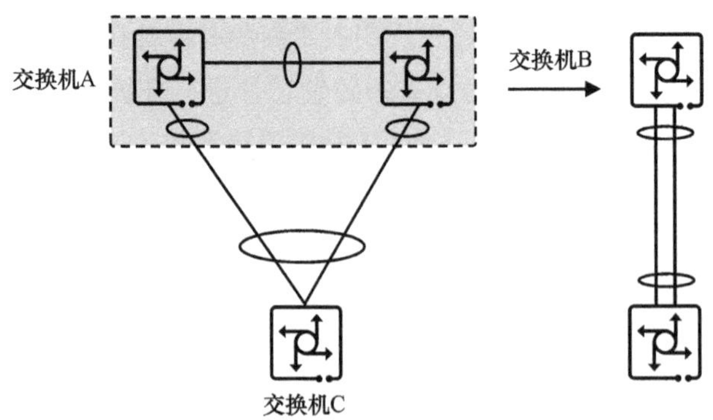

图14-10 跨设备链路聚合

跨设备链路聚合技术本质上还是控制平面虚拟化技术，但由于控制平面耦合程度低，理论上的可靠性相比虚拟机框类技术更好。此外，两台设备可以进行独立升级，业务中断时间较短。

和虚拟机框类技术类似，跨设备链路聚合技术设备之间信息的同步机制均为内部实现，所以业界各厂家均有跨设备链路聚合技术的私有协议。比如思科的虚拟端口通道（Virtual Port Channel，VPC）、Juniper的M-LAG。

5. NVo3类技术

上文介绍的虚拟机框类技术、L2MP类技术、跨设备链路聚合技术根本上未能脱离传统网络的窠臼，依然是以硬件设备为中心的技术思路。但是NVo3类技术则不然，该技术是一项以IT厂商为推动主体、旨在摆脱对传统物理网络架构依赖的叠加网络技术。

叠加网络的含义是在物理网络之上构建一层虚拟网络拓扑。每个虚拟网络实例都是由叠加来实现的，原始帧在网络虚拟化边缘（Network Virtualization Edge，NVE）上进行封装。该封装标识了解封装的设备，在将帧发送到终端之前，该设备将对该帧进行解封装，从而得到原始报文。中间网络设备基于封装的外层帧头来转发帧，并不关心内部携带的原始报文。虚拟网络的边缘节点可以是传统的交换机、路由器，或者是Hypervisor内的虚拟交换机。此外，终端可以是VM或者是一台物理服务器。VXLAN网络标识符（VXLAN Network Identifier，VNI）可以封装到叠加报文头中，用来标识数据帧所属的虚拟网络。因为虚拟数据中心既支持路由，也支持桥接，叠加报文头内部的原始帧可以是完整的带有MAC地址的以太帧，或者只是IP报文。NVo3类技术模型如图14-11所示。

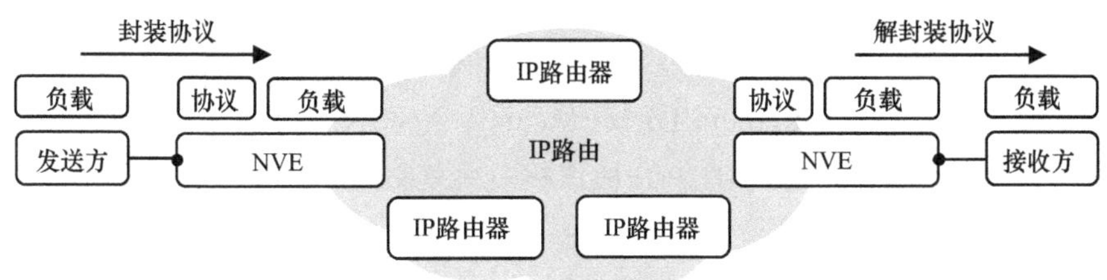

图14-11　NVo3类技术模型

图14-11中的发送方表示终端设备，可能是VM或者物理服务器等。NVE表示网络虚拟化边缘，可能是一台物理交换机或者Hypervisor上的虚拟交换机。发送方可以直接和NVE相连，或者通过一个交换网络和NVE相连。NVE之间通过隧

道相连。隧道是指将一种协议封装到另一种协议中。在隧道入口处，将被封装协议报文封装入封装协议中，在隧道出口处再将被封装的协议报文取出。在整个隧道的传输过程中，被封装协议作为封装协议的负载。NVE上执行网络虚拟化功能，对报文进行封装 / 解封装等操作。这样三层网络中的节点只需要根据外层帧头进行转发，不需要感知租户的相关信息。

可以看到，从某种程度上说，NVo3类技术和L2MP类技术有异曲同工之处，都是在原有网络之上再叠加一层Overlay技术。只是L2MP类技术在原有二层网络的基础上叠加了一种新的转发标识，于是需要硬件设备芯片的支持。而NVo3类技术则完美重用了当前的IP转发机制，只是在传统的IP网络之上再叠加了一层新的不依赖物理网络环境的逻辑网络，这个逻辑网络不被物理设备所感知，且转发机制也和IP转发机制相同。因此，该技术的门槛就被大大降低了，这也使得NVo3类技术在短短几年之内就风靡于数据中心网络。

NVo3类技术的代表有VXLAN、使用通用路由封装的网络虚拟化（Network Virtualization using Generic Routing Encapsulation，NVGRE）、无状态传输通道（Stateless Transport Tunneling，STT）等，其中翘楚无疑是当前最为火热的VXLAN技术。

6. 无损以太网技术

伴随着AI的热潮，深度学习服务器集群的涌现和各种固态盘（Solid State Disk，SSD）等高性能新型存储介质的发展对网络通信时延提出了更高的要求。这类技术通常对网络的时延要求在微秒级，而TCP/IP协议栈是遵循“尽力而为”原则的有损网络，已经不能满足高性能系统的要求。因此，构建一个智能、无损的数据中心网络就显得尤为重要。

传统数据中心网络一般通过Infini Band（下称IB）技术和Fiber Channel（下称FC）技术实现无损网络。IB是最早被提出的高速无损互联网技术，它使用的远程直接存储器存取（Remote Direct Memory Access，RDMA）技术可以跳过TCP/IP协议栈，从而解决了TCP/IP协议栈多次复制的问题。我们知道，TCP/IP协议栈在将数据传输到最终用户过程中需要多次复制，包括将数据从用户态复制到Socket，再复制到内核态，最后复制到网卡，每次复制都需要消耗大量的时间，导致其效率比较低。而RDMA技术可以跨过内核，从应用侧直接将数据复制至网卡，从而节省了大量时间。同时，IB还提供了无损的传输网络，保证了数据不会丢包和重传，确保数据可以高速传输。

FC技术则是在存储网络中广泛应用的协议栈。FC技术直接摒弃了TCP/IP协议栈，构建了一套自己的协议栈。FC协议栈通过一系列流控机制，也实现了网络的无损传输。

虽然IB技术和FC技术实现了网络无损，但也带来了一些其他问题，比如IB网络标准发展缓慢，且需要大量专业人员完成网络相关工作，成本较高；而FC网络需要交换机支持新的协议栈，通常需要大量投资来部署新的网络，无法对已有的以太网进行利旧。

在这些背景下，业界提出了I/O整合的思路，主要想法是将高性能计算、高性能存储和通用计算共享同一条物理链路，建设统一、融合的数据中心以太网，这样就能够大幅减少线缆和能耗，降低运维成本。这个融合网络也需要以太网具备类似IB和FC的无损网络功能。

如图14-12所示，无损以太网的显式拥塞通知（Explicit Congestion Notification，ECN）流控技术在2001年即被定义，但是由于前期需求较少，所以未被重视，直到2008年，无损以太网概念才被正式命名，主要包含两个基础协议：ECN和PFC。无损以太网技术发展到如今，已经出现了传统拥塞控制技术、网络流量控制技术和网络拥塞控制技术等多个技术分支，在14.4节中将详细介绍这些技术。

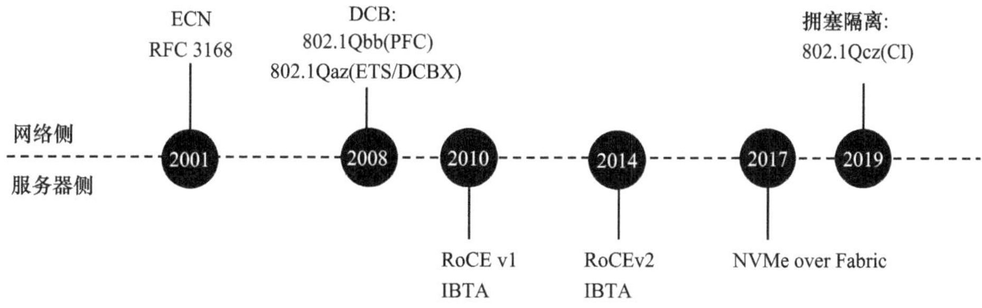

图14-12　无损以太网技术的发展历程

14.2　数据中心的物理网络

典型的数据中心的物理组网架构应遵循Spine-Leaf架构。在云数据中心解决方案中，业界推荐的组网方式如图14-13所示，物理组网中各类角色的含义和功能说明见表14-1。

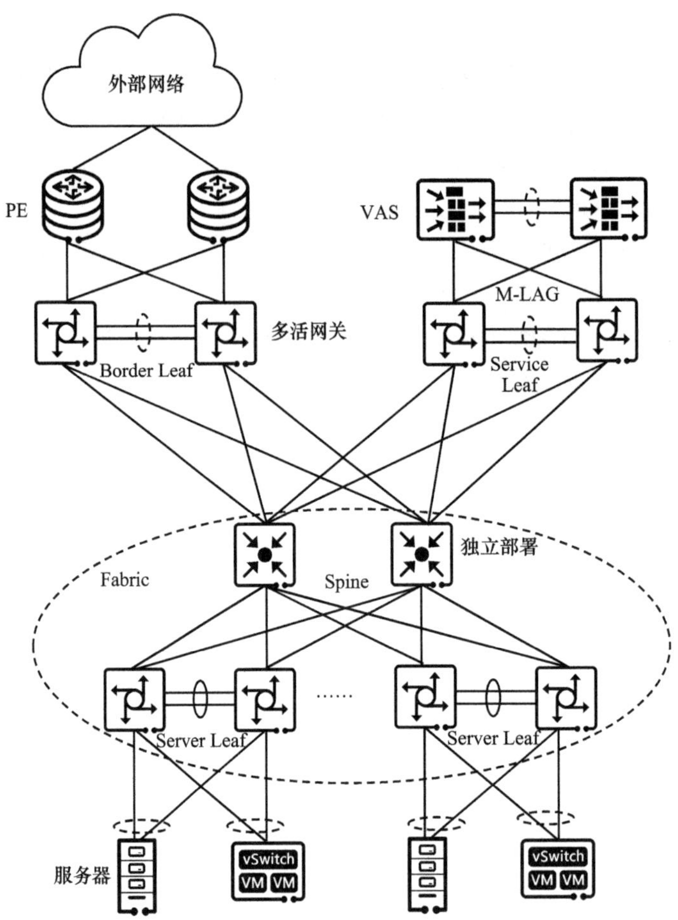

图14–13 业界推荐的云数据中心物理组网方式

表 14–1 云数据中心物理组网中各类角色的含义和功能说明

物理组网角色	含义和功能说明
Fabric	一个SDN控制器管理的网络故障域，可以包含一个或多个Spine-Leaf网络结构
Spine	骨干节点，VXLAN Fabric网络核心节点，提供高速IP转发功能，通过高速接口连接各个Leaf功能节点
Leaf	叶子节点，VXLAN Fabric网络功能接入节点，提供各种网络设备接入VXLAN功能
Service Leaf	Leaf功能节点，提供防火墙和负载均衡等增值业务（Value-Added Service，VAS）服务接入VXLAN Fabric网络的功能
Server Leaf	Leaf功能节点，提供虚拟化服务器、非虚拟化服务器等计算资源接入VXLAN Fabric网络的功能

续表

物理组网角色	含义和功能说明
Border Leaf	Leaf功能节点，提供数据中心外部流量接入VXLAN Fabric网络的功能，用于连接外部路由器或者传输设备

Fabric网络结构可以实现接入节点之间的无差异互访。它可能会包含一个或多个Spine-Leaf结构，具有高带宽、大容量和低网络时延等特点。3种Leaf节点（Server Leaf、Service Leaf和Border Leaf）之间在网络转发层面上并没有差异，只是接入设备不同。由于采用了Spine-Leaf的扁平结构，整体网络的东西向流量转发路径较短，转发效率较高。

扩展性上，Fabric网络结构可以实现弹性扩缩，当服务器数量增加时，增加Leaf的数量即可。当Leaf数量增加导致Spine转发带宽不足时，可相应增加Spine节点的数量。

对于Spine-Leaf架构的组网，针对Spine和Leaf设备分别有以下推荐。

- 针对Spine设备：Spine节点主要负责Leaf节点之间流量的高速转发。推荐单机部署，数量根据Leaf到Spine的收敛比（Leaf的下行总带宽和Leaf的上行总带宽的比值，不同的行业及不同的客户有各自的要求）来决定。一般来说，收敛比为1：9～1：2。
- 针对Leaf设备：Leaf节点主要负责服务器的接入（业务服务器和VAS服务器）和作为南北向网关。Leaf可使用多种灵活的组网方式，推荐使用M-LAG双活方式部署，如果对可靠性或升级丢包时间等要求不高，也可以使用虚拟机框类技术，例如iCSS/iStack。每个Leaf节点均与所有Spine节点相连，构建全连接拓扑形态。

Leaf和Spine之间建议通过三层路由接口互连，通过配置动态路由协议实现三层互连。路由协议推荐OSPF或BGP，关于路由协议的选择可参见本章后续内容。

推荐采用ECMP实现等价多路径负载分担和链路备份，如图14-14所示。从Leaf通过多条等价路径转发数据流量到Spine，在保证可靠性的同时也能提升网络的带宽。需要注意的是，ECMP链路须选择基于传输层L4的源端口号的负载分担算法，由于VXLAN使用的是UDP封装，因此VXLAN报文的目的端口号一直是4789，而VXLAN报文头的源端口号可变，基于此来进行负载分担。

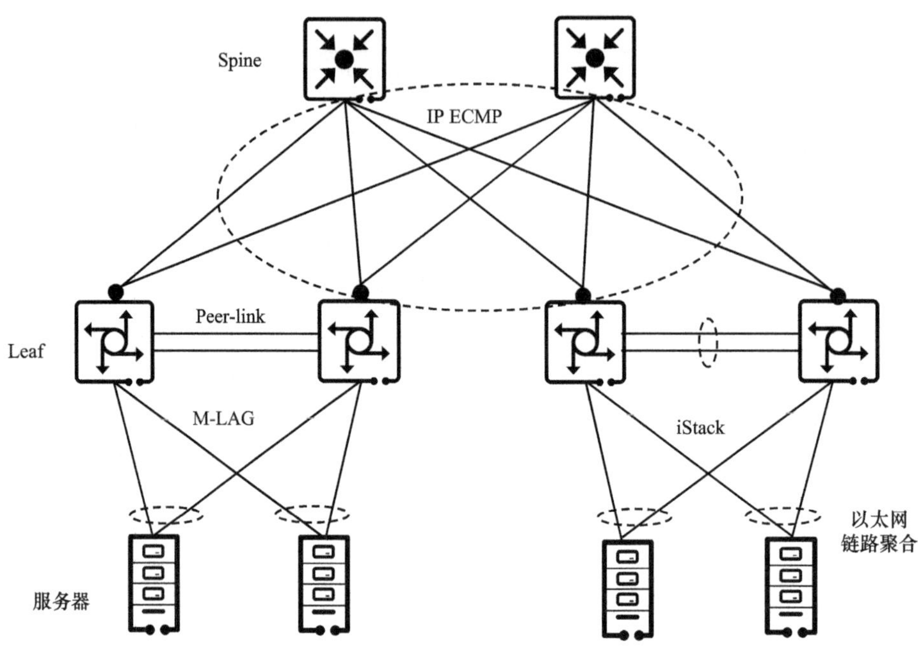

图14-14　Fabric中采用ECMP实现等价多路径负载分担和链路备份

14.3　数据中心的逻辑网络

Overlay是在Underlay上构建的一个逻辑网络，满足数据中心构建大二层网络的要求。目前用于构建Overlay的主流技术为NVo3。

如图14-15所示，Overlay通过在现有Underlay上叠加一个软件定义的逻辑网络，以解决数据中心网络中诸如大规模虚拟机之间二层互通的问题。

由于Overlay和Underlay完全解耦，可以将网络虚拟化并构建出面向应用的自适应逻辑网络，这使得物理网络可以弹性扩展。同时，IP地址信息不和位置绑定，也使得业务可以灵活部署。这种Overlay和Underlay解耦的结构有利于SDN架构的部署。SDN控制器不需要考虑物理网络的架构，可以灵活地将业务部署到Overlay中。

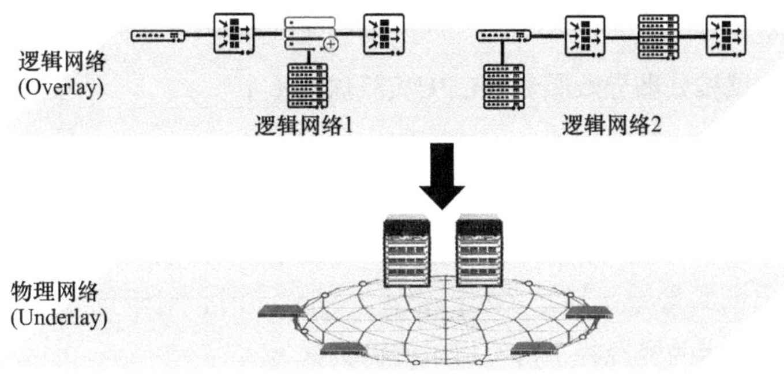

图14-15　Overlay示意图

用于构建Overlay的技术称为Overlay技术，也就是14.1.4小节中提到的NVo3类技术。NVo3类技术实际上是一种隧道封装技术，通过隧道封装的方式将二层报文进行封装后在现有网络中透明传输；报文到达目的地之后再对其解封装，从而得到原始报文，相当于将一个大二层网络叠加在现有的网络之上。

目前，主流的NVo3类技术有VXLAN、NVGRE等，其中，VXLAN技术被绝大多数企业作为构建其Overlay的技术标准。VXLAN是由IETF定义的NVo3标准技术之一，采用L2 over L4（MAC-in-UDP）的报文封装模式，将二层报文用三层协议进行封装，可实现二层网络在三层范围内的扩展，同时满足数据中心大二层虚拟迁移和多租户的需求。

| 14.4　以太网从有损走向智能无损 |

14.4.1　智能时代对数据中心网络的诉求

传统的数据中心通常采用以太网技术组成多跳对称的网络架构，并使用TCP/IP网络协议栈进行数据传输。传统TCP/IP网络虽然经过几十年的发展，技术日臻成熟，但与生俱来的技术特征限制了其在AI计算和分布式存储方面的应用。

1. TCP/IP协议栈处理带来数十微秒的时延

TCP协议栈在接收/发送报文时，内核需要做多次上下文切换，每次切换都需要耗费5～10 μs，另外还需要至少3次的数据复制和依赖CPU进行协议封装。这导致仅协议栈处理就带来数十微秒的固定时延，使得在AI数据运算和SSD分布式存储等微秒级系统中，协议栈时延成为最明显的瓶颈。

2. TCP协议栈处理导致服务器CPU负载居高不下

除了固定时延较长的问题，TCP/IP网络需要主机CPU多次参与协议栈内存的复制。网络规模越大，网络带宽越高，CPU在收发数据时的调度负担就越大，导致CPU持续高负载。按照业界测算的数据：每传输1 bit数据需要耗费1 Hz的CPU主频，那么当网络带宽达到25 Gbit/s以上（满载）时，对于绝大多数服务器来说，CPU至少一半的资源将不得不用来传输数据。

为了降低网络时延和CPU占用率，人们在服务器端应用了RDMA技术。RDMA是一种直接内存访问技术，它将数据直接从一台计算机的内存传输到另一台计算机，这使得数据从一个系统快速移动到远程系统存储器，无须双方操作系统的介入，也无须经过处理器处理，最终达到高带宽、低时延和低资源占用率的效果。

如图14-16所示，RDMA的内核旁路机制允许应用与网卡之间的直接数据读写操作，规避了TCP/IP的限制，从而将协议栈时延降低到接近1 μs；同时，RDMA的内存零复制机制，允许接收端直接从发送端的内存读取数据，极大地减轻了CPU的负担，提升了CPU的效率。举例来说，40 Gbit/s的TCP/IP流量能耗尽主流服务器的所有CPU资源；而在使用RDMA的40 Gbit/s场景下，CPU占用率从100%下降到5%，网络时延从毫秒级降到10 μs以下。

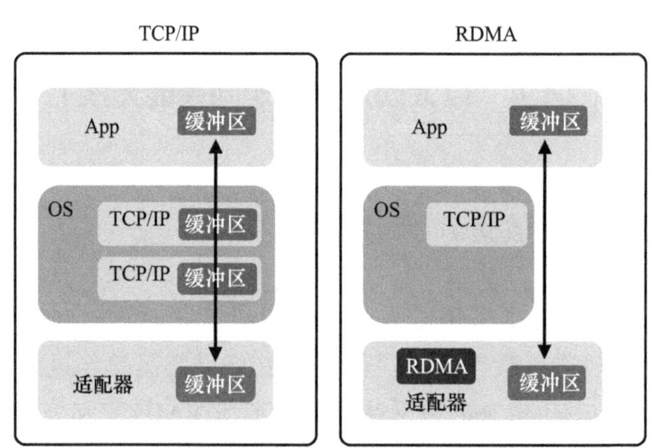

图14-16　RDMA与TCP/IP工作机制对比

根据某知名互联网厂商的测试数据，采用RDMA可以将计算的效率同比提升6～8倍，而服务器内1 μs的传输时延也使得SSD分布式存储的时延从毫秒级降到微秒级，所以在最新的NVMe接口协议中，RDMA成为主流的网络通信协议栈。

这使得RDMA在AI运算和SSD分布式存储追求极致性能的网络大潮中替换TCP/IP成为大势所趋。

目前，RDMA有3种不同的硬件实现，分别是IB、互联网广域远程直接内存访问协议（Internet Wide Area RDMA Protocol，IWARP）、基于融合以太网的远程内存直接访问（RDMA over Converged Ethernet，RoCE）。

- IB是一种专为RDMA设计的网络，可以从硬件级别保证可靠传输，具有极高的吞吐量和极低的时延。但是IB交换机是特定厂家提供的专用产品，采用私有协议，而绝大多数现网都采用IP以太网，所以对于需要广泛互联的AI计算和分布式存储系统，采用IB无法满足互通性的需求。同时，封闭架构也存在厂商锁定的问题，这对于未来需要大规模弹性扩展的业务系统存在风险不可控的问题。业界普遍将IB用于小范围高性能计算（High-Performance Computing，HPC）的独立集群中。
- IWARP允许在TCP上执行RDMA的网络协议，实际应用中需要支持IWARP的特殊网卡。该协议支持在标准以太网交换机上使用RDMA，但是由于TCP的限制，性能稍差。
- RoCE协议允许应用通过以太网实现远程内存访问，支持将RDMA技术运用到以太网上，同样支持在标准以太网交换机上使用RDMA，但需要支持RoCE的特殊网卡，在网络硬件侧无要求。目前，RoCE有两个协议版本，即RoCE v1和RoCE v2。RoCE v1是一种链路层协议，允许在同一个广播域下的任意两台主机直接访问；RoCE v2是一种网络层协议，可以实现路由功能，允许不同广播域下的主机通过三层访问，是基于UDP封装的。

上述3种实现的对比如表14-2所示。

表 14-2　RDMA 三种实现的对比

实现方式	标准组织	性能	成本	网卡厂商
IB	IBTA	最好	高	Mellanox-40 Gbit/s
IWARP	IETF	稍差	中	Chelsio-10 Gbit/s
RoCE	IBTA	与IB相当	低	Mellanox-40 Gbit/s Emulex-10/40 Gbit/s

虽然IB的性能最好，但是由于IB是专用的网络技术，无法继承用户在IP网络上运维的积累和平台，企业引入IB后需要重新招聘专门的运维人员，而且当前IB只有很小的市场空间（不到以太网的1%），业内严重缺乏有经验的运

维人员，网络一旦出现故障，甚至无法及时修复，导致运营支出（Operational Expenditure，OPEX）极高。因此，基于传统的以太网来承载RDMA，也是RDMA大规模应用的必然选择。为了保障RDMA的性能和网络层的通信，使用RoCE v2承载高性能分布式应用已经成为一种趋势。

然而，由于RDMA最初提出时，是以无损的IB网络作为承载，RoCE v2协议缺乏完善的丢包保护机制，对于网络丢包异常敏感。

TCP丢包重传是大家熟悉的机制。TCP丢包重传是精确重传，发生重传时会去除接收端已接收到的报文，减少不必要的重传，做到丢哪个报文重传哪个。然而，在RDMA协议中，每次出现丢包，都会导致整个message的所有报文都进行重传。并且RoCE v2基于无连接协议的UDP，相比面向连接的TCP，UDP更加快速、占用CPU资源更少，但UDP不像TCP那样有滑动窗口、确认应答等机制来实现可靠传输。一旦出现丢包，RoCE v2需要依靠上层应用进行检查，之后才会再做重传，这大大降低了RDMA的传输效率。

因此，RDMA在无损状态下可以满速率传输，而一旦发生丢包并重传，性能就会急剧下降。如图14-17所示，大于0.001的丢包率，将导致网络的吞吐量急剧下降。0.01的丢包率就可以使得RDMA的吞吐量下降至0。要想让RDMA的吞吐量不受影响，丢包率必须保证在10^{-5}（十万分之一）以下，最好为零丢包。

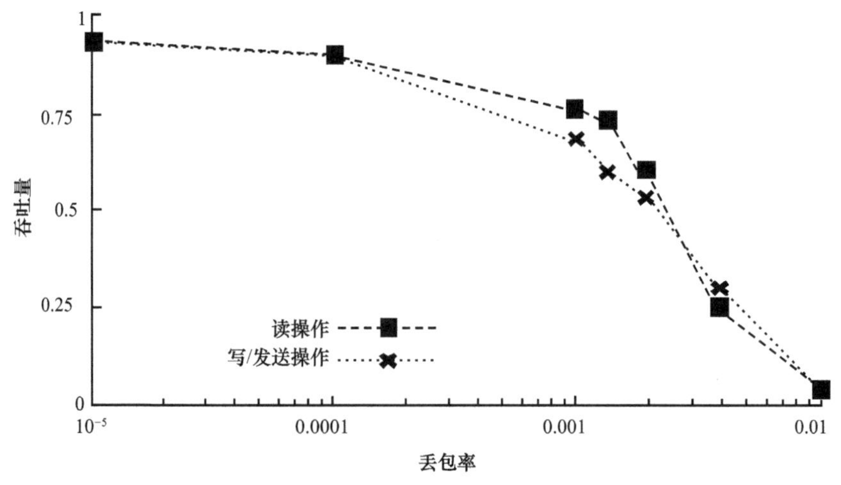

图14-17　RDMA网络丢包对吞吐量的影响曲线图

在通过RDMA构建网络来降低时延时，需要明白时延不是指网络轻负载情况下的单包测试时延，而是指满负载下的实际时延，即流完成时间。如图14-18所示，网络时延由静态时延和动态时延构成。

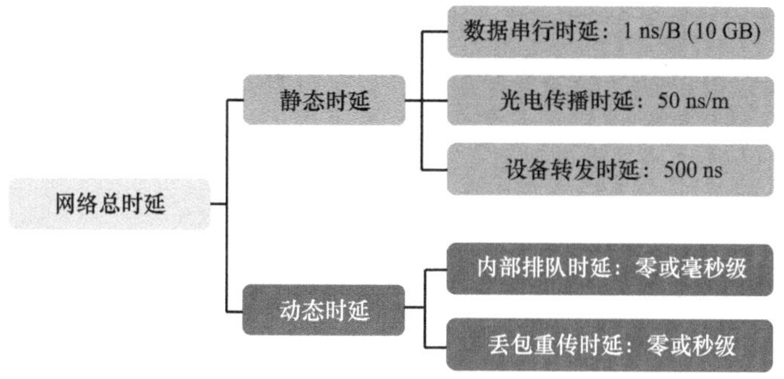

图14–18　网络时延构成图

静态时延包括数据串行时延、光电传输时延和设备转发时延。这类时延由转发芯片的能力和传输的距离决定，往往有确定的规格，目前普遍为纳秒级或者亚微秒级，在网络总时延中占比小于1%。当前，个别厂家宣称的芯片转发时延达到几百纳秒，就是指单包静态时延。

对于网络性能影响比较大的是动态时延，在网络总时延中占比超过99%。动态时延包括内部排队时延和丢包重传时延。这类时延由网络拥塞和丢包引起。

AI时代的流量在网络中的冲突越来越剧烈，例如以下两种场景。

- 分布式存储业务中，应用请求读取文件时，会并发访问多个服务器的不同数据部分。每次读取数据时，流量都会汇聚到交换机。
- 高性能计算业务中，每次并行计算完成，计算节点间同步任务结果时，数据同样都汇聚到交换机。

对于以上两种场景，无论网络是否为轻载网络，交换机的缓存都会成为瓶颈，容易造成报文排队或者丢包。一旦发生排队或者丢包，时延往往达到亚秒级。所以，低时延网络的关键在于低动态时延：减少报文排队，保证高吞吐量；尽量确保零丢包，不造成重传时延。

动态时延强调的是单流时延或者多流时延。也就是说，一个流必然包括多个报文，流的完成时间取决于传输完最后一个报文的时间，即任何一个报文被拥塞，都会导致流的完成时间增加。而对于分布式架构，一个任务包括多流，任务完成时间取决于最后一个流的完成时间，即任何一个流被拥塞，都会导致任务的完成时间增长。

无论是为了解决数据中心网络"拖后腿"的问题，还是为了保障RDMA的性能，零丢包、低时延、高吞吐量都是AI时代数据中心网络的3个核心诉求。

基于上述诉求，云网数据中心解决方案推出了智能无损网络解决方案，为AI时代的分布式高性能应用提供具有以下特征的智能无损数据中心网络环境。

- 零丢包，不造成重传时延，保证分布式高性能应用的高效和稳定。
- 低时延，降低计算芯片和存储介质的等待时间，提高计算和存储的效率。
- 高吞吐量，满足高性能服务器对带宽的需求，减少报文排队，确保分布式高性能应用中大数据传输的吞吐量。

14.4.2 如何实现低时延、零丢包和高吞吐量的数据中心网络

本小节主要从3个场景来介绍如何实现低时延、零丢包和高吞吐量的数据中心网络。3个场景分别是小缓存场景下的零丢包、分布式架构场景下的拥塞控制和数据中心CLOS架构下的拥塞控制。

1. 通过拥塞控制实现小缓存场景下的零丢包

由上一节可知，为了实现低时延、高带宽、低CPU占用率的网络，可以采用RoCE v2协议代替传统的TCP/IP。然而想发挥出RDMA真正的性能，突破数据中心的网络性能瓶颈，势必要为RDMA搭建一套零丢包的网络环境。

如图14-19所示，缓存空间存在于芯片中，芯片上的所有端口共用该芯片的缓存空间。在拥塞的情况下，数据报文以队列的形式暂存在端口分配的缓存里，交换机按一定的规则把数据报文调度出队，并进行转发。如果缓存装不下数据报文，还会按一定规则丢弃报文。当丢弃报文时就造成了报文丢包，这是以太网的常见现象。实际上，根据报文在网络中传输时是否需要零丢包传输，可以将业务

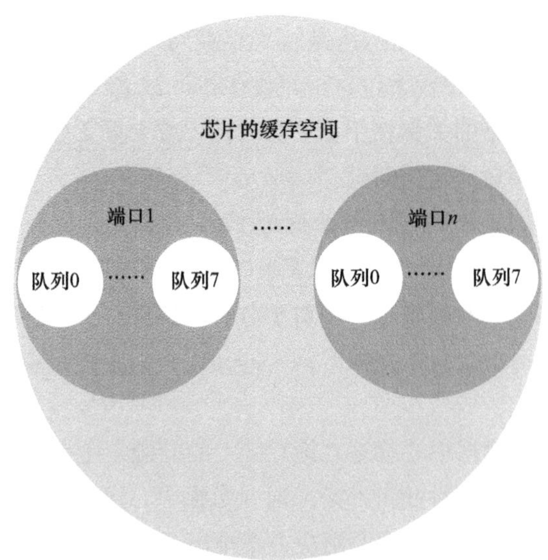

图14-19 芯片的缓存空间分配

划分为无损业务（需要零丢包传输的业务）和有损业务（允许丢包传输的业务）。显然，RDMA需要无损的网络。

在传统以太网模式下，实现零丢包传输最主要的手段就是依赖大缓存（Buffer）。缓存相当于几个大湖泊，流量相当于大河，正是因为有几个大湖泊可以在汛期吸纳大河的洪峰，才不至于让洪水泛滥出大堤（类似网络的丢包）。然而，数据中心网络主流交换芯片采用大带宽、小Buffer的设计，如1.28 TB容量的Trident 2芯片只有14.4 MB的Buffer，3.2 TB容量的Trident 3芯片的Buffer是32 MB、12.8 TB容量的Tomahawk 3芯片Buffer是64 MB。网络端口的速率从千兆发展到万兆，再到25 Gbit/s，甚至100 Gbit/s，虽然服务器的全速率发送能力增加了100倍，但交换芯片的缓存仅增大了2～3倍。

如果用同样的全速率发送流量模型进行测试，会发现25 Gbit/s网络下多打一（即多个发送端同时向一个接收端发送数据）导致的拥塞丢包现象比万兆网络更加明显，相应的对业务和应用的优化要求或丢包率容忍度要求会更高。以256个25 Gbit/s端口的Tomahawk 3为例，如果是255打1，那么64 MB的Buffer只能支撑40 μs，不到0.1 ms。

现在，部分数据中心的汇聚交换机采用的是Broadcom公司推出的Jericho系列芯片，这种芯片可以达到900 Gbit/s的带宽，并具有4 GB（注意是GB，不是MB）的Buffer。然而Buffer也不是越大越好，如果Buffer较大，可能会在拥塞时造成保存在Buffer中的报文很多，导致网络时延过大、吞吐量过低。同时，一些传输协议的机制，比如TCP中传统的滑动窗口机制，在长时间得不到对端反馈的情况下会认为出现了丢包，从而进行报文重传，造成再次的拥塞。

由此可见，拥塞丢包并不是通过增大缓存就能避免发生的，过大的缓存往往会导致排队和高时延。因此，在承载RDMA的无损网络环境中，需要实现的是较小缓存下的零丢包，也就是需要引入网络拥塞控制机制。

2. 通过拥塞控制应对分布式架构场景下的挑战

随着云计算的普及，应用架构从集中式走向分布式已经成为业界的共识。据统计，互联网、金融等行业超过80%的应用系统已迁移到分布式系统上。通过海量的PC平台替代小型机，带来了低成本、易扩展、自主可控等优势，同时也带来了可靠性、网络互联的挑战。

分布式架构需要服务器之间大量的协作，协作的方式一般采用MAP/REDUCE过程。比如对于高性能计算应用，在MAP阶段，会把一个大的计算任务分解为多个子任务，然后将每个子任务分发给计算节点处理；在REDUCE阶段，会搜集多个计算节点的处理结果，并进行汇总；循环往复这两个过程。需要注意的是在REDUCE阶段，网络中的流量会呈现Incast特征。

传统流量有点对点流量（即Unicast），点对多点流量（即Broadcast/Multicast），而Incast指的是多点对一点的流量。具体来说，Incast是指一种多对一的通信模式，如图14-20所示，Incast通常发生在一个客户端同时向后端的多个服务器节点发起数据请求的时候。

①在某些情况下，服务器集群会同时响应这些请求，那么在某一段时间内会出现大量的服务器节点向同一个客户端发送数据的情况，从而在短时间内使得客户端接收的流量激增。

②短时内的流量激增会导致客户端所对应的交换机的出口处发生拥塞，导致交换机的出端口的缓存溢出、丢包。

③服务器感知到丢包之后会重传之前的数据报文，从而导致时延增大、吞吐量降低。

④同时，客户端上的应用可能需要等到接收完全部的数据才能发送下一个请求，这导致时延进一步增大。

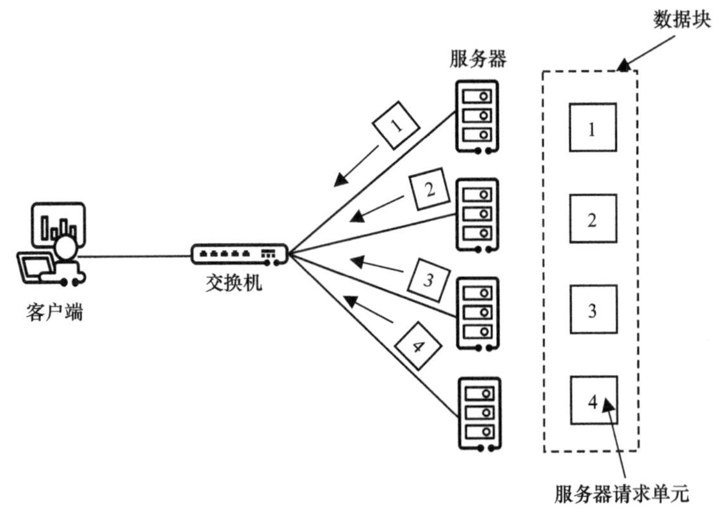

图14-20　Incast原理图

综上所述，分布式架构造成的Incast突发流量进一步加剧了网络拥塞，并导致网络流量的丢包损失、时延损失和吞吐量损失，使应用性能受到严重影响，因此需要网络拥塞控制。

3. 通过拥塞控制实现数据中心CLOS架构下的无损网络

图14-21展示了当今数据中心流行的CLOS网络架构：Spine-Leaf网络架构。

CLOS网络架构通过等价多路径实现无阻塞性和弹性，交换机之间采用三级网络使其具有可扩展、简单、标准和易于理解等优点。除了支持Overlay，Spine-Leaf网络架构的另一个好处是提供了更为可靠的组网连接，因为Spine层面与Leaf层面是全交叉连接，任一层面中的单交换机故障都不会影响整个网络结构。

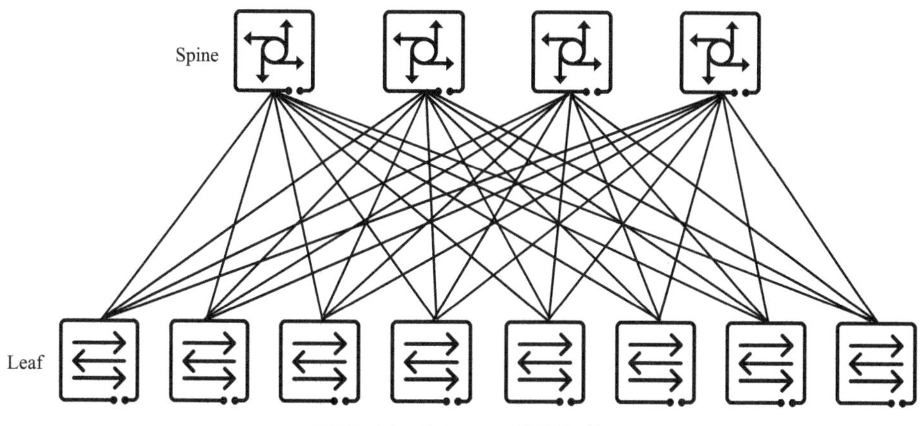

图14-21　Spine-Leaf网络架构

然而，由于CLOS网络架构存在many-to-one流量模型和all-to-all流量模型，数据中心中无法避免Incast现象，这是造成数据中心网络丢包的主要原因。下面分别介绍这两种流量模型下的拥塞控制。

（1）many-to-one流量模型下的拥塞控制

如图14-22所示，Leaf1、Leaf2、Leaf3、Leaf4和Spine1、Spine2、Spine3形成一个无阻塞的CLOS网络架构。假设服务器上部署了某项分布式存储业务，在某个时间内，Server2上的应用需要从Server1、Server3、Server4处同时读取文件，会并发访问这几个服务器的不同数据部分。每次读取数据时，流量从Server1到Server2、从Server3到Server2、从Server4到Server2，形成一个many-to-one，这里是3打1。整网无阻塞，只有Leaf2向Server2的出端口方向产生了一个3打1的Incast现象，此处的Buffer是瓶颈。无论该Buffer有多大，只要many-to-one持续下去，最终都会溢出，即出现丢包。

一旦丢包，会进一步恶化业务性能指标（如吞吐量和时延）。虽然增加Buffer可以缓解问题，但不能彻底解决问题，特别是随着网络规模的扩大、链路带宽的增长，增加Buffer来缓解问题的效果越来越有限。同时，大容量芯片增加Buffer的成本越来越高，越来越不经济。

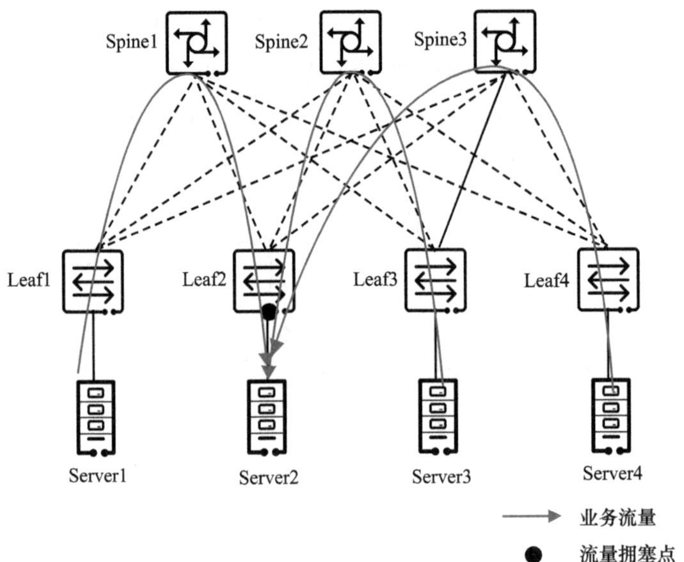

图14-22　many-to-one流量模型示例

要在many-to-one流量模型下实现无损网络，达成无丢包损失、无时延损失、无吞吐量损失，唯一的途径就是引入拥塞控制机制，目的是控制从many到one的流量、确保不超过one侧的容量，如图14-23所示。

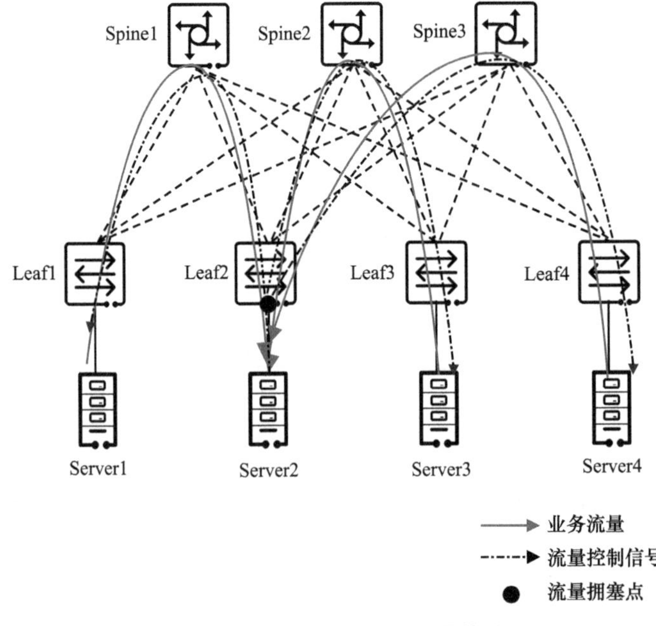

图14-23　many-to-one的流量控制

为了保证不出现Buffer溢出而丢包的现象，交换机Leaf2必须提前向源端发送信号控制流量，同时交换机必须保留足够的Buffer，以在源端控制流量之前接纳报文，这些操作由拥塞控制机制完成。当然，这个信号也可以由服务器Server2分别发给Server1、Server3和Server4。

因为信号有反馈时延，为了确保不丢包，交换机必须有足够的Buffer，以在源端控制流量之前容纳排队的流量。Buffer机制没有可扩展性，这意味着除了拥塞控制机制，还需要链路级流量控制。

（2）all-to-all流量模型下的拥塞控制

在图14-24中，Leaf1、Leaf2、Leaf3和Spine1、Spine2、Spine3形成一个无阻塞的CLOS网络架构。假设服务器上部署了某项分布式存储业务，Server1与Server4是计算服务器，Server2与Server3是存储服务器。当Server1向Server2写入数据、Server4向Server3写入数据时，流量从Server1到Server2、从Server4到Server3，两个不相关的one-to-one形成一个all-to-all，这里是2打2。整网无阻塞，只有Spine2向Leaf2的出端口方向是一个2打1的Incast流量，此处的Buffer是瓶颈。无论该Buffer有多大，只要all-to-all持续下去，最终都会溢出，即出现丢包。一旦丢包，会进一步恶化吞吐量和时延。

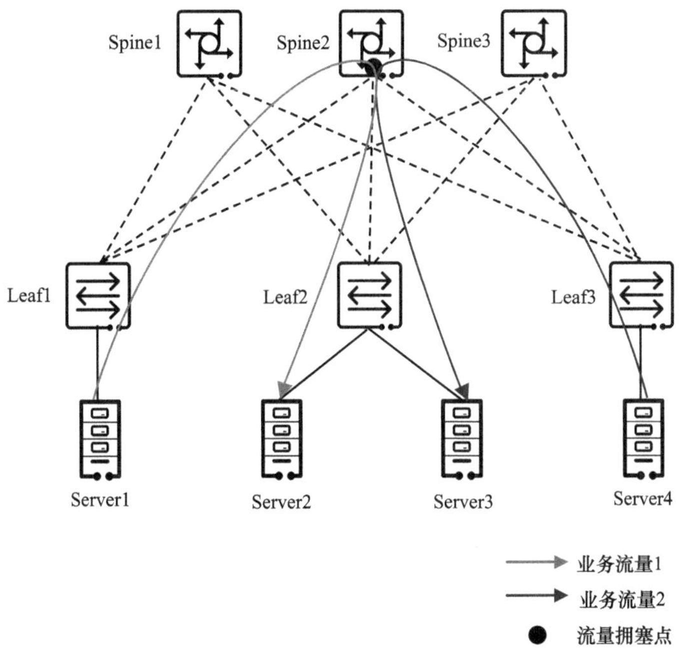

图14-24　all-to-all流量模型示例

要在all-to-all流量模型下实现无损网络，达成无丢包损失、无时延损失、无吞吐量损失，需要引入负载分担，目的是控制多个one到one的流量不要在交换机上形成交叉，如图14-25所示，流量从Server1到Spine1再到Server2、从Server4到Spine3再到Server3，整网无阻塞。

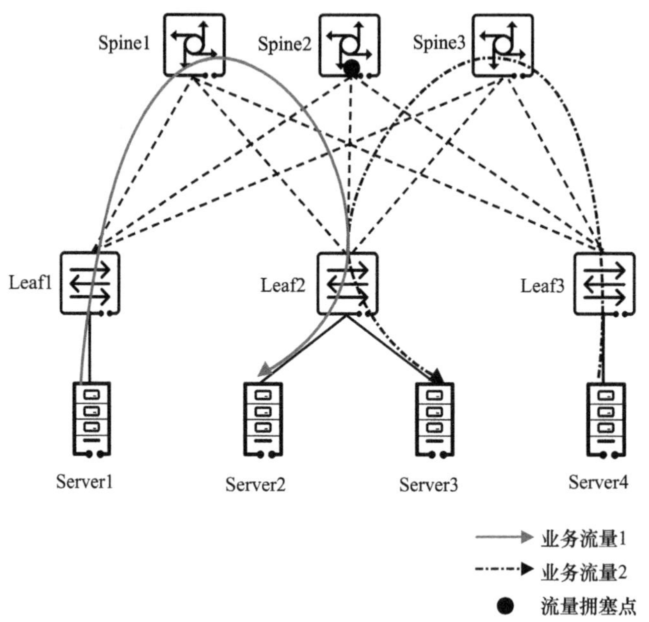

图14-25　all-to-all 的负载分担

事实上，如果有报文转发、统计复用，就意味着有队列、有Buffer，不会存在完美的负载分担而不损失经济性。如果采用大Buffer吸收拥塞队列，则成本非常高，且在大规模或大容量下无法实现，比如这里如果单纯使用大Buffer以保证不丢包，那么Spine2的Buffer必须是所有下接Leaf的Buffer总和。

为了整网不丢包，除了使用Buffer，还得有流量控制机制，以确保点到点之间不丢包。如图14-26所示，在all-to-all流量模型下，采用的是“小Buffer交换机芯片+流量控制”，由小Buffer的Spine2向Leaf1和Leaf3发送流量控制信号，让Leaf1和Leaf3控制流量的发送速率，从而缓解Spine2的拥塞。

14.4.3　传统拥塞控制技术

由14.4.2小节可知，智能无损数据中心网络需要通过拥塞控制技术实现，本小节将介绍业界常用的传统拥塞控制技术。

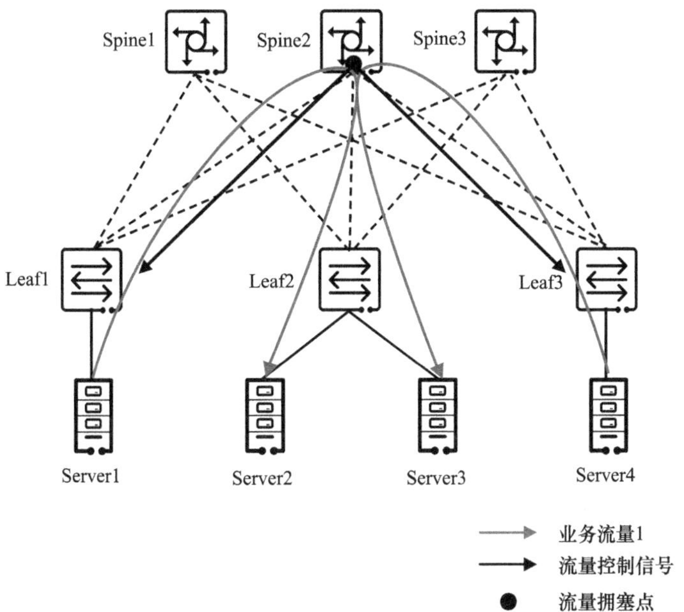

图14-26　all-to-all 的链路级流量控制

实际上，在某段时间内，只要对网络中的资源（如链路容量，交换节点中的缓存和处理机等）需求大于可用的资源，就会造成拥塞。拥塞控制就是防止过多的数据注入网络，使交换机或链路不会过载。流量控制和拥塞控制的区别在于：流量控制是端到端的，需要做的是控制发送端的发送速率，以便接收端来得及接收；拥塞控制是一个全局性的过程，涉及所有的主机、交换机，以及与降低网络传输性能有关的所有因素。在现网中，二者需要配合应用才能真正解决网络拥塞问题。图14-27所示为本小节介绍的传统拥塞技术关系图，具体内容见相关章节。

14.4.4　网络流量控制技术

无损网络和交换机紧密相关。现在市面上有形形色色的交换机，如果这些交换机的入口端和出口端缺少协调，那么将很难用它们去搭建一个无损的网络环境。而承担这个协调任务的正是流量控制，也称为链路级流量控制。流量控制所要做的就是控制上行出口端发送数据的速率，以便下行入口端来得及接收，防止交换机端口在拥塞的情况下出现丢包。网络流量控制技术包括以太PAUSE机制和基于优先级的流量控制（Priority-based Flow Control，PFC）两种技术。

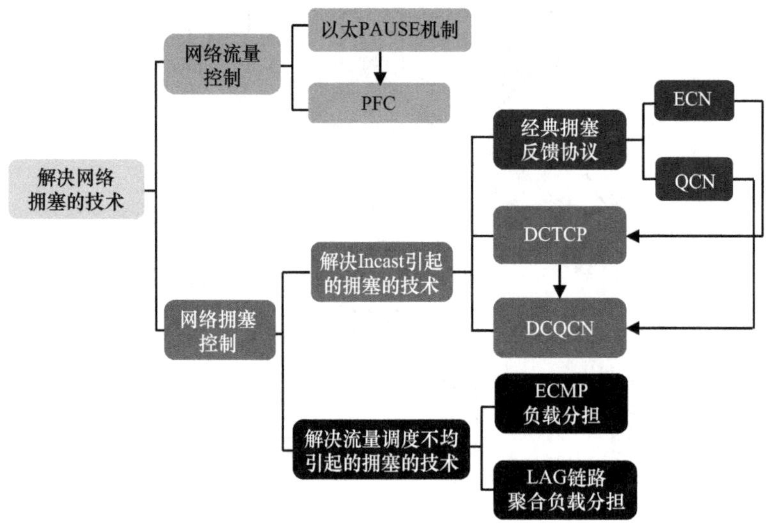

图14-27 传统拥塞控制技术关系图

1. 以太PAUSE机制

通过以太PAUSE帧实现的流量控制（IEEE 802.3 Annex 31B）是以太网的一项基本功能。当下游设备发现接收能力小于上游设备的发送能力时，会主动发PAUSE帧给上游设备，要求暂停流量的发送，等待一定时间后再继续发送数据。

如图14-28所示，端口A和B接收报文，端口C向外转发报文。如果端口A和B的接收报文速率之和大于端口C的带宽，那么部分报文就会缓存在设备内部的报文buffer中。当buffer的占用率达到一定程度时，端口A和B就会向外发送PAUSE帧，通知对端暂停发送一段时间。PAUSE帧只能阻止对端发送普通的数据帧，不能阻止对端发送MAC控制帧。

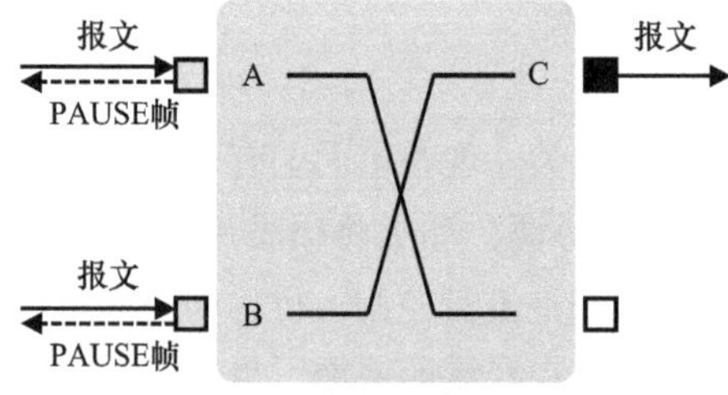

图14-28 以太PAUSE帧应用示意图

上述内容有个先决条件，那就是端口A和B工作在全双工模式下，并且支持流量控制功能，同时对端的端口也要开启流量控制功能。需要注意的是，有的以太网设备只能对PAUSE帧做出响应，但是并不能发送PAUSE帧。

以太PAUSE机制的基本原理不难理解，比较容易忽视的一点是：端口收到PAUSE帧之后，停止发送报文多长时间？其实，如图14-29所示，PAUSE帧的格式中携带了时间参数。

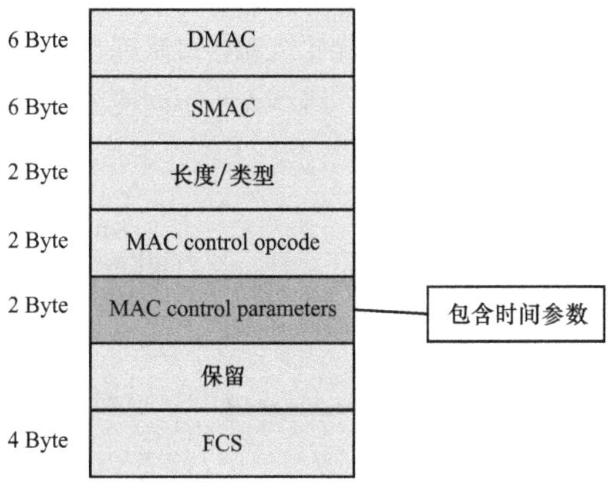

图14-29　PAUSE帧的格式

- PAUSE帧的目的MAC地址是保留的MAC地址0180-C200-0001，源MAC则是发送PAUSE帧的设备的MAC地址。
- MAC control opcode域的值是0x0001。其实，PAUSE帧是MAC控制帧的一种，其他类型的MAC控制帧使用不同的opcode值。因此，通过opcode，交换机可以识别收到的MAC控制帧是否为PAUSE帧。
- MAC control parameters域需要根据MAC control opcode的类型来解析。对于PAUSE帧而言，该域是个2字节的无符号数，取值范围是0～65535。该域的时间单位是pause_quanta，1 pause_quanta相当于传输512 bit所用的时间。收到PAUSE帧的设备通过简单的解析，就可以确定停止发送的时长。对端设备出现拥塞的情况下，本端端口通常会连续收到多个PAUSE帧。只要对端设备的拥塞状态没有解除，相关的端口就会一直发送PAUSE帧。

2. PFC

基于以太PAUSE机制的流量控制虽然可以预防丢包，但是有一个不容忽视的问题：PAUSE帧会导致一条链路上的所有报文停止发送，即在出现拥塞时会将链路上所有的流量都暂停。在服务质量要求较高的网络中，这显然是不能接受的。

PFC也称为Per Priority Pause，是对PAUSE机制的一种增强机制。

PFC允许在一条以太网链路上创建8个虚拟通道，并为每条虚拟通道指定一个优先等级，允许单独暂停和重启其中任意一条虚拟通道，同时允许其他虚拟通道的流量无中断通过。这种方法使网络能够为单个虚拟链路创建零丢包类别的服务，使其能够与同一接口上的其他流量类型共存。

如图14-30所示，设备A发送接口分成了8个优先级队列，设备B接收接口有8个接收缓存，两者一一对应（报文优先级和接口队列存在着一一对应的映射关系），形成了网络中的8个虚拟通道，缓存大小不同使得各队列有不同的数据缓存能力。

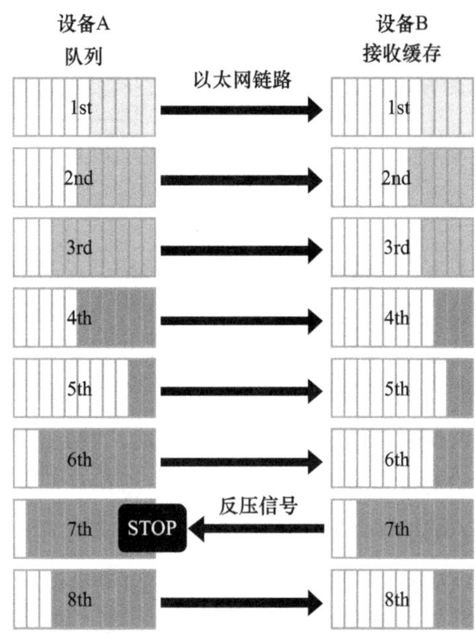

图14-30　PFC的工作机制

当设备B的接口上某个接收缓存产生拥塞时，即某台设备的队列缓存消耗较快，超过一定阈值（可设定为端口队列缓存的1/2、3/4等比例），设备B即向数据进入的方向（上游设备A）发送反压信号“STOP”。

设备A接收到反压信号后，会根据反压信号指示停止发送对应优先级队列的报文，并将数据存储在本地接口缓存。如果设备A本地接口缓存消耗超过阈值，则继续向上游反压，如此一级一级反压，直到网络终端设备，从而消除网络节点因拥塞造成的丢包。

“反压信号”实际上是一个以太网帧，即PFC帧，其具体报文格式如

图14-31所示，报文格式中各字段的定义如表14-3所示。

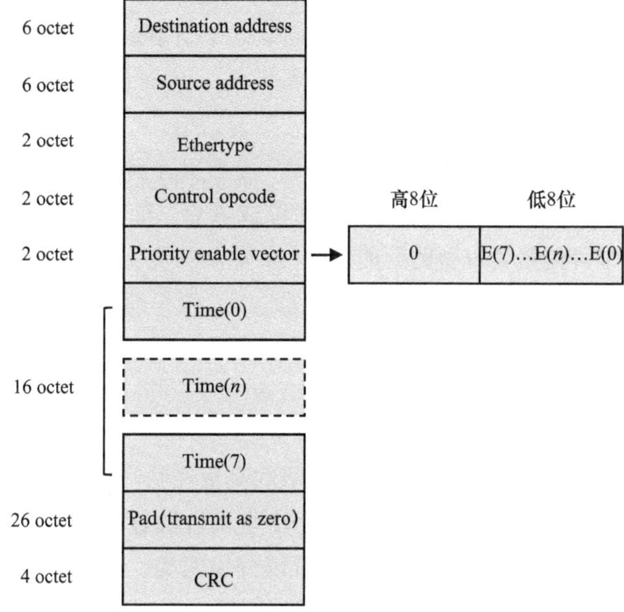

图14-31　PFC帧格式

表 14-3　PFC 帧中各字段的定义

字段	描述
Destination address	目的MAC地址，取值固定为01-80-c2-00-00-01
Source address	源MAC地址
Ethertype	以太网帧类型，取值为88～08
Control opcode	控制码，取值为01-01
Priority enable vector	反压使能向量 其中E(*n*)和优先级队列*n*对应，表示优先级队列*n*是否需要反压。当E(*n*)=1时，表示优先级队列*n*需要反压，反压时间为Time(*n*)；当E(*n*)=0时，则表示该优先级队列不需要反压
Time(0)～Time(7)	反压定时器 当Time(*n*)=0时表示取消反压
Pad（transmit as zero）	预留 传输时为0
CRC	循环冗余校验

总而言之，设备会为端口上的8个队列设置各自的PFC门限值。如果某个队列已使用的缓存超过PFC门限值时，则向上游发送PFC反压通知报文，通知上游设备停止发包；当队列已使用的缓存降到PFC门限值以下时，则向上游发送PFC反压停止报文，通知上游设备重新发包，从而最终实现报文的零丢包传输。

由此可见，PFC中的流量暂停只针对某一个或几个优先级队列，不针对整个接口进行中断，每个队列都能单独进行暂停或重启，而不影响其他队列上的流量，真正实现多种流量共享链路。而对非PFC控制的优先级队列，系统则不进行反压处理，即在发生拥塞时直接丢弃报文。

14.4.5 网络拥塞控制技术

流量控制机制着重于交换机之间链路级的流量控制，只着眼于本交换机入端口的拥塞现象。与之不同，拥塞控制是一个全局性的过程，目的是让网络能承受现有的网络负荷。网络拥塞从根源上可以分为两类，一类是对网络或接收端处理能力过度订阅导致的Incast型拥塞，其根因是多个发送端往同一个接收端同时发送报文而产生了多打一的Incast流量；另一类是由于流量调度不均引起的拥塞，其根因是流量进行路径选择时没有考虑整网的负载分担，使多条路径在同一个交换机处形成交叉，这类拥塞通常采用ECMP负载分担和LAG负载分担的方式解决。

解决Incast现象引起的拥塞，往往需要交换机、流量发送端、流量接收端协同作用，并结合网络中的拥塞反馈机制来调节整网流量，这样才能起到缓解拥塞、解除拥塞的效果，其中存在着多种协议和算法。下面将介绍业界主流的几种解决Incast型拥塞的拥塞控制技术。

1. 经典拥塞反馈协议

经典拥塞反馈协议包括ECN和量化拥塞通知（Quantized Congestion Notification，QCN）。

（1）ECN

ECN是指流量接收端感知到网络中发生拥塞后，通过协议报文通知流量发送端，使得流量发送端降低报文的发送速率，从而尽早避免因拥塞而导致的丢包，实现网络性能的最大化利用。ECN有如下优势。

• 所有流量发送端能够在早期感知中间路径的拥塞，并主动放缓发送速率，预防拥塞发生。

- 在中间交换机上转发的队列中，对于超过平均队列长度的报文进行ECN标记，并继续进行转发，不再丢弃报文，避免了报文的丢弃和报文重传。
- 由于减少了丢包，发送端不需要经过几秒或几十秒的重传定时器进行报文重传，提高了时延敏感应用的用户感受。
- 部署ECN功能的网络，利用率更好，不再在过载和轻载之间来回震荡。

那么，流量接收端是如何感知到网络中发生拥塞的呢？这是通过IP报文中的ECN字段实现的。

根据RFC 791定义，IP报文头中的服务类型（Type of Service，ToS）域由8 bit字段组成，其中3 bit的Precedence字段标识了IP报文的优先级，Precedence在报文中的位置如图14-32所示。

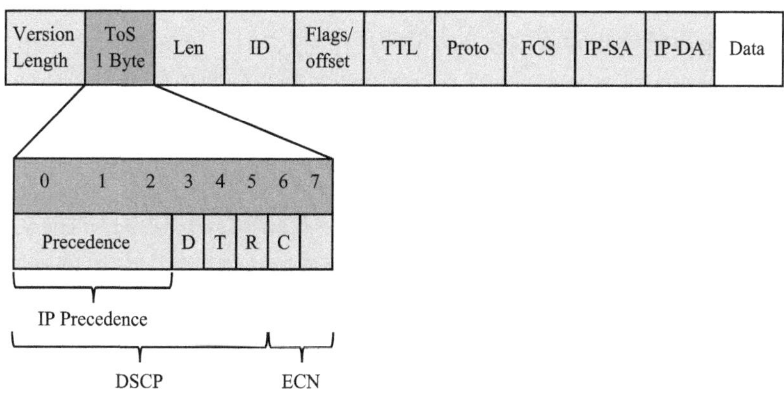

图14-32　IP报文头中的Precedence/DSCP/ECN字段

0～2 bit表示Precedence字段，代表报文传输的8个优先级，按照优先级从高到低顺序取值为7、6、5、4、3、2、1和0。优先级7和6一般用于承载各种协议报文，用户级应用仅能使用优先级0～5。

而0～5 bit为IP报文的DSCP字段，6～7 bit为ECN字段。协议对ECN字段进行了如下规定。

- ECN字段为00，表示该报文不支持ECN。
- ECN字段为01或者10，表示该报文支持ECN。
- ECN字段为11，表示该报文的转发路径上发生了拥塞。

因此，中间交换机通过将ECN字段置为11，就可以通知流量接收端本交换机发生了拥塞。

在华为的CE系列交换机中，ECN功能是与WRED策略相结合应用的，应用这两个功能后，交换机会对收到的报文队列进行如下识别。

- 当实际队列长度小于报文丢包的低门限值时，不对报文进行任何处理，直接进行转发。
- 当实际队列长度处于报文丢包的低门限值与高门限值之间时，分以下3种情况进行处理：当设备接收到ECN字段为00的报文时，对报文按照概率进行丢包处理；当设备接收到ECN字段为01或者10的报文时，对报文按照概率修改ECN字段为11后进行转发；当设备接收到ECN字段为11的报文时，对报文不做处理，直接进行转发。
- 当实际队列长度大于报文丢包的高门限值时，分以下3种情况进行处理：若ECN字段为00，对报文进行丢包处理；若ECN字段为01或者10，对报文修改ECN字段为11后进行转发；若ECN字段为11，对报文不做处理，直接进行转发。

这样，当流量接收端收到ECN字段为11的报文时，就知道网络中出现了拥塞。这时，它向流量发送端发送协议通告报文，告知流量发送端存在拥塞。流量发送端收到该协议通告报文后，就会降低报文的发送速率，避免网络中拥塞的加剧。

当网络中的拥塞解除时，流量接收端不会收到ECN字段为11的报文，也就不会往流量发送端发送用于告知网络中存在拥塞的协议通告报文。此时，流量发送端收不到协议通告报文，则认为网络中没有拥塞，从而会恢复报文的发送速率。

拥塞通知（Congestion Notification，CN）机制来自IEEE 802.1Qau标准，被用来降低拥塞控制流（Congestion Controlled Flow，CCF）由于拥塞而丢包的可能性。为达到避免网络拥塞的目的，以太网交换机和服务器均需要支持CN。该机制的基本原理如下。

①当网桥发现拥塞时，它就发送拥塞通知给其上游。

②拥塞通知最终会被传递到网络中能够限制自己发送速率的终端（即数据源）。

③终端在收到拥塞通知后，根据收到的拥塞信息降低自己的发送速率，从而消除拥塞，避免因拥塞而导致丢包。

④终端还会周期性地尝试提高报文的发送速率，如果拥塞已经消除，提高报文的发送速率并不会引起拥塞，也就不会再收到拥塞通知，报文的发送速率最终得以恢复到拥塞之前的值，以充分利用网络带宽。

（2）QCN

QCN由两部分组成，即拥塞点（Congestion Point，CP）算法和反应点（Reaction Point，RP）算法。CP算法的关键步骤是发生拥塞的交换机对在发送缓存中正被发送的帧进行取样，生成一个拥塞通告消息（Congestion Notification Message，CNM），并将其反馈给被取样的帧的源。CNM中包含了在该CP上的拥塞程度的信息。RP算法的关键步骤是数据源基于收到的CNM对其发送的速率进行限制，同时逐渐增大发送速率来进行可用带宽的探测或者恢复由于拥塞而“损失”的速率。

根据IEEE 802.1Qau标准，CP是一个有输出队列的交换机，支持监测队列的拥塞程度，并且能够产生拥塞通知、进行拥塞管理。简单地说，CP就是一个拥塞监测点，或者产生拥塞的候选点，具有以下特点。

- CP根据自己的发送缓存队列及QCN算法来计算每个CCF的状态。
- CP不维护关于CCF或者RP的任何信息，它可以从CCF中的任意一个数据报文中找到CCF及RP的信息。
- CP根据自己的发送缓存状态来独立决定是否需要发送CNM。

CP算法的检测机制如图14-33所示。CP算法的目标是将缓冲区的利用率维持在一个理想值Q_{eq}（一般设置为物理缓冲区的20%）上。CP算法会计算一个拥塞反馈值F_b，根据拥塞程度以一定概率对输入的数据报文进行采样，读取实时队列的长度，并向该数据报文的源地址发送一个包含了F_b的CNM。F_b的计算过程如下。

$$Q_{off}=Q-Q_{eq}$$
$$Q_{\delta}=Q-Q_{old}$$
$$F_b=-(Q_{off}+w\times Q_{\delta})$$

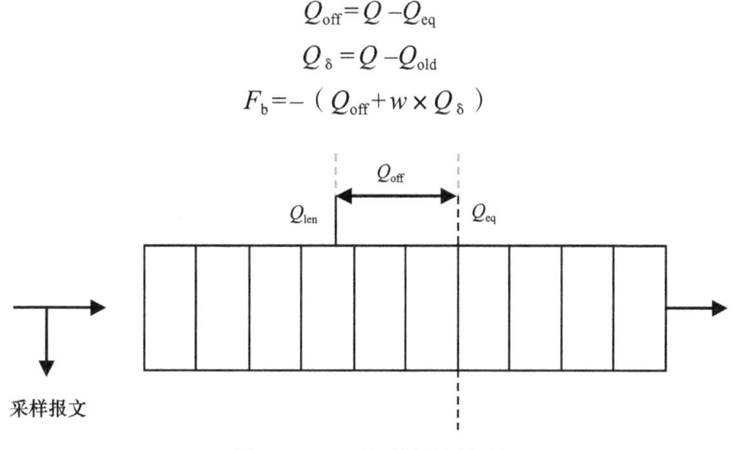

图14-33　CP算法的检测机制

其中Q为实时的队列大小，Q_{old}是上一次发送CNM时的队列大小。因此，Q_{off}

表示当前队列大小超过期望值的程度，Q_δ表示当前队列大小超过上次拥塞时队列大小的程度，实际上为当前速率与上次拥塞时速率的偏差。w是一个非负常量（标准中提到在模拟时取值为2）。F_b在发送CNM之前会被数值化为一个6 bit的值，如果该值小于0，则表示有拥塞，否则没有拥塞，不会发送CNM。

出现拥塞时，发送CNM的概率P与F_b的关系如图14-34所示，可见F_b越大，发送CNM的概率就越高。

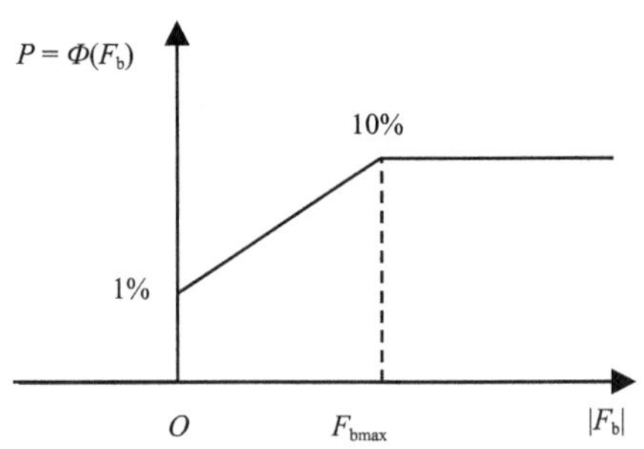

图14-34　发送CNM的概率P与F_b的关系图

CP发生拥塞时，发送端可以根据CNM中的F_b降低发送流量的速率，但是在不发生拥塞时，F_b并不能指导RP应该按照什么样的幅度增大发送流量的速率。因此，发送端需要依靠一套本地机制来确定何时、怎么样来增大发送速率。

RP算法就是这样的一套本地机制，用于控制CCF的发送速率，同时会接收CNM并且将其用于计算CCF的发送速率。RP算法涉及以下几个基本概念。

- Current Rate（CR）：速率限制器（Rate Limiter，RL）限制后的当前发送速率。
- Target Rate（TR）：在收到最后一个CNM消息之前的发送速率，是CR调整的目标速率。
- Byte Counter（BC）：用于统计发送出去的字节数的计数器，能够触发速率限制器增大发送速率。
- Timer：RP端的定时器，也能够触发速率限制器增大发送速率。

当没有定时器，仅有字节计数器可用时，RP算法的工作过程如图14-35所示。

只有当收到CNM时，RP算法才会降低发送速率。RP算法降低速率的过程是：在收到CNM后，TR被更新为CR，CR会按照如下公式调整速率：

$$CR=CR\times(1-G_d\times|F_b|)$$

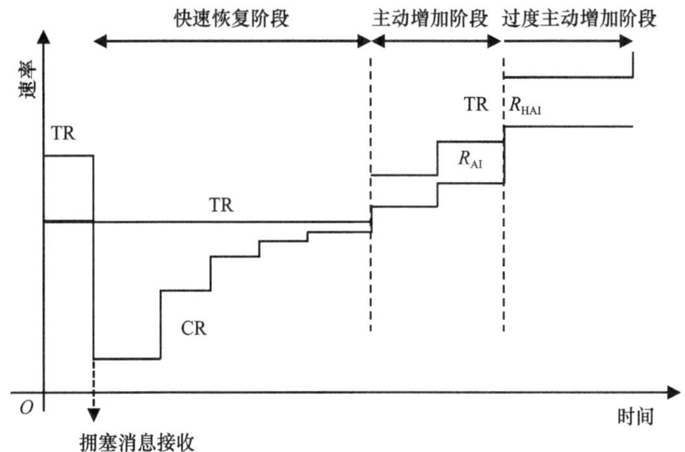

图14-35　RP算法的工作过程

其中G_d是一个常量，其取值需要保证$G_d \times |F_{bmax}| = 1/2$，因此速率最多降低到原来值的一半。

RP算法增大速率的过程包括两个阶段：快速恢复阶段和主动增加阶段。

• 快速恢复阶段。

每当速率被降低时，字节计数器就被重置，同时进入快速恢复阶段。该阶段包括5个周期，每个周期相当于速率限制器发送150000字节需要的时间。每个周期结束时，TR不变，CR按照如下公式被更新。

$$\text{CR} = 1/2 \times (\text{CR} + \text{TR})$$

这样就可以恢复此前减少的带宽。

• 主动增加（Active Increase，AI）阶段。

在执行完快速恢复的5个周期后，字节计数器进入主动增加阶段。该阶段用于发现多余的可用带宽。此时RP将探测周期设置为50帧（也可以设置为100帧）探测一次，在每个周期执行完后，RP按如下公式调整TR和CR。

$$\text{TR} = \text{TR} + R_{AI}$$

$$\text{CR} = 1/2 \times (\text{CR} + \text{TR})$$

R_{AI}是一个常量（标准中给出的是5 Mbit/s）。

由于字节计数器的速率增加与RL当前的发送速率存在比例关系，如果CR很小，则字节计数器采样的时间也会很长，速率增加缓慢。因此在RP算法中引入了一个定时器。定时器的工作类似于字节计数器，当接收到CNM时进入快速恢复阶段，周期为T；5个周期后进入主动增加阶段，此时周期变为$T/2$。定时器和字节计数器共同决定了RL的速率增加，两种机制独立工作，遵循以下规则。

- 如果两者都在快速恢复阶段，则RL处于快速恢复阶段。此时周期先到者负责按照快速恢复阶段的算法进行速率更新。
- 如果其中有一个处于主动增加阶段，则RL处于主动增加阶段。此时周期先到者负责按照主动增加阶段的算法更新速率。
- 如果两者都在主动增加阶段，则RL处于过度主动增加（HAI）阶段。此时如果字节计数器或者定时器的第i个周期结束了，则TR和CR按照如下公式更新。

$$\mathrm{TR}=\mathrm{TR}+i\times R_{\mathrm{HAI}}$$

$$\mathrm{CR}=1/2\times(\mathrm{CR}+\mathrm{TR})$$

其中R_{HAI}是一个常量（在标准的模拟中被设置为50 Mbit/s）。在收到一个CNM后，至少需要经过50 ms或者发送了500个帧之后，RL才能进入过度主动增加阶段。

2. DCTCP

TCP是按照端到端设计的可靠的流传送协议，并不直接感知报文在转发设备上传送的状态。TCP将网络路径中的所有转发设备看作黑盒，只要感知到没有在规定的时间收到ACK报文，则认为报文被丢弃，并进行报文重传，保证数据可靠性。但这样的操作会存在以下问题。

- 丢包会导致TCP重传，该重传定时器的时间较长，通常从几秒到几十秒不等，对时延敏感的应用来说，影响用户体验。
- 丢包之后，根据RFC 793的要求，所有TCP流会下调发送性能，让拥塞得到缓解，但此时的网络利用率无法达到最优。
- 在拥塞缓解之后，TCP又继续提升发送性能，直到发现丢包，不断重复上述过程。

显然，TCP已经不能满足云数据中心对时延、吞吐量和网络利用率的要求。因此，针对目前商用缓存较小的交换机，人们利用ECN算法设计了数据中心传输控制协议（Data Center Transmission Control Protocol，DCTCP），目标是确保高突发数据源容忍度、低时延和高吞吐量。DCTCP中存在以下3种角色。

- 交换机：进行简单的标记。DCTCP采用非常简单的主动队列管理机制，当队列缓存占用超过某一阈值K时，到达的数据包被标记CE标志，若队列缓存小于K则不进行标记。这样，只需要设置K的低阈值和高阈值，并基于实时的队列占用情况而不是平均队列长度进行标记，就可以体现队列的实时拥塞情况。

- 接收端：进行ECN回传。DCTCP接收端和普通TCP接收端对待CE标志数据包的处理方式不同。普通TCP接收端收到被标记CE的数据报文后，会对之后一系列ACK报文设置ECN标志位，直到接收端收到来自发送端确认收到拥塞通知的消息。DCTCP接收端则会精确传达哪个数据报文经历了拥塞，实现精确传达的最简单的方式就是当且仅当数据报文中携带CE标志时，才会对每一个数据报文进行回应，并设置ECN标志位。
- 发送端：速率控制器。发送端会对数据报文被标记的概率α进行估计，每经历一个数据窗（即RTT，报文往返时间）就更新一次，α也相当于估计了队列缓存大于阈值K的概率。α的计算公式如下。

$$\alpha=(1-g)\times\alpha+g\times F$$

其中，F是在最后一个数据窗中被标记数据报文的分数，g（取值为［0，1］）是权重值。当α趋近于0时，说明拥塞可能性低；当α趋近于1时，说明拥塞可能性高。

当接收到携带ECN标志的ACK报文时，传统的TCP会把cwnd（报文的发送窗口，可以控制报文发送速率）减半，而DCTCP会根据拥塞概率α调整cwnd，使cwnd的大小变化更合理，调整公式如下。

$$\text{cwnd}=\text{cwnd}\times(1-\alpha/2)$$

3. DCQCN

数据中心部署了满足高吞吐量、超低时延和低CPU开销的RDMA协议后，需要找到一个拥塞控制算法。这个算法可以在该环境中有效运行，并使网络零丢包，可靠传输。因此，人们提出了数据中心量化拥塞通知（Data Center Quantized Congestion Notification，DCQCN）算法。DCQCN算法融合了QCN算法和DCTCP算法，DCQCN算法只需要支持WRED和ECN的数据中心交换机（市面上大多数交换机都支持）即可，其他的协议功能在节点主机的网卡上实现。DCQCN算法可以提供较好的公平性，实现高带宽利用率，保证较低的队列缓存占用率和较小的队列缓存抖动情况。

与DCTCP类似，DCQCN算法也由3个部分组成。

- 交换机（CP）：CP算法与DCTCP相同，如果交换机发现出端口队列超出阈值，在转发报文时就会按照一定概率给报文携带ECN拥塞标记（ECN字段置为11），以标示网络中存在拥塞。标记的过程由WRED功能完成。

WRED是指按照一定的丢弃策略随机丢弃队列中的报文。它可以区分报文的服务等级，为不同的业务报文设置不同的丢弃策略。WRED在丢弃策略中设置了报文丢包的高/低门限及最大丢弃概率（该丢弃概率就是交换机对到达报文标记ECN的概率，被标记概率与队列长度的关系如图14-36所示），并规定如下。

当实际队列长度低于丢包的低门限值时，不丢弃报文，丢弃概率为0%。

当实际队列长度高于丢包的高门限值时，丢弃所有新入队列的报文，丢弃概率为100%。

当实际队列长度处于丢包的低门限值与高门限值之间时，随机丢弃新到来的报文。随着队列中报文长度的增加，丢弃概率呈线性增长，但不超过设置的最大丢弃概率。

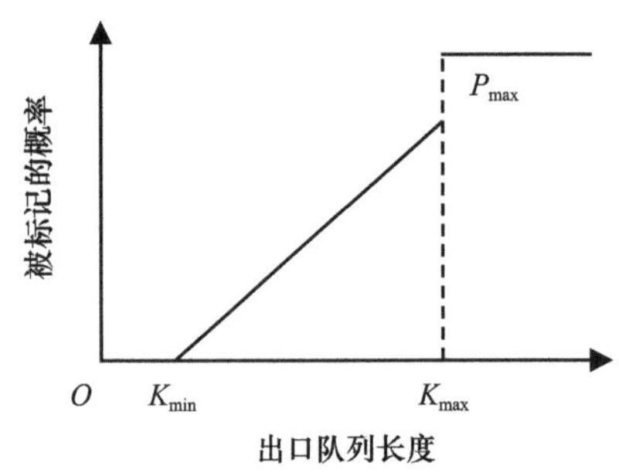

图14-36　报文被标记的概率与队列长度的关系

- 接收端：接收端收到报文后，发现报文中携带ECN拥塞标记（ECN字段为11），则知道网络中存在拥塞，因此向源端服务器发送拥塞通知报文（Congestion Notification Packet，CNP），以通知源端服务器进行流量降速，这就是NP算法。

  NP算法说明了应该在什么时间以及如何产生CNP：如果某个流的被标记数据报文到达，并且在过去的N微秒的时间内没有相应的CNP被发送，此时NP算法立刻发送一个CNP。网络接口卡每N微秒最多处理一个被标记的数据报文，并为该流产生一个CNP。
- 发送端：当发送端收到一个CNP时，RP将减小当前速率R_c，并更新速率降低因子α。和DCTCP类似，将目标速率设为当前速率，更新速率过程如下。

$$R_T=R_c$$
$$R_c=R_c\times(1-\alpha/2)$$
$$\alpha=(1-g)\times\alpha+g$$

  如果RP在K微秒内没有收到CNP，那么将再次更新α。此时$\alpha=(1-g)\times\alpha$。注意，K必须大于N，即K必须大于CNP产生的时间周期。

RP进一步增大它的发送速率，该过程与QCN中的RP相同。

| 14.5　数据中心网络的未来演进 |

随着越来越多的企业利用AI助力决策、重塑商业模式与生态系统、改善客户体验，AI发展的核心驱动——计算和存储也迎来了一个又一个新浪潮。

在AI时代，计算的发展是全方位的，无论是处理器、处理器通信模式，还是计算架构，都在经历着日新月异的变革。未来的数据中心网络将向以下几个方面演进。

1. 大规模AI计算需要高性能计算网络

随着CPU发展为GPU，芯片的计算性能得到极大的提高。然而，GPU之间的通信时间却随着GPU节点的增加而不断上升，最终将导致昂贵的GPU有大半时间在等待模型参数的通信同步。造成这一现象的主要原因之一是小规模AI计算中通常采用参数服务器（Parameter Server，PS）模式，网络中少量节点会担任PS（也称为Reducer），用于聚合、计算其他worker服务器同步过来的参数（梯度），如图14-37所示，从而造成Incast现象。

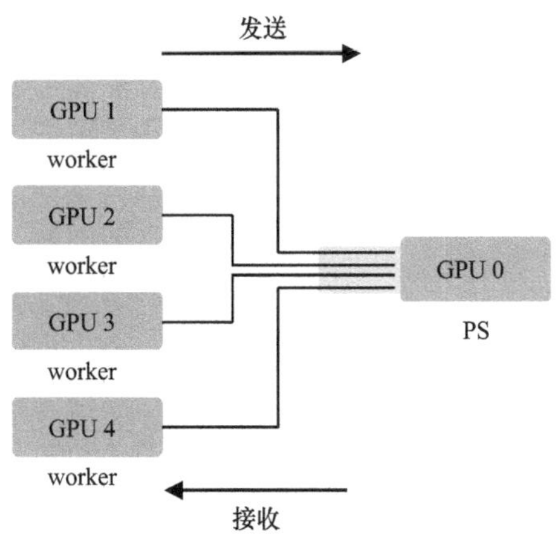

图14-37　PS通信模式下的AI计算

为了避免Incast现象，目前大规模AI计算一般采用Ring-allreduce模式进行GPU之间的通信，如图14-38所示。在Ring-allreduce体系结构中，对于每次迭代，每个工作设备都会读取并计算模型中属于自己的那一部分梯度，然后将梯度发送到环上的后继邻居节点，并从环上的上一个邻居节点接收梯度。对于具有N个worker的环，所有worker都需要收集经过其他worker的$N-1$个梯度信息，然后才能够计算新模型的梯度。

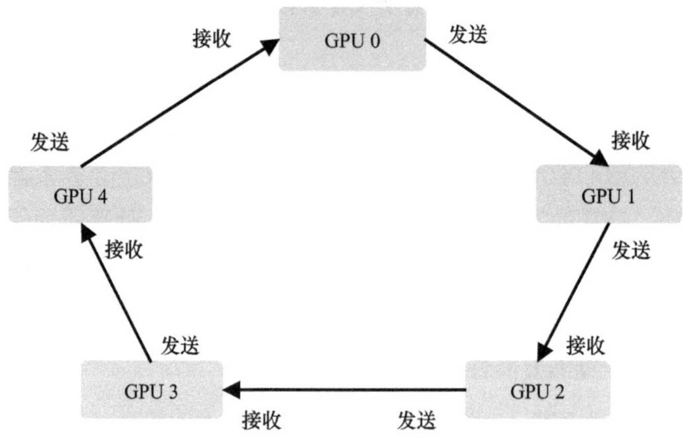

图14-38　Ring-allreduce通信模式下的AI计算

Ring-allreduce确保了每个工作设备上可用的上行和下行网络带宽都能得到充分利用，而不像PS模型中一样存在大量空闲等待的GPU。 Ring-allreduce还可以将深层神经网络中较低层的梯度计算与高层梯度的传输并行，从而进一步减少训练时间。显然，这种采用基于服务器GPU的计算结果汇聚和同步机制的时间开销与服务器节点数目紧密相关，当服务器节点规模较大时，将会造成较大的时延。

在这种情况下，一些老鼠流较多、时延敏感的业务（比如HPC），对网络的性能提出了要求：通过交换机侧的在网计算进行信息的汇聚和同步，提升通信性能，并构建高性能的计算网络，从而可以减轻服务器规模的影响，加快计算完成时间。

2. CPU的多核化需要大容量网络

自从摩尔定律问世以来，人们看到了半导体芯片的制造工艺水平以令人目眩的速度发展，Intel微处理器的最高主频甚至超过了4 GHz。虽然主频的提升一定程度上提高了程序的运行效率，但越来越多的问题也随之出现，比如耗电、散热成为阻碍设计的瓶颈，芯片的成本也相应提高等。当单独依靠提高主频已不能实现性能的高效率时，多核化成为提高CPU性能的唯一出路。

基于多核处理器，并在应用开发中利用并行编程技术，可以实现最佳的性能和最大的吞吐量，极大地提高应用程序的运行效率。

高吞吐量推动了服务器网卡速率的发展，目前已经出现了速率为200 Gbit/s的网卡。根据市场调研机构Dell'Oro Group的调查显示，在云业务的服务器中，25 Gbit/s、50 Gbit/s、100 Gbit/s类型的网卡市场占比在逐年增大。

由于AI时代使用大规模服务器节点对海量数据处理的需求，随着服务器网卡速率的飞速发展，急需一个大容量的网络：当采用100 Gbit/s网卡的时候，50000台服务器就需要整网具备5 Pbit/s的交换容量；当采用200 Gbit/s网卡的时候，50000台服务器需要整网具备10 Pbit/s的交换容量。图14-39所示为一个典型的数据中心网络三层CLOS架构，核心交换机处会汇聚整网的流量，因此整网交换容量的瓶颈正在核心交换机，可以按照以下公式计算。

整网交换容量=核心交换机数量×核心交换机单机容量

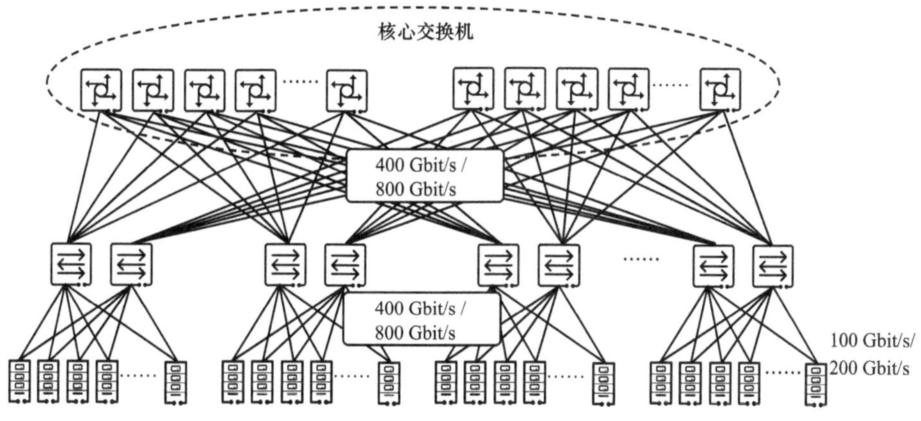

图14-39　大规模高速率服务器下的数据中心网络

在部分互联网企业的数据中心中，全网采用盒式交换机，设备数量大、管理复杂度高。核心交换机采用高密度框式交换机将是AI时代数据中心网络的趋势。比如华为智能无损网络推出的CloudEngine 16800系列AI交换机，正是一个具有400 Gbit/s高密度端口的框式交换机。

需要注意的是，一个大容量的网络，必然意味着大规模高速率的网络，若只依赖大容量交换机，那么在缓存有限的情况下，网络中会出现不可忽略的动态时延。因此，大容量网络也需要是一个低时延、高带宽的高性能网络。

3. 计算Serverless化需要高性能容器网络

传统服务器虚拟化技术是把一台物理服务器虚拟化成多台逻辑服务器，这种逻辑服务器被称为VM。通过服务器虚拟化，理论上可以有效地提高服务器的利用率，降低能源消耗，同时降低客户的运维成本。但是传统服务器虚拟化技术对于每个实例都要虚拟出一套操作系统的硬件支持，当一台宿主机开启多个虚拟机的时候，这些硬件虚拟无疑是重复的，且占用了大量宿主机的资源。

在这种背景下，容器技术应运而生。如图14-40所示，容器技术不是在操作系统外建立虚拟环境，而是在操作系统内的核心系统层打造虚拟执行环境，通过共享Host操作系统的做法，取代Guest操作系统的功用。容器也因此被称为操作系统层的虚拟化技术。这种轻量级的容器技术会更高效地使用宿主机的内核和硬件资源，并且提高服务器的启动速度。

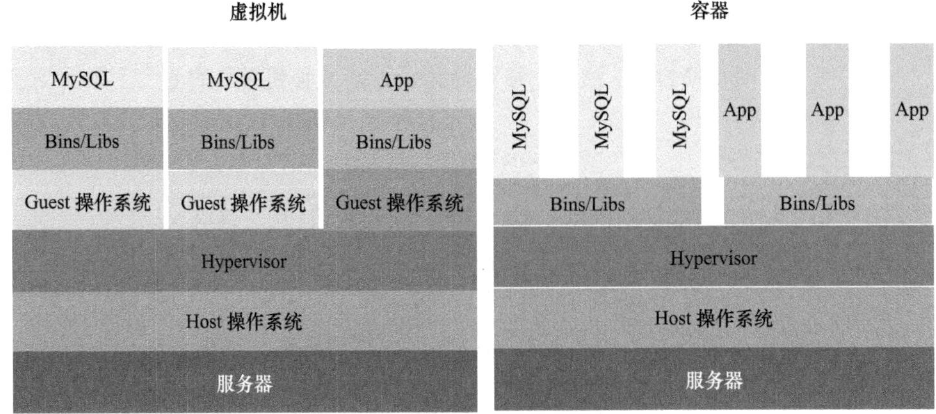

图14-40　虚拟化技术和容器技术对比

Serverless计算是一种新兴的软件架构模式，能够让企业采用一种以应用为中心的Serverless计算方法来管理API和SLA，而不需要配置和管理基础设施。Serverless并不意味着无服务器，事实上，服务器依然存在，但服务提供商负责配置和扩展运行环境所需要的全部底层资源。从部署运维形态角度来说，Serverless具有无须关注底层执行环境的优势。

容器的轻量级、快速启动和易打包非常适合构建Serverless架构要求的大规模集群分布式系统，并承载数据中心内的AI应用。而容器技术更多地关注“轻量化”本身，主要定义了基本的网络连通性，其他方面仍然不够成熟。为了更好地服务Serverless架构下的大规模集群分布式系统，计算Serverless化需要一个具有低时延、高吞吐量特征的高性能容器网络。

在过去的很长一段时间内，CPU的发展速度是普通机械硬盘的几十万倍，这期间对于低速的存储介质磁盘来说，网络时延带来的影响相对不明显。然而在AI时代，高性能分布式应用的出现促进了存储技术的飞速发展，网络时延的影响也凸显出来。

4. SCM介质的出现需要极低时延网络

SSD在企业级存储中得到广泛应用，相比传统硬盘驱动器（Hard Disk Drive，HDD），它的时延、性能和可靠性都有了显著提高。SSD存储介质和接口技术一直处于不断演进的过程中。直到NVMe出现才统一了接口协议标准，对于采用NVMe接口协议的SSD，访问性能相比HDD甚至可以提升10000倍。非易失性存储器（Non-Volatile Memory，NVM）的出现虽然在接口标准和数据传输效率上得到了跨越式的提升，但是目前主流的存储介质还是基于NAND Flash实现。

如图14-41所示，Intel/Micron发布3D XPoint，首次将NVMe和存储级内存（Storage Class Memory，SCM）结合，Intel发布的Optane（傲腾）SSD 900P最高连续读取速度为2500 MB/s，连续写入速度为2000 MB/s。实践证明，NVMe和SCM介质配对时会显现更大的存储优势。

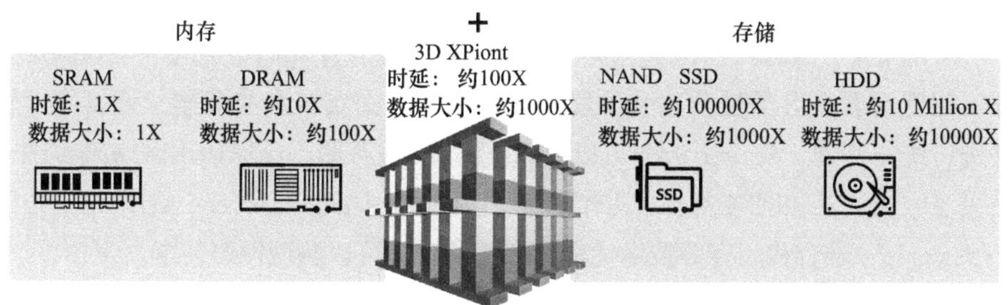

图14-41　Intel/Micron发布的3D XPoint

SCM同时具备持久化和快速字节级访问的特点。Intel傲腾数据中心级持久内存可提供持久模式，在此状态下，即使断电，数据依然能存在SCM中。

另外，服务器传统架构多为CPU+DRAM+NAND SSD+HDD，而SCM则运用于DRAM与NAND SSD之间，如图14-42所示，它的性能、时延及成本特性均介于二者之间。在性能上，SCM读取速度低于内存，但远高于NVMe SSD；在时延上，SCM比内存低2～3个数量级，但仍比SSD高2～3个数量级，SCM介质的访问时延普遍小于10 μs。这使得企业通过扩展内存提升业务运行效率成为可能，同时获得成本优势。然而，现有的跨CPU内存访问受限于网络时延，无法充分发挥SCM介质的优点，这对网络的极低时延提出了要求。

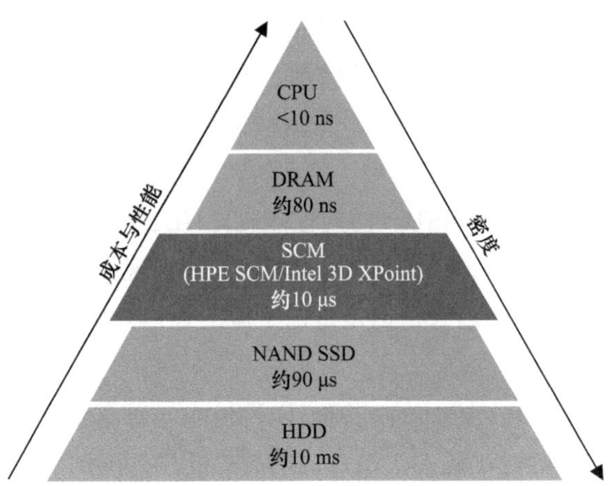

图14-42　存储介质性能金字塔

5. 存储主流Server SAN需要低时延、高带宽网络

简单来说，Server SAN是由多个独立的服务器直连存储组成的一个存储资源池，因此有着良好的性价比和扩展性，资源池之间实现高速互连，可以通过软件进行统一管理。Server SAN可以用标准的x86服务器、高速通用网络来实现，省去了专用设备和网络成本，具有更高的性价比。同时，Server SAN架构集合了Hyperscale、融合和闪存等技术优势，计算和存储可以实现网络共享。

Server SAN目前主要应用在互联网公司，如亚马逊、Facebook、谷歌、阿里巴巴、百度、腾讯等互联网公司，并逐渐进入了企业的数据中心。

Server SAN的网络相比传统存储网络具有更高的要求，如在时延和带宽上，要能够配合存储的需求，加快处理器到存储的访问速度。同时，大型的网络企业更希望利用现有的低成本的网络技术，来解决网络传输过程中遇到的性能瓶颈问题。

6. Memory Fabric需要高性能网络

在AI时代，海量数据的计算依赖于GPU等异构计算，并需要大量的内存资源。然而，相比CPU核数的快速增长，DRAM的增速却较慢，分配给每个CPU核的内存数量在持续降低。与此同时，实际使用的内存和分配的内存之间也一直存在着30%的差值。

在这种情况下，人们重新引入了资源解构数据中心网络（Data Center Network，DCN）的概念，在传统的DCN中联结“CPU+RAM+DISK+GPU+…”的单机，然后通过网络联结多机的分布式系统结构，解构为通过一个统一的网络联结方式来实现“$n \times$ CPU $+ m \times$ GPU $+ \cdots + x \times$ Memory $+ y \times$ Storage”的统一架构。

如图14-43所示，SCM介质的出现将内存架构从传统的DRAM演进为HBM（基于3D堆栈工艺的高性能DRAM）+SCM的二级架构，这些都支撑了Memory Fabric（内存资源池）的构建，大幅提升了应用性能。

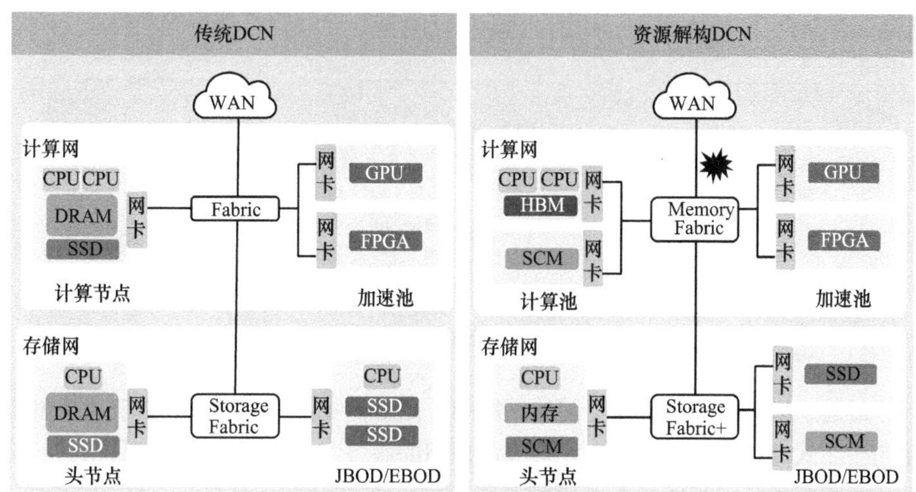

图14-43　资源解构DCN

基于Memory Fabric，为了消除内存引起的时延，最简单、最高效和最具成本效益的策略就是部署内存计算平台。IMC基于跨分布式计算集群的大规模并行处理，共享集群中的所有可用内存和CPU能力。与直接基于磁盘的数据库构建的应用程序相比，内存计算平台的处理速度可提高1000倍或更多。

Memory Fabric对高性能网络的构建提出了两方面要求：一方面，需要一个具有大规模“确定性时延”的网络，即网络性能可预测，保障网络的极低时延；另一方面，需要高带宽网络，保障内存资源池的高吞吐量。

7. 构建Everthing over RDMA新生态

随着AI新浪潮的涌动，计算和存储的飞速发展对低时延、高吞吐量式的高性能网络的需求将一直伴随整个AI时代的前进步伐。与此同时，从云计算时代到AI时代，企业应用云化已经进行得如火如荼，应用从专网应用发展到通用应用、云上应用，已经是个不争的事实。通过RDMA协议代替TCP/IP将有效降低时延和提高CPU利用率，可以预测，为了给用户带来极速体验，让网络跟上计算和存储的飞速发展，通用应用、云上应用都将会采用RDMA协议来承载，最终构建成Everthing over RDMA的新生态。

如图14-44所示，随着AI的发展，AI Fabric将致力于攻克从专网应用到通用应用、云上应用的技术难点，通过使用低成本的以太网承载RDMA的RoCE协议，助力大规模AI计算、CPU的多核化、计算Serverless化、存储的Server SAN化和内存的资源池化，支撑构建Everthing over RDMA的新生态。

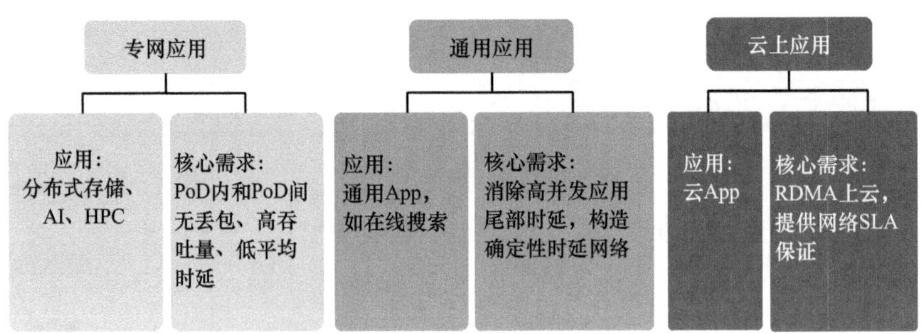

图14-44 智能无损网络应用拓展图

目前，RDMA主要用在专门的网络中，比如AI Fabric当前主打的三大专网应用为分布式存储、AI和HPC，一般专网应用的服务器节点规模较小，任务并行度低，多个独立的任务冲突会造成Incast型拥塞，而且聚焦的是平均时延。

因此，在专网应用中，AI Fabric致力于实现PoD内和PoD间的无丢包、高吞吐量和降低平均时延。目前，华为通过内嵌AI芯片的CloudEngine交换机、支持RoCE v2的智能网卡和智能分析平台FabricInsight提供了下列功能。

- 网络流量控制：AI Fabric提供了虚拟输入队列（Virtual Input Queue，VIQ）、PFC死锁监控和避免功能，用来解决瞬时拥塞的问题。
- 网络拥塞控制：AI Fabric提供了动态ECN门限功能，可以根据大小流占比、Incast并发程度、链路带宽等动态调整ECN门限，并且通过Fast ECN和Fast CNP功能解决了DCQCN控制回路时延的问题，可以先于PFC功能缓解网络拥塞状况，降低平均时延。同时通过动态负载分担和大小流区分调度功能，结合后台AI算法，使全网流量真正做到负载均衡。
- 智能运维：基于FabricInsight平台，交换机通过RoCE v2智能流量分析功能和Telemetry功能，让网络流量和状态可视化，可以实现1 min内完成故障的发现和处理。

当应用发展到通用应用，业务将聚焦于在线数据密集型服务，如大数据计算、在线搜索等，这需要对高速率涌进的请求作出立即回答。因此，时延是一个关键问题，终端的用户体验高度依赖于系统的响应，即使是一个低于1 s的适度时延，也会影响用户体验。

为了处理时延问题，在线数据密集型服务将单个请求同时分配在大规模服务器上。对于一个在线搜索业务，服务器节点一般可以达到10000以上的规模，任务并行度很高。Incast现象除了由多个独立的任务冲突造成，还会由单个任务分解的多个子任务冲突造成，整体任务完成时间容易受尾部时延的影响。

因此，在通用应用中，基于现有的方案和能力，AI Fabric将更多致力于解决尾部时延的问题，构造一个具有确定性时延的网络，尽可能降低大规模通用应用的时延，提高应用吞吐量，保障通用应用的性能。

- AI ECN功能：可以根据队列长度等流量特征调整ECN门限进行队列的精确调度，并且与AI算法相结合，根据现网流量模型进行AI训练，对网络流量的变化进行预测，保障整网的最优性能。
- 主动拥塞控制：AI Fabric将从以网卡为中心的被动拥塞控制方法，转向以网络为中心的主动拥塞控制方法，解决全网拥塞，释放网卡资源。通过对网络状态进行识别，根据网络中的并发流速率，基于AI芯片，主动控制发送端的流量发送速率，支撑构造确定性时延网络。值得注意的是，AI ECN等被动拥塞控制功能和主动拥塞控制功能并不是两类互斥的技术，它们可以进行优势互补，只有结合使用，才能满足大规模在线密集型计算的业务需求。
- 在网计算：在通用应用中，为了进一步提高应用性能，AI Fabric还将提供以太网交换机侧的在网计算功能。交换机在收到服务器集合通信报文后并不是直接转发，而是先缓存报文，对报文进行内部计算；然后用本地计算结果替换集合通信报文中的数据，并转发出去。这种方式让交换机承担了信息的汇聚和同步的职责，对于具有大规模服务器的通用应用，将极大降低其网络时延。

一旦RDMA业务从通用应用发展到云上应用，由于使用云作为决策源和信息源的系统先天性地拥有一大部分不可避免的时延，这就给数据中心的内部响应期限带来更大的压力。除了保证低时延和高吞吐量，还需要提供日常运维性能管理和SLA监测。

因此，除了大力发展上述技术，AI Fabric还将致力于提供监控和管理网络性能及流量、故障自恢复的技术。

- RoCE动态调优：通过网络全流可视化，对关键业务流进行智能调控和实时调优。

- RoCE故障运维：基于RoCE v2智能流量分析功能，通过FabricInsight，可以实现“故障发现1分钟，故障定位3分钟，故障自恢复5分钟”的目标。

在Everthing over RDMA的新生态下，智能无损网络通过从专网应用发展到云上应用，能为每个阶段的业务提供无丢包、低时延、高吞吐量的高性能网络，从而紧跟计算和存储的飞速发展的步伐，勇敢接受新技术对数据中心网络的考验。

以AI为引擎的第4次技术革命正将我们带入一个万物感知、万物互联、万物智能的智能世界。随着HPC、AI和分布式存储等高性能分布式应用的日益普及，低时延、高吞吐量、无丢包的网络对实现所需的业务结果至关重要，而传统网络对性能的影响成为瓶颈。AI时代的数据中心网络必须具有容错能力，并且提供大规模网络的低时延能力，这可以为企业带来巨大的潜在好处。传统的无损网络技术，如IB和传统的融合以太网，已经不再是支持AI应用的唯一解决方案，也不再是最佳的选择。华为的智能无损网络将RoCE v2、iLossLess拥塞控制等新兴技术与智能调度和实时监控相结合，为构建大规模、低时延、高吞吐量、无丢包的以太网数据中心提供了更高性价比的方案。

作为面向AI时代的智能无损数据中心网络解决方案之一，智能无损网络解决方案将不断创新，并拥抱新技术、新概念，为高性能分布式应用带来极速体验。

第 15 章
广域网络产业

本章首先阐述广域网的定义，然后从运营商城域网、运营商骨干网及企业广域网3个层面，深入探讨传统网络面临的挑战、当前网络架构的状况和关键技术，最后展望广域网的未来演进。

| 15.1 什么是广域网 |

广域网是将不同区域的局域网互联起来形成的大规模远程通信网络，它连接大量的远程终端并提供各种服务，可以实现相当大范围内的信息和资源共享。广域网的覆盖范围从方圆几十千米到方圆几千千米不等，能跨越多个国家，甚至跨越两个大洲，为用户提供通信服务。

广域网和局域网是相对而言的。局域网是指在一个较小的区域内将多台终端互联形成的通信网络，它可以实现区域内的文件共享、应用软件共享、打印机/扫描仪等办公设备共享、电子邮件收发、会议召开、电话拨打、日程管理等功能。这个区域可以是同一个家庭、同一间办公室、同一个楼层、同一栋大楼、同一片园区等，面积从几平方米到几平方千米不等，互联的终端数可以从几台到几千台不等。第13、14章讲到的园区网络和数据中心网络都是典型的局域网。

广域网和局域网的区别如表15-1所示。

表 15-1 广域网与局域网的区别

特性	广域网	局域网
地理范围	覆盖广阔的地理区域，通常可覆盖城市、国家，甚至跨越大洲	通常限于较小的地理区域，如住所、学校或者办公楼
传输速率	受限于带宽，广域网的传输速率可能较慢，但用户可能无法察觉到这一问题	由于覆盖的区域小，局域网的速度更快，因此发生拥塞的可能性也更小

续表

特性	广域网	局域网
设备	数据传输主要依赖OSI模型的物理层、数据链路层和网络层，通常需要使用复杂的网络设备，如路由器	数据传输主要依赖物理层和数据链路层，通常使用的设备包括交换机、Hub和AP等
所有权	在大多数情况下，依赖公共或租用的网络资源	通常是私网，物理设施由局域网的拥有者完全控制
成本	由于距离较远，技术复杂，通常成本较高	成本较低，建设和维护相对简单
安全性	由于通过公共网络传输，需要更多的安全措施，如加密、隧道技术等	由于是封闭系统，通常具有较高的安全性，但仍需要防范内部威胁
网络时延	由于数据报文需要穿越更长的距离，因此时延较高	由于数据传输距离短，因此时延较低
使用场景	可以连接远程办公室、数据中心等，并提供互联网和VPN等服务	可以完成办公、学习、娱乐等日常任务

提到广域网，许多人会首先联想到互联网，甚至有人认为广域网就是互联网。实际上，互联网是由全球范围的私网和公网组成的超大型网络，涵盖学术、商业、政府等各个领域，已经成为世界上覆盖范围最大、服务最多样化的广域网。我们可以说互联网是广域网，但广域网并非仅有互联网，广域网还普遍应用于运营商、政企等领域。例如，企业建设广域网以实现分支机构间的相互连接，或将在家工作的员工与公司总部互相连接；大学建设广域网将多个校区相互连接等。

根据使用需求与场景的不同，广域网的建设模式一般可以分为自建广域网和租用广域网。

- 在自建广域网场景下，自建的组织需要具备极强的网络建设、配置与运维能力。自建广域网完全由自建组织自主控制。例如，运营商所建设的骨干网、城域网，行业的铁路数据网、电力数据网等。
- 在租用广域网场景下，客户受限于能力或对底层网络实现并不关注，会选择全部或部分租用的方式来建设广域网。例如，大型连锁商超的业务网络、银行证券企业的业务网络等。随着互联网的进一步发展，越来越多的组织租用更便宜的互联网服务来搭建自己的广域网，例如，初创小公司的办公网络、大量业务与数据已搬迁到云上的公司业务网络等。

广域网的优点概括如下。

- 连接范围广。广域网可以连接物理距离相对遥远的多方用户，实现更广泛范围的资源共享。

- 资源集中。广域网可以突破地理限制，实现在任意地点接入；可以集中部署服务器等资源，方便维护和管理。
- 可扩展性强。广域网可以按需扩展分支站点，不用推倒重来。

广域网的缺点概括如下。

- 网络相对复杂。广域网涉及的协议与技术较为复杂，需要专业人士规划、设计、管理和运维。
- 建设使用成本高。广域网通常涉及长距离链路的建设或租用，以及专业的管理和运维投入。
- 安全管理要求高。由于涉及长距离链路和公网的数据传输，数据泄露的风险增加，因此安全管控的难度也随之提高。

在华为的解决方案中，广域网主要涵盖运营商的城域网、运营商的骨干网，以及企业的广域网。接下来分别对这些内容进行详细介绍。

| 15.2　运营商城域网架构及关键技术 |

城域网是在城市范围内构建的计算机通信网络。运营商所建的城域网由其自身建设和管理，可以覆盖整个城市或特定地理区域，并提供高速且安全的网络服务。随着信息技术的迅猛发展，传统的城域网架构和技术已难以满足日益增长的数据传输需求，也无法适应网络智能化的发展趋势。因此，城域网架构的演进和新型网络技术的引入变得至关重要。在这一背景下，全球运营商的城域网也在不断演进，为现代城市通信提供了创新的解决方案。在我国，当前运营商的城域网演进方向主要是新型城域网与SPN。新型城域网不仅继承了传统城域网的优势，还在传输效率、网络灵活性及业务创新能力上有了显著提升。而SPN则凭借高效的数据切片和传输能力，成为支撑未来5G及物联网业务发展的关键网络基础设施。本节以新型城域网与SPN为例，阐述城域网的演进过程，同时介绍这两种网络的架构及关键技术。

15.2.1　新型城域网

过去10年，2G/3G/4G/5G网络并存使得运营商的OPEX逐年上升，也让运营商网络的结构性问题逐渐显现。2G/3G/4G/5G同网承载使网络复杂度、业务复杂度和运维复杂度都大大提升，运营商网络面临前所未有的挑战。因此降低OPEX已经成为全球运营商的共识。部分运营商积极开展面向未来5～10年的目标网络规划，计划通过新技术应用大幅提高网络运营效率，使网络具有更好的性能和更高的效率。

新业务形态下的承载网需要满足以下需求。

- 全业务类型的承载需求。实现面向消费者（To Consumer，2C）、面向企业（To Business，2B）、面向家庭（To Home，2H）等多业务的快速高效接入和承载。
- 基础资源层的统一化需求。实现包括中心局（Central Office，CO）、管道、光缆及光交/分纤点等基础设施对于2B/2C/2H的统一综合接入，支撑IP+光设备网络的高效组网结构。
- 个性化的SLA需求。满足不同业务类型的差异化SLA需求，特别是为以4K/AR/VR等为代表的视频业务提供大带宽、低时延、少丢包的极致业务体验。
- 便捷、快速的云连接需求。面向5G和云时代，实现云数据中心的高效互联和分级分布式下沉部署，提供高效、快速的入云及上云体验。
- 智能化的网络管理需求。未来的承载网必定有一个统一、集中的智能大脑，基于SDN，实现智能化的业务发放、管理、控制、运行和维护。

运营商必须为下一代承载网赋予新的能力和技术，才能应对新业务的挑战。基于IPv6数据平面的SRv6不仅继承了SR-MPLS的源地址编程等众多优势，其Native IPv6特性更赋予SRv6相较于SR-MPLS更好的网络兼容性和可扩展性。这包括在SRv6网络上衍生出的网络切片、IFIT等“IPv6+”技术。运营商网络中典型的解决方案包括HoVPN over SRv6方案和E2E VPN over SRv6方案。如表15-2所示，通过对比HoVPN over SRv6方案和E2E VPN over SRv6方案可知，它们在专线业务方面的承载方案相同，而在移动业务承载方面的方案不同。此外，E2E VPN over SRv6方案更适合中小型网络，而HoVPN over SRv6方案适用于大中小型网络，特别是跨域网络。

表 15-2　HoVPN over SRv6 方案和 E2E VPN over SRv6 方案的对比

对比项	HoVPN over SRv6的参数	E2E VPN over SRv6的参数
业务承载模型	移动业务：HoVPN/HoEVPN over SRv6 BE/Policy 专线业务：E2E L3VPN/L3 EVPN/E-Line/E-LAN/E-Tree over SRv6 BE/Policy	移动业务：E2E L3VPN/L3 EVPN over SRv6 BE/Policy 专线业务：E2E L3VPN/L3 EVPN/E-Line/E-LAN/E-Tree over SRv6 BE/Policy

续表

对比项	HoVPN over SRv6的参数	E2E VPN over SRv6的参数
部署规模	物理网络包含的节点数量不受限，例如节点规模超过1000个也可以部署HoVPN	部署SRv6 Policy的场景，网元数量不超过1000个
SRv6 Policy数量与无缝双向转发检测（Seamless Bidirectional Forwarding Detection，SBFD）数量	一台设备一种业务，正反需要4条SRv6 Policy，由于在汇聚（Aggregation，简称AGG）节点隧道分段，接入设备只同汇聚设备建立隧道，核心设备只同汇聚设备建立隧道。相比E2E VPN方案，骨干设备规格压力大幅度减小	全连接SRv6 Policy，一台设备一种业务，正反需要4条SRv6 Policy，骨干设备规格压力偏大
业务调优	推荐在汇聚层/骨干层部署路径优化；接入层可按需部署调优	E2E SRv6 Policy可以进行E2E路径优化
运维	接入层网络质量不稳定时，接入层可以部署SRv6 BE，汇聚层和核心层部署SRv6 Policy，仅对汇聚层和核心层的网络路径优化	接入层网络质量不稳定，如存在大量微波或链路经常闪断等，此时推荐网络E2E部署SRv6 BE，避免导致SRv6 Policy频繁进行路径优化
报文头膨胀	SRv6 BE网络：和E2E VPN带宽膨胀相同 SRv6 Policy网络：报文头路径信息只包含接入侧或汇聚路径信息，报文头膨胀相对小	SRv6 BE网络：和HoVPN带宽膨胀相同 SRv6 Policy网络：报文头路径信息包含接入层和汇聚层路径信息，报文头膨胀相对更大

E2E VPN/HoVPN over SRv6方案的设计基于网络设备、协议、业务承载和网络管控等维度，总体架构如图15-1所示。该方案可以满足统一固定移动融合（Fixed Mobile Convergence，FMC）网络业务承载的需求。针对2C移动承载业务（如4G/5G），推荐部署HoVPN/HoEVPN over SRv6 BE/Policy，实现任意规模组网业务部署；针对2B专线业务（如L3/L2专线），推荐部署E2E L3VPN/E-Line/E-LAN/E-Tree over SRv6 BE/Policy；未来针对2H的高速上网（High Speed Internet，HSI）等业务，推荐部署E2E L3VPN/E-Line/E-LAN/E-Tree over SRv6 BE/Policy。

- HoVPN/HoEVPN over SRv6 BE/Policy：为适应移动承载典型的P2MP组网特点（如S1/N2业务场景，运营商典型的汇聚/骨干节点有十几台设备，接入节点有数万台设备），满足未来网络规模的任意平滑扩展，推荐采用HoVPN方案。同时，接入网、汇聚网、骨干网可以按需各自灵活选择

SRv6隧道类型，如接入网主要采用单点/链、环形网络时，仅需要最短路径转发，可以部署SRv6 BE。针对汇聚网、骨干网汇聚各个接入网的业务的情况，不但需要考虑业务路径按需规划，实现网络负载均衡，而且需要考虑网络故障期间，保证业务始终按照最优的路径转发，因此可以部署SRv6 Policy。

• E2E EVPN L3VPN/L2VPN over SRv6 BE/Policy：专线典型组网，为企业粒度的E-Line/E-LAN/E-Tree建设分支—分支、分支—总部的互联互通，企业规模相比移动承载网规模小很多，因此推荐E2E VPN方案。

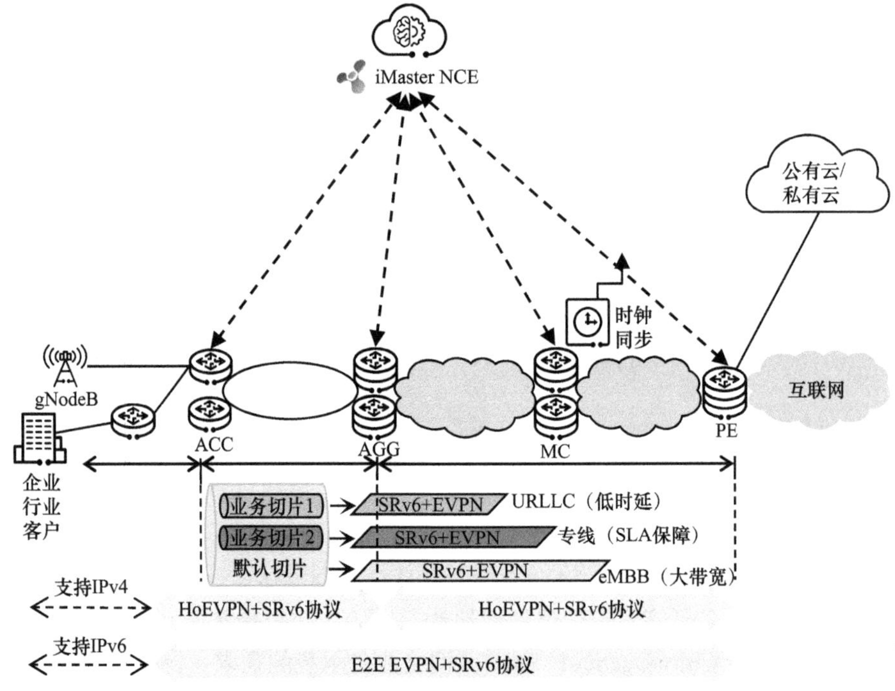

图15-1 E2E VPN/HoVPN over SRv6方案的总体架构

下面介绍E2E VPN/HoVPN over SRv6方案的关键技术：SRv6、FlexE、IFIT、iMaster NCE-IP。

1. SRv6

HoVPN over SRv6方案通常部署在跨域的大型网络中，可能会涉及跨越不同的AS域网络，如果采用传统MPLS，那么在网络跨域部署上的配置量较大。如果网络部署了SRv6，只要首尾两端设备的Locator路由可达，就可部署SRv6隧道。SRv6隧道可以通过iMaster NCE便捷下发，只要选择源宿隧道节点和隧道属性，即可一键完成隧道下发。HoVPN over SRv6方案中，推荐2C业务部署层次化的隧道，隧道推荐SRv6 BE/Policy；推荐2B/2H业务部署SRv6 BE，并简化隧道部署。

SRv6 Policy场景下的业务报文转发流程如图15-2所示。

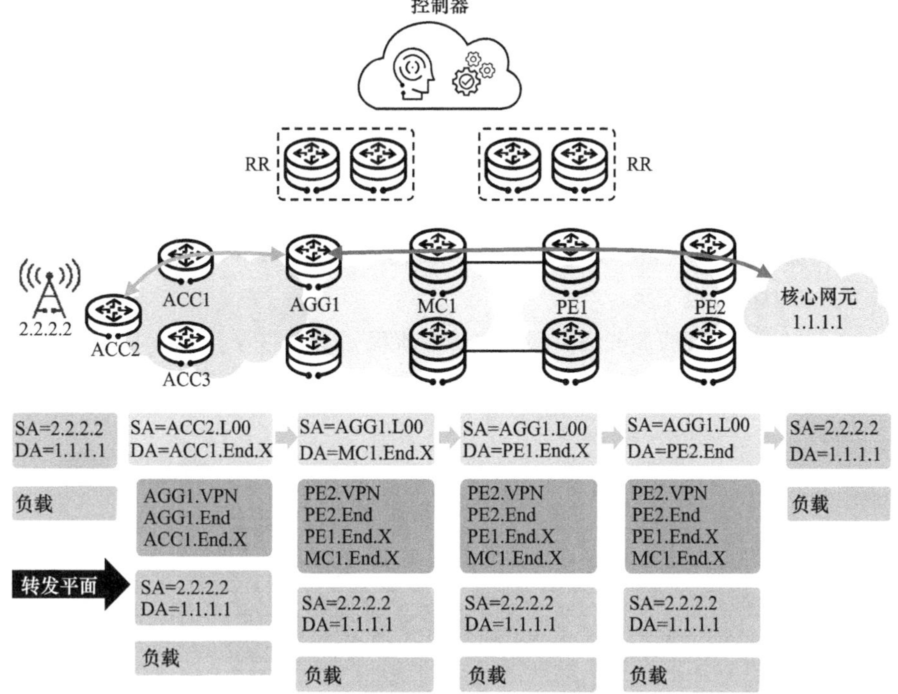

图15-2　SRv6 Policy场景下的业务报文转发流程

网络控制器根据指定的算路策略和约束，计算出满足SLA的SRv6 Policy并下发到ACC。ACC将该SRv6 Policy和VPN路由关联起来。SRv6 Policy包含了需要经过的路径中的各个节点或者链路的SRv6 SID。

在上行业务方向，当VPN报文到达ACC时，ACC查询VPN路由，包含VPN SID及SRv6 Policy。ACC将SRv6 Policy中的所有沿途SID+尾节点VPN SID压入SRH栈，精准指导业务路径的转发。

- 业务头节点（如ACC2）：ACC封装IPv6外层头，其中的目的地址=SRH的最后一个SID，源地址=ACC的LoopBack接口的IPv6地址，将IPv6报文头的Next Header设定为SRH，并将SRH添加到IPv6外层报文和负载之间，指导后续节点转发。
- 业务分层点（如AGG1）：剥离业务上游节点封装的IPv6基本报文头+SRH扩展报文头，并重新封装IPv6基本报文头+SRH扩展报文头。其中，目的地址=新SRH的最后一个SID，源地址=AGG1的LoopBack接口的IPv6地址。

- 业务中间节点（如ACC1/MC1/PE1）：该节点收到IPv6报文后，将SRH中的下一个SID替换成目的地址，然后继续转发。以MC1为例，从AGG1收到SRv6 Policy业务报文，同时目的地址=MC1的End.X，MC1获取SRH中下一个SID（PE1的End.X SID），并把此SID更新到目的地址中，指导节点进行转发。
- 业务尾节点（如PE2）：最终报文被转发到PE2，PE2剥离SRH和外层IPv6报文头，根据VPN SID查询到关联的VPN实例，并根据内层负载的目的IP地址字段取值1.1.1.1，在VPN实例中查询VPN实例路由表进行转发。

下行业务方向的业务报文转发时，AGG执行相同的动作，即更换IPv6基本报文头+SRH扩展报文头。

SRv6 BE场景下的业务路由和报文转发流程如图15-3所示。

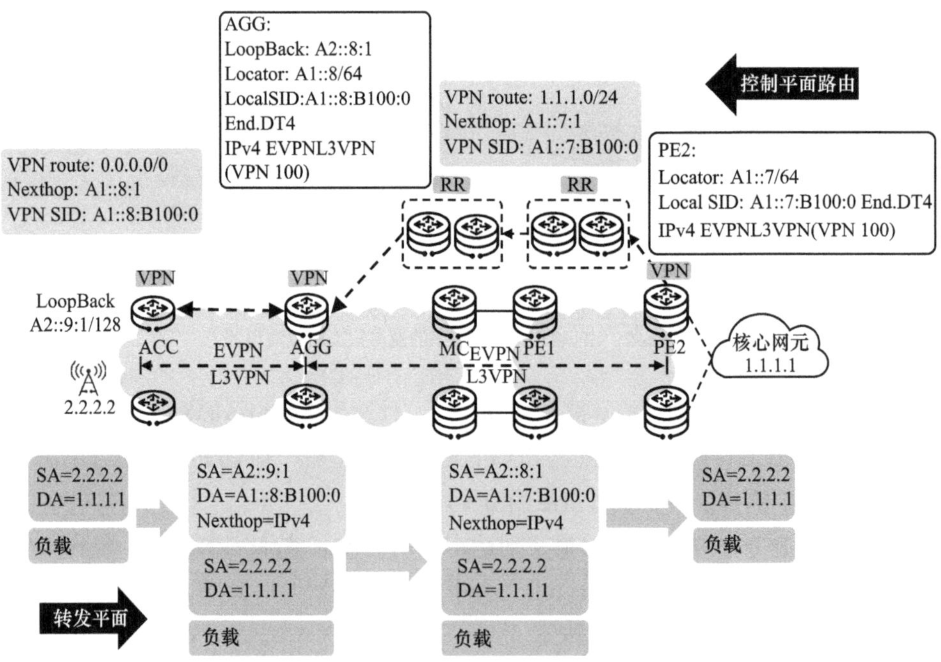

图15-3　SRv6 BE场景下的业务路由和报文转发流程

下面以ACC发送SRv6 BE承载的业务VPN报文给PE2为例，说明SRv6 BE报文转发流程，所有的VPN报文都封装一层IPv6报文头，不携带SRH。

- 业务头节点（如ACC）：VPN报文在ACC封装IPv6报文头，目的地址=AGG的VPN SID，源地址=ACC的LoopBack接口IPv6地址，设定IPv6报文头中的Next Header字段为IPv4报文，然后进行报文转发。

- 业务分层点（如AGG）：更换报文中目的地址=PE1的VPN SID，源地址=AGG的LoopBack接口IPv6地址，保持IPv6报文头的Next Header为IPv4报文，继续进行报文转发。
- 业务尾节点（如PE2）：当报文到达尾节点PE2时，尾节点PE2通过查询VPN SID对应的VPN实例转发表，将VPN报文转发到相应的出接口，剥离IPv6报文头，进一步处理转发。

此外，业务中间节点（如MC/PE1）将该IPv6报文当作Native IPv6报文进行转发。因此，如果网络中的这类设备仅支持IPv6，也可以很容易在现网中部署SRv6 BE。

2. FlexE

HoVPN over SRv6方案中的网络切片，建议通过iMaster NCE-IP实现整网切片一键部署和后期的可视化运维。HoVPN over SRv6场景下的网络切片方案如图15-4所示。

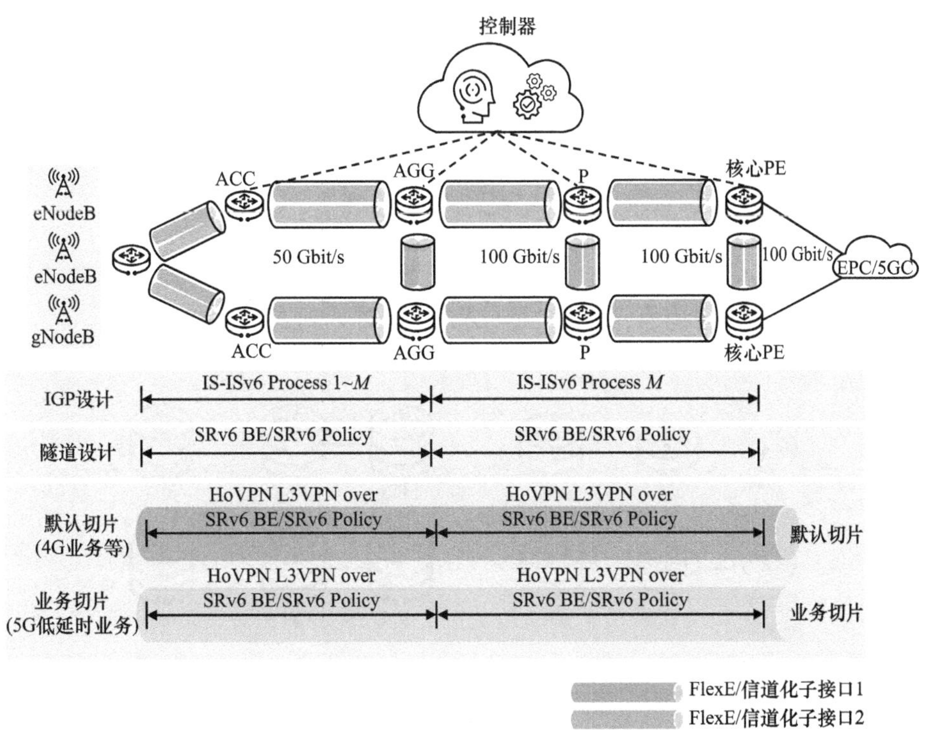

图15-4　HoVPN over SRv6场景下的网络切片方案

通常推荐默认切片承载普通业务，如普通的4G上网业务等。行业切片可以将业务按照特定诉求划分为一片或多片，例如5G低时延业务切片、专线业务确定性SLA切片。

HoVPN over SRv6方案的网络切片业务总体可以参考如下方式。

- 统一IGP进程：网络中部署的多个切片控制平面统一运行在一套IGP进程里，包括接入层和汇聚层。
- 切片同SRv6路径解耦：默认切片及业务切片均可以承载SRv6 BE或SRv6 Policy；同一个默认切片或业务切片中，接入层、汇聚层依据业务诉求不同，可以分别部署SRv6 BE或SRv6 Policy。
- 切片同VPN解耦：各切片内可以独立部署L2VPN、L3VPN。VPN实例依据默认切片或业务切片承载在相应切片中部署。
- 业务切片以Slice ID来区分：为不同的业务切片分配不同的Slice ID，不同业务切片中SRv6 BE及SRv6 Policy数据平面携带不同的Slice ID进行区分。
- 默认切片承载公共配置：默认切片接口上配置公共的IP地址、IGP能力、IGP Cost值等。

3. IFIT

HoVPN over SRv6方案通过IFIT技术实现业务随流高精准度检测，确保业务体验的可视化管理。IFIT的工作流程如图15-5所示。

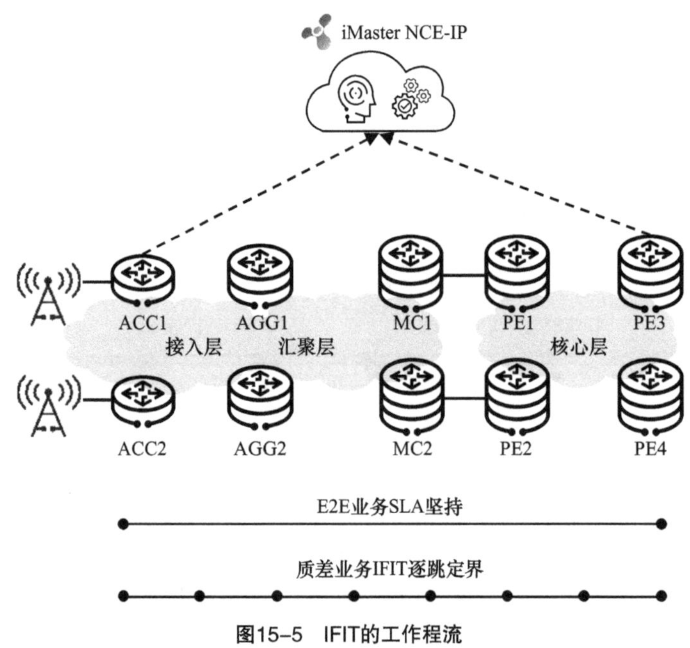

图15-5 IFIT的工作流程

IFIT的具体工作流程描述如下。

①通过iMaster NCE-IP全网使能IFIT并进行Telemetry订阅，根据需要选择业务源宿节点及链路，并配置IFIT监控策略。

②iMaster NCE-IP将监控策略转换为设备命令，并通过NETCONF下发给设备。

③设备生成IFIT端到端监控实例，源宿节点分别通过Telemetry秒级上报业务SLA数据给iMaster NCE-IP，基于大数据平台处理可视化呈现检测结果。

④设置监控阈值，当丢包或时延数据超过阈值时，iMaster NCE-IP自动将监控策略从端到端检测调整为逐跳检测，并通过NETCONF下发更新后的策略给设备。

⑤设备根据新策略将业务监控模式调整为逐跳模式，并逐跳通过Telemetry秒级上报业务SLA数据给iMaster NCE-IP，基于大数据平台处理可视化呈现检测结果。

⑥基于业务SLA数据进行智能分析，结合设备关键性能指标（Key Performance Indicator，KPI）、日志等异常信息推理识别潜在根因，给出处理意见并上报工单；同时，通过调优业务路径保障业务质量，实现故障自愈。

4. iMaster NCE-IP

iMaster NCE-IP网络数字地图内嵌AI算法，并融合了“IPv6+”等最新技术，通过网络全息可视、导航式路径规划、确定性业务体验和智能运维保障等，形成了通过数字世界管理物理网络世界的方案。

网络数字地图包含但不限于如下关键技术。

（1）多维度可视

底图图层：支持地理信息系统（Geographic Information System，GIS）地图的在线、离线加载模式。

网络图层：设置/导入网元节点、子网节点的GIS坐标，自动按GIS坐标布局网络节点位置。支持多级拓扑缩放，支持自动拓扑布局。

网络信息图层：包括网络节点/链路的状态视图、链路带宽利用率视图、链路时延视图、链路丢包视图、链路的TE Metric视图、网元能效视图、网络可用度视图等视图，支持视图之间的灵活切换。

网络业务图层：支持多因子路径导航、时延圈渲染。

应用图层：以网络为基础底座，关联上层应用，实现端到端业务可视和业务路径的综合调度。

（2）通过多因子云图算法实现网络智能优化

网络数字地图采用BGP-LS协议获取整网的拓扑和带宽资源，通过内置支持超过20算路因子的云图算法，实现网络级的吞吐量、Cost和时延等参数对多业务的路径进行调度。

局部调优算法：支持对指定节点、链路、隧道进行人工局部调优，并支持基于带宽越限、时延约束、丢包率约束、误码率越限进行自动局部调优。

全局调优算法：可以针对全网隧道进行调优。

云图调优算法支持混合策略，即调优过程中不同的隧道采用不同的策略，算法智能地在多业务、多策略之间进行权衡，从而使网络达到最优状态。

（3）通过智能故障分析算法实现主动智能运维

iMaster NCE-IP引入AI算法、自创流式框架，将大量异常KPI事件和告警在时间和拓扑维度上进行实时聚类、根因事件识别和智能诊断，减少运维人员对无效事件和衍生事件的处理，提升故障处理效率。

数据的获取和处理：获取iMaster NCE-IP上异常KPI事件、iMaster NCE-IP告警库中重要和紧急级别的网元侧告警，将这两类数据转化为统一格式的事件。

在线训练：支持在线训练，可以迭代训练出事件聚类模型及故障传播图，增强模型的泛化性，而且“越学越聪明”。

在线推理：实时进行incident聚类和根因识别，并且可以压缩闪断、重复incident。

（4）BGP路由安全分析

数字地图基于内置的BGP路由分析能力，针对全量BGP路由和重点保护BGP路由进行监控。对每个BGP Peer上的路由变化（包含路由前缀发布和撤销、路由AS-Path和源AS变化等）从时间和空间维度进行分析、统计和呈现，识别路由劫持、路由泄露等异常并触发告警。对于重点保障路由，实时监控路由可达性及时延等性能统计，实现了路由路径变化可回放，可以及时感知并修复BGP路由异常。

15.2.2 SPN

万物互联，承载先行。早期的承载网主要服务于语音业务。随着以太网的发展，IP化的语音、多媒体和数据业务迅速成为主流业务。承载网也从以支持语音业务为主，转变成以支持数据业务为主。如图15-6所示，承载网的发展主要经历了以同步数字体系（Synchronous Digital Hierarchy，SDH）、分组传送网（Packet Transport Network，PTN）、SPN为主的3个阶段的演进。

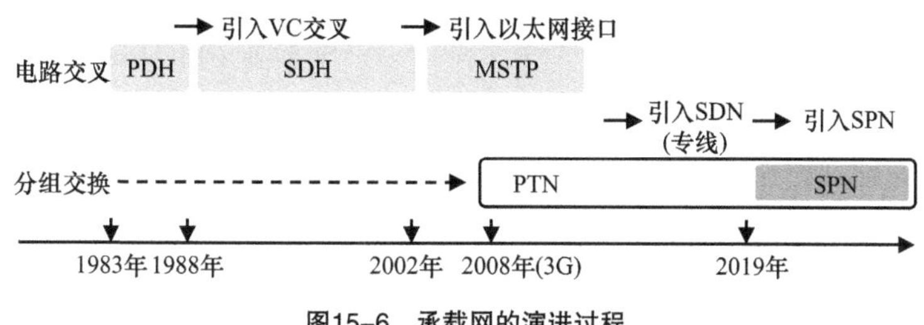

图15-6　承载网的演进过程

接下来，我们分别介绍3个阶段的主要技术，并说明为什么SPN会成为承载网演进过程中的最新选择。

（1）第一阶段：SDH技术

第一阶段以内核为TDM的SDH技术为主，该技术可以提供刚性的电路连接能力。SDH是一种将复接、线路传输及交换功能融为一体，使用统一网管系统操作的技术。用户可以直接使用传输电路建立点到点的通信，实现网络的有效管理、业务的实时监控和网络的动态维护，从而降低管理及维护费用，保障灵活、可靠和高效的网络运行与维护。但是，SDH技术有其局限性。SDH技术最初针对语音业务设计，划分的带宽是独占且固定的。这种独占且固定的“硬管道”有不可避免的缺点。例如，带宽不够灵活，利用率低；对外提供的接口也很少，在面对P2MP、多点到多点（Multipoint-to-Multipoint，MP2MP）的通信时，用户需要申请多个接口，而总带宽是固定的，多个接口的申请会导致带宽的利用率不高。而随后的多业务传输平台（Multi-Service Transport Platform，MSTP）技术，虽然在SDH技术的基础上增加了以太网接口或ATM接口，实现了接口IP化，但其本质仍然是“硬管道”，即IP over SDH。MSTP技术给指定用户分配的带宽也是固定的，即使用户无业务流量，仍然占用该带宽，不能与其他用户共享，根本无法满足数据业务的迅猛增长需求，以及高突发的带宽需求。

（2）第二阶段：PTN技术

第二阶段是以分组交换为核心的PTN技术，它在移动通信IP化转型中起到了关键的作用。PTN技术以ATM/以太网技术为基础，将IP/MPLS、以太网和传送网3种技术相结合，可谓是融合了SDH和IP技术各自的优势。传统的IP路由技术是不可管理、不可控制的，IP逐级转发，每经过一个路由器都要进行路由查询，速度缓慢，这种转发机制不适合大型网络。因此，PTN技术简化了MPLS过程，并去掉了一些复杂的握手协议，在通道经过的每一台设备上，只需要进行快速的标签交换即可，从而节约了处理时间。从传输单元上看，PTN传送的最小单元是IP报文。PTN与MSTP相比，最关键的差异是分组交换。PTN在封装层引入PWE3，将多种老技术，如ATM、FR、准同步数字系列（Plesiochronous Digital Hierarchy，PDH）和多链路点到点协议（Multi-Link Point-to-Point Protocol，MLPPP）等在包交换网络中统一适配、统一承载，既能更好地承载TDM业务，又能满足IP化业务的承载要求。

但是，5G网络需要满足更加多样化的场景，对业务的带宽、时延、可靠性等有着更高的要求，仅靠客户端连接基站的无线空中接口部分的改进是无法满足的。在5G时代，一张网络承载千行百业，不同业务对网络的差异化要求严格，网络需要端到端的切片来保障业务的差异化承载，很多新兴业务也需要通过网络切片来进行隔离，从而减少新业务上线时对整体网络的影响。传统的PTN技术无法实现切片，因而无法将千行百业的流量严格隔离开。另外，PTN技术使用的是静态隧道，不能满足5G时代的大带宽、低时延、高可靠的需求。

（3）第三阶段：SPN技术

第三阶段是以SPN技术为核心的新一代承载网技术。SPN技术采用创新的以太网分片组网技术，可以提供切片能力。SPN使用的是面向传送的分段路由（Segment Routing-Transport Profile，SR-TP）隧道和尽力而为的分段路由（Segment Routing-Best Effort，SR-BE）隧道，SR-TP隧道可以通过在发送端配置标签栈来指定后面的路由，而标签栈是邻接标签，可以通过NCE自动下发，不需要人工配置。另外，SPN技术融合光层DWDM技术体制，构筑SPN的架构体系。与PTN技术相比，SPN技术集成了PTN传输方案的功能特性，并在此基础上进行了增强和创新，更能适应5G时代对网络的新要求。

SPN城域综合组网结构如图15-7所示，该架构包含如下网络节点角色。

- 城域核心：用于业务接入，将业务传输到核心网。
- 骨干汇聚：用于业务汇聚、调度和接入，将业务调度到城域核心及其他汇聚环。
- 普通汇聚：汇聚各接入环上行的业务，将汇聚后的业务调度到骨干汇聚及其他接入环。
- 综合接入：用于集中式基站的业务接入。
- 接入：用于客户端的接入。

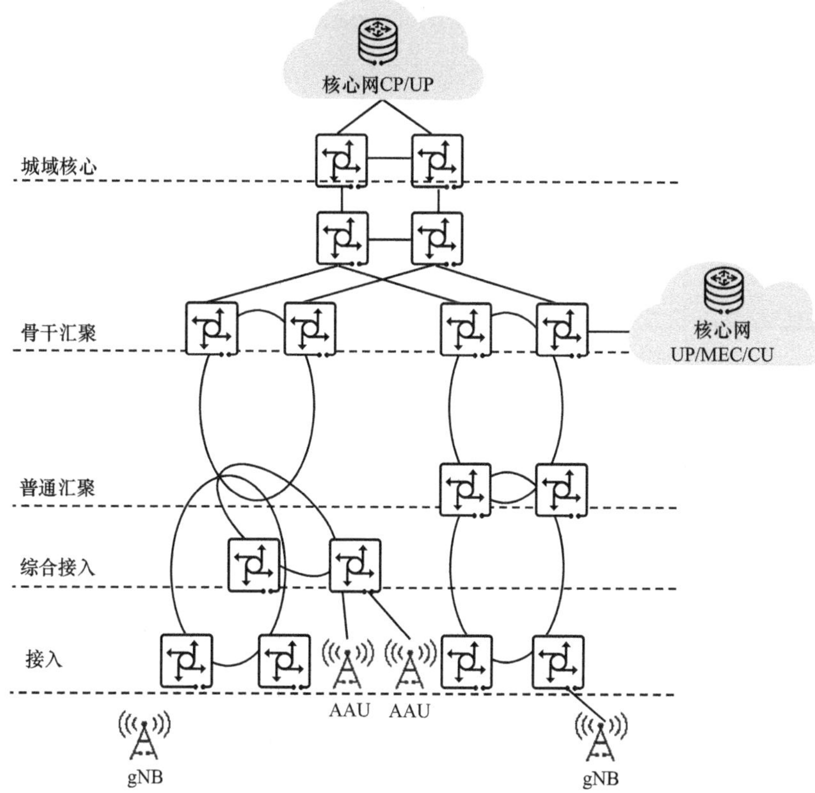

图15-7　SPN城域综合组网结构

SPN借助ITU-T网络模型，对网络架构进行分层建模。如图15-8所示，SPN的网络架构分为切片分组层（Slicing Packet Layer，SPL）、切片通道层（Slicing Channel Layer，SCL）和切片传送层（Slicing Transport Layer，STL），以及时间/时钟同步功能模块和管理/控制功能模块。

上述3个分层的业务内容描述如下。

- SPL实现对IP类业务、以太网类业务和恒定比特率（Constant Bit Rate，CBR）业务的寻址转发和承载管道封装，提供L2VPN、L3VPN、CBR透传等多种业务类型。SPL基于IP、MPLS、802.1q、物理接口协议等多种寻址机制进行业务映射，提供对业务的识别、分流、QoS保障处理。对分组业务，SPL提供基于SR技术增强的SR-TP隧道，同时提供面向连接和无连接的多类型承载管道。SR技术可以提升隧道路径调整的灵活性和网络可编程能力。SR-TP隧道技术在SR源路由隧道基础上，增强了运维能力，扩展支持双向隧道，并增加了端到端业务级OAM检测等功能。

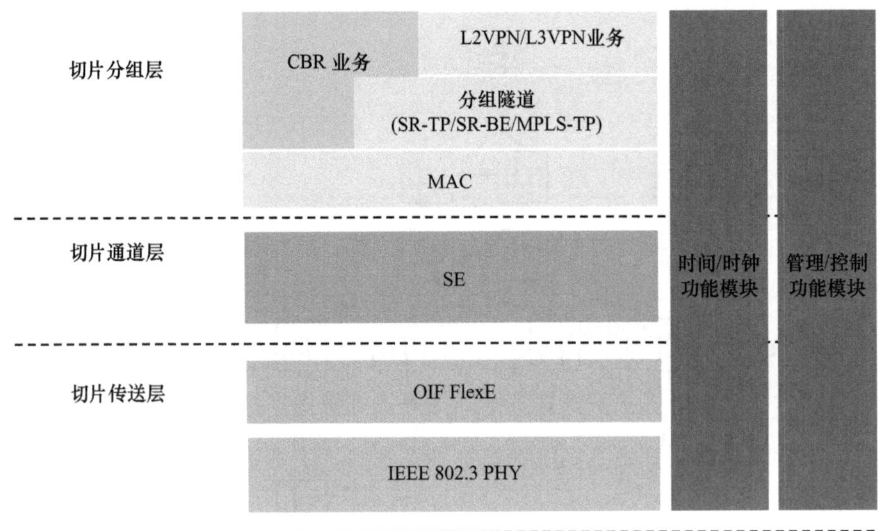

图15-8　SPN的网络架构模型

- SCL为网络业务和切片提供端到端通道化硬隔离，并通过创新的切片以太网（Slicing Ethernet，SE）技术，对以太网物理接口、FlexE绑定组实现时隙化处理，具备基于以太网的虚拟网络连接能力；也为多业务承载提供基于数据链路层的低时延、硬隔离的切片通道。另外，基于SE通道的OAM和保护功能，SCL可实现端到端切片通道层的性能检测和故障恢复。
- STL基于IEEE 802.3以太网物理层技术和FlexE技术，具备高效的大带宽传送能力。FlexE物理层包括50 Gbit/s、100 Gbit/s、200 Gbit/s、400 Gbit/s等速率的新型以太网接口。利用广泛的以太网产业链，可以支撑低成本、大带宽建网，支持单跳80 km 的主流组网应用。

SPN技术之所以具备提供超大带宽的传输、实现低时延的可靠承载、构建高效灵活的网络切片、优化SDN的集中管理与控制等优势，得益于以下关键技术。

（1）FlexE技术和以太网接口技术

随着网络带宽的迅猛增长，承载网急需新的技术以匹配带宽增长的发展需求。SPN技术之所能够实现超大带宽，得益于以太网接口技术和FlexE技术。以太网接口是通信领域应用广泛的一种接口技术。历经多年的发展，以太网接口技术已经形成了成熟的产业链。得益于互联网的发展，近年来以太网高速率接口取得了长足进展，以匹配不断发展的业务带宽要求。FlexE技术通过在IEEE 802.3

的基础上引入FlexE Shim层，实现了MAC和PHY的解耦，从而实现灵活的多速率接口。FlexE接口可以是50 Gbit/s、100 Gbit/s、200 Gbit/s、400 Gbit/s等速率的新型以太网接口，能够支撑低成本、大带宽建网，较好地满足了大带宽的需求。高速以太网接口涉及多项关键技术，主要包括下面两项。

- 快速以太网通道（Fast Ethernet Channel，FEC）：采用成熟的KP4 FEC实现了长距离传输。
- PAM4：4级脉冲幅度调制可以在波特率不变的情况下，获得2倍的数据速率，从而有效地降低光接口的成本。

SPN技术通过融合FlexE绑定和DWDM技术，实现了承载网带宽的灵活扩展和分割。如图15-9所示，通过FlexE实现的多路光接口绑定，可以在低成本的基础上实现高速率的以太网接口。而FlexE绑定的接口数量，决定了FlexE链路可平滑扩容的最大带宽。例如，通过绑定4个200 Gbit/s的以太接口，能够实现1个800 Gbit/s带宽的管道容量。FlexE链路绑定技术可以在业务无须调整的情况下，实现链路带宽的平滑扩容。其中，设备支持的可绑定到一个FlexE组的接口越多，网络的可扩展性越强。

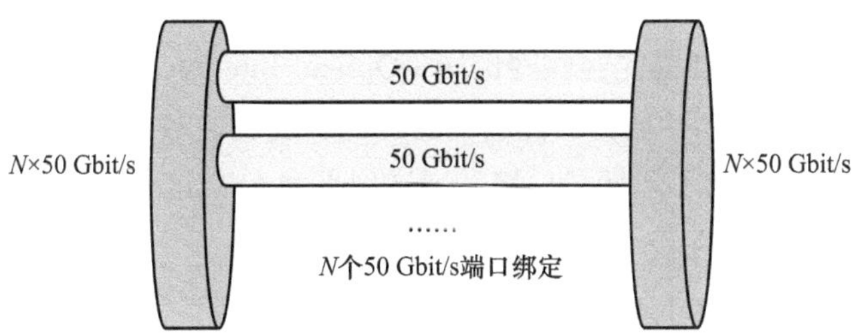

图15-9　FlexE绑定技术的原理

除此以外，FlexE+DWDM不但提供单纤大带宽能力，结合DWDM技术，还可以增强按需灵活平滑扩展带宽的能力。

（2）FlexE分组切片技术

超低时延是5G业务的重要特点，其中eMBB业务要求端到端时延达到10 ms，URLLC业务更是要求端到端时延达到毫秒级。传统的分组网络进行业务报文转发时，需要在出口方向进行排队处理，这样会导致分组网络的时延很高，达到几十微秒的级别。而在网络拥塞的情况下，甚至会超过10 ms，根本无法满足5G时代的低时延业务要求。FlexE分组切片技术解决了这一难题。传统的接口调度基于报文的优先级，低优先级长包会阻塞高优先级短包的调度，业务之间相互影响。FlexE分组切片技术用严格的TDM调度机制替代了原来的逐包发送机制，基于时隙调度，实现了刚性隔离、独占带宽，从而保证通道之间的相互隔离，业务之间互不影响，专网专用，并且保证安全，如图15-10所示。

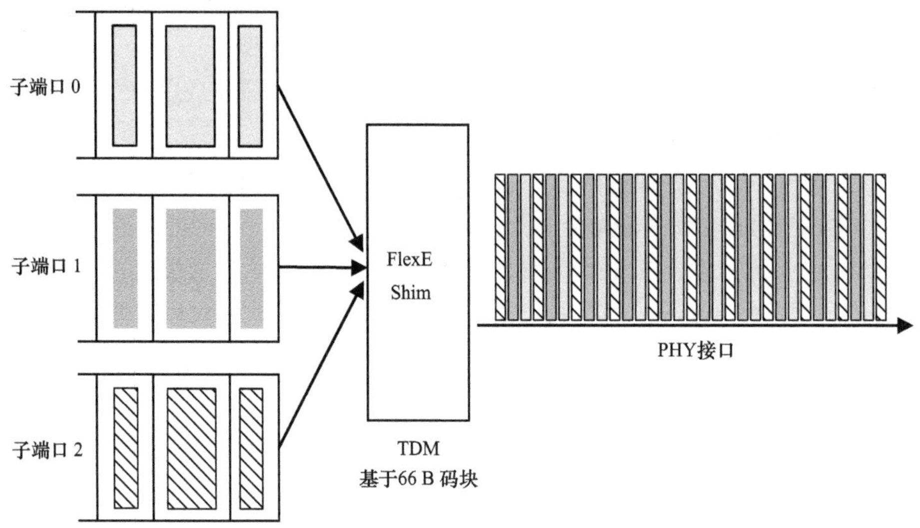

图15-10　FlexE分组切片通道化

我们通常讲的FlexE是光互联网论坛（Optical Internetworking Forum，OIF）定义的，属于接口级切片能力。随着SPN的不断发展，SPN支持ITU-T定义的更完善的切片标准G.mtn（包括接口级和通道级两种），这是在FLexE基础上增强了OAM特性和交叉特性。

（3）SPN灵活硬切片技术

未来的众多业务对网络要求的差异化巨大，网络需要端到端的切片来保障业务的差异化承载。而面向综合业务的承载网覆盖千行百业，很多新兴行业也需要通过网络切片来进行隔离，从而减少对已有的整体网络的影响。SPN可以同时提供“高可靠硬隔离的硬切片”和“弹性可扩展的软切片”。如图15-11所示，SPN通过城域传输网络（Metro Transport Network，MTN）TDM通道实现切片硬隔离，通过以太网包交换通道实现基于SR的包交换通道，再利用QoS技术实现切片软隔离。SPN具备在一张物理网络上进行资源切片隔离，形成多个虚拟网络，为多种业务提供差异化SLA的能力。硬切片为专线和URLLC等业务提供低时延和大带宽保障，软切片为eMBB等分组业务提供大带宽和差异化SLA。下面主要阐述SPN灵活硬切片隔离的优势。

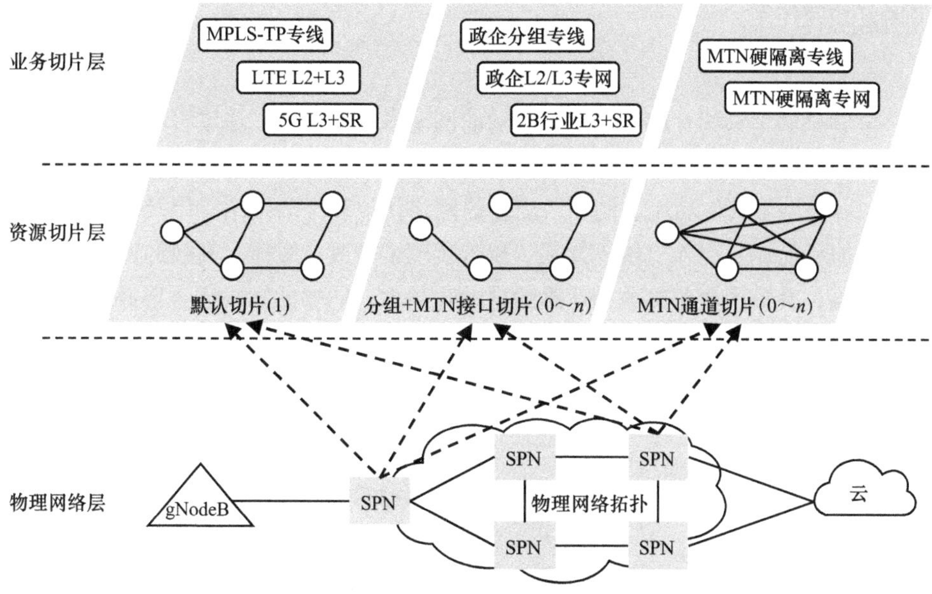

图15-11　SPN切片承载的实现方式

对于以太网的隔离技术，人们在SPN之前也有过诸多探索。例如，VPN技术作为一种承载网分片的技术，难以解决不同业务抢占带宽的问题，无法保证不同业务的SLA。SPN技术创新性地提出了MTN技术。该技术基于原生以太网内核扩展以太网切片，既能够完全兼容当前的以太网，又能够提供确定性低时延、硬管道隔离的以太网一层组网能力，尤其是给生产控制类业务带来了极大的帮助。MTN的关键技术包括以下3种。

- 基于以太网64/66 B码块的交叉技术，可以实现极低的转发时延，达到良好的隔离效果。
- 按需端到端OAM技术，支持IEEE 802.3码块扩展，采用IDLE替换原理，实现MTN通道OAM和保护功能，支撑端到端的以太网一层组网。
- 基于以太网业务透明映射技术，通过转码机制，实现各类业务到MTN通道的透明映射。

MTN将以太组网技术从二层扩展到一层，是以太组网技术的有效增强和补充。SPN构建的网络通过MTN技术，具备了基于以太网的多层组网能力，以匹配差异化业务承载要求。对于高价值专线，通过一层的透明映射技术和码块的交叉技术，实现了端到端透明承载；对于分组统计复用业务，通过二层和三层的分组调度，实现了带宽的高效利用；对于低时延分组业务，通过在业务接入节点进行二层和三层的分组调度，在网络内节点进行一层的码块交叉，实现了网络内的低时延快速转发。

（4）SDN

SDN有助于实现开放、灵活、高效的网络操作与维护。通过SDN可以实时监测网络状态，触发网络自寻优。另外，通过融合基于SDN的管理和控制的体系结构，SPN提供了其他功能，例如，简化的网络协议和开放网络，以及跨网络域和跨技术服务协调。引入SDN理念后，SPN实现了开放、敏捷、高效的网络运营和运维体系，具备了业务部署和运维的自动化能力，能够感知网络状态并对网络进行实时自优化。如图15-12所示，结合管控析一体化的智能管控平台，SPN正向智能管控演进。

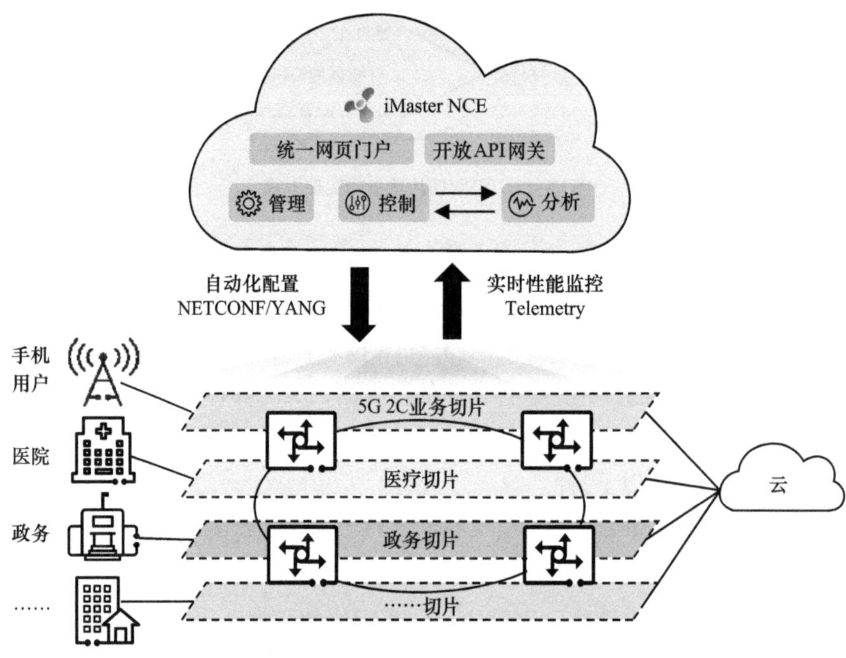

图15-12　智能管控平台

SPN中的管控析主要体现在以下方面。

- 管理：SDN控制器与网络设备的分工合作实现了业务的自动化部署调优。如图15-13所示，网络设备配置节点和邻接体label，并以此生成转发表项；然后扩散标签信息，并托管于控制器，自动创建SR Tunnel；控制器通过收集路由拓扑的各个节点和邻接体label，基于全局进行路径计算，然后下发SR标签栈给首节点；网络设备接收控制器标签栈信息，并封装报文和进行转发。

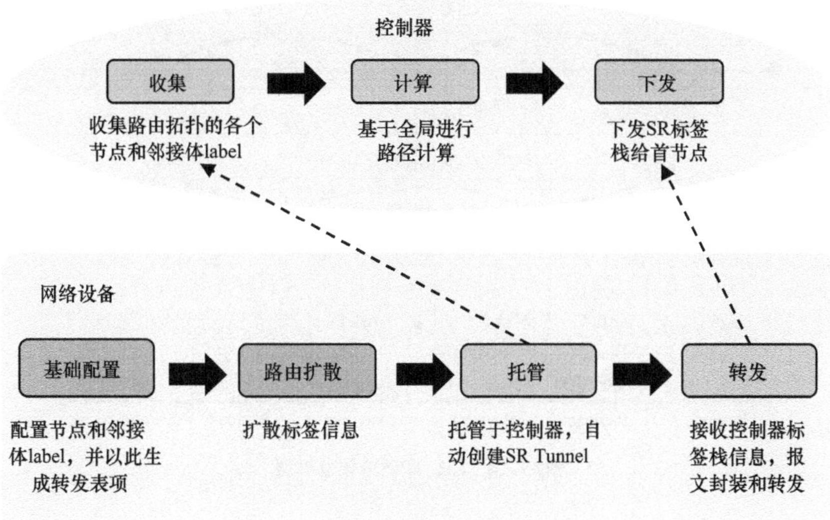

图15-13　SDN控制器与网络设备分工图

- 控制：SR-TP重路由技术解决了网络多点故障问题，实现了业务永久在线和灵活、可靠的连接。以前，工作路径和保护路径都是线性路径。如果工作路径和保护路径上均存在故障点，则业务会发生中断。一旦发生业务中断，则需要快速定位抢修，导致维护成本高，而抢修过程也需要人工调整路由，效率比较低下。NCE为SR-TP隧道提供了实时路径控制能力，包括SR-TP隧道路径计算和故障保护过程中重路由的功能。如果工作路径和保护路径两处均存在故障，就能够触发控制平面重路由，计算出新的逃生路径，使得业务恢复达到亚秒级别，从而实现业务永久在线。如图15-14所示，SR-TP隧道在SR-TE隧道的基础上，增加了一层端到端标识业务流的标签Path SID，此标签是由宿PE节点向源PE节点分配的本地标签，基于Path SID运行OAM和自动保护切换（Automatic Protection Switching，APS）等功能。同时，通过标签粘连机制增加SR-TP隧道路径的跳数。
- 分析：传统的TP OAM带外测量有间接和直接两种方式。间接测量采用模拟数据流的方式，并非真实的业务数据，路径可能与真实的业务不一致。直接测量则是将测量报文插入业务流，基于管道进行检测，但是缺乏业务级别的检测，间隔发包，精度比较低。两种方式都存在缺陷。而IFIT方式能够直接检测报文，真实反映路径和时延信息；也可以对每个报文进行逐个检测，精确捕获细微丢包，从而实现业务级SLA精准可视。

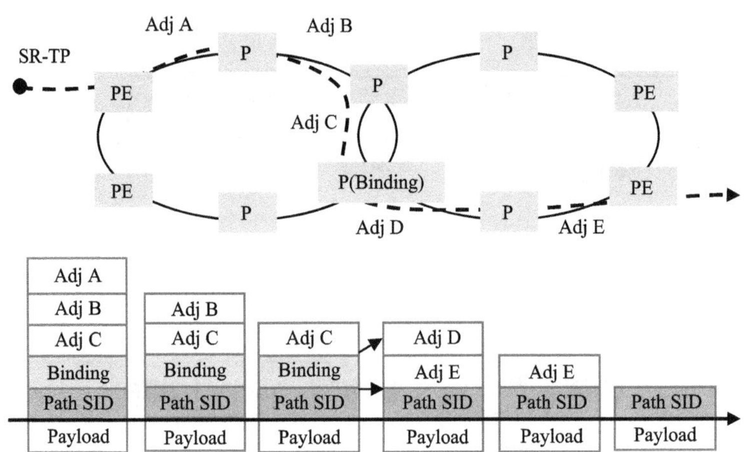

图15-14　SR-TP隧道转发模型

15.3　运营商骨干网架构及关键技术

运营商骨干网是用来连接多个区域的高速数据通信网络，在运营商的整体网络结构中位于顶层的核心位置。骨干网节点负责连接不同地区或国家的网络，提供跨城市、跨区域、跨省份、跨运营商以及跨国的数据传输和交换服务，运营商骨干网的范围可以达到几十到几千千米。运营商骨干网按照其连接的范围和提供的业务，分为省间骨干网、省内骨干网、云骨干网等（这里的省指省、自治区、直辖市）。省间骨干网负责各省份之间的网络互连和国际连接，省内骨干网主要负责省内各地市之间的连接（如图15-15所示）。

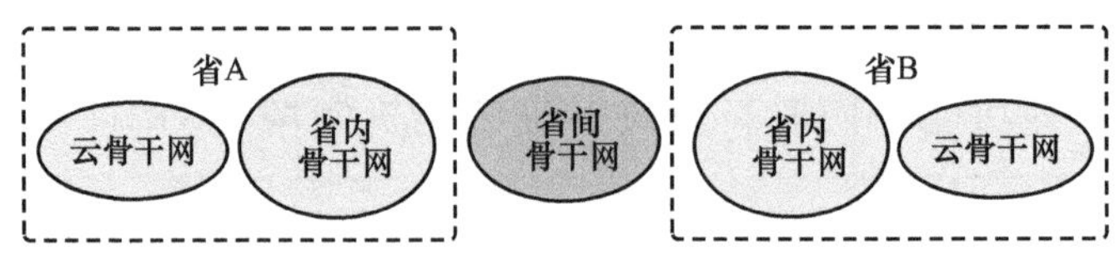

图15-15　有省内骨干网的三级网络结构

云骨干网主要负责上云、云间的数据传输，是云专网中的核心部分。由于一些运营商的省间骨干网的接入节点已经下沉到各地市，因此不再需要省内骨干网，直接由城域网接入省间骨干网，如图15-16所示。

运营商骨干网的建设和优化是一个持续的过程，随着流量的增长，新业务和新技术的发展，以及经营单位的合并、重组和拆分等变化，运营商的骨干网也在发展变化。本节主要以我国运营商为例，介绍骨干网的发展演进情况。

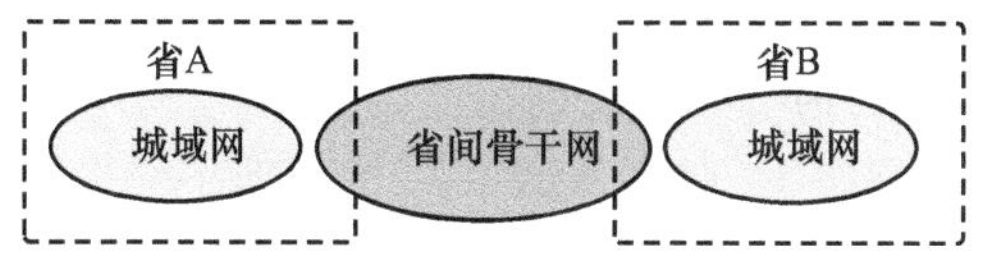

图15-16　无省内骨干网的两级网络结构

20世纪90年代，我国开启了铺设“信息高速公路”的历程，四大互联网骨干网——中国电信、中国移动、中国联通、中国广电相继开始建设，它们为满足业务的快速发展，各自建设了更多的骨干网。骨干网作为网络的核心部分，是业务的重要承载主体。全球的运营商和企业为了满足多种业务发展的需求，建设了各种骨干网。由于网络服务的国家和地区的面积、人口规模、业务流量等不同，骨干网的规模也有所不同。小规模的骨干网可以由几台设备组成，例如，在一些人口较少的国家，运营商只需几台设备的骨干网就能满足业务流量的需求；而大规模的骨干网可能由几千台设备组成，例如，中国三大运营商的骨干网。

1. 中国电信骨干网

中国电信各省份的分公司起初独立建设省内骨干网，在此基础上形成了ChinaNet。整个ChinaNet分为省间骨干网、省内骨干网和城域网三级网络架构，如图15-17所示，其中省间骨干网被进一步细分为核心层和汇聚层两层。随着技术的发展和业务需求的增长，ChinaNet经历了网络带宽从最初的155 Mbit/s提升到2.5 Gbit/s，再到10 Gbit/s，并逐步向单波400 Gbit/s的水平提升，以满足日益增长的业务和流量交互的需求。

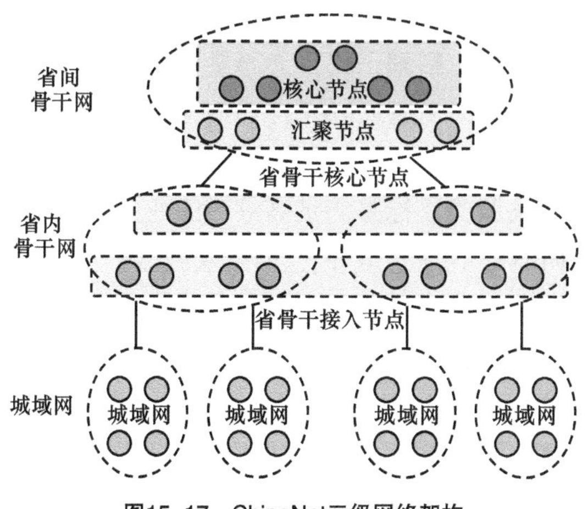

图15-17　ChinaNet三级网络架构

2003年，ChinaNet进行了优化和整合，推行网络扁平化，网络架构从三级网络架构转变为扁平化的二级网络架构（骨干网和城域网），如图15-18所示。ChinaNet二级网络架构仅由骨干网和城域网两部分组成，骨干网的接入节点下沉至各省份的省会城市（首府）和主要地市。

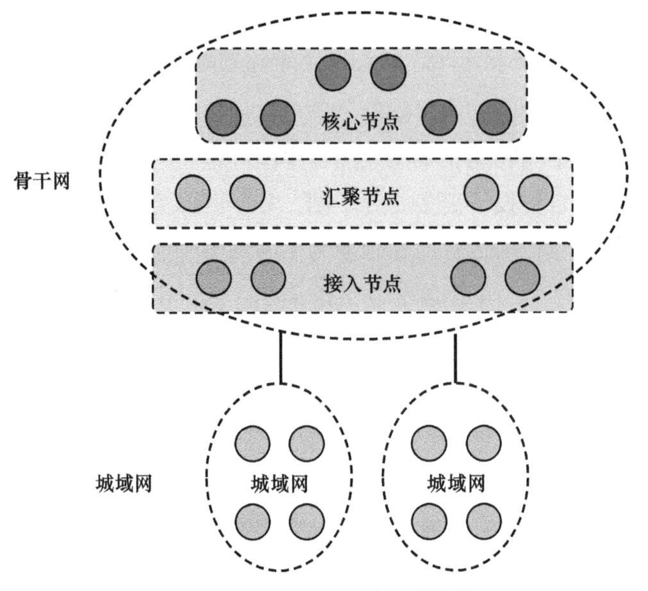

图15-18　ChinaNet二级网络架构

为了满足高品质业务需求，中国电信于2004年开始建设中国电信下一代承载网络（China Telecom Next Carrier Network，CN2）。CN2是中国电信的第二张骨干网，主要为政企高端业务、大客户互联网专线、个人VIP业务、下一代网络（Next-Generation Network，NGN）、视频监控、IPTV等业务提供数据通信服务。CN2的基本特点包括扁平化、大容量和轻载运行。在网络建设初期，CN2的核心技术为IP/MPLS，通过MPLS VPN为政企业务提供业务隔离的专线服务。CN2共有7个核心节点，分别位于北京、上海、广州、南京、武汉、西安和成都。CN2的网络服务目标是满足高等级的业务SLA要求，链路利用率不超过50%，最大单向时延不超过60 ms，网络端到端平均丢包率不超过0.05%，业务端到端可用率不低于99.9%。2015年，中国电信为了加强数据中心之间的节点互联，满足云服务日益增长的需求，开始建设数据中心互联（Data Center Interconnection，CN2-DCI）。

中国电信骨干网主要包括ChinaNet（163骨干网）、CN2网络、全光骨干网和DCI骨干网。下面将分别对这几种类型骨干网的现状进行介绍。

- ChinaNet（163骨干网）：这是中国电信最早的网络之一，也被称为CN1，全称为中国电信宽带互联网。它承载着中国电信用户庞大的互联网需求，涵盖国际连接在内的各项服务。ChinaNet网络承载基本互联网业务和普通增值业务，采用IP路由转发机制。如图15-19所示，ChinaNet的网络架构分为骨干网和城域网两层，其中骨干网也称为163网络。该网络在地理上划分为以北京、上海、广州为核心的三大片区，这3个城市作为超级核心节点，支撑着网络的主干。除了3个超级核心节点，还有9个核心层的普通核心节点。所有核心节点间通过Full-Mesh连接，确保省份间信息的高效流通。超级核心节点还承担与国内其他运营商的互联任务，以及作为国际出入节点，处理国际访问的流量交互。汇聚层设备作为各省份的接入点，通常部署在省会城市（首府）或第二大城市，采用双方向互联，分别与一个超级核心节点和一个普通核心节点相连，负责各省份网络与骨干网的连接。当前，中国电信正积极推进400 Gbit/s技术的现网试验，在上海至广州的线路上，已建成国内首条全G.654E陆地干线光缆，并完成了400 Gbit/s超长距WDM传输商用设备的现网试验。

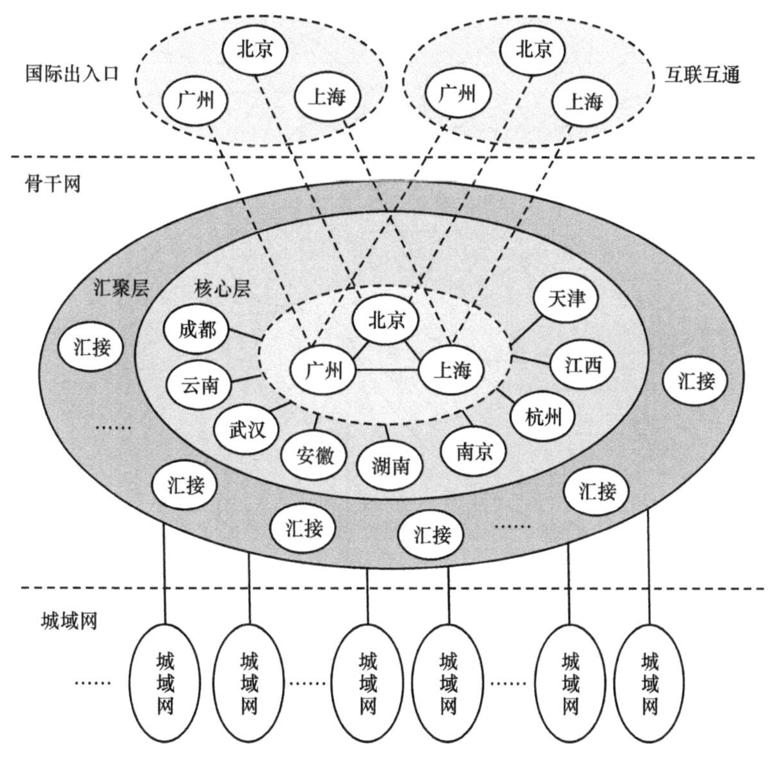

图15-19　ChinaNet（163骨干网）的网络架构

- CN2网络：CN2作为中国电信的下一代承载网络，承载政企客户的VPN业务以及移动、软交换、IP多媒体子系统（IP Multimedia Subsystem，IMS）等关键自营业务，旨在提供更高质量的服务，以满足细分市场和个性化业务的需求。CN2网络分为以下两种类型。
  - CN2全球传输（Global Transfer，GT）：国内部分使用163网络，国际出入口部分接入CN2网络，提供较为经济实惠的服务。
  - CN2全球互联网接入（Global Internet Access，GIA）：全程采用CN2网络，提供更优的访问体验，特别是在访问国际网络时，具有较低的丢包率和更稳定的连接质量。

CN2的网络架构如图15-20所示。

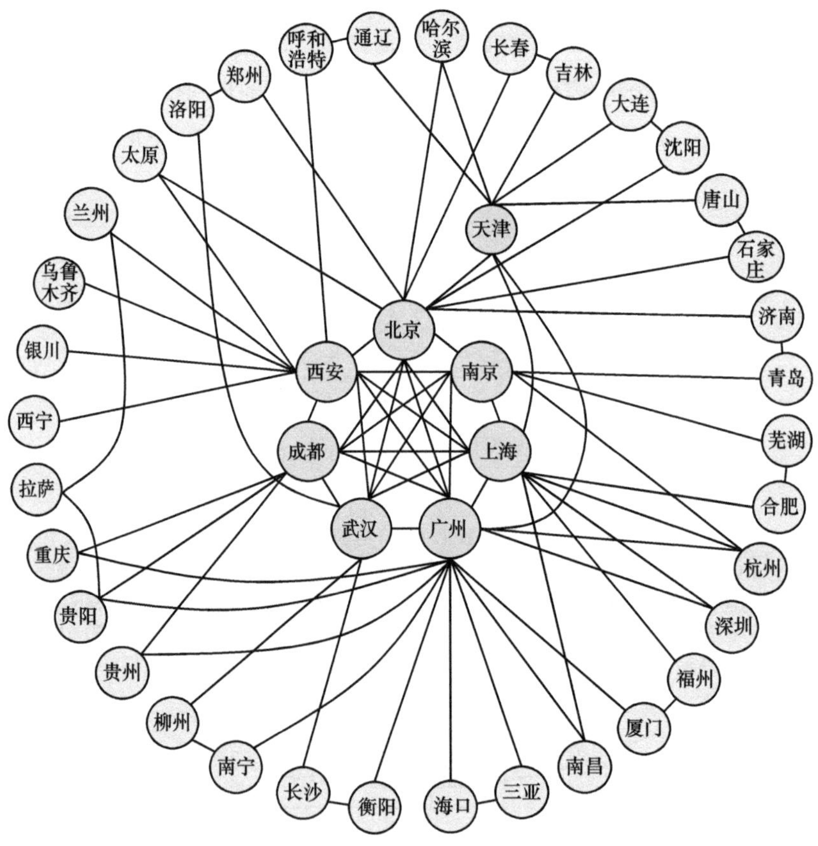

图15-20　CN2的网络架构

- 全光骨干网：中国电信正在推进全光骨干网的建设，包括全光骨干网1.0和全光骨干网2.0。

- DCI骨干网：随着云计算和大数据的发展，电信运营商正在构建新型的云骨干网架构，以支持多云多网互联、差异化承载、安全保障和敏捷服务。DCI骨干网的主要业务是为云公司提供自营的IDC和云服务、中小企业IDC和云业务，以及第三方IDC和中小型ICP的服务。它旨在实现高质量的DC互联和低时延的VPN专线。DCI骨干网具备SDN自动化能力，并向第三方开放。它借助SDN技术，实现业务自动化下发、流量按需调整，并具备整合全国DC资源等功能。

上述不同类型的中国电信骨干网服务于不同的需求和场景，随着技术的发展和业务需求的变化，骨干网的架构和功能也在不断演进和升级。

2. 中国联通骨干网

中国联通骨干网的主要变迁和关系如图15-21所示，下面分别介绍中国联通China 169网、联通A网和联通B网的发展情况。

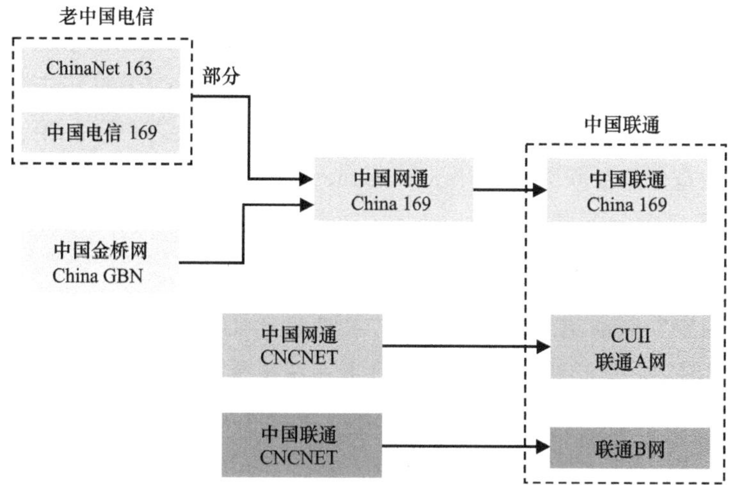

图15-21　中国联通骨干网的主要变迁和关系

（1）中国联通“China 169”网的发展

中国联通的骨干网发展始于1994年，主要经营全球移动通信系统（Global System for Mobile Communications，GSM）业务。随着2G向3G的演进，通用分组无线服务（General Packet Radio Service，GPRS）数据业务逐渐出现，中国联通开始建设骨干网，作为其GPRS网络的接入点，并面向全国提供互联网服务。1997年，当时的邮电部除了建设163网，还建设了一张中国公众多媒体通信网，它完全独立于163网，采用私有地址10.0.0.0/8，只能在国内互相访问，相当于一张“国内局域网”。如果要访问163网和互联网，需要通过专门的代理服务器进行转发。由于中国公众多媒体通信网的接入号码为“169”，因此也被称为“中国电信169”。169网的一大优势是价格便宜，甚至比163网价格的一半还要低，因此深受普通网民的喜爱。2002年，国内电信行业进行了重组，中国电信进行了“南北分家”。北方10个省份的电信公司从原来的中国电信中剥离，与小网通、吉通合并，形成了新的中国网通。中国网通得到了老中国电信网络拆分出的部分精华骨干网，以及吉通的中国金桥网（ChinaGBN），这些网络合并成为中国网通（即“China 169”网）。2008年，国内电信业再次重组，中国联通和中国网通合并，形成了新的中国联通，接管了China 169网。

（2）联通A网的发展

1999年，中国网通成立，并建立了自己的骨干网CNCNET。2008年，中国联通和中国网通合并后，中国网通最初的骨干网CNCNET也交给中国联通运营。CNCNET主要承载原中国网通的NGN软交换、DCN等业务，保持相对独立，后来被称为“联通A网”。2018年，中国联通将IP承载A网改名为中国联通工业互联网（China Unicom Industrial Internet，CUII）。CUII的定位类似于中国电信的CN2，主要提供国际和国内跨地市MPLS VPN和大客户互联网专线业务，常用于企业宽带和互联网数据中心（Internet Data Center，IDC）业务，极少用于家用宽带。

（3）联通B网的发展

原先由中国联通建设的IP承载网，主要用于承载2G/3G移动网业务，也被称为联通B网。尽管联通B网设备数量众多，但其容量相对较小。随着时间的推移，联通B网的业务逐渐迁移到了联通A网，使得此IP承载网逐渐不再使用。

当前，中国联通拥有的3张骨干网用于承载不同类型的业务。

- China 169网：承载公众互联网业务，包含固定网络宽带、IDC及移动互联网业务等，承载业务相对单纯。China 169网的国内部分骨干网分核心层和汇接层，分为北方、华东、南方、西部四个大区，网络规模大。网络业务主要通过公网IP路由方式承载，不使用隧道方式。
- 联通A网：承载固定电话业务、大客户专线等关键营利性业务，以及DCI业务，如政企业务，包含组网、入云、互联网专线等，对网络传输质量要求较高。类似于中国电信163网络，联通A网也分为核心层、汇聚层和接入层。其中，核心层由7个大区组成，每个大区由7个节点构成；汇聚层由各省会城市（首府）和几个城市共同组成的36个节点构成；接入层则包含超过300个地级市的节点。该网传统的承载技术是MPLS隧道和VPN，目前正在向SR承载技术演进，以具备更好的路径规划、负载分担、流量调优等能力。

- 联通B网：承载联通的移动电话和数据业务等，网络设备数量众多，但其容量相对较小。与联通A网结构类似，也由7个节点组成核心层，31个省会节点组成汇聚层，各省份的300多个城市节点组成接入层。

联通A网和联通B网的网络架构如图15-22所示。

图15-22　联通A网和联通B网的网络架构

3. 中国移动骨干网

中国移动于2000年从中国电信分离，并正式挂牌营业。中国移动继承了中国电信的移动语音业务，并在初期独立运营时主要开展这项业务。随着固定网络宽带业务的拓展，流量增长迅猛，中国移动建设了自己的IP骨干网，即中国移动网（China Mobile Network，CMNET），CMNET也是中国移动GPRS网络的两大接入点之一。通过CMNET接入点，中国移动手机用户可以接CMNET，进而访问互联网。CMNET是一个由骨干网和省网两级自治域、多层结构组成的网络。其中，骨干网包括核心层、汇聚层和接入层。除了CMNET，中国移动还建设了IP专用的承载网，也被简称为IP专网和云专网。IP专网主要用于承载高价值客户业务，包括语音、流媒体、信令、网管和大客户VPN等业务。IP专网采用三层结构，包括核心层、汇聚层和接入层，并采用单一自治域。云专网主要承载DCI、企业上云以及互联专线业务。CMNET的网络架构如图15-23所示，包括PON+城域网、CMNET省网、省内云骨干。

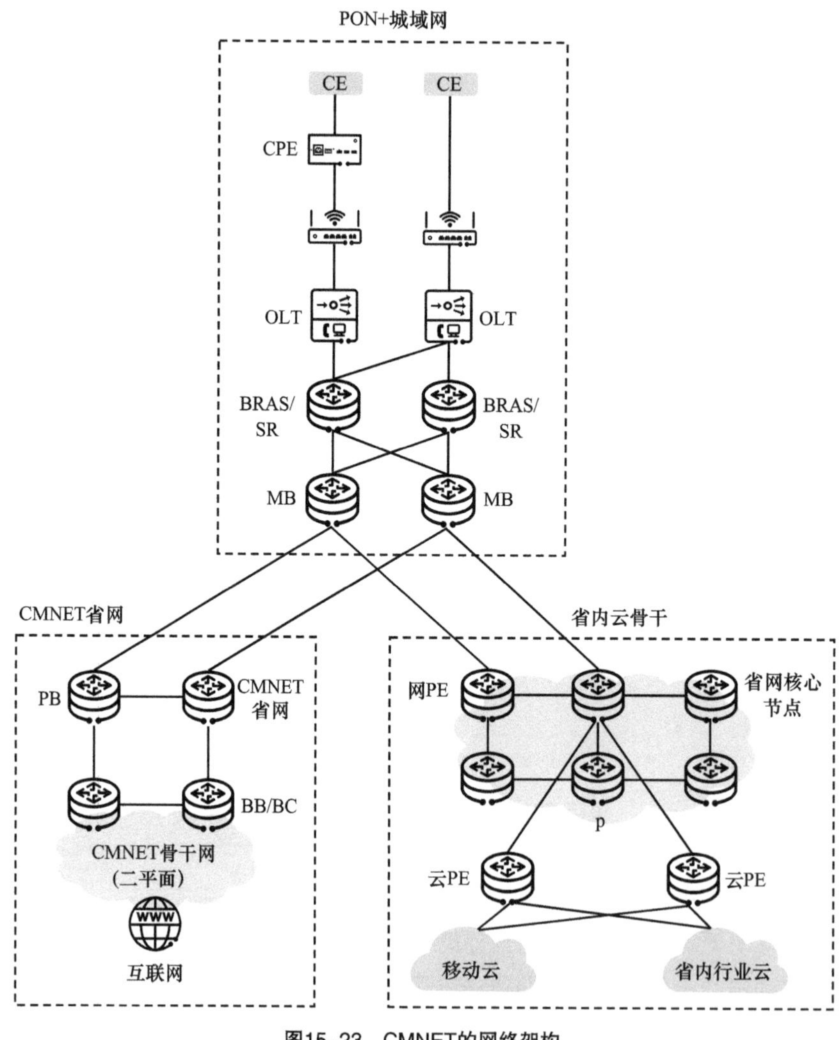

图15-23　CMNET的网络架构

• 城域网设备MB连接至省网设备PB以及省内云骨干网设备PE，MB与PB之间采用口字型互联模式。

- 对于支持SRv6的城域网，地市城域网设备MB与地市网设备PE以口字型互联模式连接。而对于不支持SRv6的城域网，则在地市内挑选一对BRAS或SR设备作为自治系统边界路由器（Autonomous System Boundary Router，ASBR），与地市网设备PE形成V字形互联模式。
- 目前，省内云骨干网正逐步整合至集团云骨干网，未来城域网设备MB将与集团云骨干网实现直连。

中国移动骨干网主要包括CMNET、IP专网和云专网。下面将分别介绍这3种骨干网的架构现状。

- CMNET：承载安全性和质量要求相对不高的普通公众互联网业务，包括家庭宽带、互联网专线、WLAN、IDC接入、增值数据业务（如CDN/Cache/短彩信等），以及分组域、IMS用户接入SBC、5G网N6/N9/N26等，还有移动云、IT云、网络云中的公众互联网业务。CMNET主要承载了省间的互访流量以及国内和国际之间的网间流量。CMNET的网络架构由核心层、接入层和骨干网间互联层组成。CMNET骨干网采用典型的三层结构：核心层、汇聚层、接入层。核心层负责全网流量调度、国际互联及跨运营商互通，提供高可靠、低时延的传输，支持双机冗余和负载均衡技术，承担国际出口（北京、上海、广州）及与其他运营商（如电信、联通）的互联互通。汇聚层聚合接入层流量并转发至核心层，实现大区内省份间的流量交换。接入层连接各省份城域网，汇聚省际流量。
- IP专网：主要承载安全等级较高、有业务隔离要求的业务，包括自有的语音、信令数据类业务，以及网络管理支撑类业务，如IT云、移动云、网管系统、专业公司对内支撑平台等业务。另外，它还承载面向政企用户的企业互联专线等集团大客户业务。IP专网覆盖31个省份，骨干网部分由核心层和汇聚层构成。如图15-24所示，IP专网的省内延伸网与骨干网汇聚层相连，实现了各地市业务向骨干网汇聚层的汇聚。在北京、上海和广州，IP专网开通了国际互联出口。
- 云专网：随着云业务的发展而建设，主要实现算力枢纽节点之间的互联，以实现算力节点之间的业务低时延互访。云专网分为云骨干网和云专网省内延伸段，主要的节点包括云PE和网PE，用于接入云资源池和用户的业务流量，并将其转发到云专网骨干网。

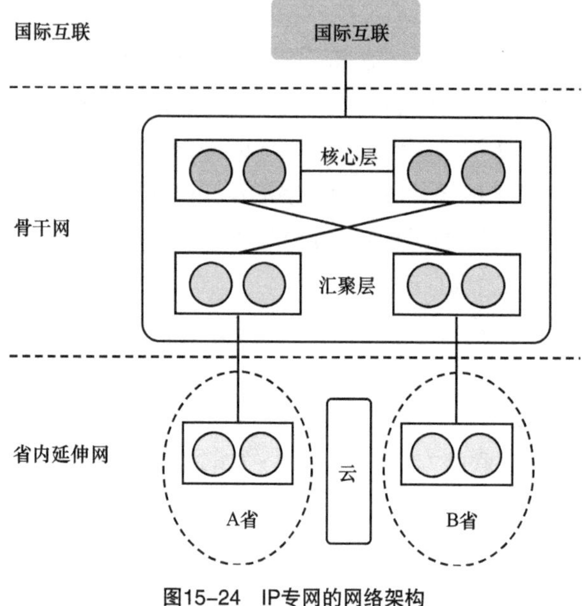

图15-24　IP专网的网络架构

4. 中国广电骨干网

中国广电于2018年获得骨干网运营资质，随后逐步启动了5G国干网和CBNET骨干网的建设。5G国干网主要承载移动语音和信令业务。CBNET骨干网的目标是构建一张全国性的IP骨干网，其网络架构如图15-25所示，以提供固定和移动业务的互联网访问、广电大视频业务的分发，以及企业业务的承载。

- CBNET作为融合承载骨干网，承载的业务包括互联网、文化专网、集客专线、视频分发等。
- 整个网络采用Underlay IPv6单栈承载IPv4和IPv6双栈业务流量，以节省地址资源、降低成本、简化运维。互联网切片当前采用IPv4/IPv6双栈，未来将演进至Native IPv6单栈以承载双栈业务流。其他切片业务流量均通过SRv6隧道承载。
- CBNET划分互联网、文化专网、集客专线等单播切片，通过IGP进程和Flex-Algo划分切片端口（互联网切片的物理端口、文化专网和集客专线切片的信道化子接口）至一级业务切片（互联网切片独立IGP进程，文化专网和集客专线切片采用Flex-Algo），通过Slice Id和Flex-channel承载二级切片。
- 组播业务通过独立IGP进程约束流量至指定路径拓扑。
- CBNET采用专有SDN控制器对全网网元进行统一管理，承担业务的管控和分析任务。

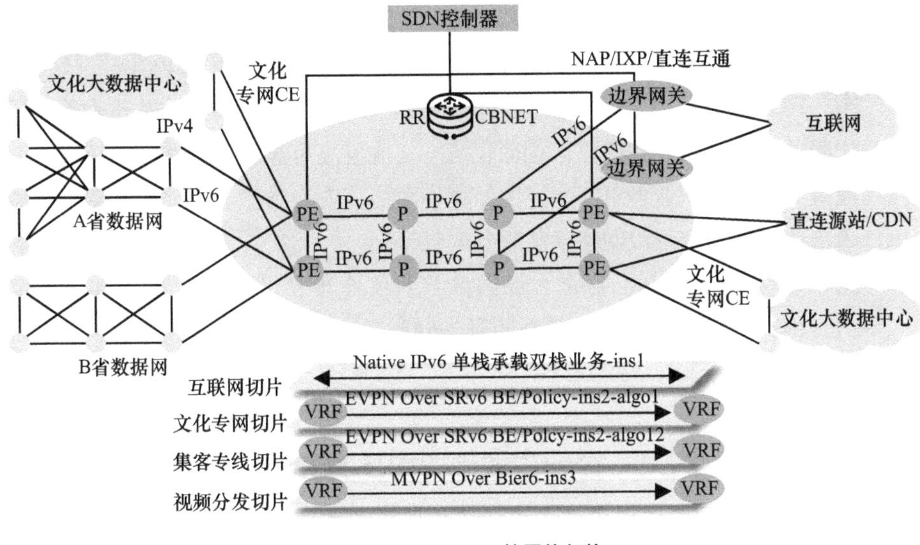

图15-25 CBNET的网络架构

5. 骨干网面临的挑战

当前，骨干网承载技术主要以IP/MPLS为主，采用不同VPN隔离不同业务。部分骨干网也开始向SR-MPLS或SRv6隧道协议和EVPN业务演进。经过多年的发展，当前的骨干网面临效率低下和架构不合理的问题，需要在未来逐步进行优化，以满足新型互联网业务的发展需求。

- 网络架构需要进一步简化和优化，以实现扁平化发展。在骨干网出现故障时，流量可能会绕行，因此需要优化以缩短故障场景下的网络时延，从而提升网络的可靠性和保护能力。
- 骨干网业务流量转发效率需要进一步提升。部分节点捆绑链路过多，流量调度不够精确，需要考虑提升接口带宽，解除捆绑链路组的耦合，以实现更精确的算路和调优。
- 随着新业务的发展，尤其是AI业务的发展和计算业务流量的快速增长，需要根据业务流量模型和流向，合理扩容网络链路带宽和设备容量，以满足未来全行业数字化和智能化的发展需求。
- 新一代IP网络需要进一步加快新技术方案的应用部署。根据业务的差异化承载需求，骨干网需要部署SRv6、网络切片、随流检测等技术，以实现业务路径的灵活规划、流量的实时调优、业务SLA的确定性保障以及业务传输质量的实时检测和故障修复。对于承载传统业务的骨干网，国内运营商响应中央网络安全和信息化委员会办公室等3个部门于2024年印发的《深入推进IPv6规模部署和应用2024年工作安排》，全面推进骨干网的IPv6化演进，全面部署SRv6、网络切片、随流检测、MSR6等"IPv6+"技术方案，结合网络控制器进一步提升网络智能化和自动化水平，提升业务差异化服务能力；为业务提供架构简化统一、流量高可靠转发、路径灵活规划、业务实时调优、业务SLA确定性保障、网络高安全防护、传输质量感知、故障自动修复及应用级网络承载服务的骨干网。

- 进一步提升网络内生安全，加强网络对安全事件的检测、响应和防范能力，构建集成性和系统性安全的骨干网服务。

15.4 企业广域网架构及关键技术

企业广域网是指企业为解决不同地域的总部、分部、办事处、移动办公和数据中心等各级节点间的互联互通问题，通过租用运营商链路或自建链路的方式构建的网络。企业广域网的重点在于实现网络节点间的高效互通与安全隔离，以及多链路的备份和负载分担，如图15-26所示。本节主要介绍传统企业广域网的架构及其面临的挑战，以及企业云广域网的架构和关键技术。

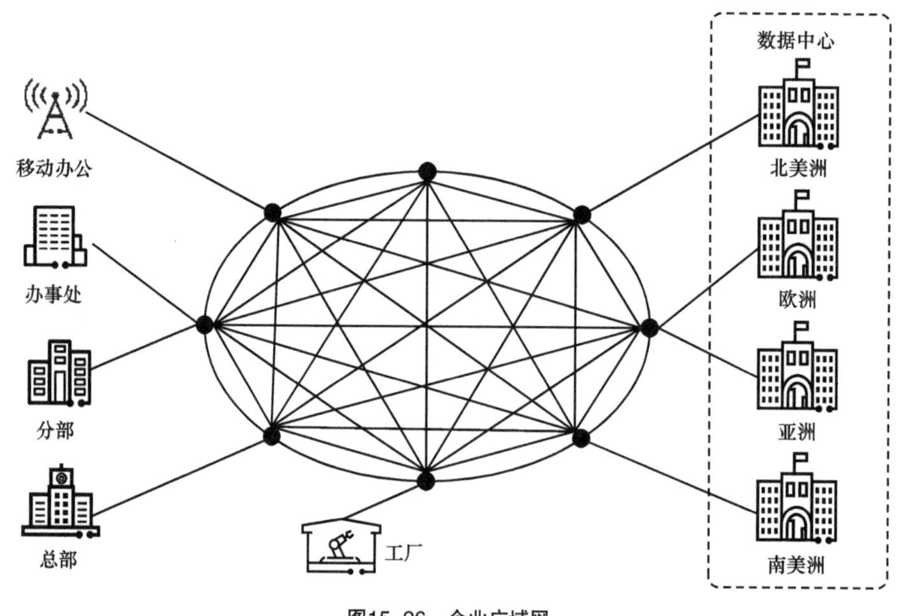

图15-26 企业广域网

15.4.1　传统企业广域网

传统企业广域网互联场景如图15-27所示，传统企业广域网的应用多部署在总部的本地服务器上，广域网只需要实现分支和总部的互联互通，一般采用P2P的连接方式。

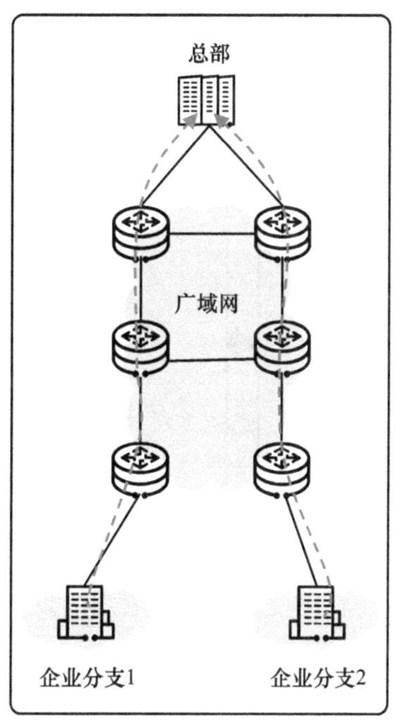

图15-27　传统企业广域网互联场景

企业数字化转型的不断推进，提升了企业的生产效率，也给企业广域网带来了诸多挑战。

1. 传统广域网分段运维，业务开通效率低、灵活性差

云计算已经改变了数据的使用、存储和共享方式。越来越多的数据进入云端，使企业使用和访问云服务的行为变得越来越日常化。在企业数字化转型过程中，上云已经成为必经之路，企业开始步入云时代。当前，越来越多的企业考虑在公有云上建设IT系统以降低成本。此外，企业的传统应用也在逐渐云化，大量数据进入云端。到2025年，预计有85%的企业应用将从本地处理转向云端处理，74%的企业将从连接私有云转向连接混合云。上云大大加速了各行业数字化转型的步伐，提高了各领域的工作效率。例如，政府业务云化，可以实现不同部委之间的数据共享，让数据多“跑路”，群众少跑腿；Bank4.0通过数据和应用上云，实现智慧金融、无感银行等，人们只需要在家中通过手机简单操作，即可轻松办理相关业务。

企业上云已经改变了传统企业广域网的连接方式。如图15-28所示，随着企业的应用向云端部署，企业广域网的连接方式更多地采用了分支、总部到多云的P2MP或者MP2MP的连接方式。

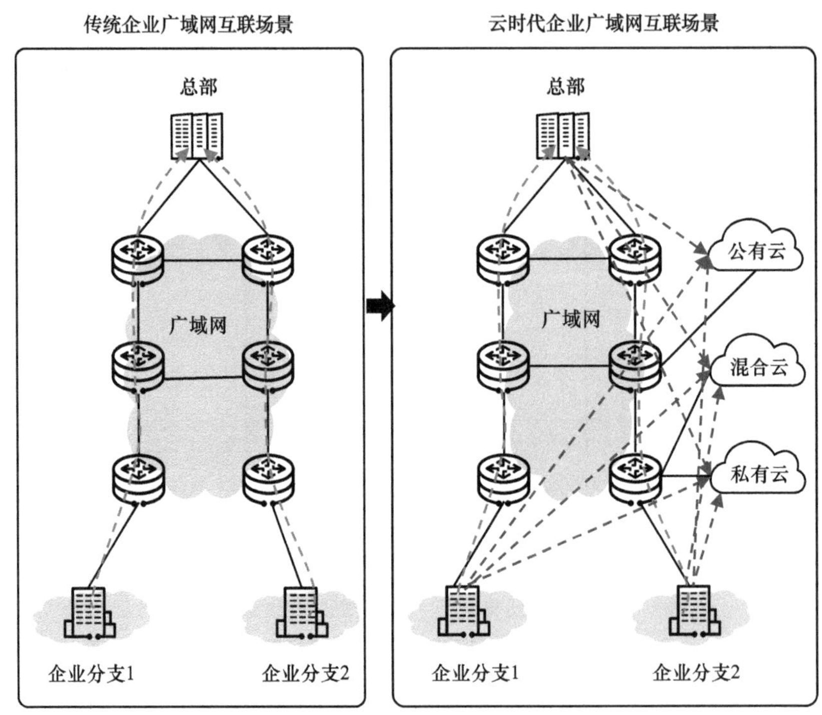

图15-28　企业广域网联接方式的变化

传统企业广域网多采用MPLS技术，一般分属不同部门维护，业务部署基于人工分段配置，导致耗时长，难以匹配新业务的部署速度。如图15-29所示，以某银行信息中心的实际场景为例，当新开通某分行网点时，云部署时长小于1 h，然而，网络连接需要网点、二级分行、各省级分行、总部等多个部门的协同，并分段开通，整个过程用时超过30天，这大大延缓了整体业务上线的时间。

另外，由于缺乏一张统一的互联互通的广域骨干网，企业需要根据自己在不同云上的部署位置租用多条上云专线。新建一个云数据中心意味着所有的网络和云的连接都需要重新建立，这使得连接变得复杂，分段部署的难度非常大，导致业务变现的时间变得更长。如何实现企业业务的敏捷开通、任意节点按需灵活地连接，成为企业广域网面临的关键挑战之一。

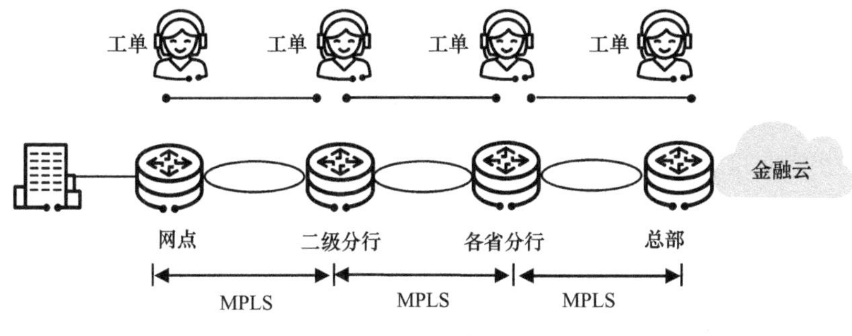

图15-29　银行业务分段部署

2. 生产网络IP化，网络SLA难保障

企业网络的核心是生产和交互，对安全性和稳定性有着严格的要求。为了确保核心业务不受其他业务的干扰，企业的生产网络一般是专用的TDM网络，且与企业办公网络隔离。传统的生产网络协议存在“七国八制”的现象，多网独立建设，成本高、带宽小、开放性差，数据孤岛问题严重，限制了数据流和控制流的高效运转，导致新兴业务发展困难。

在能源领域，随着我国的油气管道的总长度不断增加，传统的人工巡检方式已无法满足需求，因此，无人机巡检输油管道将成为新的安全保障方式。执行这项任务的无人机需要通过接入不同基站的信号进行远程控制和信号回传。然而，传统的生产网络由于开放性差，无法满足无人机任意接入和灵活连接的需求。在交通领域，随着高铁速度的提升，交通列控调度方式将逐渐从人工监测走向超视距监控。通过摄像头和传感器，将列车周围的安全情况传输给边缘网关进行处理，提前预知危险和故障，大幅提升行车安全。上述超视距监控场景需要网络具备100 Mbit/s以上的带宽，而传统的生产网络带宽较小，无法满足这类需求。

随着核心生产网络上云，出于建设成本、运维方式、拓展业务速度等因素的考虑，将多业务网络融合在一张IP广域网上是企业智能化转型的必然趋势，如图15-30所示。

不同的业务对网络的时延、带宽、丢包率、故障切换时间等要求各异，导致网络需求差异化显著。如何在一张网中承载多业务的同时，满足不同业务对网络SLA的要求，这也是企业广域网面临的重要挑战。

3. 网络利用率不均衡，企业被动扩容多

传统广域网基于最短路径转发，导致云和网的资源利用率不均衡，存在部分节点资源数据爆满，而其他节点空闲或利用率很低的情况。传统网络的负载分担能力有限，调整策略不灵活，难以平衡流量和实现动态路径调优。随着网络整体流量的逐年增加，企业被迫对部分节点或链路进行扩容投资，造成极大的浪费。如图15-31所示，企业分支1到北京的主数据中心的流量占据了整个流量的70%，而到北京备份数据中心和上海数据中心的流量各占20%和10%。随着时间的推移，会出现北京的主数据中心不断扩容，而另外两个数据中心资源闲置的情况。与此同时，云数据中心建设导致企业到云数据中心、云数据中心之间的流量剧增，使得此问题更加突出。因此，如何有效平衡云网资源利用率，也是当前企业广域网面临的一大挑战。

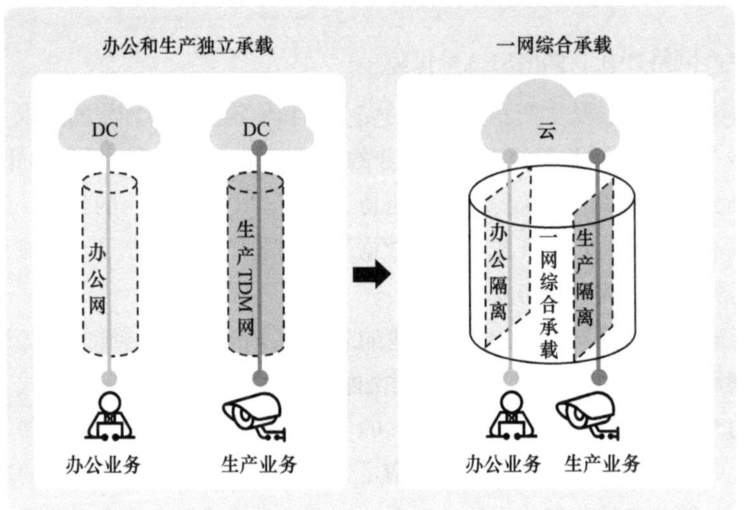

图15-30　网络融合趋势

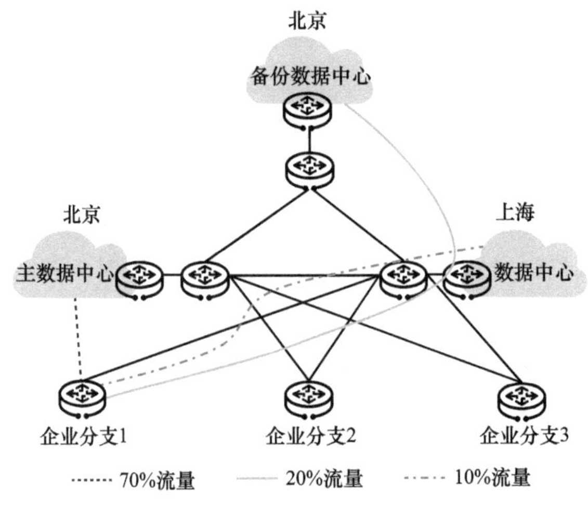

图15-31　流量分布不均

4. 网络联接规模呈百倍级增长，联接复杂、运维难

传统运维方式缺乏端到端的运维自动化能力，如图15-32所示，导致传统运维在应对客户投诉、故障定位、路径调整等方面主要依赖人工，运维过程既耗时又费力。同时运维界面不清晰，需要多部门联合，运维效率低下；整个网络的系统越来越复杂，运维工单“满天飞”，依靠人工排障易引发更多错误；网络问题发现慢，被动响应工作流程，不能主动优化管理客户体验。随着物联网、5G等技术的发展，企业所面临的智能终端和应用的种类和数量都在快速增加，这使得网络联接变得更加复杂，给传统运维模式带来了严峻的挑战。因此，为了提升运维效率，如何实现智能化运维，成为当前广域网必须解决的问题。

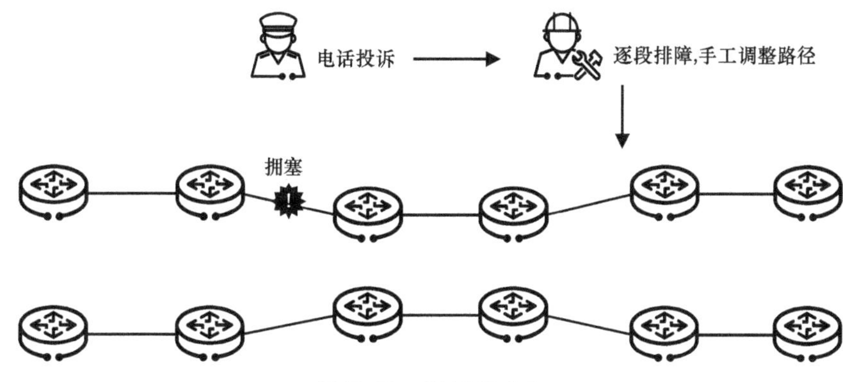

图15-32　传统运维方式

15.4.2　企业云广域网

为了应对云时代广域网面临的挑战，华为推出了云广域网解决方案。云广域网解决方案基于“IPv6+”数字化基础设施，通过在网络部署SRv6、网络切片、智能云图算法、随流检测等关键技术，并采用iMaster NCE-IP统一控制，提供企业上云业务自动部署、关键业务网络SLA保障、网络流量智能调优、业务可视快速运维等服务。云广域网主要应用于企业园区到云、企业园区之间、云之间的骨干网，其架构如图15-33所示，主要应用于以下三大场景。

- 场景一：企业业务敏捷上云承载。
- 场景二：企业园区之间工业互联。
- 场景三：云数据中心之间及云之间互联。

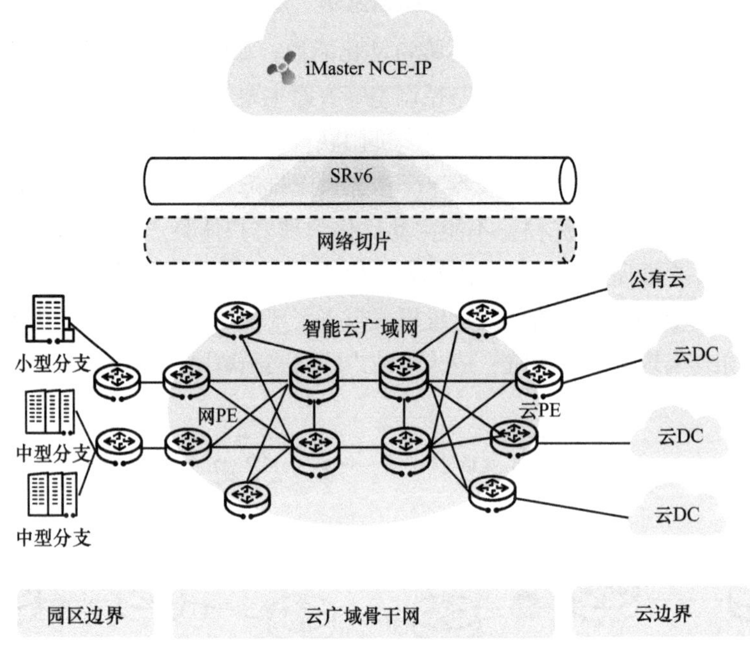

图15-33　云广域网的架构

下面介绍云广域网解决方案的几个关键技术：SRv6、网络切片、智能云图算法、随流检测。

1. SRv6

云广域网解决方案通过引入iMaster NCE-IP和SRv6技术，可以在满足差异化SLA的同时，实现业务敏捷上云。

SRv6在Native IPv6的基础上，融合了SR的网络编程能力。SRv6 TE Policy利用SR的源路由机制，通过在头节点封装一个有序的指令列表来指导报文转发。通过iMaster NCE-IP和SRv6 TE Policy技术，企业业务上云时端到端打通的过程不需要人为参与，整个配置过程完全基于云和SDN的视角进行。iMaster NCE-IP可以根据企业的商业诉求，分钟级生成不同服务质量、不同时延、不同带宽的路径（我们称之为云路径），从而实现上云业务快速部署。那么SRv6如何实现端到端快速部署呢？我们以一个常见的场景来举例说明：某企业有两个不同的业务，一个是视频会议业务，需要时延小于3 ms；另外一个是办公业务，对时延不敏感，需要带宽大于100 Mbit/s，两个业务需实时访问云上的资源。云路径开通的具体工作流程描述如下，如图15-34所示。

①设备将网络拓扑信息通过BGP-LS协议上报给iMaster NCE-IP。拓扑信息

包括节点信息和链路信息，链路信息包括链路的开销、带宽和时延等属性。

②iMaster NCE-IP基于业务规划算路因子，如带宽、时延等。

③iMaster NCE-IP基于获取到的网络拓扑、带宽、时延等信息，结合规划的算路因子，按照业务要求计算符合业务要求的SRv6 TE Policy路径。

④iMaster NCE-IP将计算出来的路径信息，分别下发给头节点设备。头节点设备生成SRv6 TE Policy，指导后续的报文按照规划进行转发。

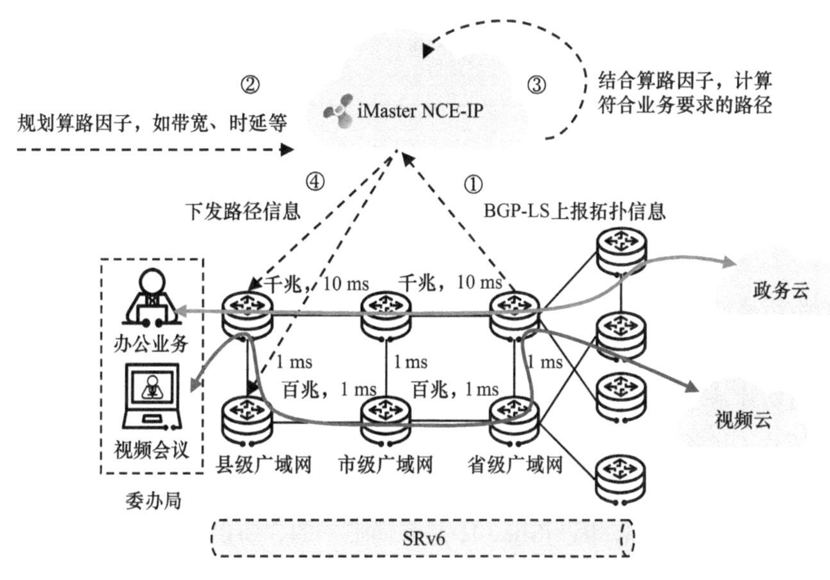

图15–34　云路径开通的工作流程

2. 网络切片

云广域网解决方案通过层次化切片技术，将一张物理网络切片成多个逻辑网络，实现一张网综合承载多种业务，并能够提供确定性的SLA保障。网络SLA最主要的内容包括时延、带宽等指标。通过网络切片可以实现带宽可保证、时延可控制，为关键业务保驾护航。

网络切片是指在同一张物理网络上，通过对接口转发资源的划分，将网络划分为多个网络切片。云广域网解决方案通过FlexE接口进行网络切片和资源预留。FlexE技术把物理接口资源按时隙池化，在大带宽物理端口上通过时隙资源池灵活划分出若干子通道端口（即FlexE接口），实现对接口资源的灵活、精细化管理。每个FlexE接口之间的带宽资源严格隔离，等同于物理接口。当链路上设备的物理接口均通过FlexE技术划分后，即实现了物理层的网络切片。云广域网解决方案采用Slice ID来实现网络切片，Slice ID是网络切片的核心要素，全局唯一，每一个Slice ID对应着一个网络切片实例。通过全局规划和分配的Slice ID标识各网络设备的接口或子接口，为各网络切片分配转发资源，即每一个FlexE接口都能和Slice ID进行关联，如图15-35所示。

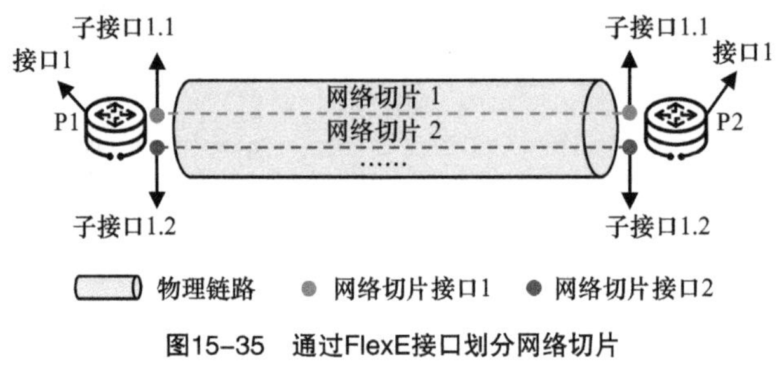

图15-35　通过FlexE接口划分网络切片

网络切片划分完成以后，需要保证数据只在自己相应的切片中转发，并与其他切片隔离。IP数据在转发的时候，一般根据路由信息表将数据转发到相应的接口。网络切片是基于接口来划分的，这就必须要通过一个办法区分同一个接口下的不同切片。设备在转发报文时，使用目的地址和Slice ID二维转发标识指导网络切片内报文的转发，目的地址用于对报文转发路径进行寻址，Slice ID用于选择报文对应的转发资源，因为Slice ID是全局唯一的，所以能够实现报文转发互不干扰。

3. 智能云图算法

云广域网解决方案利用智能云图算法，通过引入iMaster NCE-IP，采集整网路径时延、带宽等多个信息，对转发路径完成端到端的最优路径计算和优化。智能云图算法不仅考虑带宽、时延等网络因素，而且结合云池的负载因素，基于SRv6和SDN技术，能够快速地将业务匹配并调度到最合适的云池。智能云图算法实现了云网负载均衡、资源高效利用，能够有效地帮助企业降低TCO。

以一个常见的场景为例：某企业有多个云数据中心，分布在不同的城市，该企业的视频监控业务每天会产生海量的数据，摄像头的数据要传输到视频云进行存储，而摄像头到数据中心的传输路径是固定的，无法自动调优。这就造成部分数据中心异常繁忙，年年扩容，而部分数据中心的资源空闲，得不到有效利用。云广域网解决方案是如何解决这个问题的呢？以前多个云数据中心是孤立的，无法实现统一调度。云广域网解决方案首先将这些云数据中心统一接入云广域骨干网，通过云管平台，实时传递云池负载信息；然后通过智能云图算法，智能生成负载分担路径，平衡云网资源。智能云图算法的具体工作流程描述如下，如图15-36所示。

①设备将网络拓扑信息通过BGP-LS协议上报给iMaster NCE-IP。拓扑信息包括节点信息和链路信息，链路信息包括链路的开销、带宽和时延等属性。

②云管平台将云池的负载情况传送给iMaster NCE-IP。

③iMaster NCE-IP基于获取到的网络拓扑、带宽、时延等信息，结合云池负载情况，采用智能云图算法，计算出多条SRv6 TE Policy路径，并根据带宽生成权重配置。

④iMaster NCE-IP将计算出来的路径信息分别下发给头节点设备。头节点设备生成多条SRv6 TE Policy路径，指导后续的报文按照权重灵活分担负载。

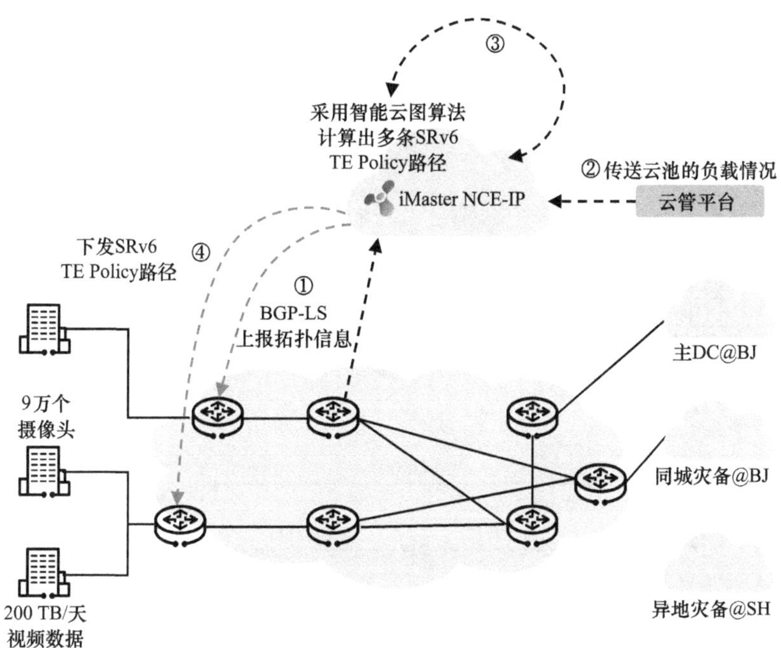

图15-36　智能云图算法的工作流程

智能云图算法能够自动生成多条路径和权重配置，根据视频云的不同负载情况灵活进行负载分担。同时，iMaster NCE-IP能够感知带宽增加和链路拥塞，带宽不满足时可自动分裂路径，并自适应调整链路权重，以均衡负载。

4. 随流检测

云广域网解决方案中，通过IFIT技术可以实现业务体验可视可管理。IFIT是一种通过对网络真实业务流进行特征标记，以直接检测网络的时延、丢包、抖动等性能指标的检测技术。IFIT通过在真实业务报文中插入IFIT报文头进行性能检测，并采用Telemetry技术实时上送检测数据，最终通过iMaster NCE-IP可视化界面直观地向用户呈现网络性能指标。网络在部署IFIT后，能够真实还原报文的实际转发路径，配合Telemetry技术秒级数据采集功能，可以实现网络SLA实时可视、故障快速定界及故障自动修复。IFIT与Telemetry、大数据分析和智能算法等技术相结合，可以构建闭环的智能运维系统，该系统的具体工作流程描述如下，如图15-37所示。

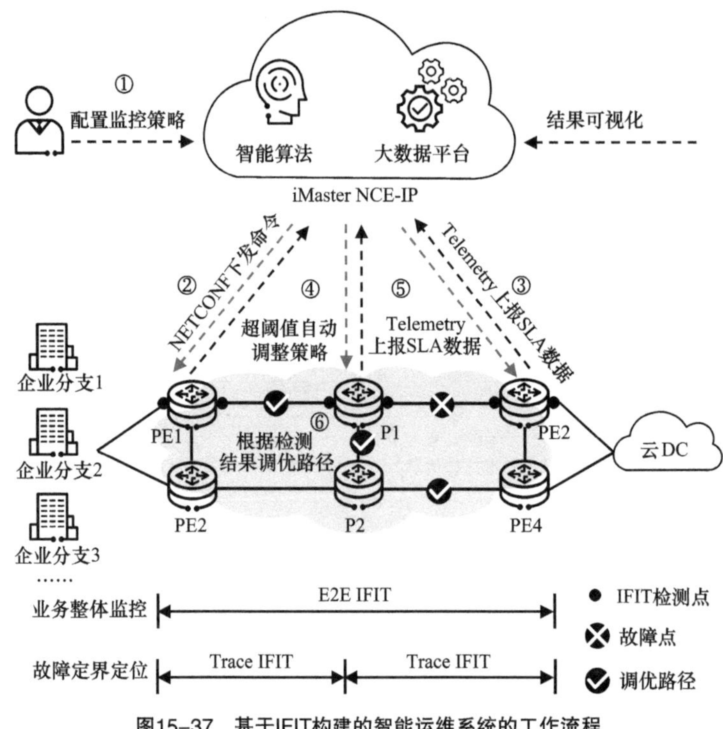

图15-37　基于IFIT构建的智能运维系统的工作流程

①通过iMaster NCE-IP全网使能IFIT并进行Telemetry订阅，根据需要选择业务源宿节点及链路，并配置IFIT监控策略。

②iMaster NCE-IP将监控策略转换为设备命令，通过NETCONF下发给设备。

③设备生成IFIT端到端监控实例，源宿节点分别通过Telemetry技术秒级上报业务SLA数据给iMaster NCE-IP，基于大数据平台处理可视化呈现检测结果。

④设置监控阈值，当丢包或时延数据超过阈值时，iMaster NCE-IP自动将监控策略从端到端检测调整为逐跳检测，并通过NETCONF下发更新后的策略给

设备。

⑤设备根据新策略将业务监控模式调整为逐跳模式，并逐跳通过Telemetry技术秒级上报业务SLA数据给iMaster NCE-IP，基于大数据平台处理可视化呈现检测结果。

⑥基于业务SLA数据进行智能分析，结合设备KPI、日志等异常信息推理并识别潜在根因，给出处理意见并上报工单；同时，通过调优业务路径保障业务质量，实现故障自愈。

云广域网解决方案面向企业上云和生产网络IP化等需求，助力用户创建面向未来的智能广域网，加速企业的数字化转型，主要解决了企业广域网面临的如下问题。

- 敏捷连接云。云广域网解决方案通过打造一张统一的互联互通的广域云骨干网，使各种云资源通过云PE预连接到云骨干网，而企业园区出口则通过网PE也预连接到云骨干网，实现了云网连接预先部署。并利用SRv6无缝跨域技术，通过iMaster NCE-IP，可根据客户的商业诉求分钟级生成不同服务质量、不同时延、不同带宽的云路径，支持上云路径、业务SLA保障等自助服务，从而真正实现了敏捷上云，入网即入多云。
- 提供确定性的SLA保障。云广域网解决方案通过业界首创的层次化切片技术，实现一纤多用，将各个业务分别承载在不同的切片上，切片之间硬隔离，业务互不影响。既可以实现一网综合承载，又能满足不同业务的SLA要求，达到多网分别承载的效果，大大降低了重复建网成本。
- 减少被动扩容投资。云广域网解决方案通过引入iMaster NCE-IP，实现全网流量情况统一上报。iMaster NCE-IP通过智能云图等算法，基于网络的带宽、时延，以及云的成本、算力因子，可以进行云网一体调优，实现云网资源的高效利用。
- 提升运维效率。云广域网解决方案通过引入iMaster NCE-IP和IFIT技术，实时采集网络时延、丢包等多个KPI，做到体验可视可管理。另外，采用华为独有的知识图谱算法，实现故障根因快速定位和自动修复。
- 提升安全保障。云广域网解决方案基于华为乾坤云服务与相关产品，构筑了全新云网安立体架构。通过全网威胁关联分析，实现新增威胁检出率从60%提升至96%，让企业上云更安全；基于SDN的安全策略处置，自动联动网络，将威胁处置闭环时间从24 h降到分钟级，实现安全损失最小化，为企业数字化转型构筑全方位防护。

15.5 广域网的未来演进

广域网的未来演进包括但不限于以下几个方面。

1. 未来的接口将演进至3.2 Tbit/s

随着广域网的不断演进，更快速、更高效的网络传输需求是持续存在的。400 Gbit/s光接口自2020年问世以来，已在广域网中得到广泛应用，显著提升了光纤网络的容量，实现了更快速、更高效的数据传输。智能计算中心的普及推动了800 Gbit/s光接口和800 Gbit/s以太接口的发展，预计到2025年，其占比将超过80%。光接口技术仅用了2～3年时间就从400 Gbit/s演进到800 Gbit/s，现在又将目标锁定在1.6 Tbit/s和3.2 Tbit/s，这将持续支撑广域网的业务拓展。

2. 广域网将进入工业领域

“尽力而为”的传统网络架构逐渐僵化，难以应对工业互联网对网络多样化需求的挑战，迫切需要引入“说到做到”的差异化SLA和可保证的确定性网络。5G确定性网络作为未来通信网络架构中的关键组成部分，旨在支持业务的确定性可控需求。5G标准的演进充分考虑了工业场景下对差异化服务保障、确定性带宽和时延的具体需求。广域网采用FlexE技术开发的FlexE大颗粒、FlexE小颗粒和FlexE子通道3种网络切片技术，与传统的QoS技术和SDH技术相比，这些技术具有显著的优势。它们通过不同程度的资源隔离，确保了带宽、时延和抖动的确定性，同时增强了带宽的灵活性。

面向未来，服务于人机交互和机机协同的新型广域网将具备时间确定性、资源确定性以及路径确定性等特征，从而突破广域网在工业领域的发展阻碍。

3. 泛在互联，空天地海一体

面向未来，广域网将具备泛在互联能力，实现无论何时何地，用户都能无限制地接入网络。在构建空天地海一体网络时，实际部署将面临以下挑战。

①网络拓扑动态变化：包括网络拓扑的持续变化、通信链路的随时切换、星间切换及干扰等问题，迫切需要时变拓扑路由协议来解决网络组网的挑战。

②广覆盖：由于卫星覆盖的特殊性，应探讨如何根据网络情况提升覆盖效率，包括星地协同、星间协同等。

③强安全：数据传输过程中会经过空天地海等多种组网设备，如何确保关键业务数据的安全，依赖于广域网的内生安全架构。

4. 可信网络，量子安全

传统的网络安全防护策略侧重于在网络边界构建防御体系。随着业务的拓展，有必要引入创新的网络信任理念与架构，重新界定网络的信任边界，将信任边界扩展至网络与设备内部。安全特性应深度融入网络基础设施中，构建纵深防御体系，从安全内生的角度应对安全挑战，确保所有设备、连接及流量均符合预期标准。

为了实现以上可信网络目标，我们需要建立一个系统化的可信网络，其中可信的关键属性包括以下3个。

①安全性：网络具有良好的抗攻击能力，保护业务和数据的机密性、完整性、可用性。

②韧性：网络受攻击时保持原有定义的运行状态，以及遭遇攻击时具备快速恢复的能力。

③可靠性：网络能在生命周期内长期保障业务无故障运行，具备快速恢复和自我管理的能力，提供可预期的、一致的服务。

随着量子技术的不断进步，量子计算已被证实能够以指数级或多项式级加速解决某些具有重大应用价值的计算问题。然而，这也存在像AES这样的对称密码算法的安全性减弱的问题。为解决量子计算安全问题，目前存在两大技术方向：一是基于计算复杂性的后量子密码学（Post Quantum Cryptography，PQC）技术；二是基于量子物理安全的量子密钥分发（Quantum Key Distribution，QKD）技术。当前，全球范围内已部署了多个基于QKD的量子保密通信网络。随着技术的持续演进，量子密码网络正朝着更高码率、更长距离、更大规模的商业化QKD网络方向发展。这一发展趋势预示着未来量子密码网络将在更广泛的应用领域中发挥关键作用，并能满足不同规模和安全需求的通信要求。

5. 网算云融合，算力网络

所谓算力，即设备的计算能力，小到手机，大到超级计算机，没有算力就没有各种软硬件的正常应用。面对物联网数据量的激增，传统云计算的局限性日益显现，难以满足海量数据的处理需求。边缘计算的兴起有效缓解了传统云计算的瓶颈，通过在网络边缘侧就近处理物联终端设备产生的数据，实现了更高效、更安全的数据分析和处理。算力网络就是一种根据业务需求，在云、边、端之间按需分配和灵活调度计算资源、存储资源及网络资源的新型信息基础设施。未来的企业客户或个人用户将能够灵活地将计算任务调度至最适宜的位置。算力网络的诞生旨在提升云、边、端三级计算的协同效率，它构建了连接海量数据、高效算力与泛在智能的互联网络，助力个人、家庭和组织拥抱智能化的未来。

第16章
网络安全产业

安全作为一门科学，应该原理明确、体系清晰，并具备确定性和可证明性。归根到底，安全并不是由“威胁”驱动的，安全的目标也不只是“对抗威胁”，而是要确保业务在各种“不确定”条件下的“确定性”。围绕业务功能的“确定性”对抗，才是安全问题的核心诱因与关键驱动力。

本章首先介绍网络安全的概念、价值和历史，然后介绍常见的网络攻击技术和攻击者，接着讲解网络安全体系结构的构建，最后介绍华为的网络安全解决方案和关键技术、应用实践及对网络安全未来的展望。

| 16.1　什么是网络安全及网络安全的重要性 |

网络安全是指保护网络基础设施和传输的数据免受攻击、损坏或未经授权访问的一系列措施和实践。网络安全的重要性在于它确保了信息的保密性、完整性和可用性，对于保护个人隐私、企业资产和国家安全至关重要。

16.1.1　什么是网络安全

提到网络安全，就不可避免地提到信息安全、IT安全、计算机安全这几个相近的词语，很多时候这些词语被当作同义词使用。虽然不同文章对这些词语的解释角度不尽相同，但是有一点是相同的：这些词语的含义有重叠，但是侧重领域不同。

从历史发展的角度看，信息安全是最早出现的。早期的数据和信息保存在物理实物中或靠口头传递，这些信息如果需要保密就涉及信息安全。随着计算机、互联网的出现，衍生出对数字系统中的数据和信息的保护，此时的信息安全扩大了范围，并逐渐引出计算机安全、网络安全、信息安全和IT安全等相关词语。

- 计算机安全：通常指的是保护计算机系统本身的软件（如防止软件被攻击）、硬件（如防止硬件被盗或损坏）及数据（如防止数据被窃取）的安全。计算机安全措施一般包括防病毒软件、安全补丁和用户身份验证等。
- 网络安全：重点关注网络空间中的网络基础设施和数据传输的安全。网络安全强调的是对抗网络攻击，防止攻击者从计算机、服务器、移动设备及连接的网络（如互联网、局域网、广域网）上获取数字化的敏感信息。网络安全包括信息安全的一些方面，但更侧重于整个网络层面的安全，常见的安全措施有网络防御、防火墙配置、加密技术应用、恶意软件防护、身份验证等。
- 信息安全：通常缩写为InfoSec，用于保护信息系统和敏感信息免遭未授权访问、泄露、修改及破坏。存储和传播敏感信息的媒介既可以是数字化文档和数据库，也可以是纸质文档甚至是语音形式，并不局限于某种媒介。
- IT安全：用于保护企业或组织的所有IT资产安全，既包括数字化IT资产，也包括物理IT资产。IT安全服务于整个IT基础设施，不只是保护信息及数据。

网络安全过去被认为是信息安全、IT安全的子集，但随着互联网和企业数字化的发展，网络安全的重要性不断提升。计算机安全比网络安全的范围更小，但并不完全是包含关系。计算机安全更关注计算机本身，比网络安全针对计算机的保护更深入。计算机安全的范围比较明确。表16-1所示是对网络安全、信息安全和IT安全更加详细的对比。

表 16-1　网络安全、信息安全和 IT 安全的详细对比

对比项	网络安全	信息安全	IT安全
保护对象	数字化系统、网络及数据	任何媒介形式存储或传播的信息	数字化IT资产和物理IT资产
目标	防止攻击者通过网络入侵各类数字化系统修改或者破坏数字化信息	确保各种信息的机密性、完整性和可用性	保护IT资产安全，包括硬件系统、数据中心、应用程序等各种IT组件
关注的数据	网络和数字领域内的信息	各种信息，甚至包括文件柜中的文件、工作人员口头泄露的信息	涉及IT资产的信息，不包含纸质文件等非数字化的信息
威胁	勒索软件、网络钓鱼等网络空间的攻击	更广泛的威胁，还包括盗窃、间谍活动等	除了网络攻击，也包括物理IT资产被盗等物理威胁

16.1.2　网络安全的重要性

从宏观战略上讲，网络安全关系到国家的主权和产业的生死；从微观战术上说，网络安全关系到企业事业的成功与个人利益的得失。安全问题之所以受到广泛关注，以至于在国家层面强调“没有网络安全就没有国家安全”，这是因为当前没有国家和机构能够忽视网络安全灾难所带来的严重后果。

1. 至关重要的安全

在过去的30年中，数字化的浪潮以不可逆转的趋势席卷了全球。有的国家跟上了这个浪潮，有的国家则深陷“数字鸿沟”的困局。如今，我国的各行各业亟待通过信息化和网络化实现产业升级，为此，国家提出了建设制造强国、网络强国的“两个强国”战略。

如果说“数字化”发展水平决定了效率，那么“网络安全”能力则决定了生死！网络安全技术水平已经成为衡量国家综合国力的重要标志。

对于数字化欠发达的国家或者组织，很容易被拥有信息优势的国家或组织“降维打击”，比如2010年“震网”事件中的伊朗，遭受重大打击后连攻击者是谁都无法确认。而数字化水平领先的国家，因其社会发展已经对网络高度依赖，越来越无法承受网络安全问题所带来的后果，例如美国在2021年5月9日宣布进入紧急状态，原因是5月7日美国燃油管道公司Colonial Pipeline遭受了勒索软件攻击，随后关闭了部分关键燃油网络，导致美国燃油供应受到影响。

近年来，我国先后颁布了《中华人民共和国网络安全法》《中华人民共和国数据安全法》《中华人民共和国个人信息保护法》《关键信息基础设施安全保护条例》等法律法规，其中《关键信息基础设施安全保护条例》明确要求“保障关键信息基础设施安全，维护网络安全……”。这充分说明了“没有网络安全就没有国家安全”的观点得到了国家层面的认可。

2. 大国对抗的工具

数字化对于国家与产业的重要性，以及国家之间的战略对抗，都加剧了当前网络安全的严峻形势。正如美国未来学家阿尔文·托夫勒（Alvin Toffler）所言，未来谁掌握了信息、控制了网络，谁就将拥有整个世界。

2003年，美国正式将网络安全提升到国家安全的战略高度。

2005年，美国把网络空间列为与陆、海、空、天同等重要的作战领域，即“第五作战空间”理论。

2009年，时任美国总统奥巴马在《网络空间政策评估》报告中把网络空间作为国家战略资产来对待，称保护关键基础设施将成为国家安全优先考虑的工作。

2015年，美国《国家安全战略报告》把网络空间定义为“全球公域”，意指网络空间是不属于任何一个国家主权管辖范围，且对所有国家的安全与繁荣至关重要、所有国家均可依赖的领域或区域。美国通过把“网络空间”视作各国主权之外的“公海”，从而可以基于“海权论”思想，以“绝对实力”对网络空间进行“绝对控制”。

2020年3月，美国CSC发布《网络空间未来警示报告》，首次提出“分层网络威慑”的战略路径，其核心是“向前防御”理念，配合“网络全球公域”理论，就可以为“美国把其网络防御体系置于对手的网络空间内”提供合法的理论依据。

从成本上讲，通过网络安全手段达到控制的目的，要比通过法律、经济、军事等其他手段划算得多。可以预计，以后发生在“网络空间”中的攻击会越来越多，因为攻击者认识到占有信息优势的一方能够通过网络战对敌人实施碾压式的“降维打击”，而且几乎没有代价。

3. 事关企业和个体的利益

网络安全，是企业利益、个人利益与国家战略利益高度统一的具体体现。

近年来，我国集中颁布了很多网络安全相关的法律法规，这表明，有效保障信息系统的安全已经不只是企业和机构的自主要求，更是国家的强制要求和公民的义务。因为我国企业和个人所拥有的数字资产，不但是企业和个人的私有财产，还如同国土一样构成了国家的主权。从另一个角度来看，即使企业和个人不关心自己资产的安全，也必须保证不会因为自己的安全疏漏，影响到别人的资产安全乃至国家主权权益。

在当前的安全形势下，网络安全建设的水平直接关系到企业的命运。企业的价值越高，遭受网络安全攻击的损失越大。据Veeam统计，在2023年至少有75%的组织遭受过勒索攻击，勒索金额达10亿美元。所以，加强网络安全系统建设是利国利民的好事。如果各行各业中都能切实建立起合格、管用的安全系统，就能为我国的建设“两个强国”战略提供实际支撑，同时更好地保障行业和企业自身的健康发展。

16.2 网络安全的起源和发展历史

网络安全如此重要，那么它是怎么起源，又经历了怎样的发展呢？接下来，我们就详细介绍网络安全的起源和发展历史，其基本脉络如图16-1所示。

网络安全起源于20世纪60年代末到70年代初，它是随着计算机网络的发展而逐渐形成的。

1969年，ARPA通过ARPANET发送了一条消息，这标志着互联网的诞生。

1971年，程序员罗伯特·托马斯（Robert Thomas）开发出第一个病毒“爬行者”，并通过ARPANET传播。这个“爬行者”病毒并不是恶意病毒，它的目的是展示网络上的信息传播能力。

1973年，为了对付“爬行者”病毒，雷·汤姆林森（Ray Tomlinson）开发了清除“爬行者”查毒程序，它唯一的目的就是找到“爬行者”，并把它们毁灭掉。当所有“爬行者”都被收割掉之后，清除“爬行者”查毒程序便执行了程序中最后一项指令：毁灭自己，从计算机中消失。清除“爬行者”查毒程序被认为是最早的杀毒软件，同时也标志着网络安全概念的诞生。

20世纪80年代，恶意软件开始出现，比如针对IBM PC的病毒“Brain”，针对UNIX系统的第一个蠕虫病毒“莫里斯蠕虫”（Morris Worm）。与此对应的，更专业的杀毒软件也持续出现，比如捷克的NOD和美国的McAfee。

20世纪90年代初，随着互联网的商业化，越来越多的人开始将个人信息放在网上。有组织的犯罪实体开始通过网络窃取个人和政府的数据。到20世纪90年代中期，网络安全威胁呈指数级增长，防火墙和加密技术开始发展。此阶段标志性的事件是包过滤防火墙和加密软件的应用，防火墙用于保护内部网络不受外部攻击，加密软件用于保护电子邮件和文件的隐私。

2000年之后，计算机技术爆炸式发展，互联网、物联网、移动互联网、人工智能、数字身份和资产蓬勃发展。其中，网络本身、网络应用和数据及网络威胁均发生了巨大的变化。

首先，接入网络的终端发生了巨大的变化，从个人计算机，到笔记本计算机，再到智慧屏；从“老年机”到智能手机，再到车载信息娱乐系统；从普通家电到智能家电；从普通手表到智能手表，接入网络的终端日益多样。

其次，远程办公和SD-WAN使得网络的边界变得“模糊”，出差用户、分支用户都要通过互联网访问总部网络和互联网，内部网络的边界在哪里?

再次，终端需要访问的应用和数据开始向“云”化转型，应用和数据“走出”组织。应用架构从单体架构变成微服务架构，应用里API的暴露面往往比用户界面本身更大，大量API缺乏基本的管理。

最后，网络威胁的多样化和数量呈现激增的状态。2000年初，互联网上出现了一种不需要下载文件的全新病毒，用户仅仅访问一个带有病毒的网站，计算机

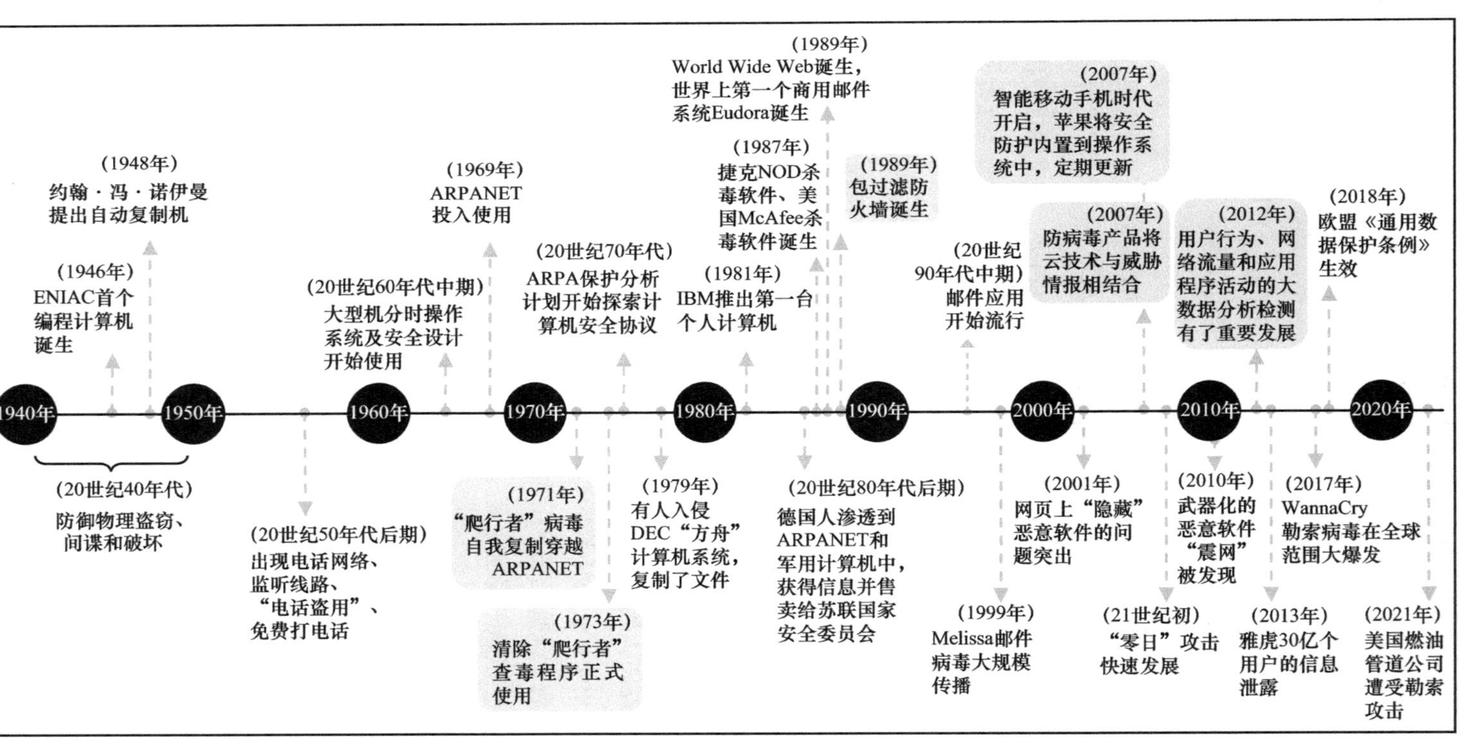

图16–1　网络安全的起源和发展历史

就会感染病毒，这种隐蔽的感染方式对网络安全构成了严重的威胁。21世纪初，“零日”攻击快速发展，恶意软件层出不穷。2013年，雅虎的安全设备被攻破，超过30亿个用户的信息被泄露。2017年，WannaCry案例开启了勒索时代。

因此，2000年之后，网络安全逐步进入以“纵深防御”理论为基础，以“风险”为驱动力，以“威胁检测”为主要技术特征的阶段；并逐步向以“韧性”理论为基础，以“确定性保障”为驱动力，以“可信、加密”等“确定性”安全技术为基础的阶段演进。

| 16.3　网络攻击技术和网络攻击者 |

在前文中，我们介绍了各种各样的网络安全事件。你一定想知道，这些网络安全事件中，是什么样的人/组织使用了什么样的技术开展攻击行动。本节主要介绍目前常见的网络攻击技术和攻击者的情况。

16.3.1　常见的网络攻击技术

网络攻击技术是指攻击者用来破坏、干扰、窃取或以其他方式危害计算机网络、系统或数据的手段。常见的网络攻击技术如图16-2所示。

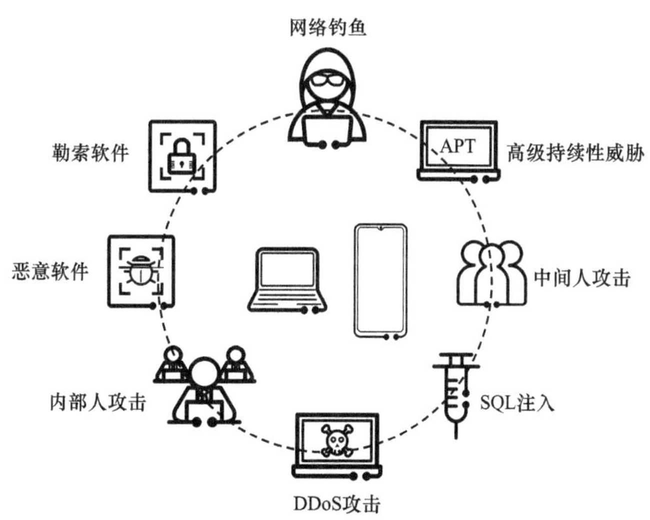

图16-2　常见的网络攻击技术

1. 恶意软件

恶意软件是专门为实施网络攻击、破坏用户系统而编写的软件，通常通过电子邮件附件或其他看起来合法的下载方式进行传播。用户计算机或其他终端运行恶意软件后，恶意软件会进行窃取、加密、更改和删除数据及监控用户行为等非法活动。常见的恶意软件包括病毒、蠕虫、木马、间谍软件、勒索软件等。

2. 勒索软件

勒索软件又称勒索病毒，是一种特殊的恶意软件。这种软件与其他网络攻击技术最大的不同在于攻击方式。勒索软件的攻击方式是将受害者的计算机锁起来或者系统性地加密受害者硬盘上的文件，以此来达到勒索的目的。所有的勒索软件都会要求受害者缴纳赎金以取回对计算机的控制权，或是取回受害者根本无法自行获取的解密密钥以便解密文件。如果没有有效的数据备份和灾难恢复计划，不支付赎金就想消除影响是非常困难的。

勒索软件一般通过木马病毒的形式传播，它会将自身伪装为看似无害的文件，通常通过假冒普通电子邮件等社会工程学方法欺骗受害者点击链接下载，也有可能与许多其他蠕虫病毒一样利用软件的漏洞在连接到互联网的计算机之间传播。

3. 网络钓鱼

网络钓鱼又称钓鱼式攻击，是社会工程的一种。攻击者伪装成可信发件人，向受害者发送具有欺骗性质的电子邮件、短信或即时通信消息，诱导受害者提供敏感数据、点击恶意链接、下载恶意软件或将资产错误地转移给他人。

4. 高级持续性威胁

高级持续性威胁（Advanced Persistent Threat，APT），又称高级长期威胁，是一种复杂的、持续的网络攻击。APT比传统攻击的定制程度和复杂程度更高，攻击者会有组织、有目的地持续监控目标、寻找突破口，“放长线、钓大鱼”。一旦攻击得手，往往会给攻击目标造成巨大的经济损失或政治影响。

5. 中间人攻击

中间人（Man-in-the-Middle，MITM）攻击是一种会话劫持攻击。攻击者作为中间人，劫持通信双方会话并操纵通信过程，而通信双方并不知情，从而达到窃取信息或冒充访问的目的。中间人攻击是一个统称，具体的攻击方式有很多种，例如Wi-Fi仿冒、邮件劫持、DNS欺骗、安全套接字层（Secure Socket Layer，SSL）劫持等。中间人攻击常用于窃取用户登录凭据、电子邮件和银行账户等个人信息，是对网银、网游、网上交易等在线系统极具破坏性的一种攻击方式。

6. SQL注入

SQL注入是一种代码注入技术，也是最危险的Web应用程序漏洞之一。攻击者在用户输入字段中插入恶意代码，欺骗数据库执行SQL命令，从而窃取、篡改或破坏各类敏感数据。

7. DDoS攻击

DDoS攻击是指攻击者控制分布于互联网各处的大量僵尸主机向攻击目标发送大量垃圾报文或者对目标服务器发起过量访问，耗尽攻击目标所在网络的链路带宽资源、会话资源或导致业务系统处理性能下降，最终使其无法响应正常用户的服务请求。DDoS攻击简单、有效，因此频繁发生，会给攻击目标带来巨大的损失。

8. 内部人攻击

内部人攻击是指来自员工、承包商、合作伙伴等内部授权用户的威胁，这些用户有意或无意滥用其访问权限，造成数据泄露或账户被攻击者劫持。内部人攻击容易被忽视，而且可能绕过防火墙等安全设备的检测。内部人攻击事件发生比例也非常高，需要企业或组织重点关注。

16.3.2　网络攻击者是谁

根据对企业/组织的威胁程度从低到高的顺序，网络攻击者分别为个人/娱乐性黑客、激进黑客、犯罪团伙、内部人、网络部队和情报机构。这些攻击者是出于什么目的，又用什么攻击技术对目标对象进行攻击的呢？答案如表16-2所示。

1. 个人/娱乐性黑客

这些黑客通常以炫技为目的，通过网站篡改、DoS攻击、网络钓鱼等手段对企业或者组织的正常业务运营造成影响，甚至使其中断。这类黑客往往无目的，只是为了证明自己的能力。

2. 激进黑客

激进黑客通常以政治诉求为目的，通过网站篡改、DDoS攻击、基于Web的攻击、SQL注入等手段对选定的企业或组织进行攻击。他们的攻击行为有明确的目的，就是通过攻击使企业或者组织的业务运营中断，让其声誉遭受损失。

3. 犯罪团伙

犯罪团伙是受利益驱动的攻击者，他们使用病毒、蠕虫、木马等恶意软件来获取个人身份信息、机密信息，并从中获利。这种攻击行为可能导致个人、企业和组织的财务损失，以及声誉和生产力的损失。

4. 内部人

内部人利用对组织的了解，可以直接通过物理访问的形式窃取商业秘密和专有信息，这种行为的隐秘性和危害性非常大。他们的行为可能直接导致企业或者组织的经济竞争优势丧失，让其在国际竞争中的处境更加被动。

5. 网络部队、情报机构

网络部队、情报机构是高级攻击者，他们通常使用远程访问工具（Remote Access Tool，RAT）、自定义漏洞等高级技术来获取企业或者组织的商业秘密和国家安全信息。他们的行为对国家经济和安全构成严重威胁，可能导致巨大的经济损失，并危及国家安全。

表 16-2　网络攻击者情况一览表

攻击者	能力	动机	影响	预估损失
个人/娱乐性黑客	炫技：网站篡改、DoS攻击、网络钓鱼等	无目的地选择企业或者组织	滋扰、中断业务运营	—
激进黑客	政治诉求：网站篡改、DDoS攻击、基于Web的攻击、SQL注入	有目的，损害选定企业或组织的运营、品牌和声誉	业务运营中断、声誉损失	1.71亿美元（单案例）
犯罪团伙	利益驱动：病毒、蠕虫、木马、恶意软件、勒索软件、僵尸网络、基于Web的攻击	有目的，获取个人身份信息、专有信息，从而获利	个人财产损失，企业财务损失、声誉损失、生产力损失	每个组织每年损失5900万美元
内部人	商业机密驱动：物理访问，传输、下载或者复制信息	有目的，获取商业秘密、专有/机密信息	经济竞争优势丧失，国际竞争加剧	2000万美元（单案例）
网络部队、情报机构	武器化：RAT、自定义漏洞利用、鱼叉式网络钓鱼、零日漏洞利用	有目的，获取商业秘密、专有/机密经济和国家安全信息	国家经济竞争优势丧失，国际竞争加剧，国家安全机密丧失	2亿～400亿美元

这些不同类型的网络攻击者对国家、企业或者组织造成的损失各不相同。但

都会导致严重的后果。面对这些多样化的网络攻击者，国家、企业和组织必须采取强有力的网络安全措施。这包括提高员工的安全意识、加强系统防护、监测异常行为，并与执法机构合作，共同打击网络犯罪。只有这样，才能在这个充满挑战的数字世界中保护信息和资产。

| 16.4 网络安全体系结构 |

我们都知道，金刚石和石墨都由碳组成，前者是自然界中最硬的物质之一，后者是最软的矿物之一，是什么造成了金刚石和石墨之间的巨大区别？不是“元素”本身，而是两者不同的“体系结构”。同理，即使基于完全相同的安全技术与产品，如果采用不同的体系结构，所能获得的安全效果也会有天壤之别。要想找到有效解决各种复杂安全问题的出路，不能再指望单项安全技术的突破，而要依靠正确、有效的“安全体系结构”设计。本节介绍网络安全基本要素、围绕基本要素开展系统设计和安全防护设计，并详细介绍网络安全体系结构的作用和发展历史。

16.4.1 网络安全的基本要素

在探究网络安全体系结构之前，我们首先要知道什么是网络安全的基本要素，因为网络安全的系统设计和防护是围绕网络安全要素开展的。

网络安全的基本要素包括以下5个。

- 保密性（Confidentiality）：信息应避免非授权访问。这意味着确保敏感数据只在授权的个体之间共享，防止未经许可的泄露。
- 完整性（Integrity）：信息在存储和传输过程中不能被非法修改，且任何合法修改都应有相应的记录。这保证了数据的准确性和一致性，防止数据被篡改。
- 可用性（Availability）：确保网络服务不会无故中断，允许授权用户在需要时访问数据和服务。
- 可追溯性：针对网络和用户数据的任何访问操作都被监控和审计，确保问题可以追踪和问责。
- 不可否认性：对于所有监控和审计发现的问题，证据确凿，无可抵赖。

这5个基本要素中，保密性、完整性和可用性因为特别重要，被称为信息安全的CIA三要素，也是网络安全的基本要素。

从网络安全要素的思路出发，可以从多个方面来分析和理解网络安全。

- 从广义角度看，网络安全主要保障网络中的硬件、软件与信息资源的安全性。
- 从用户角度看，网络安全主要保障用户数据在网络中的保密性、完整性与可用性，防止用户数据被泄露、破坏与伪造。
- 从管理角度看，网络安全主要保障合法用户能够正常使用网络资源，避免计算机病毒、拒绝服务、远程控制与非授权访问等安全威胁，提供及时发现安全漏洞与制止攻击行为等安全手段。

在实际应用中，企业或者组织会采用多种策略和技术来实现CIA三要素，包括使用防火墙、入侵检测系统、身份验证机制、安全协议等。当然，网络安全是一个不断发展的领域，随着技术和威胁的演变，保护CIA三要素的策略和工具也在不断更新。组织和个人都必须持续关注最新的安全趋势和技术，以确保信息资产的安全。

16.4.2 围绕CIA开展系统设计和安全防护设计

从网络安全发展的历史可以看出，网络安全建设初期是围绕网络攻击的防御展开的。网络攻击主要破坏的就是网络的CIA三要素，有以下攻击手段。

- 网络钓鱼、中间人攻击、端口扫描等是常见的针对保密性的攻击手段。
- 恶意软件（比如病毒、木马）、逻辑炸弹等是常见的针对完整性的攻击手段。
- DDoS攻击、勒索软件等是常见的针对可用性的攻击手段。

为了防御攻击，网络安全防御设计同样也是围绕CIA展开的。设计者通常会采用深度防御多层策略和防护措施，保证网络CIA的实现。

防御比攻击更难，这是业界普遍认可的一个观点。防御具备木桶效应，整个系统的安全性不是取决于防御最强的地方，也不是系统的平均防御能力，而是取决于系统中最薄弱的环节。在安全（如Web安全、终端安全、二进制安全）攻防技术领域，有一个词语——“绕过”经常被提及，比如通过各种编码机制“绕过”Web应用防火墙（Web Application Firewall，WAF）的检测、通过白加黑技术“绕过”杀毒软件的查杀。面对花费大量精力精心设计的防御措施，黑客往往并不是进行正面强攻，而是以“四两拨千斤”的巧妙方式“绕过”了防御系统。这说明了攻防对抗上的不对等，防御比攻击更难。

所以，正是考虑了外挂式防御手段很难应对攻防不对等的挑战，近几年业界头部公司，比如谷歌、微软和华为都在推行可信设计机制。如图16-3所示，网络安全设计以CIA的要求为目标，提升自身产品和系统的安全性和韧性，这种设计机制也被称为内生安全设计机制。

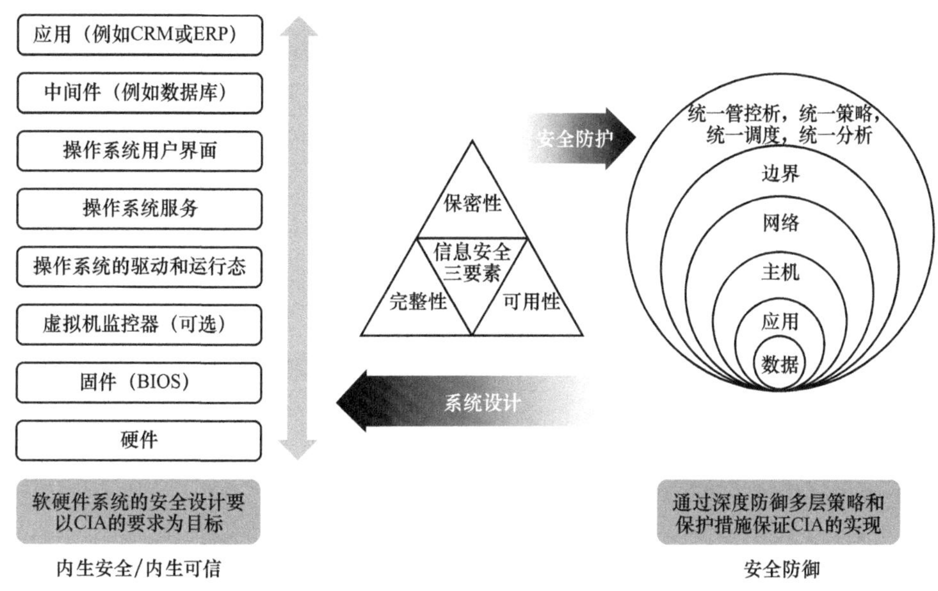

图16-3　围绕CIA开展系统设计和安全防护

内生安全/内生可信是指安全“生”到产品和系统的内部，包括定义、设计、实现、交付全生命周期中的安全与可信技术。内生安全/内生可信的目标是通过贯穿产品的硬件、软件、驱动、前端及应用等的开发过程，消除系统和部件内的安全“基因缺陷”，致力于彻底消除安全问题产生的根源，而不是对安全问题进行防御和修复。

由上述分析可以看到，围绕CIA三要素开展系统设计和防护是构建一个安全、可靠的网络环境的关键。而内生安全和安全防御是安全机制的正反面，缺一不可。

16.4.3　网络安全体系结构简介

通过16.4.2小节，我们知道了网络安全的基本要素以及需要围绕这些基本要素开展系统设计和安全防护。进一步来说，安全问题不只是安全技术的问题，而是系统体系化的问题，包含管理制度、技术架构和安全运营等各个维度。因此，我们必须通过对应的安全体系结构来找到解决安全问题的办法。

安全体系结构致力于构造系统化的安全竞争力，而不是针对某个特定问题找到“特效药”。安全体系结构也不是一成不变的。经过了几十年的发展，安全体系结构逐渐表现出3个方面的趋势：一是从关注安全现象到关注安全本质的趋势；二是从对抗无穷无尽的威胁到对有限业务功能提供“确定性”保障的趋势；三是从“一维度”线性的攻防对抗到韧性架构的“三体系”多维系统保障的趋势。这是因为业界越来越认识到，没有人能在安全风险下幸免，因此要确保在极端情况发生时，业务系统中“最核心”的功能能够保持在“可接受”的状态，确保不发生严重的信息安全灾难。

如图16-4所示，安全体系结构中的“三体系”指的是运营管理体系、信任体系和防御体系。

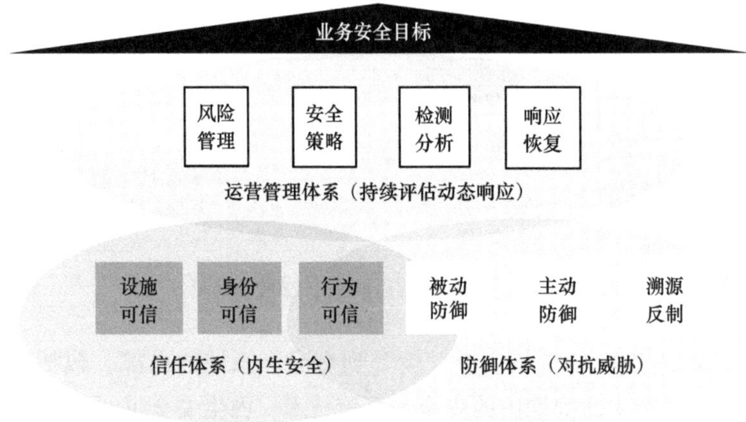

图16-4　安全体系结构中的“三体系”

- 运营管理体系的作用是通过动态的运营管理过程，随时发现系统行为偏离正常的“确定性”行为基线的情况，并及时纠偏，实现系统的“确定性”收敛，动态保证系统的行为不会偏离正常的“确定性”行为基线，从而保证系统始终工作在安全状态。
- 信任体系的作用是降低系统内的功能“不确定性”，保证系统（包括设施、身份和行为）的“可信”，建立系统的“确定性”行为基线。
- 防御体系的作用是消减各种攻击威胁给系统带来的“不确定性”风险，通过对抗威胁，尽量避免系统的“确定性”被“攻击威胁”所干扰，从而保护系统的“确定性”行为基线。

对于一个机构来说，安全体系结构的作用就是能够提供一个参考框架和指导，把机构的安全战略和方针落实到实际场景上，解决实际场景下的安全问题，确保安全战略目标的达成。另外，安全技术体系就好像是化学中的“元素周期表”，应当能揭示安全技术的发展规律，并在可靠的安全理论基础之上，描绘安全技术的发展远景与整体视图，为安全技术的发展和探索指明方向。

| 16.5　网络安全的解决方案和关键技术 |

在前文中，我们了解了网络安全的“三体系”：运营管理体系、信任体系和防御体系。网络安全体系结构可以用于指导安全解决方案的设计。华为网络安全解决方案便是围绕“三体系”展开设计的，本节以此为例，介绍网络安全解决方案和关键技术。

16.5.1　网络安全的解决方案架构

网络安全的解决方案架构以实现网络安全保障、提供网络安全功能为目标，需要同时满足网络安全设备和业务系统自身的安全要求，以及建立安全可信的网络环境。在各种外部、内部威胁下，网络安全解决方案可以对网络环境中的业务提供韧性保障，即在风险条件下保证业务行为的确定性，保证关键业务在极端风险条件下依然能够以可预期的状态运行，并确保系统安全底线，避免安全威胁给系统造成不可接受的安全损失。

华为网络安全解决方案架构包括“威胁防御、运营管理、内生安全”3个安全技术维度，并满足了每个维度中主要的安全能力需求。

1. 威胁防御和运营管理

网络安全的解决方案用来解决具体的安全问题，它本身是由特定场景下的安全问题所驱动的，因此必然带有具体的问题和场景属性。因此，下面先介绍随着数字化转型的不断深入，当前网络面临哪些业务变化。

①业务上云，联接无处不在。以前的企业都是集中在园区本地办公，现在越来越多的企业允许并推荐远程办公，与合作伙伴的数据交互也越来越频繁，打破了传统的办公空间和数据访问边界。传统的安全方案都是配置固定的策略，而在远程办公场景中，人的接入地点是动态的，时间是动态的，接入终端类型也是动态的，传统的静态策略无法解决现在的安全访问问题。

②传统的网络架构只有PC通过有线接入，而数字化之后，越来越多的终端（如摄像头、打印机、空调）通过Wi-Fi或者5G技术接入网络，打破了物联的边界。万物互联之后，终端接入类型复杂，基于人工分析的方式无法快速、准确识别被仿冒和被劫持的终端。

③数据中心也由传统数据中心向云数据中心转型，打破了业务的边界。一旦出现安全事件，威胁就会在云化的数据中心快速扩散，靠传统边界防护方式无法及时、有效阻断威胁横向扩散。

针对当前遇到的网络安全技术挑战，华为网络安全的解决方案采用云、网、边、端立体化防御架构，如图16-5所示。该方案覆盖了园区和分支网络安全、广域网网络安全、云数据中心网络安全，并提供安全运营和管理。

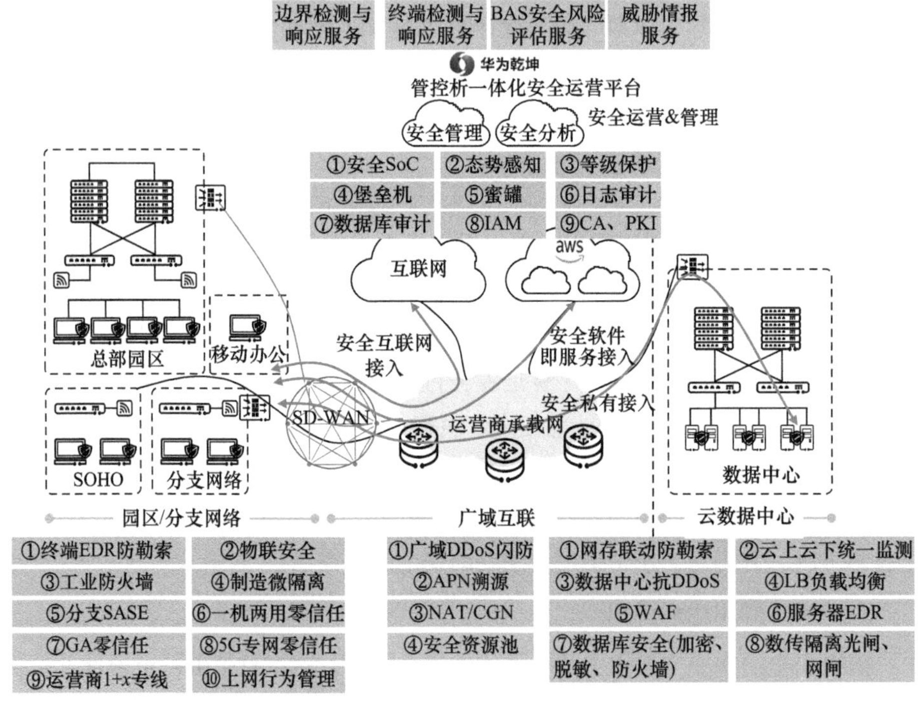

注：BAS即Breach and Attack Simulation，入侵和攻击模拟；IAM即Identity and Access Management，身份识别和访问管理；PKI即Public Key Infrastructure，公钥基础设施。

图16-5 华为网络安全的解决方案架构

2. 内生安全

华为率先在业界提出“可信网络”的概念，并将安全可信融入网络基础设施产品和网络解决方案中，建立系统化的网络可信体系，以提高外部防护能力，加强自身可信能力的建设。

可信网络是在传统安全防护体系的基础上，延伸了信任边界，并扩展了防御对象，形成良好的增强和互补，如图16-6所示。

- 信任边界从网络外部延伸到网络内部的链路、拓扑、路由、流量等和设备内部的硬件、操作系统、App等。
- 防御的攻击从原来的针对业务的病毒攻击、终端攻击、内容攻击等延伸到针对基础设施连接的路由攻击、流量攻击及设备攻击等。
- 安全管理能力从原来的全域安全管理延伸到设备和网络内部的安全管理，实现设备和网络内部的安全状态可视可管理，并做到全网统一智能协同防御。

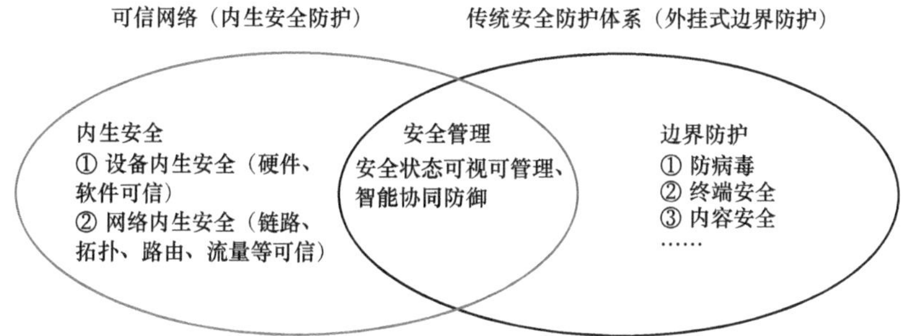

图16-6　可信网络与传统安全防护体系

接下来详细介绍园区和分支网络安全、广域网网络安全、云数据中心网络安全、安全运营和管理、内生安全的解决方案和关键技术。

16.5.2　园区和分支网络的安全

在数字化转型过程中，业务上云、无处不在的办公接入、海量物联终端接入等场景给很多行业带来安全挑战，并产生了不同的需求。例如，对于政府业务上云，数字化政务、在线业务办理、分支机构与总部网络互联互通后，如何保障数据安全？金融行业多云、多分支对网络体验和安全防护提出了更全面的要求；对于大企业，视频会议、远程办公成为大企业的主要趋势，办公体验、数据泄露、视频卡顿是主要问题；对于工业制造园区生产网，IT网络和OT网络融合后，如何避免将IT网络的风险引入OT网络，如何保障生产不中断？

针对园区和分支网络不同的安全需求，需要多种解决方案和关键技术来应对。

1. 接入安全：零信任网络访问（Zero Trust Network Access，ZTNA）

随着业务上云，传统网络边界消失，外部攻击和内部威胁带来的安全风险越来越大。传统的基于边界的网络安全架构某种程度上假设或默认了内部的人和设备是值得信任的。然而事实证明，系统一定有未被发现的漏洞、一定有已发现但未修补的漏洞，内部人员也并不可靠，这彻底推翻了传统边界安全架构对信任的假设和滥用。因此需要全新的网络安全架构来解决这个问题，零信任网络架构正是基于这个背景诞生的。

零信任是业界公认的安全架构和工程方法之一，旨在通过持续认证、动态授权、访问保护等手段，对任何数据的访问、采集、共享、使用等过程进行精细化管控。零信任所使用的手段由传统的静态授权和边界防护变为持续认证和多维管控，其核心目标是保障数据资产的全生命周期安全。如图16-7所示，零信任架构由3个核心组件组成，分别是策略管理器（Policy Administrator，PA）、策略引擎（Policy Engine，PE）和策略执行点（Policy Enforcement Point，PEP）。零信任强调以身份为核心，策略管理器对访问主客体之间的身份和权限信息进行统一管理，确保基于最小化权限原则进行资源访问。在主客体通信过程中，策略引擎持续进行风险评估和信任评分，发现安全威胁后，动态降低该访问主体的信任评分并将其传递至策略管理器。策略管理器根据信任评分变更安全策略，然后下发至策略执行点，从而实现精细化安全管控。

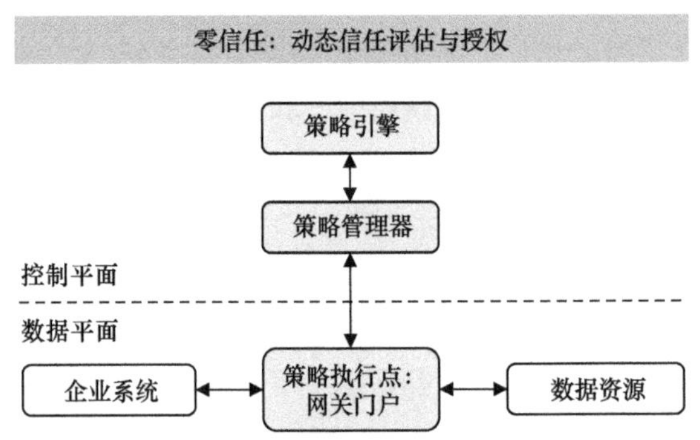

图16-7　零信任架构是一种动态自适应的信任评价与授权架构

零信任架构不能独立于应用场景而存在。在不同场景中，零信任架构采用认证、网络传输安全、数据安全、加密隧道等不同的技术，可以实现不同的安全功能，并形成不同的零信任解决方案。

例如，在办公园区场景中有大量的本地办公终端接入、外网远程办公接入、5G移动终端接入，由此带来三大安全挑战，即一机多用导致跨网攻击多、数据融合引起泄露风险高、终端IP变化导致威胁溯源难。华为HiSec办公园区零信任安全解决方案可以应对以上挑战。如图16-8所示，该方案由零信任管理平台、零信任网关、零信任客户端组成，基于持续验证、动态授权和全局防御的3层架构，可以提供全方位的安全守护，具体包括以下5个方面。

①可信入网：只有合法合规的用户、设备，才可以访问企业内网及互联网；访问过程中基于风险动态授权。

②网络隔离：通过单网接入隔离，禁止同时访问企业内网和互联网，阻断跨网攻击。

③数据安全：通过终端沙箱隔离，确保敏感数据不落地；一旦发生数据泄露，可通过数字水印溯源。

④边界安全：具备零信任代理访问、入侵检测、反病毒等多种能力，构筑“安全城墙”。

⑤精准溯源：流量经园区出口进行NAT后，仍可通过设备指纹精准溯源到终端。

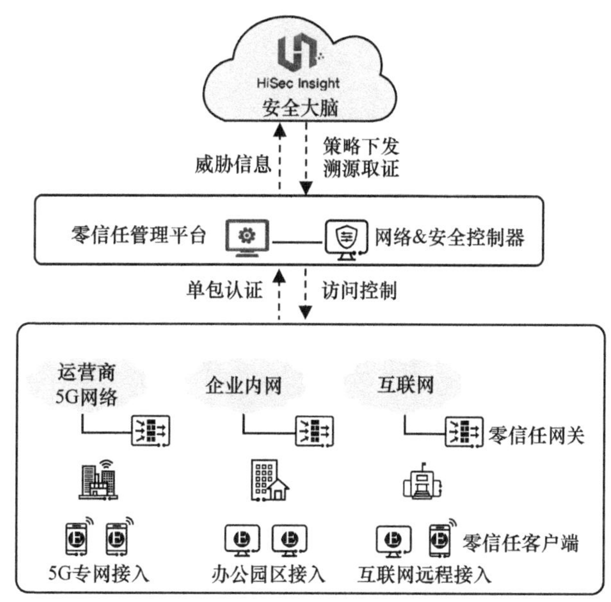

图16-8　华为HiSec办公园区零信任安全解决方案

2. 终端安全：端点检测和响应（Endpoint Detection and Response，EDR）

如今的终端安全面临巨大的风险与挑战，诸如勒索、挖矿、APT等针对终端的网络攻击层出不穷；由于企业主机数量众多，运维人员无法管理主机上的大量安全资产、关键配置和系统漏洞，导致企业主机存在很大安全风险；居家办公的员工可能无法像现场员工那样受到企业安全设备的保护，并且可能使用的是个人设备或没有进行最新更新和缺乏安全补丁的设备。在这种情况下，部署有效的EDR安全解决方案对于保护企业和远程员工免受网络威胁至关重要。

EDR是一种端点安全防护技术，它记录端点上的行为，使用数据分析和基于上下文的信息检测来发现异常和恶意活动，并记录有关恶意活动的数据，使安全团队能够调查和响应事件。端点可以是员工PC或笔记本计算机、服务器、云系统、移动设备或物联网设备等。

如图16-9所示，华为智能终端安全系统HiSec Endpoint是针对企业本地终端进行风险检测和处置，防止终端感染和威胁在内网传播的一种解决方案。该方案由客户端和服务端两部分组成，客户端以软件Agent形式部署在终端设备上，实时感知终端异常行为，多维检测和识别潜在安全威胁；服务端支持EDR SaaS乾坤云部署和本地服务器部署，能够及时响应威胁事件，执行恶意文件隔离、进程终止、病毒查杀等动作，可以自动溯源入侵路径，快速确认影响范围，实现病毒深度清理、安全风险全面加固，帮助企业保护核心终端资产安全。

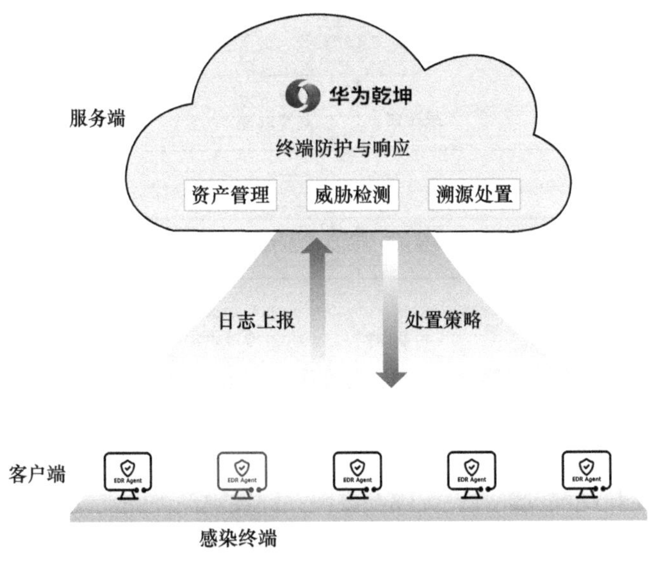

图16-9　华为智能终端安全系统HiSec Endpoint

3. 多分支网络安全：安全访问服务边缘（Secure Access Service Edge，SASE）

随着远程办公和移动办公越来越普及，员工可能在任何时间和地点远程接入内部网络。当员工通过不安全的网络访问企业资源时，会令企业网络面临不确定的安全风险。此外，当海量的员工和企业分支通过互联网互联时，较大的网络时延和糟糕的VPN体验，也会使得关键业务质量难以保障。因此，企业迫切需要一种高效、灵活的组网，以实现分支与总部的快捷互联，满足员工随时随地安全访问云应用的诉求。

SASE是一种云架构模型，它将SD-WAN与安全Web网关（Secure Web Gateway，SWG）、防火墙即服务（Firewall as a Service，FWaaS）、云访问安全代理（Cloud Access Security Broker，CASB）和ZTNA等安全功能统一为一个服务。SASE的核心理念是通过一个集成的云平台，将这些服务直接提供给用户、系统、终端和远程网络等连接源，而非依赖传统的数据中心架构。SASE的架构实现了网络与安全的无缝融合，为企业提供了一个更加灵活、高效且安全的网络访问解决方案。它使得企业能够更有效地管理分布式的网络资源和安全策略，确保无论用户身处何地，都能享受到安全、高效的访问体验。SASE有以下特点。

- 身份驱动：不仅是IP地址，用户和资源身份也决定着网络互连体验和访问权限级别。服务质量、路由选择、应用的风险安全控制——所有这些都由与每个网络连接相关联的身份所驱动。采用该方法为用户开发一套网络和安全策略时，无须考虑设备或地理位置，从而降低了运营开销。
- 云原生：SASE认为云的使用是网络安全的未来，并将此作为核心特征。对于云所具备的高弹性、业务自恢复、业务自维护的特点，SASE方案可以天然继承，从而降低了客户运营成本，提升了业务部署的便利性，增强了业务运行韧性，方便客户实现随处接入。
- 支持所有边缘：SASE为所有企业资源创建了一个网络，包含数据中心、分支、云资源和移动用户。SD-WAN设备支持物理边缘，而移动客户端和无客户端浏览器访问可以连接四处游走的用户。
- 全球分布：为确保所有网络和安全功能随处可用，并向全部边缘交付尽可能好的体验，SASE云必须实现全球分布。因此，企业需要具有全球存在点（Point of Presence，POP）和对等连接的SASE产品，扩展自身覆盖面，向企业边缘交付低时延服务。

如图16-10所示，华为依托云、网、边、端立体化防护架构，推出星河AI融合SASE解决方案，用来解决金融、大企业和政府客户的多分支网络安全难题。

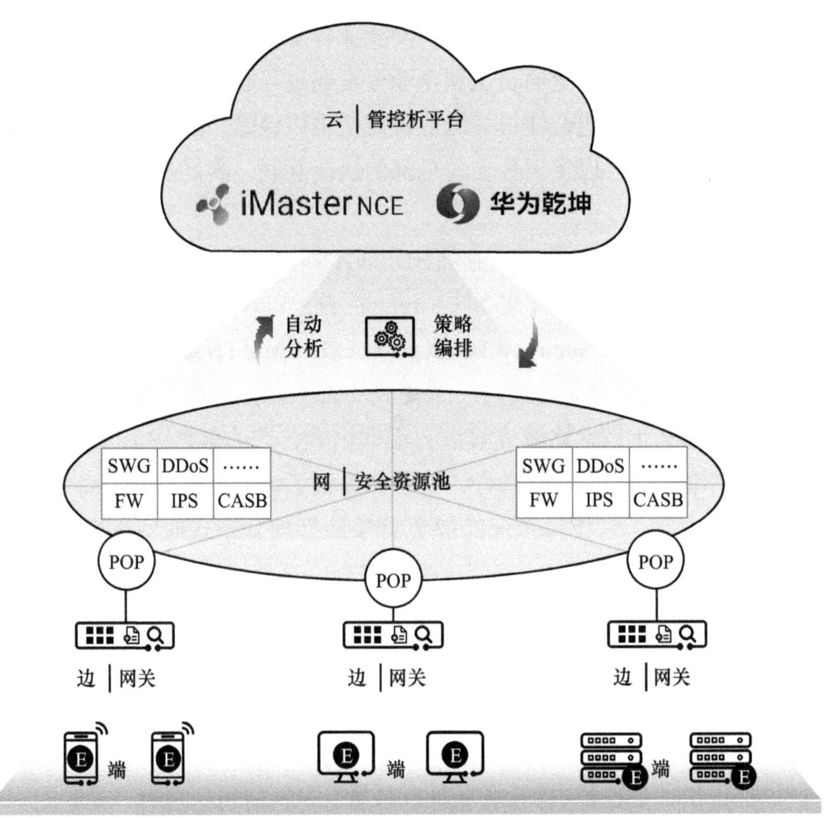

图16-10　华为星河AI融合SASE解决方案

- 端部署终端EDR，具备威胁溯源、防勒索文件恢复、统一终端管理等能力。
- 边是SD-WAN安全网关，提供网络接入及安全检测。
- 网是部署在POP节点的安全资源池，用于安全防护。
- 云是统一的管控析平台，实现全局可视化管控。

4. 园区生产网安全：内网微分段

园区生产网是OT和IT的融合。由于工控协议/物联协议的封闭性和私有性，威胁暂不流行，IT网络是各种攻击进入OT网络的必经之路。如何避免将IT风险引入OT网络？如何保障生产不中断？入网终端激增时，如何避免终端仿冒和横向移动？

如图16-11所示，华为提供的制造微隔离方案通过新建前置隔离区及内网微分段技术，能够阻断机台之间的非法通信，控制威胁扩散范围，同时开启防病毒和“虚拟补丁”功能，对机台提供贴身防护。

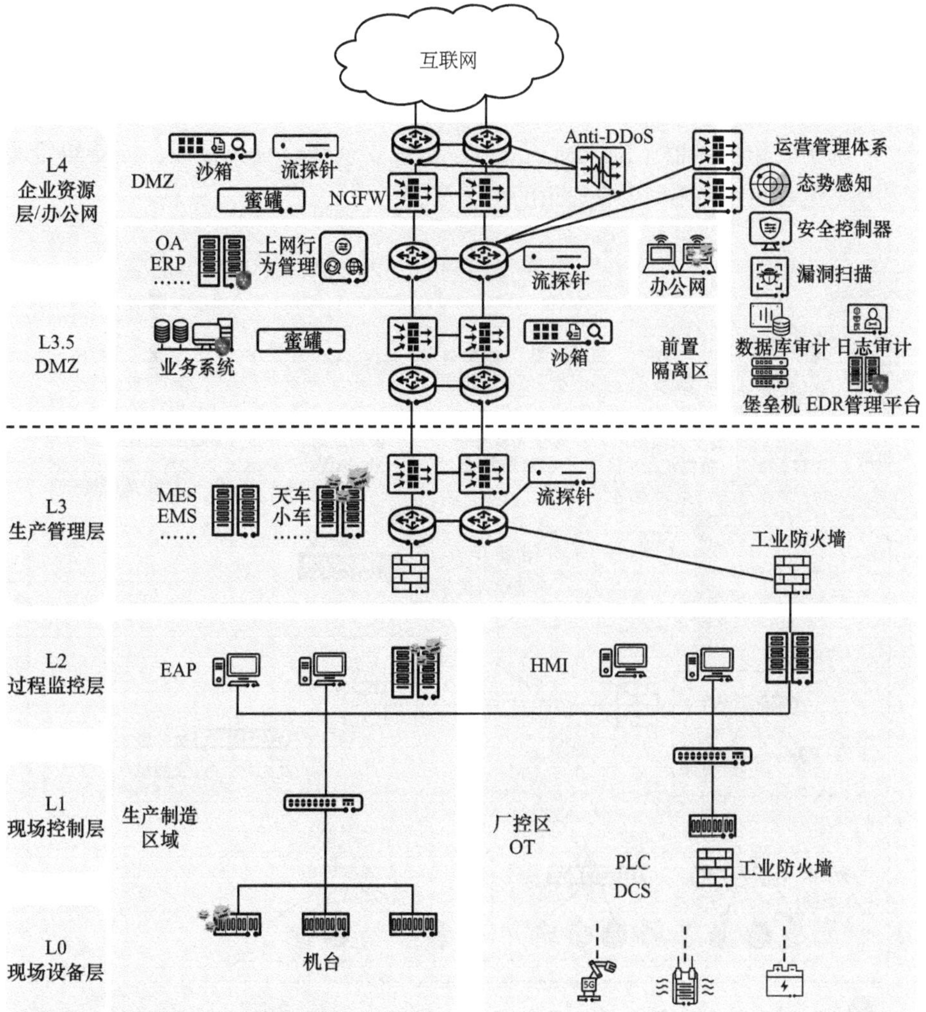

注：HMI 即Human Machine Interface，人机接口；EAP即Equipment Automation Programming，设备自动化管理系统。

图16-11　园区生产网安全

内网微分段技术建立在不同的业务边界，可以防止各种威胁跨业务资源扩散，相当于生产系统的“水密舱”。

如图16-12所示，内网微分段并非简单地在内网部署基于网元五元组的ACL策略来阻断通信，而是可以把基于4～7层协议的深度检测和攻击识别能力从网络边界引入内网，有效阻断混杂在合法通信中的攻击报文和恶意流量，从而保证内网关键资源在正常提供通信服务的同时有效阻止攻击的扩散与破坏。内网微分段具有如下功能。

- 可对机台等关键资产之上的开放漏洞提供虚拟补丁保护。
- 有未知勒索软件防护能力，具备AI FW的攻击事件检测能力，自动阻断攻击扩散。
- 基于安全控制器（SecoManager）实现安全策略统一管理，支持组策略（组可映射到不同安全要求的机台）。

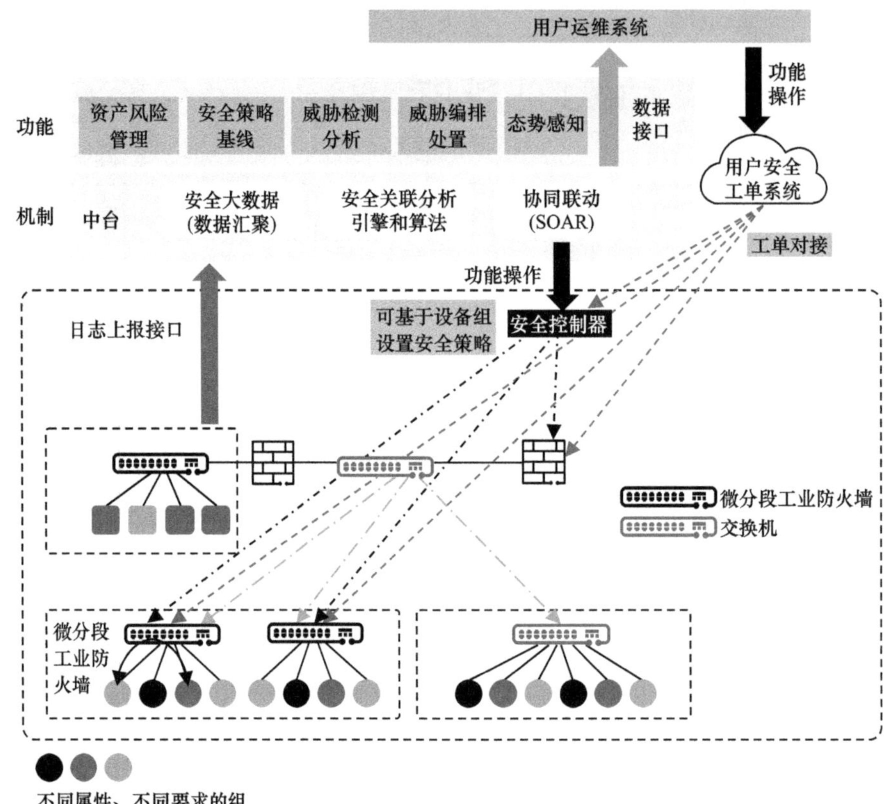

图16-12　内网微分段

16.5.3　广域网的安全

广域网作为数据联接和融合的“大动脉”，在运营商、政企、校园等领域有着广泛应用。随着IPv6、企业智能化转型以及云化进程的推进，广域网承载的业务量和业务复杂度不断提升，其安全问题也变得越来越突出。

- 安全威胁激增问题：大量企业、分支机构接入广域网，易引入DDoS攻击、木马病毒等各种安全威胁，需要防范这些安全威胁在广域网上的快速扩散。

- IPv4向IPv6过渡问题：广域网是提供IPv6连接的基础，因此广域网需要先进行IPv6改造，支持IPv4/IPv6双栈业务。针对各种业务IPv6升级节奏的不同，运营商需要支持多种IPv6过渡技术，而且IPv6过渡技术需要考虑隐藏用户私网地址、减少攻击面及用户溯源的问题。
- 精准溯源问题：网络对恶意攻击流量的感知能力差，无法精准溯源并及时阻断威胁。
- 安全能力重复建设问题：在不同的网络边界重复部署防火墙、IPS、Anti-DDoS等多种安全设备，可扩展性差、成本高。由于安全设备种类多、跨厂商异构，缺乏统一的管理和调度，难以适应业务场景的变化。

针对以上安全问题，需要提供解决方案来应对。以下介绍一些广域网相关的安全方案及技术。

1. DDoS攻击防御：智能DDoS闪防

在众多的网络安全事件中，DDoS攻击是全球网络安全的主要威胁，而且近年来呈现出攻击速度快、攻击持续时间短的趋势，大流量攻击爬升至800 Gbit/s～1 Tbit/s区间，仅需10 s。这一变化给DDoS防御方案的响应速度提出了新的挑战。

如图16-13所示，传统DDoS防御方案由路由器通过NetStream向检测中心上报流量采样报文，然后由检测中心识别攻击，识别出攻击后上报DDoS安全平台。DDoS安全平台生成引流策略，通知清洗中心对流量进行引流、清洗、回注。这种方式存在攻击检测时间长、检出率低等问题。

智能DDoS闪防方案直接由路由器逐包对流量进行分析，通过内嵌的智能识别算法秒级识别攻击，然后路由器将攻击事件通过NetStream V9智能流的方式逐层上报至DDoS安全平台，由DDoS安全平台生成引流策略通知清洗中心对流量进行引流/清洗/回注。智能DDoS闪防方案具备检测速度快、检测精度高、防御阈值智能调整的优势，并通过逐包检测解决了传统方案流量抽样漏检的缺陷。

2. IPv6过渡：运营商级NAT（Carrier Grade NAT，CGN）

IPv4地址耗尽已经成为运营商必须面临的一个重大而急迫的问题，而IPv6的引入必然是一个相对长期和复杂的过程。延续使用IPv4发展业务，通过规模化部署IPv4私有地址，以达到对目前公网IPv4地址的统计复用，从而可以在相当长的时间内解决IPv4地址耗尽的问题。对于运营商来说，需同时考虑引入IPv6

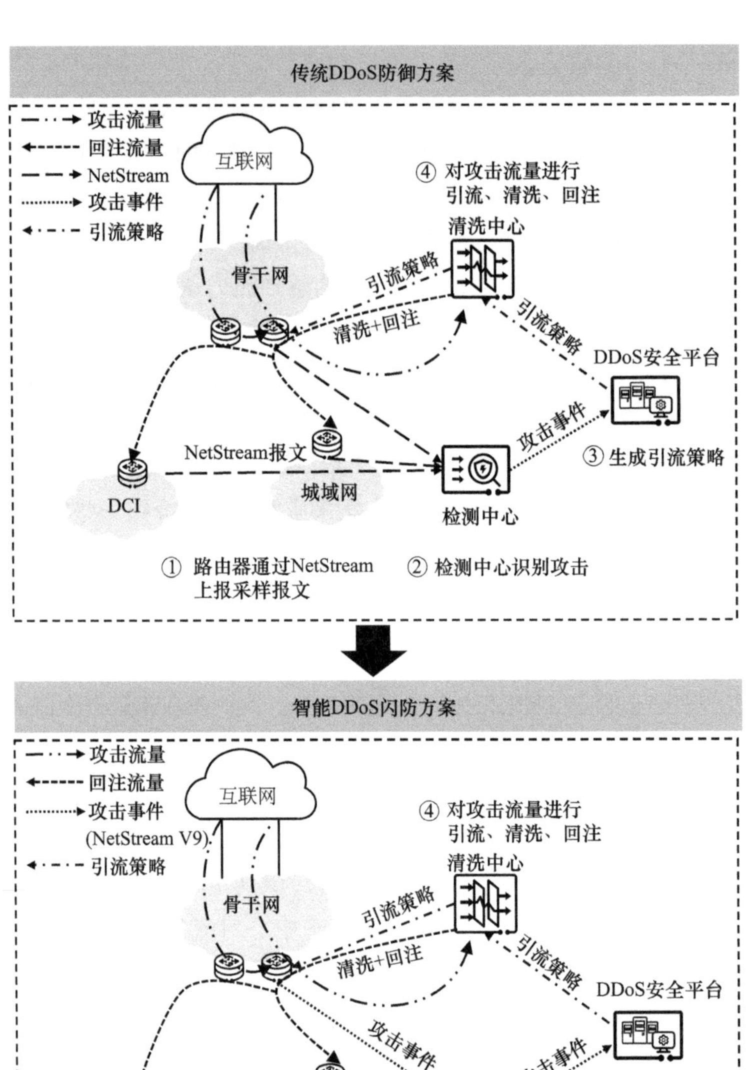

图16-13 传统DDoS防御方案与智能DDoS闪防方案的对比

和通过NAT技术来充分“利旧”。CGN也被称为大规模部署NAT（Large Scale NAT，LSN），与普通NAT相比，CGN主要在支持并发用户数、性能、溯源等方面有很大提升，以适应运营商的大规模商业部署，快速解决IPv4地址耗尽的急迫问题。CGN技术能够使IPv4网络平滑过渡到IPv6网络，同时通过隐藏用户私网地址的方式减少攻击暴露面，起到安全防护的作用。

如图16-14所示，在城域网IPv6过渡进程中，运营商通过部署CGN设备与客户端设备（Customer Premise Equipment，CPE，也称为家庭网关）实现IPv4互访、IPv6互访，以及IPv4与IPv6的互访。CGN通过多种技术实现不同场景下的访问诉求，以下列举其中一些典型技术。

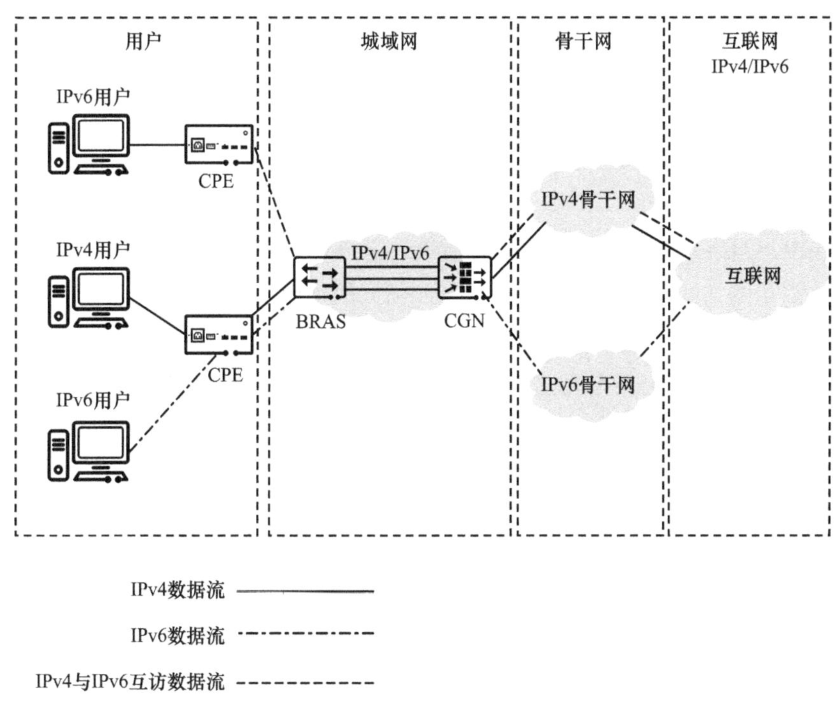

图16-14　CGN典型组网

（1）NAT444

为了进一步节省IPv4的公网地址，NAT444技术在CPE和CGN上进行两级IPv4 NAT转换：首先在CPE上将用户私网地址转换为运营商私网地址，然后在CGN上将运营商私网地址转换为公网地址，最终使用户上网，如图16-15所示。

为了避免用户私网地址和运营商私网地址冲突，并且充分利用分配给用户的私网地址，RFC 6598专门为CGN预留了一个共享地址空间（IANA-Reserved IPv4 Prefix for Shared Address Space），即100.64.0.0/10网段，作为运营商私网地址段。

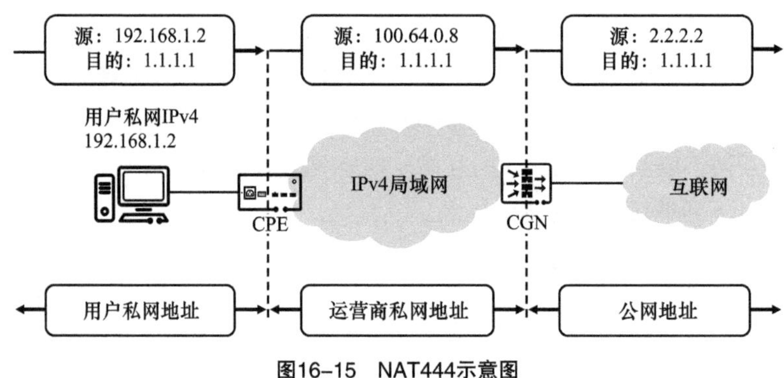

图16-15 NAT444示意图

（2）DS-Lite

在IPv4网络向IPv6网络过渡的中后期，部分运营商希望直接升级到纯IPv6城域网来简化网络的管理和维护，也有某些新兴的运营商直接部署IPv6城域网来发展IPv6业务，携带少量IPv4业务。这样就会存在IPv4用户穿越IPv6网络访问IPv4网络的情况。DS-Lite就是在这种背景下应运而生的一种IPv6过渡技术。

如图16-16所示，DS-Lite支持双栈业务。IPv6用户访问IPv6业务的报文时，直接穿越IPv6网络进行访问；IPv4用户访问IPv4业务的报文时，首先通过DS-Lite隧道穿越IPv6网络到达CGN，然后由CGN将用户IPv4私网地址转换为公网地址，最终使用户上网。

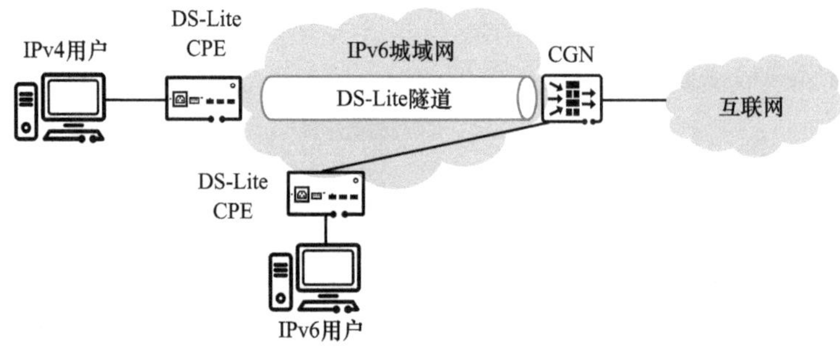

图16-16 DS-Lite示意图

（3）NAT64

在IPv6网络的发展过程中，最大的问题是IPv6与IPv4的不兼容性，因为无法直接实现两种不兼容网络之间的互访。NAT64技术解决了IPv6与IPv4之间的网络地址与协议的转换，从而实现了IPv6网络与IPv4网络的双向互访。NAT64继承了传统NAT技术的原理，但不同的是，NAT64要对IP与传输层报文头进行翻译，以实现IPv4到IPv6（或者相反方向）的转换。

如图16-17所示，CGN部署在IPv6网络和IPv4网络之间。IPv6用户可以直接访问IPv6服务器，而访问IPv4服务器时，需要CGN通过NAT64完成IPv6网络到IPv4网络的地址转换（以IPv6地址转换为IPv4地址为例）。同时，网络中必须存在支持IPv4和IPv6域名解析功能的DNS64设备。

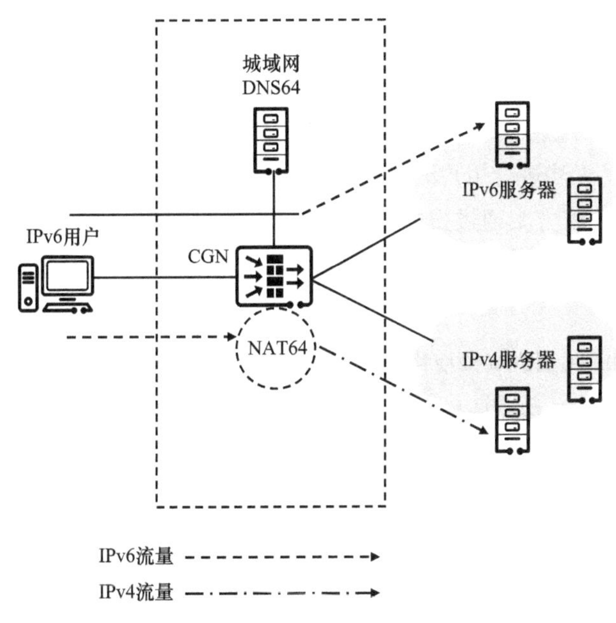

图16-17　NAT64示意图

NAT64有以下两种实现方式。

- 静态NAT64：在CGN上静态配置IPv6和IPv4地址的映射关系。当IPv4主机和IPv6主机报文互通时，CGN根据配置的地址映射关系进行转换，且任何一侧主机都可以主动向另一侧发起连接。
- 动态NAT64：动态NAT64通过NAT地址池的方式进行动态映射，使大量的IPv6地址可以通过少量的IPv4地址进行转换。动态NAT64只允许IPv6主机主动向IPv4主机发起访问。

（4）IPv6快速部署（IPv6 Rapid Deployment，6RD）隧道

6RD隧道技术是一种在已有的IPv4网络基础上，为用户提供IPv6接入服务的快速部署的技术。如图16-18所示，IPv6用户穿越运营商的IPv4网络访问IPv6服务，其核心思想是通过在CPE与CGN网关之间自动建立、拆解6RD隧道，实现IPv6报文穿越IPv4网络。

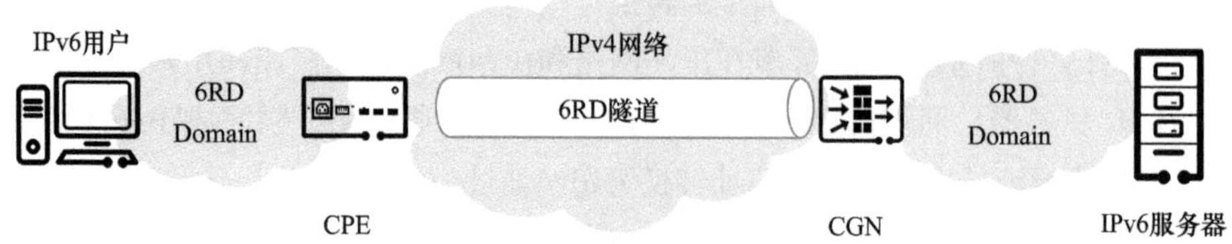

图16-18　6RD隧道示意图

（5）用户溯源

CGN的地址转换功能为从IPv4向IPv6过渡提供了便利，但是由于用户地址发生变化，引出了无法进行用户溯源的问题，也无法追溯具体用户的行为。为了解决这个问题，CGN方案通过日志记录用户访问的源地址、目的地址，以及用户的地址变化过程，为司法、审计部门调查取证提供依据，从而实现了对用户的溯源。

（6）不同IPv6演进场景使用的技术

不同的运营商的IPv4地址数量、网络现状、IPv4和IPv6用户的发展规模、业务开展状况等都不同，因此采用的过渡策略和技术手段也不相同。典型IPv6演进场景使用的技术如表16-3所示。

表 16-3　典型 IPv6 演进场景使用的技术

适用场景	待解决的问题	使用的技术
运营商网络主要是IPv4网络，业务应用尚没有大规模迁移到IPv6网络。运营商的主要需求是在现有网络中发展少量的IPv6用户和业务满足试商用要求	IPv6用户穿越IPv4网络访问IPv6业务	6RD：IPv6/IPv4双栈用户，其IPv4业务走IPv4网络，IPv6业务通过6RD隧道穿越已有IPv4网络。 NAT444：IPv4用户访问互联网时，通过NAT444节约公网IPv4地址。 只需把CPE设备和CGN设备升级至双协议栈用于隧道建立，而其城域网内部设备不需要升级，以节约改造成本
运营商网络是双栈网络，IPv6用户和业务已初具规模，但是大部分业务还没有迁移到IPv6网络，IPv4流量仍然占主要部分。与此同时，运营商的城域网已经由IPv4网络过渡到双栈网络	城域网已经改造成双栈网络，因此IPv4业务互访、IPv6业务互访都没有问题。主要解决IPv6业务与IPv4业务互访的问题	NAT64：通过IPv4地址与IPv6地址之间的转换，实现IPv6业务与IPv4业务互访。 NAT444：IPv4用户访问互联网时，通过NAT444节约公网IPv4地址

续表

适用场景	待解决的问题	使用的技术
运营商的IPv6业务已经占主流，运营商的城域网已经完全升级至IPv6网络。但是还有少量IPv4用户需要访问IPv4业务或IPv6业务	IPv4用户业务穿越IPv6网络访问IPv4业务、IPv6业务	DS-Lite：IPv4用户通过DS-Lite隧道穿越IPv6网络访问IPv4业务。 NAT64：通过IPv4地址与IPv6地址之间的转换，解决IPv4用户访问IPv6业务的问题

3. 网安联动：基于APN6的联动处置

以上两种方案及技术主要关注运营商广域网。政务广域网也是常见的广域网场景。政务广域网由中央、省、市、县的骨干网和城域网组成，各级政务部门（委办局）通过本级城域网接入政务外网，从而实现互联互通。因为成百上千个委办局园区接入政务广域网，所以存在异常外联、黑客攻击委办局主机、委办局主机攻击数据中心等安全风险，基于委办局维度的安全态势感知、攻击溯源和威胁阻断是政务广域网安全防护的关键。

在具体的实现过程中，基于委办局IP地址难以快速溯源，而且不满足IP地址重叠的场景。因此，在广域网部署SRv6的前提下，引入APN6技术，通过在IPv6报文的扩展报文头携带APN ID信息关联接入单位，从而快速溯源、精准阻断威胁。

如图16-19所示，基于APN6的联动处置的流程如下所述。

①服务人员人工规划APN溯源表（包括网元名称、VPN名称、接口名称、APN ID、APN ID描述等），并将其导入iMaster NCE-IP。APN溯源表示例如图16-20所示。

②iMaster NCE-IP将溯源表信息上报HiSec Insight。

③iMaster NCE-IP向接入路由器下发APN ID的配置。

④接入路由器将APN ID封装到报文中，支持基于VPN封装APN ID并随流转发。

⑤探针解析SRv6报文，采集流信息和APN ID信息，并将其上报HiSec Insight。

⑥HiSec Insight基于大数据AI关联分析发现威胁，然后根据APN ID查询溯源表获取威胁流量所属的接入单位，将威胁事件数据与接入单位关联，做全网态势呈现。

⑦HiSec Insight向iMaster NCE-IP下发联动策略（如APN ID、流信息、阻断动作等）。

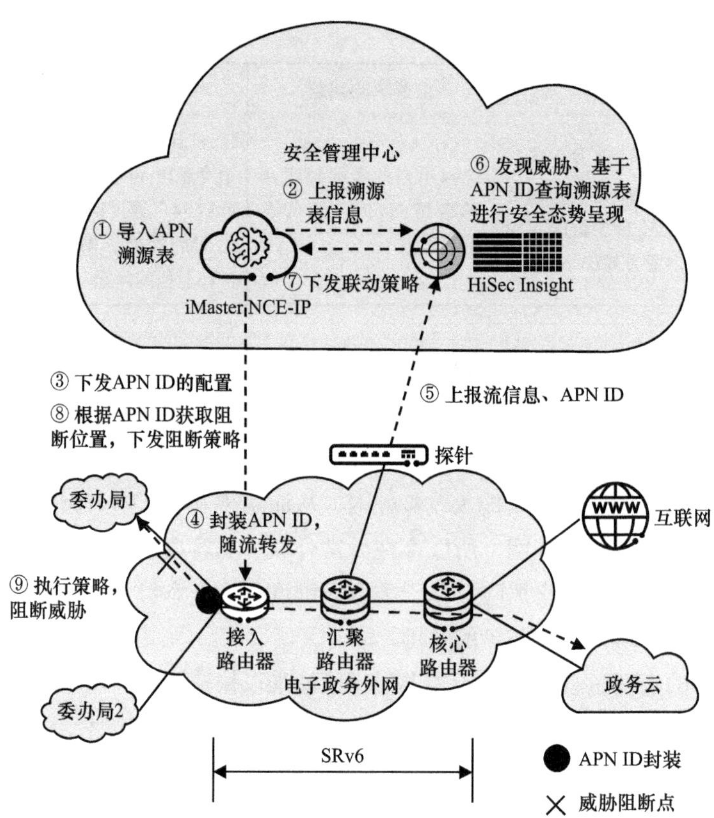

图16-19　基于APN6的联动处置示意图

网元描述			APN ID			APN ID描述
网元名称	VPN名称	接口名称	Device-id(8)	Interface-info(12)	Vpn-info	
PE1	Internet	Gi0/0/1.100	1	101	100	人大常委会
PE1	ZWWW	Gi0/0/2.100	1	102	101	财政局
PE2	Internet	Gi0/0/1.102	2	100	100	检察院
PE2	Internet	Gi0/0/1.100	2	101	100	教育局
PE2	ZWWW	Gi0/0/2.100	2	102	101	网信办

图16-20　APN溯源表示例

⑧iMaster NCE-IP根据APN ID、流信息查询溯源表，获取威胁阻断位置（接入接口），向接入路由器下发威胁阻断策略。

⑨接入路由器执行策略，阻断威胁，网安联动闭环。

基于APN6的联动处置，实现了威胁精准溯源到接入单位、全网安全态势可视，通过网安联动，网络设备参与威胁处置，达到近源阻断、避免威胁扩散的目标。

4. 安全能力统一建设：安全资源池

在传统的安全解决方案中，往往在不同的网络边界分别挂接各种网络安全设备，存在重复投资、扩展性差、无法统一监控管理等问题。为解决这些问题，安全资源池应运而生。安全资源池集成多种安全能力，并可以弹性扩展，支持根据被保护的业务流量对安全能力按需自定义编排，并可以统一监控和管理安全资源。

自动化的业务引流和安全能力编排是安全资源池的核心技术。具体来说，对于特定的业务，先将业务流量引流至安全资源池；然后在安全资源池内进行不同原子安全能力（如防火墙、IPS、WAF等）的编排，并按编排顺序依次进行安全检查。SRv6作为一种“IPv6+”技术，支持在入节点显式地编程数据报文的转发路径，无须在网络中间节点维护逐流的转发状态，从而降低了控制平面的部署难度。因此，SRv6天然可以作为安全资源池的引流和编排技术。

我们还是以政务广域网为例进行说明。政务网络边界持续向基层延伸的同时，所受到的网络威胁也越来越多。尤其是在欠发达的乡村等偏远地区，因网络安全预算、安全专业人员有限，对全局性、紧急性安全事件缺乏快速响应和处置手段，难以保障网络威胁可管可控，已成为政务网络安全防护的短板。为补齐短板，提升安全资源利用率，降低边缘安全部署难度，我们采用集中部署安全资源池的方案，目的是让即使处于云网边缘的节点，也可以灵活调用安全资源池的安全能力。

如图16-21所示，通过SRv6的安全业务链（流量路径）编排，根据不同的委办局园区网络或不同的访问需求，将流量引导至安全资源池按需进行安全检查。

在安全资源池方案中，网络控制器与安全控制器配合完成自动化编排和配置下发。

网络控制器利用SRv6的网络编程能力统一编排安全业务链。通过引入APN6技术，使报文中携带标识租户信息的APN ID，并依据APN ID判断流量所走的业务链，从而完成特定顺序的安全检查。

安全控制器实现安全资源的统一管理和安全策略的集中下发，从而缩短了安全风险的响应时间。

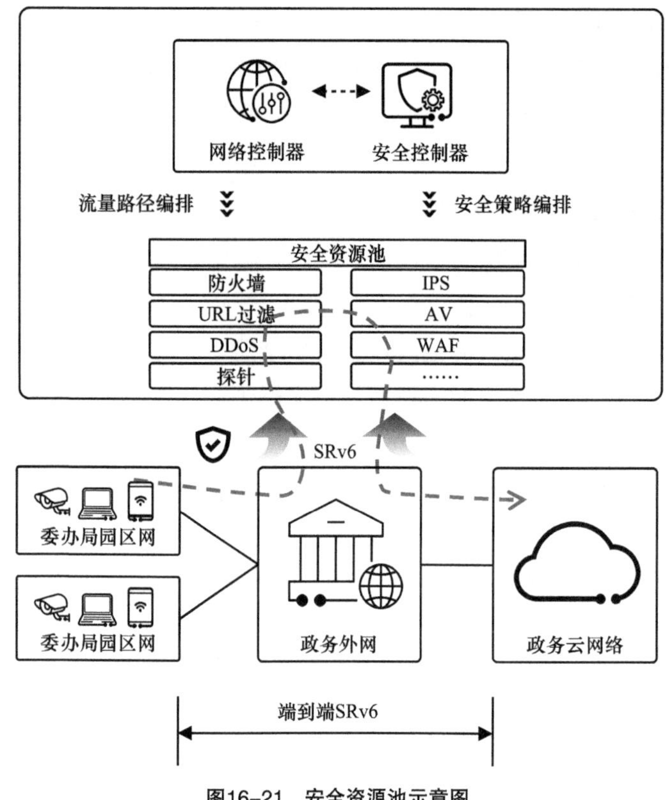

图16-21　安全资源池示意图

在“IPv6+”演进的过程中，采用SRv6技术的安全资源池方案解决了策略路由（Policy-Based Routing，PBR）引流部署复杂、灵活性差的问题。安全资源池集约化部署，弹性扩容方便，实现了安全能力的最大化利用。

16.5.4　云数据中心网络的安全

在数字化转型过程中，不仅业务逐步云化，数据中心也由传统数据中心向云数据中心转型。云数据中心面临的主要安全挑战如下。

- 云数据中心业务按需部署、弹性扩缩，要求安全策略快速部署。
- VM迁移频繁，安全策略管理复杂，人工部署效率低下。
- 虚拟化技术打破了网络安全边界，控制一台VM就能渗透进数据中心内部。
- 数据中心资源被恶意控制后，可以发起超大流量DDoS攻击。

那么有哪些解决方案和关键技术可以保障云数据中心应用和数据的安全呢？

1. 数据防勒索

勒索软件已成为网络安全的主要威胁之一。攻击者将受害者的计算机锁起来或者系统性地加密受害者硬盘上的文件，以此来实施勒索。勒索软件使全球的政府、金融、医疗等各行业都遭受了严重损失，其攻击隐蔽性极强，善于伪装，防不胜防。防勒索面临变种病毒难以检测、横向扩散难以管控、数据加密难以恢复三大安全挑战。如图16-22所示，华为多层联动勒索攻击防护解决方案采用“网络+存储”数据双保险和AI聚类算法，能够精准识别勒索病毒，保护客户数据资产安全。

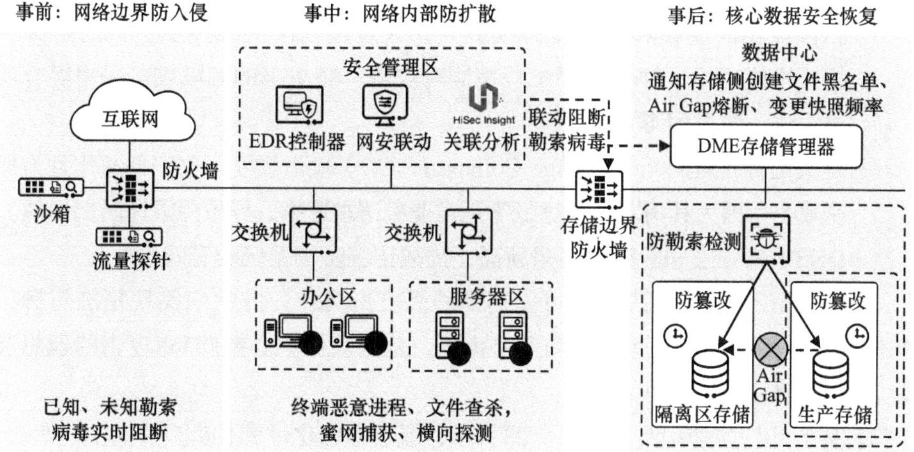

注：DME即Data Management Engine，数据管理引擎。

图16-22　华为多层联动勒索攻击防护解决方案

该方案具有以下特点。

- 网络侧防护包括边界防入侵防线与内网防扩散防线。通过分析器与网络侧的网络设备、安全设备和终端协同联动，对网络侧发现的勒索攻击进行快速处置，避免勒索攻击横向扩散到存储区域。
- 网存联动将网络侧的勒索攻击事件同步到存储区域，存储区域根据勒索攻击事件的等级提前做出对应的数据保护策略。网存联动可以将存储区域勒索攻击的事中防护提前到事前，降低存储区域勒索攻击感染的概率，同时降低勒索攻击对存储数据的影响。
- 存储侧防护构建数据安全最后一道防线，保证业务可恢复。

2. 抗DDoS攻击

DDoS攻击是一种常见的网络攻击形式。攻击者利用恶意程序对一个或多个目标发起攻击，企图通过大规模互联网流量耗尽攻击目标的网络资源，使目标系统无法进行网络连接，进而无法提供正常服务。

DDoS攻击困扰着各行各业。针对金融行业，黑客采用加密攻击手段威胁金融门户网站、网银App，且攻击目标逐步向网络基础设施转移，致使扫段、DNS威胁增加。针对政府行业，最近3年以关键基础设施为目标的高强度DDoS攻击已跃升为国家级网络安全威胁之首，这类攻击多伴有政治色彩。IDC因IP地址数量庞大，很容易遭受扫段攻击威胁，大规模扫段攻击会威胁IDC的网络基础设施安全。运营商面对的攻击呈现“Fast Flooding” 态势，攻击流量秒级加速，挑战运营商清洗服务的有效性。综上所述，云数据中心DDoS攻击的主要变化如下。

- 扫段攻击的规模和复杂度持续提升，大规模扫段挑战并发主机的防御规格，峰值达每分钟600多个C段被同时攻击；86.96%的扫段攻击采用混合攻击手法，防御困难。
- 复杂化挑战黑洞（Challenge Collapsar，CC）攻击频发，攻击低速化且为加密攻击。因为其请求速率远低于正常业务请求速率，导致源限速防御失效。
- DNS攻击强度和复杂度迎来新高，挑战传统防御系统的有效性。

华为Anti-DDoS解决方案可以达到秒级攻击响应，借助AI实现精准防御，并将丰富的实战攻防经验固化为策略模板，是云数据中心抗DDoS攻击的理想选择。该方案具有以下特点。

- 基于7层过滤模型，如图16-23所示，逐层精细化过滤100多种攻击类型。
- 采用网络层、会话层、应用层立体化扫段防御，能够并发防御2000多个网段，秒级应对扫段攻击。
- 通过多维度行为分析，并借助AI精准识别低频CC攻击，解决低频CC攻击对金融、游戏服务等关键业务造成的无法访问或访问缓慢的问题。

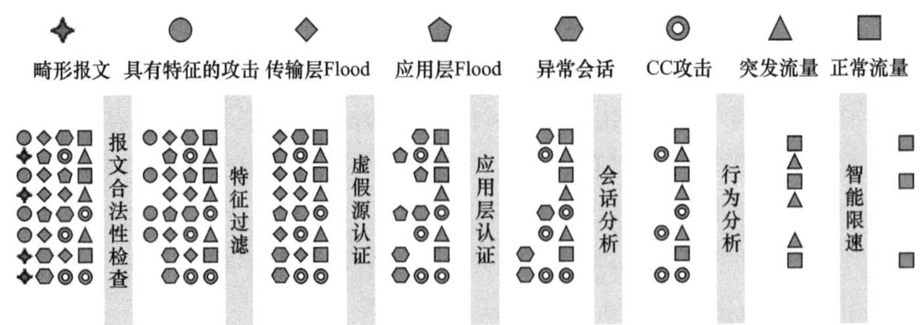

图 16-23 华为 Anti-DDoS 解决方案的 7 层过滤模型

- 基于DNS服务器类型推荐防御算法，可以自动评估防御效果、智能切换认证算法。

3. 云内流量检测、网安联动

如果云数据中心内有一台VM出现了安全事件，威胁就会在云化的数据中心快速扩散，靠传统边界防护方式无法及时、有效阻断威胁的横向扩散。华为将安全服务融入网络，提出云内东西向流量检测、网安联动的防御方案，如图16-24所示。

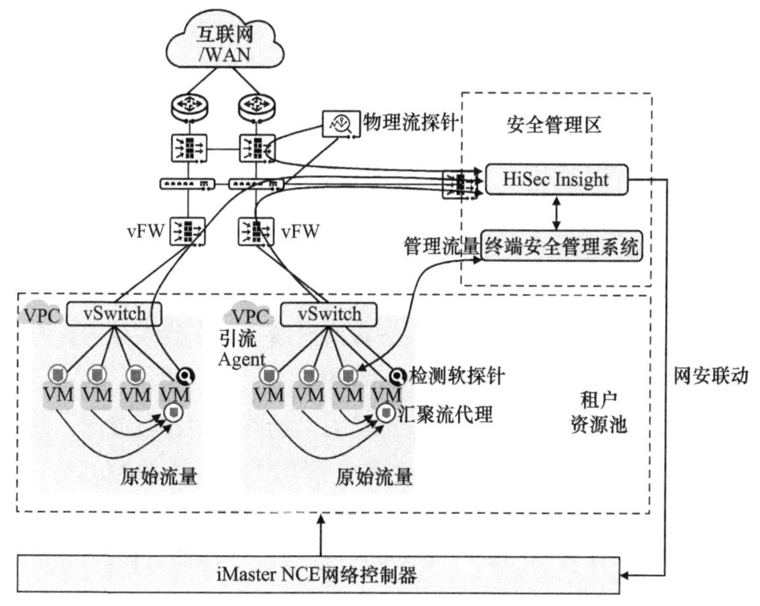

图16-24 华为云内东西向流量检测、网安联动解决方案

该方案为云数据中心带来如下价值。

- 安全即服务：安全服务化是一种安全能力的供给和管理方式，保证安全服务可以满足云计算业务所需的资源按需分配、弹性扩展、安全策略自适应业务变化、安全自动化运维等要求。租户可以按需自助订购安全服务，并快速回收资源，灵活性强。
- 东西向流量防护：可按主机级、IP级、协议级对云内主机的东西向流量实施检测，配合南北向物理流探针实现云内流量全域检测。
- 安全业务编排：网络控制器和安全控制器融合，可以基于业务链部署安全业务，并按需扩展，简便、快捷。

• 高级威胁防御：HiSec Insight分析器基于强大的流量、日志采集和大数据分析技术，可以发现云数据中心的高级威胁攻击，并通过和云数据中心的网络控制器、网络设备、安全控制器、安全设备的快速联动，对安全威胁进行处置，大大提高安全服务的响应速度和效率。

16.5.5 安全运营和管理

随着网络与信息安全相关法律法规的完善，以及新技术应用的升级，原有的网络与信息安全保障体系已经不能满足当前网络与信息安全工作开展的需要，亟须提高网络安全运营和管理能力，提高面向全区网络安全的公共服务能力，完善网络安全态势感知体系，从而形成网络安全综合运营能力。

安全运营和管理是安全体系结构建设的重要部分。离散的安全数据和孤岛式的安全设备为运营人员及时发现攻击事件和做出快速响应带来挑战，亟须提升安全运营与管理能力，具体需求如下。

• 需要具备安全大数据分析能力，并将安全大数据进行充分解耦，通过安全数据接入、安全数据预处理、安全数据治理、安全数据分析，为安全运营中心的策略控制提供数据支撑和决策依据。
• 需要具备以风险为核心的资产管理能力，能够识别各类资产，并对资产的漏洞、脆弱性、风险等级等进行关联，展现资产全景安全信息。
• 需要具备策略管理能力，根据安全分析引擎对安全风险进行分析、研判，并生成安全事件告警。对于典型安全事件，支持通过Playbook方式进行事件处置，并支持通过安全编排、自动化和响应（Security Orchestration, Automation and Response，SOAR）方式向安全资源进行策略下发和执行。
• 需要具备安全态势感知能力，能够快速识别威胁，发现内部异常的操作行为和外部的入侵威胁，对通过隐蔽的通道传输数据的情况能快速发现并告警；通过识别安全威胁，并结合资产信息对安全威胁进行准确定位，为告警处置、追踪溯源提供数据基础；以多视图、多角度、多尺度的方式展示全网安全态势。
• 需要具备全局统筹分析和自动处置能力。网络安全表面看起来是进攻和防守之间的博弈，但实际是海量威胁手法和海量防御手法之间的较量。这就意味着企业要想拥有较多的防御手法，就必须了解威胁的各个阶段，并有针对性地制定防御措施。这就对安全运营体系提出了很高要求：既能通过全局统筹、分析了解威胁手法，又精通防御手段，具备自动处置能力。

那么，应该如何满足安全运营和管理的需求呢？

1. 安全运营中心

当前安全运营中心（Security Operations Center，SOC）方案的安全大数据库分析能力有限，各种离散或孤岛式管理的安全数据不能为安全运营中心的策略控制提供有效支撑。华为与安全生态系统供应商合作，提供端到端的安全运营中心解决方案，如图16-25所示。安全运营中心是安全的管理中枢，能够运用安全大数据平台汇聚全网安全数据，并对数据进行安全治理和精确分析，为策略控制提供数据支撑和决策依据，构建集资产管理、关联分析、事件响应、策略控制、态势感知、威胁情报于一体的安全运营中心，实现“统一安全资产管控、统一安全策略管控、统一安全能力管控”的3个统一管控。

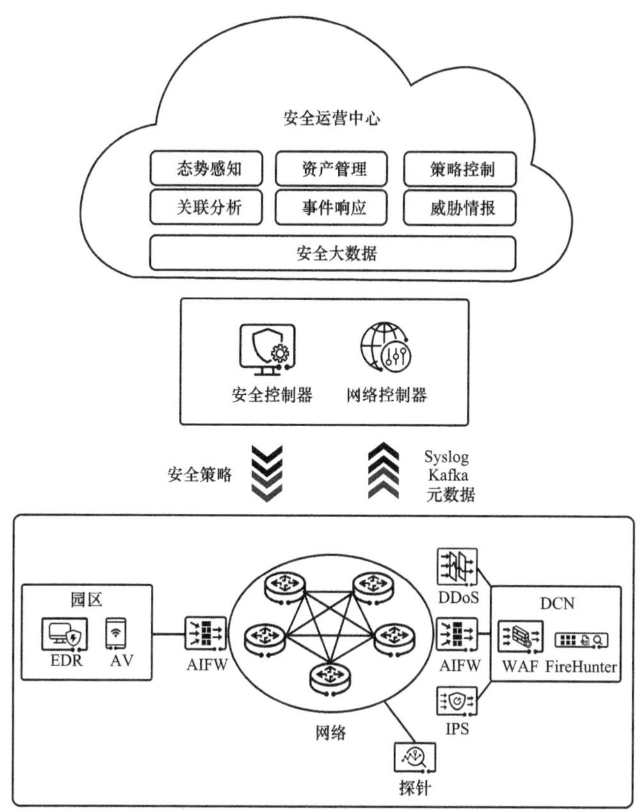

图16-25　华为端到端的安全运营中心解决方案

2. 态势感知

随着互联网技术的飞速发展，网络的规模越来越大，复杂度越来越高，多层面的网络安全威胁和安全风险也在不断增加，网络病毒、DDoS攻击等构成的威胁和损失也越来越大，网络攻击行为向着分布化、规模化、复杂化等趋势发展。尤其以APT为代表的新威胁，更是让企业防不胜防，仅仅依靠防火墙、入侵检测、防病毒、访问控制等单一的网络安全防护技术，已不能满足网络安全的需求。因此，迫切需要新技术及时发现网络中的异常事件，实时掌握网络安全状况，将之前“亡羊补牢”式的事中、事后处理，转向事前自动评估预测、主动防御，从而降低网络安全风险，提高网络安全防护能力。在此背景下，态势感知技术应运而生。网络安全态势感知技术能够综合各方面的安全因素，借助大数据分析能力对成千上万的网络日志等信息进行自动分析与深度挖掘，对网络的安全状态进行全面分析，从整体上动态反映网络安全状况，并对网络安全的发展趋势进行预测和预警。

华为基于大数据技术和智能分析能力推出HiSec态势感知网络检测与响应（Network Detection and Response，NDR）解决方案。该方案集检测、防御、响应于一体，可以协助企业更快、更准确地检测入侵攻击行为，并对网络安全的发展态势进行预测和预警，从而减少企业损失。如图16-26所示，在数据中心网络出口和分支网络出口旁路部署流探针（HiSec Probe），将网络流量镜像到流探针。流探针对网络流量进行协议解析和流量分析，检测网络入侵和恶意软件，并将流量Metadata数据、威胁日志等上报给HiSec Insight。HiSec Insight对接收的数据进行智能化分析，发现网络中的潜在威胁和高级威胁，从而实现网络安全态势感知。同时，HiSec Insight检查到攻击后，将向防火墙下发安全策略，实时阻断攻击。

3. 乾坤安全服务

随着企业数字化、云化的不断深入，网络在企业运营中的重要性达到了前所未有的高度。与此同时，全球网络安全形势日趋严峻。新型威胁复杂且隐蔽，黑客通过仿冒身份、网站挂马、恶意软件等方式进行网络破坏，不仅会导致企业数据丢失，还可能中断业务正常运行，进而造成直接经济损失。虽然企业已进行了高昂的网络安全投资，购买及部署了大量的网络安全设备，但各网络安全设备分别从不同的维度进行安全防护，各自为战，缺乏全面的统筹和分析，难以准确识别威胁并及时处置，导致防护效果不佳，另外，从网络威胁生命周期的角度来看，安全威胁事件的发生没有时间规律，没有明显的突发特征。即使部署了安全设备，如果没有专业的安全运营流程和安全事件预警机制，企业也无法7 × 24 h监测其网络的安全状态并及时响应。

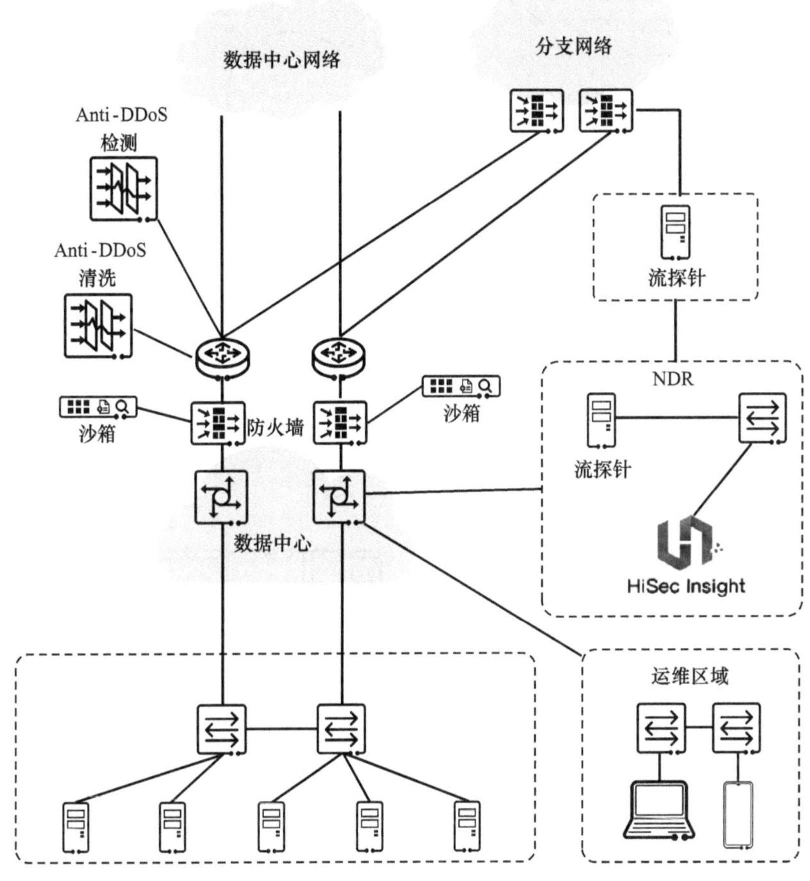

图16-26　华为HiSec态势感知NDR解决方案

华为通过深入分析网络安全运营和管理困扰，创新推出乾坤安全云服务解决方案。华为乾坤安全云服务采用云边一体创新架构，打造简单、高效、安全、可靠的云化安全服务。如图16-27所示，华为乾坤安全云服务由部署在云端的乾坤云平台和部署在客户网络边界的华为天关/防火墙构成。

华为的乾坤云平台包括智能分析和处置、安全专家服务两大核心能力。乾坤云平台基于大数据进行智能分析，精准识别威胁，并协同天关/防火墙进行自动处置，实现威胁秒级处置闭环，从而提升自动运营效率。同时，云端安全专家7×24 h在线服务，可以解决复杂的网络安全问题。

天关/防火墙作为安全防御节点，既对进出流量进行反病毒、IPS、DNS过滤和智能检测引擎等深度安全检测，为租户本地网络提供边界防护，也向乾坤云平台提供日志，并执行乾坤云平台的防护策略。

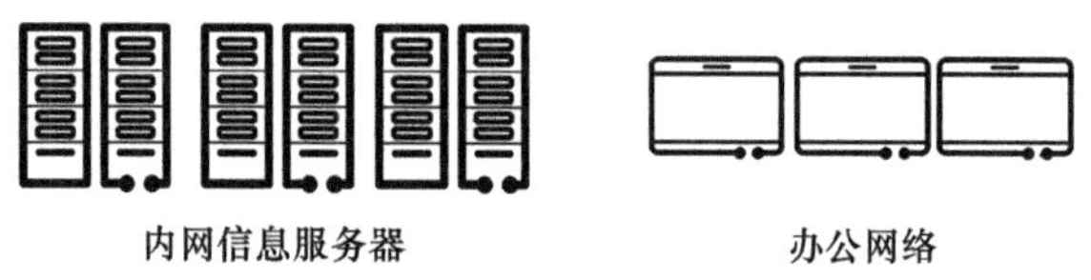

图16-27　华为乾坤安全云服务解决方案

16.5.6　内生安全

时至今日，人们又发现，仅仅靠针对威胁的纵深防御，无法避免少数高强度的攻击对系统造成严重破坏，例如供应链安全问题，它是指构造系统的软硬件关键基础部件中存在安全漏洞或者恶意后门而引起的严重安全风险，典型案例包括SolarWinds、Apache Log4j、熔断、NIST双椭圆曲线算法漏洞等事件。供应链安全问题难以被常规安全技术所检测和防御，因为供应链攻击的风险引入过程并不发生在系统运行阶段，而是在系统建设之前就已经存在了。要想有效应对各种供应链攻击，除了建立完善的内生安全/内生可信能力，别无他法。内生安全能力，决定了产品和系统能够达到的“安全底线”。

内生安全是指“生”到产品和系统的内部（包括定义、设计、实现、交付全生命周期）的安全与可信技术。内生安全/内生可信的目标是通过产品的开发过程，消除系统和部件内的安全“基因缺陷”，致力于彻底消除安全问题产生的根源，而不是对安全问题进行防御和修复。内生安全用于增强系统自身与产品自身的安全与可信。通常情况下，内生安全是看不到独立的安全产品和解决方案实体的，因为安全能力、技术和安全流程已经内生在产品与流程架构中了。内生安全/内生可信的理想目标，就是保证系统内的所有部件的功能和行为始终与设计一致，在各种外部条件下，都不会出现偏离设计的不可预期行为，从而保证彻底的安全。

内生安全主要的技术包括产品自身的可信计算、芯片级安全启动、安全操作系统、开源及第三方软件管理、安全的开发流程、CleanCode编码、独立的安全评估等。华为定义的内生安全能力如下。

1. 硬件设备基础可信计算

可信根：采用自研CPU芯片，硬件可信根固化在CPU内部，即可信根初始化后，写入通道物理上被熔断，无法再次写入，保证可信根无法被篡改。

可信启动：安全Boot完成最基础的启动验证，验证引导程序的完整性；整个启动过程均由硬件可信根逐级向后校验，确保启动过程中的信任链。

安全效果：防止高级黑客在反编译代码后加入后门程序重新编译，将带有后门的系统重新安装到设备，在客户毫不知情的情况下实现渗透和攻击。

2. 操作系统安全与安全加固

防提权：出厂前，产品直接去Root，从根本上解决设备版本被Root劫持的风险。如手机Root提权就是一种典型的篡改手段。

防注入：注入攻击是利用代码漏洞注入恶意代码并跳转执行的攻击。通过系统级设置代码段等区域内的防篡改（只读属性），防止恶意代码注入；通过内存基址（程序加载虚拟地址、堆栈基址等）随机化管理，让攻击者难以找到要攻击的入口。例如，Window XP的程序堆栈基址曾经是固定的，因为每次运行的栈基址都是固定的，黑客攻击非常容易实现，新的Windows版本已经改进。

3. 可信需求定义

按照安全设计的原则和规范，实施产品安全架构和特性设计，识别安全威胁并制定规避措施。

4. 可信开发

可信开发是指在软、硬件系统开发流程中，应用可信的技术工具与开发流程，保证开发过程的安全可信，即保证经过可信的开发过程所生成的目标系统，在功能上与设计严格相符，不存在设计之外的各种隐藏逻辑，也不存在造成系统产生不可预期行为的触发条件。在可信开发过程中，需要将可信与安全融入产品全生命周期的开发管理流程中。在华为的实践中，可信开发深度融入产品的集成产品开发（Intergrated Product Development，IPD）流程。在IPD流程中，所有的阶段和对应技术评审（Technical Review，TR）点都有相应的可信开发任务与对应的质量管理动作，如图16-28所示。

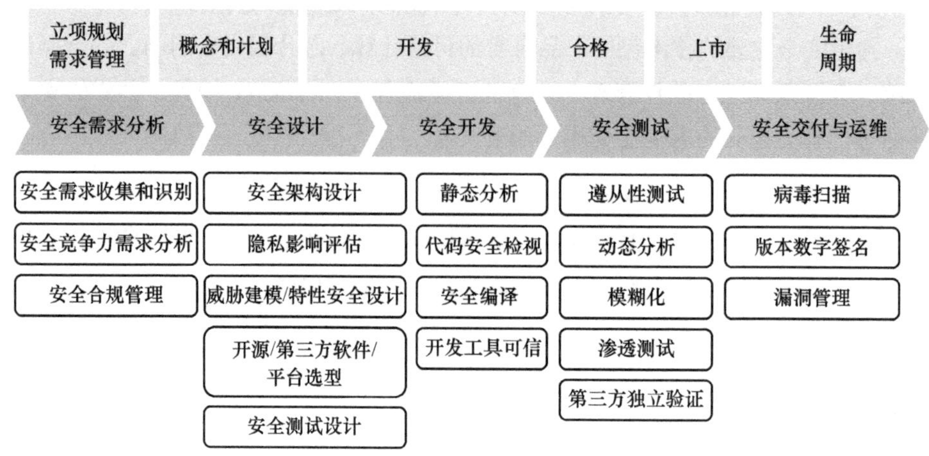

图16-28　华为可信开发的流程

华为可信开发的流程包括了5个主要阶段：安全需求分析、安全设计、安全开发、安全测试、安全交付与运维。可信开发流程就是要把华为的安全可信要求“内生”到产品全生命周期中，实现从需求设计、编码实现、独立验证、安全发布、漏洞管理、三方管理到全生命周期维护的全流程安全可信，即在产品的所有开发阶段都能做到“过程可信、结果可信、任何问题皆可溯源”。

5. 开源及第三方软件管理

建立可信的、可持续供应的开源供应链，是实现软件E2E可信的重要举措。而当前绝大部分安全友商对开源没有体系化管理机制，一次选型，终身使用，基本不再维护。

6. 开展CleanCode编码

达到开发能力标准，产品代码满足无漏洞风险要求。

7. 建立独立的可信安全评估中心

华为的内网安全实验室（Internal Cyber Security Lab，ICSL）是国内首家通过美国实验室认可协会（American Association for Laboratory Accreditation，A2LA）认可的ISO/IEC 17025安全实验室。ICSL制定了严苛的安全红线标准，会对正式发布前的华为每一款产品进行严格的安全评估，没有通过评估的产品不允许发布。

| 16.6 网络安全典型应用实践 |

目前，华为网络安全解决方案在全球范围内得到了广泛的应用。本节主要介绍华为网络安全解决方案在园区和分支网络、广域网及数据中心网络中的典型应用。

16.6.1 园区和分支网络安全的典型应用

1. 场景描述

某零售企业拥有分支站点600多个，各零售分支站点每天的经营情况及视频采集等数据都会被回传至总部，需要实现分支网络安全防护。分支网络安全的业务建设有如下需求。

①企业规模扩张，拟新建几百个分支站点，要求网络能快速部署，出口的网关设备支持防火墙及SD-WAN功能，网络管理简单、高效。

②企业网络业务多样，需要高性能威胁防护及网络能力。作为大型零售公司，网络业务覆盖店务系统、仓储物流、会员管理、线上商城等多个场景，且零售分支网络有重要的客户和财务数据，要求构建高性能的威胁防护及网络能力。

③分支站点办公应用SaaS化，分支本地出局增加安全风险，要求现网所有分支网络具备本地出局访问公有云应用以及安全防护的能力。

2. 解决方案

针对上述业务场景的需求，适合应用华为星河AI融合SASE解决方案。如图16-29所示，该方案可以实现某零售企业的分支网络和总部网络之间安全互联。

- 分支部署新一代All-in-one智能融合网关，实现设备即插即用，业务配置自动化，OPEX降低80%。该网关支持智能选路、QoS、应用体验保障、安全防护等多项功能，满足分支网络安全防护的需求。
- 总部部署iMaster NCE-Campus，实现网安融合，LAN、WAN和安全统一管理和运维。

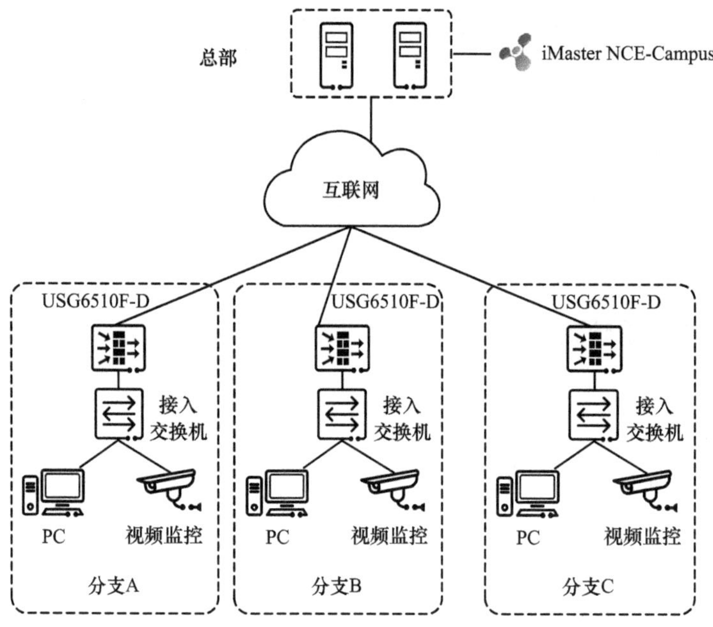

图16-29　华为星河AI融合SASE解决方案组网

3. 方案价值

该解决方案可以为用户提供如下价值。

- 同级别设备提供更多的业务接口：丰富的接口能够满足零售分支网络多业务的需要。
- 同级别设备提供更高的SD-WAN吞吐量：满足零售分支网络业务类型多、带宽诉求大的需求。
- 同级别设备提供更强的安全威胁防护性能。

16.6.2　广域网网络安全的典型应用

1. 场景描述

运营商在传统业务的基础上，为了寻求新的利润增长点，需要提供差异化服务。DDoS防御服务正是在这个背景下产生的ToB安全服务。运营商为企业客户提供流量清洗业务，阻断DDoS攻击。

运营商在DDoS防御服务的运营过程中，主要存在以下"痛点"。

- 无法提供DDoS攻击自动防御能力，业务中断后需要人工启动防护。80%的安全运维人力需要处理DDoS攻击造成的企业业务中断问题，运维成本高，客户投诉增多。

- 云清洗X-Flow检测存在1～2 min的攻击检测时延，且存在攻击漏检问题。

2. 解决方案

如图16-30所示，华为与运营商深度配合，建立运营商骨干网、企业网络边界二级清洗中心，为客户提供端云协同防御方案，具体配合如下。

- 运营商骨干网采用框式高性能Anti-DDoS设备建设多个省市级骨干网云清洗中心，作为云清洗资源池，为客户提供大流量近源清洗服务，阻断来自其他省份及其他地市的攻击。
- 企业网络的网络边界部署盒式Anti-DDoS设备作为本地清洗中心，过滤企业链路带宽范围内的攻击，提供端侧清洗服务。当攻击流量超出企业链路带宽范围时，清洗中心秒级联动云服务SOC并触发云清洗，实现端云协同防御。

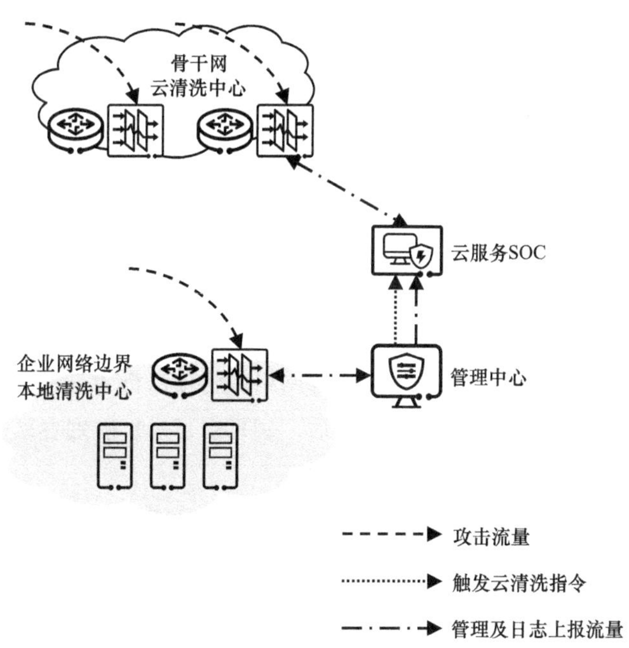

图16-30　运营商端云协同防御方案组网

3. 方案价值

该解决方案可以为用户提供如下价值。

- 大容量：云清洗提供Tbit/s级别的清洗能力，可以实现近源阻断大流量攻击，无须远端调度。

- 自动化：本地清洗中心通过API秒级联动云清洗中心，无须人为介入。安全运营中心进行统一运营、调度，实现运维自动化，节省人力。
- 低时延精准防御：单纯云清洗服务一般采用X-Flow检测方式。这种方式时延高，而且可能存在漏检问题。配合本地清洗中心逐包检测，提供小流量本地防御，整体攻击时延小于10 s。而且相对于X-Flow检测，逐包检测可以检测应用层攻击，防御功能更强。

16.6.3 数据中心网络安全的典型应用

1. 多层联动勒索攻击防护解决方案在企业数据中心的典型应用

（1）场景描述

企业数据中心（Enterprise Data Center，EDC）是企业数据存储和数据流通的中心，是企业数据交换最集中的地方。企业数据中心能够提供各项数据服务，它通过互联网与外界进行信息交互，响应服务请求。数据中心保存的各种关键数据是“无价之宝”，在经济利益或其他目的的驱使下，不法分子会利用种种手段对数据中心发动攻击或者企图渗透数据中心，对数据中心的关键数据进行各种非授权访问和非法操作。因此，在企业数据中心场景下，对关键数据的防护是重中之重，面临如下问题。

- 勒索软件防不住。勒索软件变种多，传统病毒检测方案无法应对当前勒索软件变异较快且易传播的挑战。
- 勒索软件扩散快。一旦勒索软件等网络威胁攻击行为突破边界，横向移动将畅通无阻。当生产中心被入侵后，病毒很容易扩散到容灾中心，导致容灾中心中数据也处于“污染”状态。
- 数据无法恢复。勒索软件在加密数据前，都会嗅探整个网络环境中的备份数据，定向攻击备份系统，加密破坏备份数据，导致备份数据无法恢复业务数据。

（2）解决方案

针对企业数据中心场景，华为多层联动勒索攻击防护解决方案的组网如图16-31所示。

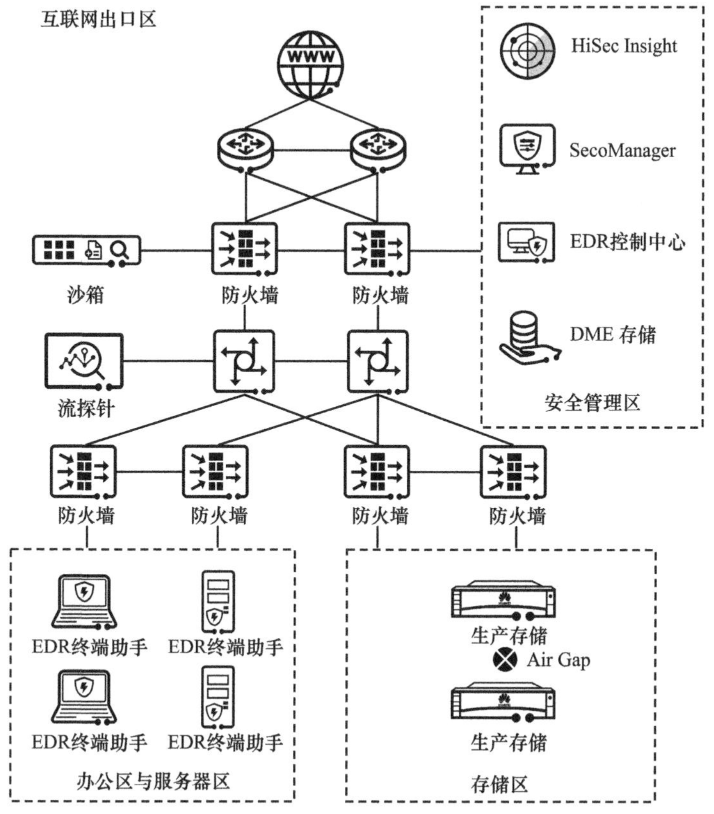

图16–31　华为多层联动勒索攻击防护解决方案组网

- 互联网出口区：部署防火墙，开启入侵检测功能，部署方式可以采用双机直路部署或旁路部署，流量需串行通过防火墙；通过安全策略和隔离安全区域，防止外部攻击流量进入防护区域；支持设置基于IP地址、MAC地址、时间、应用、用户进行策略路由或访问策略控制；同时通过入侵防御能力实时检测和阻断已知勒索软件，并配置与沙箱联动，防护未知勒索软件攻击入侵。核心交换机旁挂流探针，通过流量镜像做全流量检测，对全网流量进行异常检测分析，识别勒索软件攻击。
- 办公区与服务器区：安装EDR终端助手，内置主机入侵防御系统（Host Intrusion Prevent System，HIPS）主动防御引擎、AI杀毒引擎和内核诱饵捕获技术，实现基于行为检测引擎和智能检测引擎对终端和服务器上的勒索软件进行检测。
- 安全管理区：以集群方式部署HiSec Insight，基于Hadoop的大数据分析平台收集并处理全网安全相关数据，并支持海量数据的秒级检索、关联分析、机器学习以及人工智能等AI分析算法，也支持综合态势、威胁态势、资产态势、脆弱性态势、内网攻击态势等不同维度的大屏呈现，能够与安全控制器SecoManager、DME存储联动。以单机方式部署安全控制器SecoManager，可通过北向接口管理网络安全设备，支持自动生成安全策略，北向与HiSec Insight联动，接收威胁处置策略；南向与安全设备进行联动，执行安全处置策略。以单机方式部署沙箱，通过基于信誉、签名的检测机制以及启发式检测机制检测已知恶意文件，支持通过动态虚拟执行环境模拟检测机制检测未知恶意文件，并支持通过与防火墙、终端EDR联动实现从网络及终端设备还原或提取可疑文件进行检测。部署EDR控制中心，统一管理终端EDR Agent，并与HiSec Insight和沙箱系统协同联动检测勒索软件。部署DME存储，接收HiSec Insight“勒索事件”日志，并通过存储安全一体机向存储设备下发安全快照、文件拦截黑名单、Air Gap熔断处置动作。

（3）方案价值

该解决方案可以为用户提供如下价值。

- 威胁智能检测准。通过AI的检测引擎和算法，可以做到勒索软件的智能分析，将检测率从平常的80%提升到90%以上，极大地提升了威胁检测效果。
- 威胁智能处置快：HiSec Insight收集现网的安全威胁信息，通过网安协同快速阻断威胁扩散，实现分钟级安全分析和处置策略下发。
- 数据智能恢复稳：HiSec Insight可以将勒索攻击告警实时同步到存储管理器，快速联动并执行快照恢复、数据隔离、恶意文件黑名单处置等动作，数据恢复速度提升5倍以上。

2. Anti-DDoS解决方案在数据中心的典型应用

（1）场景描述

全球某Top5数据中心服务商为全球2000多家企业提供网络互联、数据中心托管服务。近年来，全球性大规模DDoS攻击愈演愈烈，数据中心服务商遭遇前所未有的挑战，在运营过程中存在如下主要痛点。

- 客户业务系统频繁遭受DDoS攻击，造成经济损失，导致客户满意度降低甚至客户流失。
- 数据中心行业竞争激烈，向客户提供无差异化服务，导致客户减少、运营收入下滑。
- 80%的运维人员投入大量时间用于攻击应急响应，人工运维速度慢，人力成本高。

（2）解决方案

针对上述痛点，华为与数据中心服务商深度配合，应用数据中心Anti-DDoS解决方案，开展DDoS安全防护运营服务。一方面，可以保护客户业务的连续性；另一方面，可以提升企业的竞争力，增加运营收入。数据中心Anti-DDoS解决方案的组网如图16-32所示，清洗中心旁路部署在路由器上，将到达防护网络的所有流量牵引至清洗中心进行清洗。清洗中心会过滤掉攻击流量，并将干净流量回注到原始网络。数据中心服务商拥有自己的安全运营中心，可对网络、服务器和业务进行自动化调度及报表呈现。华为管理中心可以与安全运营中心无缝对接，实现统一自动化运营。

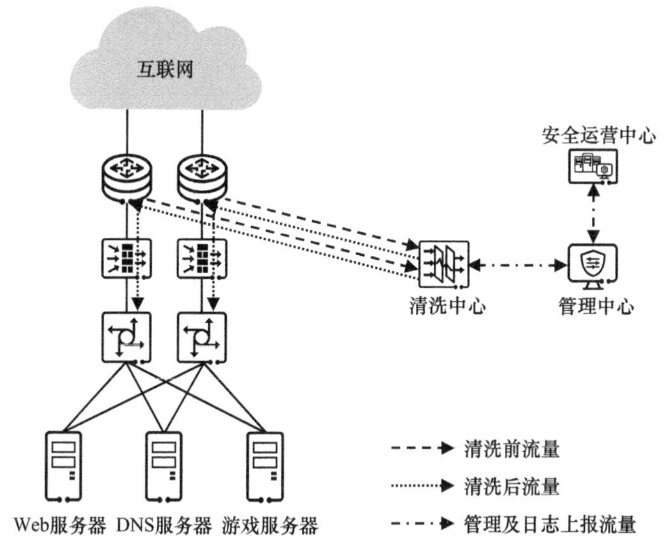

图16-32　数据中心Anti-DDoS解决方案组网

（3）方案价值

该解决方案可以为用户提供如下价值。

- 差异化服务，使运营收入增长：向数据中心托管客户提供DDoS安全防护运营服务，并且可以差异化定制防护策略，帮助服务商实现运营收入增长。
- 快速精准防御，保护客户业务：华为Anti-DDoS设备的单机最大防御能力达2.4 Tbit/s，可以毫秒级精准阻断超百种复杂的DDoS攻击，保护网站、游戏等业务平稳运行。

- 自动化管理，高效运维：华为管理中心开放API，可以与数据中心自有安全运营中心无缝对接，实现统一调度，运维全程自动化，运维效率提升80%。

16.7 网络安全未来展望

随着数字化转型的不断深入，业务加速上云、万物智能互联，新型分布式应用层出不穷，这使得企业IT环境变得更加复杂，传统网络边界也被打破，因此需要以新的安全架构技术重构企业数字信任边界。另外，随着勒索攻击产业化，攻击技术不断升级，攻防对抗更加激烈，防御技术也需要升级以应对这一变化。

1. 生成式AI技术助力黑客的攻击

生成式AI技术的应用将降低攻击技术门槛，并大幅提升攻击效率，使网络犯罪分子更容易发起复杂的勒索软件攻击。过去，针对企业面向互联网的应用和服务，黑客需要耗费大量时间来识别它们的攻击面和可利用的漏洞。大语言模型（Large Language Model，LLM）的大量涌现和发展，彻底改变了这一格局。黑客很容易利用LLM的生成式AI技术快速生成攻击工具和攻击脚本。生成式AI还可以帮助攻击者识别企业供应链合作伙伴的漏洞及攻击企业网络的最佳路径。总之，在人工智能时代，攻击企业的难度正在快速下降。

2. AI for Security，AI对抗AI

以ChatGPT为代表的生成式AI掀起了新一轮技术变革。各行业都对以生成式AI为代表的人工智能技术寄予厚望，网络安全行业也不例外。网络安全专家希望生成式AI在以下主要业务场景中能有较广泛的应用。

一是威胁检测场景。比如传统引擎往往无法检出未知病毒、变种病毒，需要安全专家人工分析样本，以提取特征码、升级病毒库。这导致威胁检测存在周期长、响应不及时、成本高以及升级失败等问题。生成式AI技术提升了恶意样本识别和判断的准确度，从而可以快速、准确地判定真正的恶意样本。

二是威胁分析场景。将基于安全大模型的AI与高级威胁监测系统结合，进行威胁分析研判，其分析能力和分析效率要远远高于安全专家，可以解析各种网络攻击类型和技术细节，包括攻击方式、漏洞利用和恶意代码等，有助于识别攻击者的方法和策略。AI的加入提升了威胁分析的准确度，可以从海量噪声中快速、准确地洞察、发现和判定真正的威胁。

三是安全运营场景。让基于大模型的AI学会安全专家分析、研判告警的方法，能够根据告警内包含的信息自主规划，并将任务拆解成系列子任务，再通过智能体调用各类专用工具完成完整的研判任务链，最终得到像人类专家一样的精准研判结果，从而大幅提升安全运营的效率和能力。

四是知识工程支撑攻防实战场景。AI能够汇聚来自人和设备的数据、能力、经验和场景，形成知识沉淀，并与大模型的学习、分析和推理能力充分结合，形成对齐甚至超越安全专家的能力。比如将实网攻防演练的经验及多种防御场景下的运营实践归档，形成知识沉淀并进行学习和训练，提升作战能力和效率。

3. SASE技术重构企业数字化安全边界

作为一种全新的网络安全模型，SASE整合了园区、分支组网功能和网络安全功能，为企业提供可订阅的安全服务，能够满足数字化企业的动态安全访问需求。

SASE架构的核心包含两个“Any”，一个是“Any”人、机和物的安全接入；另一个是对“Any”应用的安全访问，应用包括互联网应用（如音视频、网站等）、SaaS应用（如Office 365、Teams、Salesforce等）和私有应用等。SASE技术可以在中间通过组网技术和零信任等安全技术建立起端到端的安全连接和数据保护能力。

4. 安全服务化

网络攻击随时都会发生，在没有专业的安全管理流程和安全事件预警机制的情况下，企业或组织的安全运维人员无法7 × 24 h监测企业或组织内部的网络安全状态并及时响应。

另外，由于安全技术门槛较高，一般企业或组织难以培养网络安全领域的高阶人才。尤其对于一些中小型企业或组织，专业安全人才的人力成本过高，这就造成了大部分中小型企业或组织安全管理缺失、面对安全事件束手无策的局面。

这些挑战加速了安全云服务技术的发展，尤其是AI驱动的新一代云安全管理方案将得到更加广泛的应用。在AI技术的加持下，企业不仅能够提升云应用的安全性，也能够提高云安全服务运营的整体效率。通过托管式检测与响应（Managed Detection Response，MDR）平台的SOAR技术，企业可以减少大量安全工具的复杂操作，实现在一个统一平台上协调和自动化执行各种云安全任务，并且实现跨不同部门和业务系统的统一管理。可以预见，以云为载体为企业提供各类管理和SaaS化安全服务势必成为国内网络安全建设的主流。

第五篇

数据通信未来演进篇

第 17 章 数据通信的未来展望

数据通信网络是人类社会最重要的基础设施之一，承载着办公网络、移动通信网络、物联网等多种业务和应用。在过去几十年的发展过程中，学者和工程师共同努力，创造出一系列优秀的技术标准，如TCP/IP、OSPF、BGP、MPLS、VXLAN等。这些技术为数据通信产业的发展奠定了坚实的基础。展望未来，创新依然是推动产业发展的重要推手，那么在数据通信领域可能会有哪些创新呢？本章将场景创新与技术创新两个维度进行探讨。

场景创新和技术创新如图17-1所示。场景创新是将数据通信与多个行业相结合，为这些行业提供更高效的信息传递方式，也为数据通信产业开辟新的发展空间。由于不同行业对信息传递的要求不同，因此需要根据不同的行业场景优化网络。有些行业需要大带宽，有些行业需要低时延，有些行业需要确定性。例如，在人工智能领域，大语言模型的训练需要更高的计算性能，而单机性能无法满足需求。因此，工程师们将模型训练和数据通信技术相结合，设计出智算网络。智算网络具有低时延、零丢包、高效集合通信（如All-Reduce、All-Gather）等特点，可以将算力和数据分布到数以万计的AI芯片上，是AI训练不可或缺的解决方案。

技术创新有3种主要的驱动力，其中之一即场景创新，很多场景创新需要技术支持，当传统技术不能满足新场景要求时，新技术就会诞生。例如国家的“东数西算”战略，需要对算力进行灵活、高效的调度，由于已有技术不能满足要求，算力路由技术便应运而生。技术的自我迭代与演进也是创新的重要来源。例如带宽从1 Gbit/s到10 Gbit/s、100 Gbit/s、400 Gbit/s、800 Gbit/s，再到目前正进行探索与研发的1.6 Tbit/s、3.2 Tbit/s演进。最后，基础科学理论的突破对技术创新起着催化作用。例如，量子密钥分发技术通过运用量子力学原理，如叠加、测量塌缩、不可克隆和量子纠缠等，实现了在窃听者存在的情况下安全的密钥分发。

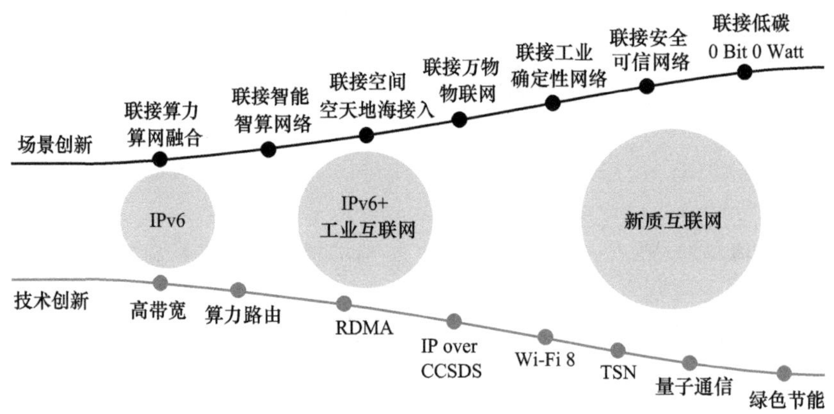

图17-1 场景创新与技术创新

17.1 数据通信未来的场景创新

数据通信的应用场景创新可归纳为如下3个主要方向。

- 联接算力与智能：旨在优化对通算和智算的支持，实现算力生产与使用的解耦，为大模型训练提供池化的内存资源。
- 联接空间与万物：将宽带联接范围从仅覆盖陆地面积6%的人口密集区，扩展至空中和地面的每一个角落。不仅联接人与机器，还可以联接与人类生活密切相关的各类物品。
- 联接安全与低碳：致力于在网络攻击不断升级的背景下，提供简单、有效的安全策略，同时在联接范围日益扩大的情况下，研发低能耗的联接技术。

17.1.1 联接算力：算网融合，以网络支撑算力的按需分布

随着人工智能、大数据、云计算等技术的迅猛发展，算力需求呈现出爆炸式增长的趋势。构建新型基础设施，推动算力的普遍泛在，实现算力平权，已成为我国数字经济发展的核心战略。然而，传统的集中式计算模式在处理大规模数据流量和复杂计算任务时，逐渐显现出资源利用率低、能耗高等局限性。为应对这一挑战，算网融合的概念被提出，旨在通过深度融合计算资源与网络资源，利用网络资源实现计算资源的灵活调度和高效利用，以支持更大规模、更高效且更低

成本的算力。

算网融合产生的背景主要包括如下几点。

- 算力需求激增。在大数据和人工智能时代，数据量呈指数级增长，对计算资源的需求也随之激增。无论是深度学习模型的训练，还是海量数据的处理与分析，均需要依赖强大的算力。然而，传统数据中心的计算资源分布往往集中于特定区域，导致资源利用率不均衡，数据传输成本高昂，难以满足大规模数据处理及实时分析的需求。
- 网络能力提升。网络技术的持续演进，一方面得益于SDN、NFV等技术的推动，使得网络资源能够如同计算资源一般，实现灵活调度与高效管理；另一方面得益于网络带宽与传输速率的显著提升，单端口带宽已达到400 Gbit/s，时延也大幅降低，E2E时延已降至毫秒级别。这些技术为算网融合奠定了坚实的技术基础，使网络能够依据计算需求进行动态调整，实现资源的最优配置，进而使得跨区域计算资源的调度与协同成为可能。
- 绿色计算与节能减排。当前，算力的基础设施建设面临多重挑战，包括高密度计算数据中心的高能耗、算力资源的低利用率，以及区域发展的不均衡等。尤其在数字化与智能化加速推进的背景下，算力供需失衡的现象更为显著。例如，北京、上海等一线城市算力需求旺盛，但能源供应紧张，导致算力供不应求。相比之下，中西部地区资源丰富，但算力需求相对较少，算力利用率较低。

算网融合的目标是构建一个高度融合、智能协同的新型基础设施，以网络支撑更大规模和更便宜的算力，支持各行各业的数字化转型和智能化升级。算网融合的价值主要体现在以下几点。

- 算网融合通过分布式计算和边缘计算，将计算任务分散到靠近数据源或用户的边缘节点。这样可以有效减少数据传输的时延，提高计算效率。例如，边缘计算可以在智能制造、智能交通等场景中实时处理数据，提升业务响应速度。
- 算网融合通过智能化的网络调度，将计算任务动态分配到不同区域的数据中心。这样可以利用网络资源的优化调度，避免计算资源的过度集中，从而提升整体计算能力。例如，在网络负载较低的时段，计算任务可以被分配到相对空闲的区域，从而提高资源利用率。
- 算网融合能够显著降低计算成本。通过智能调度和优化计算网络资源，将计算任务合理分配至能效更高的区域，避免资源冗余和浪费，不仅可以降低能耗，还能实现绿色计算，提高整体系统的运行效率。例如，在能源成本较低的西部地区建立数据中心，通过网络将东部的计算任务传输到西部的这些区域进行处理，能够有效降低整体计算成本，实现更便宜的算力供给。

“东数西算”工程是算网融合的典型应用场景之一。图17-2所示为我国的8个国家算力枢纽节点和10个国家数据中心集群，全国一体化大数据中心体系已完成总体布局设计，“东数西算”工程于2022年2月正式全面启动。“东数西算”中的“数”即数据，“算”即算力，是指在数据资源丰富的东部地区生成和存储数据，通过网络实现算力需求的跨域调度，将计算任务分配到能源和算力资源相对充裕的西部地区进行处理。

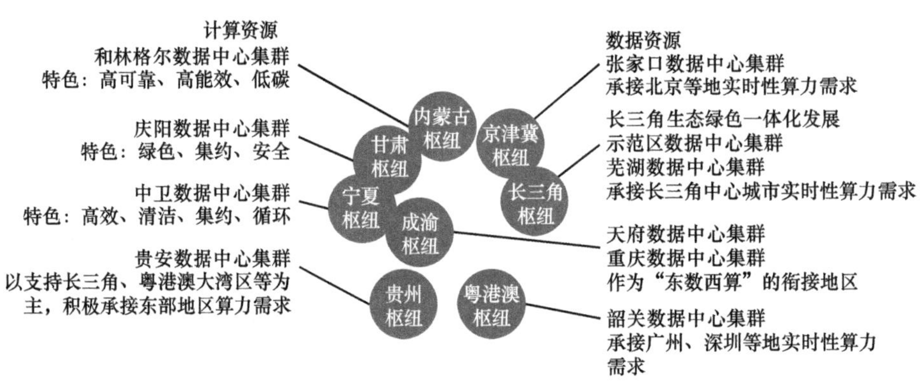

图17-2 “东数西算”的8大算力枢纽和10大集群

我们以“西电东送”的电力系统来做类比。电力系统包括发电、输电、配电和用电，其实就是发电厂加上电力电网调度平台。而在“东数西算”中，“发电厂”就是算力的数据中心，“电力电网调度平台”就类似算力网络。算网融合通过将计算与网络有机结合，利用网络资源支撑更大规模和更便宜的算力，为实现“东数西算”工程提供了技术基础和实现路径。未来，进一步推动算网融合的技术创新，构建完善的算网融合标准体系，探索算网融合的新场景将成为算网融合产业发展的关注重点。

17.1.2 联接智能：智算网络，突破算力和内存瓶颈

人工智能领域中，大模型训练时涉及的大规模参数对算力和内存都提出了更高的要求。以ChatGPT3为例，其千亿级别的参数量需要高达2 TB的内存，远远超出了单块算力卡的内存容量。即使是大容量的内存，若采用单卡训练，完成训

练仍需耗时数十年之久。为有效缩短训练周期，分布式训练技术应运而生。该技术通过将模型与数据分割，利用多机多卡的协同作业，将训练时间压缩至周或天的量级。

分布式训练的核心在于构建一个由多节点组成的超级集群，该集群拥有超高的计算能力和内存容量，旨在攻克大模型训练中面临的算力瓶颈和存储挑战。联接这一超级集群的高性能智算网络直接决定了节点之间通信的效率，进而影响整个集群的吞吐量和整体性能。为了确保集群的高效运行，高性能智算网络必须具备低时延、大带宽和稳定运维三大关键能力。

1. 低时延

分布式训练系统的整体算力并不是简单地随着智算节点数量的增加而线性增长，而是存在图17-3所示的加速比，且该加速比小于1。这主要是因为在分布式场景下，单次的计算时间包含了单卡的计算时间和卡间通信时间。因此，优化单次计算时间的同时，降低卡间通信时间也是分布式训练中提升加速比的关键，其实现的关键技术即图17-4所示的RDMA技术。该技术可以绕过操作系统内核，让一台主机直接访问另外一台主机的内存。

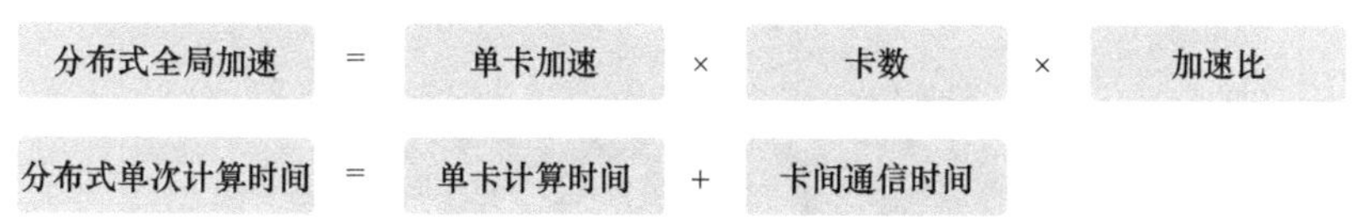

图17-3　卡间通信时间对整体算力的影响

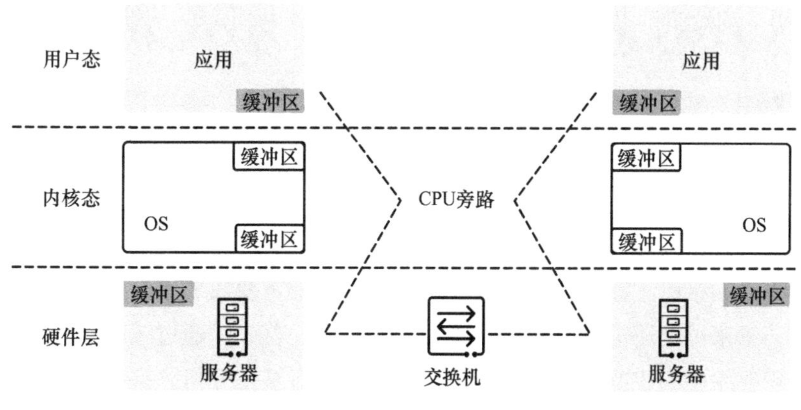

图17-4　RDMA技术

RDMA技术主要采用的方案有InfiniBand和RoCE两种。由于绕过了内核协议栈，相较于传统的TCP/IP网络，RDMA技术可以使时延降低90%以上。

实验室的测试数据显示，在同集群内部一跳可达的场景下，绕过内核协议栈后，应用层的端到端时延可以从TCP/IP的50 μs降低到RoCE和InfiniBand的2 μs。

低时延是智算网络的核心需求，通过降低等待时间和通信开销，每个训练节点都能够更快速地完成数据处理和下一步的训练，使得整体训练周期缩短。使用RDMA技术进一步优化了这种低时延特性，为大模型的高效训练和实际应用提供了强有力的支持。

2. 大带宽

由于大模型的快速发展，千亿级和万亿级参数成为常态，巨量（TB级）参数信息需要在不同的计算节点上同步，一次Batch操作需要同步的数据可能会超过500 GB，这就需要巨大的带宽，如图17-5所示。对比来看，AI计算的规模虽不及云DCN的1/10，但其带宽需求却可能是后者的10～100倍。为了确保数据的高效传输，当前主要采用无收敛组网并持续提升链路带宽的策略，组网成本比传统方式增加3倍以上。

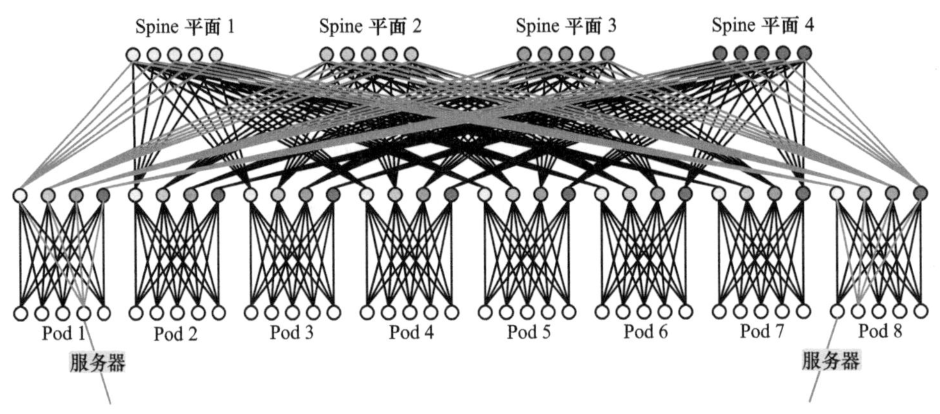

图17-5　大量计算节点间参数同步

目前，智算网络主要采用400 Gbit/s和800 Gbit/s接口，其带宽已经超过城域网和骨干网的接口。在网络架构不变的情况下，带宽变成成本的关键因素。除了大带宽，未来可能还需要采取以下多种优化措施：首先，通过工程和技术创新持续降低现有组网的成本；其次，对计算与网络进行量化分析，探索收敛网络的可行性；最后，设计成本更低、更符合流量模型的网络拓扑。

3. 稳定运维

一方面，智算网络专注于AI大模型的训练和推理，应用单一，任务周期长

（以月为单位）。网络中断将导致训练过程被迫中止，需要从检查点重新开始，这既耗时又费力。因此，确保系统的高可用性至关重要。理想状态下，一个训练周期应无中断，无须回退至检查点。这要求网络的可用性达到极高水平。

另一方面，随着数据并行和模型并行技术的不断完善和提升，分布式训练可以使用千卡或万卡规模的GPU来缩短整体训练时长。这就需要智算网络具备支持大规模GPU服务器集群的能力，并且有较强的扩展性，以应对未来更大规模GPU集群的业务需求。在图17-6所示的万卡算力集群中，由于设备数量众多、组网规模庞大，因此集群的可运维性和可管理性成为关键考量因素。实现整个智算集群运行状态的可视化，配置变更的白屏、异常状态和故障的快速感知，是高效运维管理的基础。

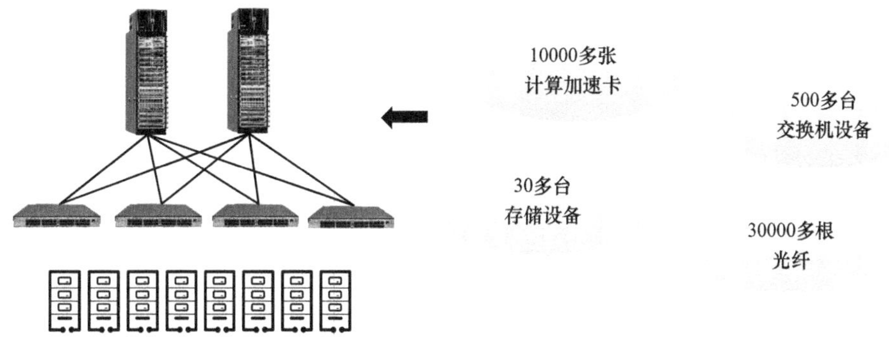

图17-6　万卡算力集群

总体来看，智算网络是AI大模型训练和推理的“加速器”和“创新引擎”，在提升训练效率、优化资源利用率和推动模型创新方面发挥着不可替代的作用。

17.1.3　联接空间：空天地海，通信边界扩展到人类活动的前沿

现有蜂窝移动通信系统覆盖的人口占全球总人口约70%，受制于经济成本和技术因素，仅覆盖了约20%的地球陆地面积，约6%的地球总面积。通信覆盖更多的人口、更广阔的面积，形成图17-7所示的空天地海泛在联接是未来的方向。空天地海泛在联接是指将天空、太空、陆地和海洋中的各类设备、传感器和系统进行全面互联，形成一个无缝覆盖的通信网络。在城市和乡村网络覆盖基本完成的情况下，这种全方位的连接将拓展人类的活动空间，为人类新生活体验、行业万物智能化提供服务。

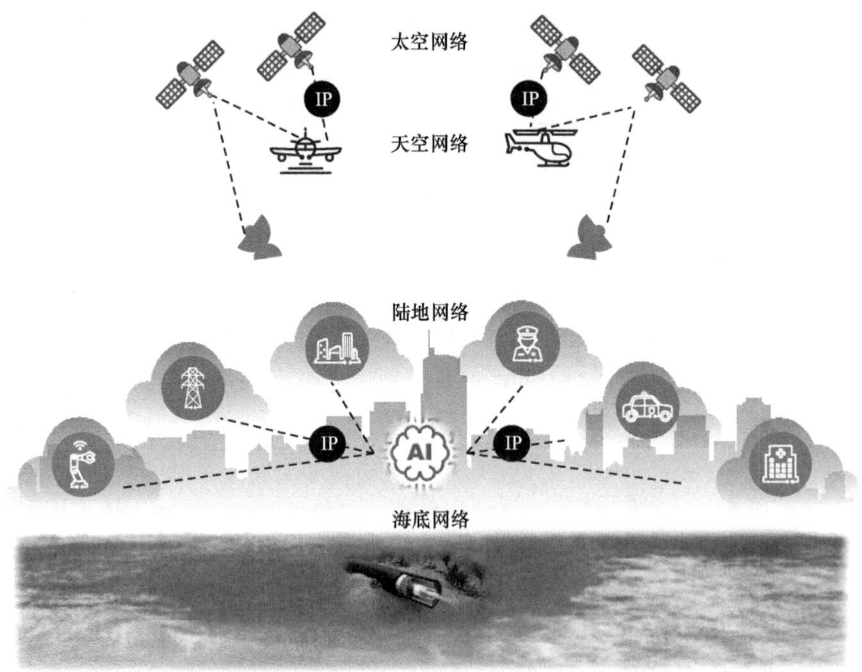

图17-7　空天地海泛在联接

从扩大通信可达范围的角度看，未来通信能力将会向以下这些领域延伸。

- 偏远地区通信。解决农村、山区和沙漠地区的通信问题，为这些地区提供基本的通信服务。
- 海洋与极地通信。建设可用度更高的通信覆盖，为海洋的综合开发及极地的科学研究和数据采集，提供通信和数据服务。
- 民用空中通信。为航班中的乘客和低空设备提供高速可用的通信服务。
- 深空通信。支持太空探测器、卫星和国际空间站间的通信，促进太空探索和科学研究。同时也为商业卫星、太空旅游和其他太空商业活动提供通信支持。

对于更广阔区域的联接，业界普遍选用了卫星技术方案。近几年基于卫星通信网络的非地面网络（Non-Terrestrial Network，NTN）是热点领域，有如下多个商业项目在推进。

- Starlink是SpaceX开发的卫星互联网项目，旨在通过部署低轨道卫星提供全球范围内的互联网接入服务。SpaceX最初计划部署约12000颗卫星，并已经获得批准增加到42000颗。这些卫星将分布在不同的轨道高度和倾角上，以实现广泛的全球覆盖。

- OneWeb是英国的一家卫星通信公司，该公司计划通过多颗低轨道卫星提供全球互联网接入。OneWeb计划在其星座中部署约6372颗卫星。这些卫星将分布在不同的轨道平面上，以实现全球覆盖。
- Kuiper是亚马逊的卫星互联网项目，旨在通过部署低轨道卫星提供全球互联网服务。亚马逊计划部署3236颗卫星，以构建其Kuiper星座。这一数量已获得美国联邦通信委员会的批准。
- 中国星网由中国卫星网络集团负责建设。中国星网中的GW星座共计规划发射12992颗卫星，实现全球无缝宽带覆盖。其中GW-A59子星座包含6080颗卫星，分布在500～600 km的极低轨道；GW-A2子星座包含6912颗卫星，分布在1145 km的近地轨道。

空天地海泛在联接对接入技术的发展提出了更高要求。在接入技术可行的同时，网络承载技术需要同步演进，需要在新的应用场景下构建高覆盖、高带宽、低时延、强安全性和高互操作性的通信网络，并结合多种通信技术和网络协议，应对新场景中的机遇和挑战。

17.1.4　联接万物：物联网，构建万物互联的智能世界

物联网正在塑造一个崭新的世界，一个可量化、可测量的世界。在这个世界里，个人能够更高效地管理日常生活，城市能够快速地优化基础设施管理，企业能够提升业务运营效率。“物联网”一词在1991年被首次提出，用于描述日益增多的联网物体及其应用。2005年，ITU正式认可了这一术语。

图17-8所示为物联网的架构，其中感知和连接层负责采集物理世界的信息，并将数据传输至平台层和用户层。感知和连接层通过各种传感器、RFID标签、摄像头等设备，将物理世界的信号转化为数字信号，以供后续处理和分析。该层设备的多样性和灵活性，使得物联网系统能够覆盖广泛的应用场景。平台层是物联网系统的数据处理中心，负责对数据进行存储、处理、分析和安全保护。平台层通常采用云计算、大数据、人工智能等技术，能够实现对海量数据的快速处理和分析，为应用层提供有价值的信息和决策支持。用户层是物联网系统的最终输出，负责将平台层处理后的数据转化为实际的用户应用。应用层包括各种智能设备、软件系统和服务，如智能家居、智慧城市、工业自动化等。这些应用能够为用户提供更加便捷、高效的服务，提高用户的生活质量和工作效率。

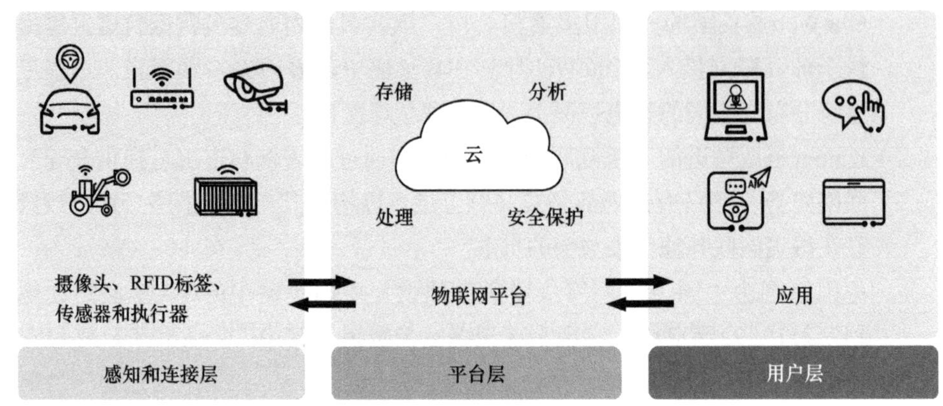

图17-8 物联网的架构

物联网通常提供以下类型的服务。

- 可适应：物联网系统可以根据运行条件、用户输入或感知到的信息动态适应不断变化的环境。
- 唯一可确定身份：每个物联网设备都有唯一的身份，比如一个IP地址。通过这些物联网设备地址，用户可以远程查询、监视和控制设备。
- 可自动配置：网络中的物联网设备可以自动配置，使许多支持物联网的设备能够相互协作，提供完整的系统功能。
- 网络集成：物联网设备可集成到物联网网络中，以实现节点、网关和基础设施之间的通信。
- 做出决策：物联网设备可以做出决策，从而适应不断变化的环境条件。

目前，消费者、企业和政府都在快速部署物联网，主要市场包括家用电子产品（例如电视、其他家庭娱乐系统）、家用电器（例如洗衣机和烘干机）、汽车用品（如车辆部件、驾驶员接口以及安全系统）等。物联网还在智能手表、体能监测器和健康监测器等可穿戴设备中发挥着重要作用。在城市中，地方政府通过部署物联网来提高效率和减少开支。军事领域也在应用物联网，如将机器人用于监视，将可穿戴生物识别技术用于战场。

根据如下调研公司的研究，物联网的前景十分光明。

- Statista预计，到2025年，全球物联网市场将增长到1.6万亿美元。
- Frost & Sullivan预计，到2025年，全球前600个智慧城市的GDP将占全球GDP的60%。到2025年，智慧城市将创造超过2万亿美元的市场价值，人工智能和物联网将成为市场的主要驱动力。
- Grand View Research预计，到2025年，医疗物联网价值将达5343亿美元，精准农业行业价值将达430亿美元。

物联网的广泛互联和互通将为社会的各个领域带来巨大的价值和深远的变革。在技术准备上，IPv6协议可以提供巨大的地址空间，每个设备理论上都能拥有唯一的IP地址，这为物联网中海量设备的接入提供了可能，也为实现万物互联奠定了基础。

17.1.5　联接工业：确定性网络，满足工业网络低时延、低抖动要求

在工业领域一直存在一些非IP网络，这些网络中的节点间使用专用的总线协议，例如PROFIBUS，被用于工厂自动化和过程控制；CAN总线，被广泛应用于汽车工业和工业自动化；EtherCAT，可以提供高性能工业以太网解决方案；Foundation Fieldbus，被用于过程自动化。

存在这种现象的主要原因在于，相比于IP网络，工业领域在处理各种业务场景时，对时延的要求更为严格和复杂。如物料传送一般要求循环周期在100 ms级别；机床控制一般要求循环周期在10 ms级别，抖动小于100 μs。一些高性能的同步处理则要求时延在1 ms级别，抖动小于1 μs。使用传统的IP网络无法满足上述差异化场景的时延和抖动要求，所以迫切需要建立一种可提供“准时、准确”的数据传输服务质量的确定性网络，旨在克服传统网络在满足新兴业务对端到端时延、抖动和可靠性的高要求方面存在的限制或不足。

确定性网络以建设大规模、可提供确定性服务质量的网络为目标。在图17-9所示的网络中，可以应用FlexE、TSN、DetNet、5G确定性网络（5G Deterministic Networking，5GDN）、确定性Wi-Fi（Deterministic Wi-Fi，DetWi-Fi）等各种确定性网络相关技术，保证数据从源节点到目标节点均能实现准时、准确传输，从而实现端到端的确定性网络。

- FlexE：提供确定性带宽保障。
- TSN：解决链路层的确定性保障问题。
- DetNet：通过DetNet技术和DetNetOAM报文主动探测技术，解决网络层的确定性保障问题。
- 5GDN：为5G网络提供确定性和差异化服务。
- DetWi-Fi：实现无线局域网中的确定性传输。

通过以上技术的应用，端到端的确定性网络可以具备如下功能。

- 提升网络实时性与降低时延：在工业领域的自动化控制和运动控制等场景中，对网络数据传输的时延有严格要求。确定性网络能够确保数据在规定

的时间窗口内传输，满足实时应用的需求。

- 增强可靠性：工业现场的控制业务通常在毫秒级，为了确保网络故障不会影响业务连续性，网络切换需达到亚毫秒级。确定性网络能够提供高可靠的网络连接，保障数据传输的稳定性和持续性。
- 减少抖动：抖动会增加网络的不确定性和复杂性，特别是在远程设备操作等场景中。确定性网络有助于维持系统的稳定运行，减少数据传输时延的波动，确保数据传输时间的一致性和可预测性。
- 高带宽保障：在工业环境中，不同应用对网络带宽的需求可能会随时发生变化，确定性网络能够确保关键数据流的带宽，防止因网络拥塞导致的数据丢失或时延。

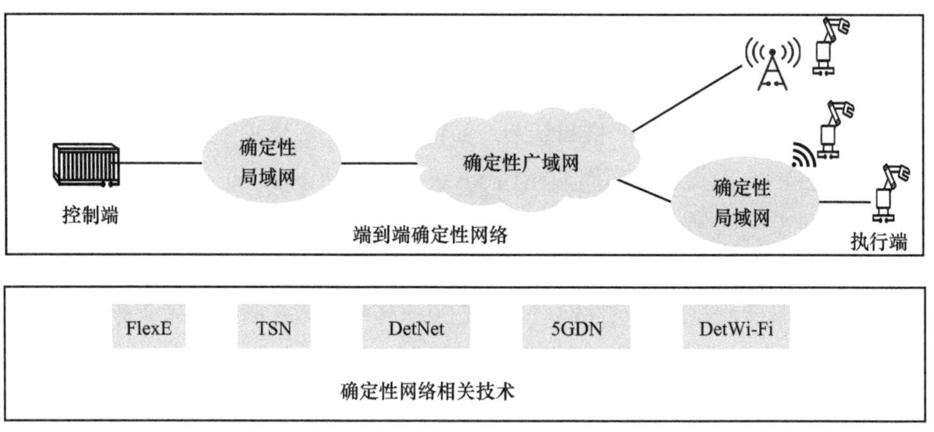

图17-9　端到端的确定性网络

确定性网络技术在确保实时性的基础上，提供了远超专用网络的带宽，同时部署成本远低于专用工业网络，这使得它能够广泛应用于自动驾驶、远程医疗、智能电网等多个工业网络领域。EtherNet/IP作为一种关键的网络通信协议，在工业网络中的应用日益普及。未来，在确定性网络相关技术的加持下，EtherNet/IP在工业网络领域的市场份额有望持续增长，继续为工业自动化和万物智联提供强大的支持。

17.1.6　联接安全：可信网络，构筑网络的内生安全能力

随着企业数字化转型的发展，企业业务逐渐云化、物联化、无线化，业务边界、接入终端类型、数据流转方式等都发生了变化。网络也从以IPv4为基础的消

费互联网向以IPv6/IPv6+为基础的工业互联网升级，以适应多元化应用承载的需求。网络的演进引发了网络边界和连接模型的变化，主要体现在如下几方面。

- 网络边界延伸：基于云、网、边、端的新IT基础设施重新定义了网络的边界。
- 接入多样化：包括多样化用户接入，如本地用户、移动办公用户、分支结构等；多样化设备接入，如PC、手机、摄像头等物联终端；多样化业务接入，如无线、企业、互联网等。
- 数据无边界：数据不仅在用户、设备、业务、平台之间持续流动，也在企业园区、承载网、数据中心等不同域之间流动。
- 网络开放性：IPv6本身具备开放性，并通过可编程定义网络路径，使网络具备了一定的开放性能力。

上述变化导致网络风险边界的扩大，增加了安全防护的复杂度。传统的网络安全防护以“反向查”的思路查漏洞、病毒和缺陷，试图通过安全测试、攻防演练等手段识别所有潜在威胁。这种“反向查”的方法本质上就是“黑名单”的思路，使安全防护一直处于被动应对状态，需要不断在网络的信任边界上进行修补。面对网络的变化，这种防护策略已显得力不从心。因此，引入新的网络信任理念和架构，推动网络安全体系向原生内嵌、安全可信、智能灵活的主动防御模式演进，显得尤为迫切。华为在业界率先提出“可信网络”的理念，将信任边界延伸到设备内部和网络内部，同时将安全可信技术融入网络基础设施解决方案中，构筑内生安全能力，从而实现结果可预期的网络。传统网络安全防护与可信网络安全防护的对比如图17-10所示。

网络有“实体”“连接”“业务与数据”3个元素。“实体”具体指IP网络中对应OSI相应层级的各种设备，“业务与数据”具体指IP网络中对应OSI相应层级的业务应用和数据，“连接”负责将业务数据在各网络实体中传输。因此，可信网络也围绕着这3个元素进行安全防护。基于“正向建、反向查”的可信理念与网络防护三元素的结合，华为提出图17-11所示的设备可信、网络可信、管控可信的三级可信网络模型。

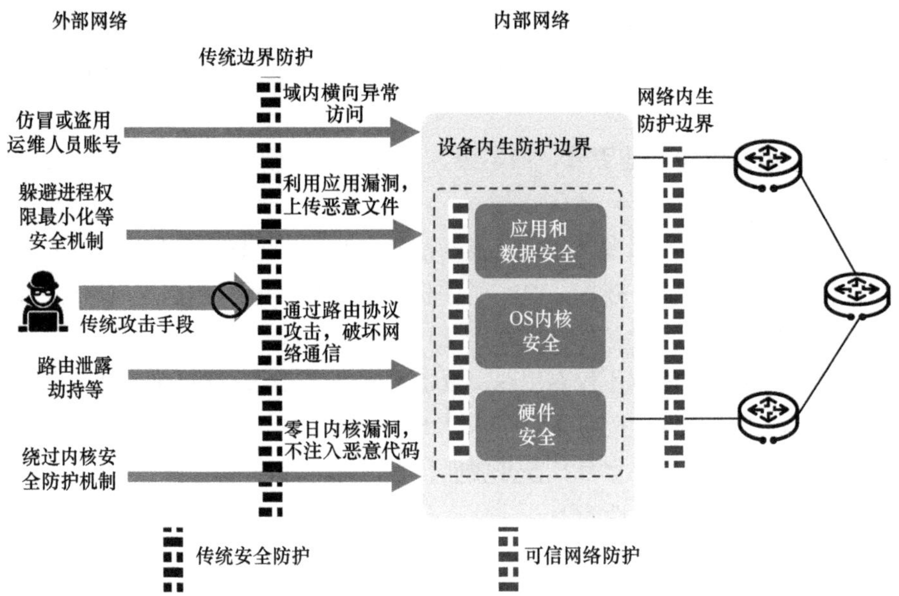

图17-10 传统网络安全防护和可信网络安全防护的对比

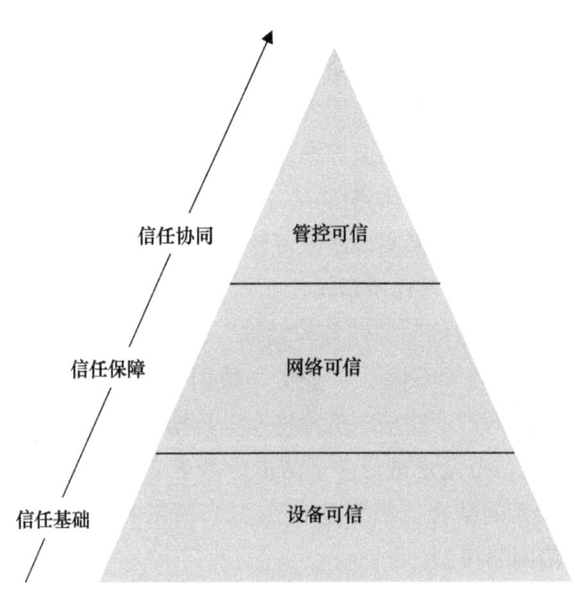

图17-11 三级可信网络模型

- 设备可信：是指可信的网络基础设施。组成网络的关键设备（路由器、交换机、防火墙等）和网管系统应满足安全可信的要求，并基于安全启动、数据机密性、韧性恢复、单域安全等技术手段，实现设备防篡改和入侵防御等安全能力。

- 网络可信：是指可预期的网络。网络里的所有流量路径和行为都具有可预期性，避免不符合预期的流量，确保“网络可信”。采用路由安全、流量加密、网络保护和恢复等技术，确保流量路径可预期、行为可溯源，避免发生不符合预期的横向扩散和违规访问行为。
- 管控可信：是指云网安一体管控。通过采集全网的流量、安全日志、告警、文件、资产等安全数据，并对这些数据进行全域安全分析，及时发现异常或违规行为，快速处置和闭环威胁事件，避免风险扩散。基于自动化的安全策略处置，可以将威胁闭环的时间从24 h降低到分钟级，实现安全损失最小化，同时实现云网安一体化的智能安全防御。

可信网络安全模型作为一种创新的安全防护框架，经过多年实践，已从理论阶段迈向实际应用。这一新型安全模型不仅推动了安全技术的革新与安全架构的重塑，也促进了企业信息安全管理思维模式的转型，对企业运营流程及管理规范产生了深远影响。构建可信网络并非一蹴而就，需要在理解理念、规划路径、评估方案及部署体系等环节解决一系列挑战。我们期望将可信网络理念融入企业发展战略，通过渐进、务实的整体规划，聚焦当前核心场景，制定可信网络建设路线图。同时，借助各类产品、技术、生态系统及行业实践经验，构建适应未来业务发展的新一代可信网络安全防护体系。

17.1.7 联接低碳：绿色节能，0 bit 0 watt

随着技术的进步，信息基础设施的能源消耗正在迅速攀升。以高耗能的数据中心为例，截至2023年底，全国在用数据中心机架总规模超过810万标准机架。随着数据中心规模的持续扩大，其总体能耗保持快速增长态势。据中国信息通信研究院测算，2017—2020年，我国信息通信领域规模以上数据中心年耗电量年均增长约28%，如图17-12所示，2020年的耗电量已经达到576.67亿kW/h；而数据中心机架数量将以年均30%的速度增长，预计到“十四五”时期末，年用电量将在2020年的基础上翻一番。这将对数据中心的绿色低碳发展构成巨大挑战。

如果我们对数据中心的能耗进行深入分析，可以发现数据中心的能耗主要由IT系统能耗（包括网络设备、存储设备和服务器等）、制冷系统能耗（空调、液冷等）、供电系统能耗（不间断电源、电源分配器等）等组成。因此，降低网络设备的能耗可以有效减少数据中心的整体能耗。“0 bit 0 watt”的理念正是针对如何降低网络设备能耗而提出的。它强调的就是网络设备在没有数据传输

（0 bit）时，不应消耗电力（0 watt），也就是说网络设备应具备智能感知和管理电力消耗的能力，只有在需要传输数据时才消耗电力。这种理念包括“watt感知bit”和“bit管理watt”两个方面。watt感知bit即网络设备应能智能感知数据流量需求，根据实际的通信需求来调整电力消耗。bit管理watt即通过有效管理数据传输，优化网络资源和电力使用，提高能源整体效率。

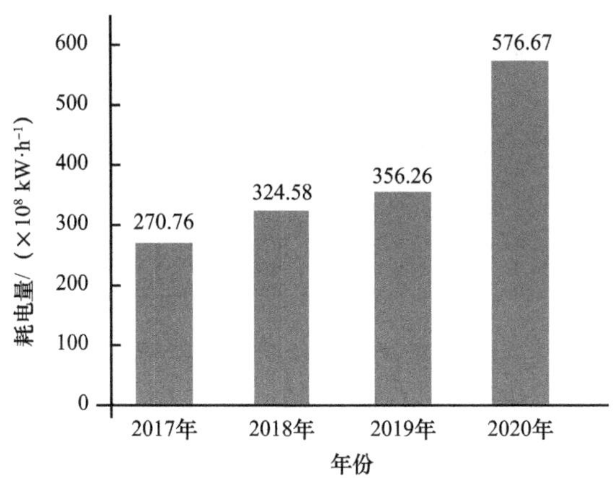

图17-12　2017—2020年信息通信领域规模以上数据中心年耗电量变化

“0 bit 0 watt”可以带来如下3个方面的价值。

- 节约能源：在没有数据传输的情况下，设备进入低功耗或休眠状态，可以显著减少电力消耗。节约能源将直接带来运营成本的降低，特别是在大型数据中心和通信网络中。
- 保护环境：降低电力消耗意味着减少碳排放，有助于环境保护和可持续发展。这一理念符合绿色IT的发展趋势，推动了环保技术的应用和普及。
- 延长设备寿命：减少电力消耗也意味着设备产生的热量减少，从而降低设备的故障率和延长使用寿命。降低冷却需求就会降低设备热量，数据中心等环境的冷却需求也随之降低，可以进一步节省能源。

“0 bit 0 watt”理念的核心在于运用智能感知与管理机制，实现网络设备的高效运行及能源节约。这一理念在节约能源、保护环境、延长设备寿命、优化网络性能、实现智能管理以及支持新兴技术等方面具有显著的价值与意义。通过实施这一理念，企业和组织能够提升网络系统的整体效能与竞争力，减少数据中心网络的总能耗，从而达成企业可持续发展的目标。

17.2 数据通信未来的技术创新

数据通信未来的技术创新可以概括为如下4个方向。

- 大带宽技术：提供更大的有线带宽和无线带宽。有线接口从当前的400 Gbit/s，逐步演进到800 Gbit/s、1.6 Tbit/s、3.2 Tbit/s。在无线联接上，从Wi-Fi 7到Wi-Fi 8，空口带宽从10 Gbit/s走向100 Gbit/s。
- 网络品质提升：提供更好的时延、抖动、确定性，满足更多行业的要求。例如TSN可以在以太网中实现确定性的时延，CLOS架构能大幅减少抖动。
- 网络协议演进：为算网融合提供算力路由，为卫星网络提供IP over *X*，为智算网络提供更好的Scale out方案。网络协议会持续演进和创新，提供更高效的互联互通。
- 安全与节能：安全和隐私保护是创新的热点领域，量子密钥分发、量子隐形传态等技术可以提供无法被窃听和计算破解的安全性保证。在绿色低碳的时代背景下，节能技术更加重要，芯片、电源、冷却、材料等领域都会在低能耗技术上进行创新和探索。

17.2.1 高速接口：为网络提供更大的带宽

人类对网络带宽的追求是无极限的，从早年的10 Mbit/s单工以太网接口，经历了100 Mbit/s、1 Gbit/s、10 Gbit/s、100 Gbit/s、400 Gbit/s，当前以太网接口正在向800Gbit/s发展。未来还会看到1.6 Tbit/s、3.2 Tbit/s等更高带宽的接口。为了满足不断增长的带宽需求，如下多种先进的大带宽技术会被采用。

1. 更高速率的收发技术

首先，PAM4作为一种先进的调制方式，相较于传统的NRZ方式，它能在一个符号周期内传输2 bit的数据，显著提升了数据传输的效率。这一特性使得PAM4在从400 Gbit/s到800 Gbit/s的高速以太网接口中得到了广泛的应用。考虑到未来网络对更高传输速率的需求，PAM4调制方式预计将成为未来以太网接口设计的核心技术。

其次，WDM技术利用不同波长的光信号在同一根光纤中同时传输多个数据流，极大地增加了单根光纤的传输容量。在400 Gbit/s及以上的高速网络环境中，WDM技术不仅将被持续优化，还将被应用于多波长并行传输，以进一步提升网络的带宽。这种技术的创新，为实现超高速、大容量的数据传输提供了可能，是构建未来高速数据通信网络基础设施的关键。

2. 增强的信号处理和纠错算法

为了确保数据传输的准确性和效率，增强的信号处理和纠错算法扮演着至关重要的角色。其中，FEC技术在数据发送前加入冗余信息，接收端利用冗余信息能够检测并纠正传输过程中的错误，从而显著提升了数据传输的可靠性和稳定性。特别是在大带宽以太网接口中，面对高速率带来的误码率上升的挑战，更强大的FEC技术成为了不可或缺的解决方案。

另外，数字信号处理（Digital Signal Process，DSP）技术通过应用先进的算法和高性能的硬件设备，有效应对了传输过程中信号失真和噪声的问题。在高速以太网环境中，DSP不仅能够优化信号的质量，还能够提升信号的传输距离，进一步增强了数据传输的可靠性和效率。

3. 先进的光纤技术

在数据通信领域，光纤技术扮演着至关重要的角色，尤其在追求高速率、高带宽的网络环境中。MMF与SMF是两种主要的光纤类型，它们各自适用于不同的应用场景。MMF由于能够支持多种光模式的传播，非常适合短距离但需要高带宽的传输需求；而SMF由于仅支持单一光模式的传播，具有更长的传输距离和更高的带宽潜力，特别适合于长距离的高速数据传输。

随着400 Gbit/s及更高速率接口的出现，光纤技术也在不断进步。新的光纤标准和优化的制造工艺不仅提升了现有光纤的性能，还增强了其传输能力，使得更远距离、更大容量的数据传输成为可能。其中，SDM技术就是一个创新的例子，它通过在单一光纤中创建多个独立的空间通道，实现了并行传输，从而显著提高单根光纤的传输容量。

4. 高密度并行传输

并行光传输，作为一种先进的数据传输技术，利用多组并行的光纤或通道，实现了多个数据流的同时传输，从而极大地提升了整体的带宽容量。以400 Gbit/s为例，它采用8根50 Gbit/s的光纤，这种设计不仅体现了并行传输的高效性，也预示着这种模式可以继续扩展到更高带宽。

在电接口层面，并行化技术同样发挥关键作用。通过在电信道中实施更高密度的分组并行传输，数据交换活动能够通过多个通道同步进行，大大提高了数据处理的效率。这一技术在高速以太网收发器和交换机的应用中尤为重要，它们通过增加电接口的并行度，有效应对了日益增长的数据传输需求。

5. 超高速的电信号处理和集成电路

超高速的电信号处理和集成电路方向研究是现代通信技术研究的前沿。其中高性能硅光子技术，通过将光学通信功能集成到硅芯片中，充分利用了光传输速度极快、带宽资源丰富的特性，实现了光信号处理与电信号处理的深度融合，极大地提升了整个通信系统的性能。该技术将被广泛应用于400 Gbit/s及以上带宽接口，使得数据传输效率和稳定性得到显著提高。另外，先进工艺节点的ASIC和FPGA也在推动着电信号处理的变革。通过采用7 nm及以下的先进工艺节点，这些专用集成电路能够实现前所未有的处理性能和能效比。在高带宽以太网设备中，关键组件将广泛采用这些先进工艺节点的ASIC和FPGA，以支持超高速数据处理，满足日益增长的数据传输需求。

6. 分布式交换架构

在当前的网络环境中，数据的处理和交换效率至关重要。分布式交换架构利用多台设备共同处理和交换数据，不仅显著提升了数据处理的总带宽，还增强了系统的扩展性，确保了在面对日益增长的数据量时，系统仍能保持高效运行。例如在核心数据中心和大型互联网络中，分布式交换机架构就像一条拓宽的信息高速公路，不仅提高了数据处理的速度，还极大地降低了单点故障的风险，为系统的稳定性和可靠性提供了有力保障。

综上所述，从400 Gbit/s演进到800 Gbit/s，再到未来可能的1.6 Tbit/s，3.2 Tbit/s，数据通信网络需要借助多种先进的大带宽技术持续发展，以满足应用场景日益增长的带宽需求。

17.2.2　算力路由：实现“网中有算，以网强算”

算网融合是应对数据中心能耗高、算力资源利用效率不足、区域发展不协调等挑战的必然选择。算力路由是算网融合的主要技术锚点。该技术通过在传统路由体系中引入算力因子，使得网络因此扩展了对算力的感知能力，实现了计算和网络的联合优化。算力路由从端到端协议和流程方面，打破了网络和算力这两个传统上相互隔离的技术和资源体系之间的壁垒，实现了“网中有算，以网强算”。该技术的难点主要在于算力资源的指标多样化、计算资源的动态性和不确定性，以及算力、网络信息的跨域传递问题。

算力路由的本质是基于算力和网络的资源状态及业务需求，对异构算力与网络路径进行联合优选的“一对多”算网协同寻址路由机制。其中的“多”表示网络和算力均存在多路径、多实例的权衡优选。而面向用户的算力服务是与位置无关的，甚至可能是与归属无关的。用户对算力服务的请求仅表达意图，无须关心服务的提供方和部署位置。这是算力路由跟传统的基于主机位置的IP路由最本质的区别，也是算力路由协议体系存在的主要变量之一。

算力路由方案引入与位置无关的服务标识，将其作为路由和寻址的全新对象，在使能全新的算力感知和路由功能的同时，为现有网络路由寻址协议带来新的扩展需求和挑战。因此，在引入新架构功能的同时，需要保持与现网架构兼容。服务标识的引入在客观上打通了业务和网络之间的高效感知接口。网络通过服务标识可以精细化识别业务，并提供相应的细颗粒度网络连接服务。

算力路由方案的实现包含图17-13所示的算力感知及资源和服务状态通告、算力感知路由生成与调优、算力路由调度与转发3个阶段。

①算力感知及资源和服务状态通告 ②算力感知路由生成与调优

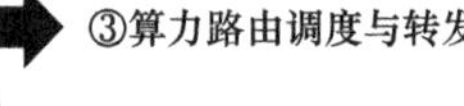

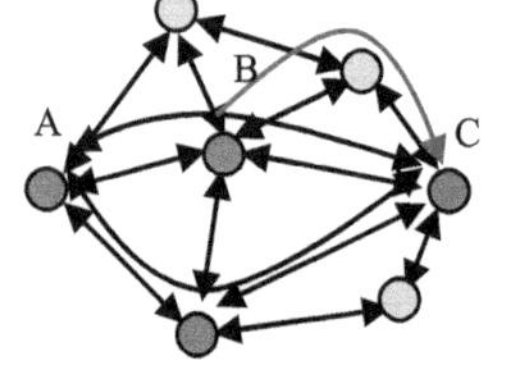

路径	算力参数	网络参数
A→B→C	xx	xx
A→D→C	xx	xx
B→E→C	xx	xx

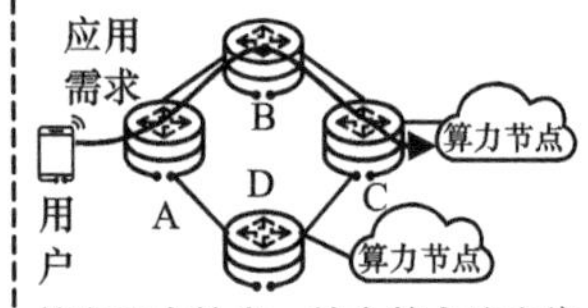

算力信息感知：控制面协议扩展携带算力信息，生成并更新算力拓扑业务需求感知：IPv6/SRv6扩展报文头中加入应用ID和SLA 需求

算力路由信息表：在路由信息表中新增算力信息
感知的路由调优：基于感知的算力信息动态调优

算力路由转发：结合算力路由信息表和业务需求，动态、按需调度和转发
SRv6结合："算力+网络"可编程、路径可指定

图17-13　算力路由方案

- 算力感知及资源和服务状态通告：算力感知是算力路由的前提，需要打通网络领域、计算领域、业务领域的信息边界，为算网一体化调度和编排管理奠定基础。算力感知的目的是摸清有多少算力资源，用户到底有怎样的业务需求。要对算力感知的对象进行度量和标识，就需要算力度量。网络的度量目前已经比较成熟，算力的度量还缺乏统一的标准，需要着重对算力资源、需求及使用进行度量。
- 算力感知路由生成与调优：通过对算力资源/服务信息的感知，将算力信息引入路由域，在路由域直接决策并转发服务请求至目标服务节点，实现算力和网络的联合优化。
- 算力路由调度与转发：结合生成的算力路由信息表和业务需求，按需调度和转发。

2023年，IETF宣布成立专门的算力路由工作组，由来自中国移动的专家担任工作组主席，这标志着中国在算力网络技术领域的影响力。随着算力网络技术国际标准化进程的推进，算力路由技术即将迎来一个新的发展里程碑。

17.2.3　RDMA：网络成为一台计算机

大模型训练要求GPU能高效访问其他GPU的内存，这使得低时延、高吞吐量的RDMA技术变得尤为重要。RDMA技术是一种高速网络互联技术，其设计初衷在于减少数据传输过程中的处理时延和资源消耗。通过该技术，一台主机可以直接远程访问另一台主机的内存，实现在内存层面的数据传输，不需要CPU频繁介入，从而显著提升网络通信性能。

传统的TCP/IP网络通过内核发送消息，性能低且灵活性差。性能低的主要原因是网络通信通过内核传递，需要在内核中频繁进行协议封装和解封操作，造成很大的数据移动和数据复制开销。灵活性差是因为网络通信协议在内核中进行处理，这种方式很难支持新的网络协议和新的消息通信协议及发送和接收接口。如图17-14所示，相比之下，RDMA的零复制、内核旁路和CPU减负等特征使得应用可以直接在内存层面进行数据传输，减少了数据传输过程对资源的占用，也降低了数据的处理时延。

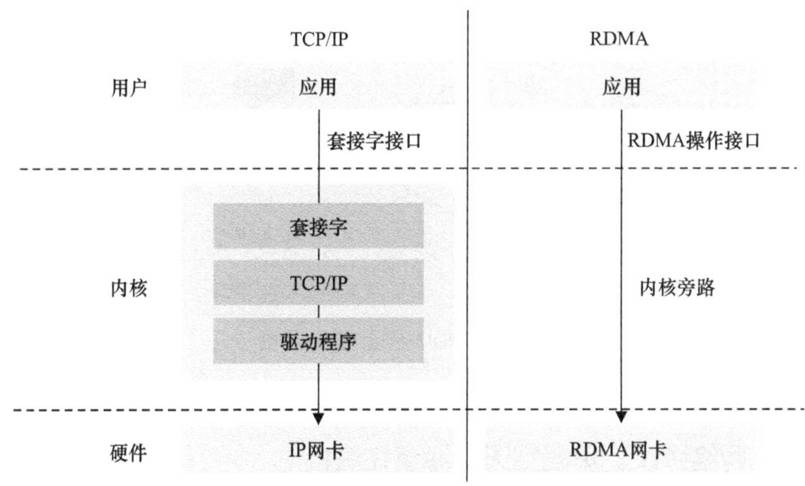

图17-14　TCP/IP与RDMA对比

- 零复制。零复制是指在数据传输过程中，避免对内存中的数据进行频繁的复制，从而减少CPU的开销和内存带宽的消耗。RDMA允许数据绕过CPU

和操作系统协议栈，直接从发送端的内存传输至接收端的内存。

- 内核旁路。内核旁路是指绕过操作系统内核，允许应用程序在用户态直接发起数据传输，从而避免内核态和用户态之间频繁的上下文切换，可以显著降低数据的传输时延。
- CPU减负。RDMA技术可以在完成前期准备工作后，使数据传输过程不再需要CPU的参与，从而降低CPU资源的消耗。

虽然RDMA在HPC和智算网络中得到了大规模应用，但依然存在图17-15所示的组网规模小、重传效率低、时延长、传输距离短、部署难和利用率低的问题。这些问题使得RDMA在大规模、普适化组网和高吞吐量、高性能组网这两个方向上遇到挑战。大规模、普适化组网代表的是RDMA通用化的发展方向；高吞吐量、高性能组网代表的是RDMA面向AI、HPC等业务的专用化发展方向。从技术优化维度来看，这两个方向并无交集。就通用性而言，免PFC、选择性重传等是支撑RDMA大规模部署的关键。而在专用性上，端网协同均衡、多路径传输技术则是进一步发挥RDMA传输能力的核心要素。

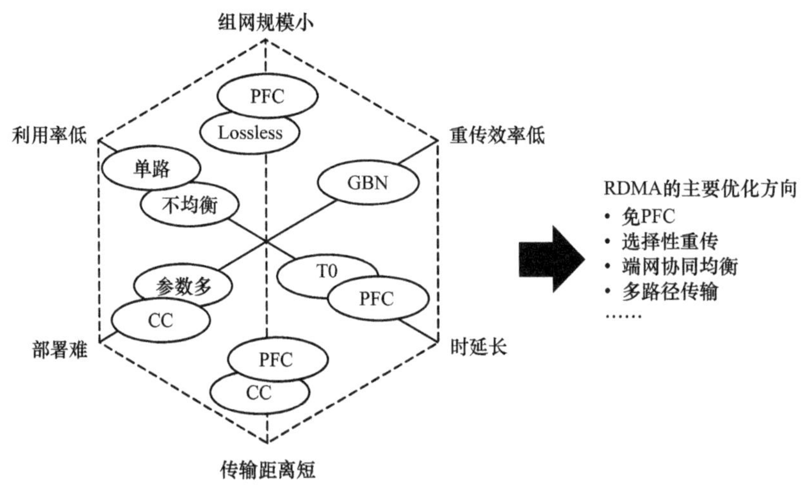

图17-15　RDMA的主要优化方向

17.2.4　网络协议：承载空天地海泛在联接

“空天地海泛在联接”将成为数字通信未来10年的趋势。空天地海泛在联接是指在地面有线网络和无线网络的基础上，通过部署一定数量的中低轨卫星，覆盖沙漠、海洋等难以建设基站的区域，以及人烟稀少、建设成本高、经济效益低的偏远地区。这样就能形成一个覆盖全球的网络，使得在任何时间、任何地点提供网络服务能力成为可能。

网络协议的设计与部署是实现空天地海泛在联接大规模组网的关键。目前，地面网络已经形成了以TCP/IP为主的技术体系，能够良好地支撑数据在地面网络的高效传输。然而，卫星的高速移动会引发星间拓扑的高动态变化，星地、星间通信存在显著的传输时延和抖动，再加上卫星计算能力和功耗有限，在这些因素的共同作用下，地面成熟的组网协议难以发挥有效作用。因此，为了满足“空天地海泛在联接”的组网需求，亟须发展新的网络协议。

在天基信息网络中，主要有针对深空通信设计的容迟网络（Delay Tolerant Network，DTN）协议、针对航天测控通信应用提出的空间数据系统协商委员会（Consultative Committee for Space Data Systems，CCSDS）协议体系。其中，DTN主要应用于时延长、节点资源受限、间歇性连接等传输场景，通过引入点对点的托管机制来保证端到端的可靠传输。CCSDS协议体系主要针对空间通信网络所具备的传输时延大、信噪比低、突发噪声强、多普勒频移大、链路时断时通等特点，在TCP/IP协议栈的基础上进行适当的修改和裁剪，为空间通信构建能够实现可靠传输的协议体系。CCSDS的关键技术为空间通信协议规范-传输协议（Space Communications Protocol Specifications-Transport Protocol，SCPS-TP），通过简化的连接管理、乱序、错帧、重传以及报文头压缩等技术，以较低的开销，实现端到端的可靠传输。

在当前卫星通信、空间通信与地面通信系统逐步走向融合，构建一体化互联网的大趋势下，可以预见，空天地海一体化通信系统组网协议的发展将借鉴地面成熟的TCP/IP互联网协议体系，把DTN和CCSDS等各协议体系逐渐统一到以TCP/IP为核心的组网体系（见图17-16）中，而在不同场景中沿用已有的链路层和物理层技术。

将TCP/IP引入空间组网中存在以下几方面挑战。首先，对于星地快速遍历切换的场景，需要设计新的网络编址规则，有效实现星地之间的地址汇聚，从而降低星间网络的IP路由开销。其次，需要充分考虑全球业务的差异化分布，针对星间/星地链路速率受限的特点，设计合理的负载均衡机制，从而提高全网络的传输容量。最后，对于TCP，需要结合空间网络端到端时延长、链路状态各异及因切换造成时延突变等特点，开展对应的TCP加速等相关协议设计，提高端到端的吞吐量。

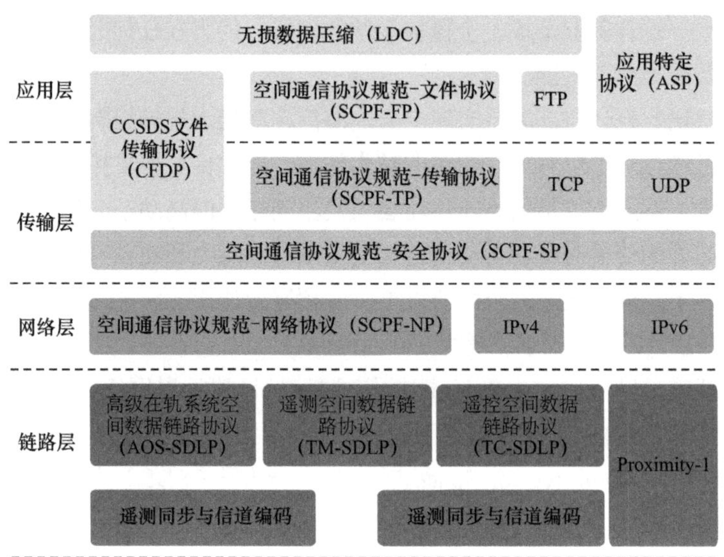

图17-16　IP Over CCSDS网络体系

随着我国多个国家卫星星座的部署，卫星网络越来越受到工业界和学术界的关注。可以预见，在未来相当长一段时间内，对空天地海一体化网络的研究将持续成为热点。

17.2.5　无线连接：从10 Gbit/s走向100 Gbit/s

Wi-Fi 8是下一代无线网络标准，旨在解决Wi-Fi 7及以前版本中的不足，以满足高带宽、低时延和高密度网络环境的需求。目前，Wi-Fi 8标准工作已正式启动，并已被授予IEEE 802.11bn协议号，虽然具体标准和细节还在拟定中，但可以预期Wi-Fi 8将解决以下主要问题。

- 大带宽问题。随着高清视频、视觉检测、远程协作、虚拟教学、扩展现实（Exstended Reality，XR）、3D投影等业务的普及，用户对网络带宽的需求持续增长。Wi-Fi 8需要提供比Wi-Fi 7更高的传输速率和更大的带宽，目前看有可能需要提供100 Gbit/s的带宽才能满足业务需要。
- 低时延问题。实时应用（如在线游戏、视频会议和远程协作等）对网络时延的要求越来越高。Wi-Fi 8需要降低网络时延，提供更好的用户体验。
- 高密度环境下的网络性能问题。在人口密集的区域，如体育场、会议中心和城市热点地区，网络性能容易受到众多连接设备的影响。Wi-Fi 8需要优化网络在高密度设备环境下的性能，减少干扰和拥堵。

• 物联网设备的集成问题。物联网设备数量激增，需要更加高效的网络连接和管理。Wi-Fi 8需要提供更好的IoT设备支持，包括低功耗和大规模的设备管理。

• 网络安全和隐私保护问题。随着网络攻击和隐私泄露事件的增加，安全性和隐私保护变得越来越重要。Wi-Fi 8需要提高网络的安全性，保护用户数据隐私。

为了解决上述问题，业界主流厂商正围绕Wi-Fi 8在如下多个不同技术方向进行研究。

• 更高效的调制和编码技术。相比512-QAM和1024-QAM，更高阶的QAM技术（如4096-QAM）可以提高每个信号所携带的数据量，从而提高网络的数据传输效率。

• 引入多频共基带模式集成毫米波架构。如图17-17所示，在现有的2.4 GHz、5 GHz和6 GHz频段上，通过更高效的频谱利用和可能的新频段（如45 GHz/60 GHz毫米波）进一步提升网速和容量。同时，使用共基带架构，在不干扰既有服务的情况下，更有效地利用频谱资源。

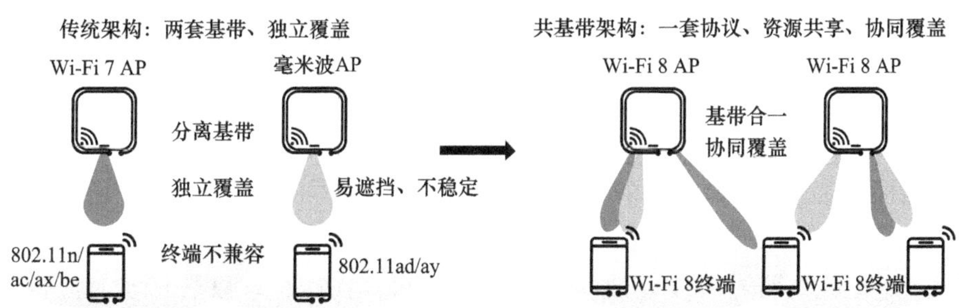

图17-17　Wi-Fi 8多频共基带架构

• MU-MIMO增强。采用更高阶的MU-MIMO，如32 × 32 MU-MIMO或64 × 64 MU-MIMO，可以提高网络的并发能力和覆盖范围，从而提高网络的容量和稳定性。这也意味着Wi-Fi 8的设备需要支持更多的天线以及更强的数据流传输能力，以提高网络性能和容量。另外，研究实现真正的全双工MIMO，使得接收和发送数据可以同时在同一频段进行，进一步提高网络效率。

• 智能波束成形。使用更先进的波束成形技术，灵活赋形毫米波阵列，动态调整信号方向，以达到更大的覆盖范围和更高的传输速率。

• 先进的网络管理和优化。网络设备集成AI分析、推理能力，辅助网络算法性能提升、业务质量保障、网络智能运维等，已经成为近年来学界研究、产业创新的一大热点方向。AI辅助Wi-Fi网络也被纳入标准讨论议程，重点包括AI辅助改进漫游体验、多AP协同组网全局调优、基于训练模型来改进并发接入机制等。采用自组织网络（Self-Organizing Network，SON）技术，使接入点和其他网络设备能自动配置、优化和修复，提高网络的自适应能力和稳定性。

• 网络安全和隐私保护。在加密维度引入更新、更强的加密协议，如使用更高位长度的密钥和更复杂的加密算法来保障数据安全。在安全认证和管理维度采用更先进的认证和管理机制，防止非法接入和网络攻击，保护用户隐私。

Wi-Fi 8作为未来新一代的无线网络标准，将采用多种技术创新来解决当前Wi-Fi网络面临的带宽、时延、密度、物联网设备支持和安全性等问题，从而提供更高速、更可靠、更安全且更智能的网络连接，以应对未来多样化应用需求的挑战。

17.2.6 TSN技术：为以太网提供确定性能力

TSN是在非确定的以太网中实现确定性的最低时延协议族，是IEEE 802.1开发的一套协议标准。TSN为以太网协议的数据链路层提供了一套通用的时间敏感机制，确保数据能够实时、确定且可靠地传输，从而提升数据传输效率。此外，TSN能够实现在同一网络中传输时间敏感性（对实时性有高要求）数据和非时间敏感性数据，主要解决了传统以太网在实时性、确定性和可靠性方面的问题，使其能够满足工业自动化、汽车电子、音视频传输等应用的严格要求。

TSN针对传统以太网存在的多种问题，均提供了解决方案。

• 传统以太网无法保证数据帧在特定时间内到达，难以满足实时应用的要求。TSN引入了时间调度机制，确保关键数据能在严格的时间窗口内传输。
• 传统以太网存在较高的时延和抖动，影响数据传输的稳定性和实时性。TSN通过精确的流量控制和优先级调度，有效降低了数据传输的时延和抖动。
• 传统以太网缺乏内置的高可靠性机制，难以应对关键应用中的数据丢失或错误。TSN引入了冗余路径、故障恢复等机制，确保数据传输的可靠性。
• 传统以太网中，不同设备之间的时间不同步会导致数据传输不一致和时延。TSN通过时间同步机制，解决了设备之间的时间同步问题，保证了数据传输的一致性和及时性。

TSN协议族本身具有很高的灵活性，可以概括为图17-18所示的时间同步、流量调度与整形、可靠性、资源管理这4个类别的子协议，用户可以根据应用的具体需求来选择相应的协议组合。

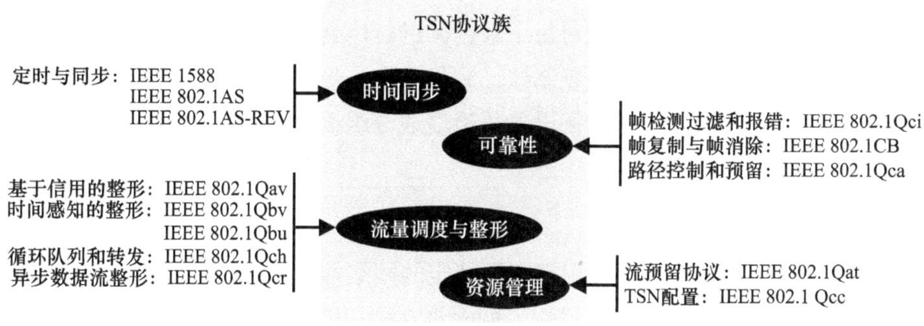

图17-18　TSN重要协议及功能

（1）时间同步

对于实时通信而言，端到端的传输时延具有难以协商的时间界限，因此，TSN中的所有设备都需要具有共同的时间参考模型，为时间敏感数据流的调度和传输奠定基础。目前，TSN采用IEEE 1588协议和IEEE 802.1AS协议及IEEE 802.1AS-REV协议来实现时间同步。

（2）流量调度与整形

在传统以太网中，数据流的通信时延是不确定的。由于这种不确定性，数据接收端通常需要预置大缓冲区来缓冲输出，但是这样会使数据流（如音视频流）缺失实时方面的特性。TSN不仅要保证时间敏感流的到达，也要保证这些数据流的低时延传输。TSN用于流量调度和整形的协议有IEEE 802.1Qav、IEEE 802.1Qbv、IEEE 802.1Qbu、IEEE 802.1Qch及IEEE 802.1Qcr。其中，IEEE 802.1Qav通过信用分配和流量整形机制，控制网络中数据流的传输速率，防止网络拥塞，确保各类数据流的传输性能。IEEE 802.1Qbv采用非抢占式的流量调度，通过时隙进行控制，需要实时传输的数据流优先传输，同时为“尽力而为”数据及预留数据预留带宽，允许时间敏感流和非时间敏感流在同一个网络中传输，并确保数据的实时传输。IEEE 802.1Qbu允许高优先级帧打断低优先级帧的传输，减少高优先级帧的时延，提高关键数据流的传输优先级，并降低时延和抖动。

（3）可靠性

对数据传输实时性要求高的应用除了需要保证数据传输的时效性，也需要高可靠的数据传输机制，以便应对网桥节点失效、线路断路和外部攻击带来的各种问题，确保功能安全和网络安全。IEEE 802.1Qci、IEEE 802.1CB及IEEE 802.1Qca用于实现TSN这方面的性能。

以IEEE 802.1CB为例，该协议为以太网提供了双链路冗余特性。它通过在网络的源端系统和中继系统中对每个数据帧进行序列编号和复制，并在目标端系统和其他中继系统中消除这些复制帧，确保仅有一份数据帧被接收。这可以防止拥塞导致的丢包情况，同时降低设备故障造成分组丢失的概率，缩短故障恢复时间，从而提高网络的可靠性。

（4）资源管理

在TSN中，每一种实时应用都满足特定的网络性能需求。资源管理是对可用的网络资源进行配置和管理的过程，即允许在同一网络中通过配置一系列TSN子协议来合理分配网络路径上的资源，以确保它们能够按照预期正常运行。TSN资源管理子协议包括IEEE 802.1Qat协议和IEEE 802.1Qcc协议，IEEE 802.1Qcc协议是对IEEE 802.1Qat协议的增强。IEEE 802.1Qat即流预留协议。根据流的资源要求和可用的网络资源情况指定数据准入控制，保留资源并通告从数据源发送端至数据接收端之间的所有网络节点，确保指定流在整条传输路径上有充足的网络资源可用。

TSN主要应用于工业网络，其意义不仅在于确定性的时延，更在于统一协议带来的全网统一配置和管理，最终给用户带来的是易维护、可视化、更可靠、更安全和更具确定性的网络。

17.2.7　量子通信：从安全领域起步

量子通信是一种利用量子叠加态和纠缠效应进行信息传递的新型通信方式。它基于量子力学中的不确定性、测量坍缩和不可克隆原理，提供了无法被窃听和计算破解的安全性保证。量子通信主要分为量子密钥分发（Quantum Key Distribution，QKD）和量子隐形传态（Quantum Teleportation，QT）两种。

（1）QKD

QKD是利用量子力学物理特性实现密码协议的安全通信方法，实现原理如图17-19所示。发送方（通常称为Alice）基于量子噪声产生一个无法被预测的真随机数，经过量子调制后通过不安全的量子信道发送一系列量子态（如光子的偏振状态）给接收方（通常称为Bob）。Bob对接收到的每个量子态进行量子测量。由于量子力学的性质，任何试图窃听量子态的行为都会扰动量子态。因此，

Alice和Bob后续通过一个认证的经典信道比较一小部分他们的测量结果，以检测是否有第三方的窃听。如果有窃听，则本次通信作废；如果他们发现没有明显的窃听迹象，Alice和Bob就可以使用剩余的未比较的测量结果作为最终的安全密钥，用来加密和解密后续的通信信息。

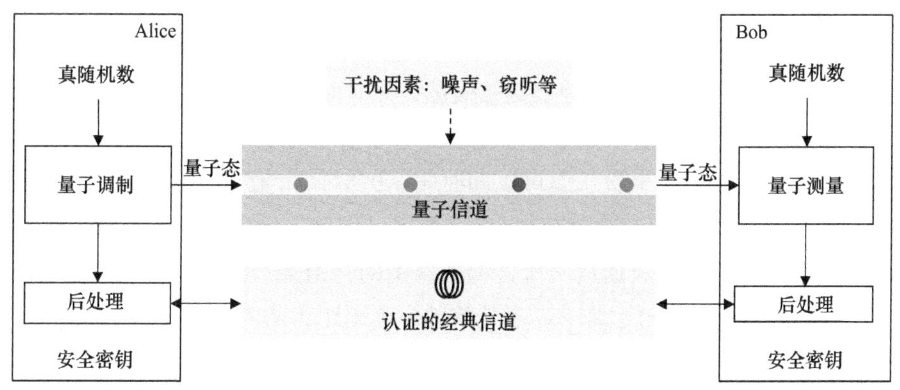

图17-19　QKD的实现原理

由于量子力学的不确定性和不可克隆性限制了我们将原量子态的所有信息精确地提取出来，因此必须将信息分为量子信息和经典信息两部分，并分别由量子信道和认证的经典信道传输。

QKD专门用于生成和分发密钥，而不传输任何实际内容。这些密钥可以用于某些加密算法，对消息进行加密。只有加密后的消息才能在常规通信信道中传输。与量子密钥分发关联最多的算法是一次性密码本，当使用私密且随机的密钥时，该算法具有可证明的安全性。在实际应用中，QKD通常与对称密钥加密方法（例如AES等算法）结合使用。

（2）QT

QT是一种传递量子状态的重要通信方式，是可扩展量子网络和分布式量子计算的基础。在QT中，远程通信双方首先分享一对纠缠粒子，其中一方将待传输量子态的粒子（一般来说与纠缠粒子无关联）和自己手里的纠缠粒子进行贝尔态分辨，然后将分辨的结果告知对方。对方则根据得到的信息进行相应的校正操作。

QT并不传输任何物质或能量，它传递的是量子信息而非经典信息，因此无法应用于超光速通信。尽管如此，量子隐形传态在量子信息与量子计算领域具有重大意义。它能够实现远程量子态的操控与传输，对于构建分布式量子系统、实现远距离量子通信及执行复杂的量子算法都发挥着关键作用。

与传统通信相比，量子通信在安全性和高效性两个方面有明显优势。

- 安全性：量子通信绝不会“泄密”。一方面体现在量子加密的密钥是随机的，即使被窃取者截获，也无法得到正确的密钥，因此无法破解信息。另一方面，在通信双方手中分别有一个纠缠态的粒子，其中一个粒子的量子态发生变化，另外一个粒子的量子态就会随之立刻变化，并且根据量子理论，宏观的任何观察和干扰都会立刻改变量子态，引起其坍塌，因此窃取者由于干扰而得到的信息已经被破坏，并非原有信息。
- 高效性：被传输的未知量子态在被测量之前会处于纠缠态，即同时代表多个状态，例如一个量子态可以同时表示0和1两个数字，7个这样的量子态就可以同时表示128个状态或128个数字。因此，量子通信一次传输的数据量，就相当于经典通信一次传输数据量的128倍。可以想象，如果传输带宽是64位或者更高，那么二者传输效率之差距将是惊人的。

量子通信对网络安全发展的影响是多方面的，它不仅提升了数据传输的安全水平，也推动了网络安全技术的创新，促进了网络安全加密产业的升级。随着量子通信技术的不断成熟和应用，其对网络安全的塑造作用将日益显著。

17.2.8 绿色节能：确保网络可持续健康发展

据华为发布的《智能世界2030》预测，到2030年全球联接总数预计将达到惊人的2000亿，这一庞大的数字不仅代表着网络的扩张，也说明网络设备将越来越多。电实现了“一插即用”的便捷能源供应，而网络则带来了“一触即得”的信息便利。然而，电与网的紧密相连，意味着网络的每一次数据传输、每一次在线互动，都消耗着大量的能源。

在这个背景之下，绿色节能不仅仅是环保的选择，也是网络持续健康发展的必要条件。采用先进的绿色节能技术，不仅是对资源的高效利用，对能源成本的有效缩减，更是对未来的责任承担。它确保了网络能够以更低的能耗，提供更稳定、更高速的服务，为构建一个绿色、可持续的数字世界奠定基础。

数据通信领域的前沿绿色节能技术主要包括如下几个维度。

1. 使用高效能的硬件设备

选择低功耗的硬件是构建绿色节能网络的关键措施之一。这包括采用低功耗设计的芯片处理器、存储器和网络设备，使它们在待机和运行状态下都能显著降低能耗。此外，光通信技术，尤其是光纤通信，因其相比传统电缆通信具有更低的能耗和更高的传输效率，已成为骨干网和数据中心互联的首选技术。

2. 智能电源管理

在智能电源供应上，通过动态调整电源输出，能够根据设备的实时负载情况实现精准供能，有效防止能源的过度消耗。更进一步，电源休眠和唤醒技术的引入，使得网络设备在面对低负载或闲置状态时，能够智能地切换至低功耗模式，不仅节省了大量能源，还显著提升了设备的能效比；一旦负载需求增加，这些设备又能被迅速唤醒，恢复正常的高效工作状态，确保系统的稳定性和响应速度。

3. 数据中心冷却与节能

在数据中心中，冷却是节能的核心。为了实现这一目标，两种先进的技术方案脱颖而出：自然冷却技术和液冷技术。

自然冷却技术依赖自然环境中的空气和水，通过对空气和水进行科学的导流和利用，有效冷却数据中心，显著减少传统空调制冷对能源的大量消耗。这种策略不仅节约了成本，还大大降低了碳排放，实现了绿色运算。

液冷技术则是通过液体介质替代传统的空气冷却方式，其高效散热能力使得冷却效率大幅提高，同时显著降低了整体的能源消耗。这种技术不仅提升了数据中心的运行效率，也为其长期的可持续发展提供了有力支持。

此外，热能回收技术也成为节能降耗的重要手段。通过回收数据中心在运算过程中产生的废热，将其重新应用于供暖或其他工业工艺中，不仅提高了能源的利用效率，也促进了资源的循环再利用，体现了典型的“绿色经济”理念。

4. 网络优化和管理

网络优化与管理策略的关键在于SDN和NFV的应用。SDN通过其先进的软件控制机制，实现了对网络资源的灵活控制，使得网络配置能够根据需求动态调整，从而显著提升资源利用效率，同时有效降低能耗。而NFV则进一步推动了网络功能与专用硬件的解耦，通过将这些功能部署在通用硬件平台上，借助虚拟化技术，实现资源的共享和动态调度。这一创新不仅提高了设备的使用率，也大大增强了网络的能效。

5. 可再生能源应用

为了实现可持续发展，可再生能源的重要性正日益凸显。具体而言，太阳能和风能作为清洁且无限的能源资源，已被广泛应用于通信基站和数据中心等关键设施中。为进一步提升能源利用效率，混合能源系统应运而生。这种系统通过智能整合太阳能、电池储能以及城市电网等多种能源形式，实现了能源供应的稳定性和高效性双重目标。无论是应对自然灾害引发的电力中断，还是降低日常运营中的能源成本，混合能源系统都展现出其独特的优势。

6. 先进的材料和制造技术

先进的材料与制造技术不仅提升了产品性能，更在绿色节能领域展现了卓越的价值。具体而言，低碳制造工艺通过采用低排放的生产方式和材料，有效降低了生产过程中的能源消耗及碳排放。同时，广泛采用可再生与可回收的材料制造通信设备，不仅显著减少了资源的浪费，还显著降低了环境污染的风险。

在当前全球关注环境保护和资源利用效率的背景下，绿色节能在数据通信行业中的重要性显得尤为突出。这种趋势不仅反映在国际的政策导向上，也深入到了企业的日常运营策略中。各经济体相继推出旨在减少碳足迹和提高能效的政策，如欧盟的“欧洲绿色协议”和中国的“碳达峰、碳中和”，促使行业内的企业积极寻求绿色节能的解决方案。应用绿色节能技术不仅确保了企业的政策遵从，还有助于降低运营成本，减少碳排放和能源消耗，提升企业竞争力和形象，从而推动通信行业朝着更加可持续和高效的方向发展。

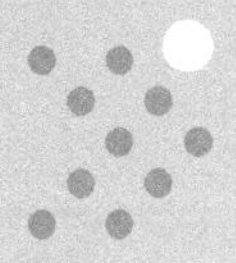

缩略语表

缩写	英文全称	中文名称
2B	To Business	面向企业
2C	To Consumer	面向消费者
2H	To Home	面向家庭
3GPP	3rd Generation Partnership Project	第三代合作伙伴计划
5GDN	5G Deterministic Networking	5G确定性网络
AAA	Authentication Authorization and Accounting	身份认证、授权和记账协议
AAN	Application-Aware Networking	应用感知网络
AC	Access Controller	接入控制器
ADAS	Advanced Driver Assistant System	高级驾驶员辅助系统
ADN	Autonomous Driving Network	自动驾驶网络
ADS	Automated Driving System	自动驾驶系统
ANSI	American National Standards Institute	美国国家标准研究所
AP	Access Point	接入点
APN6	Application-Aware IPv6 Networking	应用感知的IPv6网络
APS	Automatic Protection Switching	自动保护切换
APT	Advanced Persistent Threat	高级持续性威胁
ARP	Address Resolution Protocol	地址解析协议
ARPA	Advanced Research Projects Agency	高级研究计划局
ASIC	Application-Specific Integrated Circuit	专用集成电路
ATM	Asynchronous Transfer Mode	异步传输模式
ATN	Access Transport Network	接入传输网络

续表

缩写	英文全称	中文名称
BCC	Binary Convolutional Encoding	二进制卷积编码
BCP	Burst Control Packet	突发控制分组
BDP	Burst Data Packet	突发数据分组
BGP	Border Gateway Protocol	边界网关协议
BIER	Bit Index Explicit Replication	比特索引显式复制
BIERv6	Bit Index Explicit Replication IPv6 encapsulation	IPv6封装的比特索引显式复制
BLE	Bluetooth Low Energy	蓝牙低功耗
BoS	Bottom of Stack	栈底标识
BPSK	Binary Phase-Shift Keying	二进制相移键控
BRT	Bus Rapid Transit	快速公交系统
BSS	Basic Service Set	基本服务集
CAN	Controller Area Network	控制器局域网
CCC	Central Cluster Chassis	中央交换框
CCSDS	Consultative Committee for Space Data Systems	空间数据系统协商委员会
CIOQ	Combined Input-Output Queuing	组合输入输出排队
CLC	Cluster Line-card Chassis	线卡框
CLI	Command Line Interface	命令行接口
CLNP	Connectionless Network Protocol	无连接网络协议
CO	Central Office	中心局
CoS	Class of Service	服务类别
CPO	Co-Packaged Optics	共封装光电系统
CPU	Central Processing Unit	中央处理器
CR-LSP	Constraint-based Routed Label Switched Path	基于约束路由的标签交换路径

续表

缩写	英文全称	中文名称
CS	Central Switch	中心交换机
CSMA/CA	Carrier Sense Multiple Access with Collision Avoidance	载波侦听多址访问/冲突避免
CSMA/CD	Carrier Sense Multiple Access/Collision Detection	载波侦听多址访问/冲突检测
CSPF	Constraint Shortest Path First	约束最短路径优先
CWDM	Coarse Wavelength Division Multiplexing	粗波分复用
DDC	Distributed Disaggregated Chassis	分布式分离机箱
DDoS	Distributed Denial of Service	分布式拒绝服务
DetNet	Deterministic Networking	确定性网络
DetWi-Fi	Deterministic Wi-Fi	确定性Wi-Fi
DHCP	Dynamic Host Configuration Protocol	动态主机配置协议
DiffServ	Differentiated Services	差异化服务
DMA	Direct Memory Access	直接存储器访问
DMAC	Destination MAC	目的MAC地址
DNS	Domain Name Service	域名服务
DPD	Digital Pre-Distortion	数字预失真
DSCP	Differentiated Services Code Point	区分服务码点
DSSS	Direct Sequence Spread Spectrum	直接序列扩频
DTN	Delay Tolerant Networks	容迟网络
DWDM	Dense Wavelength Division Multiplexing	密集波分复用
ECMP	Equal Cost Multi-Path	等价多路径
EEE	Energy Efficient Ethernet	能效以太网
EGP	Exterior Gateway Protocol	外部网关协议
eMBB	Enhanced Mobile Broadband	增强型移动宽带

续表

缩写	英文全称	中文名称
EMC	Electromagnetic Compatibility	电磁兼容性
EMI	Electromagnetic Interference	电磁干扰
EoR	End of Rack	机架底部
ESS	Extend Service Set	扩展服务集
EVM	Error Vector Magnitude	误差矢量幅度
FCS	Frame Check Sequence	帧校验序列
FEC	Fast Ethernet Channel	快速以太网通道
FEC	Forwarding Equivalence Class	转发等价类
FIC	Fabric Interface Circuit	交换接口电路
FIEH	Flow Instruction Extension Header	流指令扩展报文头
FIH	Flow Instruction Header	流指令头
FII	Flow Instruction Indicator	流指令标识
FlexE	Flexible Ethernet	灵活以太网
FMC	Fixed Mobile Convergence	固定移动融合
FPC	Flexible Printed Circuit	柔性印刷电路板
FPGA	Field Programmable Gate Array	现场可编程门阵列
FR	Frame Relay	帧中继
FTP	File Transfer Protocol	文件传送协议
GENI	Global Environment for Network Innovations	全球网络创新环境
GIS	Geographic Information System	地理信息系统
HDLC	High-Level Data Link Control	高级数据链路控制
HSI	High Speed Internet	高速上网
HTML	Hypertext Markup Language	超文本标记语言
HTTP	Hypertext Transfer Protocol	超文本传输协议

续表

缩写	英文全称	中文名称
IAB	Internet Architecture Board	因特网架构委员会
IANA	Internet Assigned Numbers Authority	因特网编号分配机构
ICANN	Internet Corporation for Assigned Names and Numbers	互联网名称与数字地址分配机构
IEC	International Electrotechnical Commission	国际电工委员会
IEEE	Institute of Electrical and Electronics Engineers	电气和电子工程师协会
IESG	Internet Engineering Steering Group	因特网工程指导组
IETF	Internet Engineering Task Force	因特网工程任务组
IFIT	In-situ Flow Information Telemetry	随流检测
IGP	Interior Gateway Protocol	内部网关协议
IKE	Internet Key Exchange	互联网密钥交换
IMP	Interface Message Processor	接口信息处理机
IOAM	In-band Operation，Administration，and Maintenance	带内操作、管理和维护
IPS	Intrusion Prevention System	入侵防御系统
IPX	Internetwork Packet Exchange	网间分组交换协议
ISDN	Integrated Services Digital Network	综合业务数字网
IS-IS	Intermediate System to Intermediate System	中间系统到中间系统
ISO	International Organization for Standardization	国际标准化组织
ISP	Internet Service Provider	互联网服务提供商
KPI	Key Performance Indicator	关键性能指标
LAN	Local Area Network	局域网
LDP	Label Distribution Protocol	标记分发协议
LDPC	Low Density Parity Check	低密度奇偶校验码
LED	Light Emitting Diode	发光二极管

续表

缩写	英文全称	中文名称
LER	Label Edge Router	标签边缘路由器
LIFO	Last In First Out	后进先出
LIN	Local Interconnect Network	本地互联网络
LLC	Logical Link Control	逻辑链路控制
LPI	Low-Power Idle	低功耗空闲
LPU	Line Processing Unit	接口板
LSP	Label Switched Path	标签交换路径
LSR	Label Switching Router	标签交换路由器
MAC	Medium Access Control	介质访问控制
MAN	Metropolitan Area Network	城域网
MCS	Modulation and Coding Scheme	调制与编码策略
MIMO	Multiple-Input Multiple-Output	多输入多输出
MLPPP	Multi-Link Point-to-Point Protocol	多链路点到点协议
MMF	Multi-Mode Fiber	多模光纤
mMTC	Massive Machine Type Communication	大规模机器通信
MoR	Middle of Rack	机架中部
MP2MP	Multipoint-to-Multipoint	多点到多点
MP-BGP	Multi-protocol Border Gateway Protocol	多协议边界网关协议
MPLS	Multi-Protocol Label Switching	多协议标签交换
MPU	Main Processing Unit	主控板
MRU	Multi Resource Unit	多资源单元
MSTP	Multiple Spanning Tree Protocol	多生成树协议
MSTP	Multi-Service Transport Platform	多业务传输平台
MTN	Metro Transport Network	城域传输网络

续表

缩写	英文全称	中文名称
MU-MIMO	Multi-User MIMO	多用户MIMO
NAT	Network Address Translation	网络地址转换
NAT-PT	Network Address Translation - Protocol Translation	网络地址转换-协议转换
NCP	Network Control Protocol	网络控制协议
NFV	Network Functions Virtualization	网络功能虚拟化
NGN	Next-Generation Network	下一代网络
NLRI	Network Layer Reachability Information	网络层可达信息
NPO	Near Package Optics	近光学封装系统
NRZ	Non-Return-to-Zero	不归零编码
NSF	National Science Foundation	美国国家科学基金会
NTN	Non-Terrestrial Network	非地面网络
OAM	Operation, Administration and Maintenance	操作、管理和维护
OBO	On Board Optics	板载光学系统
OFDMA	Orthogonal Frequency Division Multiple Access	正交频分多址访问
OIF	Optical Internetworking Forum	光互联网论坛
ONF	Open networking foundation	开放网络基金会
OSI	Open System Interconnection	开放式系统互连
OSPF	Open Shortest Path First	开放最短通路优先协议
OXC	Opital Cross-Connect	光交叉连接
PAM4	Four-level Pulse Amplitude Modulation	四级脉冲幅度调制
PAN	Personal Area Network	个人区域网络
PCB	Printed-Circuit Board	印制电路板
PCP	Priority Code Point	优先级代码点

续表

缩写	英文全称	中文名称
PD	Powered Device	受电设备
PDH	Plesiochronous Digital Hierarchy	准同步数字体系列
PEM	Power Entry Module	电源输入模块
PFC	Priority-based Flow Control	基于优先级的流量控制
PHP	Penultimate Hop Popping	倒数第二跳弹出
PHY	Physical Layer	物理层
PIC	Physical Interface Controller	物理接口控制器
PoDL	Power over Data Line	数据线供电
PoE	Power over Ethernet	以太网供电
PON	Passive Optical Network	无源光网络
POPv3	Post Office Protocol Version 3	邮局协议第3版
PPP	Point-to-Point Protocol	点到点协议
PSE	Power-Sourcing Equipment	供电设备
PSTN	Public Switched Telephone Network	公用交换电话网
PTN	Packet Transport Network	分组传送网
QAM	Quadrature Amplitude Modulation	正交振幅调制
QKD	Quantum Key Distribution	量子密钥分发
QoS	Quality of Service	服务质量
RFC	Request for Comments	征求意见稿
RIP	Routing Information Protocol	路由信息协议
RPR	Resilient Packet Ring	弹性分组环
RRU	Remote Radio Unit	射频拉远单元
RSTP	Rapid Spanning Tree Protocol	快速生成树协议
RSVP-TE	Resource Reservation Protocol Traffic Engineering	基于资源预留协议的流量工程

续表

缩写	英文全称	中文名称
RTOS	Real-Time Operating System	实时操作系统
RTT	Round Trip Time	往返时间
RU	Remote Unit	远端模块
SBFD	Seamless Bidirectional Forwarding Detection	无缝双向转发检测
SCL	Slicing Channel Layer	切片通道层
SDN	Software Defined Network	软件定义网络
SD-WAN	Software Defined Wide Area Network	软件定义广域网
SE	Slicing Ethernet	切片以太网
SFC	Service Function Chaining	业务功能链
SFC	Switch Fabric Circuit	交换网络电路
SFD	Start Frame Delimiter	起始帧定界符
SFU	Switch Fabric Unit	交换网板
SISO	Single-Input Single-Output	单输入单输出
SLA	Service Level Agreement	服务等级协定
SM	Switch Management	交换管理
SMAC	Source MAC	源MAC地址
SMF	Single-Mode Optical Fiber	单模光纤
SMTP	Simple Mail Transfer Protocol	简单邮件传输协议
SOHO	Small Office Home Office	家居办公
SON	Self-Organizing Network	自组织网络
SPE	Single Pair Ethernet	单对线以太网
SPF	Shortest Path First	最短路径优先
SPL	Slicing Packet Layer	切片分组层
SPN	Slicing Packet Network	切片分组网

续表

缩写	英文全称	中文名称
SR	Segment Routing	段路由
SR-BE	Segment Routing-Best Effort	尽力而为的分段路由技术
SRH	Segment Routing Header	段路由扩展报文头
SRLG	Shared Risk Link Group	共享风险链路组
SR-MPLS	Segment Routing MPLS	基于MPLS的段路由
SR-TP	Segment Routing-Transport Profile	面向传送的分段路由
SRv6	Segment Routing over IPv6	基于IPv6的段路由
SSL	Secure Socket Layer	安全套接字层
STA	Station	工作站
STL	Slicing Transport Layer	切片传送层
STP	Shielded Twisted Pair	屏蔽双绞线
STP	Spanning Tree Protocol	生成树协议
SU-MIMO	Single-User MIMO	单用户MIMO
TCP	Transmission Control Protocol	传输控制协议
TE	Traffic Engineering	流量工程
TEDB	Traffic Engineering Database	流量工程数据库
TIP	Terminal Interface Message Processor	终端接口处理机
TLS	Transport Layer Security	传输层安全协议
TLV	Tag Length Value	标签长度值
TM	Traffic Management	流量管理
ToR	Top of Rack	架顶模式
TSN	Time-Sensitive Networking	时间敏感网
TWT	Target Wake Time	目标唤醒时间
UDP	User Datagram Protocol	用户数据报协议

续表

缩写	英文全称	中文名称
UPS	Uninterruptible Power Supply	不间断电源
URLLC	Ultra-Reliable Low-Latency Communication	超高可靠超低时延通信
USB	Universal Serial Bus	通用串行总线
UTP	Unshielded Twisted Pair	非屏蔽双绞线
VAP	Virtual Access Point	虚拟接入点
VCSEL	Vertical-Cavity Surface-Emitting Laser	垂直腔表面发射激光器
VLAN	Virtual Local Area Network	虚拟局域网
VNF	Virtual Network Function	虚拟网络功能
VoIP	Voice over IP	互联网电话
VPN	Virtual Private Network	虚拟专用网络
VXLAN	Virtual eXtensible Local Area Network	虚拟扩展局域网
WAC	Wireless Access Controller	无线接入控制器
WAF	web Application Firewall	Web应用防火墙
WAN	Wide Area Network	广域网
WDS	Wireless Distribution System	无线分布式系统
Wi-Fi	Wireless Fidelity	无线保真
WiMAX	World Interoperability for Microwave Access	全球微波接入互操作性
WLAN	Wireless Local Area Network	无线局域网
ZTNA	Zero Trust Network Access	零信任网络访问

参考文献

［1］ 谢希仁. 计算机网络（第 8 版）［M］. 北京：电子工业出版社，2021：163–164.

［2］ CHENG W, XIE C, BONICA R, et al. Compressed SRv6 SID list requirements [EB/OL]. (2023–04–03) [2024–05–15].

［3］ BONICA R, CHENG W, DUKES D, et al. Compressed SRv6 SID list analysis [EB/OL]. (2023–04–03) [2024–05–15].

［4］ CHENG W, FILSFILS C, LI Z, et al. Compressed SRv6 segment list encoding in SRH [EB/OL]. (2023–10–23)[2024–05–15].

［5］ CHENG W, FILSFILS C, LI Z, et al. Compress SRv6 segment List encoding [EB/OL]. (2025–06)[2025–07–18].

［6］ AWEYA J. Understanding shared–bus and shared–memory switch fabrics[J]. Wiley–IEEE Press, 2018.

［7］ YOO S. Optical packet and burst switching technologies for the future photonic internet[J]. Journal of Lightwave Technology, 2006, 24(12): 4468–4492.

［8］ QIAO C, YOO M. Optical burst switching(OBS)-a new paradigm for an optical internet[J]. High Speed Network, 1999, 8(1): 69–84 .

［9］ 蒋长林，李清，王羽，等. 天地一体化网络关键技术研究综述［J］. 软件学报，2024，35（1）：266–287.